冶金职业技能培训丛书

冷轧带钢生产问答

（第2版）

赵家骏　魏立群　编著

北　京
冶金工业出版社
2022

内 容 简 介

本书是冶金职业技能培训丛书之一，全书共分 6 章，通俗地介绍了冷轧带钢生产中的各种基本概念，包括坯料准备、酸洗、产品要求、冷轧工艺及操作、轧钢工艺参数检测、冷轧设备及其液压传动和电气传动、退火与精整等。

本书适合冷轧车间坯料、酸洗、冷轧、退火、精整等工种技术工人和生产管理人员学习，可作为轧钢工人技术培训教材，也可供大专院校有关专业师生参考。

图书在版编目(CIP)数据

冷轧带钢生产问答/ 赵家骏，魏立群编著．—2 版．北京：冶金工业出版社，2004.5(2022.5 重印)

(冶金职业技能培训丛书)

ISBN 978-7-5024-3471-7

Ⅰ．冷…　Ⅱ．①赵…　②魏…　Ⅲ．冷轧—带钢—问答　Ⅳ．TG335.5-44

中国版本图书馆 CIP 数据核字(2006)第 138684 号

冷轧带钢生产问答(第 2 版)

出版发行　冶金工业出版社　　**电　话**　(010)64027926

地　址　北京市东城区嵩祝院北巷 39 号　　**邮　编**　100009

网　址　www.mip1953.com　　**电子信箱**　service@mip1953.com

责任编辑　李培禄　美术编辑　彭子赫

责任校对　侯　瑂　李文彦　责任印制　禹　蕊

北京虎彩文化传播有限公司印刷

1988 年 10 月第 1 版，2004 年 5 月第 2 版，2022 年 5 月第 8 次印刷

850mm×1168mm　1/32；17.625 印张；471 千字；539 页

定价 45.00 元

投稿电话　**(010)64027932**　**投稿信箱**　**tougao@cnmip.com.cn**

营销中心电话　**(010)64044283**

冶金工业出版社天猫旗舰店　**yjgycbs.tmall.com**

序

新的世纪刚刚开始，中国冶金工业就在高速发展。2002年中国已是钢铁生产的“超级”大国，其钢产总量不仅连续7年居世界之冠，而且比居第二和第三位的美、日两国钢产量总和还高。这是国民经济高速发展对钢材需求旺盛的结果，也是冶金工业从20世纪90年代加速结构调整，特别是工艺、产品、技术、装备调整的结果。

在这良好发展势态下，我们深深地感觉到要适应这一持续走强要求的人员素质差距之惑。当前不仅需要运筹帷幄的管理决策人员，需要不断开发创新的科技人员，更需要适应这新变化的大量技术工人和技师。没有适应新流程、新装备、新产品生产的熟练技师和技工，我们即使有国际先进水平的装备，也不能规模地生产出国际先进水平的产品。为此，提高技工知识水平和操作水平需要开展系列的技能培训。

冶金工业出版社根据这一客观需要，为了配合职业技能培训，组织国内有实践经验的专家、技术人员和院校老师编写了《冶金职业技能培训丛书》，以支持各钢铁企业、中国金属学会各相关组织普及和培训工作的需要。这套丛书按照不同工种分类编辑成册，各册根据不同工种的特点，从基础知识、操作技能技巧到事故防范，采用一问一答形式分章讲解，语言简练，易读易懂易记，适合于技术工人阅读。冶金工业出版社的这一努力是希望为更好地发展冶金工业而做出的贡献。感谢编著者和出版社的辛勤劳动。

借此机会，向工作在冶金工业战线上的技术工人同志们致意，感谢你们为行业发展做出的无私奉献，希望不断学习，以适应时代变化的要求。

原冶金工业部副部长
中国金属学会理事长

2003年6月18日

第2版前言

《冷轧带钢生产问答》第1版自1988年出版以来已有10多年了。近年来,我国的冷轧板带生产有了很大的发展,引进了一些先进的冷轧设备和技术,一些行业标准也有了新的版本。因此,本书第1版中的部分内容已经过时,修订再版势在必行。

为了配合冷轧生产和管理人员的培训,提高冷轧生产和管理的水平,适应我国钢铁工业发展的需要,我们此次修订再版补充介绍了引进的新设备和新技术,如全连续轧机、CVC轧机、彩色钢板生产等;按现行的行业标准对有关内容进行了删改;另外,对原书的个别字句和计算数据有误之处一一予以改正,书中的全部物理量及单位均按照《量和单位》新标准的有关规定做了修改。鉴于本书的读者对象、编写要求以及内容与《冶金职业技能培训丛书》相符,本次修订将其纳入该丛书之中。

本书第1版由赵家骏老师编著,此次再版是由赵家骏和魏立群老师共同修订的,并得到了上海应用技术学院柳谋渊、经晓蓉、张杏耀、徐春老师的大力协助,在此特表谢意。

愿本书能为从事冷轧生产的工人、技术人员和管理人员提供有益的帮助。对书中存在的不足之处,恳请广大读者批评指正。

编者

2004年1月

第1版前言

为了配合冷轧工人考工和技术培训，提高冷轧生产工人的专业技术水平，适应四化建设的需要，编写了《冷轧带钢生产问答》一书，作为轧钢工人应知应会丛书之一。

《冷轧带钢生产问答》是根据冶金工业部一九七九年颁发的《冶金工人技术等级标准》，结合各厂生产工艺和设备的实际情况编写的。本书以问答形式、按生产工艺过程进行编写，内容着重阐明冷轧设备和生产工艺特点，总结了现场操作经验，以介绍实用技术为主，对先进技术作适当简介。

本书在命题和编写过程中，许多冷轧生产工人、工程技术人员、生产管理人员和技校教师不仅提出了宝贵的意见，还提供了有关资料。对他们的大力支持和帮助，在此一并表示感谢。

本书由宝山钢铁总厂冷轧部王德仁高级工程师审阅，特此感谢。

由于作者水平有限，书中存在的不足之处，恳请广大读者批评指正。

编者

1988年2月

目　录

第一章　冷轧带钢生产概述

1. 什么叫冷轧,冷轧带钢有哪些优点? …………………… 1
2. 冷轧生产方法有哪几种? …………………………………… 1
3. 冷轧板带的生产工艺流程是怎样的? ……………………… 4
4. 冷轧薄带钢生产的发展概况怎样? ………………………… 5
5. 什么叫镀锡薄钢板,其热镀锡生产工艺流程怎样? …… 7
6. 电镀锡板生产过程是怎样的? ……………………………… 8
7. 什么叫镀锌板,其生产方法怎样? ………………………… 10
8. 热镀锌板的生产过程是怎样的? …………………………… 11
9. 2030mm 连续电镀锌机组工艺和机组特点是什么? ……………………………………………………… 12
10. 什么是彩色钢板,其生产流程怎样? ……………………… 17
11. 什么叫全连续式冷连轧机? ………………………………… 18
12. 酸洗—冷连轧联合机组的特点是什么? ………………… 20
13. 对冷轧板带钢通常要求哪些力学性能和工艺性能? …………………………………………………… 22
14. 冷轧板带有哪些品种和规格? …………………………… 25

第二章　坯料与酸洗

一、冷轧坯料 …………………………………………………… 29

15. 冷轧坯料有哪几种,有哪些要求? ………………………… 29
16. 对冷轧碳素结构钢带的坯料有哪些技术要求? …… 29
17. 坯料常见缺陷有哪些,对冷轧生产有什么影响? …… 34

18. 酸洗前矫直带钢有什么作用? …… 36
19. 什么叫闪光焊接? …… 37
20. 小型闪光对焊机的结构、性能怎样? …… 39
21. 怎样选用带钢闪光对焊的工艺参数? …… 41
22. 窄带钢闪光对焊会产生哪些缺陷,操作中怎样防止? …… 44

二、酸洗工艺 …… 46

23. 带钢表面氧化铁皮结构是怎样的? …… 46
24. 清除氧化铁皮的方法有哪几种? …… 48
25. 硫酸酸洗和盐酸酸洗的机理是什么,哪一种酸洗好? …… 49
26. 怎样配制酸溶液? …… 51
27. 硫酸溶液中为什么要加缓蚀剂,为什么加食盐? …… 52
28. 酸溶液怎样进行加热? …… 53
29. 为什么带钢酸洗后要进行清洗和钝化? …… 55
30. 影响带钢酸洗的因素有哪些? …… 56
31. 连续硫酸酸洗工艺参数是怎样的? …… 57
32. 带钢酸洗会产生哪些缺陷,怎样防止? …… 59
33. 怎样从废酸中回收硫酸? …… 61
34. 蒸发结晶机组的操作要点是什么? …… 63
35. 怎样再生废盐酸? …… 65
36. 怎样处理盐酸酸气? …… 66
37. 怎样计算酸的消耗量? …… 67

三、酸洗设备及其操作 …… 69

38. 怎样操作拆卷机? …… 69
39. 怎样操作调整电动式下切剪? …… 70
40. 活套装置有什么作用,各种活套装置有哪些优缺点? …… 72

41. 窄带钢圆盘剪的结构是怎样的，其操作和调整应注意什么？ …… 73
42. 无张力卷取带钢时会产生什么缺陷？ …… 76
43. 小型冷轧车间酸洗工序的操作要点是什么？ …… 78
44. 半连续酸洗机组的工艺操作过程是怎样的，应注意哪些安全事项？ …… 80
45. 连续酸洗机组的作用是什么，其设备组成和工艺流程怎样？ …… 81
46. 卧式盐酸酸洗机组的设备布置和工艺过程怎样？ …… 83
47. 塔式盐酸酸洗机组有哪些优缺点？ …… 86
48. 600mm 塔式盐酸酸洗机组的操作要点是什么？ …… 88
49. 2050mm 冷轧机浅槽连续盐酸酸洗机组和工艺过程是怎样的？ …… 90
50. 浅槽连续盐酸酸洗机组废酸再生工艺是怎样的？ …… 93
51. 浅槽连续盐酸酸洗机组的自动控制系统是怎样的？ …… 95
52. 推拉式酸洗机组的特点是什么？ …… 98
53. 酸洗塔中带钢跑偏自控装置是怎样的？ …… 99
54. 涂油机怎样工作？ …… 101
55. 什么是打卷机？ …… 101
56. 什么叫中性电解去鳞？ …… 103

第三章　冷轧工艺

一、冷轧工艺特点 …… 106

57. 金属变形的方式是怎样的？ …… 106
58. 什么叫加工硬化，怎样消除？ …… 109
59. 冷轧使带钢的组织发生什么变化？ …… 111
60. 冷轧使带钢的性能发生什么变化？ …… 112

61. 冷轧工艺有哪些特点? …………………………… 113
62. 冷轧工艺润滑的目的和对工艺润滑剂的要求是什么? …………………………… 115
63. 冷轧工艺润滑剂有哪几种? …………………………… 116
64. 什么叫最小可轧厚度,怎样使轧机轧出更薄的产品? …………………………… 117

二、冷轧工艺参数 …………………………… 119

65. 怎样用图表法求出咬入角? …………………………… 119
66. 影响冷轧轧制压力的因素有哪些? …………………… 121
67. 轧制压力与变形抗力有何区别? …………………… 122
68. 金属塑性和金属柔软性是一回事吗? ……………… 122
69. 什么叫附加应力和残余应力,它们对金属性能有何影响? …………………………… 123
70. 怎样确定冷轧时的带钢变形阻力? ………………… 124
71. 计算冷轧轧制压力时怎样选用摩擦系数? ………… 126
72. 怎样用斯通公式计算冷轧轧制压力? ……………… 127
73. 四辊冷轧机有哪几种传动方式? …………………… 131
74. 轧机主电动机力矩由哪几部分组成,怎样计算? … 131
75. 怎样计算工作辊传动的四辊轧机轧制力矩? ……… 134
76. 怎样计算支撑辊传动的四辊轧机轧制力矩? ……… 136
77. 操作中怎样保证四辊轧机工作辊的稳定性? ……… 138
78. 怎样用图表法计算四辊冷轧机的传动力矩? ……… 139
79. 什么叫能耗曲线,怎样通过实测绘制能耗曲线? … 140
80. 怎样用能耗曲线来推算轧制力矩? ………………… 143
81. 怎样确定冷轧规程? ………………………………… 145
82. 为什么要采用多辊冷轧机? ………………………… 148
83. 怎样用图解法分析多辊轧机的受力情况? ………… 149
84. 怎样选择卷取张力? ………………………………… 150
85. 怎样保持卷取机张力恒定? ………………………… 151

86. 张力辊有哪几种工作状态,其张力怎样确定? …… 152
87. 怎样选择连续作业机组的带钢张力? …………… 154

三、冷轧钢带的产品技术要求 ………………………… 156

88. 低碳钢冷轧钢带的产品要求是什么? …………… 156
89. 优质碳素结构钢冷轧钢带的产品要求是什么? …… 159
90. 热处理弹簧钢带的产品要求是什么? …………… 161
91. 弹簧钢、工具钢冷轧钢带的产品要求是什么? …… 163
92. 锯条用冷轧钢带的产品要求是什么? …………… 165
93. 刮脸刀片用冷轧钢带的产品技术要求是什么? …… 166

四、冷轧工艺参数测量 ………………………………… 167

94. 用千分尺测量带钢厚度时应注意什么? ………… 167
95. 接触式电感测厚仪的测量特点是什么,
其性能怎样? ……………………………………… 168
96. 冷轧常用的非接触式测厚仪有哪几种,
其测量范围怎样? ………………………………… 170
97. X射线测厚仪的测厚原理是什么,其性能怎样? … 171
98. β射线测厚仪的测厚原理是什么,其性能怎样? … 173
99. 微波测厚仪的测量原理是什么,其性能怎样? …… 174
100. 怎样用光栅式位置传感器测量辊缝? ………… 177
101. 什么是磁尺式位置传感器? ………………… 179
102. 辊缝数字显示仪的工作原理是什么? ………… 180
103. 常用哪些压力传感器? ……………………… 182
104. 怎样用电阻应变式测力仪测量轧制压力? ……… 183
105. 怎样用压磁式测压仪测量轧制压力? ………… 185
106. 张力是怎样测量的? ………………………… 187
107. 怎样用电阻应变式转矩测量仪测量轧制力矩? … 190
108. 什么是直流测速发电机,其用途如何? ……… 191
109. 光电式转速传感器怎样测速? ……………… 191

110. 什么叫模拟式电子转速表和数字式电子转速表？ …… 193

五、冷带钢厚度控制 …… 194

111. 冷带钢厚度波动的原因有哪些？ …… 194
112. 什么叫轧机刚度？ …… 195
113. 怎样测定轧机刚度，其有何意义？ …… 198
114. 影响轧机刚度的因素有哪些？ …… 202
115. 怎样粗略估算轧机刚度？ …… 203
116. 什么叫轧机可变刚度，生产中为什么需要轧机刚度可变？ …… 206
117. 什么是轧件的塑性曲线和塑性方程式？ …… 208
118. 什么叫轧机弹塑曲线（*P*-*H* 图），其有何用途？ …… 209
119. 什么叫辊缝人工零位？ …… 211
120. 怎样利用弹塑曲线（*P*-*H* 图）来分析轧机调整过程？ …… 213
121. 轧机刚度与调节板厚有什么关系？ …… 214
122. 什么叫预控（前馈）厚度自动控制（AGC）？ …… 215
123. 怎样用压力信号来调节板厚（*P*-AGC）？ …… 216
124. 冷带钢连轧厚度控制系统的基本思想和工作原理是什么？ …… 218
125. 1700mm 五机架冷连轧机计算机控制系统由哪几级组成，两级监控的控制功能怎样？ …… 220
126. 1700mm 五机架冷连轧机工艺过程直接控制的功能有哪些？ …… 223
127. 2030mm 全连续轧机控制系统的特点是什么？ …… 225

六、冷带钢板形控制 …… 227

128. 轧机辊缝形状与哪些因素有关？ …… 227
129. 什么叫辊形，辊形设计的任务是什么？ …… 228

130. 怎样计算轧辊挠度？ …… 229
131. 怎样计算轧辊弹性压扁量？ …… 232
132. 怎样计算轧辊热凸度？ …… 233
133. 怎样合理选择冷轧工作辊的原始辊形？ …… 234
134. 怎样补偿生产中的轧辊磨损？ …… 235
135. 调整辊形的方法有哪几种？ …… 236
136. 带钢横向厚差与板形是一回事吗？ …… 237
137. 什么叫二次变形？ …… 240
138. 怎样才能保证板形良好？ …… 241
139. 轧制时怎样观察和测量带钢板形？ …… 243
140. 什么叫液压弯辊，怎样使用？ …… 244
141. 冷轧带钢轧机的平衡装置和液压弯辊装置是怎样的？ …… 247
142. 怎样控制冷轧机的液压弯辊？ …… 248
143. 什么叫 HC 轧机？ …… 251
144. HC 轧机的辊系稳定条件是什么？ …… 253
145. 什么是 UC 轧机？ …… 258
146. UC 轧机的类型、特点和板形控制原理是什么？ …… 260
147. 什么是 VC 辊系统？ …… 262
148. VC 辊的控制原理及特点是什么？ …… 263
149. CVC 轧机的基本原理及特点是什么？ …… 264
150. CVC 轧机的类型及结构是怎样的？ …… 266
151. FFC 轧机的原理和结构是怎样的？ …… 272
152. PC 轧机的工作原理和结构是怎样的？ …… 276
153. UPC 轧机的工作原理和特点是怎样的？ …… 280

第四章　冷轧设备及其操作

一、冷轧机及其操作 …… 284

154. 冷带轧机主机列由哪几部分组成? …………… 284
155. 万向接轴的结构是怎样的? ……………… 286
156. 某1700mm冷连轧厂的设备布置和工艺流程是怎样的? ……………… 288
157. 1700mm五机架冷连轧机操作过程是怎样的? … 290
158. 什么是偏八辊轧机? ……………… 292
159. 偏八辊轧机的辊系结构是怎样的? …………… 293
160. 二十辊轧机的压下和辊形是怎样调整的? ……… 295
161. 二辊、四辊不可逆式冷轧机的基本操作要点是什么? ……………… 298
162. 四辊可逆式冷轧机的基本操作要点是什么? …… 299
163. 小型十二辊和二十辊可逆式冷轧机的基本操作要点是什么? ……………… 300
164. 冷轧带钢生产中会出现哪些事故,怎样排除? …… 302
165. 冷轧设备有哪几种润滑方式? ……………… 303
166. 怎样进行稀油润滑,操作中应注意哪些事项? …… 304
167. 怎样进行干油润滑? ……………… 307

二、轧辊及其轴承 ……………… 309

168. 冷轧轧辊由哪几部分组成? ……………… 309
169. 对冷轧工作辊的材质有什么要求,轧辊怎样热处理? ……………… 311
170. 对冷轧支撑辊的材质有什么要求,轧辊怎样热处理? ……………… 314
171. 对冷轧辊加工有哪些技术要求? ……………… 316
172. 如何提高轧辊磨削的加工精度? ……………… 318
173. 轧辊磨削时如何合理选择磨削用量? ………… 318
174. 轧辊磨削时怎样选择砂轮? ……………… 321
175. 轧辊磨削前应做哪些准备工作? ……………… 324
176. 磨削轧辊应注意的事项是什么? ……………… 325

177. 怎样选择低表面粗糙度冷轧辊磨削的工艺参数？ …… 326
178. 怎样磨削精密冷轧辊？ …… 329
179. 冷轧辊精磨时产生多角形和振纹的原因是什么，怎样防止？ …… 331
180. 冷轧辊磨削时产生螺旋形的原因是什么，怎样防止？ …… 332
181. 轧辊磨削时产生烧伤的原因是什么，怎样防止？ …… 335
182. 轧辊磨削时产生划痕的原因是什么，怎样防止？ …… 336
183. 什么叫调质处理，冷轧辊怎样进行调质处理？ …… 337
184. 冷轧辊怎样进行工频淬火？ …… 338
185. 轧辊为什么要进行冷处理？ …… 341
186. 冷轧辊在运输和存放过程中应注意哪些事项？ …… 342
187. 冷轧辊使用期间怎样进行回火？ …… 342
188. 造成轧辊缺陷的原因是什么？ …… 343
189. 怎样校核二辊冷轧机的轧辊强度？ …… 344
190. 怎样校核四辊冷轧机的轧辊强度？ …… 346
191. 怎样校核冷轧辊的疲劳强度？ …… 347
192. 四辊冷轧机常用哪几种滚动轴承？ …… 349
193. 什么叫支撑辊轴承座自动调位？ …… 352
194. 怎样用液压方法拆装轴承？ …… 352
195. 什么是液体摩擦轴承？ …… 353
196. 什么是动压轴承？ …… 354
197. 什么是静压轴承？ …… 356
198. 什么是静-动压轴承？ …… 360
199. 怎样使用和维护液体摩擦轴承？ …… 361

三、液压传动与压下装置 …………………………… 362

200. 什么叫液压传动，它有哪些优缺点，冷带钢车间哪些设备采用液压传动？ …………………… 362
201. 液压系统是由哪些装置组成的，系统怎样进行调试？ ……………………………… 363
202. 液压系统怎样进行操作和维护？ ………… 365
203. 齿轮油泵是怎样工作的，其常见故障是什么，怎样排除？ ……………………………… 366
204. 叶片油泵是怎样工作的，其常见故障是什么，怎样排除？ ……………………………… 368
205. 控制阀分哪几类，各有什么作用，有哪些共同的要求？ ……………………………… 371
206. 怎样延长液压元件的使用寿命？ ………… 373
207. 液压油污染的原因是什么，怎样处理？ ……… 374
208. 拆装液压传动装置时应注意什么？ ……… 375
209. 液压系统压力调不上去是什么原因，怎样排除？ ………………………………… 376
210. 工作油缸运动不正常和工作部件出现爬行现象的原因是什么，怎样排除？ ……… 377
211. 换向时有冲击是什么原因，怎样排除？ ……… 379
212. 液压系统有噪声和振动是什么原因，怎样排除？ ………………………………… 379
213. 对带钢冷轧机电动压下装置有哪些要求？ ……… 380
214. 什么是压下装置的电磁离合器？ ………… 382
215. 怎样用液压缸平衡上轧辊？ ……………… 383
216. 1200mm 四辊冷轧机液压压下装置是怎样进行工作的？ ……………………………… 385
217. 600mm 冷连轧机液压压下装置是怎样工作的？ ………………………………… 387

218. 1700mm 冷连轧机液压压下装置是怎样工作的？ …… 389
219. 液压压下系统中电液伺服阀的作用是什么，它是怎样工作的？ …… 390

四、开卷机与卷取机 …… 393

220. 什么叫双筒回转式开卷机？ …… 393
221. 什么叫单卷筒棱锥式开卷机？ …… 395
222. 四棱锥式悬臂开卷机的结构和性能是怎样的？ … 396
223. 什么叫双圆柱头胀缩式开卷机？ …… 398
224. 预开卷设备包括哪些，其工作过程怎样？ …… 401
225. 什么叫刮板式直头机，其操作过程怎样？ …… 403
226. 冷带钢卷取机的工作特点是什么？ …… 404
227. 什么是助卷器，其作用是什么？ …… 406
228. 牙条扇形块无缝隙卷取机的结构和性能是怎样的？ …… 407
229. 什么是实心卷筒卷取机？ …… 408
230. 什么是径向活塞弓形块卷取机？ …… 410
231. 卡罗塞尔(Carrousel)卷取机的工作原理及特点是什么？ …… 412
232. 卷取机的操作要点是什么？ …… 414

五、电气传动与控制 …… 415

233. 各类冷轧机的工作特点是什么，对主电机有哪些要求？ …… 415
234. 300mm 冷连轧机对电气传动装置有哪些要求？ …… 417
235. 直流电动机由哪些主要部分组成，其转动原理是什么？ …… 417
236. 直流电动机分哪几种，其铭牌上数据表示

什么意义? ………………………………………… 419
237. 什么是电动机的机械特性? ……………………… 421
238. 直流电动机有哪几种启动、制动方法和改变
旋转方向的方法? ………………………………… 422
239. 直流电动机的调速方法有几种,各有哪些
特点? ……………………………………………… 424
240. 什么叫电动机的调速范围和静差率? …………… 426
241. 冷轧机在什么情况下采用恒转矩调速和
恒功率调速? ……………………………………… 427
242. 什么是发电机-电动机机组? ……………………… 429
243. 什么叫可控硅供电? ……………………………… 430
244. 直流电动机控制系统的基本原理是什么? ……… 433
245. 常用的调节器有哪些? …………………………… 435
246. 自动控制系统中典型环节有哪些? ……………… 437
247. 可控硅导通和关断的条件是什么? ……………… 439
248. 什么是可控硅-电动机非独立励磁控制系统? …… 440
249. 怎样控制300mm冷连轧机的张力? ……………… 443
250. 怎样给定小型冷连轧机的速度? ………………… 446
251. 为什么小型冷连轧机需要"锁零"装置及轧机
强制起步? ………………………………………… 447
252. 安全用电一般需注意哪些事项,发生触电
事故后怎么办? …………………………………… 447

第五章 退火与精整

一、退火工艺及其操作 ……………………………………… 449

253. 什么叫退火,冷轧带钢退火的目的是什么? ……… 449
254. 什么是氧化和脱碳? ……………………………… 450
255. 什么是氨分解,氨分解炉的操作要点是什么? …… 451
256. 碳素工具钢怎样进行球化退火,操作中应

注意什么？ …………………………………… 453
257. 台车式燃煤(气)退火炉的操作要点是什么？ …… 455
258. 什么是强对流全氢罩式退火炉？ ………………… 456
259. 电罩式退火炉的操作要点是什么？ ……………… 457
260. 塔式连续退火炉的工艺操作是怎样的？ ………… 459
261. 退火炉操作时应注意哪些安全事项？ …………… 462

二、温度测量 …………………………………………… 463

262. 热电偶的测温原理是什么，常用热电偶的
测温范围怎样？ …………………………………… 463
263. 怎样使用热电偶？ ……………………………… 464
264. 怎样使用动圈式温度仪表？ …………………… 465
265. 电子电位差计的一般工作原理是什么？ ………… 467
266. 怎样使用电子电位差计？ ……………………… 469

三、精整 ………………………………………………… 470

267. 冷轧带钢为什么要进行平整？ ………………… 470
268. 平整机的操作要点是什么？ …………………… 471
269. 怎样测量平整机压下率？ ……………………… 472
270. 矫正冷轧板带的作用是什么？ ………………… 474
271. 斜刀片液压剪切机是怎样传动的？ …………… 474
272. 纵剪(分条剪)的操作要点是什么？ …………… 476
273. 飞剪的工艺要求是什么？ ……………………… 478
274. 1700mm 冷带钢曲柄摇杆摆式飞剪系统
设备怎样布置？ …………………………………… 478
275. 曲柄摇杆摆式飞剪的工作原理是什么？ ………… 480
276. 曲柄摇杆摆式飞剪有哪些机构，怎样动作
和调整？ …………………………………………… 481
277. 怎样控制和调节连续作业机组中带钢的张力？ … 484
278. 为什么要控制带钢跑偏，其控制装置有

哪几种形式？ …………………………………… 486
279. 卷取机怎样自动地控制带钢跑偏？ ………………… 487
280. 开卷机怎样控制带钢跑偏？ …………………… 488
281. 浮动式卷取机是怎样控制带钢跑偏的？ ………… 490

第六章　冷轧不锈钢带和硅钢带的生产特点

一、冷轧不锈钢带的生产特点 ……………………………… 492

282. 不锈钢分哪几种，各有哪些特点？ ………………… 492
283. 冷轧不锈钢带和耐热钢带的产品技术要求
是什么？ ……………………………………… 498
284. 不锈钢带坯常有哪些缺陷？ …………………… 503
285. 冷轧不锈钢带的生产工艺流程是怎样的？ ……… 504
286. 各类不锈钢带的焊接特点是什么，应注意
哪些事项？ …………………………………… 508
287. 什么是氩弧焊，怎样操作？ ……………………… 510
288. 氩弧焊常见哪些焊接缺陷？ …………………… 513
289. 怎样清除不锈钢带的氧化铁皮？ ………………… 515
290. 冷轧不锈钢带常有哪些缺陷，怎样去除？ ……… 517
291. 什么叫固溶处理？ …………………………… 518
292. 不锈钢带常用哪些热处理方法，会产生
什么缺陷？ …………………………………… 519

二、冷轧硅钢片的生产特点 …………………………… 520

293. 什么是导磁体，其用途如何？ …………………… 520
294. 什么是硅钢片，对硅钢片有哪些要求？ ………… 521
295. 什么是取向硅钢和无取向硅钢？ ………………… 522
296. 冷轧电工钢片的产品要求是什么？ ……………… 523
297. 磁滞合金冷轧带材的产品要求是什么？ ………… 527
298. 冷轧电工硅钢片的生产工艺有哪些特点？ ……… 529

299. 高磁感取向硅钢片(HiB)的生产特点是什么？ …… 531
300. 硅钢片涂绝缘层或隔离层有哪些要求？ …… 531
301. 取向硅钢片高温退火的作用是什么，怎样操作？ …… 532
302. 连续退火对硅钢片生产有什么作用，其退火工艺怎样？ …… 533

附录　部分钢种的加工硬化曲线 …… 535

参考文献 …… 539

第一章　冷轧带钢生产概述

1. 什么叫冷轧，冷轧带钢有哪些优点？

金属在再结晶温度以下进行轧制变形叫做冷轧，一般指带钢不经加热而在室温直接进行轧制加工。冷轧后的带钢可能烫手，但还是叫冷轧。

冷轧生产可提供大量高精确度和性能优良的钢板和带材，其最主要的特点是加工温度低，同热轧生产相比，它有以下优点：

（1）冷轧带钢产品尺寸精确，厚度均匀，带钢厚度差一般不超过0.01～0.03mm或更小，完全可以符合高精度公差的要求。

（2）可获得热轧无法生产的极薄带材（最薄可达0.001mm以下）。

（3）冷轧产品表面质量优越，不存在热轧带钢常常出现的麻点、压入氧化铁皮等缺陷，并且可根据用户的要求，生产出不同表面粗糙度的带钢（光泽面或麻糙面等），以利于下道工序的加工。

（4）冷轧带钢具有很好的力学性能和工艺性能（如较高的强度、较低的屈服极限、良好的深冲性能等）。

（5）可实现高速轧制和全连续轧制，具有很高的生产率。

2. 冷轧生产方法有哪几种？

冷轧板带钢生产方法分为单片轧制和成卷轧制两种方法。

（1）单片轧制。单片轧制最早采用二辊式轧机，目前多用四辊式冷轧机。四辊冷轧机按其轧辊运转方向可分为可逆式和不可逆式。

采用不可逆式四辊轧机进行单片生产时，轧制操作是由人工逐张将钢板喂入轧机，全垛钢板轧完一道次后，用吊车将板垛吊送到轧机前，进行下一道次的轧制，如此循环进行，直到轧成规定的成品尺寸时为止。

采用可逆式轧机时，则轧制操作有两种，一种是每一张钢板在轧机上往返轧制，直到轧制成最终的成品尺寸，然后再进行第二张钢板的轧制。这种操作方法虽然压下调整操作频繁，但产品表面不易划伤，故实际生产中应用较多，特别是轧制单重和尺寸较大的钢板，均采用此法。另一种是每张钢板逐张送入轧机，待全垛钢板轧完一道次后，再逐张返回轧制第二道次。此种操作方法使轧制产品尺寸较均一，而且省去了轧辊反转和压下的调整时间，从而冷轧机产量较高，但板面之间有时可能造成划伤。

单张轧制方法由于不能采用张力，故每道次的压下率一般不超过 14%，轧制道次增多，钢板加工硬化程度增大。因此，单张轧制不能生产厚度很薄的冷轧产品。

(2) 成卷轧制。目前，冷轧生产大多是采用成卷轧制，其基本形式分为单机成卷轧制和多机架连续式成卷轧制两种。成卷轧制采用二辊轧机、四辊轧机、偏八辊轧机、十二辊轧机、二十辊轧机等不可逆式和可逆式的冷轧机。

单机不可逆式冷轧机主要有二辊轧机和四辊轧机两种(图 1-1)，

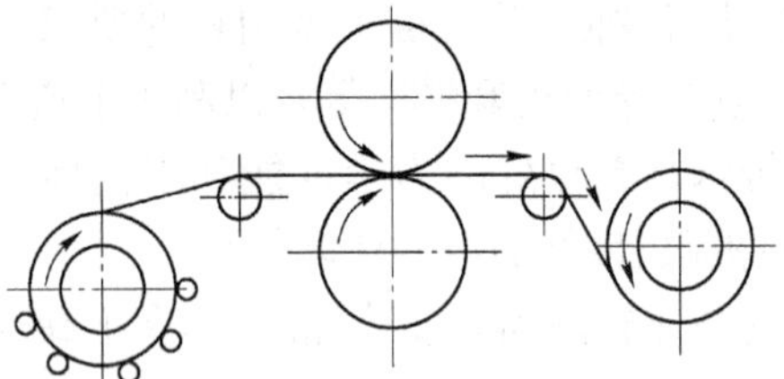

a

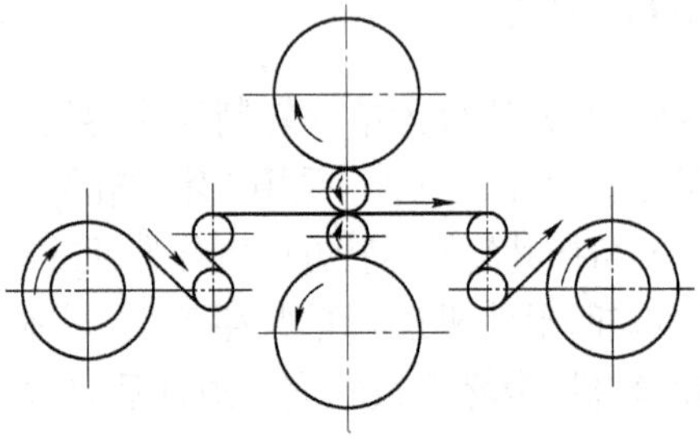

b

图 1-1　不可逆式冷轧机

a—二辊不可逆式；*b*—四辊不可逆式

这种轧机在我国有数百台之多，其辊身长度在 100～600mm 之间，辊径在 100～300mm 之间。在这些轧机中，大部分设有开卷机和卷取机。这些轧机主要用来生产 600mm 以下的窄带钢或平整成卷的窄带钢，轧制速度在 1.2～2.0m/s 范围内。

单机可逆式冷轧机分为四辊轧机和多辊轧机（偏八辊轧机、十二辊轧机、二十辊轧机）。轧机大部分采用工作辊驱动方式，这样可使总变形抗力减小，降低电能消耗，可轧制较薄的产品。表 1-1 给出了 1200mm 四辊可逆式冷轧机的主要技术性能。

表 1-1　1200mm 四辊可逆式冷轧机主要技术性能

性　　能	1200mm 四辊可逆式冷轧机
工作辊直径/支撑辊直径×辊身长度/mm×mm	400/1300×1200
轧制力/kN	18000
最大轧制速度/$m \cdot s^{-1}$	13.8
主电机功率/kW	2×2000
压下形式	电动压下
原料厚度×宽度/mm×mm	(1.8～3.0)×(550～1020)
成品厚度/mm	0.2～1.5
钢卷质量/t	15
钢卷最大外径/mm	1800
卷取机直径/mm	750
卷取机电机功率/kW	2×660
卷取机最大张力/kN	100
卷取机最大速度/$m \cdot s^{-1}$	13.8
开卷机功率/kW	2×80
开卷机张力/kN	34
开卷机速度/$m \cdot s^{-1}$	6.9
年产量/万 t	10

与单机座可逆式冷轧机相比，多机架连续式冷轧机具有如下特点：

（1）轧制速度高，一般在 25m/s 以上（最高可达 41m/s）。

（2）产品质量好，能满足用户提出的力学性能、表面质量、厚度、精度等各种要求。

(3) 钢卷的两端均能压下，减少了切头切尾损失，金属收得率高。

(4) 产量高，年产量一般在数十万吨到 100 万 t 以上。

(5) 采用液压压下装置和一系列自动化控制及各种新技术，其优点更为突出。

多机架连续式冷轧机的缺点是：

(1) 各机架的延伸和轧制速度不易调整，生产操作较难掌握。

(2) 轧制品种范围受一定限制。

(3) 设备投资较大。

3. 冷轧板带的生产工艺流程是怎样的？

冷轧板带的轧制方法虽有单张和成卷、单机座和多机座之分，但它们的生产工艺过程却基本相似。冷轧薄板、带钢中有 3 大典型产品：镀层板、汽车板与电工硅钢板。其生产工艺流程大致如图 1-2

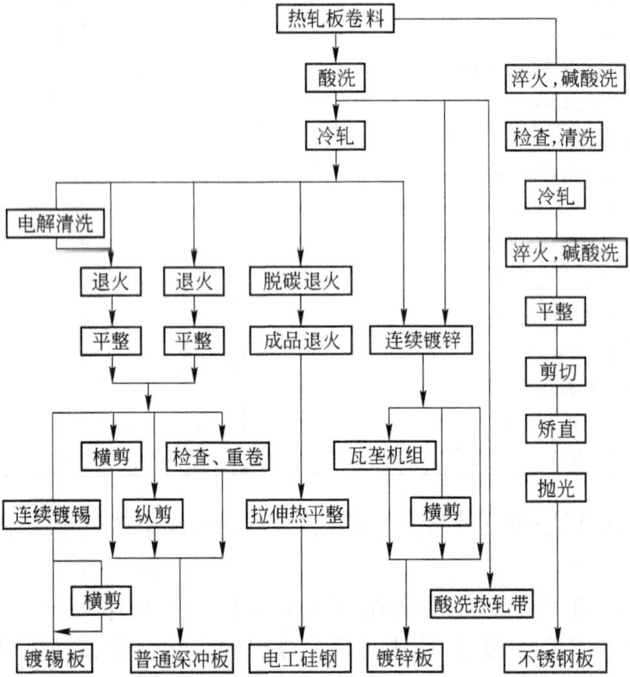

图 1-2　冷轧薄板、带钢生产工艺流程

所示。

4. 冷轧薄带钢生产的发展概况怎样?

薄板、带钢的生产技术是钢铁工业发展水平的一个重要标志。薄钢板除了供汽车、农机、化工、食品罐头、建筑、电器等工业使用外,还与日常生活有直接关系,如家用电冰箱、洗衣机、电视机等都需要薄钢板。因而在一些工业发达的国家中,薄钢板占钢材的比例逐年增加,在薄板、带钢中,冷轧产品占很大部分。

冷轧生产最初是在二辊轧机、四辊轧机上进行的。随着科学技术和工业的发展,需要更薄、质量要求更高的带材,尤其是仪表、电子、通讯设备上需要极薄带材。四辊轧机往往不能满足这一要求,这样便出现了新型结构的轧机,如六辊轧机、十二辊轧机、二十辊轧机、偏八辊轧机和其他复合式多辊冷轧机,如图1-3所示。

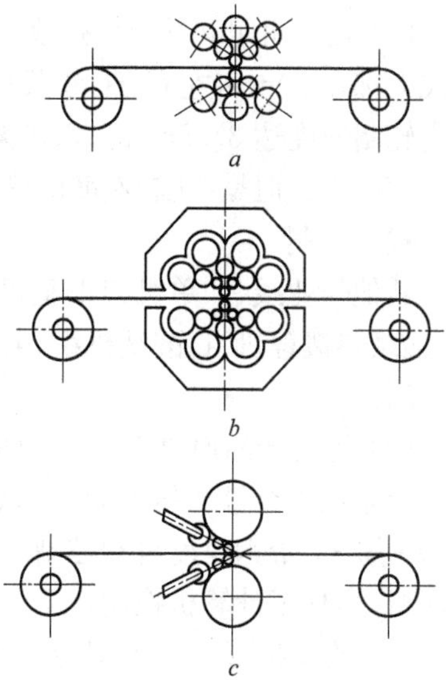

图1-3　多辊冷轧机
a—十二辊轧机;*b*—二十辊轧机;
c—偏八辊轧机

冷轧带钢可以用单机和多机架连轧机来生产,目前主要采用三机架到六机架四辊冷连轧机,这种轧机的特点是生产率高,机械化、自动化程度高,产品质量好。

近年来,冷轧带钢生产技术的发展主要有以下几个方面:

(1) 增加钢卷质量。增加钢卷质量是提高设备生产能力的有效方法,因为冷轧带钢是以钢卷方式生产的,每一个钢卷在送到机组内轧制或处理前,都必须经过拆捆、开卷、穿带,然后加速到正常速度工作，在每一卷终了时又需要有减速、剪切、卷取及卸卷的过程，占用较多的生产时间。钢卷质量增大后，可相应地增加作业的时间，而且由于每卷带钢长度的增加，带钢在稳定速度下轧制的时间也相应增加，机组的速度才能真正得到提高，带钢的质量也才能得以改善。然而，钢卷质量也不可无限制地增加，它受到开卷机、卷取机等机械设备的结构与强度的限制，也受到电动机调速范围的限制，而且卷重太大还会给车间内钢卷的运输和存放带来困难。目前，冷轧带卷的质量已达 40t，个别的达到 60t，以带钢单位宽度计算的卷重达到 30～36kg/mm。

(2) 提高机组和轧机的速度。以五机架轧机为例，20 世纪 50 年代大都在 20m/s 左右，60 年代以来已逐步提高到 30m/s 左右，最高轧制速度达 37.5m/s。六机架冷连轧机的最高轧制速度已超过了 40m/s。但是，轧制速度的进一步提高会受到工艺润滑材料与方式的限制。

其他作业线(如单机架平整机组、双机架平整机组、各剪切机组、连续热镀锌机组、酸洗机组、电镀锡机组等)的机组速度也都相应提高。

(3) 提高产品厚度精度。为提高冷轧带钢的厚度精度，在冷轧机上采用了全液压压下装置，以便增加轧机压下装置的反应速度，并采用了带钢厚度自动控制装置。对于高速、高产量的带钢冷连轧机，实现了计算机控制。

(4) 改善板形。在带钢冷连轧机上，广泛采用液压弯辊装置来改善板形。

(5) 提高自动化程度。在生产操作自动化方面，普遍采用各种形式的极限开关、光电管等，对每个动作实行自动程序控制，实现了钢卷对中、带钢边缘纠偏、机组中带钢速度的自动调整、剪切钢板的自动分类等自动化操作和控制。

(6) 改进轧机结构。1971 年以来，出现了全连续式冷连轧机。这种轧机只要第一次引料穿带后，就可实现连续轧制。此时，后续带卷的头部通过焊接机与前一带卷尾部焊接在一起。为了保证带钢能够连续轧制，在连轧机入口端设置了活套装置。在冷连轧机组出口端设置了分卷用的飞剪机，并设置了两台卷取机，以便交替地卷取带钢。全连续式冷连轧机即使在换辊时，带钢依然停留在轧机内。换辊一结束，轧机可立即进行轧制。采用全连续式冷连轧机，可以提高生产率30%～50%，产品质量和收得率也都得到提高。

(7) 改进生产工艺。不断采用新工艺、新设备，例如深冲钢板连续退火作业线和浅槽盐酸酸洗、HC轧机和异步轧制等，以简化冷轧工艺过程，提高冷轧带钢的精度和节省能量。

5. 什么叫镀锡薄钢板，其热镀锡生产工艺流程怎样?

通过热浸加工或电解加工，使冷轧薄板表面牢固地附着一层异种金属的过程叫镀层板加工工艺过程。而镀锡的薄钢板叫做镀锡板，俗称马口铁。

锡是化学稳定性较强的元素之一，其相对原子质量为118.7，密度为$7.3g/cm^3$，熔点为232℃。锡在硫酸、硝酸和盐酸的稀溶液中几乎不溶解。它的塑性较钢好，本身无毒，对人体无害。

镀锡板主要用于罐桶和食品包装盒、箱等方面。镀锡板以片状或者成卷交货。

镀锡钢板的生产方法有热镀和电镀两大类。热镀锡时，带钢通过熔融的锡槽，将锡热镀在带钢表面。电镀锡时，带钢通过电解槽，用电解的方法将锡镀在带钢表面。

热镀时镀层较厚，单位面积镀锡量多数大于$25g/m^2$，且镀层不均匀。通常热镀锡只在速度低、生产率不高的单张或窄带镀锡机组上使用。

热镀锡工艺流程如下：

原料→电解酸洗→高压水冲洗→溶剂处理→热镀锡→油处理→碱洗→除油→抛光→成品检验

热镀锡原板先进行白酸洗，清除表面轻微氧化膜和油污等，或在盐酸槽内进行电解酸洗，以迅速清除表面氧化铁皮。镀锡槽中的锡液温度为 300～400℃。进入锡槽前的原板先通过熔剂槽，清除表面氧化膜，由锡槽出来的钢板需通过棕榈油槽（油温 235～240℃），来防止锡发生氧化并保持熔融状态，以便由镀锡辊挤掉多余的锡量。然后经过洗涤机洗去油脂，抛光机抛光，就可得到表面光洁的镀锡板。

6. 电镀锡板生产过程是怎样的？

电镀锡板较老式的热镀锡板具有镀层薄而均匀、表面美观、锡层附着牢固等优点，但是需要的生产设备较庞大。

电镀锡工艺流程如下：

原料准备→电解清洗→酸洗→电镀锡→软熔→钝化→静电涂油→

成品卷取—
- →镀锡钢卷（卷状交货）
- →矫直、剪切 → 成品检验、分选 → 堆垛 → 镀锡板（板状交货）

根据所使用的电镀液不同，电镀锡机组有碱性、酸性和卤素型 3 种类型。

碱性型电镀锡机组采用碱性电镀液，腐蚀性小，不需要耐酸槽和耐酸泵，其设备简单，投资低。但是，带钢的电镀时间长，电耗大，机组速度低，一般为 180m/min，最大速度也只能达到 300m/min。

酸性型电镀锡机组的电镀效率高，镀层厚度能控制，可以得到两个表面镀层厚度不等的差厚镀层带钢。这种机组的最大速度可达 550m/min。在这种机组上，由于需要耐酸槽和耐酸泵，在带钢电镀前还要有对带钢进行电解脱脂等镀前处理设备，故机组投资费用较大。常用的酸性电镀液有硫酸盐和氟硼酸盐两种，氟硼酸盐电镀液的电镀效率较高，但其腐蚀性更大，对设备的维修要求更高。

卤素型电镀锡机组的电镀液是卤化物，电镀效率比氟硼酸盐还高，机组最高速度可达 760m/min。由于速度较高，电镀槽采用水平式，以便于控制。卤化物的腐蚀性很强，必须十分注意防蚀措施。

目前，国内外应用最广泛的是酸性型电镀锡机，机组简图如图 1-4 所示。

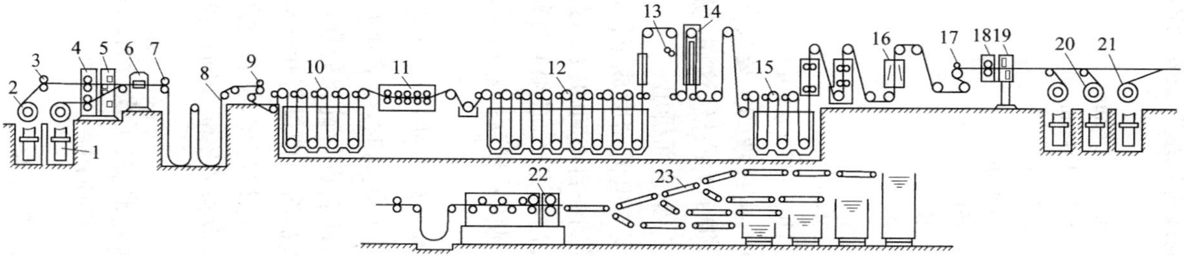

图 1-4　酸性型电镀锡机组简图

1—带卷运输机；2—开卷机；3、4—送料辊；5—双刃剪切机；6—焊接机；7—送料辊；8—活套；9—张力装置；10—电解清洗和酸洗装置；11—刷洗机；12—电镀锡设备；13—打印机；14—软熔设备；15—钝化设备；16—涂油机；17—张力装置；18—送料辊；19—剪切机；20—卷取机；21—开卷机；22—飞剪机；23—分选和堆垛装置

图 1-4 所示的酸性型电镀锡机组的主要技术性能如下：

带钢规格：

带钢厚度	0.15～0.6mm
带钢宽度	457～1016mm
带卷最大外径	1800mm
带卷内径	500mm
进料段带卷最大质量	15t
出料段带卷最大质量	5t
堆垛最大质量	4t

机组速度：

进料段最大速度	550m/min
工艺段和出料段速度	104～450m/min

在酸性型电镀锡机组中，电镀液的主要成分是硫酸亚锡和酚磺酸。电镀时以锡为阳极，带钢为阴极，这样，锡阳极就溶解成二价锡离子进入电镀液，并在带钢表面析出。

电镀锡钢板的镀层厚度与电流密度成正比，因此可分别调节正、反两面的电镀电流而得到各自不同的镀层厚度。

电镀的锡层附着力差，没有光泽，必须通过软熔装置将带钢加热到锡的熔点以上的温度，使锡层熔融，然后立即浸入水中冷却，使之变为有光泽的镀锡板。

软熔后的带钢表面覆有一层自然产生的锡的氧化物（主要是氧化亚锡），当长期贮存或涂料烘烤时，会氧化而发黄，耐蚀性也就变坏。为了消除这些缺点，还要进行钝化处理（化学处理）。钝化是将带钢放入碳酸盐、铬酸盐溶液中进行化学处理或在重铬酸钠溶液中进行铬化电解处理。通过钝化，将自然产生的锡氧化膜溶解掉，并生成一层很薄但很致密的铬酸盐钝化膜，这种钝化膜有很好的保护作用。

镀锡钢带经钝化后，通过清洗、干燥、涂油（一般用静电涂油）最后切成定尺，或卷成带钢，供应用户。

7. 什么叫镀锌板，其生产方法怎样？

锌是一种蓝白色的金属，熔点为 419.4℃，密度为 7.14g/cm^3。

锌具有中等的延展性。室温下，锌在干燥的空气中不起变化。在潮湿的空气中锌表面则生成一层很致密的碳酸锌薄膜，它能保护锌内部不再受到腐蚀。由于锌有这样一种优良的特性，所以将锌镀在钢板表面上以防止腐蚀，这种钢板称为镀锌板。

钢板镀锌后能大大延长使用寿命。如果钢板上锌层没有被破坏，那么锌可以防止腐蚀介质（水、氧气、二氧化碳等）接触钢板表面，这与镀锡层防腐的作用完全一样。但是，如果当镀锌层发生了破坏，个别部位的铁露出表面时，由于锌的化学性质比铁活泼，在腐蚀过程中锌与铁形成了微电池，锌是微电池的阳极，在腐蚀时被溶解，而铁是阴极则受到了保护。因此，镀锌器皿即使局部地方露铁仍然不会生锈。如果铁表面暴露得太大，那么铁就同未镀锌一样被腐蚀。由此可见，镀锌板具有良好的防锈性能，是建筑、车辆、家具、机械电气和包装等行业广泛应用的板材。

带钢镀锌有电镀锌和热镀锌两种方法。用电镀锌方法生产的带钢，镀层较薄，但工艺复杂。

8. 热镀锌板的生产过程是怎样的？

热镀锌板生产方法是由热镀锡生产方法发展而来的，大致可归纳为下列几种：

- 热镀锌
  - 线外退火
    - 湿法
    - 干法（单张钢板热镀锌法、惠杯法）
  - 线内退火（森吉米尔法、改良森吉米尔法、美国钢铁公司法、塞拉斯法、莎伦法）

所谓线外退火，指原料（热、冷轧薄板）在进入热镀锌作业线之前，首先进行再结晶退火；所谓线内退火，指在热镀锌作业线上，钢板先进行再结晶退火，接着热镀锌。

目前，广泛采用森吉米尔法，也称为氧化-还原法。冷轧后的带钢被直接送到热镀锌机组，带钢在连续退火过程中先将油烧去，并在带钢表面形成薄薄的一层氧化膜，再经过退火炉的还原段，使表面的氧化膜还原成纯铁体，因而在进入锌锅时镀层与铁基结合得很好。

图 1-5 是 1700mm 连续热镀锌机组的简图。机组的进料段和出料段的设备布置和工作情况基本上与连续电镀锡机组相同。连续热镀锌机组工艺段包括镀前处理（脱脂和热处理）、热镀锌、矫正和钝化 4 个主要工序。机组的速度为 10～180m/min。

1700mm 连续热镀锌机组采用快速加热炉脱脂退火的方法，退火炉加热最高温度达 980℃，退火后的带钢在 450～470℃温度下进入锌槽，以保持锌液温度不变。控制镀层厚度采用“气刀法”，即在锌槽出口采用可控的喷嘴沿一定角度向带钢喷吹压缩空气或过热蒸汽，以除去多余的锌液，用这种方法可以生产正、反两面镀层厚度不同的差厚镀锌钢板。为使原板表面形成一层锌铁合金，使它具有良好的延伸性，镀锌后的钢板应经过再加热（即通过镀层退火炉），加热温度约为 550℃。为提高镀锌钢板的防腐性能，带钢冷却后，应在铬酸或磷酸液中进行钝化处理。

镀锌机组的头部设备与一般带钢连续作业线相类似。尾部设备除一般的卷取、横剪和垛板设备外，常设有平整机和拉伸矫正机，以提高带钢的力学性能和改善板形。

9. 2030mm 连续电镀锌机组工艺和机组特点是什么？

近年来，对薄镀锌板的需要量不断增加，使电镀锌板生产技术得到迅速的发展。

2030mm 连续电镀锌机组的年产量为 15 万 t，机组组成如图 1-6 所示。

2030mm 连续电镀锌机组的主要产品有单面镀锌板、双面镀锌板及差厚镀锌板等各种类型的锌板。其主要指标为：

板厚：0.5～2.5mm、宽度 900～1550mm；

镀层的厚度：双面镀时为 3～40g/m^2，差厚镀锌时镀层厚度可在此范围内调整，单面镀时锌层厚度可达 80g/m^2。

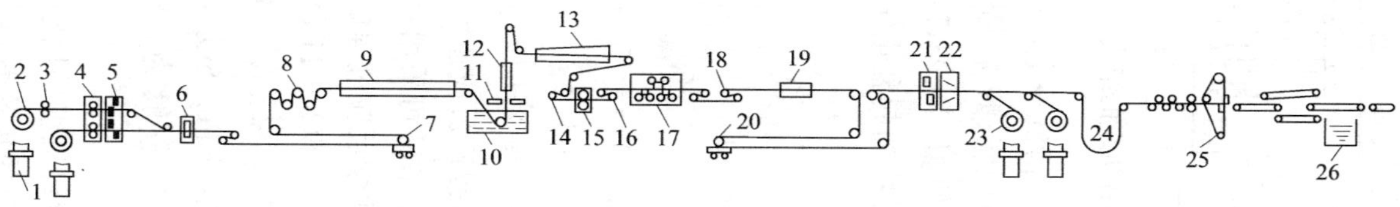

图 1-5 1700mm 连续热镀锌机组的简图

1—带卷运输机;2—开卷机;3、4—送料辊;5—双刃剪切机;6—焊接机;7—水平活套车;8—张力辊;9—三段式热处理炉;10—镀锌槽;11—气刀装置;12—锌层热处理炉;13—带钢冷却装置;14—张力辊;15—平整机;16—张力辊;17—拉伸弯曲矫正机;18—张力辊;19—钝化处理设备;20—水平活套车;21—剪切机;22—涂油机;23—卷取机;24—活套坑;25—飞剪机;26—堆垛装置

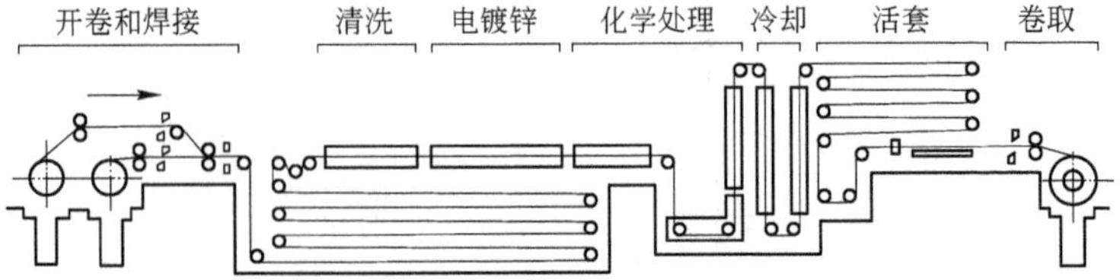

图 1-6 连续电镀锌机组的组成

连续电镀锌的主要工艺流程为：清洗→电镀→后处理。

(1) 清洗。清洗过程主要包括脱脂、酸洗、刷洗等。脱脂又分化学脱脂和电解脱脂。化学脱脂，使用 NaOH、$NaCO_3$、$NaPO_4$ 等药品对动、植物油起皂化作用，对矿物油起乳化作用。

化学脱脂反应过程如下：

$$RC(=O)OH + NaOH = RC(=O)ONa + H_2O$$

电解脱脂化学反应过程如下：$H_2O \rightleftharpoons H^+ + OH^-$

$$阴极\ 2H^+ + 2e = H_2\uparrow$$

$$阳极\ 4OH^- - 4e = 2H_2O + O_2\uparrow$$

溶液温度 70～80℃，温度高可提高反应速度。

酸洗的目的是去除氧化铁皮。酸液可采用盐酸或硫酸，图1-6所示机组采用硫酸溶液。酸洗的化学反应过程如下：

$$FeO + H_2SO_4 = FeSO_4 + H_2O$$

$$Fe_2O_3 + 3H_2SO_4 = Fe_2(SO_4)_3 + 3H_2O$$

$$Fe_3O_4 + 4H_2SO_4 = FeSO_4 + Fe_2(SO_4)_3 + 4H_2O$$

酸洗条件：硫酸的质量分数一般为 5%～10%；温度 60～90℃。

(2) 电镀。2030mm 连续电镀锌机组采用喷射式不溶性阳极电镀槽。将卧式槽增加喷射电镀液的集流管，可溶性锌阳极改为不溶性 Pb-Sn 合金阳极，其结构如图 1-7 所示。

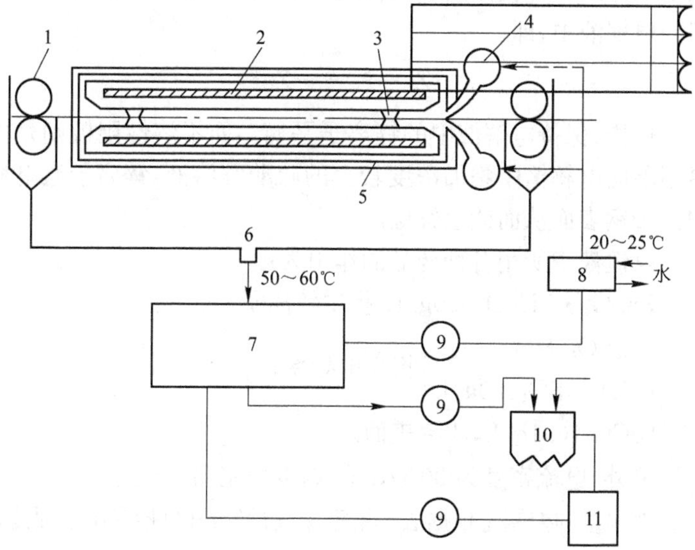

图 1-7　电镀锌槽的结构

1—导电辊；2—不溶性阳极；3—绝缘垫；4—集流管；5—槽体；6—收集槽；7—循环槽；8—冷却器；9—泵；10—锌溶解槽；11—沉淀槽

电镀槽由外槽、内槽、不溶性阳极、导电辊、边缘罩、支持辊绝缘垫和电解液循环系统组成。

喷射式不溶性阳极电镀锌是采用硫酸锌作为电解液，硫酸锌在水中电离，其化学反应过程如下：

$$ZnSO_4 \rightleftharpoons Zn^{2+} + SO_4^{2-}$$

$$H_2O \rightleftharpoons H^+ + OH^-$$

在电镀锌中，带钢作为阴极，不溶性锌板作阳极，当通电后发生如下反应：

在阴极：$Zn^{2+} + 2e = Zn\downarrow$

在阳极：$4OH^- - 4e = 2H_2O + O_2\uparrow$

在阴极带钢表面，锌离子获得两个电子被还原成锌而沉积在带钢表面，使带钢表面镀上一层很薄的锌层。在电解液中，由于锌离子不断沉积到带钢表面，这样，溶液中锌离子不断减少。在可溶

性阳极是采用锌板做阳极，锌阳极失去两个电子变成锌离子而溶解到电解液中，即

$$Zn-2e = Zn^{2+}$$

这样，保持电解液中的锌离子平衡。而不溶性阳极则是由外界不断向电解槽中添加浓度较大的硫酸锌溶液，锌离子通电后沉积到带钢表面从而镀上锌层。

电镀液中所用各种药品的作用为：

$ZnSO_4 \cdot 7H_2O$：350g/L，提供锌离子；

Na_2SO_4：80g/L
$(NH_4)_2SO_4$：50g/L } 提高电导率；

$SrCO_3$：0.1g/L，改善表面。

另外，电流密度为 30A/dm²，温度为室温。

镀锌量的控制是根据法拉第定律进行的，并可推导出下面公式：

$$C=K\frac{DlNE}{v}$$

式中 K——锌的电化当量(0.0203)；

D——电流密度，A/dm^2；

l——电镀槽长度，m；

N——电镀槽数量；

E——电流效率，%；

v——带钢速度，m/min；

C——镀锌量，g/m^2。

根据上式得出如下结论：电镀锌的镀锌量与电流密度、电解槽长度和数目成正比；与带钢的线速度成反比。

根据上式，可以指导我们在电镀生产中确定合理的工艺速度。

喷射式不溶性阳极电镀锌作业线，有 9 个电解槽，电流总计为 198kA，槽长为 1.5m。这样，可以根据生产不同宽度的带钢和不同厚度的镀锌量来确定机组适当的运行速度(工艺段速度为 15～90m/min)。

另外，喷射式不溶性阳极电镀法很容易得到单面镀锌钢板。除控制电源有单面阳极外，还可控制喷射液，使不镀锌的那面不喷液，这样便可较完美地做到单面镀层。

(3) 后处理。电镀锌后处理的主要目的是改善镀锌板表面的涂漆性能和抗腐蚀性能，以延长电镀锌板使用寿命。电镀锌的后处理包括：

1) 活化处理和磷化处理。磷化处理就是使电镀锌板的表面生成一层极薄的凹凸不平的磷化层结晶，对涂漆性能有所改善，但是，表面的磷化层结晶很不均匀。为了使磷化层的结晶细小而均匀，在磷化处理之前先进行活化处理。活化处理就是使电镀锌板表面形成小的结晶核。这样磷化时，磷化层就在这些小结晶核上形成磷化层，从而形成细小而均匀的磷化层，其厚度为 1.0～2.0g/m^2。活化处理采用胶体磷酸钛溶液，温度为 30～60℃，时间为 1～2s 即可。磷化处理采用磷酸二氢锌＋有机磷(磷酸淀粉)，温度为 60℃，时间为 5～6s。

2) 密封处理和铬化处理。将磷化膜内凹处用镀层封闭以提高抗腐蚀性，采用稀铬酸，温度为 45℃，处理时间约为 3s。作密封处理时铬酸的质量浓度为 0.12g/L。经密封处理的锌表面形成一层极薄的钝化膜。如果需进一步提高抗蚀性，则可对磷化处理后的锌板进行铬化处理。铬化处理所用的溶液成分与密封处理所用的溶液成分相同，只是各成分的浓度不同。铬化处理时铬酸的质量浓度为 10g/L，处理时间约为 5s，温度为 25～35℃。铬化处理后的锌板表面形成的钝化膜厚度为 15～40mg/m^2，对钢板有良好的保护作用。

10. 什么是彩色钢板，其生产流程怎样？

彩色钢板是以镀锌板、铝板、镀锌铝合金板、冷轧板等作为基体材料，表面(单面或双面)涂以(液体辊涂)或敷以(单面或双面)薄膜层，即各种有机涂料或薄膜，如聚氯乙烯、聚氟乙烯、丙烯酸、环氧树脂等涂料和聚氯乙烯薄膜等。由于这些有机涂料和薄膜可以配制各种不同颜色和压出各种花纹图案，故称之为彩色钢板。

从技术上说，世界上开始研制彩色涂层板是 20 世纪 30 年代的事情，达到工业化生产时是单张生产的，即第一代涂层技术；第二代涂层技术是连续式一涂一烘生产方式；第三代涂层技术是两涂两烘生产方式，而近十几年来已出现第四代涂层技术，即三涂三烘生产方式。总之涂层技术正处在发展阶段，品种繁多，用途广泛，日益引起各方面的重视。

三涂三烘工艺的生产流程示于图 1-8。

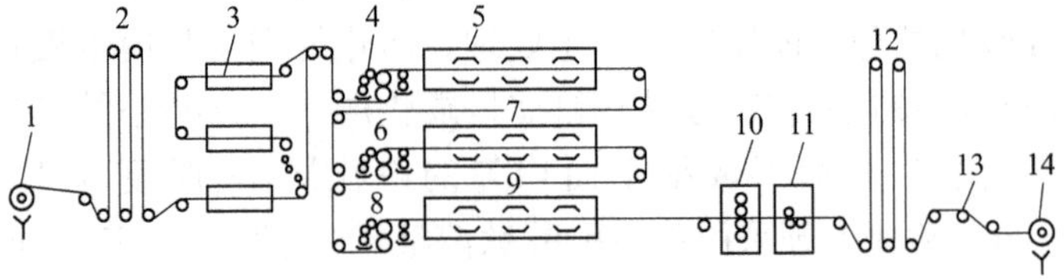

图 1-8 三涂三烘工艺生产流程

1—开卷机；2—活套塔；3—表面预处理槽；4—1 号辊涂机；5—1 号烘烤炉；6—2 号辊涂机；7—2 号烘烤炉；8—3 号辊涂机；9—3 号烘烤炉；10—调质轧制区；11—平整辊；12—活套塔；13—涂蜡机；14—卷取机

基板运到开卷机 1，经过开卷后切头，与前边的钢板焊接起来，进入活套塔 2，然后进入表面预处理槽 3，进行表面处理，处理好的带钢送入 1 号辊涂机 4，涂后送入 1 号烘烤炉 5，依次连续进入 2 号辊涂机 6、2 号烘烤炉 7、3 号辊涂机 8、3 号烘烤炉 9。经过冷却后进入调质轧制区 10 和平整辊 11，再进入活套塔 12，在成卷前经过涂蜡机 13 涂蜡，然后卷成成品钢卷。

11. 什么叫全连续式冷连轧机?

常规的冷连轧机生产是单卷生产的轧制方式，因此就一个钢卷来说构成多机架连轧，但对冷轧生产过程来看，还不是真正的连续生产。单卷轧制不能消除穿带、脱尾、加减速轧制以及过焊缝降速等过渡阶段，引起冷轧产品的尺寸精度发生波动。同时，常规冷轧机工时利用率也低。全连续冷轧机的出现解决了单卷轧制的弊病。

图 1-9 为一套五机架全连续式冷轧机组的设备组成。原料板卷经高速盐酸酸洗机组处理后送至开卷机,拆卷后经头部矫平机矫平及端部剪切机剪切,板卷在高速闪光焊接机中进行首尾对焊。在焊卷期间,为保证轧机机组仍按原速轧制,需要配置专门的活套仓。在活套仓的入口与出口处装有焊缝检测器,若在焊缝前后有厚度的变更,则由该检测器给计算机发出信号,以便对轧机作出相应的调整。

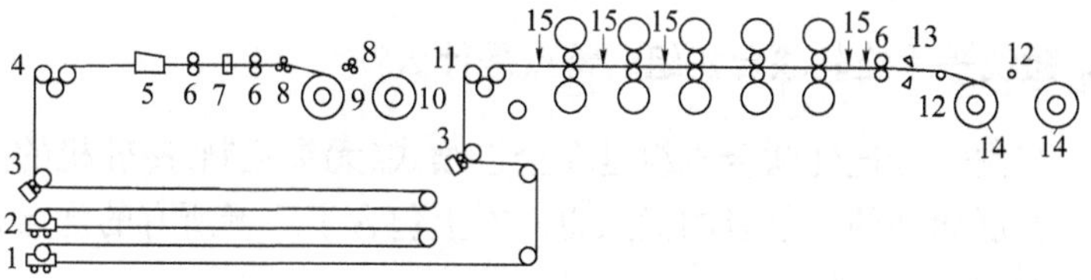

图 1-9　五机架全连续式冷轧机组设备组成示意图

1、2—活套小车;3—焊缝检测器;4—活套入口勒导装置;5—焊接机;6—夹送辊;7—剪断机;8—三辊矫平机;9、10—开卷机;11—机组入口勒导装置;12—导向辊;13—分切剪断机;14—卷取机;15—X 射线测厚仪

在冷连轧机组末架(第五机架)与两台张力卷取机之间装有一套特殊的夹送辊与回转式横切飞剪。夹送辊的用途是当带钢一旦被切断而尚未进入第二个张力卷取机之前,维持第五机架一定的前张力。在通常情况下,夹送辊不与带钢相接触。横切飞剪用于分卷。设置两台卷取机以便于交替卷取带钢。全连续式冷连轧机即使在换辊时,带钢仍然停留在轧机内。换辊结束,轧机可立即进行轧制。

与常规冷连轧相比较,全连续式冷轧的优点是:

(1) 工时利用率大为提高。这是因为:消除了穿带过程所引起的工时损失;减少了换辊次数;节省了加减速时间。在全连续冷轧机组中，轧机一经开动后，一般不减速，只在更换产品规格及飞剪剪切时才有必要将速度降至5～10m/s左右。

（2）提高了成材率。减少带卷头尾厚度超差及头尾剪切损失。

（3）轧辊使用条件改善。减少了因穿带轧折与脱尾冲击而引起辊面损伤；因加、减速次数减少，也使轧辊磨损减小。结果使换辊次数减少，轧辊的储备和磨削工作量相应地减少，同时也提高了产品的表面质量。

（4）节省劳动力。由于轧机工作不需要人工调定，并取消了穿带脱尾作业，而且生产控制的主要任务都由计算机完成，故操作人员可大大缩减。

12. 酸洗—冷连轧联合机组的特点是什么？

酸洗—冷连轧联合机组是在全连续式（无头轧制）冷轧机的基础上发展起来的。前者的优点也基本上包含了后者所有的优点并有所发展。

酸洗—冷连轧联合机组的优点是：

（1）设备减少，与传统的常规轧机相比，省掉了酸洗机组的尾部和连轧机组头部的机电设备。

（2）减少主厂房建筑面积，省掉了酸洗与轧机之间的中间钢卷存放库并缩短了生产周期。

（3）跟无头轧制一样，免除了穿带、甩尾等容易造成事故的作业，操作比较平稳，提高了轧机的作业率和金属收得率，产品质量得到了提高。

（4）跟无头轧制一样，可以不停机来变换产品规格，生产灵活，计划安排比较方便。

（5）由于轧制速度比常规轧制低，主电机容量相应可以减少1/4～1/3，电气设备容量和能耗可以减少。

（6）由于工序和设备减少，自动化程度提高，操作人员可大大减少。

酸洗—冷连轧联合机组的几个关键设备为（见图1-10）：

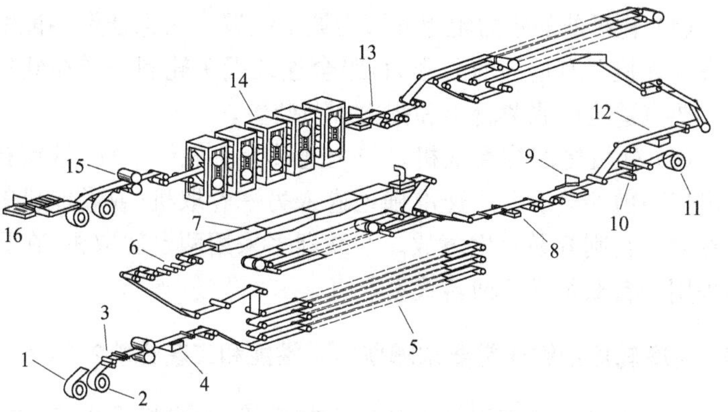

图 1-10 连续酸洗及冷轧机布置图

1—辅助开卷机及带卷准备；2—开卷机；3—矫平；4—闪光对接焊机；5—酸洗线入口活套；6—张矫；7—酸洗段；8—剪边机；9—剪机；10—涂油机；11—张力卷取机；12—焊接机；13—导向装置；14—冷连轧机组；15—飞剪；16—在线检验台

(1) 酸洗头部的焊接机。带钢的焊接质量能否经受拉伸矫直、酸洗、轧制的考验，焊接周期能否缩短，都取决于焊机的好坏。生产中的断带不仅影响产量而且往往损伤设备。新一代的焊机不仅能在带钢的厚度和宽度方向上进行自动调整和对中，而且有机内剪切装置，以保证带钢端头几何形状的准确，从而提高焊缝质量，焊接周期也可从 100s 以上缩短到 70～75s。

(2) 酸洗段的拉伸矫直机。酸洗前的拉伸机械预除鳞对提高酸洗速度和质量以及降低酸耗有显著作用，而拉伸矫直被认为是最好的机械除鳞装置。其伸长率要达到 2%效果才显著，对改进原料带钢的板形也较为有利。

(3) 酸洗尾部的剪边机和废边处理装置。这是机组容易出现事故和影响生产的薄弱环节。当带钢宽度变化时要能快速调整；剪刃的更换和调整更要求能快速进行。为了解决这些问题，有的是采用了两台圆盘剪交替使用，近来更多的是采用一台回转刀台式拉剪。废边的处理有的采用卷取成团的办法，也有的采用碎边剪剪成小段通过运输带运出主厂房外。

（4）轧机前的张力辊组和张力调节装置。为保证带钢能顺利地进入轧机并有适当的后张力，跟全连续无头轧制一样在轧机的入口要有适当的张紧辊组和张力调节装置。

（5）轧机尾部的卷取机。与全连续无头轧制一样，带钢在轧机出口飞剪切分后要迅速准确地进入另一卷取机（或卷取机的另一卷筒），否则容易发生事故。在欧洲多采用两台卷取机，在日本则采用一台双位卷筒回转式卷取机。

13. 对冷轧板带钢通常要求哪些力学性能和工艺性能？

为了合理地使用板带钢和评定其质量，技术标准中都有对钢材进行力学性能及工艺性能试验的规定。力学性能是指钢材受外力作用时反映出来的各种指标，包括抗拉强度、屈服强度、伸长率、断面收缩率和冲击韧性等。工艺性能试验的目的，是检验板带钢具有的再加工性能，工艺性能包括弯曲、冲压、焊接性能等。

板带钢的各种力学性能和工艺性能的名词解释列于表1-2和表1-3。

表1-2 力学性能

名　称	符号	单　位	解　释
极限强度		MPa	材料抵抗外力破坏作用的最大能力，即材料在断裂前能承受的最大载荷除以原横截面积得到的应力，叫做极限强度
（1）抗拉强度	σ_b	MPa	外力是拉力时的极限强度叫做抗拉强度
（2）屈服强度	σ_s	MPa	材料（试样）在受外力作用，载荷增大到某一数值时，试样发生连续伸长的现象叫做屈服现象。这时材料抵抗外力的能力叫做屈服强度
	$\sigma_{0.2}$	MPa	一般把引起试样标距部分发生一定残余伸长量的载荷，规定为试样的屈服载荷。若标距内的残余伸长量定为拉伸试样原标距长度的0.2%，此时的屈服强度常用$\sigma_{0.2}$表示
塑　性			塑性是金属材料受力后发生永久变形而不破坏的能力。金属材料塑性的高低是用两种指标来表示的，即伸长率和断面收缩率（也叫面缩率）

续表 1-2

名　　称	符号	单　位	解　　释
(1) 伸长率	δ	%	材料受拉力作用而断裂时，伸长的长度与原有长度的百分比叫做伸长率。伸长率公式为：$\delta=\dfrac{\text{试样拉断时的长度 } L_1-\text{试样原来长度 } L_0}{\text{试样原来长度 } L_0}\times100\%$
	δ_5	%	δ_5 表示试样的标距等于 5 倍直径的伸长率；
	δ_{10}	%	δ_{10} 表示试样的标距等于 10 倍直径的伸长率
(2) 断面收缩率	ψ	%	材料受拉力作用断裂时，断面缩小的面积与原来断面积的百分比，叫做断面收缩率。断面收缩率公式为：$\psi=\dfrac{\text{试样原来断面积 } F_0-\text{试样断裂处的断面积 } F_1}{\text{试样原来断面积 } F_0}\times100\%$
硬　度			硬度是材料抵抗硬的物体压入自己表面的能力
(1) 布氏硬度	HB		布氏硬度试验是测量硬度的主要方法之一。其原理是以一定的载荷（一般为 30000N）把一定大小（直径一般为 10mm）的淬硬钢球压入材料表面，然后以材料表面上凹坑的表面积来除载荷，其商即为硬度值。布氏硬度值可根据印痕直径的数值在专门的硬度换算表上查得。当测定硬度时，一般不将硬度值单位 MPa 列出
(2) 洛氏硬度	HR		当材料硬度超过布氏硬度 HB450 以上，或者试样过小时，均不能采用布氏硬度试验，而改用洛氏硬度计。洛氏硬度试验是用一个顶角 120°的金刚石圆锥或直径为 1.59mm、3.18mm 的钢球，在一定载荷下压入被测材料表面，由压痕的深度求出材料的硬度。洛氏硬度试验时，根据试验材料可能的硬度，采用不同的压头与载荷，所得的硬度分别用 3 种不同的标度来表示：HRB，HRC，HRA

续表 1-2

名　称	符号	单　位	解　释
1）标度 C	HRC		标度 C 是采用 1500N 载荷和钻石锥压入器求得的硬度值。HRC 用于测量硬度很高的材料，如淬火钢、轧辊
2）标度 B	HRB		标度 B 是采用 1000N 载荷和直径 1.59mm 淬硬的钢球求得的硬度。HRB 用于测量硬度较低的材料，如退火钢
3）标度 A	HRA		标度 A 是采用 600N 载荷和钻石锥压入器求得的硬度。HRA 用于测量硬度极高的材料，如碳化物、硬质合金等
（3）维氏硬度	HV		它是以 1200N 以内的载荷，把顶角为 136°方锥形金刚石压头压入材料表面，然后以材料表面上凹坑的表面积来除载荷，其商即为维氏硬度值
冲击值（冲击韧性）	a_K	J/m^2	金属材料抵抗冲击载荷的能力，叫做冲击韧性。以试样断口处的断面积来除冲断试样所耗用功的商，叫做冲击值。在常温下进行的冲击试验叫常温冲击韧性；在低温下进行的冲击试验叫低温冲击韧性 冲击值公式： $a_K=\dfrac{\text{击断试样所消耗的冲击功 } A_K}{\text{试验前试样断面积 } F}$

表 1-3　工艺性能

名　称	解　释
焊接性能	金属材料的焊接性能是指在给定的工艺条件和焊接结构方案下，用焊接方法获得预期质量要求的优良焊接接头的性能
冷弯性能	冷弯是材料承受弯曲变形能力的指标，它间接反映钢材的塑性，常用于板带材检验。通常，试样宽度等于厚度的 2 倍，弯曲直径为厚度的 1～5 倍，当弯到 180°时，检查试样弯曲处情况。如果没有裂纹或分层缺陷，即为冷弯性能合格

续表 1-3

名　称	解　释
冲击性能	在冲压变形过程中金属板料不产生裂纹等缺陷的变形极限。常用板料的宽厚塑性变形比 R 的大小来表示板料的冲击能力。测定冲击能力的试验方法有杯突法（也叫艾利克森试验法）和拉伸试验法

14. 冷轧板带有哪些品种和规格？

冷轧钢板和带材的品种很多，国家标准作了相应规定（见表 1-4 和表 1-5）。需要量最大的有深冲钢板、镀层钢板和电工硅钢板 3 大品种，它们的特点如下：

表 1-4　冷轧钢板的品种和规格

冷轧钢板品种	厚度范围/mm	宽度范围/mm
普通薄钢板	0.2～4.0	500～1500
合金结构钢板	0.2～4.0	500～1500
深冲钢板	0.8～3.0	约 2000
弹簧钢板	0.7～4.0	500～1500
不锈钢板	0.5～4.0	500～1500
电工硅钢板	0.1～1.0	600～1000
纯铁薄板	0.2～4.0	500～1500
酸洗钢板	0.25～2.0	400～1000
镀锌钢板	0.35～1.5	400～1000
镀铅钢板	0.5～0.8	600～1000
镀锡钢板	0.15～0.55	550～1100

表 1-5　冷轧钢带的品种和规格

冷轧钢带品种	厚度范围/mm	宽度范围/mm
普通冷轧钢带	0.05～3.0	5～200
冷轧焊管坯	0.5～4.0	50～500
冷轧冲压钢带	0.05～3.6	4～300
碳素结构钢带	0.1～3.0	4～200
弹簧、工具钢带	0.1～3.0	4～200
不锈钢带	0.05～2.5	20～400
热镀锡钢带	0.08～0.52	90～300

(1) 深冲钢板主要是汽车钢板，特点是宽度较大，钢板表面要求平滑洁净，对钢板厚度公差及板形要求也十分严格。在冷状态下，钢板具有较好的加工和焊接性能，一般均为优质低碳结构钢(碳的质量分数低于 0.09%)，结晶组织是均匀的等轴铁素体细晶粒(晶粒度 6～7 级)加少量粒状珠光体或渗碳体的组织。

(2) 镀锡钢板一般多为沸腾钢或封顶钢。它的特点是除了具有良好的深冲性能外，还具有很好的耐蚀性，良好的外观质量，能够进行精美的印刷和涂饰。因此，它是罐头食品工业的重要材料；也广泛用于制盒、玩具和日用品工业中。

除了镀锡钢板外，还有镀锌、镀铝、镀铅及搪瓷板、塑料覆层板等。镀锌板抗大气腐蚀性能较好，表面美观，加工性能也较好，大多用于建筑工业和容器等日用品工业。镀铝板耐高温氧化性能甚好，为普通钢板的 3～5 倍，多用于热处理炉的内罩及热气流导管等。镀铅板对汽油有很好的耐蚀性，主要用于汽车油箱等处。塑料覆层钢板具有良好的耐酸、耐蚀等塑料的固有性能，可与基体钢板同时冲压焊接，而且色泽鲜艳，现已用于车辆、船舶、建筑、器具等制造业中。

(3) 电工硅钢板主要是硅钢薄板，硅的质量分数为 0.5%～5%。它是制造电机、电器和变压器铁心的材料，以要求电磁性能为主(磁导率高和铁损低)，也要求板形好，尺寸公差小(得到较高的充填系数)及表面带有优良的绝缘薄膜。此外，还有工业钝铁。它的主要特点是成本低，磁导率高，加工性能好，也是制造电机和电器的适用材料。

冷轧电工硅钢板的铁损较热轧电工硅钢板减少 50%，磁感值提高 30%，相应可减少钢材用量达 20%～30%，而且也节约了电能和铜导线等材料。

冷轧硅钢薄板的硅的质量分数小于 3.5%，可分为取向硅钢薄板(用于变压器制造)和非取向硅钢薄板(用于电机制造)两大类。

此外尚有弹簧、工具、耐热及不锈等冷轧薄钢板，虽然这些品种需要量都不大，但却是国民经济发展和国防现代化所必需的关键性产品。

各种冷轧钢带还可按照制造精度、表面状态、表面颜色、边缘状态、用途、材料状态、力学性能和表面质量等 8 个方面进行分类，其分类情况和规定符号列于表 1-6。

表 1-6　冷轧钢带分类

分　类	规定符号：冷轧普通碳素钢带	规定符号：冷轧优质碳素钢带	规定符号：冷轧弹簧工具钢带	规定符号：冷轧低碳钢带	规定符号：热处理弹簧钢带	生产钢号及分组
（1）按制造精度分：						（1）冷轧碳素钢带用碳素结构钢生产；（2）冷轧优质碳素钢带用 15、20、25、30、35、40、45、50、55、60、65 和 70 钢生产；（3）冷轧弹簧钢带用 T7 ～ T13、T8MnA、T7A～T13A（不包括 T11 及 T11A）生产，冷轧工具钢带用 Cr06、8CrV、W9Cr4V、W18Cr4V、50CrVA、65Si2MnVA、60Si2Mn、60Si2MnA、70Si2CrA 生产；
普通精度钢带	P	P	P	P	P	
宽度精度较高的钢带	K	K	K	K		
厚度精度较高的钢带	H	H	H	H	J	
宽度、厚度精度较高的钢带	KH	KH	KH	KH		
较高精度钢带						
高级精度钢带					G	
（2）按表面状态分：						
光亮钢带	G	G	G			
不光亮钢带	BG	BG	BG			
磨光钢带					M	
不磨光钢带					BM	
（3）按表面颜色分：						
抛光钢带					P_0	
光亮钢带					G_n	
经色调处理的钢带					S	
灰暗色钢带					A	
（4）按边缘状态分：						
切边钢带	Q	Q	Q	Q	Q	
不切边钢带	BQ	BQ	BQ	BQ		
磨边钢带					M	
压扁钢丝制的钢带					Y	

续表 1-6

分类	规定符号					生产钢号及分组
	冷轧普通碳素钢带	冷轧优质碳素钢带	冷轧弹簧工具钢带	冷轧低碳钢带	热处理弹簧钢带	
(5) 按用途分：						(4) 冷轧低碳钢带用 08、10、Q195 或 05F、08F、10F 生产； (5) 热处理弹簧钢带用 T7A ～ T10A、65Mn、60Si2MnA、70Si2CrA 生产 按强度分 3 级： Ⅰ级 1300～1600MPa； Ⅱ级 1610～1900MPa； Ⅲ级＜1900MPa
食品工业用				S		
非食品工业用				F		
(6) 按材料状态分：						
冷硬钢带		I	I	I		
退火(再结晶退火)钢带		T	T			
球化退火钢带			QT			
特软钢带				TR		
软钢带				R		
半软钢带				BR		
低硬钢带				dI		
(7) 按强度分：						
一级强度钢带					Ⅰ	
二级强度钢带					Ⅱ	
三級强度钢带					Ⅲ	
(8) 按力学性能分：						
Ⅰ级钢带	Ⅰ					
Ⅱ级钢带	Ⅱ					
Ⅲ级钢带	Ⅲ					
(9) 按表面质量分						
Ⅰ级钢带			Ⅰ			
Ⅱ级钢带			Ⅱ			
Ⅲ级钢带			Ⅲ			

第二章　坯料与酸洗

一、冷轧坯料

15. 冷轧坯料有哪几种，有哪些要求？

冷轧板带所用的原料主要有热轧带卷、热轧钢板、热轧窄带钢和热轧扁钢等。现代化冷轧带钢车间全部采用热轧带卷，质量在几吨到几十吨之间，它是由连续式热带钢轧机或炉卷轧机供应的。

宽度小于600mm的冷轧窄带钢，使用的原料有3种：用热轧宽带钢卷经分条剪切的窄带卷；由热轧窄带钢轧机轧制的窄带卷；由小型热轧机轧制的窄扁带钢。

在一些条件不完备的车间，也采用厚度较大的条形扁钢作为冷轧薄板带的原料。

单张冷轧钢板使用的原料，有的是用热轧中厚板或热轧带钢经剪切而得的板坯；有的是采用型钢车间供应的扁坯，经过热轧开成冷轧所需要坯料尺寸。

对冷轧坯料要求如下：

(1) 钢的化学成分应符合国家标准的规定；

(2) 坯料厚度和宽度尺寸应符合规定(单张坯料则还包括长度尺寸)；

(3) 表面无氧化铁皮，边部无裂纹等；

(4) 无条状划伤、压印、压坑、凸泡和分层等缺陷；

(5) 带卷无塔形、松卷。

16. 对冷轧碳素结构钢带的坯料有哪些技术要求？

冷轧碳素结构钢带通常用热轧窄钢带或钢卷作为坯料，其宽度为50～300mm，厚度为2.0～6.0mm。碳素结构钢的牌号和化学成分见表 2-1，力学性能和冷弯试验见表 2-2 和表 2-3。

表 2-1 碳素结构钢的牌号和化学成分(GB/T 700—88)

牌号	等级	化学成分(质量分数)/%					脱氧方法
		C	Mn	Si	S	P	
				不大于			
Q195		0.06～0.12	0.25～0.50	0.30	0.050	0.045	F、b、Z
Q215	A	0.09～0.15	0.25～0.55	0.30	0.050	0.045	F、b、Z
	B				0.045		
Q235	A	0.14～0.22	0.30～0.65	0.30	0.050	0.045	F、b、Z
	B	0.12～0.20	0.30～0.70		0.045		
	C	≤0.18	0.35～0.80		0.040	0.040	Z
	D	≤0.17			0.035	0.035	TZ
Q255	A	0.18～0.28	0.40～0.70	0.30	0.050	0.045	F、b、Z
	B				0.045		
Q275		0.28～0.38	0.50～0.80	0.35	0.050	0.045	b、Z

注：Q235A、B级沸腾钢锰含量(质量分数)上限为0.60%。

补充规定：1. 沸腾钢硅含量(质量分数)不大于0.07%；半镇静钢硅含量(质量分数)不大于0.17%；镇静钢硅含量(质量分数)下限值为0.12%。

2. D级钢应含有足够的形成细晶粒结构的元素，例如钢中酸溶铝含量(质量分数)不小于0.015%或全铝含量(质量分数)不小于0.020%。

3. 钢中残余元素铬、镍、铜含量(质量分数)应各不大于0.30%，氧气转炉钢的氮含量(质量分数)应不大于0.008%，如供方能保证，均可不做分析。经需方同意，A级钢的铜含量(质量分数)可不大于0.35%。此时，供方应做铜含量的分析，并在质量证明书中注明其含量。

4. 钢中砷的残余含量(质量分数)应不大于0.080%。用含砷矿冶炼生铁所冶炼的钢，砷含量由供需双方协议规定。如原料中没有含砷，对钢中的砷含量可以不做分析。

5. 在保证钢材力学性能符合本标准规定情况下，各牌号A级钢的碳、硅、锰含量和各牌号其他等级钢碳、锰含量下限可以不作为交货条件，但其含量(熔炼分析)应在质量证明书中注明。

6. 在供应商品钢锭(包括连铸坯)、钢坯时，供方应保证化学成分(熔炼分析)符合本表的规定，但为保证轧制钢材各项性能符合本标准要求，各牌号A、B级钢的化学成分可以根据需方要求进行适当调整，另订协议。

表 2-2 碳素结构钢的力学性能

牌号	等级	拉伸试验													冲击试验	
		屈服点 σ_s/MPa						抗拉强度 σ_b/MPa	伸长率 δ_5/%						温度 /℃	V形冲击吸收功（纵向）/J
		钢板厚度（直径）/mm							钢板厚度（直径）/mm							
		≤16	>16~40	>40~60	>60~100	>100~150	>150		≤16	>16~40	>40~60	>60~100	>100~150	>150		
		不小于							不小于							不小于
Q195		(195)	(185)					315~430	33	32						
Q215	A	215	205	195	185	175	165	335~450	31	30	29	28	27	26		
	B														20	27
Q235	A	235	225	215	205	195	185	375~500	26	25	24	23	22	21		
	B														20	27
	C														0	
	D														−20	
Q255	A	255	245	235	225	215	205	410~550	24	23	22	21	20	19		
	B														20	27
Q275		275	265	255	245	235	225	490~630	20	19	18	17	16	15		

注：1. 牌号 Q195 的屈服点仅供参考，不作为交货条件。

2. 用沸腾钢轧制各牌号的 B 级钢材，其厚度（直径）一般不大于 25mm。

表 2-3　碳素结构钢的冷弯试验

牌号	试样方向	冷弯试验 $B=2a$,180° 钢材厚度(直径)/mm 60	 >60～100	 >100～200	牌号	试样方向	冷弯试验 $B=2a$,180° 钢材厚度(直径)/mm 60	 >60～100	 >100～200
		弯心直径 d					弯心直径 d		
Q195	纵	0			Q235	纵	a	$2a$	$2.5a$
	横	$0.5a$				横	$1.5a$	$2.5a$	$3a$
Q215	纵	$0.5a$	$1.5a$	$2a$	Q255		$2a$	$3a$	$3.5a$
	横	a	$2a$	$2.5a$	Q275		$3a$	$4a$	$4.5a$

注：1. B 为试样宽度，a 为钢材厚度(直径)。
2. 各牌号 A 级钢的冷弯试验，在需方有要求时才进行。当冷弯试验合格时，抗拉强度上限可不作为交货条件。

碳素结构钢带的宽度和厚度允许偏差见表 2-4。钢带的厚度应均匀，在同一截面的中间部分和两边部分测量 3 点厚度的最大差值(3 点差)以及沿轧制方向的同一直线上任意测定 3 点厚度的最大差值(同条差)应符合表 2-5 和表 2-6 的规定。钢带的镰刀弯应每米不大于 4mm。

表 2-4　碳素结构钢冷轧钢带的尺寸规格(mm)

	按尺寸精度分类	按表面精度分类	按边缘状态分类	按力学性质分类
分类及代号	普通精度　P 宽度较高精度　K 厚度较高精度　H 宽、厚度较高精度　KH	普通精度表面　Ⅰ 较高精度表面　Ⅱ	切　边　Q 不切边　BQ	软 钢 带　R 半软钢带　BR 硬 钢 带　Y
尺寸范围	厚度 0.10～3.00，宽度 10～250，尺寸间隔按用户要求			

	厚　度	允许偏差 普通精度	允许偏差 较高精度	厚　度	允许偏差 普通精度	允许偏差 较高精度
厚度允许偏差	≤0.15	0 −0.02	0 −0.015	>0.70～1.00	0 −0.07	0 −0.05
	>0.15～0.25	0 −0.03	0 −0.02	>1.00～1.50	0 −0.09	0 −0.07
	>0.25～0.40	0 −0.04	0 −0.03	>1.50～2.50	0 −0.12	0 −0.09
	>0.4～0.70	0 −0.05	0 −0.04	>2.50～3.00	0 −0.15	0 −0.12

续表 2-4

	厚 度	宽度允许偏差			
		宽度≤120		宽度>120	
		普通精度	较高精度	普通精度	较高精度
切边钢带宽度允许偏差	≤0.50	0 −0.25	0 −0.15	0 −0.45	0 −0.25
	>0.5～1.00	0 −0.35	0 −0.25	0 −0.55	0 −0.35
	>1.00～3.00	0 −0.50	0 −0.40	0 −0.70	0 −0.50
不切边钢带宽度允许偏差	宽 度	允许偏差			
		普通精度		较高精度	
	≤120	±1.5		±1.0	
	>120	±2.5		±2.0	

标记示例:用 Q235A · F 钢轧制的普通精度尺寸,较高精度表面,切边,半软态,厚度为 120mm 的钢带,标记为:冷轧钢带 Q235A · F-P-Ⅱ-Q-BR-0.5×120GB/T 716—91。

表 2-5 热轧钢带的 3 点差(GB/T 3524—92)(mm)

钢带宽度	3 点 差	钢带宽度	3 点 差
≤100 >100～150	≤0.10 ≤0.12	>150～200 >200～400 >400	≤0.14 ≤0.15 ≤0.17

表 2-6 热轧钢带的同条差(GB/T 8749—88)(mm)

钢带宽度	同 条 差
≤150	≤0.20
>150	≤0.25

钢带表面光洁，不得有裂缝、折叠、分层、气孔、非金属夹杂、粗毛刺和鳞片层；允许有深度或高度不大于厚度允许偏差一半的局部细小凹陷、划痕、麻点、凸起和深度不大于0.08mm的红斑。

钢带侧面不得有裂边；允许有轻微的毛边，其深度不大于宽度允许负偏差的1/5。

17. 坯料常见缺陷有哪些，对冷轧生产有什么影响？

冷轧所使用的各种形式的原料，最常见的缺陷是表面氧化铁皮压入、边部裂纹、表面麻坑、凸泡过大、纵条状划伤、沿纵向厚度不均、沿横向厚度偏差过大、沿纵向呈镰刀弯或S弯、钢卷塔形、浪形、扁卷、长舌头、冷松卷等。凡属表面缺陷(裂纹、麻坑、凸泡、划伤等)应以程度不同而区别，经修磨处理符合公差尺寸和技术规程要求者，即可通过相应的措施处理；凡缺陷超过规程规定的，应作判废处理，不宜勉强进行轧制。凡属尺寸方面的缺陷，也应按具体情况分别处理。坯料常见缺陷及其对冷轧生产的影响简述如下：

(1) 宽度及厚度偏差。原料带钢宽度偏差是指带钢全长内偏离公称宽度的数值，实际生产中带钢宽度往往是中间窄两头宽，有时中间窄得剪不着边，两头宽得剪下的毛边超过了允许宽度。实践证明，带钢宽度超过最大允许偏差时，剪边过宽，入碎边剪后不易被剪断，往往造成碎边剪出现事故。相反，当带钢宽度过窄时，剪边过窄，在带钢中心出现偏离时，可能出现空过圆盘剪而造成空剪窄尺，当带钢在连续酸洗作业下运行时，往往会出现跑偏事故。

热轧带钢的厚度。由于轧制过程中轧件温度不均匀和张力波动，通常头部较尾部厚0.15～0.20mm；有时由于操作方面的原因，带钢某段出现一边厚一边薄，或一段厚一段薄的现象，或者出现带钢全长超厚现象，这些都会给并卷焊接及冷轧造成困难。因此，对于不同厚度的原料带卷，其厚度偏差都有具体的要求，例如带钢厚度小于3mm时，厚度偏差应为±0.20mm；带厚为3～5mm时，厚度偏差为±0.24mm；带厚大于5mm时，厚度偏差应为±0.27mm。

(2) 夹杂及氧化铁皮压入。夹杂和氧化铁皮压入，从外观看较容易发现，夹杂和氧化铁皮压入采用酸洗的方法多数是不易清除掉的；轻微的夹杂和氧化铁皮压入，即使能够酸洗掉，但会造成其他部位板面过酸洗，个别情况将会使板面留下坑痕，冷轧后因坑痕扩大而造成废品。

(3) 划伤。原料表面出现超过厚度正负偏差一半深度的划条称为划伤。这种缺陷在冷轧过程中不易消除，最终会导致成品板带降级。实践证明，当原料表面存在不大于厚度正负偏差一半的压痕、发裂、麻点、划伤、凸泡及轧辊网纹时，在 40%的冷轧压下率轧制后基本上都可以消除。

(4) 气泡和结疤。气泡和结疤是指从外观上不易被发现的两种缺陷，它们只有当原料经过酸洗后才暴露出来。气泡呈现为孔隙或裂缝状态，结疤呈现为凹坑状。经过冷轧之后，这两种缺陷都不易被消除。

(5) 边部或中部浪形。原料存在边部和中部浪形，是热轧产品的缺陷。它往往是由于在热轧过程中两边或中间与两边压下量不均，轧件加热不均匀，而使纵向延伸不均匀造成的。使用具有这样缺陷的原料，是难以冷轧出高质量成品的。特别是有这样缺陷的热轧带卷，在连续机组上运行时，浪形下部表面往往出现新的划伤，如果浪形严重时，在剪边后还会出现多肉和卷取后出现端部松紧不同等缺陷，在冷轧过程中出现跑偏、轧皱和轧制不稳定等现象。

(6) 镰刀弯和 S 弯。镰刀弯和 S 弯出现在热轧带钢中，它是指带钢中心线沿带钢长度方向出现的镰刀形和 S 形的变化。

有镰刀弯和 S 弯的原料在连续机组和在冷轧机组轧制时，必然引起带钢跑偏，严重时造成断带事故。同时它们在圆盘剪上剪切时，往往不能保证带边均匀和取直，使带钢卷取时产生塔形，钢卷上下两端松紧不匀。

产生镰刀弯和 S 弯的原因是，热轧过程中两边压下量不匀和加热温度不均。它属于无法消除的缺陷。为保证冷轧过程顺利进行，带钢的镰刀弯应符合技术标准的规定。

(7) 塔形。热轧带钢出现镰刀弯后，在卷取成卷时必然出现塔形。

塔形钢卷在吊运和在辊道上运送时，塔峰易窝折或卡出破口。当窝折的折角小于 90°时，则必然被拉辊压成折叠。当破口深度超过剪边宽度时，破口则不能完全剪掉。当带钢跑偏时可能在破口处被拉裂。塔形钢卷在连续作业线和轧制过程中，钢卷中心线不易始终对准作业线或轧制中心线，经常造成跑偏事故。

(8) 扁卷。扁卷是在以钢卷为原料时出现的一种缺陷。它是在过高温度下卷取后，在辊道上卧式放置运输时，吊卸不及时及钢卷互相冲撞挤压造成的。当扁卷的内径小于开卷机的锥体最小直径时，则扁卷只有被判废改作它用。

(9) 长舌头。长舌头多出现在热轧带钢的尾部，它是因为带钢在轧制过程中尾端失去控制，使其延伸自由所造成的。

有长舌头的钢卷不利于开卷，往往需要多次反复才能拆开。同时，由于增加了切头质量，使金属成材率降低。

另外，热轧带钢卷外圈应标明炉罐号、钢质、规格、质量及卷序号等，以防混淆。

18. 酸洗前矫直带钢有什么作用？

带钢在酸洗前常用五辊矫直机进行矫直。矫直机的作用是使带钢由拆卷和氧化铁皮破碎机产生的弯曲得以矫直，也能在一定程度上使带钢浪形和由于拉辊两边辊缝不均造成的带钢小浪形得以减少，从而消除因带钢板形不好在机组上运行时产生的表面划伤，保证带钢头尾剪切断面平直，有利于焊接和光整，保证剪边和卷取的质量。

矫直机矫直带钢的过程是：使带钢在矫直机运行中受到与原弯曲方向相反且逐次减小的反复弯曲，最后达到消除原始曲率，使带钢平直的目的。此外，带钢由于受到多次反复弯曲，所以，矫直机在一定程度上起到破碎带钢氧化铁皮的作用。实际上，五辊矫直机也是一种最简单的氧化铁皮破碎机。

带钢的厚度不同，矫直机上下辊的间隙也应不同。矫直机上下辊的间隙调整机构如图 2-1 所示。

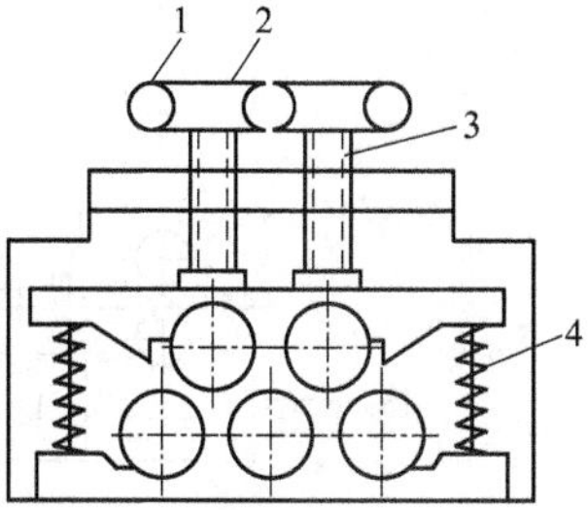

图 2-1 五辊矫直机示意图

1—蜗杆；2—蜗轮；3—丝杠；4—弹簧

通过转动手轮使蜗杆 1 旋转带动蜗轮 2，丝杠 3 上下动作带动上辊升降。在弹簧 4 的控制下，达到调整间隙的目的。评定带钢矫直的标准是带钢头部出矫直机后不上翘下弯。

在正常工作情况下，上辊不应随意抬起，以保证矫直带钢和使矫直机起到破碎带钢氧化铁皮的作用。

当矫直厚度为 2～4mm 的带钢时，可用辊径为 200mm 的五辊矫直机。矫直辊采用材料为 50 号钢、洛氏硬度 45～60 的辊子，生产约 50 万 t 带钢需重磨一次矫直辊。当矫直辊使用到辊身直径小于轴承瓦座高度和保证不了矫直最薄带钢所需上下矫直辊间隙要求时，矫直辊便报废。

19. 什么叫闪光焊接？

相邻两卷带钢的端头经剪切机切头切尾以后，在对焊机上对接起来，以保证酸洗机组的连续生产。

对焊机的形式有闪光对焊机、二氧化碳气体保护焊机和惰性气体保护焊机。目前，碳钢大多使用闪光对焊机。

闪光焊是电阻焊的一种，又叫火花焊。它利用带钢本身的固有电阻及带钢端面的接触电阻，当通以电流时，引起金属的加热和烧化。接触面被熔化时，发出强烈的火花。然后中断电流，给予大的顶锻力，带钢两端部在高压下被锻接在一起。由此可见，带钢闪光对焊由闪光（熔化）和顶锻两个过程组成。顶锻又可分成带电流顶锻和不带电流顶锻。闪光焊接机如图 2-2 所示。

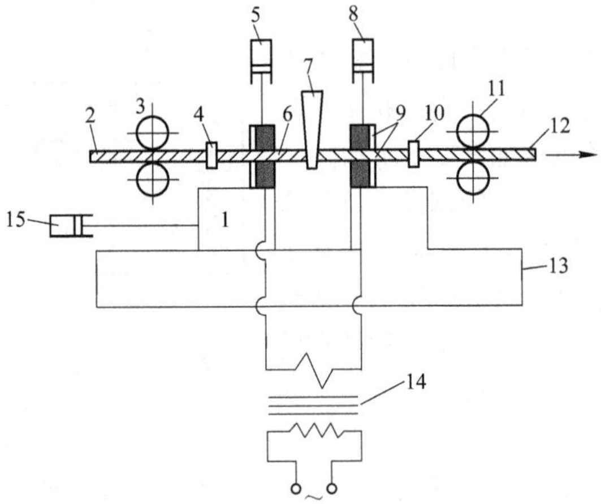

图 2-2　闪光焊接机示意图

1—活动牌坊；2—后带钢；3—后调整辊；4—后定心立辊；5—后压紧液压缸；6—后上下电极；7—定缝刀；8—前压紧液压缸；9—前上下电极；10—前定心立辊；11—前调整辊；12—前带钢；13—固定牌坊；14—变压器；15—推动活动牌坊液压缸

闪光焊接的原理和过程如下：

首先，调整好带钢两端头的距离，并用对焊机压紧缸或钳口夹紧带钢，通过变压器 14 送电，电流通过电极加热带钢头尾，与此同时用液压缸推动活动牌坊，使带钢焊接头互相接触。在焊接开始时，这些接触点压力不大，其电阻相当大，焊接电流把接触点及其邻近区域的金属很快加热到熔化温度，使带钢头尾接触部分形成液态金属过梁，连续的迅速加热使过梁处液态金属加热至沸点，呈现金属蒸气。当金属蒸气的压力大于液态金属的表面张力时，过梁发生爆破，于是迸发出强烈的火花，形成闪光。活动牌坊连续靠近，使火花在焊接过程中连续迸发，这样，将热量传导到焊接头的深处，直到烧化过程完了为止。最后，当活动牌坊触及到顶锻行程开关时，顶锻缸动作，以一定的顶锻力迅速将带钢头尾锻接，并在顶锻过程中切断电源。松开压紧缸或钳口，对焊过程完毕。

20. 小型闪光对焊机的结构、性能怎样?

小型闪光对焊机的结构如图 2-3 所示。其传动系统见图 2-4。

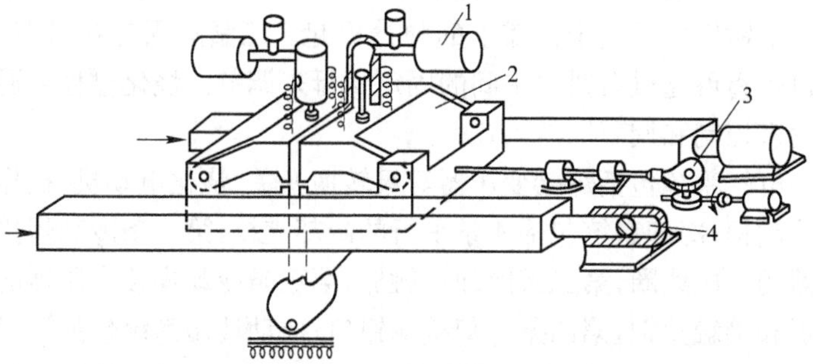

图 2-3 小型闪光对焊机的结构

1—压紧风动液压缸;2—钳口;3—烧化传动装置;4—顶锻传动装置

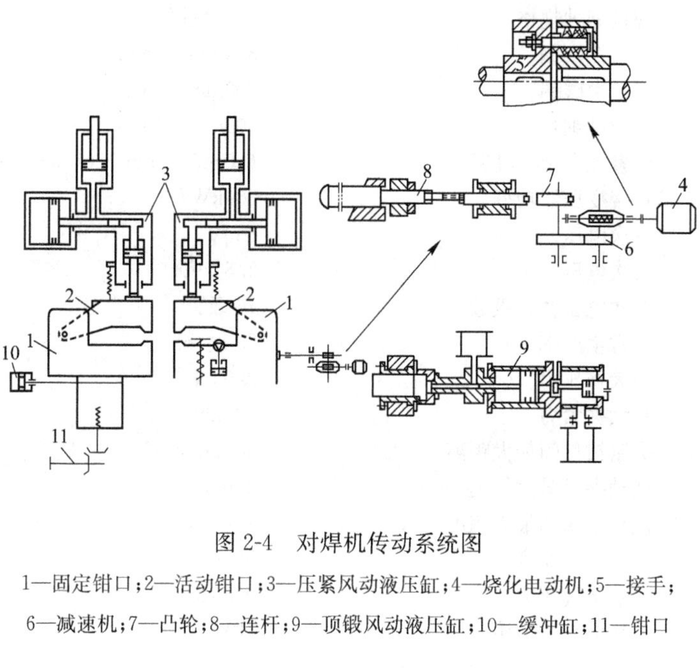

图 2-4 对焊机传动系统图

1—固定钳口;2—活动钳口;3—压紧风动液压缸;4—烧化电动机;5—接手;6—减速机;7—凸轮;8—连杆;9—顶锻风动液压缸;10—缓冲缸;11—钳口

对焊机由下列部件组成:底座、夹具(上下钳口、左右钳口)、烧化带钢的传动装置、顶锻传动装置、风动装置、电气装置、冷却系统等。

下钳口固定在底座上,通过手轮可以调整左下钳口的水平位置。上钳口由固定于机盖上的弹簧提起。压紧缸固定在机盖上。钳口距离可通过右钳口中间的固定螺母来调节。烧化过程可通过凸轮来控制和调节。

电气系统包括焊接变压器等级转换开关、烧化电动机、操作台和控制柜;冷却系统包括 4 条平行的冷却支线,第一条冷却焊接变压器的二次线圈,第二条冷却接触栅,第三条冷却焊接变压器的接触板和接触角钢,第四条冷却接触钳口;风动液压系统包括压紧两个钳口的风动液压缸和用于顶锻的风动液压缸以及相应的各种风阀。

MS-300 型闪光对焊机的主要性能如下:

焊接钢种规格	数据
低碳钢	350mm×5mm
中碳钢	300mm×3mm
硅钢片	300mm×2mm
碳素或合金工具钢	(90～300)mm×(1.6～3)mm
焊接变压器功率	300kW
一次电压	380V
二次电压	2.84～9.05V
二次电压调整级数	16 级
正常生产率	70 次/h
最大挤压力	220kN
最大夹紧力	500kN
夹紧钳口间最大距离	80mm
活动夹具最大行程	24mm
烧化边缘的最大速度	4mm/s
最大顶锻速度	30mm/s
压缩空气压力	0.5MPa
烧化电动机功率	1kW

21. 怎样选用带钢闪光对焊的工艺参数?

闪光焊是电阻焊的一种,由于带钢头尾的焊合是接通电流通过电阻加热后再给以一定压力实现的,所以要保证对焊头的焊接质量,关键是根据不同规格、不同材质的带钢,合理地选择加热温度和压力。影响闪光对焊的主要工艺参数有:焊件伸出长度 l、焊接电流密度 i(常用次级空载电压 U_{20} 表示)、闪光留量 Δ_f、闪光速度 v_f、顶锻压力 F_d、顶锻留量 Δ_d(包括有电及无电顶锻留量)、顶锻速度 v_d。下面着重介绍低碳钢的闪光对焊工艺参数的选用。

(1) 带钢伸出长度 l。它影响加热条件和塑性变形。当长度过小时,向电极散热增加而使加热区变窄,不利于塑性变形,顶锻时所需的顶锻压力较大;当长度过大时,加热区变宽,电能消耗大。焊接薄板厚度 δ 为 1~4mm 时,为了稳定,一般伸出长度为:

$$l=(4\sim5)\delta$$

(2) 闪光留量 Δ_f。闪光留量应满足焊件均匀加热的要求,其大小取决于:

1) 是否有预热。有预热时,加热区的加热主要是通过预热阶段来达到。而随后的激烈闪光,一方面是为了使端面温度进一步提高并分布均匀,另一方面也可防止端面氧化并获得均匀的液体金属层。因此,预热闪光对焊的闪光留量可比连续闪光对焊小 30%~50%。

2) 带钢断面尺寸。随着板厚的增加,闪光留量也应增大,这是为了更好地顶锻所需要的。

低碳钢焊接时的闪光留量和顶锻留量可参阅表 2-7。

表 2-7　低碳钢钢带的闪光留量和顶锻留量(mm)

厚　度	宽　度	闪光留量	顶锻留量
2	100	7	2
	400	9	2.5
	1200	11	4
	2000	15	4.5

续表 2-7

厚　度	宽　度	闪光留量	顶锻留量
3	100	9	3
	400	11	4
	1200	13	5
	2000	14	6
4～5	100	10	4
	400	12	5
	1200	14	6
	2000	15	6

(3) 闪光速度 v_f。闪光速度与带钢材料、电流密度和是否有预热有关。当焊接易氧化及形成难熔氧化物的材料时，闪光速度应适当大些，例如，焊奥氏体钢时要比焊低碳钢时闪光速度大。提高电流密度会加快闪光速度，采用较大的电流密度，初始闪光速度可达 3～5mm/s。有预热时可提高闪光速度。

为了闪光稳定，闪光速度在闪光阶段一般不是固定的。开始时初始闪光速度小，以利于带钢的加热；到闪光后期，在即将进入顶锻阶段前应采用较高的闪光速度(不应低于 2.5～3.0mm/s)。钢的平均闪光速度为 1～3mm/s。

(4) 顶锻速度 v_d。为防止对接处严重氧化及对口间隙中液体金属冷却而造成氧化物排除的困难，顶锻速度愈快愈好。实践证明，随着 v_d 的提高可增大焊缝的冲击韧性。对于不同的钢带，最低的顶锻速度为 10～40mm/s。

(5) 顶锻留量 Δ_d。顶锻留量应该足以使带钢完全封口，从封口挤出全部液体金属，并使带钢产生一定的塑性变形。最小的顶锻留量 Δ_d 为(0.8～1.5)δ。在顶锻末期，带电流顶锻保持一定时间(一般 0.2s)后再切断焊接电流。这样使顶锻末期焊接头有较高和均匀的温度，提高接头塑性，提高焊缝质量。

(6) 顶锻压力 F_d。顶锻压力对焊接质量的影响非常显著。

如果顶锻压力小，熔渣及金属氧化物挤不出去而留在焊缝内，熔化时产生的火孔也无法封闭。顶锻压力过大，甚至将热金属全部挤出，焊接强度反而降低。小型闪光焊机顶锻压力约100kN左右，宽带钢的闪光焊机顶锻压力最大为850kN。

厚度为2～4mm、宽度为650～1550mm的碳钢带焊接工艺参数列于表2-8。不锈钢带和硅钢带的焊接规范见表2-9和表2-10。

表2-8　宽带钢的焊接工艺参数

空载电流/V	每边留出长度/mm	调节缝宽/mm	闪光末速度/$mm \cdot s^{-1}$	闪光留量/mm
10～12	17～19	24～28	5～6	10～12.5

顶锻留量/mm	顶锻速度/$mm \cdot s^{-1}$	顶锻压力/MPa	终端距离/mm
2.5～3	10～15	4～6	8～10

表2-9　不锈钢带(板宽700～900mm)的闪光和顶锻留量(mm)

厚 度	最终钳口距离	闪光留量	顶锻留量	伸出长度
1	3	5.5	1.5	10
1.5	5	8	2	15
2	6	10.5	2.5	19
2.5	7	13	3.0	23
3	9.5	15	3.5	27
4	11	15	4	30
5	15	18	5	38
6	16	18	6	40
10	18	20	7	55

表2-10　硅钢片闪光对焊规范

焊 接 参 数	带钢截面尺寸/mm×mm		
	3×250	2×700	4.5×1100
伸出长度/mm	12+12	10+10	
闪光留量/mm	11	9	
闪光速度/$mm \cdot s^{-1}$			
平均值	2.6～2.8	3.0～3.2	
最大值	4～5	6～9	

续表 2-10

焊接参数	带钢截面尺寸/mm×mm		
	3×250	2×700	4.5×1100
顶锻留量/mm	3～4	2.5～3	
顶锻速度/mm·s^{-1}	40～50	40～50	40～50
单位顶锻压力/N·mm^{-2}	100～130	110～140	100～120
最大夹紧力/kN	350	550	2000
变压器功率/kV·A	215	400	1300

22. 窄带钢闪光对焊会产生哪些缺陷，操作中怎样防止？

由于工艺参数选择不当或者操作不当，对焊可能产生错位、搭焊、过烧、无顶锻、未焊透等缺陷。

(1) 错位。错位表现为带钢头尾的中心线不在一条直线上。错位可能是头尾没有对齐造成的；也可能是切断断口与带钢中心线不垂直，切斜了，对焊时头尾中心线构成一个钝角，呈镰刀弯。或者是头尾带钢有一个窄的。错位的对焊头在机组中容易造成跑偏等故障，应倒回重切重焊。

(2) 搭焊。搭焊表现为头尾断面没有对齐，有上下搭接的现象。当搭接超过带钢厚度的$\frac{1}{3}$时应重焊。造成搭焊的主要原因是：

1) 钳口和下切剪磨损严重；

2) 固定左钳口的顶丝松动，使左钳口上下活动；

3) 左右钳口不在同一水平面上；

4) 顶锻压力和顶锻行程过大，应合理选择工艺参数。

(3) 未焊透。产生未焊透的主要原因是电压低、烧化速度太快、烧化留量少、烧化时间不足等。

(4) 过烧。过烧的特征是正常烧化过程被破坏，金属不是以火花形式及时喷溅出去，而是固态金属和固态金属相接触，使电流形成短路，这种现象的对焊接头称过烧。产生过烧的主要原因是：

1）烧化速度或电压调整不当，有两种情况：一是烧化速度过快，焊接电压过低，这样头尾两端一接触便是固态金属和固态金属相接触，形成过烧；二是烧化速度过慢，焊接电压过高，通电流之后大量金属飞溅出去。由于烧化速度很慢，两端不能较快靠拢，形成一个很大的间隙，由于空气是绝缘体，烧化立即停止，等钳口慢慢地靠拢时，大量金属又飞溅出去，又形成一个间隙，这样烧化是断续进行的，仍是固态金属相接触，电流短路，造成过烧。

2）由于带钢表面有油，不能很好地导电，相当于降低了电压，造成过烧。

3）右钳口向前移动时，由于风阀窜风或机械上的其他原因受到阻力，正常烧化受到破坏。

4）在没有给电流前，头尾两端距离过大或紧紧地靠在一起，造成短路和过烧。

（5）无顶锻。无顶锻的特征是当烧化完成后，没有一个足够的顶锻力，使焊件两端的金属组织不能很好地锻合在一起，经不起拉力，容易断头。产生原因可能是：

1）顶锻风阀压力不足，达不到需要的风压，或顶锻电气系统和机械系统有故障。

2）带钢表面有油，减小了夹具和带钢之间的摩擦系数，或者钳口夹紧力太小，或者上下钳口之间有高于带钢厚度的异物，使钳口不能很好地压紧带钢。当顶锻时使夹具和带钢之间产生相对运动，实质上造成了无顶锻或顶锻行程小。

3）准备顶锻时间过长，或没有带电流顶锻。顶锻过程在时间上分 3 个阶段，即：

$$总顶锻时间=准备顶锻时间+带电流顶锻时间+无电流顶锻时间$$

以上各时间都能通过延时继电器调整。若烧化完成以后，马上切掉电流顶锻（完全是无电流顶锻），虽然时间很短，但这时端面的温度很高（即将熔化的温度），所以在两端的接合部分马上形成一层氧化铁薄膜，使头尾两端接合部分金属组织根本没有锻合在一起。应正确地调整各延时继电器旋钮。

4）夹具油缸和顶锻油缸油量减少，也会出现无顶锻或顶锻小的现象，应勤检查，勤加油。

(6) 断头。断头只在对焊以后的工序中暴露出来。断头对生产的影响是严重的，往往是造成较大事故或影响产量的原因。所有上述对焊缺陷都可能造成断头。因此必须密切注视对焊质量，防止断头。

二、酸 洗 工 艺

23. 带钢表面氧化铁皮结构是怎样的?

带钢表面的氧化铁皮是由于热轧带钢在加热、轧制及冷却过程中与空气接触而生成的。随着带钢与空气接触的温度、时间等不同，带钢表面氧化铁皮的结构、厚度和性质也不同。了解氧化铁皮生成的这些因素和特性是为了能够更好地清除带钢表面氧化铁皮。

由加热生成的带钢表面氧化铁皮比较疏松和有裂缝，在粗轧机上轧制时即被破碎，再借助于高压水的猛烈冲刷和激烈冷却爆破的作用，几乎把加热炉内生成的氧化铁皮全部从带钢表面上除掉。只有当水压不够时，才可能残留部分氧化铁皮。

热带钢粗轧阶段在表面上又生成气泡状薄层氧化铁皮，随着带钢轧制延伸，这薄层氧化铁皮破碎而被除掉。

带钢粗轧后在输送辊道上又会生成氧化铁皮，进入精轧机组后也会被破碎除去。带钢在精轧机组里轧制时间很短，压下率又较大，因此带钢表面生成的氧化铁皮也迅速地被水和蒸汽冲掉。这样带钢从精轧机组轧出时表面是纯净的。所以热带钢表面氧化铁皮主要是终轧后、卷取以及成卷后的冷却过程中生成并成长的。因此，带钢的终轧温度、卷取速度和成卷后带钢冷却速度是影响氧化铁皮生成和性质的主要因素。

带钢表面氧化铁皮通常是由 3 层构成的，如图 2-5 所示。热带钢轧机轧出的带钢表面氧化铁皮总厚度一般为 10μm。其内层是疏松多孔的细结晶组织且易于破坏的氧化铁 FeO，占氧化铁皮总厚度约 50%；中间层是致密而无裂纹的呈玻璃状断口的四氧化三铁 Fe_3O_4，占铁皮总厚度的 40%左右；外层是呈柱状结晶构造的三氧化二铁 Fe_2O_3，占铁皮总厚度约 10%。但是，由于热带钢各部分温度和冷却速度不同，如沿热带钢长度方向的头、中、尾部和沿带钢宽度方向的边部、中间以及带钢外层数圈和内层数圈的温度和冷却速度不同，导致即使同一带钢表面上其各部位的氧化铁皮结构也不相同。

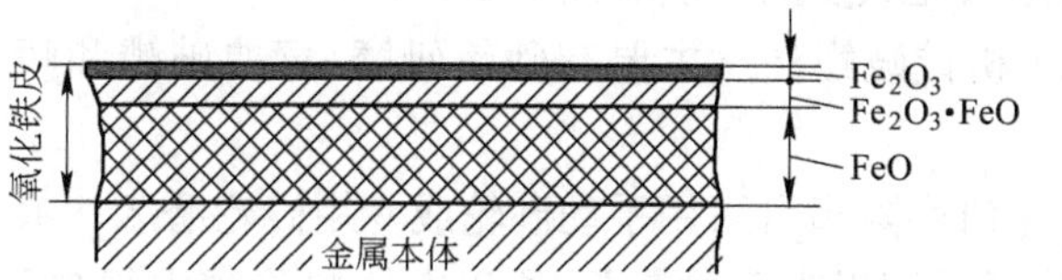

图 2-5　带钢表面氧化铁皮的结构

热轧宽带钢和窄带钢的表面氧化铁皮结构也各不相同。宽带钢上多半是一层 Fe_3O_4，有时也出现在 Fe_3O_4 层中夹杂着明显 FeO 的变态层。窄带钢上氧化铁皮通常为 3 层结构。

带钢沿宽度和长度上的表面氧化铁皮结构不同，故所要求的酸洗时间也不同。

从表 2-11 可以看出，带钢尾部表面的氧化铁皮在酸洗时很快

表 2-11　带钢表面各部位氧化铁皮的酸洗时间(min)

带钢部分	带钢头部			带钢中部			带钢尾部		
氧化铁皮结构	Fe_2O_3 或 Fe_3O_4	FeO	总计	Fe_2O_3 或 Fe_3O_4	FeO	总计	Fe_2O_3 或 Fe_3O_4	FeO	总计
边　部	2.1	0.45	2.55	3.2	0.54	3.74	1.8	0.51	2.31
中　部	3.6	1.0	4.6	2.3	1.8	4.1	2.4	0.53	2.93

被去除，这是因为带钢尾部轧制温度一般比带钢中部和头部的轧制温度低 30～50℃，因此带钢尾部氧化铁皮的生成过程结束得早，氧化铁皮也薄，对酸洗有利。最难酸洗的是带钢头部表面氧化铁皮。这是由于其生成过程结束得迟，使氧化铁皮增厚的缘故。

总之，热轧速度低、终轧温度和卷取温度较高、带钢冷却速度慢都会使氧化铁皮增厚和促使 FeO 分解成 Fe_2O_3 或 Fe_3O_4，引起氧化铁皮结构的变化，导致带钢酸洗时间增长。因此，在酸洗操作中，应根据具体情况适当地控制酸洗时间，以避免造成酸洗缺陷。

24. 清除氧化铁皮的方法有哪几种？

清除氧化铁皮的方法有以下 3 种：

（1）机械破鳞法。主要有砂轮研磨、弯曲破鳞和喷丸破鳞 3 种形式。

砂轮研磨除鳞可采用手动砂轮或专用砂轮磨床。由于此法效率低，除鳞后钢板表面质量差，所以在原料除鳞中很少采用，只是在去除个别局部铁鳞时才采用。

弯曲破鳞主要形式如图 2-6 所示，它多安装在连续酸洗作业线上。带钢表面的氧化铁皮，因带钢的反复弯曲而被破碎。此法能起到破碎铁鳞有利于提高酸洗除鳞的效果，但不能完全清除铁鳞。所以弯曲破鳞与酸洗除鳞联合在一起使用。

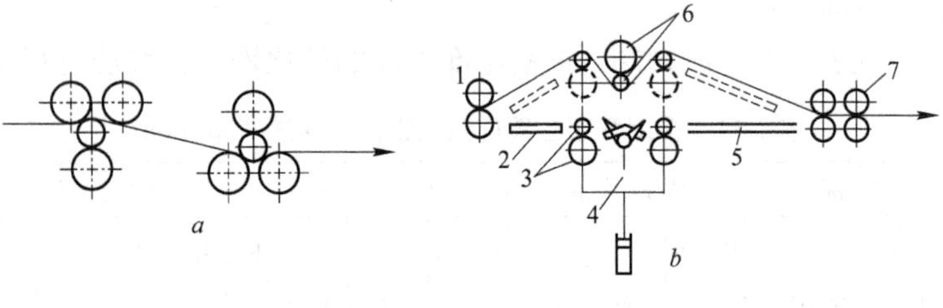

图 2-6　弯曲破鳞装置示意图

a—双支撑辊式；*b*—三辊式

1—开卷拉辊；2—后导板；3—下工作辊和支撑辊；4—折叶导板；5—前导板；6—上工作辊和支撑辊；7—双拉辊

喷丸破鳞的作用与弯曲破鳞相似。该装置是将喷丸(细小的铁珠)用高压空气送入高速旋转的叶片上，获得加速度之后，均匀地喷打在运动的带钢表面上，达到破碎和清除板面铁鳞的目的。由于此法可使全部板面受到喷丸的喷打，所以破鳞效果好，效率高。生产实践中喷丸破鳞装置多安装在连续酸洗作业线上，与酸洗配合使用，大大加快了酸洗除鳞的速度和提高酸洗除鳞的质量。

(2) 化学除鳞法。此法主要利用氧化铁皮能和酸发生化学反应的基本原理，使钢板或钢带全部浸泡在一定浓度的酸液中，并使它与酸液作相对的运动，加速化学反应过程的进行，最后达到清除表面氧化铁皮的目的。此法虽可将铁鳞全部除掉，但所需时间较长，特别是对铁鳞厚度不匀的板料，往往发生局部过酸洗，局部铁鳞未除净的缺陷，所以在有条件的情况下，也尽量不单独采用。

(3) 机械-化学联合法。此法是目前最普遍采用的除鳞形式，从设备上看可分为弯曲-酸洗和喷丸破鳞-酸洗两种形式。

25. 硫酸酸洗和盐酸酸洗的机理是什么，哪一种酸洗好?

从“带钢表面氧化铁皮结构”一题中已经知道，热带钢表面氧化铁皮通常是3层结构：外层为 Fe_2O_3(三氧化二铁)，中层为 Fe_3O_4(四氧化三铁)，内层为 FeO(氧化铁)。带钢表面氧化铁皮由于具有多孔和开裂的性质，加上机械破碎而造成裂缝，因而带钢一进入酸溶液，其表面3层氧化铁皮便与酸同时起反应。酸溶液所用的酸一般有硫酸和盐酸两种。下面分别叙述硫酸和盐酸的酸洗机理。

(1) 硫酸的酸洗机理。硫酸溶液与氧化铁皮的化学反应为：

$$Fe_2O_3+3H_2SO_4 = Fe_2(SO_4)_3+3H_2O$$

$$Fe_3O_4+4H_2SO_4 = Fe(SO_4)_3+FeSO_4+4H_2O$$

$$FeO+H_2SO_4 = FeSO_4+H_2O$$

氧化铁皮中3种氧化铁都溶解于硫酸溶液，生成可溶于水的硫酸铁和硫酸亚铁，从而去除了带钢表面的氧化铁皮。这种作用称为溶解作用。

硫酸溶液通过疏松的氧化铁皮直接与钢中的铁起化学反应，其反应式为：

$$Fe+H_2SO_4 = FeSO_4+H_2\uparrow$$

钢中的铁与硫酸溶液反应，产生大量氢气，氢气产生的膨胀压力把氧化铁皮从带钢上剥落下来，这种作用称为机械剥离作用。氢气的剥离作用加快了酸洗速度，减少硫酸的消耗。硫酸酸洗主要是靠机械剥离作用除去带钢表面氧化铁皮的。

钢中铁与硫酸溶液起反应时，生成大量氢原子。氢原子很活泼，具有很强的还原能力，能把高价铁氧化物还原成易溶于硫酸溶液的低价铁氧化物，使酸洗过程加快。这一作用称为还原作用。其化学反应是：

$$Fe_3O_4+2H = 3FeO+H_2O$$

$$Fe_2O_3+2H = 2FeO+H_2O$$

$$Fe_2(SO_4)_3+2H = 2FeSO_4+H_2SO_4$$

（2）盐酸的酸洗机理。盐酸溶液与氧化铁皮的化学反应为：

$$Fe_2O_3+4HCl = 2FeCl_2+2H_2O+\frac{1}{2}O_2\uparrow$$

$$Fe_3O_4+6HCl = 3FeCl_2+3H_2O+\frac{1}{2}O_2\uparrow$$

$$FeO+2HCl = FeCl_2+H_2O$$

$$Fe+2HCl = FeCl_2+H_2\uparrow \quad \text{（甚弱）}$$

盐酸溶液能较快地溶蚀各种氧化铁皮，酸洗反应可以从外层往里进行。盐酸酸洗是以化学腐蚀为主。盐酸酸洗对金属基体的侵蚀甚弱。因此，盐酸酸洗的效率对带钢氧化铁皮的结构并不敏感，不像硫酸酸洗那样。酸洗反应速度与酸洗前带钢氧化铁皮的松裂程度密切相关。试验表明，盐酸酸洗速率约为硫酸酸洗速率的两倍，而且酸洗后的板带钢表面银亮洁净。

带钢连续盐酸酸洗与硫酸酸洗相比较，有下列优点：

（1）盐酸能完全溶解 3 层氧化铁皮，因而不产生酸洗残渣。而用硫酸酸洗时，就必须经常清刷酸槽，并中和这些黏液；硫酸不

易除去压入板面的 Fe_2O_3，从而会产生相应的表面缺陷。

(2) 盐酸基本上不腐蚀基体金属，这样，经盐酸酸洗后板面平滑、银亮，无酸洗痕迹，不会发生过酸洗；盐酸酸洗的铁损比硫酸酸洗低 20%；硫酸酸洗时，金属铁在酸液中溶解时会生成氢，氢扩散进入板面，会引起氢脆，而盐酸酸洗就很少产生这种缺陷。

(3) 氧化铁很易溶解，易于除去，故不易引起表面酸斑，这也是盐酸酸洗板面特别光洁的原因之一。而硫酸铁因会形成不溶解的水化物，往往使板面出现酸斑。

(4) 盐酸酸洗速率较高，特别在温度较高时，盐酸酸洗时间与硫酸相比有很大差别。

(5) 废盐酸和清洗废液可以完全再生为新酸，循环使用，从而解决了废酸污染问题。

26. 怎样配制酸溶液？

实际生产中配制酸溶液分两种情况，一是由于在酸洗过程中酸溶液浓度不断下降，需要补充新酸液(母液)；二是在没有母液的情况下，只能用浓硫酸和盐酸加入一定量的水配成所需浓度的酸溶液。

浓硫酸或盐酸加水配成所需浓度的酸溶液时，所需工业酸质量由下式确定：

$$G=VD\frac{A}{S}$$

式中　G——所需工业酸质量，t；

V——酸洗槽有效容积，m^3；

D——预定浓度酸溶液的密度，t/m^3；

A——预定酸溶液的硫酸或盐酸的质量分数，%；

S——工业酸的质量分数，%。

配制过程为：先在酸洗槽中注入一半水；注入算出的所需工业酸的质量；再加水至酸洗槽的有效高度。

配制过程中必须遵守先加水后加酸的要求，否则如把水注入硫酸中会因稀释热而引起酸泡沫飞溅而烧伤。

酸溶液浓度下降需补充新酸液(母液)时,所需新酸液的体积由下式确定:

$$V=\frac{V_1D_1A_1}{AD}$$

式中 V——所需新酸液(母液)的体积,m^3;

V_1——酸洗槽中原有酸溶液的体积,m^3;

D_1——酸洗槽中原有酸溶液的密度,g/cm^3;

A_1——酸洗槽中原有酸溶液中酸的质量分数,%;

A——新酸液(母液)中酸的质量分数,%;

D——新酸液的密度,g/cm^3。

连续酸洗经常采用后一种方法即补充母液的方法来配制酸溶液。

27. 硫酸溶液中为什么要加缓蚀剂,为什么加食盐?

由于氧化铁皮的结构、厚度和性质不同,带钢表面各部位氧化铁皮的酸洗时间也不同,在难溶层完全除掉的时间里,会有80%裸露的金属表面被酸腐蚀着。同时酸通过氧化铁皮的孔隙和裂纹进入内层与金属基体起作用,这样不仅金属损失增加,而且生成的氢原子在一定条件下有一部分结合成氢分子从酸溶液中逸出,并将酸滴带到空气中,使车间工作环境恶化。氢原子又能往钢中扩散,使带钢产生气泡,降低带钢的力学性能。

往硫酸溶液中加适量的缓蚀剂,一是能保护金属基体不被腐蚀和防止氢往钢中扩散,二是在酸溶液面上形成一层泡沫,阻止氢的逸出,改善工作条件。因此,在硫酸酸洗液中需加缓蚀剂。

常用的缓蚀剂有"氯化柴油废酸水"和PD-A型缓蚀剂两种。

(1)"氯化柴油废酸水"是洗涤页岩柴油所得的废酸水,用盐酸处理制成。对"氯化柴油废酸水"质量的要求是:取50mL试样于直径为20~22mm的100mL试管中,在高温下静置一昼夜,液体表面与管壁不得有焦油出现。在90℃±10℃的25%(质量分数)硫酸溶液中,当缓蚀剂含量为 10mL/L 时,其缓蚀效率(即加和不加缓蚀剂时金属质量损失差与不加缓蚀剂时金属质量损失之比)不得低于 97%。缓蚀剂中的粗吡啶盐基含量不得低于 14%(质量分数)。在 25%(质量分数)的硫酸液中酸洗带钢时,“氯化柴油废酸水”加入量为 10mL/L 最适宜(约占纯硫酸含量的 4%)。

(2) PD-A 型缓蚀剂,是煤焦油经脱酚后的剩余物,用硫酸处理所得的重吡啶残渣为原料,经蒸馏取 230~290℃温度区间的馏分,再经氯化除油而制得。

使用 PD-A 型缓蚀剂,酸洗后的带钢表面呈灰白色,对普碳钢在硫酸溶液中停留 30min,其表面也没有过酸洗现象。但是,这种缓蚀剂不能在酸液面上形成泡沫,不能防止酸汽扩散,故需加泡沫剂。

硫酸溶液浓度为 25%(质量分数),温度 95℃±1℃,加入 2%(按浓硫酸的质量分数计)PD-A 型缓蚀剂,酸洗普碳钢时,其缓蚀效率达 99%以上。

硫酸溶液中随着盐浓度的增加,促使酸溶液导电性增加或 SO_4^{2-} 离子增加,加速溶解氧化铁皮。实际应用中,酸溶液中加入 5%~6%(按硫酸的质量分数计)的食盐较为适宜,这样,不仅能够加速酸洗过程,还能使带钢表面光洁。

28. 酸溶液怎样进行加热?

酸溶液的温度是影响酸洗速度的主要因素。酸溶液加热通常采用以下两种方法:

(1) 蒸汽直接加热。采用蒸汽直接加热酸溶液,是在酸洗槽 4 个角处各设一直径 50mm 的垂直插入的铅管。使用的蒸汽有过热蒸汽和饱和蒸汽两种。过热蒸汽较饱和蒸汽在相同压力下温度高且冷凝水也少。因此,通常使用过热蒸汽加热酸溶液。

用蒸汽直接加热酸溶液的优点是升温快,时间短,方法简单,操作容易。在加热过程中由于蒸汽的对流作用,酸溶液得到搅拌而增加其活性,从而加快了酸洗速度。但蒸汽冷凝水稀释酸溶液浓度而不利于酸洗，同时使废酸大量增加(1t 蒸汽就是 1t 水)，导致废酸回收机组的负荷增加。蒸汽直接加热会产生较多酸气。增加排风系统的负荷。在酸洗槽盖密封不良的情况下，会污染环境。

(2) 石墨热交换器间接加热。石墨热交换器加热酸溶液是通过蒸汽热交换间接加热的。酸溶液自酸洗槽一端流出，经过滤器过滤，由泵送入热交换器，通过热交换获得热量，由酸洗槽另一端输入。酸溶液不断循环，保持酸液工作温度。石墨热交换器装置系统如图 2-7 所示。

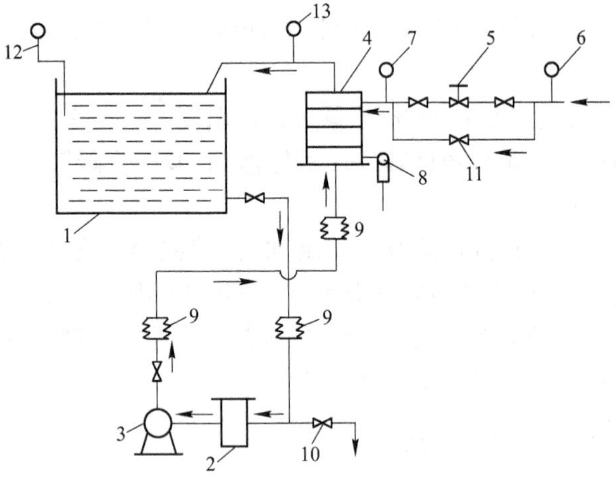

图 2-7　石墨热交换器装置系统示意图

1—酸洗槽；2—过滤器；3—酸泵；4—石墨热交换器；5—气动薄膜阀；6—蒸汽总压力表；7—蒸汽工作压力表；8—阻汽排水阀；9—膨胀节；10—酸溶液放出阀；11—手动控制蒸汽阀；12—电阻温度计；13—压力温度计(当酸溶液温度达到预定温度时，自动调节气动薄膜阀)

石墨热交换器通常采用圆块孔式和乳头列管式两种。圆块孔式石墨热交换器结构简单，导热系数较大，使用压力和温度高，体积和流体阻力小，检修方便，但价格较高。圆块孔式石墨热交换器常出现的故障是热圈老化和不严密，酸液通孔被铁盐堵塞。垫圈不严时，只要适当拧紧固定拉杆弹簧即可。垫圈老化时，要及时拆除更换。酸液通孔堵塞时，用 60℃左右的热水将铁盐溶解使其消除堵塞。

乳头列管式石墨热交换器的性能比圆块孔式石墨热交换器差，检修麻烦，但价格较便宜。乳头列管式石墨热交换器常出现填料函和石墨橡胶板垫片泄漏、传热管与管板接合的胶接缝渗漏、管子损坏等故障。

操作注意事项如下：

(1) 往换热器里送酸液一定时间后送入蒸汽，蒸汽压力不超过允许压力值(一般在 0.2MPa 以下)。

(2) 在酸液实行强制循环、流量很大时，严禁突然变换操作，应逐渐调节控制系统的阀门，以免冲击损坏。

(3) 换热器停止工作时，应将系统中酸液全部排除，并用温水冲洗干净，以防系统被结晶的铁盐所堵塞。

(4) 定期分析冷却水是否含有酸质，以鉴定换热器是否泄漏；定期测定换热器的工作性能和传热效果，检查结垢情况并加以处理。

(5) 石墨酸泵或玻璃钢酸泵需精心操作和维护，酸泵不准逆转和无负荷运转，以防损坏机械密封衬套。

29. 为什么带钢酸洗后要进行清洗和钝化？

清洗的作用是把带钢表面残留的酸液和其他杂物冲洗干净，以利钝化工艺取得良好效果。

冷水洗槽要经常保持满流，高压水要不停地冲洗，水压应保持在 0.5MPa 以上。在上述条件下冷水中酸的质量浓度不得超过 0.1g/L，否则酸洗后的带钢容易锈蚀。冷水中酸的质量浓度每昼夜检验一次。

热水槽的热水温度要在 95℃以上，热水中不应有酸质，以防带钢锈蚀。热水槽出口的一对挤水胶辊要压紧，保证最大限度地挤掉带钢表面的水分。

在连续酸洗机组里，酸洗后带钢进行涂油，使带钢在轧制前存放期间（10 天左右）不生锈。可是，在框式酸洗中，只能用带钢钝化来防锈。

钝化是使酸洗后的带钢表面形成钝化膜，提高抗环境腐蚀能力，一般保证带钢在 2～3 天内不再生锈。

钝化液是 1%～4%（质量分数）亚硝酸钠（$NaNO_2$）的水溶液，带钢在室温钝化液中的钝化时间为 30s。

30. 影响带钢酸洗的因素有哪些？

影响带钢酸洗的主要因素有：

（1）酸溶液浓度（质量分数）和温度的影响。酸溶液浓度和温度的变化对酸洗速度与酸洗质量有直接影响。如硫酸溶液的质量分数由 2%增加到 25%时，酸洗速度提高 1 倍，即所需的酸洗时间最短。如果质量分数超过 25%，酸洗速度反而下降。这是因为硫酸的氧化和钝化作用增强，使带钢表面生成钝化薄膜，阻碍酸和金属表面继续作用的缘故。

在实际生产中，带钢在质量分数为 5%～20%的硫酸溶液里进行酸洗，或在质量分数为 3%～15%的盐酸溶液中酸洗。

为使酸洗效果显著而又经济，与其增加酸溶液浓度倒不如提高酸溶液的温度。酸溶液的温度比浓度对酸洗速度的影响大得多。如硫酸溶液温度由 18℃提高到 60℃时，温度只升高 2.3 倍，酸洗速度却提高 14 倍；硫酸溶液的质量分数由 2%增加到 25%，质量分数增加了 11.5 倍，而酸洗速度只提高 1 倍。

在实际生产中，硫酸溶液温度控制在 45～80℃，盐酸溶液温度控制在 60～90℃。

（2）酸溶液中亚铁盐含量的影响。在酸洗过程中，随着钢中的铁和表面氧化铁皮的溶解，酸溶液的浓度逐渐降低，而酸溶液中硫酸亚铁 $FeSO_4$ 或二氯化铁 $FeCl_2$ 含量不断增加，使酸洗速度减慢。当硫酸溶液质量分数为 15%时，质量分数为 5%$FeSO_4$ 溶液的酸洗时间约为 30s。而质量分数为 15%$FeSO_4$ 溶液的酸洗时间约为 60s，即酸洗时间增加一倍。另外，硫酸亚铁不容易清洗，影响表面缺陷的清理。

在实际生产中，当硫酸溶液质量分数下降到 5%以下，硫酸亚铁的质量浓度达到 300～350g/L 时应该更换酸液。采用盐酸酸洗时，$FeCl_2$ 的质量浓度控制在 140g/L 以下。

(3) 氧化铁皮破碎程度的影响。带钢在酸洗之前往往经过剥壳机(或叫做辊式破鳞机、五辊矫直机)反复弯曲变形，削弱了氧化铁皮与金属本体的附着力和完整程度，将有许多碎粒从金属表面上破碎脱落下来，从而加速了酸洗过程。

氧化铁皮结构和被破碎的程度不同，所需的酸洗时间也不同。通常结构的氧化铁皮经破碎者较未经破碎的酸洗时间缩短 40%左右。

弯曲变形程度相同时，厚带钢比薄带钢所需酸洗时间较长。带钢拉伸变形程度越大，则氧化铁皮的致密程度降低，加速了酸洗速度。

(4) 酸溶液搅动的影响。酸洗时酸溶液一般用蒸汽加热，因而酸溶液在蒸汽压力作用下，自然地产生了搅动，使带钢附近的酸溶液不断更新，从而提高了酸洗速度；同时，空气中氧气不断进入酸溶液中，增强了酸的活性，提高酸洗速度。

此外，酸溶液的流动，使酸溶液成为均匀体，可以消除蒸汽在带钢表面上的停滞，使酸洗均匀，提高酸洗质量。

(5) 带钢退火和未退火的影响。有些钢种在酸洗前常要预先退火(如 Cr13)。预先退火的带钢和不经过退火的带钢相比，它们表面氧化铁皮在酸溶液中的溶解速度将有很大差异。实践证明：未经退火的带钢，其酸洗速度快，且酸洗质量好。经退火的带钢表面往往出现条状的氧化铁皮痕迹。

31. 连续硫酸酸洗工艺参数是怎样的?

酸洗工艺制度包括：酸溶液中硫酸浓度及硫酸亚铁浓度、酸溶液温度、酸洗速度、冷热水洗和干燥条件等。

各酸洗槽酸溶液中硫酸及硫酸亚铁的浓度和酸溶液温度规定如表 2-12 所示。

表 2-12 酸洗槽中酸溶液的硫酸、硫酸亚铁浓度和酸溶液温度

槽 号	硫酸的质量分数/% (质量浓度/g·L^{-1})	硫酸亚铁的质量浓度 /g·L^{-1}	酸溶液温度 /℃
4	25～23(295～267)	80～100	90～85
3	22～20(254～228)	100～120	96～94
2	18～16(202～178)	140～160	95～93
1	14～12(153～130)	180～200	92～90

当酸洗低合金钢和硅钢时，各酸洗槽的硫酸浓度分别取上限。

各酸洗槽中酸溶液的硫酸和硫酸亚铁浓度每班至少检验两次。通常是前 2h 检验一次，后 2h 再检验一次。酸溶液取样应在酸洗槽中间位置，使其具有代表性。酸溶液检验结果应使操作工知道，以便根据洗出带钢表面质量情况来控制酸洗速度。

根据酸溶液浓度的检验结果，酸洗工要及时地加入母液调配酸溶液浓度。母液中硫酸浓度应不低于 4 号酸洗槽中酸溶液的硫酸浓度，而应保持：硫酸的质量分数为 29%～27%(质量浓度为 350～322g/L)，硫酸亚铁的质量浓度在 70g/L 以下。母液应连续打入 4 号酸洗槽。

硫酸酸洗要求尽可能提高酸溶液的温度。从上述表中可以看出：2 号和 3 号酸洗槽酸溶液温度较高，主要是充分发挥了酸溶液的作用；4 号酸洗槽酸溶液温度较低，这是为了防止带钢表面过酸洗；1 号酸洗槽酸溶液温度略低些是便于加速酸液的周转。

酸洗合金钢和硅钢时，各酸洗槽酸溶液温度均应达到上限。

酸溶液温度每班要测量 4 次，即每 2h 测量 1 次。酸溶液温度应在酸洗槽中间测量，不应在加热管附近测量。温度测量结果应及时通知操作工，以便掌握酸洗速度。

由于各种钢的氧化铁皮结构、厚度、性质不同，破碎程度也不同，所以，在上述酸洗工艺参数条件下，为确保带钢酸洗表面质量，各种钢的酸洗速度是不同的。各种钢的酸洗速度列于表 2-13。

表 2-13 各种钢的酸洗速度

钢　种	带钢厚度/mm	酸洗速度/m·s^{-1}
低碳钢	2.0～2.5	1.2～1.4
低碳钢	3.0～4.0	1.0～1.2
中碳钢	2.0～2.5	1.0～1.2
中碳钢	3.0～4.0	0.8～1.0
高碳钢	2.0～2.5	0.8～1.0
高碳钢	3.0～4.0	0.7～0.9
合金钢	2.5～4.0	0.6～0.7
硅　钢	2.0	0.3～0.5

32. 带钢酸洗会产生哪些缺陷，怎样防止？

普碳钢带经酸洗、水洗和干燥后，其表面应呈灰白色或银白色。但因操作不当、酸洗工艺制度和某些机械设备不良的影响，往往会造成带钢的不同缺陷。这些缺陷主要有：酸洗气泡、过酸洗、欠酸洗、锈蚀、夹杂、划伤和压痕等。这些缺陷占冷轧产品缺陷的2%左右，其中主要是欠酸洗、过酸洗和酸洗气泡等。

(1) 酸洗气泡。酸洗气泡是由于酸与裸露的金属作用生成氢气所造成的。它在冷轧时会发生噼啪的爆炸声，它的外观特征是呈条状的小鼓泡，破裂后呈黑色细裂缝。经过轧制后，气泡裂缝会延伸扩大，致使产品的力学性能(冲击韧性)降低。

酸洗气泡产生的机理是：金属和酸产生化学反应时，生成了部分氢原子，它渗透到金属的结晶格子中，并使其变形，变形后使氢更向金属内扩散，其中一部分氢原子穿过金属并分子化，从酸液中逸出，部分氢原子的分子化在晶格变形产生的“显微空孔”边界上，或金属的夹杂及孔隙中进行，氢在空孔中的压力可达到很大值(几十兆帕)，使金属中产生了引起氢脆的内应力。

防止产生气泡的措施是：调整酸液的浓度；控制酸洗时溶液的温度和带钢表面平直状态等。

(2) 过酸洗。金属在酸溶液中停留时间过长，使其在酸溶液作用下，表面逐渐变成粗糙麻面的现象称为过酸洗。

过酸洗的带钢延伸性大大降低，在轧制过程中，很容易断裂和破碎，并且造成粘辊。过酸洗的带钢即使轧制成材也不能作为成品，因为它的力学性能大大降低了。

产生过酸洗的原因是：机组连续作业中断，使酸洗失去连续性，或因带钢断带处理时间过长等。防止措施是尽量密切全机组的操作配合，保证生产正常进行。

(3) 欠酸洗。钢带酸洗之后，表面残留局部未洗掉的氧化铁皮时称为欠酸洗。欠酸洗的带钢（或钢板），轻者在轧制之后产品表面呈暗色或花脸状；严重时氧化铁皮被压入呈黑斑。此外，氧化铁皮的延伸性较差，故在轧制后因延伸不均使产品出现浪形或瓢曲等缺陷。有时铁皮可能牢固地贴附在轧辊表面，直接造成轧制废品增多等。

造成欠酸洗的原因是：氧化铁皮厚度不匀，较厚部分的氧化铁皮需要较长酸洗时间，同时其中的 FeO 分解成了较难溶解的 Fe_2O_3（Fe_3O_4）；带钢波浪度和镰刀弯较大，在酸洗过程中，起浪部分或弯起部分没有浸泡在酸液中通过，造成漏酸洗；酸洗前机械破鳞不完善，特别是带钢两边端铁皮未被破碎等。

实际生产中欠酸洗多出现在带钢的头尾段和两侧边缘。根据实测数据，欲酸洗掉大块红色铁皮需要 3～4 倍的酸洗黑色氧化铁皮的时间，此时已洗掉铁皮的带钢将会形成过酸洗。因此处理欠酸洗的方法是：预先平整好板形，对于铁皮较厚，而面积又不大的带钢，可采用先局部酸洗一次，而后再过酸洗线的方法去锈。

(4) 锈蚀。原料酸洗后表面重新出现锈层的现象称为锈蚀。

锈蚀形成的原因是：带钢（钢板）酸洗后表面残留少许的酸溶液，或带钢清洗后没有达到完全干燥而使表面重新生锈。此外，带钢在酸洗后于高温的清洗水中停留时间过长，也会产生锈蚀现象。

带钢锈蚀处的钢板表面在轧制之后呈暗色，它促使成品在库存时再次锈蚀，从而降低成品材的表面质量，严重时使产品报废。

防止锈蚀的措施是严格执行酸洗、清洗操作规程，及时给表面涂油，并应堆放在干燥的地方。

(5) 夹杂。带钢在酸洗后表面出现深陷的星罗棋布的黑点疵病称为夹杂。它是由于热轧时氧化铁皮被压入所形成的。这样的缺陷不可能采取酸洗法除去。当它经过冷轧后，黑点便扩展延伸呈黑色条状，大大降低了成品钢板的冲击性能。

(6) 划伤。带钢在机组运行过程中新出现的划伤，是由于卷取辊、弯曲辊的表面出现质硬的异物，或带钢的浪形及折棱与导板成线接触，或带钢在拆卷过程中拍打折头刮板等，使表面划出新的伤痕。另外也有部分伤痕出现在热轧后冷却和卷取的过程中。

带钢的划伤可分为上表面划伤和下表面划伤。划伤的原料经冷轧后，在成品带钢表面将形成宽而长的黑条。带钢划伤深度超过带钢厚度允许公差一半时，轧制后不能消除。

防止划伤的措施是经常检查机组的滚动部件和导板，维护好设备。

(7) 压痕。压痕是指带钢(钢板)表面呈凹下去的压迹。压痕形成的原因是：并卷焊时的焊渣没有吹净，被带钢带到拉辊上，而后在带钢表面压出了痕；拉辊在带钢表面滑动造成粘辊，使带钢表面造成压痕；热轧过程中压下失灵，突然压下停车，而后抬起压下轧制等。压痕深度超过带钢厚度允许偏差一半时，冷轧之后，压痕不能消除。

总之，上述带钢表面缺陷，只要精心操作，严格执行酸洗工艺制度和操作规程，及时检查和维修设备，是可以避免和减少的。

33. 怎样从废酸中回收硫酸？

硫酸酸洗后的废酸中含有大量的硫酸亚铁和相当一部分硫酸。废酸回收是把废酸中的硫酸亚铁提取出来，硫酸再回送到酸洗槽循环使用。

根据 $FeSO_4$ 在不同的酸溶液温度和浓度下溶解度不同，随着酸溶液浓度的提高和温度的降低，$FeSO_4$ 的溶解度降低。因此，通过提高酸溶液浓度和降低其温度的方法，使 $FeSO_4$ 在酸溶液中过饱和而逐渐结晶出来。

废酸回收通常采用真空结晶法。真空结晶是在一定的真空度下，使酸溶液低温沸腾而蒸发，并在酸溶液中加入一定比例的硫酸，以便降低 $FeSO_4$ 的溶解度并起辅助蒸发作用，使 $FeSO_4$ 过饱和而结晶出来。其工艺流程如图 2-8 所示。

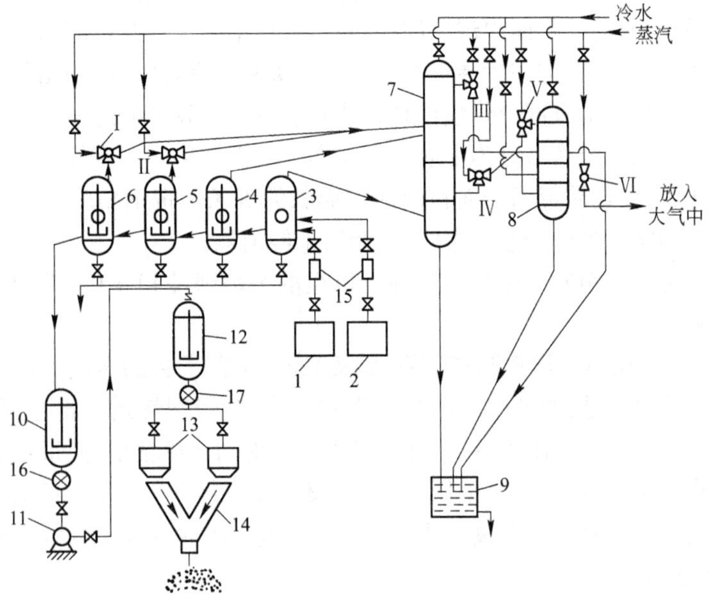

图 2-8 真空结晶工艺过程示意图

1—废液槽；2—硫酸槽；3—蒸发罐；4—1 号结晶罐；5—2 号结晶罐；6—3 号结晶罐；7—主冷凝器；8—双联式冷凝器；9—气压槽；10—1 号结晶液接收槽；11—泵；12—2 号结晶液接收槽；13—离心机；14—下料斗；15—流量计；16、17—专用放出阀；Ⅰ～Ⅵ—喷射器

废液槽 1 中的废液与硫酸槽 2 中的硫酸，按一定的比例借助于蒸发罐 3 的真空吸入其中，由于蒸发罐和依次排列的 4、5、6 结晶罐的真空度是逐渐增大的(即压力逐渐减小)，故溶液从蒸发罐顺序自流入各结晶罐。在蒸发罐中的溶液水分靠加入的硫酸稀释

放热和真空(95.3kPa)而蒸发，蒸发罐中溶液温度为36℃。溶液在1号～3号结晶罐的真空和低温(分别为96.8kPa，31℃；99.2kPa，18℃；100.4kPa，6℃)条件下沸腾蒸发，溶液逐渐浓缩达到过饱和，含有7个结晶水的硫酸亚铁($FeSO_4 \cdot 7H_2O$)便结晶出来。$FeSO_4 \cdot 7H_2O$，开始形成极细微的结晶核。结晶核随着猛烈搅拌，迅速冷却的作用而迅速形成。结晶核数量越多，生成的晶体越多，反之越少。晶体大，杂质多，不纯洁；晶体小则纯洁。在结晶罐搅拌器的不断搅拌下，结晶液保持悬浮状态，最后结晶液自3号结晶罐自动流入1号结晶液接收槽，结晶液在1号结晶液接收槽中被不断搅拌，并停留30min以上，然后经泵打入2号结晶液接收槽，由下开口的专用放出阀放入离心机，将$FeSO_4 \cdot 7H_2O$分离出来附于滤布上，达到一定质量后用木铲铲下入库，液体(母液)通过滤布经管道流入另一处的贮存罐中贮存，供酸洗使用。

蒸发罐3和各结晶罐蒸发出来的气体，通过0.6～0.7MPa的喷射器连续地排入主冷凝器7和双联式冷凝器8中。气体经这两个冷凝器上面喷下的冷水冷却，排入气压槽9，从而达到和保持蒸发结晶罐的高度真空。

蒸发结晶系统的真空是靠喷射器形成的。通过调节蒸发结晶罐的真空度来调节其温度，使溶液冷却。

34. 蒸发结晶机组的操作要点是什么?

蒸发结晶机组的操作要点如下：

(1) 检查各槽是否满流，各管道是否畅通无阻或有无泄漏。

(2) 向主、双联式冷凝器供水，水压保持在0.1MPa。正常操作时，主冷凝器水温不超过39℃，双联式冷凝器水温不超过：上部40℃，下部50℃。

(3) 各喷射器分别为：

喷射器号	Ⅰ	Ⅱ	Ⅲ	Ⅳ	Ⅴ	Ⅵ
真空度/kPa	100.4	99.2	96.8	95.3	89.2	62.8

当真空度达26.6kPa时,开Ⅴ号喷射器;达48～53.3kPa时,开Ⅳ号喷射器;达66.7kPa时,开Ⅲ号喷射器;达79.98kPa时,再开Ⅱ号和Ⅰ号喷射器。与此同时应适当调节进水量。

机组各段真空度达到规定值后,供给硫酸和废酸液,然后开动各搅拌器进入正常操作。

(4) 各罐的温度和压力分别为:

	蒸发罐	1号结晶罐	2号结晶罐	3号结晶罐
温度/℃	40	35	22	10
压力/kPa	5.94	4.49	2.07	0.93

(5) $FeSO_4$ 不结晶或晶粒大的解决办法。$FeSO_4$ 不结晶主要是由于废酸液中 $FeSO_4$ 含量较低、真空度不够、结晶罐温度降不下来、硫酸加得少等原因造成的。因此,可通过采取加大蒸汽压力、减少废酸液流量、适当增加硫酸流量、延长蒸发结晶周期等措施来解决。

$FeSO_4$ 晶粒大主要是由结晶液流出量少(即结晶周期长)、废酸液中杂质多、下料管不畅通或停车时罐内结晶液未放净等造成的。因此,须保持下料管畅通,定期清理管道,罐内结晶液要放净。

(6) 结晶罐回水、温度高和结晶罐真空度不高的解决办法如下:

结晶罐回水是由于结晶罐泄漏,使冷凝器上下真空差过大(上大下小),这样冷凝器喷下来的水就流不下去,或者冷凝器给水过大所造成的。处理方法是:使Ⅲ号和Ⅳ号喷射器按规定进行正常工作,冷凝器给水适量,检查并处理泄漏。

结晶罐温度高的原因是蒸汽压力过大使蒸汽流量过大,或者冷凝器进水温度过高,不能很快冷凝蒸汽,使结晶罐真空度下降,温度升高。处理方法是:经常注意蒸汽压力的变化,冷凝器进水温度一定要保持在25℃以下。

结晶罐真空度不高的原因是:Ⅰ号结晶液接收槽液面下降,使Ⅲ号结晶罐下料管出口暴露在大气中,吸入空气或者蒸发结晶罐及管道泄漏。处理方法是使结晶液接收槽液面保持一定高度,注意检查并保证系统无泄漏(泄漏用蜡烛检查)。

(7) 滤布不能有破洞或出现密死现象,注意及时更换滤布。给料要均匀,以免离心机晃动或漏锅。

35. 怎样再生废盐酸?

流化床式盐酸再生设备如图 2-9 所示。一号酸洗槽(即带钢入口处)有一个溢流口,该溢流口把铁的质量浓度为 140～110g/L 和盐酸的质量浓度为 40g/L 的废酸洗液流到酸洗机组的中间罐中。这个罐中安装有一个液位控制器,待液位达到一定高度后自动使泵启动,把废酸洗液抽入再生站的废酸罐 15 中。再生站再生的酸将连续补充酸洗机组的第五号酸洗槽中。再生酸的成分(质量浓度)为:HCl 180g/L,Fe 10g/L。在 5 个串列的酸洗槽中,由于溢流

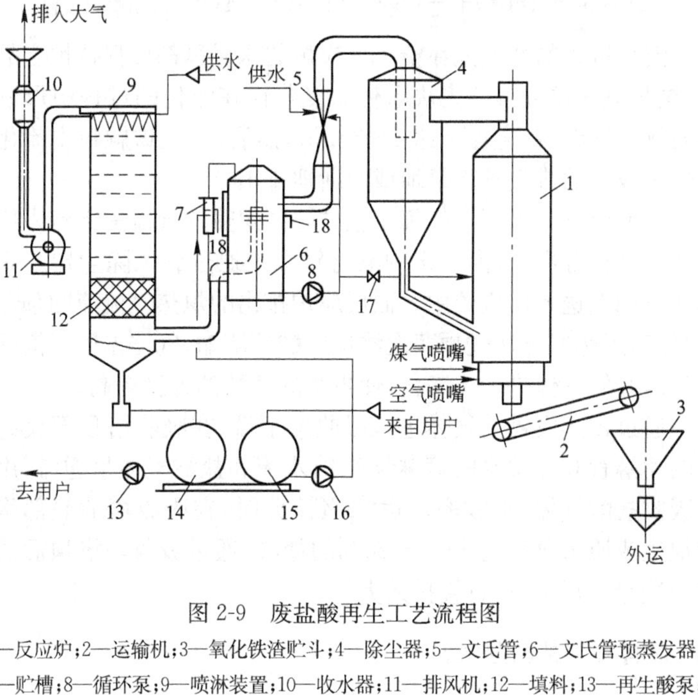

图 2-9 废盐酸再生工艺流程图

1—反应炉;2—运输机;3—氧化铁渣贮斗;4—除尘器;5—文氏管;6—文氏管预蒸发器;7—贮槽;8—循环泵;9—喷淋装置;10—收水器;11—排风机;12—填料;13—再生酸泵;14—再生酸罐;15—废酸罐;16—废酸泵;17—废酸阀门;18—溢流口

的作用四号槽及三号、二号、一号槽中的酸也得到适量的更新。

盐酸回收再生的原理如下：

酸泵站的废酸泵16将废酸洗液连续地打入文氏管预蒸发器6(又称文氏管循环系统)，废酸洗液经过预蒸发器后，喷入反应炉中。反应炉1排出的炽热气体通过预蒸发器，与废液之间进行热交换。此时，通过预蒸发器的气体温度将由800℃左右降低到100℃，这些失去的热量使酸洗液蒸发和浓缩，从而利用了废热，这也就是文氏管循环系统浓缩废液的原理。

从预蒸发器浓缩的废酸液中，提取了一部分被浓缩的酸液通过两个钛制酸枪射入反应炉流化床中，浓缩的废酸液在890℃的温度下进行反应，生成盐酸气体和氧化铁。盐酸再生过程的反应式如下：

$$2FeCl_2+2H_2O+\frac{1}{2}O_2\longrightarrow Fe_2O_3+4HCl\text{(盐酸再生)}$$

流化过程的特点是在整个反应炉的床层里都要保持恒定的温度，这是氯化铁分解的先决条件。氯化铁在流化的过程中形成了小的氧化铁颗粒(直径可达1～3mm)，然后，氧化铁颗粒由流化床层分布板上的排料管连续地或间断地排出。

在反应炉中未沉下的细小颗粒连同炽热的气流一起流入旋风分离器进行分离，分离下来的氧化铁颗粒通过旋风除尘器4底部的回灰阀返送入反应炉中。而反应炉排出的炽热气流流向预蒸发器系统，炽热气体通过预蒸发器使废酸液浓缩，气体温度逐渐降至100℃，并使气体进一步净化，使再生的盐酸的纯度提高。

通过预蒸发器的气体进入吸收塔下端，在吸收塔顶部设有新水的喷淋管和漂洗水的喷淋装置9，水流和盐酸气体呈逆流，用水来吸收盐酸气体，吸收率可达98%。此时，在吸收塔的底部将连续地生成质量分数为18%～20%的盐酸，通过吸收塔塔顶后的废气含酸量已很少，可直接排入大气。

36. 怎样处理盐酸酸气？

盐酸酸气是由蜂窝式吸收塔加以处理的。蜂窝式吸收塔的作用原理系扩散过程,物质以分子扩散形式从一个相转移到另一相。蜂窝的作用在于增大气相和液相间的有效接触面积,用液体(水、NaOH 溶液等)作吸收剂处理酸气,喷淋的液体在蜂窝表面成膜状下降,气、液两相即通过有效表面进行接触,气态的 HCl(酸气)被流动的液膜吸收,HCl 由气体转变到液体。

吸收塔系圆形断面,塔内 3 层填料,4 层喷淋。这种蜂窝式填料表面积大,气体阻力小,耐腐蚀,质量轻。

吸收塔结构如图 2-10 所示。

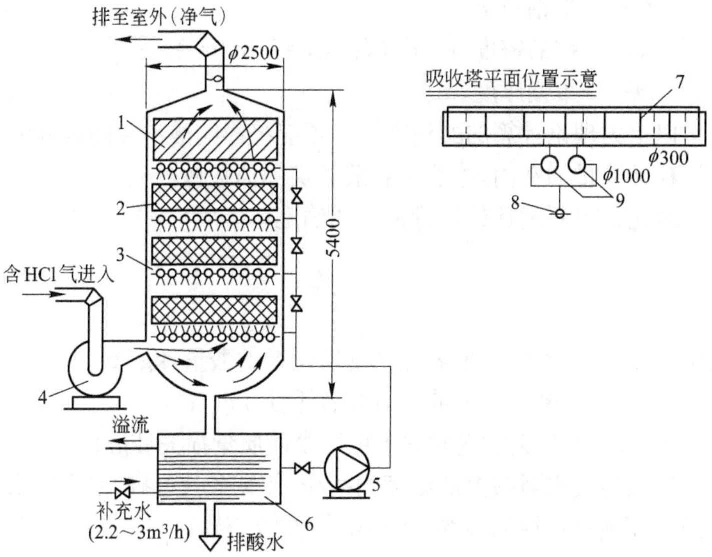

图 2-10 蜂窝式吸收塔

1—脱水器;2—蜂窝式填料;3—喷淋管;4—风机;5—循环泵;6—循环槽;7—酸洗槽;8—烟囱;9—吸收塔

37. 怎样计算酸的消耗量?

酸洗带钢的酸消耗量的多少,标志着酸洗工艺是否合理和产品成本的高低。

影响酸消耗量的因素很多，难以详细计算，通常酸的消耗量以酸洗 1t 金属所消耗酸的公斤数来表示，即

$$A=\frac{aG}{S}=aH\rho$$

式中 A——单位表面积带钢的酸消耗量，kg/m^2；

a——单位质量带钢的酸消耗量，kg/t；

S——带钢表面积，m^2；

G——带钢质量，t；

ρ——钢的密度，t/m^3（碳钢：$\rho=7.8t/m^3$）；

H——带钢厚度，m。

以上为理论计算的酸消耗量。还应将影响酸消耗的各种因素所消耗的酸量加在内，才能得到酸的实际消耗量。

氧化铁皮所消耗的酸量由下式确定：

$$A_{皮}=\frac{a}{G_{重损}}$$

式中 $A_{皮}$——单位质量氧化铁皮所消耗的酸量，kg/kg；

a——单位质量带钢的酸消耗量，kg/t；

$G_{重损}$——带钢酸洗时的单位质量的质量损失，kg/t。

蒸汽冷凝水对酸溶液浓度的稀释，使废酸液过剩，使废酸来不及回收而被迫排掉的酸约占酸消耗量的 7.5%。

带钢从酸洗槽中带走的酸，约占酸消耗量的 1%。

使用的酸洗缓蚀剂好，会减少酸洗过程中金属的损失，从而降低酸的消耗。

经破碎比未经破碎的带钢酸洗时间要短，酸消耗量减少。因此提高铁皮破碎机的效率是降低酸消耗的有效措施。

实际生产得知，单体式酸洗槽酸洗，酸的综合消耗量为 25～28kg/t，串级式酸洗槽酸洗，酸的综合消耗量为 14～16kg/t。上述计算未考虑酸再生回收的因素。

三、酸洗设备及其操作

38. 怎样操作拆卷机？

酸洗机组常用双锥体式和带拆头的双锥体式两种拆卷机，如图 2-11 和图 2-12 所示。

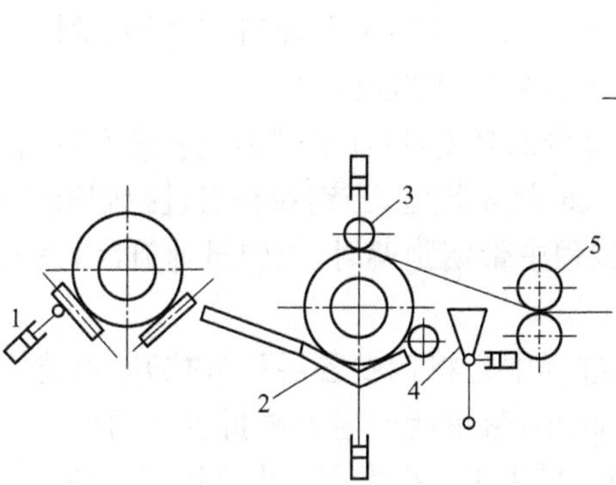

图 2-11　双锥体式拆卷机示意图
1—翻料斗；2—升降台；3—压辊；4—刮板；
5—拉辊；6—锥体；7—夹板

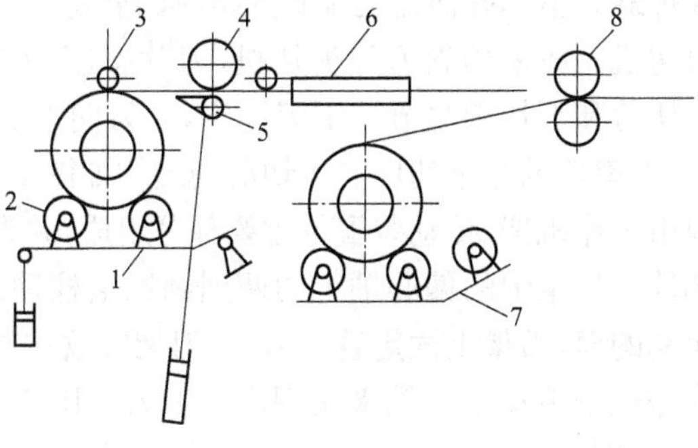

图 2-12　带拆头的双锥体式拆卷机示意图
1—升降台；2—传动辊；3—压辊；4—拆头传动辊；5—带刮板的空转辊；
6—分离导板；7—锥体；8—拉辊

双锥体式拆卷机的操作是将钢卷由翻钢机的翻料斗 1 推出，滚到升降台 2 上，升降台将钢卷升至对准两锥体 6 的中心线，与此同时合拢两锥体撑住钢卷，升降台下降回到原位。接着两夹板 7 夹紧钢卷，同时压辊 3 压下，转动夹板使钢卷头处于拆头位置，驱动刮板 4 贴上钢卷将带钢头拆开并送入拉辊 5，刮板复位，压辊抬起，两夹板离开钢卷一定距离(30～50mm)，此时即可拆卷。

操作中应注意：

(1) 根据带钢宽度及钢卷塔形大小，控制夹板夹紧钢卷情况及拆卷过程中夹板分离钢卷的适当距离。

(2) 注意调节升降台的高度，以保证带钢上表面不被划伤。

(3) 拆卷拉辊应及时调整辊缝，当钢卷头引过拉辊跑偏时，上辊迅速升起；在拆卷过程中带钢跑偏时，上辊迅速升降，及时进行纠偏。

(4) 带钢在拆卷过程中是将钢卷各层强行拉开，可能产生硬折棱。随着钢卷直径减小，带钢所产生的硬折棱多而严重。带钢硬折棱处容易被划伤。采用张力拆卷可减少带钢硬折棱。

39. 怎样操作调整电动式下切剪？

电动式下切剪用于带钢焊接头尾的剪切，或者用于当焊缝质量不合格或焊缝光整不好而需要重新焊接时的剪切。

带钢剪切机一般采用斜刀片剪切机，刀片斜度为 $1°30'$～$6°$。剪切机有上切剪和下切剪之分。下刀固定，上刀向下剪切的是上切剪；下刀向上剪切的是下切剪。下切剪的结构如图 2-13 所示。

下切剪由工作机架、传动装置等主要部分组成，并附有润滑部件和风动部件。机架中的偏心轴上的两列圆锥滚柱轴承上，装有传动刀架运动的套，刀架上固定着下刀片，刀架安放在导架中。下刀片的升降是通过传动偏心轴来实现的。上刀片固定在横梁上，呈 $2°$斜角。剪切机由交流电机经过两级圆柱齿轮减速机来传动。

控制器安装在减速机的低速轴上，剪切机剪切之后，当刀架到达极限位置时，控制器即切断电源。

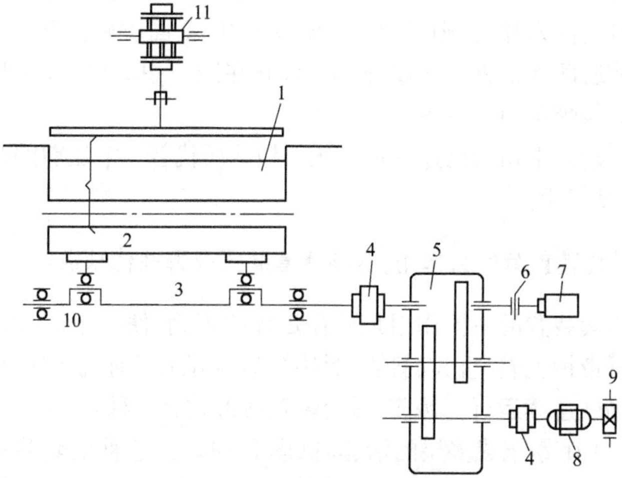

图 2-13 电动式下切剪示意图

1—带刀架横梁；2—带下刀的刀架；3—偏心轴；4—接手；5—减速机；6—挠性接手；7—控制器；8—电动机；9—制动器；10—滚动轴承；11—带拨料机的风动气缸

为了抛下带钢的切头、切尾，在下刀架上装有可动的台架，台架靠气缸来动作，台架升起，带钢切头顺斜槽落入废料槽中。

对于生产操作人员来说，刀刃间隙的确定和调整十分重要。刀刃间隙的大小，除了影响剪切功、最大剪切力外，还直接影响剪切质量。

如果剪切断口毛刺大，则说明剪刃间隙过大。剪刃间隙根据所切带钢厚度来选定，一般等于被剪切带钢厚度的 5%，不大于带钢厚度的 7%。剪切 1.2～5mm 厚的带钢，推荐的间隙值为 0.06～0.3mm。带钢越厚，间隙值越大。必须说明，如果剪刃间隙量过小，例如当间隙值为带钢厚度的 2%～3%时，剪切中不仅使最大剪切力增加，而且在这种情况下所得到的剪切断口也是不整齐的。

调整上下剪刃间隙时，用塞尺检查。剪切机未工作时，其上下剪刃的开度应最大，上下剪刃的重合量应调整到 2mm 左右。

刀片一般是用 5CrW2Si 材质做的。生产中发现，剪刃用钝时应及时更换刀片，否则剪切力大幅度上升，断面质量也极差。为了保证前后两卷带钢对接整齐、平直，并在同一中心线上，切断后的断面应与带钢中心线垂直。

电动式下切剪已逐渐被液压下切剪所代替。液压剪的结构简单，可靠好用。

40. 活套装置有什么作用，各种活套装置有哪些优缺点？

活套装置的主要作用是贮存足够的带钢，使机组头（尾）部段在进行带钢上卷、直头、剪切、焊接及卸卷等工序时，机组中部段的带钢仍能连续运行。目前，活套装置的形式有 4 种：

（1）带钢堆成多层的活套坑（图 2-14*a*）。这种活套装置的优点是带钢贮存量大，活套坑结构简单，成本低。此外，带钢能以较高的速度进入坑中。一个长度 12m、深度为 4m 的活套坑可贮存带钢长度达 280m。这种活套装置的主要缺点是带钢容易造成折痕；带钢从坑中拉出速度太快时，容易擦伤带钢表面。这种活套装

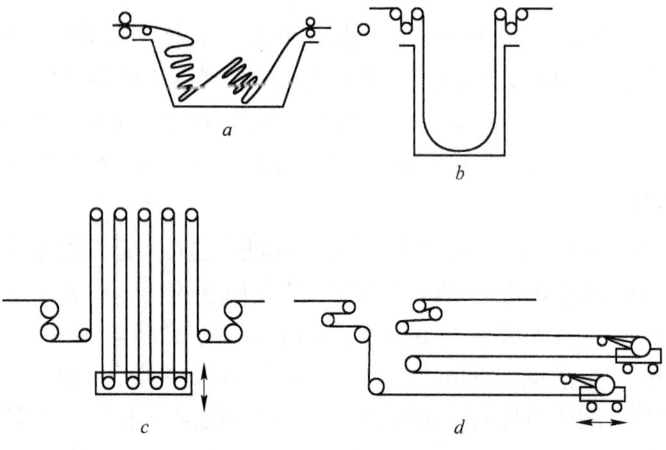

图 2-14 活套装置的形式

a—带钢堆成多层的活套坑；*b*—带钢自由悬垂的活套坑；

c—垂直活套塔；*d*—水平活套车

置一般用于厚带钢机组。

(2) 带钢自由悬垂的活套坑(图 2-14*b*)。这种活套装置可以消除带钢在活套坑中产生折痕和擦伤等缺陷。但是,带钢运行速度不能太高,因为,当带钢板形不好又高速运行时,自由悬垂的活套易在坑内摆动,甚至发生活套"反身"现象。对于薄带钢来说,摆动情况更为严重。此外,在带钢高速运行时,也易使带钢边口擦伤。这种活套坑深度一般为 12~30m。由于不能充分利用坑的深度,带钢贮存量不大。带钢自由悬垂的活套坑主要优点是:在带钢速度较低时,能减少带钢表面损伤;带钢导向简单;占车间面积小。与垂直活套塔和水平活套车相比,其机械设备较小。这种活套坑一般用于带钢速度低和贮存量不大的机组上。

(3) 垂直活套塔(图 2-14*c*)。其主要优点是带钢贮存量大,带钢不易跑偏,占车间面积小;带钢速度较高时,带钢边口擦伤比自由悬垂活套要少。其主要缺点是垂直高度高、机械设备贵、带钢断带后穿带较困难。

垂直活套塔有上面辊子固定而底横梁上下移动和底部辊子固定而上横梁上下移动两种形式。第一种形式用得较广,因为,移动底横梁能使带钢张力保持不变,可以使机械和电气控制简单。但是辊子维修和穿带要在高空进行。

这种活套用于高速机组上。

(4) 水平活套车(图 2-14*d*)。目前,在卧式酸洗机组、退火机组上,广泛采用水平活套车。其主要优点是垂直高度低,带钢转向辊少,带钢张力容易保持恒定。但是,水平活套车需要有很长的水平移动距离。为了防止活套车上面的带钢下垂到下面的带钢上,一般都装有带钢分离器,使上、下层带钢相互不接触。这使活套车的机械设备复杂,造价高,活套车的移动速度也受到一定限制。活套车的最大移动速度为 120~135m/min。

41. 窄带钢圆盘剪的结构是怎样的,其操作和调整应注意什么?

为了保证带钢两侧边缘整齐,并严格控制带钢宽度,在圆盘剪上对带钢两边进行切边。切下的边缘在碎边机上破碎。宽带圆盘剪的构造比较复杂，而窄带钢可使用简易的圆盘剪，其结构和传动系统如图 2-15 所示。

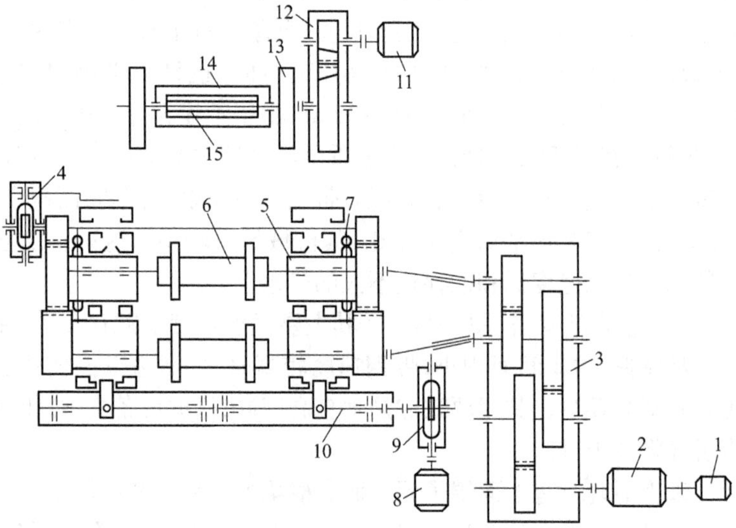

图 2-15　窄带钢圆盘剪和碎边机传动系统示意图

1—测速发电机；2—电机；3—减速机；4—刀轴升降调整机构；5—偏心套；6—刀轴；7—侧向调整机构；8—离合机构电机；9—离合机构减速机；10—离合丝杠；11—碎边机电机；12—碎边机减速机；13—飞轮；14—固定碎边刀；15—旋转碎边刀

圆盘剪的前面有一对立辊，用来控制带钢中心线严格对正剪刀中心线。圆盘剪的后面是碎边机。碎边机由固定在机座上的固定刀刃和安装有两个刀刃的旋转刀组成。旋转刀轴由电机经减速机传动，并在轴两端安装有两个飞轮。带钢边通过固定刀和旋转刀之间的间隙时，被破碎成碎段，流入下面的料斗中。

圆盘剪由传动部分、刀轴部分、调整部分、离合部分以及辅助部分等组成。

传动部分通过电机经减速机、万向接轴传动右侧两根主轴。刀轴部分由各固定了两片圆盘刀的上下刀轴组成。离合部分在圆盘剪的下方，通过电机、减速机和丝杠调整圆盘剪左右两侧机座的横向位置，使左侧机座的游动轴和右侧机座的传动轴与上下刀轴连接在一起，从而可以传动刀轴。当离合机构使左右两侧机座分离时，即可使刀轴脱离机座的传动轴，以便于进行换刀的作业。调整部分包括压下抬起的调整机构和刀片轴向位置的调整机构。在上下传动轴和游动轴的外面各有一个偏心距为 14mm 的偏心套，转动压下手轮，通过传动机构，两端上下的偏心套同时转动，从而使两侧上下轴之间的距离发生变化。压下机构用以调整上下刀刃之间的重合量，并在换刀时用以抬起上刀。在左右两侧机座的前方各有一个手轮，在两侧上部偏心套上各固定一个蜗轮，蜗轮通过螺母与偏心套上的螺纹连接。转动手轮可以调节偏心套的轴向位置，从而调节上刀轴的轴向位置，使左右两侧上下刀之间的间隙保持均匀一致，并调节剪切中心线使之与机组中心线相一致。辅助部分包括引导带钢平直地从剪刃间出来的上下托板，以及固定上下托板的横梁等部件，还有将切边导入碎边机的左右导槽以及固定和调整导槽的部件。

该圆盘剪的主要性能如下：

剪切带钢材质	低碳钢、低合金钢
剪切带钢宽度	65～325mm
剪切带钢厚度	1.2～4.75mm
剪切带钢强度极限	600MPa
材料相对伸长率	12%～24%
剪切力矩	1700J
圆盘刀直径	400～445mm
圆盘刀材质	4CrW2Si
剪切速度	20～60m/min
圆盘剪电机	23kW
碎边机电机	3.6kW

圆盘剪的操作和调整应注意如下各点：

(1) 换刀时要严格检查4把刀片的直径是否一致。同一轴上的两把刀片的直径应当相等。上下轴的刀片直径差不得大于1.5mm。要严格检查刀刃有无磕伤、掉肉。刀片在轴上要打紧。

(2) 同一侧上下刀片之间的轴向间隙应该等于剪切带钢厚度的1%～5%,剪软钢时间隙取小些。上下刀片之间的重合量应为剪切带钢厚度的一半。

(3) 圆盘剪剪切时发生缺陷应及时处理。圆盘剪剪切时产生缺陷及处理方法如下:

1) 切不断。这是由于刀刃磨损严重或者间隙太大造成的,应予以调整或换刀;或者是由于刀轴背母松扣造成刀刃间隙过大,应打紧。

2) 毛刺高。剪切后两边缘有较高的隆起的毛刺,这是因为刀刃磨损了,应换刀。

3) 划伤。带钢表面(底面或上面)有一道道的划伤,这是由于上下托板与带钢摩擦造成的,应该调整托板的高度并进行整修。

4) 切边有波浪弯。这是由于带钢跳导向立辊的孔槽,带钢在圆盘剪内摆动和波动引起的。

5) 碎边切不断。这是因为碎边刀磨损严重造成的。经调整后仍然无效时应更换碎边刀。

42. 无张力卷取带钢时会产生什么缺陷?

连续酸洗机组常采用无张力卷取机来卷取带钢,如图2-16所示。带钢被拉辊1咬入,送入弯曲辊2使带钢产生适合于钢卷内径的相应挠度,随后绕上去在卷取辊4的支撑和旋转下自行成卷。钢卷达到要求质量时,剪断带钢,最后由卸卷机6将钢卷从卷取机上推出,滚到斜坡辊道上。斜坡辊道上的推钢机将钢卷推到斜坡辊道的末端,用吊车把它吊至钢卷放置场贮存。

无张力卷取机卷取带钢时易产生下列缺陷:

(1) 划伤。辊式卷取机无张力卷取的特性决定了钢卷不可能卷紧。由于钢卷卷得不紧,带钢拆卷折棱和在活套坑中造成的折

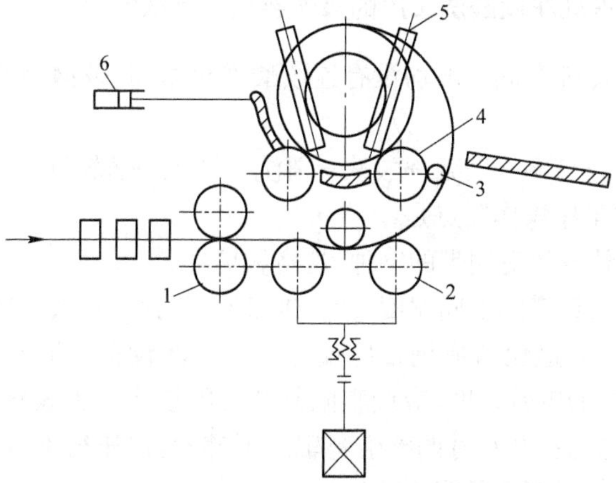

图 2-16　无张力辊式卷取机示意图

1—卷取拉辊；2—带钢弯曲辊；3—空转辊；4—卷取辊；
5—夹板立辊；6—卸卷机

棱造成钢卷层间接触，当钢卷卸卷时容易产生带钢层间错动而划伤。

(2) 塔形。带钢的镰刀形弯曲，造成在卷取过程中卷成塔形，带钢越薄塔形越严重。带钢在卷取过程中，夹板立辊 5 在一定程度上起到控制钢卷塔形的作用；但在带钢较薄的情况下，因夹板立辊夹得过紧，则会使带钢边部特别是塔形突出部分造成浪形，严重时会使带钢产生窝边。带钢越薄越容易产生上述缺陷。

(3) 粘辊或擦伤。弯曲辊和卷取辊表面往往被带钢毛边和卷取辊与带钢之间滑动造成擦伤或粘辊，从而将带钢表面擦伤。当钢卷在卷取中质量逐渐增大时，特别是薄带钢，卷取中发生摇晃，使下表面擦伤更为严重。

(4) 带钢起套。带钢在卷取过程中，随着钢卷直径的增大，有时带钢不能绕钢卷卷取，而形成活套。这是由于卷取辊滑动使钢卷旋转速度降低，但拉辊拉钢的速度不变，结果就出现活套。此时应适当增大拉辊的辊缝来消除带钢起套现象。

43. 小型冷轧车间酸洗工序的操作要点是什么?

小型冷轧车间一般均没有连续酸洗机组，其带钢酸洗工序如下：

剥壳→打圈→装架→酸洗→清洗→钝化→送轧机

酸洗工序操作要点是：

(1) 认真核对钢带的钢种、规格和炉号。

(2) 按钢带的不同宽度，调整进口导辊的距离（大于钢带宽度10～30mm），避免造成钢带跑偏过大而损坏设备。根据剥壳（机械去铁皮）的钢带厚度，应调整限制开关的横弹支头螺丝，不致使限制开关失灵，并及时调整引料辊压下螺丝，但压得不应过紧，以防止损坏钢带表面及产生事故。

(3) 钢带剥壳时，钢带头必须敲直（平），以免造成叠头和缠辊事故；如发现缠辊现象，应立即停车，松开辊子间隙，进行反转，将钢带取出，敲直钢带后再进行剥壳。在取出钢带时，旁人不得擅自开车。经剥壳后，钢带表面氧化铁皮必须剥落或疏松，经酸刷后表面刷净。操作时严禁用油手套，钢带表面不允许有油污、铁屑等黏附物。

(4) 根据不同规格钢带调整打圈机，使剥壳后钢带呈疏松发条状，各圈的间隙约15mm。

(5) 装架应整齐，圈与圈之间应有一定的间隙，装好后应在架子的牌子上写明钢种、规格、炉号；必须注意，同一架子上不允许有不同钢种、规格的钢带。

(6) 酸洗时，钢带必须全部浸没在酸溶液中，并经常用撬棒摇动，使酸液保持流动，以加速酸洗。根据坯料的具体情况，酸洗时间可延长或缩短5min，但要绝对防止钢带过酸洗和欠酸洗，特别是酸洗高碳钢，更要经常检查，严格掌握好酸洗时间。各种钢带的酸洗制度按表2-14执行。

(7) 高浓度废硫酸用来酸洗优质钢，低浓度废硫酸用来酸洗普碳钢。酸液缸内沉积物必须经常清除，一般2～3天清理一次。

表 2-14　钢带酸洗和钝化工艺

钢　种	工艺名称	溶液名称	溶液的质量分数/%	溶液温度/℃	处理时间/min
08，10，15，20，Cr03	酸洗	废硫酸	>12 8～12	55～65 60～70	15～25 20～30
	清洗	清水	0	室温	不限
	钝化	亚硝酸钠	1～2	65～75	0.2～0.5
30～60，T7～T10，65Mn，65Si2Mn	酸洗	废硫酸	>12 8～12	55～65 60～70	10～20 15～20
	清洗	清水	0	室温	不限
	钝化	亚硝酸钠	1～2	65～75	0.2～0.5
碳素结构钢	酸洗	废硫酸	>12 8～12 5～8	55～65 60～70 65～70	25～30 25～30 25～35
	清洗	清水	0	室温	不限
	钝化	亚硝酸钠	1～2	65～75	0.2～0.5

(8) 酸洗后钢带立即送清水缸进行清洗，清洗时要不断冲水，以减少清洗时间，减少清水缸中硫酸的含量和杂质，一般清洗时间为 5～10min。清水缸内硫酸的质量分数不得超过 0.2%（质量浓度为 2g/L），一般每星期清理一次，清理时必须将清水缸内的水全部放完，然后将沉积物清除干净，冲洗缸体后再放水。

(9) 清洗后钢带进行钝化，必须保证钝化液的浓度和温度（温度严禁超过 80℃），钝化时间以浸没钢带后 3～5s 即可。钝化缸每周清理一次，换钝化液时应出清缸内杂质和垃圾，缸体冲洗干净后再放入新钝化液。

(10) 每班测定两次硫酸的浓度和温度，作好记录并及时通知酸洗工。经常测定钝化液的浓度和检查含杂质情况。当酸液和钝化液达不到规定要求时，应及时处理。

44. 半连续酸洗机组的工艺操作过程是怎样的，应注意哪些安全事项？

图 2-17 为半连续酸洗机组的示意图。在这种酸洗机组上可酸洗宽 20～1050mm、厚 0.8～9.5mm 的带钢，酸洗带钢的品种较多。当带钢宽度小于 600mm 时，可同时酸洗 2～6 条带钢。机组的设备费用较低，因此，在中小型冷轧车间里得到广泛的应用。

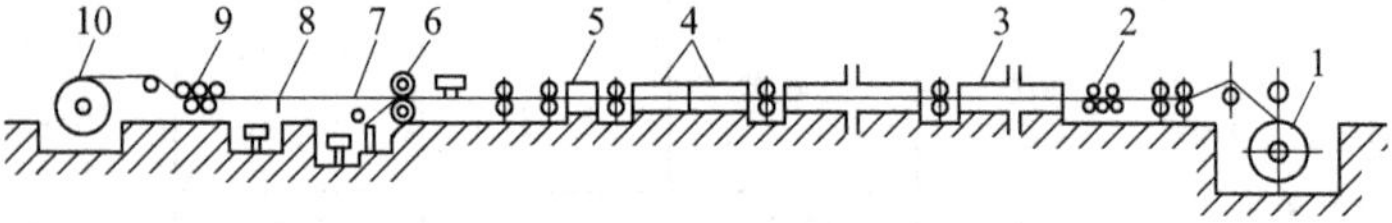

图 2-17　半连续酸洗机组示意图

1—开卷机；2—矫直机；3—酸洗槽；4—清洗槽；5—烘干装置；6—圆盘剪；7—碎边剪；8—铡刀式剪断机；9—张紧装置；10—卷取机

半连续酸洗机组的工艺操作过程如下：

钢带开卷后，经过矫直机矫平送入酸洗槽，带钢从酸洗槽出来立即进入清洗槽清洗；带钢在烘干之后立即涂油，然后在卷取机上卷取成卷；并把钢卷的钢种、炉罐号、流水作业号涂写在钢卷外表面上。

在机组中段安装 1～2 对弯曲辊，用来矫正板卷的弯曲。带钢进入机组时先进行矫直，其目的是矫直带钢头部和使带钢顺利通过机组。如果同时通过几条带钢，则每根带钢需单独使用矫直机。酸槽用塑料板做成。槽盖采用分段密封盖。

机组操作时应注意的主要安全事项如下：

(1) 处理酸洗槽断带时，要配戴防护眼镜。横跨酸洗槽的跳板要搭得牢靠。用钢绳拉带钢要注意断带钢落槽时酸液溅出，以避免烧伤。一旦被酸烧伤，要立即用水冲洗。

(2) 卷取机在卷取带钢时，操作人员不能站在卷取机出口方向，以免被钢卷在卷取中弓起的活套打伤。

(3) 检查带钢表面质量时，应停车。

(4) 更换各种零部件时,必须先使整个机组断电。

(5) 处理粘辊或辊子拉毛时,不能在拉辊咬入端锉磨,一定要在辊子出口端锉磨,以免将手带进辊缝而压伤。

普碳钢的酸洗工艺如下:

用盐酸溶液进行酸洗,酸洗速度为 8m/min,钢带在酸洗液中通过时间为 2.5min。钝化液为亚硝酸钠($NaNO_2$)的水溶液,其质量分数为 4%左右,钢带在钝化液中通过时间为 0.5min。钝化液温度为室温。

对盐酸溶液的质量浓度和温度规定如下:

质量浓度/$g \cdot L^{-1}$	200～250	100～200	50～100
温度/℃	40～60	50～70	75 左右

45. 连续酸洗机组的作用是什么,其设备组成和工艺流程怎样?

带钢冷轧前必须酸洗,清洗其表面氧化铁皮,因为氧化铁皮在冷轧时会损坏轧辊表面,而导致带钢表面产生缺陷。

先进的冷轧厂都采用高速运行的连续酸洗机组。所谓连续酸洗,就是将带钢连续地通过几个酸洗槽进行酸洗。为使作业线上过程连续,将前一个热轧带钢卷的尾部和后一个钢卷头部焊接起来,酸洗后带钢当卷成一定质量的钢卷时切断带钢。

连续酸洗机组除完成清除带钢表面氧化铁皮的任务外,还有几个作用:

(1) 用圆盘剪将带钢侧边剪齐。

(2) 调节钢卷的质量,根据生产要求将大的热轧钢卷分成小卷,或把几个小钢卷合并成一个大卷,以提高冷轧机的产量。

(3) 检查并剔除对以后各工序有害的带钢表面缺陷。

(4) 在酸洗好的带钢表面上涂上一层油,起防锈和润滑作用。

图 2-18 为硫酸酸洗机组示意图。连续酸洗机组根据工作性质分成 3 段:上料、拆卷、带钢表面氧化铁皮破碎、矫正、剪头、剪尾、焊接、焊缝光整为入口段;酸洗、冷热水洗以及烘干为酸洗段;

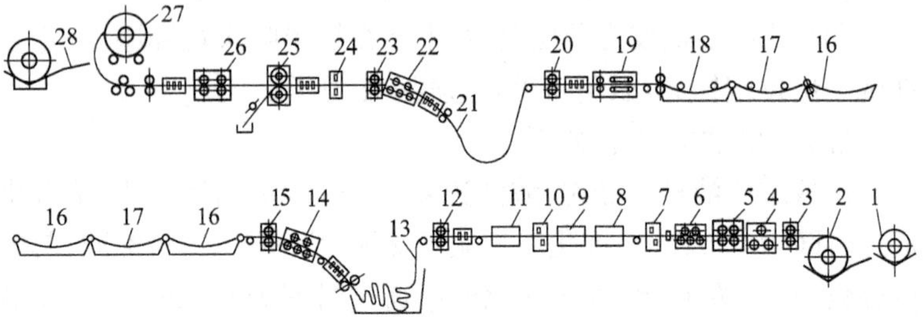

图 2-18 硫酸酸洗机组示意图

1—带翻钢机的链式运输机；2—拆卷机；3—拆卷拉辊；4—铁皮破碎机；5—双拉辊；6—五辊矫正机；7—1 号下切剪；8—闪光焊接机；9—犁刀式光整机；10—2 号下切剪；11—缝合机；12—1 号拉辊；13—1 号活套坑；14—1 号无传动五辊矫正机；15—2 号拉辊；16—1 号酸洗槽；17—冷水槽；18—热水槽；19—热风干燥机；20—拉辊；21—活套坑；22—矫正机(无传动)；23—拉辊；24—切头剪；25—圆盘剪；26—涂油机；27—卷取机；28—斜辊道

剪切、涂油以及最后卷取为出口段。为使酸洗机组连续运行，在酸洗段的两端各设一活套坑。机组的工艺流程是：

(1) 机组入口段：热轧带卷⟶立置在链式运输机上⟶翻钢机将带卷转成平卧⟶锥体式拆卷机 2 拆卷⟶拉辊 3 将带钢送入三辊式铁皮破碎机 4 ⟶双拉辊 5 破碎带钢表面氧化铁皮⟶五辊矫正机 6 矫正⟶1 号电动下切剪 7 切头尾⟶闪光焊接机 8 焊接前后两卷带钢⟶犁刀式光整机 9 光整焊缝⟶1 号活套坑 13 储存带钢。

(2) 机组酸洗段：2 号拉辊拉出带钢⟶1 号无传动五辊矫正机 14 矫正⟶4 个硫酸酸洗槽 16 中酸洗⟶冷水槽 17 高压水冲洗⟶热水槽 18 清洗和预热⟶热风干燥机 19 烘干⟶3 号拉辊 20 将带钢送入 2 号活套坑 21。

(3) 机组出口段：2 号无传动五辊矫正机 22 矫正⟶4 号拉辊 23 将带钢送入切头剪 24 ⟶圆盘剪 25 剪边⟶辊式涂油机 26 涂防锈油⟶卷取机 27 卷取⟶钢卷由斜辊道 28 送轧前存放场。

连续硫酸酸洗机组的主要技术性能如下：

带钢规格	
带钢厚度	1.8～4mm
带钢宽度	700～1550mm
卷重	7.5t
钢种	碳素结构钢、优质结构钢、低合金钢、硅钢及合金钢
机组速度	
机组入口段	45～180m/min
机组酸洗段	18～72m/min
机组出口段	21.6～86.5m/min

46. 卧式盐酸酸洗机组的设备布置和工艺过程怎样？

卧式盐酸酸洗机组是由入口段、酸洗段和出口段组成，如图2-19所示，各段工艺流程如下：

(1) 机组入口段。热轧带钢卷由步进梁1送至带卷准备装置2。带卷准备装置由开卷刮刀、1对夹送辊、3个矫正辊和1台液压剪组成。带卷在准备装置上进行预开卷。已预开卷的带卷由步进梁3送至上卷小车4，上卷小车将带卷旋转90°，使带卷对准开卷机。然后，将带卷套在双头开卷机5上。带卷头部经五辊矫正机7矫正和初步除鳞后，在液压剪8上剪平。此时，前一带卷尾部也在液压剪10上剪平。前后带卷头尾通过闪光焊接机9焊接在一起。带钢通过入口端活套车12和拉伸弯曲矫正机14后，进入酸洗槽酸洗。拉伸弯曲矫正机对带钢进行二次破鳞，以加速带钢酸洗速度。

(2) 机组酸洗段。酸洗槽17分隔为5个槽，各槽盐酸溶液浓度顺序增加。沿带钢前进方向的第一个酸槽酸液的质量分数为3%～5%，最后一个酸槽酸液的质量分数为11%～13%，酸液温度为70～90℃。酸洗后带钢进入清洗槽18清洗，并通过空气干燥器19干燥。

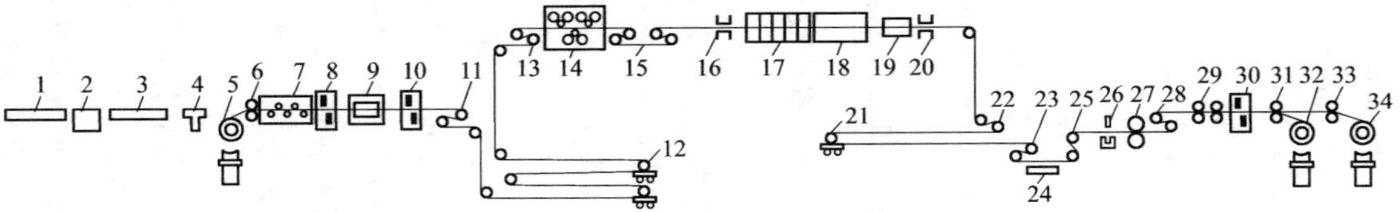

图 2-19　1700mm 冷轧车间卧式连续酸洗机组

1—步进梁；2—带卷准备装置；3—步进梁；4—上卷小车；5—双头开卷机；6、31、33—夹送辊；7—五辊矫正机；8、10、30—液压剪；9—闪光焊接机；11、13、22、23、25、28—张力辊；12、21—活套车；14—拉伸弯曲矫正机；15—张力装置；16—带钢夹紧装置；17—酸洗槽；18—清洗槽；19—空气干燥器；20—带钢夹紧装置；24—检查台；26—冲孔机；27—圆盘剪；29—涂油机；32、34—卷取机

(3) 机组出口段。干燥后的带钢经过出口端活套车 21,在检查台 24 上用肉眼检查,再由圆盘剪 27、涂油机 29 进行切边和涂油,然后通过卷取机 32 或 34 重新卷成带卷。当卷重达到规定质量后,液压剪 30 将带钢剪断。最后,将带卷从卷取机卸下运走。涂油机共有两台,可根据需要,分别涂以棕榈油或乳化液矿物油,一台涂油机工作时,另一台可移出机组。

机组中入口和出口端活套车 12 和 21 是用来储存带钢的,以保证机组头部、中部和尾部 3 段的连续生产。入口端和出口端活套车行程都为 145m,车速为 150m/min,入口端活套车能储存带钢 580m。出口端活套车能储存带钢 290m。在酸洗槽入口和空气干燥器出口处均设有带钢夹紧装置,当机组发生事故时,用来拉紧带钢,以免带钢在酸洗槽内浸泡过久形成过酸洗。冲孔机 26 用来在焊缝附近冲孔,便于冷轧时自动检测焊缝位置,使轧机在过焊缝时减速运行。

卧式盐酸酸洗机组是应用较广泛的酸洗机组,其酸洗段设备简单,且生产率较高。机组的主要技术性能如下:

带钢规格	
带钢厚度	1.5～6.0mm
带钢宽度	600～1570mm
带卷内径	ϕ610～760mm
带卷外径	ϕ1100～2550mm
带卷质量(最大质量)	30～50t
带钢抗拉强度	650MPa
酸洗后带卷规格	
带卷内径	ϕ610mm
带卷外径(最大外径)	ϕ2550mm
带卷质量(最大质量)	45t
机组速度	
机组入口段(最大速度)	600m/min
机组酸洗段(最大速度)	240m/min
机组出口段(最大速度)	330m/min

穿带速度	30～60m/min
机组生产率	144 万 t/a
机组全长	297m

按送料顺序，带钢离开入口段活套坑直接进入酸洗段第一槽。此槽充以带弱酸的沸水（水温接近 100℃）。设热水槽的目的在于使带钢在进入后面各槽酸洗之前，尽量吸收较多的热量。这种预热作用可使酸洗时间大为缩减，并且弱酸热水也能起显著的酸洗作用。5 个酸洗槽的酸液成分和温度如表 2-15 所示。

表 2-15　各酸洗槽的酸液成分和温度

槽号 / 项目	第 1 槽	第 2 槽	第 3 槽	第 4 槽	第 5 槽
$w(HCl)/\%$	0	3.2	6.5	10.0	13.0
$w(FeCl_2)/\%$	0	20.4	17.0	12.2	8.3
温度/℃	93	90	87	83.8	82

47. 塔式盐酸酸洗机组有哪些优缺点?

图 2-20 为塔式盐酸酸洗机组简图，其主要特点是将机组中部的酸洗段垂直布置成酸洗塔。带钢在酸洗塔中垂直地连续运行时，喷嘴 11 向带钢两面喷射盐酸酸液，以清除氧化铁皮。酸洗塔中的上转向辊 9 和 10 是可以升降的，它起活套作用。在机组头部装有开卷、矫正、剪切、焊接以及焊缝光整等设备，以保证带钢能连续地进入机组酸洗塔。在机组中部，除了酸洗塔外，还设有带钢清洗和干燥装置，使酸洗后带钢表面清洁干燥。机组尾部装有剪切机和卷取机等，使带钢重新成卷。有的机组尾部还装有涂油装置。

600mm 塔式盐酸酸洗机组的主要技术性能如下：

带钢厚度	2～3mm
带钢宽度	最大 520mm
带钢卷重	2t
酸洗工艺制度	

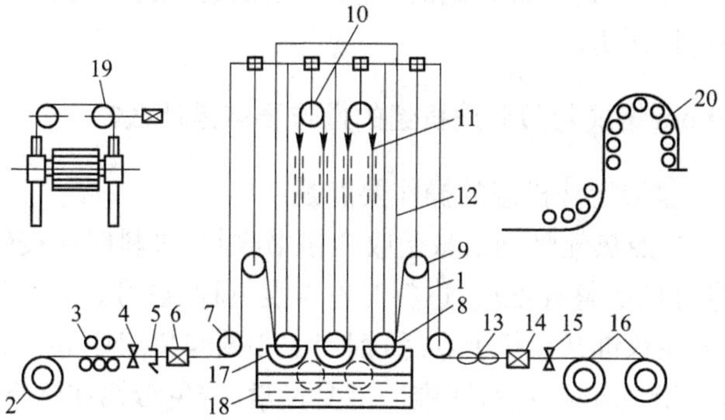

图 2-20 塔式盐酸酸洗机组简图

1—带钢；2—开卷机；3—矫正机；4、15—剪切机；5—焊接机；6—焊缝光整机；7—导向辊；8—下转向辊；9、10—上转向辊；11—喷嘴；12—塑料弹性墙；13—清洗装置；14—干燥机；16—卷取机；17—凹槽；18—酸液收集槽；19—上转向辊升降装置；20—上转向辊系

酸液的质量分数	10%～20%
酸液温度	65～85℃
酸洗时间	30～90s
机组速度	0.4～1.2m/s
机组年产量	2～4 万 t

塔式盐酸酸洗的优点如下：

带钢表面酸洗质量好；盐酸酸洗是一种纯化学酸洗，带钢表面氧化铁皮无需经过破碎处理，从而简化了设备，并减少了带钢的弯曲硬化；酸洗是带钢通过直立的塔，酸溶液由喷嘴喷到带钢表面上，酸洗效率高，酸洗时间比卧式盐酸酸洗缩短 20%；酸洗时只需将喷射的酸溶液加热即可，减少了蒸汽消耗，同时，在机组因调整和检查等原因临时停车时，关闭喷嘴，从而避免了带钢过酸洗；酸洗塔是密封的，热损失减少，同时，酸洗塔占地面积小，其占地面积约为卧式酸洗的三分之一；酸洗成本约降低 20%～30%。

塔式盐酸酸洗的缺点是：

酸洗塔较高，一般为 21～45m，有的高达 60m，吊车不易通过，维修不便；当带钢断带和跑偏时，不易解决；如塔体密封不好，将使工作环境很恶劣。

48. 600mm 塔式盐酸酸洗机组的操作要点是什么？

塔式盐酸酸洗机组的操作要点是：

(1) 按照热轧带钢质量验收合格书收料；进料时应按钢种、规格、炉号等依次整齐堆放；进料时不得混钢种、炉号。

(2) 在双锥开卷机上卷后，钢带中心要与机组中心重合，偏移量不得大于 20mm；左右两锥一定要夹紧，避免带钢在运行中松动和脱离。

(3) 带钢喂入五辊矫直机时要平直，不偏斜，运行中随时调整；发现来料有夹层、裂边、翻卷等现象时，应立即停车，处理后再开车。

(4) 液压剪要把带钢头尾不符合标准部分切净，剪切断面要平直，倾斜度不得大于 2mm。

(5) 带钢用搭焊焊接，206mm 宽的带钢搭头长度为 30mm 以下；520mm 宽的带钢搭头长度为 50mm 以下。焊缝要连续光滑平直，中间无夹杂，不烧穿带钢。焊接技术参数如下：

焊机型号	额定容量	电流调节范围	用　途
BX-300	21kV · A	80～450A	焊接低碳钢
BX_3-300	15.5kV · A	30～250A	焊接低碳薄板

(6) 酸洗工艺规程如表 2-16 所示。

表 2-16　塔式盐酸酸洗工艺规程

钢　种	盐酸质量浓度/$g \cdot L^{-1}$	酸液温度/℃	酸洗速度/$m \cdot min^{-1}$
鞍钢料（Q195 · F、Q215 · F 等）	250～210	55～70	45～60
	210～150	65～85	30～50
	150～120	75～85	20～40
日本料（SPHC、SPHD 等）	250～210	50～65	60～72
	210～150	65～80	45～65
武钢料（Q195 · F、Q215 · F 等）	150～90	70～85	30～45

(7) 生产准备工作完毕后，先开酸泵冷却水，检查酸泵后起动，使酸液喷入塔内，进行循环；经常检查酸洗塔内喷酸管喷淋情况，如有堵塞、损坏等应及时清洗和调换；每天停车后，将酸液过滤网冲洗一次。停车或发生事故时，先关蒸汽阀门后停酸泵，再关冷却水。

(8) 每次化验酸液浓度和 $FeCl_2$ 浓度，做好记录；酸液浓度达到报废浓度($FeCl_2$ 的质量浓度为 280g/L)时停车，将废酸打入废酸贮罐，待处理后重新配液。

(9) 清洗是把带钢表面残留的酸液和其他杂物冲洗干净，以利钝化工艺取得良好效果。清洗塔用水是经酸气处理系统的冷却水(泵压 0.2MPa 以上)，应保证足够水量，根据清洗效果进行及时调整。

(10) 钝化是使酸洗后的带钢表面形成钝化膜，提高抗环境腐蚀能力，一般保证带钢在 2～3 天内不再生锈。采用质量分数为 4%～6%的亚硝酸钠溶液，用气流喷射法同时喷带钢两面，压缩空气压力为 0.3MPa 以上；调节压缩空气和钝化液的液量，保证钝化液雾化状态和喷洒均匀。

(11) 喂料卷取时，使带钢中心对准卷筒中心；卷取机卷筒必须胀足；用手动水平摆动纠偏装置，尽量使带钢卷齐。

(12) 注意酸洗塔的密封。酸洗塔是由长度适宜的玻璃钢(或加强塑料)一节一节并接而成的。塔节之间的密封采用泡沫塑料密封垫和对接螺柱连接，然后在塔体内壁再衬贴环氧玻璃钢。带钢进出塔体处采用水封装置进行密封，同时在带钢与水封装置开口处用泡沫塑料片进行密封。

塔中的酸溶液喷嘴分多层布置在带钢通行路线上。喷嘴采用聚乙烯塑料管或玻璃钢管。喷嘴管与塔体连接采用锥形耐酸橡胶塞并由法兰、螺钉拧紧进行密封。酸液可用不同的压力喷射。一般认为，随着喷射压力的增加酸洗时间将减少，当喷射压力从 0.1MPa 增加到 0.2MPa，酸洗时间可减少 20%～30%。

(13) 穿带时可先将上转向辊抽出，在 3 个下转向辊之间放上两根直径较小的引带辊，带钢一次通过几根下转向辊，然后用塔顶电动葫芦将引带辊提升，以后在塔顶将上转向辊一根一根地插入，并抽出引带辊即可。这种穿带方法时间较短，如果塔中酸洗部分和上转向辊均能下降至下转向辊下面，则更便于穿带操作。

（14）断带处理。酸洗过程中一旦发生断带事故时，首先应立即停止喷酸，同时塔顶酸气处理系统的风机应继续工作，将塔内酸气抽掉。关闭回酸阀，打开供水阀，连续向塔内喷水，将塔内冲洗干净，同时打开塔底阀门放掉冲洗水。然后，打开塔体入孔，操作人员进入塔内（或将带钢钩出塔外），根据断带部位及断带情况进行处理，连接两个断头，通过转向辊逐次引导带钢通过酸洗塔。

（15）酸气处理。由于盐酸容易挥发，塔内酸气较多且有一定压力，为了防止酸气外逸，改善操作条件和消除公害，应回收塔内酸气，降低酸液消耗。机组装有酸气处理设备，它是采用冷凝—吸收—清洗—抽风—排风管系统进行处理的。

49. 2050mm冷轧机浅槽连续盐酸酸洗机组和工艺过程是怎样的？

2050mm冷轧机浅槽连续盐酸酸洗机组（图2-21）的年生产能力为237.8万t带钢卷。

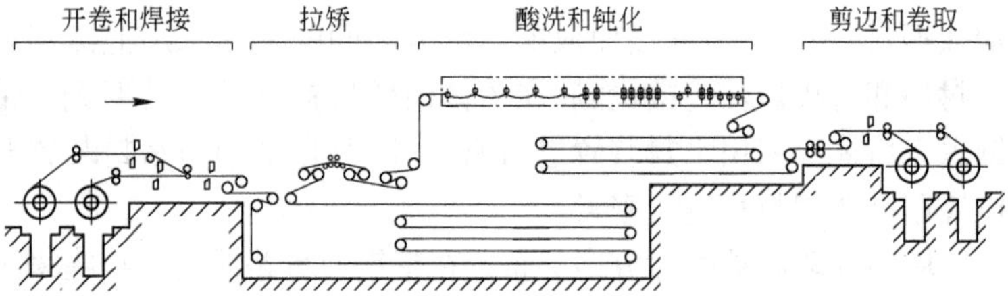

图2-21　2050mm冷轧机浅槽连续盐酸酸洗机组工作示意图

（1）酸洗前库。酸洗所需的原料热轧卷由热轧厂经运输链和钢卷小车运输系统运送到冷轧酸洗前库。钢卷库设9个停车位置，运输小车根据库位安排而停在事先确定的停车位置，装载小车运行速度为 80m/min,空车返回速度为 90m/min,在装卸区是爬行速度运行。

钢卷小车系统伸入酸洗钢卷库 245m 深处,当需要卸卷时,该区的显示信号灯亮,以指示吊车停到卸卷位置吊放钢卷,该指示灯一直亮到钢卷卸完为止。该系统考虑了所有小车既可在同一卸卷区卸卷,也可以有 2 辆或 3 辆小车在不同卸卷区卸卷的可能。

(2) 工艺过程。由步进梁经链式运输机运来的钢卷,经 C 形钩钢卷小车送到开卷机上,整个上卷过程是自动进行的,带头从开卷机经穿带台送到夹送辊矫直机,然后送到横切剪切头。在夹送辊矫直机、闪光焊机和拉伸矫直机内设有氧化铁皮收集吸尘装置。在夹送辊矫直机后设有光电跑偏控制系统以及带钢测厚仪。超差的带头部分在横切剪 No. 1、No. 2 处切去,可以进退的废料斗接收切头废料。

前后的张力辊组除了牵引带钢向前运行外,还为后面的带钢加张力。此时另一台开卷机的带头已做好开卷的准备工作,带头处在等待位置,直到前一卷带钢甩尾离开开卷机为止。前一卷带钢的带尾和后一卷带钢的带头分别在焊机内进行精确剪切,以保证焊接工艺所需要的直角端头,整个焊接过程是自动控制的。带钢经过张力辊组和控制辊进入可存贮 720m 长带钢的进口活套内。3 个活套小车对活套中的带钢进行充套和松套。

活套车最大运行速度为 130m/min。安装在活套小车之间及前后的控制辊保证带钢对中运行和带钢进入拉伸矫直机时的对中。拉伸矫直机内有 3 个带支撑辊的矫直辊在工作,拉矫机入口和出口的张力辊组为其内的带钢提供最大张力为 400kN。其后的跳动辊用来控制带钢进入酸洗槽的张力。拉伸矫直机在此起到两个作用,其一是对带钢进行预破鳞,其二是改善带钢的板形。

酸洗工艺如下:

酸洗机组的最大酸洗产量为 500t/h,最高速时最小酸洗时间为 22.5s,酸洗槽共有 4 个,总长为 140m,各槽的酸含量和酸液温度控制见表 2-17。每个酸洗槽配一个循环槽以及相应的酸加热系统，它的作用是当酸洗线因故障停车时，酸液可以流到循环槽中，不致产生过酸洗。加热系统包括有石墨热交换器、阀门、泵等，两槽之间设有挤干辊，把带钢表面酸挤干净，以防带到下一个酸洗槽中。经过酸洗的带钢进入5级串联冲洗槽，把带钢冲洗干净。冲洗水是由热交换器收集来的冷凝水以及脱盐水，槽冲洗水温度为85℃，这里的水是由蒸汽直接加热的。

表 2-17　各酸洗槽的酸含量和温度

序　号	铁的质量浓度/$g \cdot L^{-1}$	HCl 的质量浓度/$g \cdot L^{-1}$	温度/℃
1	100～120	34～60	80
2	80～100	60～86	80
3	60～80	86～112	80
4	40～60	112～138	80

酸洗后带钢进入钝化槽，温度为50℃的钝化液喷到带钢表面，以防带钢生锈。酸洗槽和冲洗槽都是密封的，每个槽盖都与排风系统相连接。经钝化处理的带钢进入带钢干燥系统，在干燥器后面设有控制辊，可对冲洗后带钢进行反向对中控制。其后的张力辊用来牵引带钢进入出口活套。出口活套容量450m，有两个活套车，最高运行速度为125m/min。

带钢在运行过程中处于张紧状态。

在出口段由控制辊把带钢导入检查台，当检验带钢上、下表面时，可将出口带钢运行速度降至200m/min。

圆盘剪前面的控制辊可以保证带钢对中地进行切边。在圆盘剪前面还装有冲矩形的冲切机，圆盘剪的位置根据带钢切边要求进行调节。剪切的废边由后面的碎边机切成碎边，由皮带运输机运到厂房外面的废料箱内，再由汽车运走。

由双头圆盘剪出来的带钢进入张力辊装置，此装置为张力卷取机提供所需的反张力。

一台可移动出作业线外的涂油机为常规轧制的带钢进行涂油。横切剪根据计划要求进行分卷，也可用来切焊缝和取样。

张力卷取机上配有辊式助卷器，在卷取3圈之后卷取机助卷器自动退出。分卷后的钢卷经C形钩小车运到链式运输机，经打捆、称重、标号由出口运输链运至轧前跨内，然后由吊车吊放到轧前库。设计时考虑了重新酸洗带钢的可能性，所以卷取机和开卷机卷筒直径是相同的，不合格欠酸洗的钢卷可直接送回开卷机进行二次酸洗。

(3) 浅槽酸洗机组的特点。浅槽酸洗机组的特点是：

1) 带头带尾可以进行最佳准备，采用最新式全自动米巴赫闪光对焊机，焊接时间短，焊接质量好。

2) 两台开卷机可以交替灵活使用，当一组开卷机发生故障时，另一组开卷机可继续操作。

3) 带钢在酸槽中无垂度控制，所以简化了进、出口控制辊的机电设备。

4) 浅槽酸洗设有循环槽系统，因而保证各槽间不混酸，各酸槽的温度、浓度控制比较精确，提高了酸洗产品质量。

5) 浅槽酸洗槽进排酸比较容易，如有断带发生，可以很快发现带头进行处理，且不会发生过酸洗。

6) 酸洗槽入口采用喷洗系统，因此提高了酸洗效率，缩短了酸洗时间，另外酸与带钢接触长度增加。采用喷射冲洗和钝化系统，提高了带钢表面冲洗效果并提高了表面耐钝能力。

7) 由于出口段采用两套卷取设备，因此换卷操作不影响机组运行，提高了机组的产量。

8) 带钢在整个机组运行中都进行张力和对中控制，因而可以保证带钢在各段比较定中地运行，特别进入圆盘剪切边时，良好的定中可以保证带钢的切边尺寸。

50. 浅槽连续盐酸酸洗机组废酸再生工艺是怎样的？

(1) 工艺过程。废酸再生系统与酸洗槽部分形成一个闭合回路，把酸洗用过的废酸进行处理后，重新再供给酸洗机组用，其工艺过程简述如下：

由酸洗线来的含有溶解铁盐的废酸集中在废酸贮槽内，该贮槽的容量为 $260m^3 \times 2$。废酸送到再生装置之前，必须进行过滤，清除废酸内的杂质。一般需进行再生的废酸铁的质量浓度为 110g/L。

废酸进入液面保持恒定的预浓缩器的底部，预浓缩器的酸液循环流动，并与燃气发生直接热交换，因此废酸液被浓缩，其浓度保持铁的质量浓度在 130g/L 左右。经浓缩的废酸从焙烧炉上部喷入。

其反应方程式为：

$$2FeCl_2 + 2H_2O + 1/2O_2 = Fe_2O_3 + 4HCl$$

反应生成的固体颗粒 Fe_2O_3 以红色粉末颗粒降到焙烧炉下锥部，然后送到氧化物收集槽。含有氯化氢的焙烧气体，经焙烧炉顶部进入双旋风分离器。被分离出的氧化铁粉，再返送回焙烧炉，焙烧气体进入预浓缩器，焙烧气体在此与循环酸直接接触进行冷却和清洗，以保证尽可能少的氧化铁粉进入吸收塔。另外，由酸洗过来的过滤冲洗水，在吸收塔内进行传质反应，吸收氯化氢，生成再生酸，再生酸离开吸收塔底部，流进酸贮槽，以供酸洗线再用。

从吸取塔顶部排出的气体含有微量氯化氢、氧化铁粉以及燃气尾气，因此还需用新鲜水冲洗排气风机进行气体最后清洗。

由排风机下来的废水和漂洗水一起进入漂洗水贮槽，整个系统在负压下操作，最终尾气氯化氢的质量浓度低于 $30mg/m^3$，氧化铁的质量浓度低于 $100mg/m^3$。

（2）工艺特点。工艺特点如下：

1）酸再生系统酸回收效率高，可达 99%，大大降低了系统的酸耗，每生产 1t 带钢酸耗约为 3.5kg。最大处理废酸能力为 2×10000L/h。

2）该系统焙烧工艺采用低温 400℃，生成氧化铁时，温度约 250℃，这种氧化铁粉可以用于电子工业，做软磁材料和硬磁材料，也可用做粉末冶金工业和颜料工业原料。

3）系统废气排放控制较好，基本上对环境无污染，综合利用较好。

51. 浅槽连续盐酸酸洗机组的自动控制系统是怎样的？

自动控制包括3部分：材料跟踪、过程控制和生产程序化。

酸洗区有终端8台：其中作业长办公室终端1台CRT，钢卷库终端1台CRT，酸洗入口操作台终端1台CRT，焊机操作台终端1台CRT，质量检查台终端1台CRT，尾部操作台终端1台CRT，酸再生控制终端2台CRT。

酸洗各控制台之间、酸洗和再生系统之间、酸洗和钢卷库之间都有对讲机和电话进行通讯联系，酸洗前库还有手提式对讲机进行人机对话提高工作效率。

（1）材料跟踪。材料跟踪是由计算机控制的，热轧供给冷轧的原料钢卷数据信息由热轧管理机提供给冷轧管理机，酸洗热卷库有8000～10000个钢卷编号位置贮存在冷轧管理机（FLS）中。每次向酸洗过程机（PC）提供10个钢卷数据，带钢酸洗计划是由宽到窄安排的。

产品规格根据轧机轧制要求分类，并考虑钢卷的带钢厚度、宽度、质量及材质。计算机（PC）根据钢卷的实际数据进行预设定来控制带钢的侧导板及带钢的张力。穿带之后，夹送辊后的光电管控制横剪处第一次剪切所需的前移长度，该长度由计算机预先设定，适用于带钢头部。夹送辊矫直机后测厚仪根据超差确定再补充剪切的次数。当1号开卷机运行时，带钢由上方经转向辊运行至焊机前的等待位置。如果2号开卷机运行时，带钢直接运行至焊机前等待位置。

此时导板台上侧导卫系统根据计算机给出的数据进行调节，以适应带钢宽度的要求。

当带钢的尾部（2号开卷机）通过转向辊后的光电管时，下一个钢卷的头部（1号开卷机）开始运行到焊机入口等待位置，准备焊接。借助光电管的光电信号，计算机预设定两个带头、带尾的运行距离。带钢头、尾在焊机中对中并夹紧，通过夹送辊矫直机向前和焊机后夹送辊的向前，使带钢形成前后活套。将带钢头、尾端头精切冲孔后移到焊接位置，并进行焊接，焊接之后带钢移至焊缝清理刨光位置，焊缝经光整运行到冲月牙弯处，进行冲切。焊缝的焊接质量通过焊接电压测量、电流测量记录可看出。整个操作过程都是自动进行的，当然也可以手工操作。张力建立之后，进口段开始充套，加速时间约 15s。

拉伸矫直机处的伸长率是根据带钢规格预设定的。当带钢焊缝通过拉伸矫直机之前时必须减张力（速度不变），为此带钢跟踪系统在拉伸矫直机前 25m 处焊缝检测器发出信号，使拉伸辊同步运行。

此时拉伸矫直机前的张力由跳动辊进行调节，焊缝通过拉矫机时弯曲辊抬起（距离由脉冲发生器和计数器计算）。

整个机组有 4 个焊缝检测器，用于焊缝跟踪，入口两台，出口两台，都装在特定的位置。出口段焊缝检测器发出下面两种信号：当宽度变化时，焊缝距冲切剪（冲梯形）的距离，当宽度相同时，焊缝距分切 3 号横切剪的距离。酸液的流量、温度都由产量功能计算机进行控制，酸液中铁含量、冲洗水 pH 值都是通过分析、测量装置完成的。

双头圆盘剪剪切的宽度由计算机测量并控制。

当带钢宽度变化时，可进行瞬时预设定。在出口横切剪后，带钢由计算机控制并根据材料跟踪装置的位置自动停车。这里预设定的数据可以是卷重、带钢卷的外径或焊缝位置。

将最终的钢卷数据送入计算机（酸洗过程机），然后送给冷轧管理机 FLS，再把生产钢卷的信息送给连轧机过程计算机。

（2）过程控制。热轧和冷轧酸洗的钢卷运输是由 A、B 两个操作台进行操作和控制的，A 操作台属热轧厂，B 操作台属冷轧厂，设在酸洗前库内，两个操作台都设有 CRT 显示装置，可以输入、输出、显示、打印钢卷有关的数据。在 A 操作台上设有监视小车位置的监视装置，在操作台上可以了解到运行的每辆小车所在位置及其运行状态;B操作台按计划保证小车运行到所要求的卸卷位置,库位工指挥吊车把钢卷吊放到规定的堆放场地。

热轧管理机把钢卷数据传输给冷轧管理计算机,由于在运输过程中有些钢卷掉队,例如在DDQ中间库冷却以及因抽查而掉卷,会造成钢卷顺序打乱,这些都需要在A操作台进行确认,并把信息传送给B操作台。

在酸洗机组开卷机处,测量系统获得钢卷数据(内径、外径和宽度),计算机根据钢卷的厚度计算出带钢长度,并通过焊缝进行跟踪。在正常操作情况下,最后50～100m带钢的运行速度降到酸洗速度以后继续降到80m/min。根据酸洗带钢厚度不同计算机可以调节酸洗温度和酸液排放量。

根据活套的贮量并预设定酸洗速度,考虑了实际停车时间,计算机可以计算出进口速度。当实际停车时间过长时,则可把进口段的速度升到最大值,若仍不能平衡,则可降低酸洗速度。

酸再生系统两台焙烧炉同时开车,每生产1h再生酸,可供酸洗机组生产用酸约2h,所以在一般情况下,酸再生机组可隔天开炉一次。但在开工生产的头两年,由于产量低所以开炉周期以及开几台炉子可以适当调整。

(3) 生产程序化。生产程序步骤为:

1) 根据酸洗计划钢卷库管理人员指挥吊车上卷;

2) 开卷上料工核对钢卷号,核对带钢宽度;

3) 钢卷在小车上转动,带头压到底部;

4) 开卷前拆除捆带;

5) 带钢卷由钢卷小车放到开卷机上,其过程自动高度对中;

6) 钢卷涨缩内径测量,卷径计算,最终计算出带钢长度;

7) 在焊机内,带头、带尾精切,满足焊接工艺要求的直角端头,冲孔;

8) 自动定位,并焊接;

9) 焊缝光整,冲月牙弯;

10) 拉伸矫直机矫直辊整体更换,机架倾斜和伸长率设定;

11）带钢对中进入酸洗槽，漂洗，钝化和干燥；

12）双头圆盘剪切边，碎边剪碎边，废料运到废料箱；

13）3 号横切剪分卷，从张力卷取机上卸卷；

14）钢卷打捆、称重、写号(冷轧号)；

15）钢卷运输机把钢卷运到轧前库，由吊车吊放到适当位置放置。

52. 推拉式酸洗机组的特点是什么？

上海某薄板厂采用推拉式酸洗机组，其设计能力为 55 万 t/a。推拉式酸洗机组如图 2-22 所示。

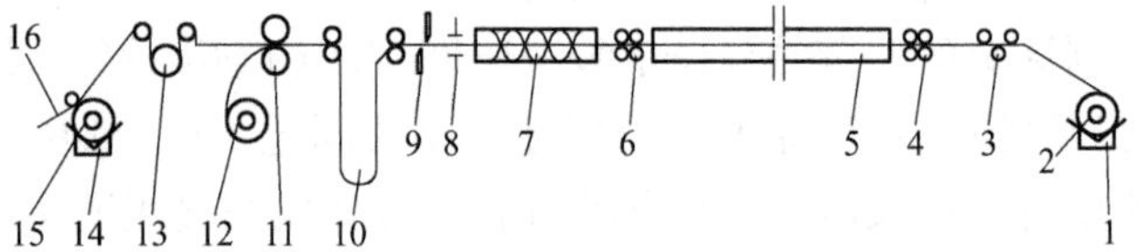

图 2-22 推拉式酸洗机组示意图

1—上料小车；2—钢卷；3—矫直机；4、6—双机架夹送辊；5—8 节酸洗槽；7—冲洗段；8—烘干机；9—尾剪；10—活套坑；11—圆盘剪；12—卷边机；13—张力辊；14—卸料小车；15—卷取机；16—涂油辊

连续式酸洗机组的工艺特点是钢卷逐卷展开后，钢卷与钢卷之间头尾焊接起来连续地通过酸洗槽。而推拉式酸洗机组则仅逐卷展开后即穿过酸洗槽，卷与卷之间不进行焊接，因此推拉式酸洗机组又称为半连续式酸洗机组。当然就酸洗过程而言，实质上都是连续进行的。

由于工艺的特点，决定了推拉式酸洗机组比连续式酸洗机组有如下优点：

(1) 由于省去了昂贵的焊机以及拉矫机、前后贮料活套等，因此设备简单、设备总重小，同时需要的厂房高度也较低，因而投资省。

(2) 由于不焊接，因此钢卷规格变换不受限制，组织生产较灵活。

(3) 由于推拉式酸洗机组必须用浅槽式酸槽，因此具备浅槽酸洗所有的优点，如酸洗时间较短、加热启动快、调节酸液成分快等。

(4) 停机期间酸槽中无带钢，重新启动时无需引带。可直接用大循环加热酸，减少了对酸槽的热冲击。

(5) 对于窄带钢可以同时酸洗多条带钢。

推拉式酸洗机组的缺点有：

(1) 圆盘剪只能使用动力剪，而连续式酸洗机组除可使用动力剪外还可使用拉剪。

(2) 由于不能装备拉伸矫直机，因此其改善带钢平直度能力较差。

(3) 受穿带速度较低的限制，大多数机组运行速度较低，一般穿带速度多取 30m/min，运行速度 30～90m/min。改进后，最新的机组可以达到穿带、运行速度均为 180m/min。

(4) 穿带速度受带钢平直度的影响，平直度很差的带钢通过时困难。

53. 酸洗塔中带钢跑偏自控装置是怎样的？

为了使带钢在塔式酸洗过程中正常传送，不使带钢向左或向右偏离，故采用带钢跑偏自控装置，它由检测发信器和控制线路两部分组成。

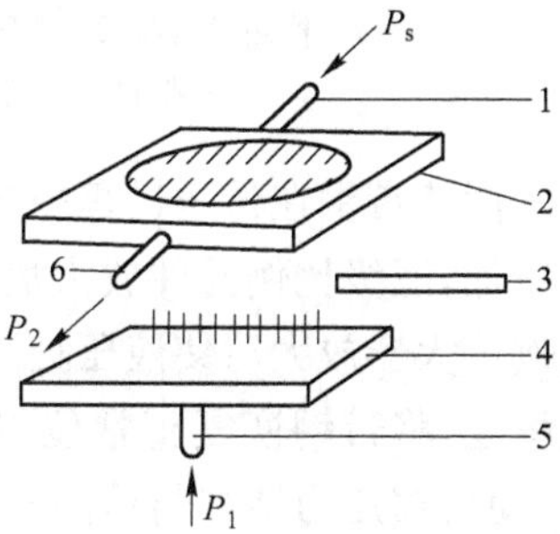

图 2-23　检测发信器

1—气源管；2—接收板；3—带钢；4—发射板；5—发射管；6—接收管

检测发信器由发射板和接收板组成，如图 2-23 所示。在发射板上有一个发射管，在接收板上有一个气源管和一个接收管，每一个管中开有 25 个小孔。当带钢不遮住发射管时，气源管中所有小孔发出的信号被发射管中所有小孔发出的信号吹掉，使接收管无气信号输出。当带钢遮住发射管时,接收管就有气信号输出,其输出大小与带钢遮住发射管中小孔数成比例关系。

控制线路如图 2-24 所示。当带钢在动辊(调整辊)上正常传送时,带钢边缘处在检测发信器中间位置,检测压力输入到比例元件第一级的右侧控制端,液压缸的反馈杆也处在反馈发信器(与检测发信器一样)的中间位置,反馈压力输入到比例元件第一级的左侧控制端,此时,因检测压力等于反馈压力,所以经三级比例元件放大后的两端输出压力相等,液压缸处于中间位置,动辊处于水平位置。

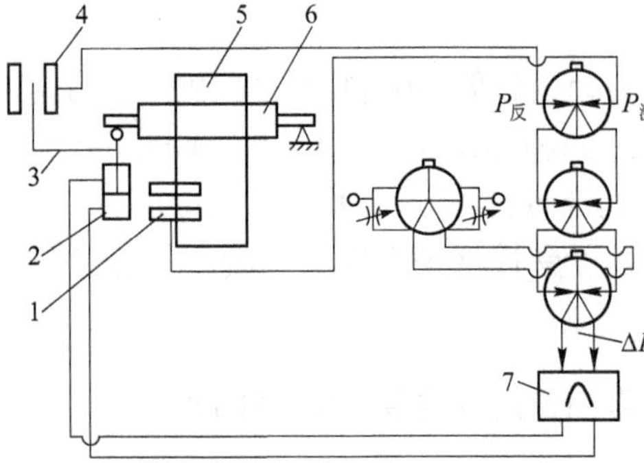

图 2-24　酸洗塔中带钢跑偏控制线路示意图

1—检测发信器;2—液压缸;3—反馈杆;4—反馈发信器;
5—带钢;6—动辊;7—气-液比例放大器

假使带钢在传送过程中向左偏离,此时,检测发信器的检测压力增加,三级比例元件放大后的两端输出压力就不相等,经气-液比例放大器放大后使液压缸向上移动。它一方面使动辊绕支点向上移动,将带钢恢复正常位置;另一方面使反馈杆进入反馈发信器,使反馈压力增加与检测压力相平衡。此时,比例元件两端输出压力又相等,系统处于平衡状态。

在线路中加入一个双稳元件和阻容环节组成的振荡器,它可用来消除气-液比例放大器中滑阀的摩擦。

54. 涂油机怎样工作?

为了使酸洗、干燥后的带钢表面，在轧制前存放一定时间内(10 天左右)不锈蚀，卷取前需进行涂油。一般采用 20 号工业油。

辊式涂油机如图 2-25 所示。由电动机传动的下涂油辊 2 在油槽 1 中旋转，喷油嘴 4 将油喷到上涂油辊 3 的表面上，带钢经过辊缝后上下表面被涂上油。

辊式涂油机涂油，油层往往较厚和不均匀，为此在涂油机出口装设一对空转毡辊 5，带钢经过毡辊挤油后，油层变得均匀和减薄。

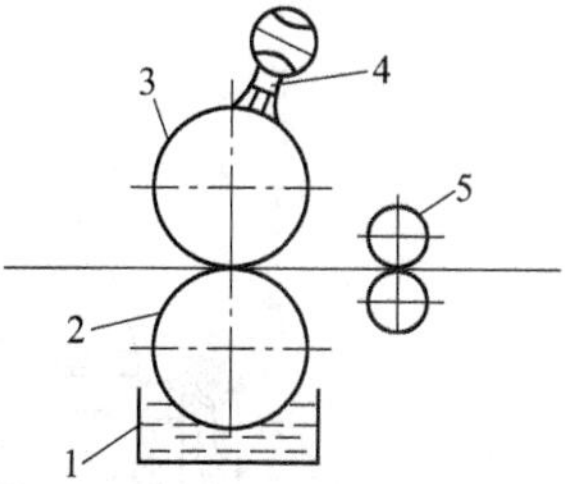

图 2-25 辊式涂油机示意图
1—油槽；2—下涂油辊；
3—上涂油辊；4—喷油嘴；
5—毡辊

在带钢有浪形、瓢曲和折棱等缺陷的地方，涂油往往不均，甚至有空白面。

油应呈中性或微碱性，不允许呈酸性。每隔一定时间油要检验一次。油温应经常保持在 50℃左右。为使油泵不被磨损和油喷嘴不堵塞，油需要进行过滤，除去杂质。

在半连续酸洗机组和框式酸洗作业中，没有涂油机，酸洗后带钢的防锈就用钝化处理来保证。

55. 什么是打卷机?

打卷机的作用是将送至弯曲辊间带钢弯曲后卷绕成钢卷。打卷机的优点是不用卷筒，结构简单，卸卷方便。其缺点是卷绕的钢卷不紧密，带钢不容易卷整齐，由于钢卷层间不紧密，容易互相摩擦而引起带钢擦伤；且带钢卷取速度不能提高，超过 15m/s 时咬入就困难了。

图 2-26 是 700 打卷机示意图。它是由送进辊 11、13，弯曲辊 6、7，支撑辊 8，导卷箱 10 和机架 4 等组成的。上送进辊和上弯曲

辊的位置是固定的，下送进辊借助于手动蜗轮减速机 15 可以上下移动，以调节两个送进辊之间的距离。气缸 1 和手动蜗轮蜗杆传动装置 5 带动轴承座 3 上的两根下弯曲辊 6 在机架 4 内移动。滑块 2 可相对轴承座移动，以调节上下弯曲辊间的距离，使带钢得到所需要的曲率半径。带钢在支撑辊 8 上旋转成卷。打卷完毕，气

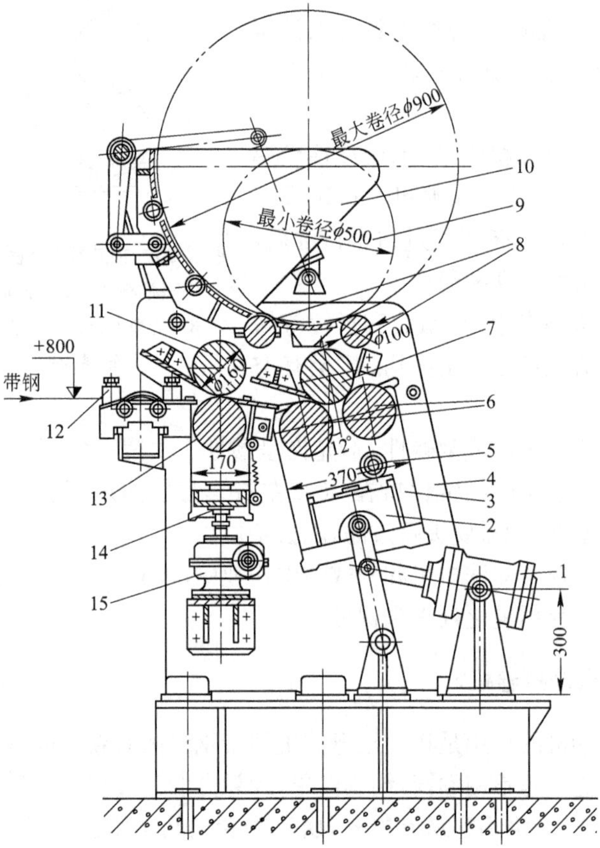

图 2-26 700 无卷筒三辊打卷机

1—气缸；2—滑块；3—轴承座；4—机架；5—手动蜗轮蜗杆传动装置；6—下弯曲辊；7—上弯曲辊；8—支撑辊；9—气缸；10—导卷箱；11—上送进辊；12—导辊；13—下送进辊；14—下送进辊调整机构；15—手动蜗轮减速机

缸 9 通过曲柄连杆机构驱动导卷箱 10 向右倾斜，把钢卷卸下。

两根送进辊和三根弯曲辊由电动机通过减速机、齿轮座和万向联轴节来传动。两根支撑辊通过上送进辊和上弯曲辊由两对开式齿轮来传动。

700 打卷机用来卷取厚度为 2～5mm、宽度为 300～600mm 的带钢，卷径为 500～900mm，卷重不大于 750kg。

56. 什么叫中性电解去鳞？

中性电解去鳞改变了传统的酸洗、喷丸去除带钢表面氧化铁皮的方法，它采用中性、无毒、无害的硫酸钠水溶液作电解液，其工艺流程如图 2-27 所示。硫酸钠是强电解质，在水溶液中完全电离成钠离子 Na^+ 和硫酸根离子 SO_4^{2-}。又因 Na_2SO_4 是强酸和强碱构成的盐，在水中实际上不发生水解作用，因此，其水溶液呈中性(pH=7)。

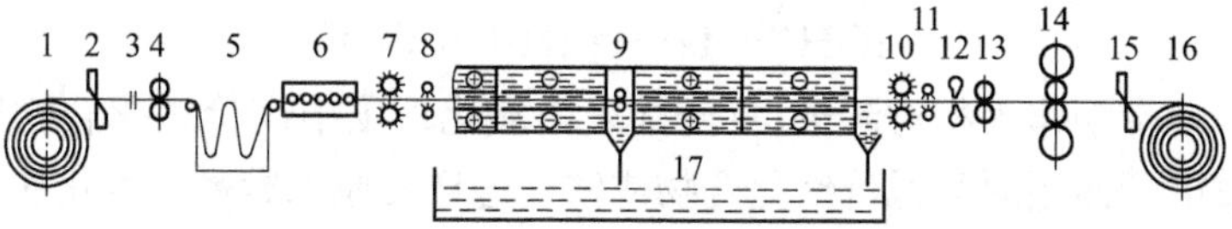

图 2-27 中性电解去鳞工艺流程图

1—开卷机；2—剪机；3—焊接机；4—送料辊；5—活套坑；6—剥壳机；7、10—清刷机；8、11—冲洗；9—中性电解槽；12—烘干；13—夹送辊；14—四辊冷轧机；15—剪机；16—卷取机；17—回液槽

带钢先进入配置有阳极板的电解槽，再进入配置有阴极板的电解槽。槽内装有质量分数为 20%的硫酸钠溶液。整个电回路是通过溶液中的离子传导及电子流经带钢本身构成的，如图 2-28 中箭头所示。

根据电化学原理，在电解时，阳极上发生氧化作用，即失去电子的作用。电极电位(还原电位)愈负的过程愈易在阳极发生。阴极发生还原作用，即取得电子的作用。电极电位愈正的过程愈易在阴极发生。电解时，除了溶液中的 Na^+、H^+、SO_4^{2-}、OH^- 等离

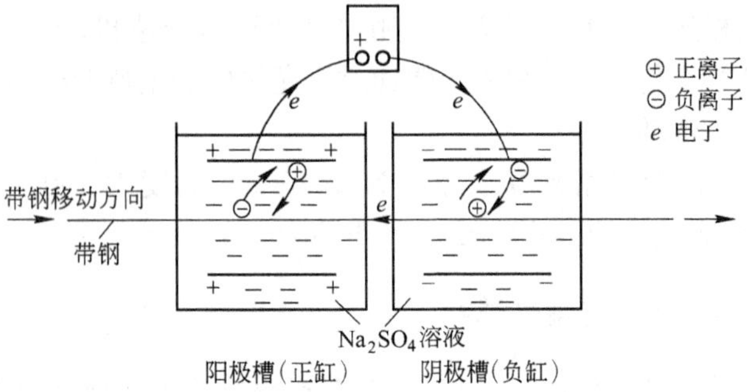

图 2-28 中性电解去鳞的电化学原理

子可能在电极上发生放电外,带钢表面氧化铁皮(FeO、Fe_3O_4 和 Fe_2O_3)在通电时也能直接得到(或失去)电子而被还原(或氧化)。

在阳极槽(正缸)的主要反应如下:

石墨阳极上,水溶液中的 OH^- 离子失去电子析出氧气,即

$$4OH^- - 4e \longrightarrow 2H_2O + O_2 \uparrow$$

带钢作为相对阴极,将使其表面氧化铁皮中高价铁化合物吸收电子而还原为低价铁化合物或铁。这样使原来紧密的氧化铁皮层变得较为疏松,易于脱落。其化学反应如下:

$$Fe_2O_3 \cdot 3H_2O + 2e \longrightarrow 2FeO \cdot H_2O + 2OH^-$$

$$FeO \cdot H_2O + 2e \longrightarrow Fe + 2OH^-$$

水溶液中的 H^+ 离子也会在带钢表面及氧化铁皮与铁间还原成氢气析出,氢气泡的产生促使氧化铁皮剥落。新生的氢原子也起化学还原作用,把高价铁变成低价铁。

在阴极槽(负缸)的主要反应如下:

铁阴极上,水溶液中的 H^+ 离子取得电子,析出氢气,即

$$2H^+ + 2e \longrightarrow H_2 \uparrow$$

带钢作为相对阳极,表面上新还原出来的铁被氧化成 Fe^{2+},溶解入溶液,并与 OH^- 离子结合成氢氧化亚铁,再被溶液中氧所氧化,沉淀为 $Fe(OH)_3$。其化学反应如下:

$$Fe-2e \longrightarrow Fe^{2+}$$

$$Fe^{2+}+2OH^{-} \longrightarrow Fe(OH)_2$$

$$4Fe(OH)_2+O_2+2H_2O \longrightarrow 4Fe(OH)_3$$

总之，在中性电解去鳞工艺中，带钢先作为相对阴极再作为相对阳极。其表面氧化铁皮层先被还原成低价铁的氧化物或铁，这些新形成的铁和低价氧化物在表面附着且易于剥落。同时氢气泡的析出也起到机械剥离作用。然后，在带钢作为相对阳极时，再使新形成的铁溶解，并沉淀为 $Fe(OH)_3$ 而从表面除去。硫酸钠水溶液在电解时，实际上只是水被电解成氢和氧，Na^+ 和 SO_4^- 只起离子导电作用，不在电极析出。因此，硫酸钠本身并不被消耗掉，在除去 $Fe(OH)_3$ 沉淀后，电解液可以循环使用。

中性电解去鳞工艺的优点是：

(1) 采用中性、无毒、无害的硫酸钠电解液，且可循环使用，因此既经济又根除了废酸和酸雾对环境的污染。

(2) 中性电解去鳞的带钢（普碳带钢）没有脆性，对带钢本体金属侵蚀作用小，表面粗糙度低，带钢不易生锈。此工艺不仅适合于碳素钢，也适用于各种类型的不锈钢、硅钢等。

中性电解去鳞虽然比酸洗工艺有很多优点，但是真正要能够在生产中推广，必须把电耗降到最低。

第三章 冷轧工艺

一、冷轧工艺特点

57. 金属变形的方式是怎样的?

金属一般都是由无数单个晶粒构成的多晶体,要了解金属的塑性变形性质,必须先了解单个晶粒或单晶体的塑性变形机构。塑性变形时加在金属上的力,使金属中大量原子群定向地、多次地从一个稳定平衡位置转移到另一个稳定平衡位置,在宏观上便产生不能恢复的塑性变形。根据原子成群移动发生的条件和方式不同,可观察到各种不同的塑性变形机构,如滑移、孪生及其他机构等。

(1) 滑移。滑移是指晶体在外力的作用下,其中一部分沿着一定晶面和这个晶面上的一定晶向,对其另一部分产生的相对移动,此晶面称为滑移面,此晶向称为滑移方向。滑移时原子移动的距离是原子间距的整数倍,滑移后晶体各部分的位向仍然一致。滑移结果,使大量原了逐步地从一个稳定位置移到另一个稳定位置,晶体产生宏观的塑性变形。如图 3-1 所示为晶体以滑移方式进行的塑性变形。

用金相显微镜所观察到的每一条纹是由许多滑移面与试样抛光平面的交线所组成的,称为滑移带。滑移带是由一群滑移层所形成的滑移线组成的(见图 3-2)。

一般,在各种金属(晶体点阵)中,滑移不是沿任意晶面和晶向进行的,而总是沿着原子密度最大的晶面和晶向发生的。这是因为原子密度最大的晶面,原子间距小,原子间的结合力强,同时其晶面间的距离较大,即晶面与晶面间的结合力较弱。同理也可以解释滑移为什么沿着原子密度最大的晶向发生。滑移面与滑移方向数值的相乘积称为滑移系。

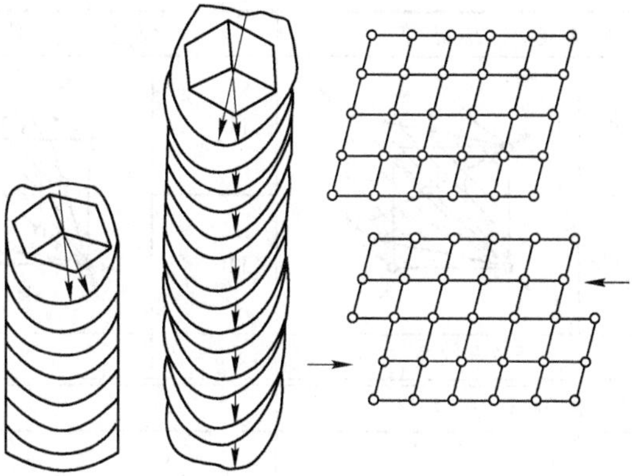

图 3-1 晶体滑移示意图

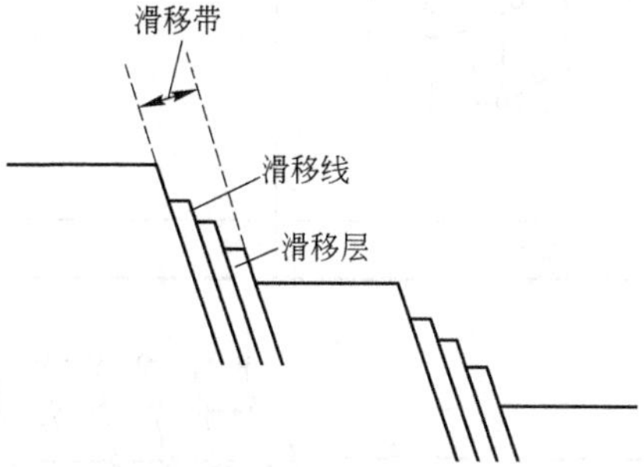

图 3-2 单晶体的滑移带、滑移线和滑移层示意图

金属的 3 种常见晶格的主要滑移面、滑移方向和滑移系如表 3-1 所示。

(2) 孪生(孪晶、双晶)。金属的塑性变形除以滑移方式进行外，孪生也是其重要方式之一。孪生是晶体在切应力的作用下，其一部分沿某一定晶面和晶向，按一定的关系发生相对的位向移动，其结果使晶体的一部分与原晶体的位向处于相互相称的位置，如图 3-3 所示。

表 3-1 金属的主要滑移面、滑移方向和滑移系

晶格	体心立方晶格		面心立方晶格	
滑移面	{110}×6	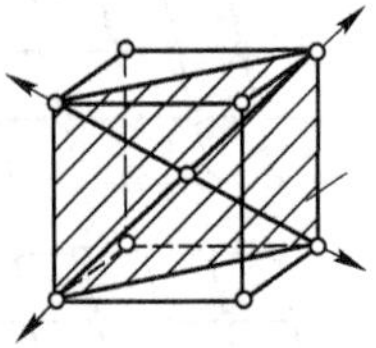	{111}×4	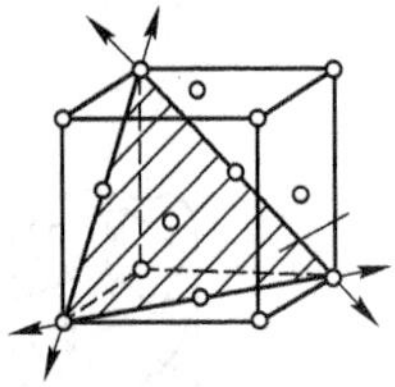
滑移方向	〈111〉×2		〈110〉×3	
滑移系	6×2=12		4×3=12	
晶格	密排六方晶格			
滑移面	六方底面×1	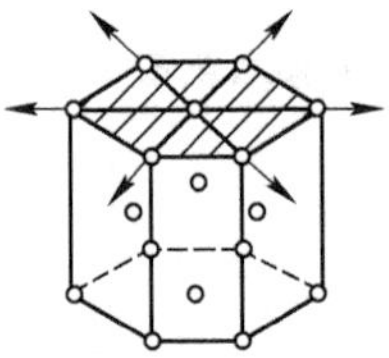		
滑移方向	底面对角线×3			
滑移系	1×3=3			

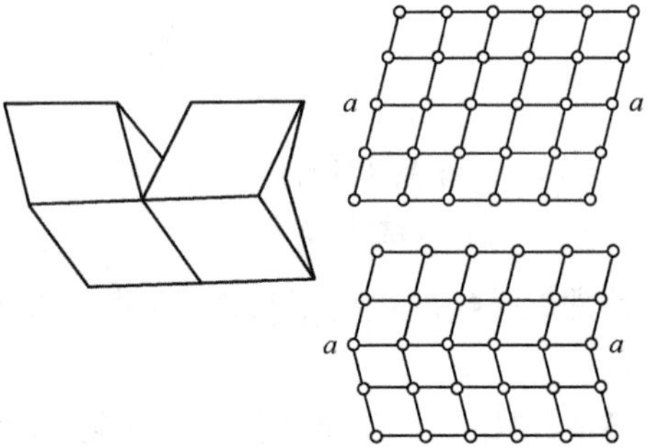

图 3-3 晶体的孪生示意图

在孪生变形时，所有平行于孪生面的原子平面都朝着一个方向移动。每一晶面移动距离的大小与它们距孪生面的距离成正比。每一晶面与相邻晶面的相对移动值等于点阵常数的几分之一。孪生变形后，晶体的变形部分与未变形部分以孪生面为对称面形成对称。

孪生变形是否出现，与晶体的对称性有密切关系。面心立方晶体组织的金属（如镍、铝等），由于对称性高，容易滑移，孪生变形不常见，只在少数情况下（如低温变形）才能见到。体心立方晶体组织的金属（如 α 铁、铬、钼等），在高速变形（如冲击）或在低温拉伸时，常常出现孪生。例如铁在低温受冲击载荷时，可发生孪生。密排六方晶体组织的金属，其对称性较差，滑移系少，当晶体取向不利于滑移时，孪生便成为塑性变形的主要形式。

孪生的进行过程往往是突变式的，并可听到特有的干裂声，在某些情况下会使晶体产生空隙，降低其密度。

除了滑移和孪生外，在塑性变形中由于各个晶块（镶嵌块）相互转动的结果，晶体产生变形，并破坏晶块间的联系和在晶块间界上形成显微破坏。由于变形条件的不同，这些破坏可能愈合，也可能发展为宏观破坏。

总之，滑移是金属塑性变形的主要方式，金属在冷塑性变形时通过滑移变形，使晶粒伸长、镶嵌块碎化、晶格歪扭增多，导致金属变形抗力增加。

58. 什么叫加工硬化，怎样消除？

带钢在冷轧后，晶粒被压扁、拉长（见图 3-4）、晶格歪扭畸变、

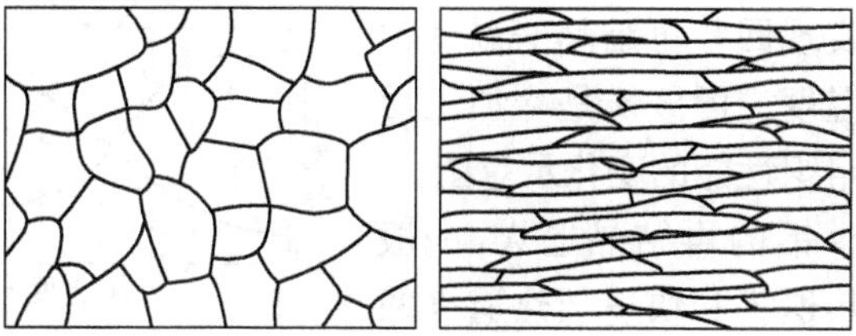

a　　　　*b*

图 3-4　冷轧前后晶粒形状变化

a—变形前的退火状态组织；*b*—变形后的冷轧变形组织

晶粒破碎，使金属的塑性降低、强度和硬度增高，这种现象叫做加工硬化。

冷轧带钢加工硬化后提高了钢的变形抗力，给带钢继续冷轧带来困难。为了消除加工硬化，大多数带钢必须在加工过程中进行再结晶退火（软化退火或中间退火）。

再结晶退火（软化退火或中间退火）时，将带钢加热到再结晶温度（碳钢一般为450～500℃）以上150～200℃，保温一定时间，然后在空气或炉中冷却。

再结晶退火时钢的内部组织变化过程，分为回复、再结晶和晶粒长大几个阶段。金属加工硬化后，处于组织不稳定状态，即处于高能状态，因而它本身就有自发恢复变形前组织的倾向。在回复阶段中，冷轧变形后形成无数的位错大部分密集在晶界上，随着加热过程的进行，金属内部原子活动能力增大，使位错移动、合并或者重新排列，使晶格畸变减小，金属的应力可以消除，但是金属的力学性能较回复前略有下降。

当继续加热时，由于位错聚集在晶粒间界上，这些位错移动合并，并形成新的晶核，随着温度的继续升高，晶核逐渐长大形成新的晶粒。这时晶粒的畸变大大减小，原子排列规则，破碎的晶粒变成整齐的晶粒，长晶粒变成等轴晶粒，从而导致带钢力学性能恢复到加工前的状态，这就完成了再结晶过程。而以完全实现回复再结晶的温度称为再结晶温度。图3-5是冷加工后在加热时组织性能的变化示意图。

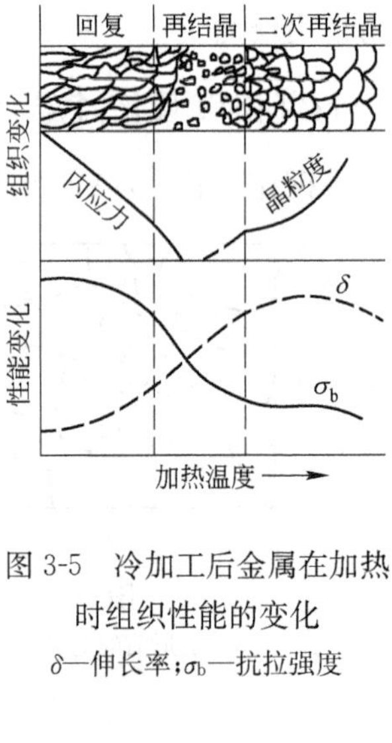

图3-5　冷加工后金属在加热时组织性能的变化

δ—伸长率；σ_b—抗拉强度

冷轧带钢的再结晶退火，一般分慢速加热退火和快速加热退火两种。慢速加热退火一般用燃煤（气）退火炉或罩式退火炉进行；快速加热退火一般采用连续退火炉。

59. 冷轧使带钢的组织发生什么变化?

钢在常温下进行冷轧,将完全发生加工硬化现象。钢在冷轧中组织发生如下变化:

(1) 晶粒被拉长。冷轧中,随着带钢厚度的改变,其内部的晶粒形状也发生相应的变化,即都沿轧制方向(最大主变形方向)被拉长、拉细或压扁,如图 3-4 所示。晶粒被拉长的程度取决于变形程度,变形程度越大,晶粒形状变化也越大。

在晶粒被拉长的同时,金属中的夹杂物也在延伸方向拉长或拉碎,呈链状排列,这种组织称为纤维组织。变形程度越大,纤维组织越明显。由于纤维组织的存在,变形金属的横向(垂直于延伸方向)力学性能降低。

(2) 亚结构。亚结构是金属冷轧后,其各个晶粒被分割成许多单个的小区域。每个小区域称为晶块。这些区域的内部位错密度很低,晶格的畸变很小。而在这些小区域的边界上存在有大量位错组成的位错缠结。

(3) 变形织构。如图 3-6*a* 所示,金属的多晶体是由许多不规则排列的晶粒所组成的。但在冷轧过程中,当达到一定的变形程度后,由于在各晶粒内晶格取向发生了转动,其特定的晶面和晶向趋于排成一定方向(图 3-6*b*),从而使原来位向紊乱的晶粒出现有序化,并有严格的位向关系。金属所形成的这种组织结构叫做变形织构。板结构是某一特定晶面平行于板面,某一特定晶向平行

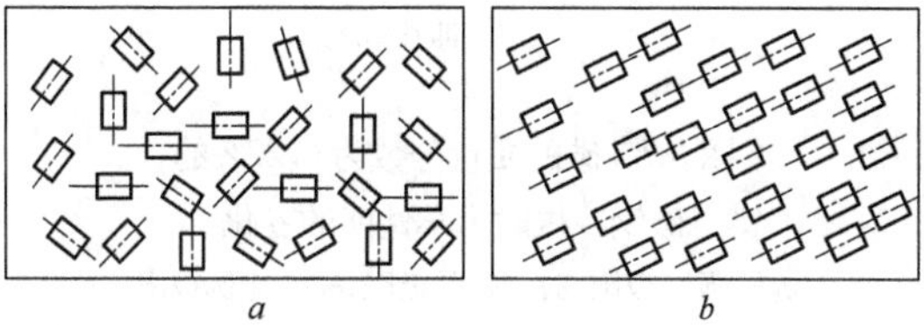

图 3-6 多晶体晶粒的排列情况

a—晶粒的紊乱排列;*b*—晶粒的整齐排列

于轧制方向。

60. 冷轧使带钢的性能发生什么变化?

钢的性能是与钢的组织密切相关的。冷轧时,钢的组织要发生变化,因此钢的性能也要改变。

(1) 力学性能的改变。由于在冷变形中产生晶格畸变、晶粒拉长和细化、出现亚结构以及产生不均匀变形等,金属的变形抗力指标(屈服极限、强度极限、硬度等),随变形程度的增加而升高。又由于在变形中产生晶内和晶间的破坏、不均匀变形等,金属的塑性指标(伸长率、断面收缩率等)随变形程度的增加而降低。图 3-7 为碳的质量分数为 0.27%的碳钢在冷拔时力学性能的变化图。

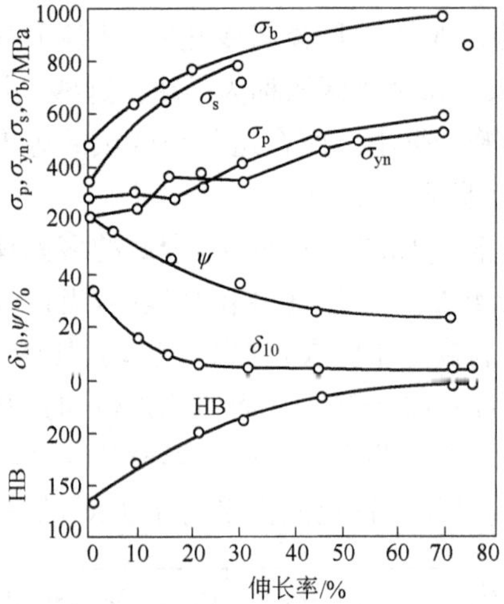

图 3-7 碳的质量分数为 0.27%的碳钢冷拔时力学性能的变化

σ_b—强度极限;σ_s—屈服极限;σ_p—比例极限;σ_{yn}—弹性极限;ψ—断面收缩率;δ_{10}—伸长率;HB—布氏硬度

(2) 理化性质的改变。变形金属的密度降低。由于在冷变形过程中，晶内和晶间物质的破碎，变形金属内产生大量的微小裂纹和空隙，使金属密度降低。例如，退火状态钢的密度为 7.865g/cm^3，而经冷变形后则降低到 7.78g/cm^3。

金属的导电性降低。随着变形程度的增加，晶向和晶内的破坏，使单位电阻增加。

金属的导热性降低。

冷变形可改变金属的磁性。磁饱和基本上不变，矫顽力和磁滞增大，而金属的最大磁导率则降低。

冷变形使金属耐蚀性降低。

金属产生各向异性，即材料的不同方向上具有不同的性能。这是由于冷变形后出现了纤维组织和织构。由于晶粒及晶间物质（杂质等）沿着变形方向被拉长，带钢在横向（垂直于纤维方向）的力学性能低于其纵向（平行于纤维方向）。

因织构的出现而形成的各向异性，有其不利的一面，但在一定条件下也可带来有益的效果。例如，若对具有织构的薄板进行冲压时，则常使加工后的产品的边缘带有波形，突出的波形部分称为“制耳”，从而使产品的废品率和切边损失增加。相反，铁的磁化性能与晶向有关，若将硅钢片制成某一特定晶向的织构，用它作变压器的铁芯，与无织构硅钢片比较，它具有很大的优越性。因此，目前工业上大量生产单取向硅钢片。

61. 冷轧工艺有哪些特点？

冷轧带钢的轧制工艺特点有以下 3 点：

(1) 带钢在轧制过程中产生不同程度的加工硬化。加工硬化超过一定程度后，带钢因过分硬脆而不适于继续轧制。因此带钢经冷轧一定的道次（即完成一定的冷轧总压下量）之后，往往要经软化热处理（再结晶退火等），使轧件恢复塑性，降低变形抗力，以便继续轧薄。

在冷轧生产过程中，每次软化退火之前完成的冷轧工作称为一个“轧程”。在一定轧制条件下，钢质愈硬、成品愈薄，所需的轧程愈多。

(2) 冷轧过程必须采用工艺冷却和润滑。实验表明，冷轧带钢的变形功约有84%～88%转变为热能，使带钢与轧辊的温度升高，故须采用冷却措施。辊面温度过高会引起工作辊淬火层硬度下降，影响带钢的表面质量和轧辊寿命。辊温的升高和辊温分布不均匀会破坏正常的辊形，直接影响带钢的板形和尺寸精度。同时，辊温过高也会使冷轧工艺润滑剂失效(油膜破裂)，使冷轧不能顺利进行。

综上所述，为了保证冷轧的正常生产，对轧辊和带钢应采取有效的冷却与调节辊温的措施。

水是比较理想的冷却剂，油的冷却能力则比水差得多。因此大多数生产轧机都用以水为主要成分的冷却剂。

冷轧采用工艺润滑的主要作用是减小金属的变形抗力，这样在已有的轧机能力条件下实现更大的压下，还可使轧机生产出更薄的产品。图3-8为采用不同润滑剂的轧制效果比较。由图可

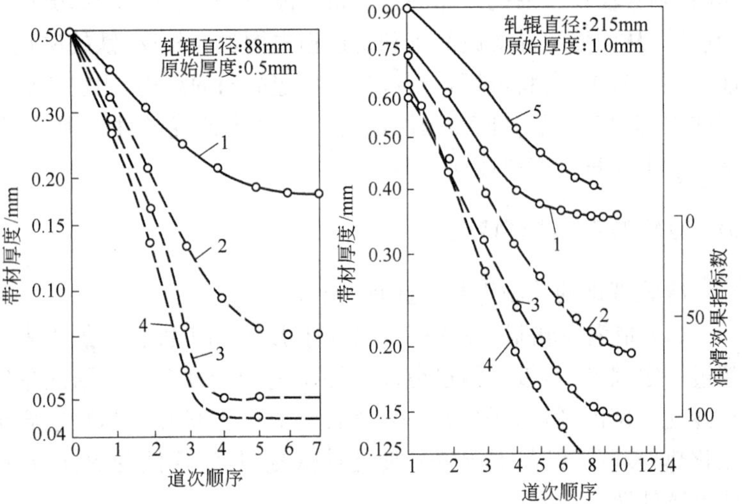

图3-8　不同润滑剂的轧制效果比较
1—水；2—矿物油；3—棕榈油；4—合成棕榈油；5—干辊轧制

知，当冷轧机工作辊直径为 88mm，带钢原始厚度为 0.5mm，用水做润滑剂时，轧至厚度为 0.18mm 左右就难以再轧薄了；而用棕榈油做工艺润滑剂时，则可用 4 道次轧至 0.05mm 的厚度。

此外，工艺润滑对降低轧辊的温升也起到良好的作用；采用工艺润滑还可起到防止金属粘辊的作用。

常用的工艺润滑剂有乳化液、各种黏度的矿物油（机油等）和动、植物油（牛油、菜油、棕榈油等）。

(3) 冷轧中采用张力轧制。张力轧制就是带钢在轧辊中轧制变形是在一定前张力和后张力作用下进行的。

张力的作用主要是：防止带钢在轧制过程中跑偏（即保证正确对中轧制）；使所轧带钢保持平直（包括在轧制过程中保持板形平直和轧后板形良好）；降低金属的变形抗力，有利于轧制更薄的产品，起适当调整冷轧机主电机负荷的作用。由于张力的变化会引起前滑与轧辊速度的改变，故其对冷轧过程有一定的自动调节作用。

通过改变卷取机或开卷机的转速、各架轧机主电机的转速以及各架的压下，可以使轧制压力、张力在较大范围内变化。

生产中张力的选择主要是指选择平均单位张力 $\sigma_{平}$。不同的轧机，不同的轧制道次，不同的品种规格，甚至不同的原料，要求有不同的 $\sigma_{平}$ 来适应。当轧钢工人操作技术水平较高时，可选用 $\sigma_{平}$ 大些；当带钢硬脆、边部不理想或者操作不熟练时，$\sigma_{平}$ 可取得小些。根据以往的轧制经验，$\sigma_{平}$ 在 $(0.1\sim0.6)\sigma_s$ 的范围内选取。

62. 冷轧工艺润滑的目的和对工艺润滑剂的要求是什么？

在冷轧中应用工艺润滑可达到下列几个目的：

(1) 减小变形区接触弧表面上的摩擦系数和摩擦力，使轧制压力和能量消耗降低。应用润滑剂可增大道次压下量和减少道次数，同时还可提高轧制速度。

(2) 有润滑轧制可使轧机轧出更薄的带材。所谓"可轧制厚度的极限"，取决于轧辊的弹性压扁。润滑能减小摩擦系数和轧制压力,从而能轧制更薄的带材。

(3) 润滑可防止金属粘(焊)在轧辊上。

(4) 工艺润滑剂兼有冷却剂的功能。润滑剂也能起洗涤剂的作用,它能保证从辊面和金属表面冲洗掉金属微粒(磨损物)和其他污垢。

(5) 冷轧带钢平整中,采用润滑剂可改善金属表面粗糙度。

工艺润滑剂应满足一系列工艺、经济和劳动卫生特点的要求。一般的基本要求如下:

(1) 降低外摩擦力(摩擦系数);

(2) 减少磨损并防止轧辊粘钢;

(3) 保证轧材表面光洁;

(4) 很高的热容(用做润滑—冷却液);

(5) 成分和性质的稳定性;

(6) 便于喷涂到轧辊和金属上;

(7) 对金属和设备没有损害(腐蚀等);

(8) 无毒性、没有难闻气味;

(9) 最小污染和废水净化简单;

(10) 便宜和资源丰富(适合广泛应用)。

菜子油或豆油能满足冷轧工艺润滑的要求;棕榈油的润滑效果好,但来源短缺,成本昂贵;乳化液是实际生产中用得最广的一种冷轧润滑冷却剂。矿物油中加入其他添加剂,也可提高矿物油的润滑性能,且来源丰富,成本低廉。

63. 冷轧工艺润滑剂有哪几种?

冷轧工艺润滑剂常采用下列几种:

(1) 矿物油。轧制中采用的矿物油有:变压器油、12 号和 20 号机油(2 号和 3 号锭子油)、11 号汽缸油、24 号汽缸油(黏油)、28 号轧钢机油(亮滑油)等。

在轧制中以纯油方式应用,或者加少量防腐添加剂、洗涤剂、抗氧化剂等。

(2) 植物油。作为工艺润滑油的植物油中用途最广的是：棕榈油、蓖麻油、棉子油、葵花子油等。

(3) 乳化液。一种液体以细小的液滴分布在另一种液体中，形成两种液体组成的足够稳定的液体，称为乳化液。

乳化液广泛应用于各种轧制过程。它的冷却能力比油大得多，在循环系统中可长期使用，耗油量较低，而且有良好的抗磨性能。

乳化液所用的基础油有矿物油、植物油和动物脂肪等。常见的以矿物油和植物油（或合成产品）混合物为基础的乳化液有：以 20 号或 12 号机油加合成脂肪酸和三乙醇胺聚合物形成的乳化液；聚合物棉子油和 20 号机油（配比 1∶1）混合物的乳化液。

实际上，常用乳化油-混合物（油和乳化剂组成）制备乳化液。乳化油由油脂化工厂供应。在轧钢车间直接用乳化油制备乳化液。

在轧钢生产中采用的水-油乳化液，其质量分数通常在1%～10%范围内。

64. 什么叫最小可轧厚度，怎样使轧机轧出更薄的产品？

生产实践表明，在一定轧机上轧制某种产品时，随着带钢的逐渐变薄，压下愈来愈困难，当带钢厚度薄到某一限度后，不管如何旋紧压下螺丝或加大液压压下的压力，不管反复轧制多少道，也不可能再使产品轧薄。这时带钢的极限厚度称为最小可轧厚度。

在轧制中，轧件与轧辊相互作用，轧件在轧辊作用下产生塑性变形。当然，轧件也伴有微小的弹性变形，通过轧辊后有一极小的弹性变形量恢复，增加了轧件厚度。轧机、轧辊等受轧件的反力产生弹性变形。如图 3-9 所示，厚度为 H 的轧件经过轧辊压下 $\Delta h_{总}$，但轧辊弹性变形使轧件减少压下 Δh_1，同时轧件出轧辊后，弹性变形恢复又使轧件压下减少 Δh_2，结果，轧件实际压下量为：

$$\Delta h = \Delta h_{总} - (\Delta h_1 + \Delta h_2)$$

由上式可知，当

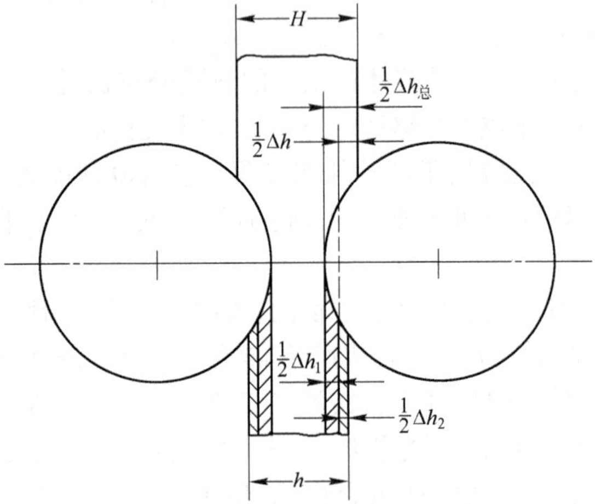

图 3-9　轧机弹性变形对轧件尺寸的影响

$$\Delta h_{总}=\Delta h_1+\Delta h_2$$

时，轧件通过轧辊将不产生压下。这时的轧件的厚度就叫最小可轧厚度。

生产中，一台带钢冷轧机所能轧出的最薄厚度是一定的。如四辊轧机，工作辊直径为 85～90mm，可轧出最小厚度为 0.05～0.10mm 的钢带。

工作辊辊径与成品带材厚度的比例关系为：

$$D\leqslant 2000h$$

这是最大的比例，轧制较困难，往往需增加中间退火和轧制道次，对轧辊材质的要求也更高。一般工作辊辊径与成品带材厚度的比例关系按下式来选取或确定：

$$D\leqslant 1000h$$

应该指出：带钢最小可轧厚度不仅仅由轧机工作辊直径这一因素所决定，还取决于金属材料的性质、张力、润滑情况、轧辊材料等。带钢最小可轧厚度为：

$$h_{最小}=\frac{3.58D_1f(K_0-\sigma_平)}{E}$$

式中 D_1——工作辊直径,mm;

E——轧辊弹性模量,Pa;

f——轧辊与轧件间的摩擦系数;

K_0——轧件平面变形抗力,$K_0=1.15\sigma_s$,Pa;

$\sigma_平$——轧件平均张应力,$\sigma_平=\frac{\sigma_0+\sigma_1}{2}$,Pa;

σ_0、σ_1——后、前张力。

根据上式分析,要想轧制厚度更薄的带钢,显然应该:

(1) 有效地减小金属在轧制过程中的实际变形抗力,减小工作辊直径,采用高效率的工艺润滑剂,适当采用张力轧制,适当安排软化热处理。

(2) 增加轧机的刚性,主要是要有效地减小轧辊的弹性压扁。例如,二十辊冷轧机采用直径小达 10mm 的碳化钨工作辊,其弹性模量 E 几乎是一般合金锻钢辊的 30 倍,可轧制厚度小达 0.001mm 的极薄带钢。

二、冷轧工艺参数

65. 怎样用图表法求出咬入角?

轧制是利用两个旋转着的轧辊将轧件咬入辊缝而进行的。轧辊咬入轧件是实现轧制所必须的条件。在实际生产中,咬入是否顺利对轧钢机的正常操作和产量有直接影响。压下量大不易咬入。

如图 3-10 所示,轧制时轧件与轧辊表面接触的弧线叫咬入弧。咬入弧所对的圆心角称为咬入角。咬入角由压下量确定。在不同轧制条件下,最大允许咬入角是不同的,其大小与轧辊表面和轧件的表面状态、轧制温度以及轧辊转速等因素有关,即与轧辊和轧件间摩擦系数有关。当轧辊的线速度在 1.5～2.5m/s 时,在表面粗糙的轧辊上冷轧,最大允许咬入角为 5°～6°;在表面光滑带润

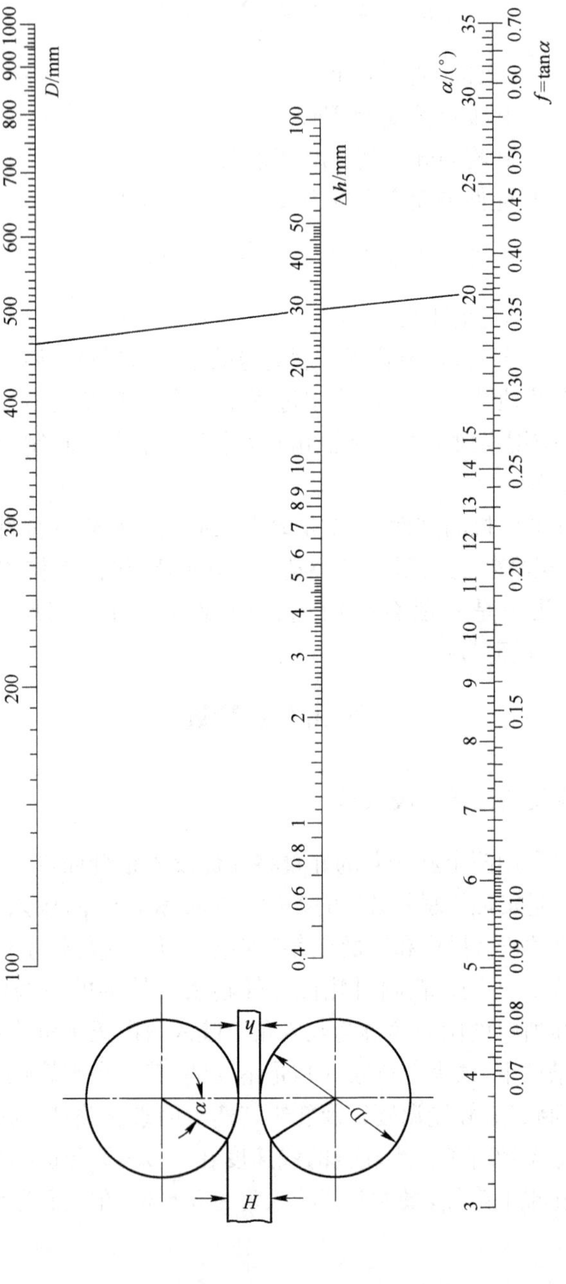

图 3-10 Δh-α-D 图表

滑的轧辊上冷轧，咬入角为 3°～4°。

由图 3-10 可知，咬入角的计算公式为：

$$\alpha=\cos^{-1}\left(1-\frac{\Delta h}{D}\right)$$

或
$$\Delta h=D(1-\cos\alpha)$$

式中 Δh——压下量（$\Delta h=H-h$），mm；

D——轧辊工作直径，mm；

α——咬入角。

当咬入角大于最大允许的咬入角时，轧件不能咬入。

α、Δh 和 D 三者之间的关系可用图表表示出来（见图 3-10）。

如果上面三值中二者为已知，则另一值能够迅速地借此图表求得。

例如，已知 $D=165$mm、$\alpha=5°$时，由图可求得 $\Delta h=0.627$mm。已知 $D=460$mm、$\Delta h=29$mm 时，由图可求出 $\alpha=20°20'$。

66. 影响冷轧轧制压力的因素有哪些？

影响轧制压力的因素很多，基本上可以分为两大类。第一类是影响金属变形阻力的，其中有金属材料的化学成分、变形温度与变形程度，金属变形阻力增高，将使压力加大。第二类是影响应力状态条件的因素，其中有外摩擦（即摩擦系数）、轧件及轧辊直径、张力等。下面分别说明上述各因素的影响：

（1）钢种不同，即金属材料化学成分不同，材料本身力学性能不同，因而变形阻力不同。

（2）变形程度的影响也就是加工硬化的影响。金属塑性变形时，其形状变化能量大部分用于塑性变形，以热的形式存在；另外一部分则产生晶格扭转、位错等，内能增高，这部分保留在金属中的能量叫做残留畸变能，此能量将使金属的变形阻力增加，出现加工硬化现象。在冷轧时，轧制是在再结晶温度以下进行的，其组织性能不能恢复，产生了强化，则变形阻力将随变形程度增加而增加。

(3) 随着变形温度的升高,变形阻力降低。随着变形速度的提高,变形阻力将增加。但是,对冷轧来说,变形温度和变形速度对变形阻力的影响不很显著。

(4) 摩擦力越大,压力也越大。粗糙表面轧辊的摩擦系数比光滑表面轧辊高,所以压力也大。

(5) 轧件厚度和轧辊直径的影响。随着轧件厚度的减薄,轧制压力增加。在其他条件相同情况下,轧辊直径越小,轧制压力越低。这一方面是接触面积减小使轧制力减小,另一方面是单位压力减小而使轧制压力减小,所以在冷轧薄带时,为了降低轧制压力,一般均采用小直径轧辊,如轧制极薄带材时,轧辊直径甚至小到 2mm。此时用增加支撑辊的办法来提高其刚性。

(6) 张力的影响。带钢的前后张力都使单位压力降低,且后张力影响更为明显。由于存在张力,变形区内金属在轧制方向产生附加拉应力,此拉应力引起轧制时三向压应力状态的水平方向主应力减小,从而降低了单位压力。因中性面偏向带钢出口,故后张力影响大于前张力。

67. 轧制压力与变形抗力有何区别?

轧制压力是指金属轧制变形时所需的总压力,它是选择和确定轧钢设备的主要数据。

变形抗力是指金属抵抗塑性变形的能力,它的单位是 Pa。变形抗力的大小取决于金属中原子间的结合力。这与钢种、变形温度、变形程度和变形速度有密切关系。

轧制压力的大小,除了与钢种的变形抗力有关之外,还与变形时的受力方式、轧件形状尺寸和摩擦条件等有关。

68. 金属塑性和金属柔软性是一回事吗?

金属所以能轧制,主要是由于金属具有塑性这一特点。

金属塑性是指金属在外力作用下,能确定地发生永久变形而不破坏其完整性的能力。金属塑性的大小，可用金属在断裂前产生的最大变形程度来表示。它表示压力加工时金属塑性变形的限度，所以也叫塑性极限，一般通称塑性指标。

金属的塑性，不仅受金属内在的化学成分和组织结构的影响，也和外在的变形条件有密切关系。同一金属或合金，由于变形条件（拉伸或压缩等）不同，可能表现有不同的塑性，甚至由塑性物体变为脆性物体，或由脆性物体变为塑性物体。例如，受单向拉伸的大理石是脆性物体，但在较强的静水压力下（三向压应力）压缩时，却能产生明显的塑性变形而不破坏。

金属柔软性是反映金属的软硬程度，它用变形抗力的大小来衡量。因此，不能把塑性和柔软性混淆起来，不要认为变形抗力小的金属塑性就好，或变形抗力大的金属塑性就差。例如，室温下奥氏体不锈钢的塑性很好，可经受很大的变形而不破坏，但其变形抗力却很大；过热和过烧的金属和合金的塑性很小，甚至完全丧失塑性变形的能力，而其变形抗力也很小；也有些金属塑性很好，变形抗力又小，如室温下的铅等。

69. 什么叫附加应力和残余应力，它们对金属性能有何影响？

由于各种因素（如摩擦、温度不均匀或轧辊变形等）造成轧件变形不均匀时，在金属内部就会引起内应力。金属在轧制过程中产生的这种内应力称为附加应力；轧制后残存在金属内部的附加应力称为残余应力。

无论是附加应力还是残余应力，其中各自都包含拉应力和压应力，二者同时存在，且互相平衡。其中拉应力更为有害，当其值超过强度极限时，轧件就会产生裂纹。由于变形和应力分布不均匀，单位变形力升高，则可能在轧件中较早达到金属的强度极限而发生破坏，因而使塑性降低。

附加应力会使变形能量消耗增加，单位变形力增高。此外，应力不均匀分布，将使轧件内实际的应力分布情况与基本应力有很大不同，使主应力状态发生变化，可能使单位变形力升高。

若轧件中存在残余应力，会使轧件的力学性能降低，此外还要使轧件形状弯曲或起皱纹，严重时将产生裂纹或破断而造成废品。

在实际生产中，力求变形和应力均匀分布，以减少附加应力和残余应力。例如，在冷轧薄板时，由于轧辊中部产生的弹性弯曲与压扁较大，故应将轧辊磨成凸形。

70. 怎样确定冷轧时的带钢变形阻力？

冷轧时，由于存在加工硬化现象，在计算冷轧薄板平均单位压力时，轧件材料变形阻力（对冷轧亦可称为屈服极限）需按考虑加工硬化后的来选用。由于存在加工硬化的影响，各道次的变形阻力不仅与各道次变形程度有关，而且还与前面各道次的总变形程度有关。对各道次来说，沿接触弧上金属变形阻力也是变化的，出口处比入口处要大。计算时一般把变形区作为圆弧（或抛物线）变化来计算平均总变形程度$\bar{\varepsilon}_{总}$，按此平均总变形程度来查出变形阻力（即 $\sigma_{0.2}$）。

平均总变形程度$\bar{\varepsilon}_{总}$用下式计算：

$$\bar{\varepsilon}_{总}=a\varepsilon_0+b\varepsilon_1$$

式中 ε_0——各道次入口处的总变形程度（从退火状态开始各道次变形程度的累计），并有：

$$\varepsilon_0=\frac{H-h_0}{H}$$

ε_1——各道次出口处的总变形程度，并有：

$$\varepsilon_1=\frac{H-h_1}{H}$$

H——退火状态坯料原始厚度；

h_0、h_1——分别为各道次轧制前与轧制后的轧件厚度；

a——系数，一般取 $a=0.25\sim0.4$；

b——系数，一般取 $b=0.75\sim0.6$。

通常取 $a=0.4$，$b=0.6$；在选取 a、b 数值时，a 与 b 的和必须等于1。

例题：由退火原料开始轧制，带钢原始厚度为 1.85mm，轧制 0.50mm 的产品，轧制道次为两道。

Q215 · F 钢种的加工硬化曲线如图 3-11 所示。

第 1 道：$h_0=1.85$mm，$h_1=1.0$mm，$\Delta h=0.85$mm，由于为退火状态进行轧制，故入口压下率 ε_0 为零，出口压下率为：

$$\varepsilon_1=\frac{h_0-h_1}{h_0}=\frac{1.85-1.0}{1.85}=46\%$$

平均总压下率 $\bar{\varepsilon}_{总}$ 为：

$$\bar{\varepsilon}_{总}=0.4\varepsilon_0+0.6\varepsilon_1=0.4\times 0+0.6\times 46\%=28\%$$

由图 3-11 查出对应于 $\bar{\varepsilon}_{总}=28\%$ 的 $\sigma_{0.2}=490$MPa。

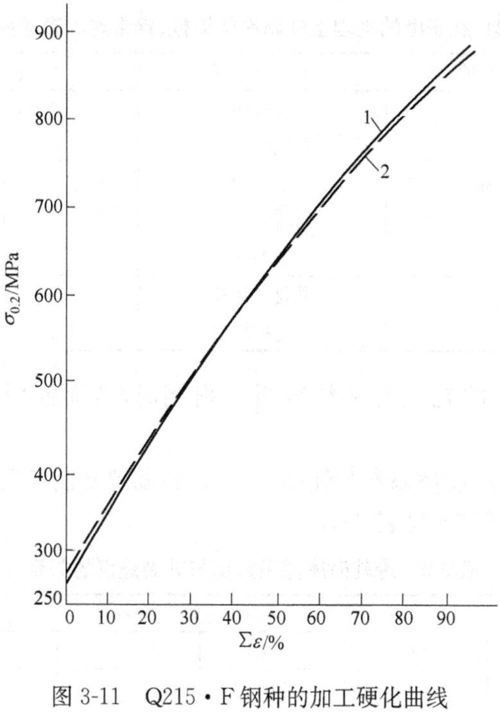

图 3-11 Q215 · F 钢种的加工硬化曲线

1—纵向；2—横向

第 2 道：入口总压下率为 46%，$h_2=0.5$mm，出口总压下率为：

$$\varepsilon_2=\frac{h_0-h_2}{h_0}=\frac{1.85-0.5}{1.85}=73\%$$

第 2 道平均总压下率为：

$$\bar{\varepsilon}_{总}=0.4\varepsilon_1+0.6\varepsilon_2=0.4\times46\%+0.6\times73\%=62\%$$

对应于$\bar{\varepsilon}_{总}$为 62%的 $\sigma_{0.2}$=700MPa。

若多道次轧制，计算方法相同。

71. 计算冷轧轧制压力时怎样选用摩擦系数？

冷轧时的摩擦系数与采用的润滑剂及轧辊表面状况有关，可按表 3-2 选择。

表 3-2　在研磨的轧辊上轧制冷轧钢板、钢带时的摩擦系数 f

轧材品种	润滑剂	摩擦系数
薄钢带	棕榈油	0.03～0.05
	乳化棕榈油	0.05～0.065
	橄榄油	0.055
	蓖麻油	0.045
	羊毛脂	0.04
扁钢和钢板	乳化矿物油	0.07～0.10
	乳化棕榈油	0.06～0.08

在研磨的轧辊上平整钢板和扁钢时，若无润滑，可取 f=0.12～0.15。

冷轧时的摩擦系数与轧制速度有关，随着轧制速度的增大，摩擦系数有所降低(见表 3-3)。

表 3-3　冷轧时摩擦系数值与轧制速度的关系

润滑剂	轧制速度/m·s^{-1}			
	3 以下	10 以下	20 以下	大于 20
乳化液	0.14	0.10～0.12		
矿物油	0.10～0.12	0.09～0.10	0.08	0.06
棕榈油	0.08	0.06	0.05	0.03

72. 怎样用斯通公式计算冷轧轧制压力?

在冷轧薄带时,由于轧辊直径相对轧件厚度来说很大,考虑到轧辊压扁现象,斯通近似认为冷轧轧制过程相当于两平行平板间的压缩过程。根据平行平板的压缩变形推导出平均单位压力公式。

斯通平均单位压力公式写成下式:

$$\bar{p}=(k-\bar{q})\frac{e^X-1}{X}$$

式中 X——计算系数,$X=\frac{fl'}{\bar{h}}$,由 X 值可按表 3-4 查出 $\frac{e^X-1}{X}$值;

l'——考虑轧辊弹性压扁的变形区长度,mm;

f——轧件与轧辊表面间的摩擦系数;

$\bar{h}$——轧件在变形区内的平均厚度,$\bar{h}=\frac{H+h}{2}$,mm;

$\bar{q}$——轧件的平均张应力,$\bar{q}=\frac{q_H+q_h}{2}$($q_h$、$q_H$ 分别为轧件的前、后张应力),Pa;

k——轧件在变形区内平均变形抗力,Pa,其值为:

$$k=1.15\overline{\sigma_s}$$

$\overline{\sigma_s}$——对应于冷轧平均总压下率的金属平均变形抗力,Pa,查金属加工硬化曲线得到:平均总压下率$\bar{\varepsilon}_{总}=0.4\varepsilon_0+0.6\varepsilon_1$,在一定冷轧压下率下,$\overline{\sigma_s}=\sigma_{0.2}$;

ε_0、ε_1——分别为轧件轧制前和轧制后的冷轧总压下率。

表 3-4 应力状态系数 $n=\frac{e^X-1}{X}$之值

X	0	1	2	3	4	5	6	7	8	9
0.0	1.000	1.005	1.010	1.015	1.020	1.025	1.030	1.035	1.040	1.046
0.1	1.051	1.057	1.062	1.068	1.078	1.078	1.084	1.089	1.095	1.100
0.2	1.106	1.112	1.118	1.125	1.131	1.137	1.143	1.149	1.155	1.160
0.3	1.166	1.172	1.178	1.184	1.190	1.196	1.202	1.209	1.215	1.222

续表 3-4

X	0	1	2	3	4	5	6	7	8	9
0.4	1.229	1.236	1.243	1.250	1.256	1.263	1.270	1.277	1.284	1.290
0.5	1.297	1.304	1.311	1.318	1.326	1.333	1.340	1.347	1.355	1.362
0.6	1.370	1.378	1.336	1.393	1.401	1.409	1.417	1.425	1.433	1.442
0.7	1.450	1.458	1.467	1.475	1.483	1.491	1.499	1.508	1.517	1.525
0.8	1.533	1.541	1.550	1.558	1.567	1.577	1.586	1.595	1.604	1.613
0.9	1.623	1.632	1.642	1.651	1.661	1.670	1.681	1.690	1.700	1.710
1.0	1.719	1.729	1.739	1.749	1.750	1.770	1.780	1.790	1.800	1.810
1.1	1.820	1.830	1.840	1.850	1.860	1.871	1.884	1.896	1.908	1.920
1.2	1.935	1.945	1.957	1.968	1.978	1.990	2.001	2.013	2.025	2.037
1.3	2.049	2.062	2.075	2.088	2.100	2.113	2.126	2.140	2.152	2.162
1.4	2.181	2.195	2.209	2.223	2.237	2.250	2.264	2.278	2.291	2.305
1.5	2.320	2.335	2.350	2.365	2.380	2.395	2.410	2.425	2.440	2.455
1.6	2.470	2.486	2.503	2.520	2.536	2.553	2.570	2.586	2.603	2.620
1.7	2.635	2.652	2.670	2.686	2.703	2.719	2.735	2.752	2.769	2.790
1.8	2.808	2.826	2.845	2.863	2.880	2.900	2.918	2.936	2.955	2.974
1.9	2.995	3.014	3.033	3.052	3.072	3.092	3.112	3.131	3.150	3.170
2.0	3.195	3.170	3.240	3.260	3.282	3.302	3.323	3.346	3.368	3.390
2.1	3.412	3.435	3.458	3.480	3.504	3.530	3.553	3.575	3.599	3.623
2.2	3.648	3.672	3.697	3.722	3.747	3.772	3.798	3.824	3.849	3.876
2.3	3.902	3.928	3.955	3.982	4.009	4.037	4.064	4.092	4.119	4.148
2.4	4.176	4.205	4.234	4.263	4.292	4.322	4.352	4.381	4.412	4.412
2.5	4.473	4.504	4.535	4.567	4.598	4.630	4.663	4.695	4.727	4.761
2.6	4.794	4.827	4.861	4.895	4.929	4.964	4.998	5.034	5.069	5.104
2.7	5.141	5.176	5.213	5.250	5.287	5.324	5.362	5.400	5.438	5.477
2.8	5.516	5.555	5.595	5.634	5.674	5.715	5.556	5.797	5.838	5.880
2.9	5.922	5.964	6.007	6.050	6.093	6.137	6.181	6.226	6.271	6.319

用斯通公式直接计算比较困难，通常采用图表法（见图3-12），计算步骤如下：

（1）已知 H、h、R、q_H、q_h；

（2）由金属加工硬化曲线，查得 σ_{s0}、σ_{s1}，计算 k 值；

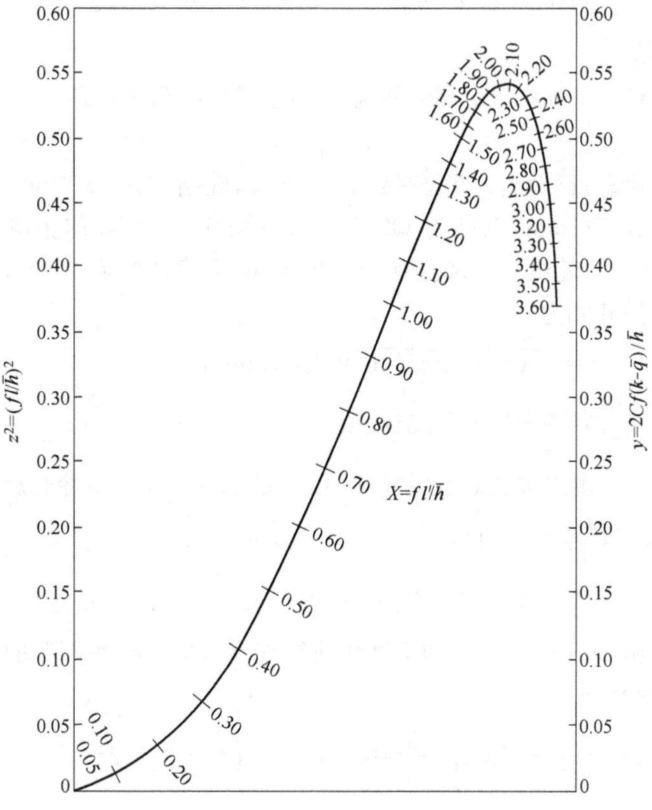

图 3-12 确定 $fl'/\bar{h}$ 之图表

(3) 求出不考虑轧辊弹性压扁的变形区长度 $l=\sqrt{R\Delta h}$ 和 $\left(\dfrac{fl}{\bar{h}}\right)^2$ 值；

(4) 求出 C 值，$C=\dfrac{8R(1-\gamma^2)}{\pi E}$，对钢轧辊 $C=\dfrac{R}{95000}$，并算出 $2C\dfrac{f}{\bar{h}}(k-\bar{q})$ 值；

(5) 利用图 3-12 求出 $X=\dfrac{fl'}{\bar{h}}$ 值；

(6) 利用表 3-4 查出应力状态系数 $n=\frac{e^X-1}{X}$值，并计算出l'值；

(7) 以 $\bar{p}$ 乘以l'和轧件宽度 B，就可得出轧制力 P，即

$$P=\bar{p}l'B$$

例题：已知退火状态带钢 $H=2$mm，轧制到 $h=1.1$mm，带钢宽度为 520mm，钢种为 Q215 · F，后张应力为零，前张应力为 75MPa，冷轧机轧辊直径为 170/400mm，摩擦系数 $f=0.09$，求该道次的轧制力。

(1) $l=\sqrt{R\Delta h}=\sqrt{85\times 0.9}=8.75$mm，

$\bar{h}=\frac{2+1.1}{2}=1.55$mm；

(2) 由退火状态开始轧制，压下量 $\Delta h=0.9$mm，冷轧总压下率 $\varepsilon_{总}=\frac{H-h}{H}=0.45$；

求平均冷轧总压下率$\overline{\varepsilon_{总}}=0.4\varepsilon_0+0.6\varepsilon_1=0.6\times 0.45=27\%$；

由 Q215 · F 钢的加工硬化曲线查出对应于$\overline{\varepsilon_{总}}=27\%$的$\overline{\sigma_s}$，$\overline{\sigma_s}=474$MPa；

(3) $\frac{fl}{\bar{h}}=\frac{0.09\times 8.75}{1.55}=0.508$，$z^2=\left(\frac{fl}{\bar{h}}\right)^2=0.258$；

(4) $k=1.15\bar{\sigma}_s=1.15\times 474=545$MPa，$\bar{q}=\frac{q_H+q_h}{2}=\frac{0+75}{2}=37.5$MPa；

$$y=2C\frac{f}{\bar{h}}(k-\bar{q})=2\times\frac{85}{95000}\times\frac{0.09}{1.55}(545-37.5)=0.0527;$$

(5) 由图 3-12 的纵坐标 $z^2=0.258$ 和 $y=0.0527$ 上两点连一条直线，读出与图中 $X=\frac{fl'}{\bar{h}}$曲线的交点的数值，$X=\frac{fl'}{\bar{h}}=0.575$，

$$l'=\frac{X\bar{h}}{f}=\frac{0.575\times 1.55}{0.09}=9.9\text{mm};$$

(6) 由表查得,应力状态系数 $n=\frac{e^{X}-1}{X}=\frac{e^{0.575}-1}{0.575}=1.351$;

(7) $\overline{p}=(k-\overline{q})n=(545-37.5)\times 1.351=686\text{MPa}$;

(8) $P=\overline{p}l'B=686\times 9.9\times 520=3531.5\text{kN}$。

73. 四辊冷轧机有哪几种传动方式?

为了提高轧机的刚度和减小各轧辊的变形,目前广泛采用四辊轧机来轧制板带材。四辊轧机的辊系由工作辊与支撑辊组成。轧制时,作用在工作辊上的轧制压力传递给大直径支撑辊,使轧机具有较大的刚度,从而保证所轧带材的精度。

四辊轧机按其传动方式可分为工作辊传动和支撑辊传动两种。由于传动方式的不同,其辊系受力情况也不同。

支撑辊传动的四辊轧机具有以下优点:

(1) 可采用直径较小的工作辊,从而降低了轧制压力,减小了工作辊在轧制时的弹性压扁;

(2) 可在同一台轧机上采用不同直径的工作辊来进行轧制,以改善轧制条件,扩大带材品种;

(3) 工作辊传动的四辊轧机的传动扭矩往往受到万向接轴强度的限制(因万向接轴直径受工作辊直径限制),而采用支撑辊传动时,传动扭矩可以加大;

(4) 更换工作辊方便,缩短换辊时间。

四辊轧机的缺点是支撑辊与工作辊之间容易打滑和增大工作辊水平弯曲。

74. 轧机主电动机力矩由哪几部分组成,怎样计算?

主电动机轴上的力矩由 4 部分组成,即

$$M_{电}=\frac{M_{轧}+M_{摩1}}{i}+M_{摩2}+M_{空}\pm M_{动}$$

式中 $M_{电}$——主电动机力矩;

$M_{轧}$——轧辊上的轧制力矩;

$M_{摩1}$——轧制总压力在轧辊轴承上产生的附加摩擦力矩；

$M_{摩2}$——传动机构及其他转动件中的摩擦而产生的附加力矩；

$M_{空}$——空转力矩，即轧机空转时，由于各转动件的质量所产生的摩擦力矩及其他阻力矩；

$M_{动}$——动力矩，轧辊运转速度不均匀时，各部件由于有加速或减速所引起的惯性力所产生的力矩；

i——电动机和轧辊之间的传动比。

主电动机力矩各组成部分按下述方法分别计算：

(1) 轧制力矩。确定轧制力矩有两种方法，一是通过轧制压力计算轧制力矩，二是根据轧制能耗来推算轧制力矩大小。关于能量消耗曲线及其推算轧制力矩的方法将另行讨论。

在简单轧制情况下，轧制力矩为：

$$M_{轧}=2P\psi\sqrt{R\Delta h}=2\psi\bar{p}BR\Delta h$$

式中 $\bar{p}$——平均单位压力；

ψ——力臂系数，冷轧时，$\psi=0.2\sim0.4$；

R——轧辊半径；

Δh——压下量；

B——轧件宽度。

(2) 附加摩擦力矩 $M_{摩}$。附加摩擦力矩主要是轧辊轴承中的摩擦力矩：

$$M_{摩1}=Pdf_1$$

式中 P——轧制力；

d——轧辊辊颈直径；

f_1——轧辊轴承中摩擦系数。

摩擦系数 f_1 决定于轴承构造及工作条件。金属衬滑动轴承 f_1 为 0.05～0.07(冷轧)，液体摩擦轴承 f_1 为 0.003，滚动摩擦轴承 f_1 为 0.004。

附加摩擦力矩的次要组成部分为传动机构中的摩擦力矩

$M_{摩2}$，即齿轮机座、减速机和连接轴等机构中的附加摩擦力矩，一般它由传动效率决定：

$$M_{摩2}=\left(\frac{1}{\eta}-1\right)\frac{M_{轧}+M_{摩1}}{i}$$

用万向接轴传动，倾角小于 3°时，传动效率 η 为 0.96～0.98。

总的附加摩擦力矩为：

$$M_{摩}=\frac{M_{摩1}}{i}+M_{摩2}$$

(3) 空转力矩 $M_{空}$。空转力矩 $M_{空}$ 由各转动零件质量产生的摩擦损失确定，可由下式计算：

$$M_{空n}=\frac{G_n f_n d_n}{2i_n}$$

式中　G_n——该零件的质量；

f_n——该零件轴承的摩擦系数；

d_n——该零件的轴颈直径；

i_n——电动机与该零件的传动比。

总的空转力矩为：

$$M_{空}=\sum_{1}^{n}\frac{G_n f_n d_n}{2i_n}$$

(4) 动力矩 $M_{动}$。以不均匀速度轧制时都有动力矩，在轧制过程中调速时以及可逆轧制情况下都可碰到。

大家知道，在速度变化时物体的惯性力 F 等于其质量乘以加速度，即

$$F=m\frac{\mathrm{d}v}{\mathrm{d}t}=mR\frac{\mathrm{d}\omega}{\mathrm{d}t}$$

式中　$\frac{\mathrm{d}\omega}{\mathrm{d}t}$——角加速度。

动力矩是惯性力 F 和回转半径 R 的乘积，即

$$M_{动}=\frac{GD^2}{375}\times\frac{\mathrm{d}n}{\mathrm{d}t}$$

式中　GD^2——旋转部件的飞轮惯性，$\mathrm{N}\cdot\mathrm{m}^2$；

$\frac{dn}{dt}$——加速度或减速度，(r/min)/s。

75. 怎样计算工作辊传动的四辊轧机轧制力矩？

传动工作辊的轧辊受力情况如图 3-13 所示，各种力的计算方法如下：

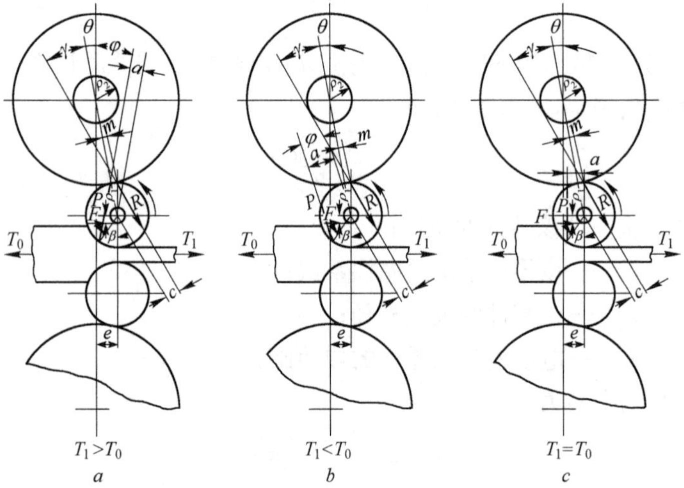

图 3-13　带张力轧制时四辊轧机受力情况（传动工作辊）

(1) 作用于工作辊上轧制压力的方向。由于作用在轧件上的张力不同，作用于工作辊上轧制压力的方向可分为以下 3 种情况：

前张力 T_1＞后张力 T_0 时，轧制压力和张力的合力 P 向轧机出口方向倾斜 φ 角(图 3-13*a*)；

前张力 T_1＝后张力 T_0 时，轧制压力 P 垂直向上，无偏斜(即 $\varphi=0$)(图 3-13*c*)；

前张力 T_1＜后张力 T_0 时，轧制压力 P 向轧机入口方向倾斜(φ 角)(图 3-13*b*)。

(2) 支撑辊给工作辊的反力 R 为：

$$R=P\frac{\cos\varphi}{\cos(\theta+\gamma)}$$

式中 P——轧制压力和张力在工作辊上的合力；

φ——P 力的作用线与垂直线间的夹角；

θ——工作辊和支撑辊连心线与垂直的夹角；

γ——R 力的作用线与工作辊和支撑辊连心线间的夹角。

角度 φ、θ、γ 可从几何关系找到：

$$\varphi=\arcsin\frac{T_1-T_0}{2P}$$

$$\theta=\arcsin\frac{e}{\frac{D_1}{2}+\frac{D_2}{2}}$$

$$\gamma=\arcsin\frac{\rho_2+m}{D_2/2}$$

式中 D_1、D_2——分别为工作辊和支撑辊直径；

e——工作辊偏移距；

ρ_2——支撑辊轴承的摩擦圆半径，$\rho_2=\mu_2 d_2/2$（d_2 为支撑辊辊颈直径，μ_2 为支撑辊轴承的摩擦系数）；

m——工作辊与支撑辊间滚动摩擦系数，一般取 $m=0.1\sim0.3$mm。

(3) 工作辊轴承座作用于工作辊的水平力 F 为：

$$F=P\sin\varphi+R\sin(\theta+\gamma)$$

(4) 传动工作辊所需力矩 M_k 为：

$$M_k=M_z+M_R+M_{f1}=Pa+RC+F\rho_1$$

式中 M_z——轧制力矩；

M_R——由工作辊带动支撑辊的力矩；

M_{f1}——工作辊轴承中摩擦力矩；

a——轧制力臂，其大小除决定于轧制力作用点位置外，还与前后张力大小有关，即

$$T_1>T_0\text{ 时},a=\frac{D_1}{2}\sin(\beta-\varphi)$$

$$T_1<T_0\text{ 时},a=\frac{D_1}{2}\sin(\beta+\varphi)$$

β——轧制力作用点位置所对应的轧辊中心角，冷轧时有：

$$\beta=(0.35\sim0.45)\alpha$$

α——咬入角，并有：$\alpha=\arccos\left(1-\frac{\Delta h}{D}\right)$

C——反力 R 对工作辊的力臂，并有：

$$C=m\cos\gamma+\frac{D_1}{2}\sin\gamma$$

ρ_1——工作辊轴承的摩擦圆半径，$\rho_1=\mu_1 d_1/2$（d_1 为工作辊辊颈直径，μ_1 为工作辊轴承的摩擦系数）。

（5）传动两个工作辊的总传动力矩为：

$$M_{k总}=2M_k$$

由于工作辊偏移距 e 的数值相对工作辊与支撑辊直径来说很小，在计算传动力矩时，为了简化，可以认为 $e=0$，即工作辊不偏移，此时计算结果误差不超过 1%。

76. 怎样计算支撑辊传动的四辊轧机轧制力矩？

传动支撑辊的轧辊受力情况如图 3-14 所示。

为了计算传动支撑辊所需的力矩，首先分析工作辊的受力情况，由于工作辊是不传动的，因此，作用于工作辊的力所产生的力矩之和为零，即

$$Pa+F\rho_1=RC$$

力臂 a 与上题相同，当 $T_1>T_0$ 时，$a=\frac{D_1}{2}\sin(\beta-\varphi)$；当 $T_1<T_0$ 时，$a=\frac{D_1}{2}\sin(\beta+\varphi)$。

从工作辊在水平方向力的平衡求出工作辊轴承座作用于工作

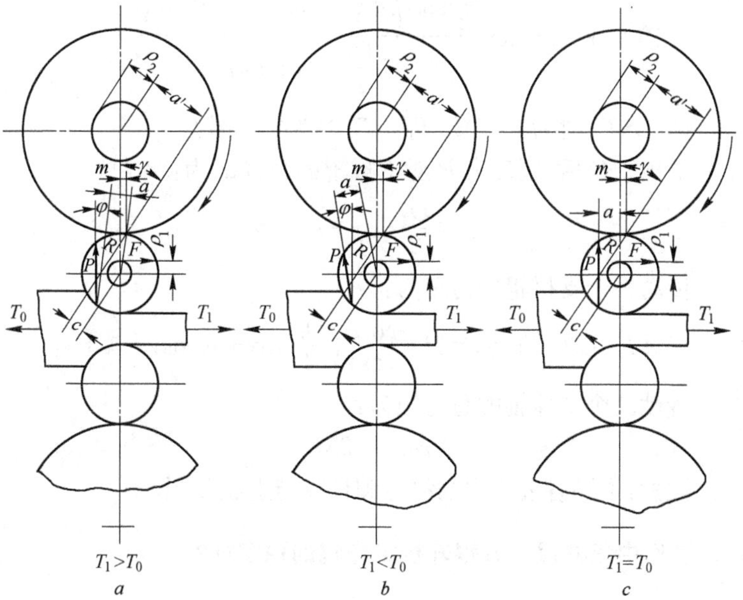

图 3-14 带张力轧制时四辊轧机轧辊受力情况(传动支撑辊)

辊的水平力 F 为:

$$F=R\sin\gamma+P\sin\varphi$$

从工作辊在垂直方向力的平衡求出支撑辊给工作辊的反力 R 为:

$$R=P\frac{\cos\varphi}{\cos\gamma}$$

代入上式得:

$$F=P(\tan\gamma\cos\varphi+\sin\varphi)$$

反力 R 对工作辊的力臂 C 为:

$$C=\frac{D}{2}\sin\gamma-m\cos\gamma$$

式中 γ——R 力的作用线与工作辊和支撑辊连心线间夹角,并有:

$$\gamma=\arctan\frac{\frac{D_1}{2}\sin(\beta\mp\varphi)+m\cos\varphi+\rho_1\sin\varphi}{\left(\frac{D_1}{2}-\rho_1\right)\cos\varphi}$$

（$T_1>T_0$ 时为“－”号；$T_1<T_0$ 时为“＋”号）

求出 γ 角后，则反力 R 对支撑辊的力臂 a' 为：

$$a'=\frac{D_2}{2}\sin\gamma+m\cos\gamma$$

传动一个支撑辊的力矩为：

$$M_k=R(a'+\rho_2)=P-\frac{\cos\varphi}{\cos\gamma}\left(\frac{D_2}{2}\sin\gamma+m\cos\gamma+\rho_2\right)$$

传动两个支撑辊的总力矩为：

$$M_{k总}=2M_k$$

注意：本题各公式中的符号和计算与上题相同。

77. 操作中怎样保证四辊轧机工作辊的稳定性？

由于四辊轧机工作辊与其轴承座间和工作辊轴承座与支撑辊轴承座之间存在间隙，在轧制过程中，工作辊及其轴承座如果无固定的侧向力约束，将处于不稳定状态（即工作辊在轧制冲击力作用下，时而向一侧移动，时而又向另一侧移动）。工作辊的不稳定状态会降低轧制精度，加剧轧辊的磨损，会使轴承受反复冲击而降低其寿命。因此，有必要在轧制时保证工作辊的稳定位置，即让工作辊轴承始终承受一个方向不变的水平力。

保持工作辊稳定性的有效方法，是使两工作辊连心线与两支撑辊连心线不在同一垂直平面内，即工作辊沿轧制方向有一个偏移量，并保持带材的前张力 T_1 大于后张力 T_0。

下面分别讨论工作辊传动和支撑辊传动的四辊轧机的工作辊稳定性。

工作辊传动时，要使轧机工作辊稳定，操作中应保证：

（1）当无张力轧制时，轧机为不可逆轧制，则工作辊稳定条件是使工作辊向轧机出口方向偏移，偏移量 $e=5\sim10$mm；若为可逆轧制，工作辊应不偏移；

(2) 带张力轧制时，要保证前张力 T_1 大于后张力 T_0，即使工作辊偏移量 e 为零。

支撑辊传动时，要使轧机工作辊稳定，操作中应保证：

(1) 在无张力的不可逆式四辊轧机上，应使工作辊向轧机入口方向偏移；

(2) 在带张力的不可逆式四辊轧机上，应取后张力 T_0 大于前张力 T_1，并使工作辊向轧机入口方向偏移；

(3) 在无张力的可逆式四辊轧机上，工作辊应不能偏移；

(4) 在带张力的可逆式四辊轧机上，应取后张力 T_0 大于前张力 T_1。

78. 怎样用图表法计算四辊冷轧机的传动力矩？

计算传动工作辊的四辊轧机的传动力矩时，我们还可用图表法。为使计算简便，作如下假定：

(1) 前、后张力相等(即 $T_1=T_0$)；

(2) 工作辊与支撑辊中心在同一垂直平面内(即 $e=0$)；

(3) 在不同的轧制速度和压下量的条件下，工作辊与支撑辊间和轧辊轴承处的摩擦条件不变。

传动两个工作辊所需的总传动力矩为：

$$M_{k总}=M_z+M_f'+M_f''$$

式中 M_z——轧制力矩，可根据冷轧压力公式计算所得的平均单位压力 P_p 值，由图 3-15 查得 M_{z0}，乘以轧件宽度 b 即得 M_z($M_z=bM_{z0}$)；

M_f'——消耗在工作辊与支撑辊间的滚动摩擦力矩，由图 3-16查得辊间滚动摩擦消耗系数 η_f' 后，用下式计算：

$$M_f'=\eta_f'M_z$$

M_f''——消耗在轧辊轴承处的摩擦力矩，由图 3-16 查得轴承

摩擦消耗系数 η_f''后，用下式计算：

$$M_f''=\eta_f''M_z$$

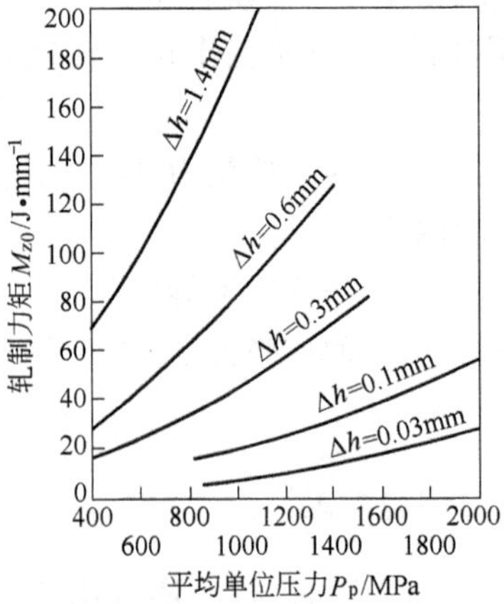

图 3-15　根据平均单位压力 P_p 求轧制力矩 M_z 的图表

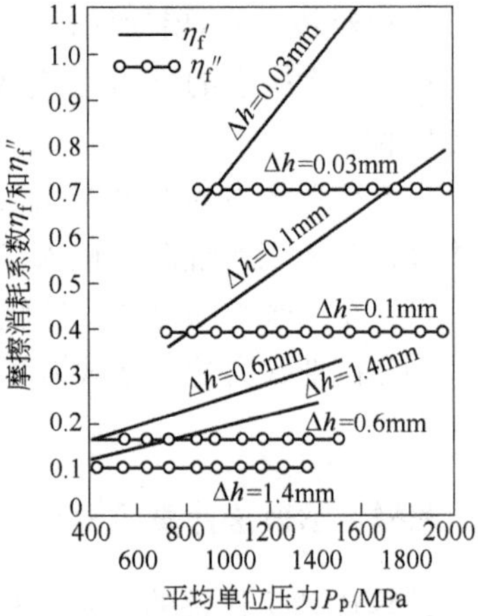

图 3-16　求摩擦消耗系数 η_f' 和 η_f''的图表

79. 什么叫能耗曲线，怎样通过实测绘制能耗曲线？

对于板带材来说，单位能耗曲线表示每吨产品的能量消耗与带材厚度的关系。

单位能耗曲线的确定方法如下：

轧制时测量各机架电机电流、电压和转速，并测量张力大小，以及各架轧件厚度和轧辊直径等参数。

把这些测量值进行计算，步骤如下：

（1）首先，求出带钢断面：

$$F=Bh$$

确定轧制速度：

$$v=\frac{\pi Dn}{60}$$

式中 n——轧辊转速，r/min；

D——轧辊直径，mm。

(2) 计算张力功率 $N_{张}$。总张力为：

$$Q=qF$$

式中 q——单位张力，MPa，单位张力一般在 50～200MPa 范围内。

张力功率为：

$$N_{张}=9.8Qv$$

(3) 计算主电机所需功率 $N_{电}$，由测得的电机电流 $I_{电}$ 和电压 $U_{电}$ 值代入下式计算：

$$N_{电}=I_{电}U_{电}$$

(4) 空转功率 $N_{空}$ 可以实测，也可根据资料确定，如实测时按下式计算：

$$N_{空}=I_{空}U_{空}$$

式中 $I_{空}$、$U_{空}$——分别为电机空转时的电流值和电压值，由实测得到。

(5) 确定轧制功率 $N_{轧}$：

$$N_{轧}=N_{电}-N_{空}+N_{前张}-N_{后张}$$

式中 $N_{前张}$、$N_{后张}$——分别为前、后张力功率。

(6) 计算理论小时产量 G：

$$G=3600FV\rho\times10^{-6}$$

式中 ρ——带钢密度，t/m^3。

(7) 确定道次的单位能耗 a_1 和累积能耗（方法是将前面道次的单位能耗与该道次的能耗相加）：

$$a_1=\frac{N_{轧}}{G}$$

累积能耗为：

$$a_{累}=a_1+a_2+a_3+\cdots+a_i$$

(8) 计算道次压下率 ε_i 和总压下率 $\varepsilon_{总}$：

$$\varepsilon_i=\frac{h_{i-1}}{h_i}$$

式中　h_{i-1}、h_i——分别为第 i 道次轧制前、后的带钢厚度，mm。

$$\varepsilon_{总}=\varepsilon_1\varepsilon_2\cdots\varepsilon_i$$

显然，有了上述这些数据，以累积能耗为纵坐标，带钢厚度为横坐标，就可绘制出单位能耗曲线。

例题：根据某 600mm 三机架冷连轧机轧制镀锡板精坯的实测数据，绘制出能耗曲线。解题步骤如下：

（1）现场实测，其测定项目和数据列于表 3-5。

表 3-5　某 600mm 三机架冷连轧机实测数据

（第一轧程：2mm×520mm→0.55mm×520mm，钢种：Q215·F）

实测项目	符号	机架						
		开卷机~1号	1号	1号~2号	2号	2号~3号	3号	3号~卷取机
轧件厚度/mm	h	2	1.2		0.83		0.55	
轧辊直径/mm	D		163		165		169	
单位张力/MPa	q	0		70		108		60
电动机电流/A	$I_{电}$		536		1106		1245	
电动机电压/V	$U_{电}$		200		266.6		314.9	
电动机速度/r·min^{-1}	n		202.3		232.14		279.7	
速　比	i		1.912		1.538		1.25	
空转功率/kW	$N_{空}$		9.57		13.25		18.3	

（2）根据实测数据进行计算，其结果列于表 3-6。

表 3-6　绘制能耗曲线的计算数据

项　目	机架						
	开卷机~1号	1号	1号~2号	2号	2号~3号	3号	3号~卷取机
轧件断面积/mm^2		624		431.6		286	
轧件速度/m·s^{-1}		0.903		1.304		1.98	
总张力/kN	0		43.7		46.6		17.16
张力功率/kW	0		38.7		60.1		33.3
电动机功率/kW		107		294		391	
轧制功率/kW		146		302		346	
理论小时产量/t·h^{-1}		15.8		15.8		15.8	
道次能耗/kW·h·t^{-1}		8.6		19.1		21.8	
累积能耗/kW·h·t^{-1}		8.6		27.7		49.6	

(3) 以带钢厚度 h 为横坐标，累积能耗 $a_{累}$ 为纵坐标，绘制出能耗曲线，见图 3-17。

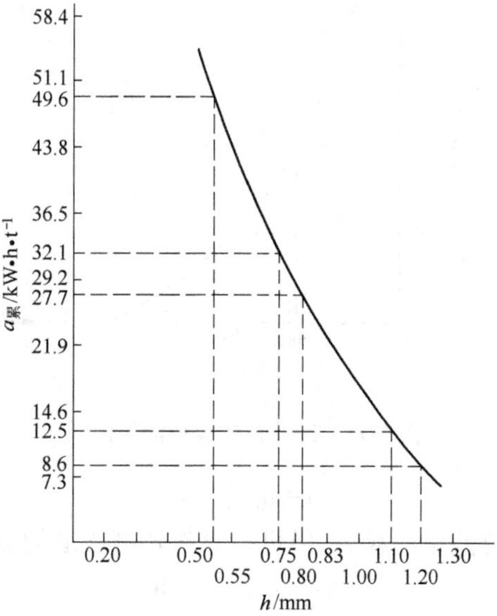

图 3-17　600mm 三连轧机能耗曲线
带厚 0.55mm；带宽 520mm；钢种 Q215 · F；
轧制速度 1.98m/s

80. 怎样用能耗曲线来推算轧制力矩？

我们已经知道，单位能耗曲线可以通过现场实测求得，如图 3-18所示。不同轧机、不同钢种的能耗曲线是不同的。为了生产上实际应用方便，本书将冷轧生产的能耗曲线的许多实际资料编入附录，可供使用时查阅。

图 3-18 为轧制带材时的单位能耗曲线，其横坐标为板材厚度。当确定某一道次的单位能耗时，可由该道次轧制前和轧制后的厚度，在图中查得相应的单位能量消耗 a_{n+1} 和 a_n，然后得出轧制这一道次的单位能量消耗，即

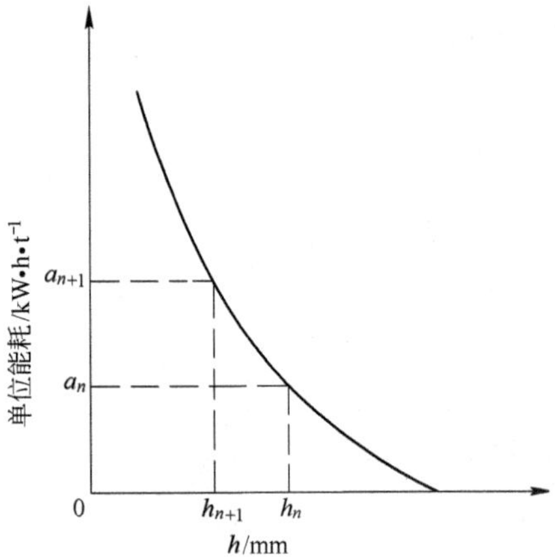

图 3-18 冷轧机的典型能耗曲线

$$a = a_{n+1} - a_n$$

知道单位能量消耗后，便可计算出轧制该道的能量消耗 A：

$$A = (a_{n+1} - a_n)G$$

式中 G——轧件质量，t。

因为轧制时的能量消耗一般以电动机负荷大小来测量，故在能量消耗曲线中，已包括轧机传动机构中的附加摩擦消耗，但一般都除去轧机的空转消耗。因此，用能耗方法计算所得的力矩为轧制力矩 $M_{轧}$ 和附加摩擦力矩 $M_{摩}$ 之和。

取钢的密度为 7.8t/m^3，并忽略前滑影响，则

$$\frac{M_{轧} + M_{摩}}{i} = 1430(a_{n+1} - a_n)F_n D$$

式中 F_n——该道次轧制后轧件横截面积，m^2；

D——轧辊直径，m；

a_{n+1}、a_n——分别为计算道次轧制前、后的单位能量消耗，kW·h/t；

i——电动机和轧辊之间的传动比。

应特别注意，能耗曲线的选取应遵循下列原则：

（1）选取能耗试验曲线应与所计算的轧机相类似。轧机形式、轧机结构、轴承种类都应尽可能一致。例如，当轧制相同材料、相同尺寸轧件时，用连续式轧机能耗就低一些，用滚动轴承比滑动轴承者为低。

（2）原始断面尺寸应尽可能相似，如果差别较大，延伸系数、压下率的差别就大，造成误差也大。同样，轧制产品尺寸也要尽可能地接近。

（3）轧制的材料要选取同样材料或相近似的材料，否则由于变形抗力的差别可能造成极大的误差。

（4）要有相同的轧制条件。对冷轧来说，应有相接近的润滑条件和张力制度等。

81. 怎样确定冷轧规程？

冷轧规程是冷轧工艺的主要内容之一，它关系到是否能获得合乎要求的产品、产量、能耗及成本。冷轧规程一般包括：总（轧程）压下率、道次压下率、前后张力、轧制速度、轧辊的辊径和辊形等。制订冷轧规程的主要依据是：带材交货标准的各项要求，用户提出的特殊要求，以及设备能力和生产要求等因素。

首先，选择冷带钢原料厚度通常要考虑成品带材的质量要求，包括组织性能和表面质量。选择原料厚度主要考虑冷轧总压下率，因为对一定钢种、规格的产品，必须有一定的冷轧总压下率，才能通过热处理获得所需要的一定的晶粒组织和性能。例如，汽车板必须有30%以上（一般是50%～70%）的冷轧总压下率。此外，选择原料厚度时还要考虑到轧机的生产能力，从提高冷轧机生产能力考虑，希望原料薄些好。

由于冷轧时带材要产生加工硬化，为了能继续进行轧制，就必须通过再结晶退火来降低带钢的变形抗力，这样在生产中便形成了一个冷轧轧程。冷轧轧程的确定主要取决于所轧钢种的软硬特性、原料及成品厚度、所采用的冷轧工艺方式与工艺制度，以及轧机的能力等因素。

道次压下率的分配原则一般是:第一、二道压下率最大,之后随着带材的加工硬化不断增加,而道次压下率逐渐减小,以使各道次的轧制压力大致相同。最后一、二道(架)为了保证板形及厚度精度,一般按经验取较小的压下率。

轧制张力主要是根据带材的屈服极限来定。一般选用的单位张力为 20%~60%σ_s,单位张力过大时会造成带材宽度上拉皱,甚至把带材拉断。

确定冷轧压下率时,一般先按经验对各道(架)压下进行分配,然后按工艺要求并参考经验数据,选定各道(架)的单位张力,最后校对设备的负荷等各项限制条件,并作出适当修正。表 3-7 为 ϕ170mm/ϕ400mm×350mm 不可逆式四辊冷轧机的压下规程。表 3-8 为 ϕ100mm/ϕ300mm×350mm 可逆式四辊冷轧机的压下规程。

表 3-7 ϕ170mm/ϕ400mm×350mm 四辊冷轧机的压下规程

品种	原料规格/mm×mm	成品规格/mm×mm	每道次轧件厚度/mm		
			1	2	3
电缆带	2.50×206	0.30×206	$1.60^{+0.02}_{-0.05}$	$1.05^{+0.01}_{-0.05}$	$0.75^{+0.02}_{-0.03}$
	2.25×167	0.30×167	$1.35^{+0.02}_{-0.05}$	$0.85^{+0.02}_{-0.03}$	$0.60^{+0.02}_{-0.03}$
	2.5×206	0.50×206	$1.60^{+0.02}_{-0.05}$	$1.10^{+0.01}_{-0.05}$	$0.85^{+0.01}_{-0.05}$

品种	每道次轧件厚度/mm			成品公差要求/mm
	4	5	6	
电缆带	$0.55^{+0.0}_{-0.04}$	$0.40^{+0.0}_{-0.04}$	0.30±0.03	±0.03
	$0.40^{+0.02}_{-0.02}$	0.30±0.03		±0.03
	$0.65^{+0.0}_{-0.04}$	0.50±0.04		±0.04

表 3-8 ϕ100mm/ϕ300mm×350mm 可逆式四辊冷轧机的压下规程

钢种	坯料规格/mm×mm	成品规格/mm×mm	公差/mm		道次	压下规程
			普通精度	较高精度		
普通碳素钢	1.90×230	1.05×230	−0.09	−0.06	3	1.40—1.20—1.00
	1.90×206	0.75×206	−0.07	−0.05	5	1.45—1.20—1.00—0.85—0.72
	1.20×206	0.45×206	−0.05	−0.04	4	0.85—0.65—0.50—0.42
	1.20×160	0.30×160	−0.04	−0.03	7	0.80—0.60—0.52—0.42—0.36—0.32—0.28
	0.65×160	0.20×160	−0.03	−0.02	5	0.40—0.30—0.25—0.22—0.19

分配各道(架)的压下率,可采用能耗法,先确定各道(架)负荷分配比,算出压下量;也可根据经验采用分配压下系数的表格(见表 3-9),令轧制中的总压下量为 $\Delta h_{总}$,则各道压下量 Δh 为:

$$\Delta h_i = b_i \Delta h_{总}$$

式中 b_i——压下分配系数。

表 3-9 各种冷连轧机压下分配系数举例

机架数	压下分配系数 b_i 道次(机架)号 1	2	3	4	5
2	0.7	0.3			
3	0.5	0.3	0.2		
4	0.4	0.3	0.2	0.1	
5	0.3	0.25	0.25	0.15	0.05

表 3-10 为 ϕ170mm/ϕ400mm×350mm 三机架冷连轧机的轧制规程。

表 3-10 Q215·F 钢带的冷连轧轧制规程

坯料规格/mm×mm	成品规格/mm×mm	机架号	出口厚度/mm	道次压下率/%	总压下率/%	轧制速度/m·s^{-1}	前张力	
							单位张力/MPa	总张力/kN
2.25×210	0.60×210	1	1.15	48.8	48.8	1.57	95	22.9
		2	0.75	34.7	66.7	2.40	110	17.3
		3	0.60	20.0	73.3	3.0	80	10.1
2.50×250	1.10×250	1	1.60	36.0	36	2.06	80	32
		2	1.25	22.0	50	2.64	95	29.7
		3	1.10	12.0	56	3.0	65	17.9
3.0×220	1.50×220	1	2.20	26.7	26.7	1.36	70	33.9
		2	1.70	22.7	43.3	1.77	90	33.7
		3	1.50	11.8	50	2.0	60	19.8

82. 为什么要采用多辊冷轧机?

多辊冷轧机的最大特点之一就是采用小直径的工作辊。由工作辊辊径与带材厚度的关系可知,允许轧制带材的最小厚度与轧辊直径成正比,这样就可以用多辊冷轧机生产四辊冷轧机轧不出来的更薄的带材。例如,轧制 1250mm 宽的软钢带时,普通四辊冷轧机的最小可轧厚度为 0.25mm,而用森吉米尔轧机可轧到 0.06mm。

与一般冷轧机相比,多辊冷轧机具有以下优点:

(1) 工作辊径小,总轧制压力小。轧制时轧辊直径的减小导致变形区接触面积减小,从而使总轧制压力减小。在轧制条件相同时,二十辊轧机的轧制压力约为四辊轧机的 1/4。轧制压力的减小使轧制力矩减小,从而节约电能 30%~40%。另外,轧制压力的减小还会减少摩擦发热和轧辊磨损。

(2) 由于工作辊径小,轧辊的弹性压扁减小,因而每个轧程的总压下量可增大。此外,当轧制压力相同时,与四辊轧机相比,用小辊径的多辊冷轧机可使道次压下量增加,最大可高达 80%。对于同样的变形量，可用较少的道次来完成。此外，多辊冷轧机的工作辊更换十分方便，减少了辅助时间，从而提高了生产率。

(3) 多辊冷轧机具有塔形的支撑辊系，尤其是森吉米尔二十辊轧机，具有整体机架，刚性很好，轧辊挠度很小，因而可获得高精度的成品。例如轧制 0.2mm 不锈钢带，用一般四辊轧机轧制时公差为 0.01～0.03mm，而用森吉米尔二十辊轧机轧制时其公差仅为 0.003～0.006mm，精度可提高 4 倍。

(4) 轧机体积小，质量轻。生产同规格的产品时，与四辊轧机相比，二十辊轧机的质量为前者的 1/3。因此，可减少车间面积，降低车间高度等，从而减少厂房投资。

总之，多辊冷轧机由于具有上述优点，在冷轧生产中，可使产品的产量增加，质量提高，消耗减少。

83. 怎样用图解法分析多辊轧机的受力情况？

为了确定轧制力矩，进行轧辊的强度校核以及对辊系的稳定性分析等，都需要对辊系进行受力分析。但是，要全面考虑轧辊的各受力因素，计算繁琐，难以实际应用。在实际生产中，常忽略一些次要因素采用图解法，进行简化受力分析。

对二十辊轧机辊系受力分析中，忽略各轧辊的轴承摩擦损失和轧辊间的滚动摩擦，并假设所有作用力的方向均在两辊连心线上，则各轧辊之间的作用力和轧制压力的关系可简化为（见图3-19）：

$$P_1 = \frac{P}{2\sin\alpha}$$

$$P_2 = \frac{P_1\sin(\alpha-\delta)}{\sin(90^\circ+\delta-\beta)}$$

$$P_3 = \frac{P_1\sin(\alpha-\beta)}{\cos(\delta-\beta)}$$

$$P_4 = \frac{P_3\cos\delta}{\sin\psi}$$

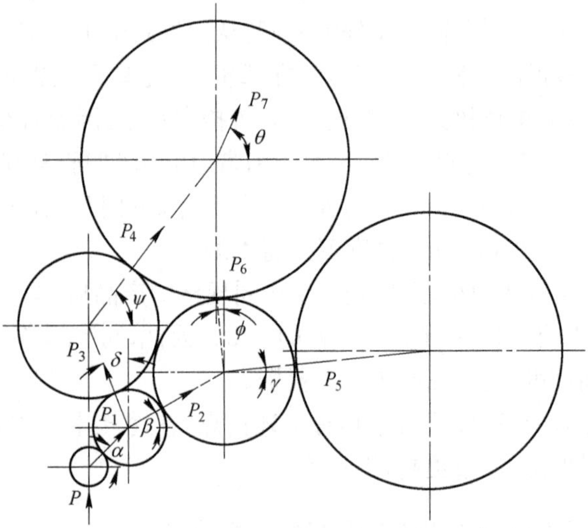

图 3-19　二十辊轧机辊系简化受力分析图

$$P_5=\frac{P_2\sin(90°-\phi-\beta)}{\sin[(90°+\phi-\beta)+(\beta-\gamma)]}$$

$$P_6=\frac{P_2\sin(\beta-\gamma)}{\cos(\phi-\gamma)}$$

$$P_7=\sqrt{P_6^2+P_4^2+2P_6P_4\cos(180°-90°-\psi+\phi)}$$

如 ZR22-50 森吉米尔二十辊冷轧机各轧辊受力与轧制压力 P 的百分比如下：

$P_1=71\%P$；$P_2=67\%P$；$P_3=18.5\%P$；$P_4=24.5\%P$；

$P_5=61\%P$；$P_6=19\%P$；$P_7=38.5\%P$

84. 怎样选择卷取张力？

卷取机在卷绕带钢时，必须具有一定的张力。卷取张力值大小取决于产品规格和生产工序。带钢张力值选取得不合适，直接影响带钢的质量和生产操作。张力过大，使电机容量增大；张力过小，易引起带钢跑偏而影响产品质量。

卷取张力 T 为：

$$T=qbh$$

式中 q——单位张应力，MPa；

b——带钢宽度，mm；

h——带钢厚度，mm。

对于冷轧带钢，单位张应力 q 根据带钢屈服极限 σ_s 和带钢厚度按表 3-11 选取。

表 3-11 冷轧带钢的单位张应力 q 值

带钢厚度 h/mm	0.3～1	1～2	2～4
单位张应力 q/MPa	$(0.5\sim0.8)\sigma_s$	$(0.2\sim0.5)\sigma_s$	$(0.1\sim0.2)\sigma_s$

对于连续机组，单位张应力 q 值可按表 3-12 选取。

表 3-12 连续机组采用的单位张应力 q 值

机组	q/MPa	机组	q/MPa
酸洗机组	$(0.03\sim0.05)\sigma_s$	准备机组	$(0.03\sim0.05)\sigma_s$
退火机组	$(0.03\sim0.06)\sigma_s$	张力矫直机组	$(0.06\sim0.15)\sigma_s$

85. 怎样保持卷取机张力恒定？

卷取机卷取张力由电动机力矩产生，电动机力矩为：

$$M=K_M\Phi I_{枢} \tag{3-1}$$

式中 K_M——电动机结构常数；

Φ——电动机磁通；

$I_{枢}$——电动机电枢电流。

卷取张力 T 与电动机力矩 M 的关系如下：

$$T=\frac{2M}{D} \tag{3-2}$$

式中 D——带卷直径。

带钢线速度为：

$$v=\frac{\pi D n_{电}}{60i} \tag{3-3}$$

式中 $n_{电}$——电动机转速，r/min；

i——电动机至卷筒的速比。

电动机电枢电势 E 为：

$$E=K_{C}\Phi n_{电} \tag{3-4}$$

将式 3-1、式 3-3 和式 3-4 代入式 3-2，则得：

$$T=C\frac{E}{v}I_{枢}$$

式中 C——常数，$C=\frac{2\pi K_{M}}{60iK_{C}}$。

若电枢电势 E 不变，v 也不变，则带钢张力 T 与电动机电枢电流 $I_{枢}$ 成正比。

卷取张力控制的实质是，若卷取时带钢线速度不变，采用电流调节器使电枢电流 $I_{枢}$ 保持恒定，就可以保证张力恒定。

实际上，随着带钢卷径变化，卷取带钢的线速度是变化的。生产中怎样才能保持线速度不变呢？一般采用电势调节器来调整电动机的磁通 Φ，以改变电动机转速，使带钢线速度不变。或者，当磁通一定时，通过电流调节器调节电机电流，以保持带钢张力恒定。

86. 张力辊有哪几种工作状态，其张力怎样确定？

在 S 辊（见图 3-20*b*）上，带钢与辊子是面接触。张力是通过带钢与辊子间的摩擦力形成的。带钢通过张力辊的辊子数目愈多，产生的张力愈大。为了增加带钢的张力，有时在带钢进口辊子处，增加压辊装置。

根据张力辊在机组中安装位置和作用不同，张力辊可以处在电动机工作状态或发电机工作状态。如图 3-20*a* 所示的张力辊，带钢入口处张力 T_1 大于出口处张力 T_2，张力辊处于电动机工作状态。图 3-20*b* 所示的张力辊，带钢出口处张力 T_2 大于入口处张力 T_1，张力辊处于发电机工作状态。

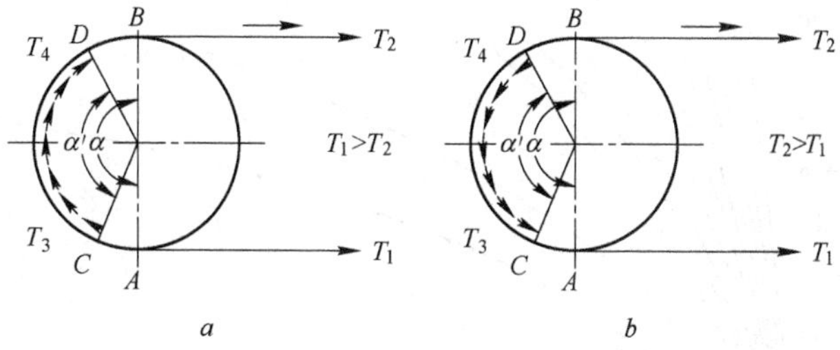

图 3-20 张力辊的工作状态

a—电动机工作状态；*b*—发电机工作状态

当张力辊处于电动机工作状态时（见图 3-20*a*），带钢入口端张力 T_1 可按下式计算：

$$T_1 = T_2 e^{\mu\alpha}$$

式中 T_1——张力辊入口端的带钢张力，N；

T_2——张力辊出口端的带钢张力，N；

μ——辊子与带钢的摩擦系数，对于钢辊子，μ 取为 0.15～0.18；对于表面包有橡胶的辊子，μ 取为 0.18～0.28；

α——带钢在辊子上的包角，rad；

e——自然对数的底，e=2.718。

为了简化计算，公式中系数 $e^{\mu\alpha}$ 的计算，可根据包角 α 和摩擦系数 μ，由图 3-21 中直接查出。

为简化计算，忽略带钢由于离心力作用而产生的拉力和由于弹塑性弯曲而产生的拉力，得出张力辊的传动力矩 M 为：

$$M = T_2 (e^{\mu\alpha'} - 1) \frac{D}{2}$$

式中 α'——带钢在张力辊上的实际包角，计算时，可取 $\alpha' = (0.8 \sim 0.9)\alpha$，带钢愈厚，$\alpha'$ 取值愈小。

当张力辊处于发电机工作状态时（图 3-20*b*），张力辊出口端带钢张力 T_2 大于入口端张力 T_1。根据同样方法，张力辊的传动力矩 M 为：

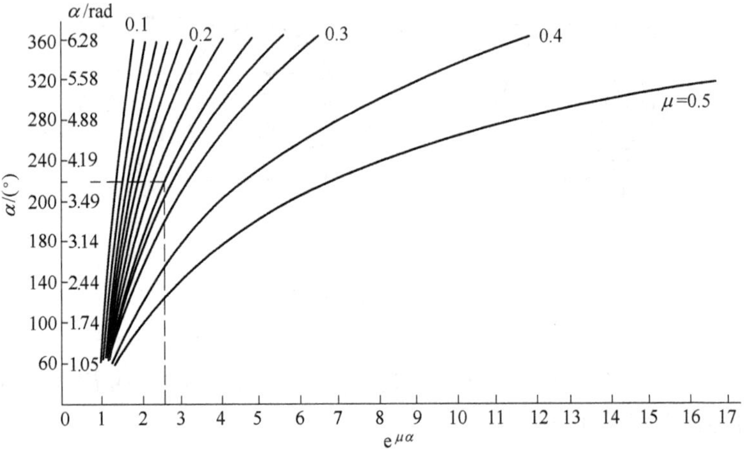

图 3-21 张力扩大系数 $e^{\mu\alpha}$ 的计算图

$$M = T_1(e^{\mu\alpha'} - 1)\frac{D}{2}$$

由计算张力辊传动力矩的公式看出，带钢张力是与张力辊传动力矩成正比的。因此，通过调节张力辊传动力矩，可以控制和调节带钢张力的大小。

87. 怎样选择连续作业机组的带钢张力?

在连续作业机组（如酸洗、退火等）中，带钢的开卷和卷取都需要一定的张力。机组张力对控制带钢跑偏有较大作用。如果张力选择过小，容易使带钢出现跑偏现象。大张力对控制带钢跑偏以及卷紧带钢有利。但是，过大的张力会使张力装置和卷取机传动设备加大，增加设备投资，甚至还可能拉断带钢而影响机组正常运转。因此，必须根据实际情况，正确选择机组各部分的张力。

机组中的张力，除了由开卷机、卷取机、拉伸弯曲矫正机等设备产生外，还可以由夹送辊和 S 辊（张力辊）等张力装置（图 3-22）使带钢产生一定的张力。

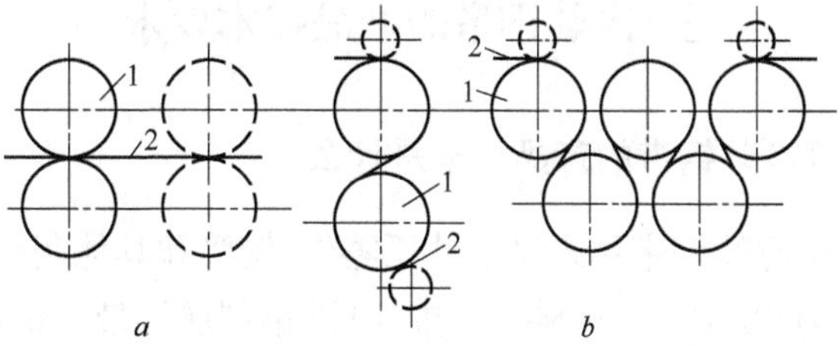

图 3-22 张力装置类型

a—夹送辊;*b*—S辊(张力辊)

1—辊子;2—带钢

机组张力可按下式计算:

$$T=\sigma_s bhk$$

式中 T——张力,N;

b——带钢宽度,mm;

h——带钢厚度,mm;

σ_s——带钢屈服极限,MPa;

k——张力系数,它是带钢实际拉伸应力 σ_0 与带钢屈服极限 σ_s 的比值,即

$$k_0=\frac{\sigma_0}{\sigma_s}$$

张力系数 k 或带钢实际拉伸应力 σ_0,需要参照实际经验数据选取。张力系数 k 的经验公式如下:

$$k=\beta(0.33-0.14h+0.02h^2)$$

式中 β——系数,根据机组类型选取;对于电解清洗机组,$\beta=0.2$;对于重卷和准备机组,$\beta=0.5$;对于纵切机组,$\beta=0.6$;对于连续退火和镀层机组,$\beta=0.5$;对于张力矫直机组,$\beta=0.8$。

三、冷轧钢带的产品技术要求

88. 低碳钢冷轧钢带的产品要求是什么?

低碳钢冷轧钢带用来制造冲压零件、钢管和其他制品,用优质碳素结构钢08、10或05沸、08沸、10沸钢制成钢带。钢带交货状态按硬度分为特软、软、半软、低硬、硬。其化学成分和力学性能如表3-13、表3-14所示。根据供需双方协议,特软(TR)、软(R)钢带可经平整后交货。

表 3-13 低碳钢冷轧钢带的化学成分

钢号		化学成分(质量分数)/%						
牌号	代号	碳(C)	硅(Si)	锰(Mn)	磷(P)	硫(S)	铬(Cr)	镍(Ni)
05沸	05F	≤0.06	≤0.03	≤0.40	≤0.035	≤0.040	≤0.10	≤0.25
08	08	0.05～0.12	0.17～0.37	0.35～0.65	≤0.035	≤0.040	≤0.10	≤0.25
08沸	08F	0.05～0.11	≤0.03	0.25～0.50	≤0.040	≤0.040	≤0.10	≤0.25
10	10	0.07～0.14	0.17～0.37	0.35～0.65	≤0.035	≤0.040	≤0.15	≤0.25
10沸	10F	0.07～0.14	≤0.07	0.25～0.50	≤0.040	≤0.040	≤0.15	≤0.25

表 3-14 钢带交货状态的力学性能

按硬度分的钢带组别	抗拉强度 σ_b/MPa	伸长率 δ/%
特软(TR)	280～400	≥30
软(R)	350～450	≥20
半软(BR)	380～500	≥10
低硬(DY)	420～550	≥4
冷硬(Y)	500～800	不测定

低碳钢冷轧钢带应符合标准YB/T 5059—93的有关规定:

(1) 低碳钢冷轧钢带厚度的允许偏差应符合表3-15的规定。

表 3-15 低碳钢带厚度的允许偏差(mm)

钢带宽度	允许偏差		
	普通精度(P)	较高精度(H)	高精度(J)
0.05～0.08	−0.015	−0.010	
0.10～0.15	−0.02	−0.015	−0.010
0.18～0.25	−0.03	−0.02	−0.015
0.28～0.40	−0.04	−0.03	−0.020
0.45～0.70	−0.05	−0.04	−0.025
0.75～0.95	−0.07	−0.05	−0.030
1.00～1.35	−0.09	−0.06	−0.040
1.40～1.75	−0.11	−0.08	−0.050
1.80～2.30	−0.13	−0.10	−0.060
2.40～3.00	−0.16	−0.12	−0.050
3.10～3.60	−0.20	−0.16	−0.100

(2) 钢带宽度及其允许偏差应符合表 3-16 的规定。切边钢带不得有裂边、锯齿、撕破的粗毛刺。不切边钢带的边缘允许有裂边,但其深度不得大于表 3-16 规定的不切边钢带宽度的允许负偏差。

表 3-16 钢带宽度及其允许偏差(mm)

钢带宽度	允许偏差						
	不切边钢带(各种厚度)	0.05～0.50		0.55～1.00		>1.00	
		普通精度	较高精度	普通精度	较高精度	普通精度	较高精度
4～50	+2.0 −1.5	−0.30	−0.15	−0.40	−0.25	−0.50	−0.30
53～100	+2.5 −2.0						
105～195	+4.0 −2.5	−0.50	−0.25	−0.60	−0.35	−0.70	−0.50
200～300	+6.0 −4.5						

(3) 钢带在冷轧状态下的不平度和切边钢带镰刀弯应符合表 3-17 的规定。不切边钢带不检查镰刀弯。

表 3-17 钢带的不平度和镰刀弯(mm)

钢带厚度	钢带不平度				镰刀弯	
	钢带宽度					
	≤50	>50~100	>100~150	>150	≤50	>50
≤0.50	≤4	≤5	≤6	≤7	≤3	≤2
>0.50	≤3	≤4	≤5	≤6		

(4) 钢带表面要求:

Ⅰ组钢带表面除允许有深度或高度不超过钢带厚度允许偏差四分之一的个别划痕、凹面、压痕及成点状的粗糙表面存在外,不得有其他任何缺陷。

Ⅱ组钢带表面允许有不超过钢带厚度偏差之半的微小划痕、凹面、压痕、气孔、拉裂及个别的结疤。

Ⅲ组钢带表面允许有不超过钢带厚度偏差之半的气孔、拉裂、凹面、压痕、划痕及个别结疤。

Ⅰ组、Ⅱ组不磨光钢带的表面应为浅灰色。磨光钢带的表面除上述颜色以外,应为光亮的。Ⅲ组钢带表面可为深灰色和带有氧化色。

钢带不得有分层。表面不得有氧化铁皮、铁锈和破裂。

(5) 钢带在交货状态下杯突试验的最小杯突深度应符合表3-18的要求。

表 3-18 钢带交货状态下最小杯突深度(mm)

钢带厚度	钢带宽度				钢带厚度	钢带宽度			
	≥70		30~<70			≥70		30~<70	
	特软(TR)	软(R)	特软(TR)	软(R)		特软(TR)	软(R)	特软(TR)	软(R)
0.20	7.5	6.8	5.2	4.2	0.80	9.6	8.7	6.9	5.9
0.25	7.7	7.0	5.3	4.3	0.90	9.8	9.0	7.1	6.1
0.30	8.0	7.2	5.5	4.5	1.00	10.0	9.2	7.3	6.2
0.35	8.2	7.4	5.7	4.7	1.20	10.5	9.6	7.7	6.7
0.40	8.5	7.7	5.9	4.8	1.40	10.9	10.0	8.1	7.1
0.45	8.6	7.8	6.1	5.0	1.60	11.1	10.4	8.5	7.4
0.50	8.8	7.9	6.2	5.1	1.80	11.5	10.7	8.9	7.8
0.60	9.1	8.2	6.4	5.4	2.00	11.7	10.9	9.2	8.1
0.70	9.4	8.5	6.6	5.6					

89. 优质碳素结构钢冷轧钢带的产品要求是什么?

碳素结构钢冷轧钢带用15、20、30、35、40、45、50、60、65、70号钢制成,其化学成分应符合GB 699—88的规定。钢带交货状态分冷硬钢带和退火钢带两种。

碳素结构钢也叫优质碳素结构钢,碳含量(质量分数)小于0.8%。

碳素结构钢按锰含量不同可以分为正常锰含量(质量分数为0.25%~0.8%)和较高锰含量(质量分数为0.70%~1.20%)两组,后者具有较好的力学性能和加工性能。

碳素结构钢冷轧钢带应符合标准GB/T 3522—83的规定:

(1) 钢带尺寸及其允许偏差应符合表3-19的规定。

表3-19 钢带尺寸及其允许偏差(mm)

<table>
<tr><th colspan="4">厚 度</th><th colspan="5">宽 度</th></tr>
<tr><th rowspan="3">尺 寸</th><th colspan="3">允许偏差</th><th colspan="3">切边钢带</th><th colspan="2">不切边钢带</th></tr>
<tr><th rowspan="2">普通精度(P)</th><th rowspan="2">较高精度(H)</th><th rowspan="2">高精度(J)</th><th rowspan="2">尺 寸</th><th colspan="2">允许偏差</th><th rowspan="2">尺寸</th><th rowspan="2">允许偏差</th></tr>
<tr><th>普通精度(P)</th><th>较高精度(K)</th></tr>
<tr><td>0.10~0.15</td><td>−0.020</td><td>−0.015</td><td>−0.010</td><td rowspan="2">4~120</td><td rowspan="4">−0.3</td><td rowspan="4">−0.2</td><td rowspan="5">≤50</td><td rowspan="5">+2
−1</td></tr>
<tr><td>>0.15~0.25</td><td>−0.030</td><td>−0.020</td><td>−0.015</td></tr>
<tr><td>>0.25~0.40</td><td>−0.040</td><td>−0.030</td><td>−0.020</td><td rowspan="2">6~200</td></tr>
<tr><td>>0.40~0.50</td><td>−0.050</td><td>−0.040</td><td>−0.025</td></tr>
<tr><td>>0.50~0.70</td><td>−0.050</td><td>−0.040</td><td>−0.025</td><td rowspan="3">10~200</td><td rowspan="3">−0.4</td><td rowspan="3">−0.3</td></tr>
<tr><td>>0.70~0.95</td><td>−0.070</td><td>−0.050</td><td>−0.030</td><td rowspan="7">>50</td><td rowspan="7">+3
−2</td></tr>
<tr><td>>0.95~1.00</td><td>−0.090</td><td>−0.060</td><td>−0.040</td></tr>
<tr><td>>1.00~1.35</td><td>−0.090</td><td>−0.060</td><td>−0.040</td><td rowspan="5">18~200</td><td rowspan="5">−0.6</td><td rowspan="5">−0.4</td></tr>
<tr><td>>1.35~1.75</td><td>−0.110</td><td>−0.080</td><td>−0.050</td></tr>
<tr><td>>1.75~2.30</td><td>−0.130</td><td>−0.100</td><td>−0.060</td></tr>
<tr><td>>2.30~3.00</td><td>−0.160</td><td>−0.120</td><td>−0.080</td></tr>
<tr><td>>3.00~4.00</td><td>−0.200</td><td>−0.160</td><td>−0.100</td></tr>
</table>

(2) 钢带的不平度应符合表3-20的规定。

表 3-20 碳素结构钢冷轧钢带的不平度(mm)

钢带厚度	钢带宽度			
	≤50	>50~100	>100~150	>150
≤0.50	≤4	≤5	≤6	≤7
>0.50	≤3	≤4	≤5	≤6

(3) 切边钢带的镰刀弯应符合下列规定：

宽度不大于 50mm 的钢带，每 1m 不得大于 3mm；宽度大于 50mm 的钢带，每 1m 不得大于 2mm。

(4) 钢带的力学性能应符合表 3-21 的规定。

表 3-21 碳素结构钢冷轧钢带的力学性能

钢号	冷硬钢带(Y)	退火钢带(T)	
	抗拉强度 σ_b/MPa	抗拉强度 σ_b/MPa	伸长率 δ/%
15	450~800	320~500	≥22
20	500~850	320~550	≥20
25	550~900	350~600	≥18
30	650~950	400~600	≥16
35	650~950	400~650	≥16
40	650~1000	450~700	≥15
45	700~1050	450~700	≥15
50	750~1100	450~750	≥13
55	750~1100	450~750	≥12
60	750~1150	450~750	≥12
65	750~1150	450~750	≥10
70	750~1150	450~750	≥10

(5) 由 35~70 号钢冷轧的钢带，应作脱碳检验。其一面总脱碳层(全脱碳层加部分脱碳层)应符合表 3-22 的规定。

表 3-22 35～70 号钢的冷轧钢带脱碳层深度(mm)

钢带厚度	脱碳层深度	钢带厚度	脱碳层深度
≤0.5	≤0.02	>1.0～2.0	≤0.06
>0.5～1.0	≤0.04	>2.0～4.0	≤0.08

(6) 钢带表面要求：Ⅰ组钢带(光亮钢带)的表面应光滑。除允许有深度或高度不大于钢带厚度允许偏差一半的个别微小的凹面、凸块、划痕、压痕和麻点外，不得有裂纹、结疤、外来夹杂物、氧化铁皮、铁锈和分层。

Ⅱ组钢带(不光亮钢带)的表面可呈氧化色。钢带允许有深度或高度不大于钢带厚度允许偏差的个别微小凹面、凸块、划痕、压痕和麻点，以及不显著的波纹和槽状。不得有裂纹、结疤、外来夹杂物、氧化铁皮、铁锈和分层。

在切边钢带的边缘上，允许有深度不大于钢带宽度允许偏差一半的切割不齐和尺寸不大于厚度允许偏差的毛刺。

在不切边钢带的边缘上，允许有深度不大于钢带宽度允许偏差的撕破(碎边)缺陷。

90. 热处理弹簧钢带的产品要求是什么?

热处理弹簧钢带用 T7A、T8A、T9A、T10A、65Mn、60Si2MnA、70Si2CrA 钢轧制。热处理弹簧钢带应符合标准 YB/T 5063—93 的规定：

(1) 钢带的厚度、宽度及允许偏差应符合表 3-23 和表 3-24 的规定。钢带的镰刀弯应每米不大于 2mm。钢带应平直。

(2) 钢带交货状态的力学性能应符合表 3-25 的规定。钢带表面不允许有脱碳层存在。对不同厚度的钢带，反复弯曲次数都有一定的要求。

(3) 钢带表面颜色可以有抛光、光亮、色调处理和灰暗色。

抛光或光亮的钢带应具有光亮的表面，表面粗糙度 R_a 值不大于 0.4μm，且不得有折痕、分层、纵向划痕和氧化皮。

表 3-23　钢带的厚度及允许偏差(mm)

钢带厚度	允许偏差		
	普通精度(P)	较高精度(J)	高级精度(G)
0.08～0.15	−0.02	−0.015	−0.010
>0.15～0.25	−0.03	−0.02	−0.015
>0.25～0.40	−0.04	−0.03	−0.02
>0.40～0.70	−0.05	−0.04	−0.03
>0.70～0.90	−0.07	−0.05	−0.04
>0.90～1.10	−0.09	−0.06	−0.05
>1.10～1.50	−0.11	−0.08	−0.06

表 3-24　钢带的宽度及允许偏差(mm)

钢带宽度	宽度允许偏差		
	普通精度(P)	较高精度(J)	高级精度(G)
0.08～0.50	−0.3	−0.2	−0.1
>0.50～1.00	−0.4	−0.3	−0.2
>1.00～1.50	−0.5	0.4	−0.3

表 3-25　钢带交货状态的力学性能

强度级别	抗拉强度 σ_b/MPa	维氏硬度 HV
Ⅰ	1300～1600	375～485
Ⅱ	1610～1900	486～600
Ⅲ	>1900	>600

色调处理的钢带和抛光钢带的表面质量要求是一样的，色调的颜色由淡黄色到深褐色或由蓝色到深蓝色。

灰暗色钢带可以具有灰暗色或回火颜色，或为光亮表面。在钢带表面上不得有折痕、分层和锈。

91. 弹簧钢、工具钢冷轧钢带的产品要求是什么？

弹簧钢、工具钢冷轧钢带用碳素工具钢 T7、T7A、T8、T8A、T8Mn、T8MnA、T9、T9A、T10、T10A、T11、T11A、T12、T12A、T13、T13A、合金工具钢 Cr06 和热轧弹簧钢 85、65Mn、50CrVA、65Si2MnWA、60Si2Mn、60Si2MnA、70Si2CrA 号钢轧制，供制造弹簧、刀具、带尺等制品。弹簧钢、工具钢冷轧钢带应符合标准 YB/T 5058—93的规定：

（1）钢带尺寸及其允许偏差应符合表 3-26 的规定。

表 3-26 钢带的尺寸及其允许偏差(mm)

<table>
<tr><th colspan="4">厚 度</th><th colspan="5">宽 度</th></tr>
<tr><th rowspan="2">尺 寸</th><th colspan="3">允许偏差</th><th colspan="3">切边钢带允许偏差</th><th colspan="2">不切边钢带</th></tr>
<tr><th>普通精度
(P)</th><th>较高精度
(H)</th><th>高精度
(J)</th><th>尺寸</th><th>普通精度
(P)</th><th>较高精度
(K)</th><th>尺寸</th><th>允许
偏差</th></tr>
<tr><td>0.10～0.15
>0.15～0.25</td><td>−0.02
−0.03</td><td>−0.015
−0.020</td><td>−0.010
−0.015</td><td>4～120</td><td rowspan="2">−0.3</td><td rowspan="2">−0.2</td><td rowspan="3">≤50</td><td rowspan="3">+2
−1</td></tr>
<tr><td>>0.25～0.40
>0.40～0.50</td><td>−0.04
−0.05</td><td>−0.030
−0.040</td><td>−0.020
−0.030</td><td>6～160</td></tr>
<tr><td>>0.50～0.70
>0.70～0.95
>0.95～1.00</td><td>−0.06
−0.07
−0.09</td><td>−0.040
−0.050
−0.060</td><td>−0.030
−0.040
−0.050</td><td>10～160</td><td>−0.4</td><td>−0.3</td></tr>
<tr><td>>1.00～1.35
>1.35～1.75
>1.75～2.30</td><td>−0.09
−0.11
−0.13</td><td>−0.060
−0.080
−0.100</td><td>−0.050
−0.060
−0.080</td><td>18～200</td><td rowspan="2">−0.6</td><td rowspan="2">−0.4</td><td rowspan="2">>50</td><td rowspan="2">+3
−2</td></tr>
<tr><td>>2.30～3.00</td><td>−0.16</td><td>−0.120</td><td>−0.100</td><td>22～200</td></tr>
</table>

（2）钢带的不平度应符合表 3-27 的规定。切边钢带的镰刀弯应符合下列规定：

表 3-27 钢带的不平度(mm)

钢带厚度	钢带宽度			
	≤50	>50～100	>100～150	>150
≤0.50	≤5	≤6	≤7	≤8
>0.50	≤4	≤5	≤6	≤7

宽度不大于 50mm 的钢带，每 1m 不得大于 3mm；

宽度大于 50mm 的钢带，每 1m 不得大于 2mm。

(3) 钢带力学性能应符合表 3-28 的规定。

表 3-28 钢带的力学性能

钢号	钢带厚度/mm	退火钢带		冷硬钢带
		抗拉强度 σ_b/MPa	伸长率 δ/%	抗拉强度 σ_b/MPa
65Mn、T7、T7A、T8、T8A	≤1.5	≤650	≥20	750～1200
	>1.5	≤750	≥15	
T8Mn、T8MnA、T9、T9A、T10、T10A、T11、T11A、T12、T12A、85	0.10～3.00	≤750	≥10	
T13、T13A		≤900		
Cr06		≤950		800～1200
60Si2Mn、60Si2MnA、65Si2MnWA、50CrVA		≤900	≥10	
70Si2CrA		≤800	≥8	

(4) 钢带一面总脱碳层(全脱碳层＋部分脱碳层)深度应符合表3-29的规定。

表 3-29 钢带的脱碳层(mm)

钢带厚度	脱碳层深度	钢带厚度	脱碳层深度
≤0.50	≤0.02	>1.00～2.00	≤0.06
>0.50～1.00	≤0.04	>2.00～3.00	≤0.08

(5) Ⅰ组钢带的表面应光滑，不得有裂纹、结疤、外来夹杂物、氧化铁皮、铁锈、分层，允许有深度或高度不大于钢带厚度允许偏差之半的个别微小的凹面、凸块、划痕、压痕和麻点。

Ⅱ组钢带的表面可呈氧化色，不得有裂纹、结疤、外来夹杂物、氧化铁皮、铁锈、分层，允许有深度或高度不大于钢带厚度允许偏差的个别微小凹面、凸块、划痕、压痕、麻点以及不显著的波纹和槽形。

92. 锯条用冷轧钢带的产品要求是什么?

锯条用冷轧钢带用 20、65Mn、T8、T8A、T9、T9A、T10、T10A、T11、T11A、T12、T12A 和 T8MnA 钢制造。钢带用来生产木工带锯、伐木锯和其他锯条。其厚度为 0.4～2.00mm,宽度为13～180mm。锯条用冷轧钢带应符合标准 YB/ T 5062—93 的规定:

(1) 钢带的厚度及允许偏差应符合表 3-30 的规定。

表 3-30　钢带的厚度及允许偏差(mm)

厚　度	允许偏差		厚　度	允许偏差	
	普通精度(P)	较高精度(H、KH)		普通精度(P)	较高精度(H、KH)
≤0.4	-0.04	-0.03	>0.95～1.35	-0.09	-0.06
>0.4～0.7	-0.05	-0.04	>1.35～1.75	-0.11	-0.08
>0.7～0.95	-0.07	-0.05	>1.75～2.00	-0.13	-0.10

(2) 钢带的宽度允许偏差和有效长度应符合表 3-31 和表3-32 的规定。

表 3-31　钢带的宽度允许偏差(mm)

切边钢带			不切边钢带	
厚　度	允许偏差		宽　度	允许偏差
	普通精度(P)	较高精度(K、KH)		
≤0.5	-0.3	-0.2	≤50	+2 -1
>0.5～1.0	-0.4	-0.3		
>1.0	-0.6	-0.4	>50	+3 -2

表 3-32　木工带锯用钢带的有效长度

钢带厚度/mm	长　度/m
<1.0	≥15
≥1.0～1.3	≥12
>1.3	双方协议

(3) 钢带的镰刀弯每 1m 不大于 2mm,木工带锯每 10m 的镰刀弯不大于 45mm。钢带不允许有 S 形弯曲。钢带的不平度应不大于 4mm。

(4) 钢带的表面允许有下列缺陷:

Ⅰ组:供抛光锯条用钢带。表面上允许有局部不超过钢带厚度允许偏差的凹面、划痕、刮伤、凸起及个别的麻点。

Ⅱ组:供不抛光锯条的钢带,表面上允许有局部不超过钢带厚度允许偏差之半的微小的凹面、划痕、刮伤、凸起及个别的麻点。

(5) 钢带交货状的力学性能应符合表 3-33 的规定。碳素工具钢钢带的断面不允许有石墨存在。木工带锯用钢带的氧化物、硫化物夹杂各不大于 2 级,总和不大于 3.5 级。钢带中的碳化物网状不得大于 1.0 级。钢带一面总脱碳层(全脱碳层加部分脱碳层)的深度不得大于公称厚度的 3%。

表 3-33 钢带交货状态的力学性能

钢 号	抗拉强度 σ_b/MPa	伸长率 δ/%
65Mn、T8、T8A、T9、T9A、T10、T10A、T11、T11A、T12、T12A、T8MnA	750～1100	≥1.0
20	750～950	≥2.0

93. 刮脸刀片用冷轧钢带的产品技术要求是什么?

制造双面及单面刮脸刀片用的冷轧钢带用 Cr03 或 Cr06 号钢轧制,其化学成分列于表 3-34。钢带的技术要求应符合标准 YB/T 5060—93的规定。

(1) 钢带的厚度、宽度及其允许偏差应符合表 3-35 的规定。

(2) 钢带的镰刀弯每 1m 不大于 2mm。钢带应平整,不平度应不大于 3mm,且不应有单边皱纹及显著的瓢曲。钢带的边缘上允许有深度不大于钢带宽度允许偏差的裂边。

表 3-34 Cr03 和 Cr06 号钢的化学成分

牌号	化学成分(质量分数)/%					
	C	Mn	Cr	Si	P	S
Cr03	1.15～1.30	0.20～0.40	0.20～0.40	≤0.35	≤0.035	≤0.035
Cr06	1.30～1.45	≤0.40	0.50～0.70	≤0.40	≤0.030	≤0.030

表 3-35 钢带的厚度、宽度及其允许偏差(mm)

厚度	允许偏差	宽度	允许偏差
0.10	−0.01	28	±1.0
0.25	−0.02	28	±1.0

(3) 钢带应成卷，每根钢带的质量应不小于 1kg，但允许有不大于总质量 10%的质量不小于 0.5kg 的短尺和 10%的质量小于 0.5kg 而不短于 5m 的短尺钢带。钢带以光亮、不切边和冷硬状态交货。

(4) 钢带的表面粗糙度 R_a 值不大于 0.4μm。钢带的表面除了允许有深度和高度不大于厚度偏差之半的个别微小的拉裂、凹面、凸起、麻面、纵向刮伤和划痕以及个别微小的结疤和白花外，不应有其他缺陷。

(5) 钢带的显微组织应为 3～5 级球状珠光体。无连续的碳化物网状(按 GB 1299—85 第二级别图评级，不大于 1.5 级)。钢带表面不应有明显的脱碳层。

四、冷轧工艺参数测量

94. 用千分尺测量带钢厚度时应注意什么?

千分尺是根据螺旋副的转动转化为测量头的轴向移动来读数的。如图 3-23 所示，固定套筒 2 上有刻线，其刻线间距等于螺旋副的螺距(0.5mm)。旋转外套 4 的圆周上有 50 等分的刻线，外套与测量芯杆 3 固定在一起的螺杆是单线的，当外套转动一圈时，螺杆的轴向位移是 0.5mm。当外套旋转 1 个刻度即转动 1/50 圈时，测量螺杆轴位移是$\frac{0.5}{50}$=0.01mm。这样，我们从外套旋转多少个刻度，就可以知道尺寸变化了多少个 0.01mm。一般外套刻线旁边已标了数码，使用时直接读数即可，不必去数多少格。注意不要少读或多读一圈(0.5mm)。

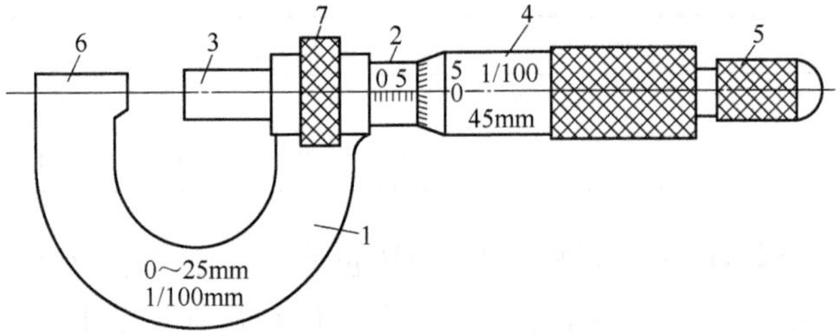

图 3-23　千分尺

1—钢弓架；2—固定套筒；3—测量芯杆；4—旋转外套；
5—拧头；6—弓架顶头；7—紧压环

使用千分尺时要注意以下几点：

(1) 注意对好“零位”。如果发现零线不对，应记住修正量，读数时考虑进去。零位超过 0.01mm 以上的，要经过调整才能使用。

(2) 千分尺不能用来测量带毛刺的边缘表面。

(3) 测量时，使手与带钢速度保持一致，用拧头 5 来控制测量力的大小，不要猛拧外套。测量后，及时反拧退出千分尺。

(4) 不要把千分尺放在磁场附近。

(5) 读数要仔细，微分筒离线、压线与否要看清，不要疏忽少读或多读一圈(0.5mm)。

95. 接触式电感测厚仪的测量特点是什么，其性能怎样？

接触式电感测厚仪的测量原理如图 3-24 所示。

被测带材在两个测量滚轮之间通过，上滚轮的位移通过测微螺杆和杠杆转换成电感传感器铁心的位移。电感线圈 L_1、L_2 和

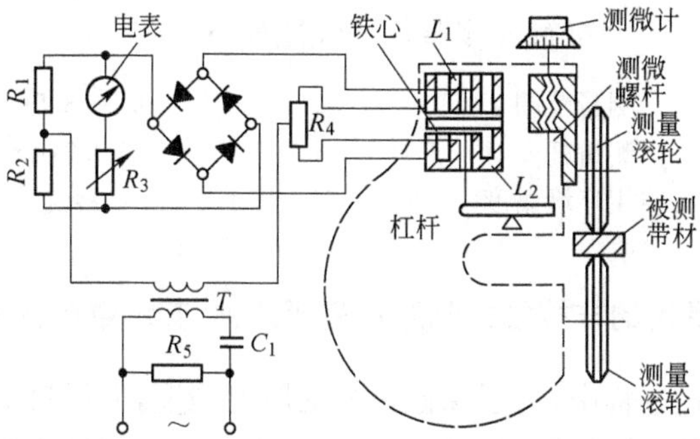

图 3-24 接触式电感测厚仪原理图

电阻 R_1、R_2 组成交流电桥，电桥由变压器 T 经过平衡电阻 R_4 供电。

厚度的给定是用测微计实现的，带材与给定厚度的偏差引起铁心移动，使电桥输出不平衡电压，经过整流后在直流电表上指示厚度偏差。

接触式电感测厚仪的特点是：

(1) 测量范围比较宽；

(2) 测量精度与被测材料的化学成分无关；

(3) 结构比较简单。

其缺点是：

(1) 滚轮与被测带材接触会划伤板面，因此只能测量带材的边缘厚度，而宽带轧机要求测厚仪能在带材横向的任一位置进行测量。

(2) 如果被测带材温度变化范围较大（一般为 50～120℃），以及高速轧制时滚轮和轴承的热膨胀会引起测量误差，这种热变形使测厚仪从起动到运行时的零点变化超出 25μm，因此需考虑补偿。另外，接触滚轮的磨损也会引起误差。

(3) 动态精度低，只适用于低速轧制（轧制速度小于 5m/s），当轧制速度增高时，由于滚轮的惯性而不能始终良好地接触带材表面，造成测量误差。

(4) 反应速度受测微计弹簧的限制。

JGH-3.5 型接触式测厚仪的性能如下：

测量范围	0.1～3.5mm
测量精度	±0.01mm
使用环境温度	冷轧

96. 冷轧常用的非接触式测厚仪有哪几种，其测量范围怎样？

在冷轧过程中，为了保证带材的厚度精度，采用自动连续测厚仪和控制系统。带钢测厚仪可分为接触式和非接触式两大类。接触式测厚仪虽然具有结构简单、价格低、操作方便和不需要安全防护等优点，但测头滚轮的磨损、带材振动等会影响测量精度，且容易使带材造成划痕，带材厚度薄（<0.1mm）、速度高（>10m/s）时，这种接触式测厚仪就不能使用。目前，冷轧机广泛采用非接触式测厚仪，如 X 射线测厚仪、γ 射线和 β 射线测厚仪、微波测厚仪等，它们的主要技术性能见表 3-36。

表 3-36　冷轧常用的非接触式测厚仪的主要技术性能

名　称	型　号	射线源	测量范围	测量精度	稳定性	反应时间	使用环境温度
微波测厚仪	WBH		0.1～6mm 金属带材	0.1～2mm 为±0.02mm，2～6mm 为±1% ±0.01mm	±0.01 mm/8h	<0.3s	0～45℃
X 射线测厚仪	SM-2	X 射线管	0.1～3.95mm 钢带或铜带	±1% ±5μm	±1%/h	0.05～0.96s	−10～+45℃
β 射线反射式测厚仪	HHF-122	铊 Tl^{204}	0～4μm（单面）镀锡层	2%	±0.4%/8h	<2s	测量头：<80℃，显示仪表：<45℃
β 射线穿透式测厚仪	RBH-01	锶 Sr^{90}	500～6000g/m²	±1%	±1%/8h	<2s	测量头：<45℃，显示仪表：<40℃

97. X 射线测厚仪的测厚原理是什么，其性能怎样？

X 射线是一种电磁波，波长比可见光短得多，因此，X 射线的能量比可见光的能量大得多。X 射线测厚仪是一种依靠测量穿过钢板的 X 射线强度来确定钢板厚度的非接触式测厚仪。

X 射线在穿过被测带材时，它的强度按一定规律减弱。接收器的输出脉冲频率能代替接收到的射线强度，可近似地用下式表示：

$$F=F_0 e^{-\mu t} \tag{3-1}$$

式中 F——在引入厚度为 t 的带材后接收器输出的脉冲频率；

F_0——在未引入此带材时接收器输出的脉冲频率；

μ——被测带材对射线的吸收系数；

t——被测带材的厚度。

此式也可变成厚度偏差与频率偏差的关系：

$$\Delta t=-\frac{1}{\mu}\times\frac{\Delta F}{F} \tag{3-2}$$

即带材厚度偏差值 Δt(mm)等于脉冲频率的相对偏差除以吸收系数 μ，负号表示厚度偏厚，则频率偏低。

常用的 SM 型 X 射线测厚仪是采用脉冲-数字直接变换方式实现上式运算的，因此提高了测量精度。

厚度给定的方法是将厚度给定变换成频率给定。厚度偏差是被测带材厚度与给定带材厚度的差值。设 t_1 为给定带材厚度、t_2 为被测带材厚度，则

$$\Delta t=t_2-t_1=-\frac{1}{\mu}(F_2-F_1)\Big/\left(\frac{F_2+F_1}{2}\right) \tag{3-3}$$

式中 F_1——带材厚度为 t_1 时的接收器输出脉冲频率；

F_2——带材厚度为 t_2 时的接收器输出脉冲频率。

由此可见，要求得厚度偏差 Δt，必须求得 ΔF，而 ΔF 为 F_2 与 F_1 的差值，F_2 脉冲从接收器来，另外用脉冲发生器产生高稳定而且频率可变的 F_1 脉冲，将厚度给定变换成频率给定。

图 3-25 为 SM 型 X 射线测厚仪的原理方框图。X 射线透过被测带材，射到碘化钠闪烁体上，闪烁体就产生一串可见光脉冲，经光电倍增管成为一般上百微安的脉冲电流，脉冲电流在负载电阻上产生脉冲电压由前置放大器放大后经电缆输送到数字控制箱中。这些脉冲再经放大送入甄别器去除干扰脉冲和低能脉冲，甄别器输出的脉冲频率为 40～800kHz，经分频后变成 4～8kHz 频率的脉冲。

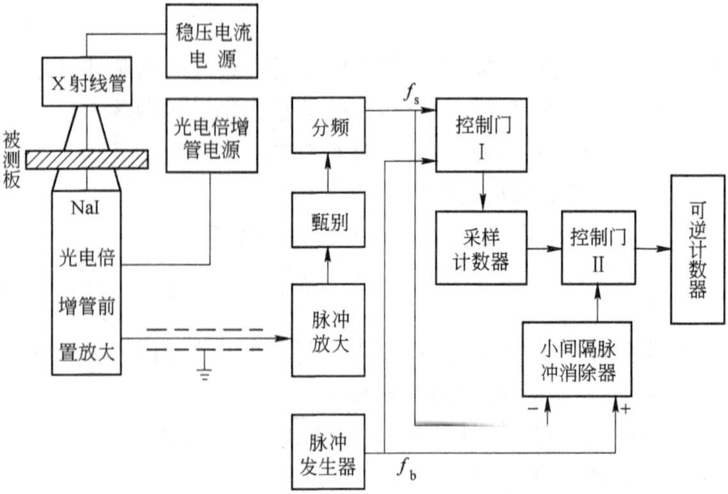

图 3-25　SM 型 X 射线测厚仪原理方框图

代表给定厚度的标准频率脉冲由标准频率脉冲发生器产生，它包括一个可控变频振荡器和 9 级分频器，可控变频振荡器的基频经分频后产生 9 个输出频率，可任意组合成各种需要的脉冲频率，最后变成 4～8kHz 频率输出。

测量脉冲 f_s 和标准频率脉冲 f_b，一方面通过小间隔脉冲消除器送到可逆计数器，另一方面通过控制门 I 送到采样时间计数器。首先使可逆计数器复零，再在一般采样时间 τ 内把 f_s 和 f_b 送入可逆计数器，f_b 进行加法计数，f_s 进行减法计数，实现式 3-1

的运算。

当采样时间 τ 结束后，控制门Ⅱ关闭，延时 0.01～0.5s 时间后重复上述过程，进行下一次测量。

X 射线测厚仪的优点是：被测带材的温度变化、表面水或油的污染、机械振动等对测量结果影响不大；X 射线的强度高、射束细，因此响应速度快，反应时间可提高到 15ms，特别适用于高速轧机；切断电源后 X 射线立即消失，使用和贮存比较方便，加上相应的防辐射装置也比较安全。

SM-2 型 X 射线测厚仪的主要性能如下：

测量范围	0.1～3.95mm（钢或铜）
测量精度	±1%±5μm
稳定度	±1%/8h
反应时间	0.05～0.96s
使用环境温度	－10～＋45℃

98. β 射线测厚仪的测厚原理是什么，其性能怎样？

β 射线穿透式测厚仪包括 C 形架和操纵箱两部分，C 形架中装有放射源锶 Sr^{90}、电离室及测量电路。其测量原理与 X 射线测厚仪基本相同，都是利用被测带材对射线的吸收作用。

β 射线穿透式测厚仪的原理方框图如图 3-26 所示。放射源以一定的立体角射出射线，透过被测带材的射线被位于上方的电离室所吸收，电离室产生相应的电流 I_x，测量电路采用电压补偿偏

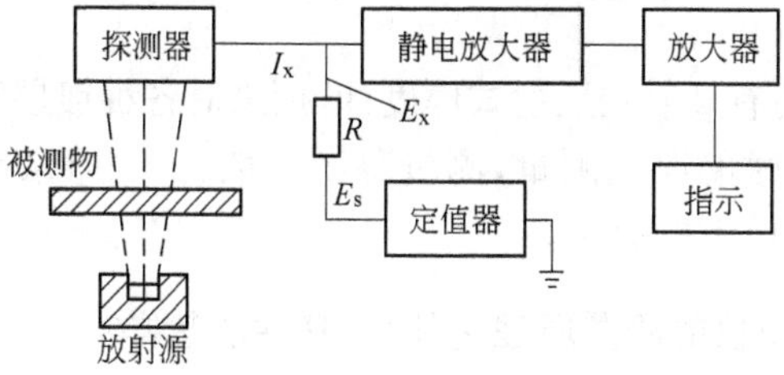

图 3-26　β 射线穿透式测厚仪原理方框图

差指示方式，由标准厚度定值器产生一电压 E_s（等效于某一定厚度值）与 I_x 在高欧姆电阻 R 上的压降 E_x 比较，当被测带材厚度与设定厚度相等时，$E_x=E_s$。当被测带材厚度偏离设定厚度时 $E_x-E_s\neq 0$，则其差值经放大后由偏差指示表指示。

β测厚仪的优点是：具有较高的测量灵敏度；被测带材的温度、应力、表面状况等因素对测量结果影响很小。但需注意，当被测带材密度变化时会导致测量结果的变化，以及防护等问题。使用和操作测厚仪时应注意以下几点：

(1) 装置需预热一定时间（约半小时）后，方可进行工作。

(2) 当被测带材密度改变时，需要用校准样品重新进行标定；同时每班都必须对放射源进行校正，直到偏差指示器的读数为零。

(3) 必须重视对射线的防护问题。射线从放射源盒上方窗口射出后呈一束约 85°的射线锥，可用专门的测量仪测出射源附近各操作点的射线剂量。为了做到安全生产，除设置一些防护屏蔽（用铅橡胶或铅玻璃）外，操作人员不要进入超过安全允许剂量的区域，在停机、穿带和上卷时必须关闭放射源。操作人员还可带上剂量笔，以检查接受剂量的数量。

RBH-01 型β射线穿透式测厚仪的主要性能如下：

测量范围	500～6000g/m^2（根据材料密度可换算成厚度测量范围）
测量精度	±1%
稳定性	±1%/8h
反应时间	<2s
使用环境温度	测量头<45℃；显示仪表<40℃

此外，还有β射线反射式厚度计，用来对各种镀层和非金属材料进行非接触的厚度测量，测量范围一般为 1～50μm 镀锡层或 160mg/cm^2 以下的镀层。

99. 微波测厚仪的测量原理是什么，其性能怎样？

微波测厚仪是采用微波技术进行非接触式测厚的仪表。它具有测量范围宽、测量结果与被测金属的成分无关、性能稳定、使用方便等优点。

WBH 型微波测厚仪主要适用于冷轧生产过程，对各种金属带材进行非接触式连续测厚。WBH 型微波测厚仪由电源、测量架和显示器 3 部分组成。电源主要为微波信号源速调管供电，同时也可为测量架中的放大器、电机等部分供电。测量架为 C 形架结构，内部装有微波电桥、光电转换器、环行器恒温线路等。显示器显示被测金属厚度与给定值的偏差值或被测金属厚度的绝对值。微波测厚仪的测量原理如图 3-27 所示。

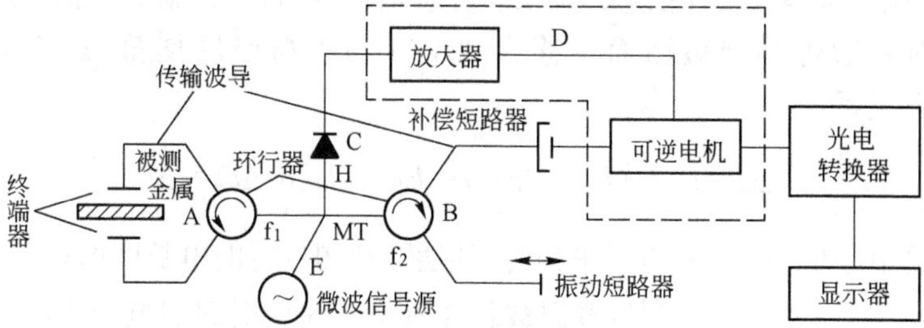

图 3-27 微波测厚仪原理图

由图 3-27 可见，由魔 T(MT)、测量臂 A、补偿臂 B、检波器 C 和反馈环节 D(包括放大器和可逆电机)组成一个特殊的微波自动平衡电桥。测量臂 A 由环行器 f_1、传输波导、终端器以及被测金属组成。由环行器 f_2、补偿短路器、振动短路器、传输波导构成补偿臂 B，补偿臂 B 在电气上与测量臂 A 完全对称。

微波信号(f=9370MHz)经 MT 的 E 臂平分两路，向测量和补偿两臂传输，在测量臂中，微波经环行器、传输波导送到上终端器，微波由上终端器发射到被测金属的上表面全反射后回到上终端器，经传输波导和环行器送到下终端器。同样，下终端器将微波发射到被测金属的下表面，全反射后回到下终端器。然后，微波经传输波导及环行器再进入 MT 的平分臂。在补偿臂中，微波传输的情况与测量臂中基本相同，只是全反射不是被测金属的两个表面，而是补偿短路器和振动短路器的短路面。测量臂和补偿臂两路微波反射进入 MT 进行相位比较，在 H 臂中反相叠加后由检波器检波输出。

如果电桥 A、B 两臂的电长度相等，则两臂的微波行径相同的电长度，反射回到 MT 时具有相同的相角，它们进入 H 臂反相叠加而互相抵消，检波输出为零，电桥处于平衡状态。

如果被测金属厚度变化 $+\Delta t$，两臂出现电长度差，电桥失去平衡，反射回到 MT 的反射波相角不再相同，它们进入 H 臂反相叠加不能互相抵消，检波器便有输出，检波信号经放大后，推动可逆电机转动，使补偿短路器发生位移，直至电桥达到新的平衡。此时补偿短路器短路面位移为 Δs，Δs 与带材厚度增量 Δt 有如下关系：

$$\Delta s=L_B-(L_A-\Delta L_A)=L_B-(L_A-\Delta t)=\Delta t$$

式中 L_A、L_B——电桥平衡时，补偿臂和测量臂的电长度值；

ΔL_A——测量臂因被测金属厚度改变引起的电长度的变化值，$\Delta L_A=\Delta t$ 是因为被测金属厚度增加相当于测量臂电长度减小。

补偿短路器短路面位移 Δs 的数值经光电转换器送往显示器即可直接显示出被测金属的厚度值或与给定厚度的偏差数值。

振动短路器用来调制微波，使检波输出为交流信号，其相位随电桥两臂电长度差值的变化方向反向变化，以控制可逆电机的正反转动，实现电桥自动平衡。

WBH 型微波测厚仪的主要性能如下：

测量范围	0.1～6mm
测量精度	0.1～2mm 为±0.02mm；2～6mm 为±1%±0.01mm
可测带宽	120～800mm
使用环境温度	0～45℃

100. 怎样用光栅式位置传感器测量辊缝?

计量光栅是一种新型的位置测量元件。使用光栅测量具有测量精度高、响应速度快和根据需要可接长标尺光栅以测量大的位移量等特点。因此,在轧机压下系统自动控制中计量光栅得到应用。

在一块长条形的光学玻璃上,均匀地刻上许多线条,如图3-28所示。在测量仪表中称长条形的光栅为标尺光栅。另外还要用一块比标尺光栅短得多的指示光栅,两者的刻线密度相同,计量光栅的刻线密度为10~100线/mm。

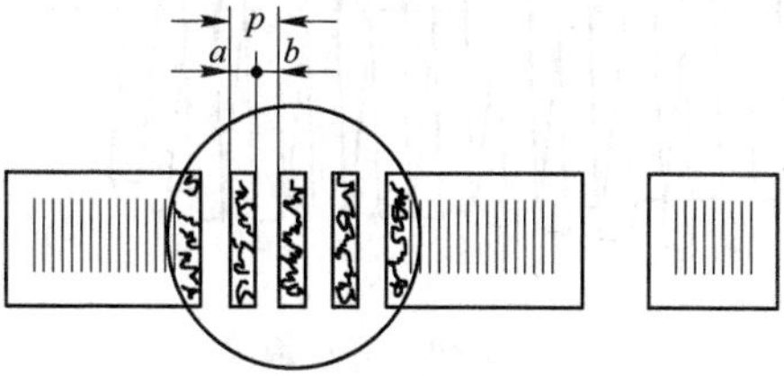

图 3-28 计量光栅

把指示光栅平行地放在标尺光栅上面,并且使它们的刻线相互倾斜一个很小的角度 θ,这时在指示光栅上就出现几条较粗的明暗条纹,称为莫尔条纹,见图 3-29。

如果使标尺光栅左右移动,明暗条纹就会上下移动,而且每当标尺光栅移动一个栅距 p 时,明暗条纹也移动一个莫尔间距 w,若 θ 甚小,则

$$w \approx \frac{p}{\theta}$$

式中 w——莫尔条纹间距,mm;

p——栅距,mm;

θ——标尺光栅与指示光栅的夹角,rad。

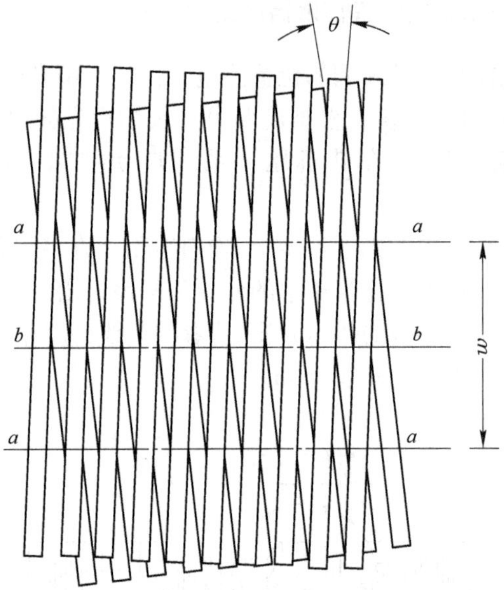

图 3-29　莫尔条纹

因此，把指示光栅上移过的条纹数目用计数器记下来，就能知道标尺光栅移动的距离。

标尺光栅与指示光栅的刻线保持平行，使它不产生莫尔条纹，这就构成了直光栅。如图3-30所示，在标尺光栅后放置白炽灯或发光二极管等光源，其光透过标尺光栅和指示光栅后射到光电元件上。

当标尺光栅移动时，两光栅的透明刻度部分每重合一次就使光电元件感光一次，用计数器计算其感光次数，就能测量标尺光栅的移动距离。计量光栅的技术特性见表 3-37。

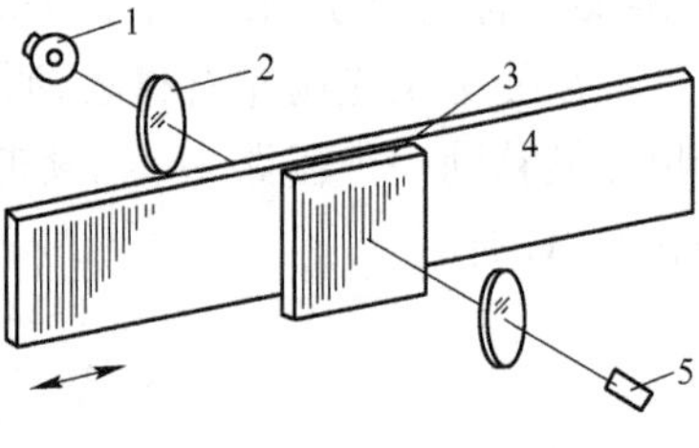

图 3-30　直光栅原理图

1—光源；2—透镜；3—指示光栅；4—标尺光栅；5—光电元件

表 3-37 计量光栅技术特性(mm)

光栅栅距	标尺光栅长	全长累积误差
0.01 100线/mm	330	<0.001
0.02 50线/mm	90	<0.003
0.04 25线/mm	330	<0.003

光栅式位置传感器结构如图 3-31 所示，固定玻璃标尺 3 的长度等于传感器的量程，扫描玻璃标尺 6 上刻有 4 条光栅，它与微型灯泡 5、光电管 7 均装在扫描小车 1 上。光源的光线通过聚光镜和两块玻璃标尺照射到光电管 7 上。当扫描标尺随小车移动时，由于两光栅交替遮断光线，光电管输出电脉冲。光栅刻度(明暗条纹的宽度)为 4μm 或 5μm，经过线路上的倍乘处理后，分辨率可达 2μm 或 1μm，测量精度为±5μm。

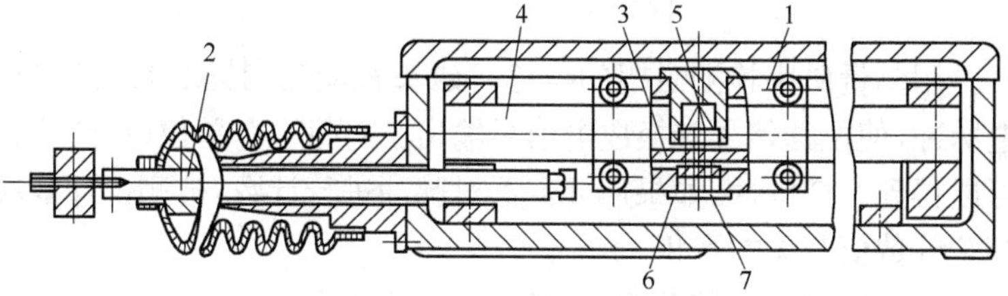

图 3-31 光栅式位置传感器结构图

1—扫描小车；2—传动杆；3—固定玻璃标尺；4—小车轨道；
5—微型灯泡；6—扫描玻璃标尺；7—光电管

101. 什么是磁尺式位置传感器?

磁尺是一种录有磁化信号的磁性标尺。磁尺式位置传感器由磁栅、测量磁头和测量电路 3 部分组成。

磁栅是在非磁性体(如磷青铜)的平整表面上镀一层约 0.02mm 厚的镍-钴-磷磁性薄膜，并用录音磁头沿长度方向按一定的波长 λ 录上磁性刻度线，构成一条磁性标尺。

如图 3-32 所示，磁栅录磁后的磁化图形是把小磁铁排成 NS、

SN、……状态，由此所产生的磁场强度周期性变化，并以 N 和 N 或 S 和 S 相重叠部分为最大。

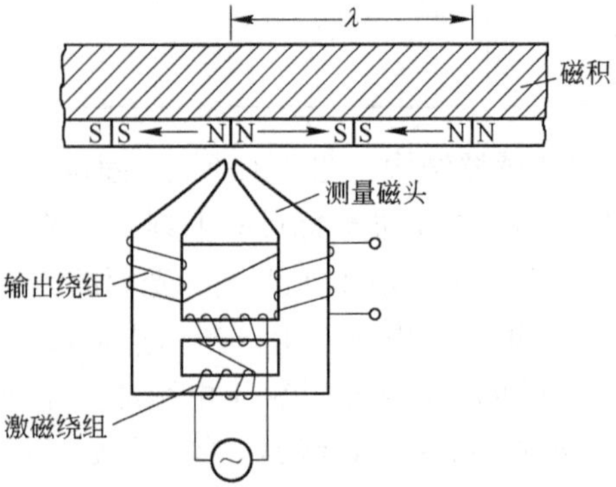

图 3-32　磁栅工作原理

用测量磁头检测磁栅的位移。磁头移动时，其感应线圈输出电脉冲，使位移信号转换成电信号输出。对每一个单位(λ)的位移可以得到一个脉冲，如果用计数器对脉冲进行计数，被测位移量就等于计数值与 λ 的乘积。

为了识别磁栅移动的方向，应配置两个磁头。

磁栅的节距大多为 0.2mm，测量精度为±2～5μm，最大量程可达 600mm。磁尺式位置传感器也可做成回转式的，以测量转角。

102. 辊缝数字显示仪的工作原理是什么？

辊缝数字显示仪是用于测量轧辊开口度的数字仪表，可供多种轧制设备测量轧辊开口度。下面以现场常用的 XJP-13 型(原型号 SGF-1)辊缝数字显示仪为例加以说明。

辊缝数字显示仪表(主机)与 SZGB-1 型光电转速传感器和 XFS-2 型数字显示器配合使用。传感器装在轧机上，主机机柜放在主电室内，数字显示器(连同复零按钮)装在轧机旁的操纵柜面板上，三者之间由电缆连接。

辊缝数字显示仪的工作原理是：

轧辊间的距离是通过压下螺杆来调节的，由于螺杆的螺距是已知的，因此只要将螺杆的转角转换成与螺距对应的数字量，就测出了开口度的值。

采用光电方法是把转角转换成数字量的简便方法。传感器的作用原理如图 3-33 所示。在开孔圆盘的两边分别装有光敏三极管和光源。当螺杆转动时，开孔盘也随着转动，使光敏三极管时而感光，时而不感光，产生电脉冲信号，这样就可以根据电脉冲的数目而测得螺杆的转角。

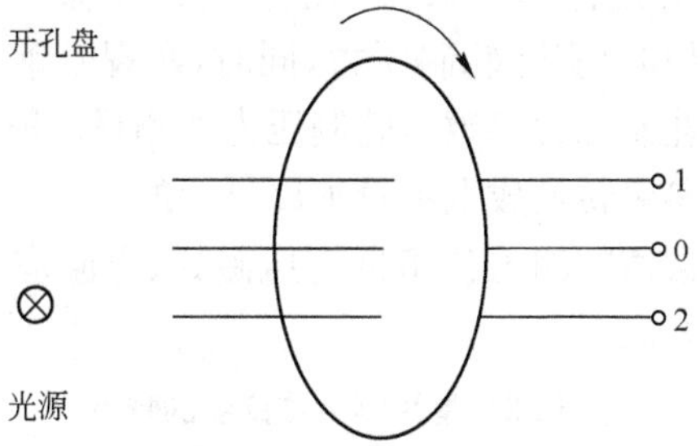

图 3-33　传感器原理图

为了辨别开孔盘是顺转还是逆转，所以增加了一只光敏管，这两只光敏管是沿着圆角方向并列排列的，当开孔盘顺时针转动时，光敏管 1 比光敏管 2 先感光，当开孔盘逆时针转动时，光敏管 2 比光敏管 1 先感光，因此，可以通过其感光的先后判别开孔盘的旋转方向。

当开孔盘转动时，光敏管 1 和 2 就先后感光，发出电脉冲送到控制线路，控制线路根据这两个脉冲信号之先后顺序，使双向计数器处于加或减的工作状态。

只要把计数器的起始状态（一般为“0”位）与开口度的起始值（一般为 0）对应起来，那么计数器就随时指示出轧辊的开口度了。

XJP-13 型辊缝数字显示仪的技术性能如下：

显示容量	±999.99
测量误差	±0.01
最高计数频率	5kHz
输入信号	与 SZGB-1 型光电转速传感器配合使用
规格	$P(\text{脉冲/转})=\dfrac{\text{压下螺杆螺距}}{\text{最小示值}}\times\dfrac{\text{压下螺杆的转数}}{\text{传感器的转数}}$

外接显示用的 XFS-2 型数字显示器与仪表配套使用。

103. 常用哪些压力传感器?

为了提高轧机生产率、改善产品质量以及保证轧机的安全运转,生产中需要知道实际轧制压力,同时,实现带钢厚度自动控制也必须检测出轧制压力参数。轧制压力的测量一般都是通过测力传感器把力的参量转换成电参量加以显示的。

冷轧机上常用的测力传感器有压磁式、电阻应变式、电容式,其特点列于表 3-38。

表 3-38 常用测力传感器的特点

名称	测量原理	特点及应用场合
压磁式测力传感器	利用软磁材料承受载荷时电磁性质的变化进行测量	输出功率大,内阻低,抗干扰能力强,能消除不均匀载荷的影响,能耐恶劣环境,受温度影响小 精度不太高,对安装接触的加工精度要求高,安装时要注意防止侧向力和扭力的作用,反应时间较长 额定载荷为 500N～50MN,广泛用于轧制力、张力和重力的测量
电阻应变式测力传感器	把载荷转换成受压体的应变,然后用电阻应变片测出其应变的大小,以测出载荷	精度高,反应速度快,结构强度比压磁式高,所以承受附加侧向力的能力较强 输出信号低,不均匀载荷对测量精度影响较大 额定载荷为 10N～25MN,用于轧制力、张力和电子秤的测量
电容式测力传感器	把载荷转换成电容极板的位移,使传感器电容量发生变化以测出载荷	结构强度高,过载能力强,能消除不均匀载荷的影响,测量精度较高,能在恶劣的环境下工作 测量电路较复杂 额定载荷为 250～25000kN,适用于轧制力的测量

104. 怎样用电阻应变式测力仪测量轧制压力？

在电阻应变式测力传感器中用得最多的是箔式电阻应变片（见图 3-34）。应变片的电阻随其机械变形而变化的物理现象称为电阻应变效应。由应变片的机械变形 ε 引起的电阻相对变化$\frac{\Delta R}{R}$为：

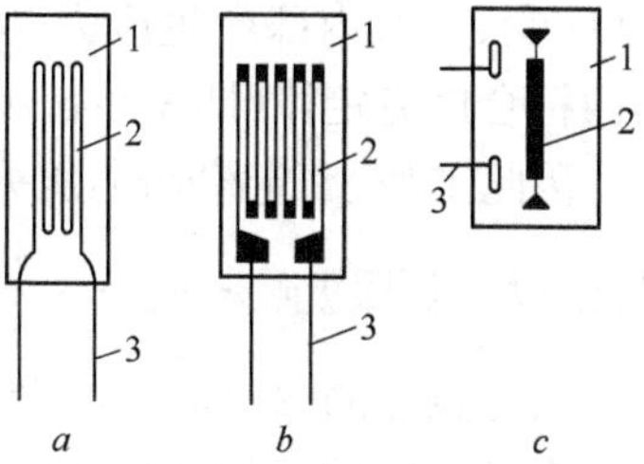

图 3-34　电阻应变片

a—丝片；*b*—箔片；*c*—半导体片

1—基底；2—电阻丝；3—引出导线

$$\frac{\Delta R}{R}=K\varepsilon$$

式中　ε——电阻丝的轴向变形，称为应变，$\varepsilon=\frac{\Delta l}{l}$；

$\frac{\Delta l}{l}$——电阻丝长度的相对变化量；

K——电阻丝的应变灵敏系数。

由上式可知，电阻的相对变化与应变大小成正比。

图 3-35 所示为电阻应变式测力传感器的作用原理。首先把压力 F 转换成压头（应变弹性体）的应变，使粘贴在上面的电阻应变片（R_1～R_4）的阻值随应变大小而变化，R_2、R_3 阻值减小，R_1、R_4 阻值增加，电阻应变片组成电桥电路，测量出电桥的输出信号就能测出 F 的

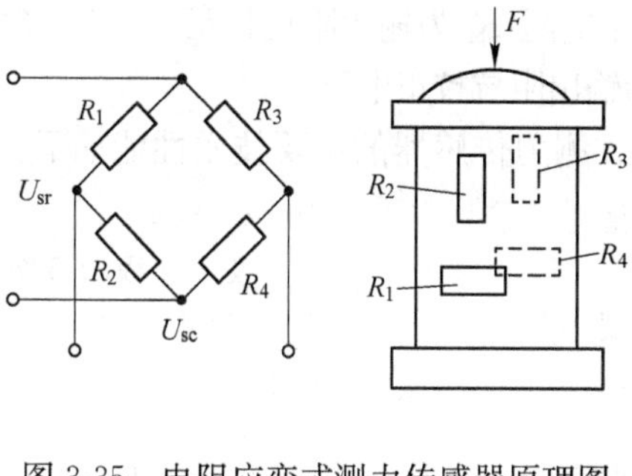

图 3-35　电阻应变式测力传感器原理图

大小。

压头(应变弹性体)的形式有筒式和环式。压头受力后产生变形(应变 ε),其内部产生应力 σ,应力和应变的关系在弹性极限范围内符合虎克定律(即 $\sigma=\mu\varepsilon$,μ 为泊松比)。

因此在承受额定载荷时,压头的应力不能超过弹性极限,一般最大设计应力取屈服极限 σ_s 的 $\frac{1}{3}\sim\frac{1}{4}$,此最大设计应力称为许用应力〔$\sigma$〕。

从传感器的输出灵敏度考虑,压头材料的 σ_s 要高,则许用应力提高,输出灵敏度增加。另外,要求材料性能稳定,弹性滞后小,机械加工及热处理性能良好等。一般常选用的钢材有:40 铬、40 铬锰、40 铬镍钼、30 铬锰硅、35 铬锰硅等。

图 3-36 示出了压头的基本结构。压头采用球状受压块使载荷以点状方式输入,成为集中载荷加到应变弹性体上,而且作用力是通过轴线的,这样减小了因作用力偏心所引起的测量误差,以保证数据有良好的复现性。

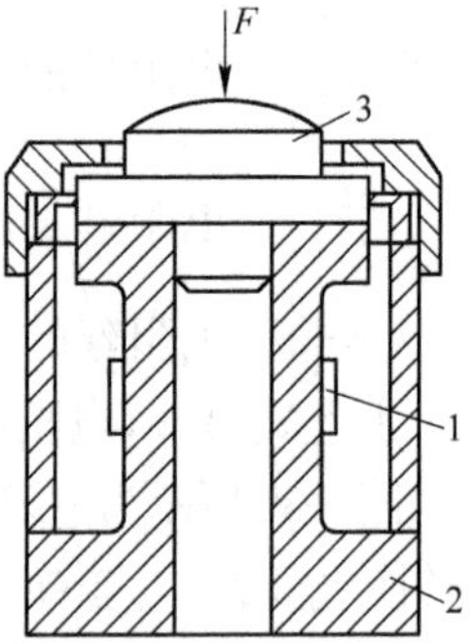

图 3-36 压头的结构
1—电阻应变片;2—压头;
3—受压块

压头上粘贴 4~8 片电阻应变片,并组成电桥电路。一个较完整的传感器电桥电路如图 3-37 所示。其中 R 为电阻应变片,R_w 为桥路温度补偿电阻,R_b 为桥路平衡电阻,R_m 为压头弹性模量温度补偿电阻,R_s 为灵敏度校正电阻,R_i 为输入阻抗校正电阻,R_{01}、R_{02} 为输出阻抗校正电阻。

电阻应变式测力传感器的主要技术性能如下:

测量上限值	10N~5MN
精度等级	0.1 级、0.2 级、0.5 级和 1 级
输出灵敏度	1~2.5mV/V
桥路阻抗	60~1000Ω
允许过载	120%
工作环境温度	−10~±50℃

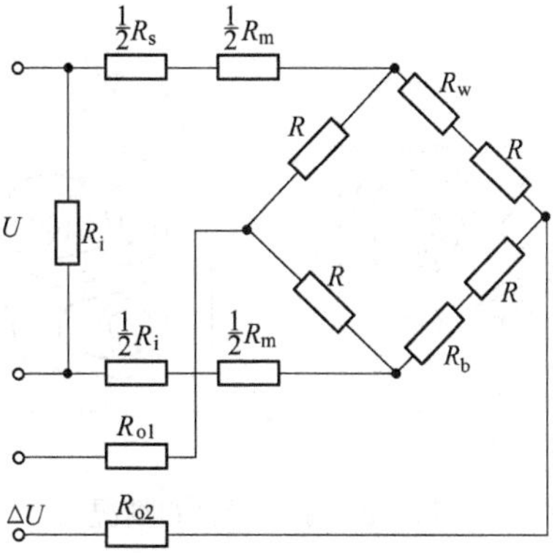

图 3-37 电阻应变式测力传感器电桥电路简图

105. 怎样用压磁式测压仪测量轧制压力？

压磁式测力传感器由硅钢片叠装而成，片间用环氧树脂粘结，形成牢固的铁心结构，如图 3-38 所示。初级（激磁）绕组与次级（测量）绕组互成直角，并穿过铁心孔，初级绕组由正弦波交流电压激磁。

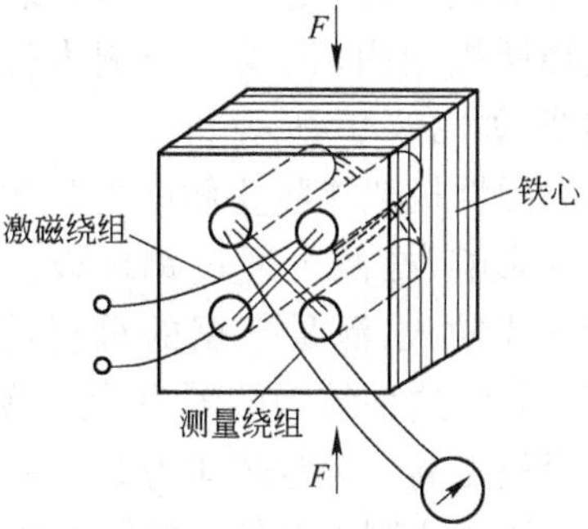

图 3-38 压磁式传感器铁心结构原理图

压磁式测力传感器的基本原理是利用“压磁效应”。当铁心不受外力 F 作用时，由于铁心材料磁性的各向同性，磁力线呈轴对称分布，此时磁力线不与测量绕组交链，测量绕组没有感应电势，见图 3-39a。在外力 F（如压力、拉力、弯力、扭力）的作用下，铁心内部产生了应力，由此引起铁心磁导率发生变化。这种由于机械力作用而引起铁心磁性变化的物理效应称为“压磁效应”。应力使磁力线分布发生变化，测量绕组与磁力线交链而产生感应电势，该电势与被测力 F 成正比，见图 3-39*b*。

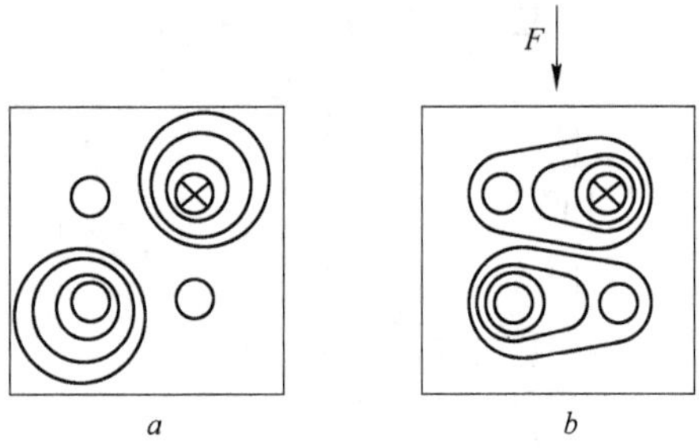

图 3-39　磁力线分布情况

硅钢片叠成一定的厚度构成一体，可以制成不同测量范围的传感器铁心。

完整的压磁式传感器还包括外壳、底座和传力垫块等。

当额定载荷较小且对测量精度要求较高时，则将压磁铁心装入弹性机架内，构成一个测力传感器，如图 3-40 所示。

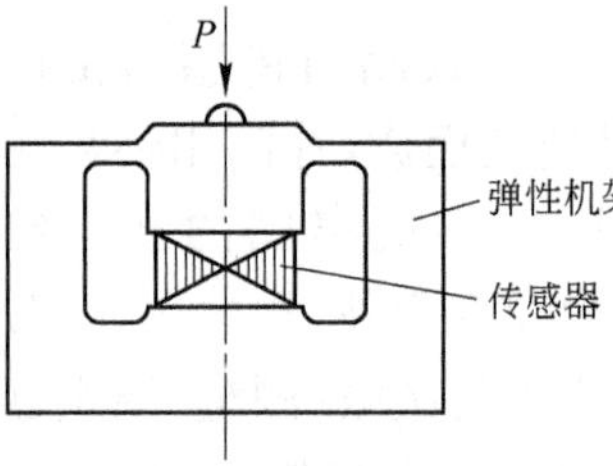

图 3-40　弹性机架原理图

弹性机架能防止侧向力和扭力的影响，被测力通过钢球以点状方式输入，测量数据的重复性好，因此，这种结构的测力传感器测量精度高。额定载荷为 0.5～10000kN。

压磁式测力仪的主要性能如下：

额定载荷	500N～30000kN
过载能力	200%
基本误差	±1%
反应时间	<40ms(激磁频率 50Hz)
额定输出	10V/10mV
电　　源	～220V $^{+10\%}_{-15\%}$、50Hz±0.1Hz

压磁式测力仪的系统方框图如图 3-41 所示。

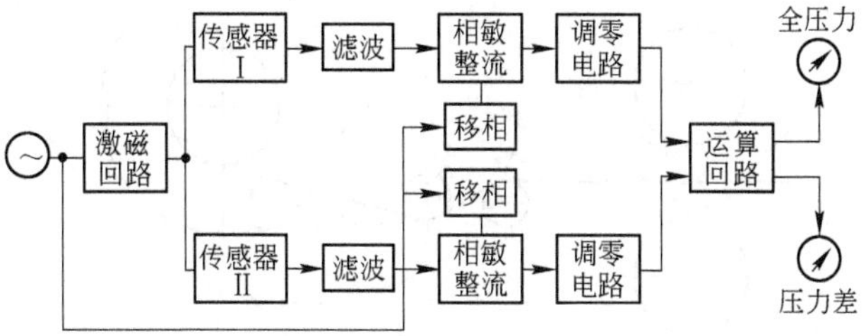

图 3-41 压磁式测力仪的系统方框图

对压磁式测力传感器的安装要求是：

(1) 载荷必须均匀分布在整个受压面上，为此传感器和轴承座接触面必须平整，对接触面的机械加工表面不平度要求为小于 0.01mm，表面粗糙度 R_a 为 0.4μm。

(2) 载荷为点状输入时，必须在传感器和力作用点之间加传力垫块，使载荷分布均匀，传力垫块要选用硬度高的材料，并保证不小于规定的厚度。

(3) 应有防止侧向力或扭力作用的机构，避免接触面滑移和防止传感器损坏。

106. 张力是怎样测量的？

目前，单机座冷轧机和连续式冷轧机大都采用带张力轧制的方法。张力对提高冷轧板带生产的产量和质量很有利，但必须保持张力恒定，否则张力变化将引起轧制压力变化，使轧件产生纵向厚度不均，因此必须严格地控制张力，为此精确测量张力是非常必要的。此外，张力检测也是实现冷轧机自动控制的一个重要前提。

对于不同类型的冷轧机，张力的测量方法也不相同。

(1) 单机座冷轧机张力测量（图 3-42）。主要有以下两种方法：

1) 采用张力传感器（如电阻应变式、压磁式、电感式、电容式

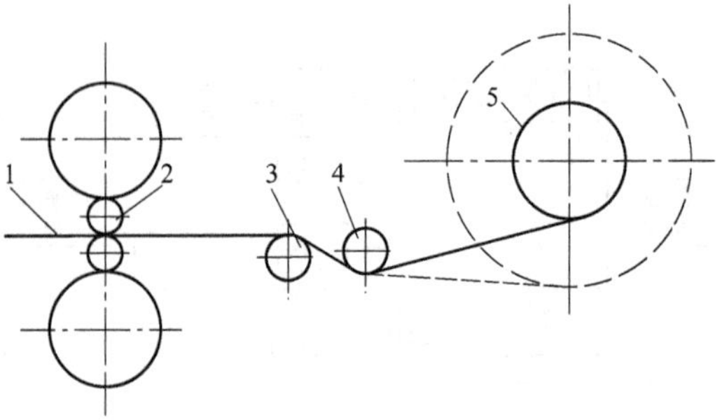

图 3-42 测量张力装置示意图

1—轧件；2—工作辊；3—张力辊；4—导向辊；5—卷筒

等)，把它置于张力辊轴承的下面，测出张力辊承受的压力，再利用力的平衡原理计算出张力值。

张力辊受力情况见图 3-43。张力传感器是垂直放置的。

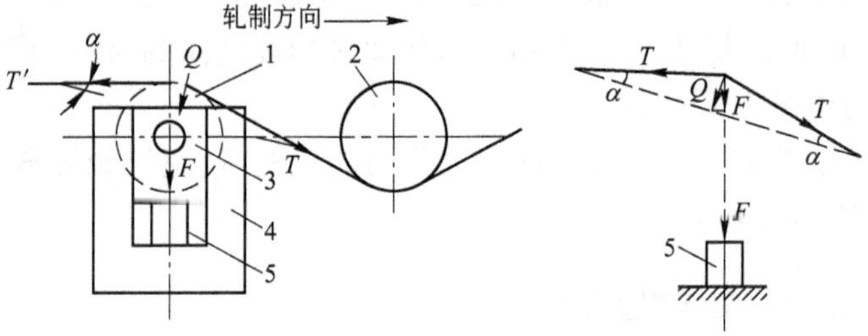

图 3-43 张力辊受力情况

1—张力辊；2—导向辊；3—轴承套；4—轴承座；5—张力传感器

张力辊所受的总压力 Q 与带钢张力 T 的关系为：

$$Q=2T\sin\alpha$$

张力辊在垂直方向上的分力 F 为：

$$F=Q\cos\alpha=2T\sin\alpha\cos\alpha$$

$$=T\sin2\alpha$$

当张力辊两端各放一个张力传感器时，每个传感器测出的力为 F_0：

$$F_0=\frac{1}{2}F$$

则张力 T 为：

$$T=\frac{2F_0}{\sin 2\alpha}$$

若每个张力传感器测得的压力 F_0 为 20kN，当张力辊与导向辊的安装位置确定后 α 角也已知，$\alpha=14°30'$，求张力 T。

因 $\sin 2\alpha=\sin 29°=0.48481$，则张力 T 为：

$$T=\frac{2F_0}{\sin 2\alpha}=\frac{40}{0.48481}=82.5\text{kN}$$

2) 通过测量卷筒的速度及其扭矩计算出张力。

首先，要测出卷取机电机的电流、电压和功率，以及卷筒转速、卷筒直径和带钢卷厚度等数据，然后按下列步骤计算出带钢张力：

$$M=9750\frac{N}{n}\eta$$

式中 M——卷筒转轴所受的扭矩，N·m；

N——卷取机电机功率，kW；

n——卷筒转轴转速，r/min；

η——传动效率(包括电机效率)，取 $\eta=0.8$。

卷筒转轴扭矩也可直接贴电阻应变片进行测量，其方法与应变片转矩测量仪测定轧制力矩方法相同。

因此，张力为：

$$T=\frac{M}{R+h}$$

式中 T——带钢张力，N；

M——卷筒转轴所受扭矩，N·m；

R——卷筒半径，m；

h——带钢卷厚度，m。

(2) 连轧机张力测量。在冷连轧机上，常采用三辊式张力测量装置，如图 3-44 所示。

为了使张力方向固定，需使轧件抬高，并保持一定的斜度，故

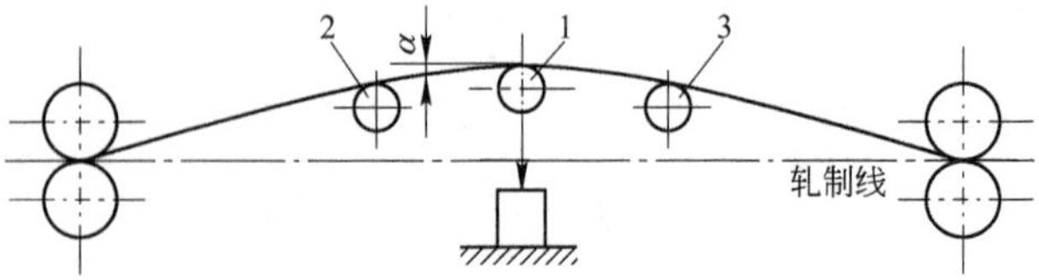

图 3-44　三辊式张力测量装置示意图

1—张力辊；2、3—导向辊

采用三辊式。张力传感器也安装在张力辊轴承座的下面。

107. 怎样用电阻应变式转矩测量仪测量轧制力矩？

测量转矩一般是利用弹性测量轴——扭轴把转矩变换为扭轴的扭转角或扭转应力，通过对转角或应力的测量求得转矩值。

电阻应变式转矩测量仪的工作原理是：

当测量轴受到转矩 M 作用时，在与轴线成 $\pm 45°$ 夹角方向上产生最大应变，如在此方向上粘贴电阻应变片，测出其应变值就能测量转矩的大小，见图 3-45。

电阻应变式转矩传感器的原理如图 3-46 所示。

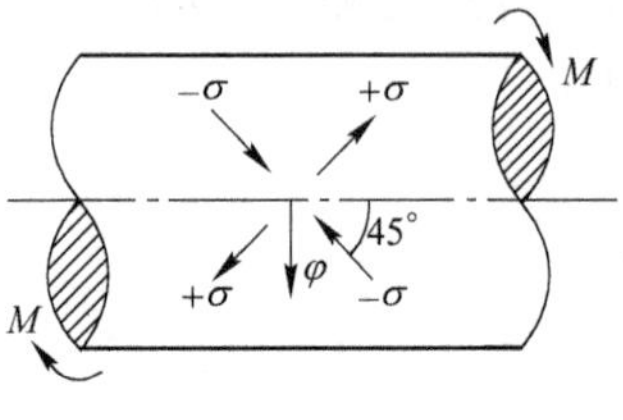

图 3-45　转矩测量仪原理图

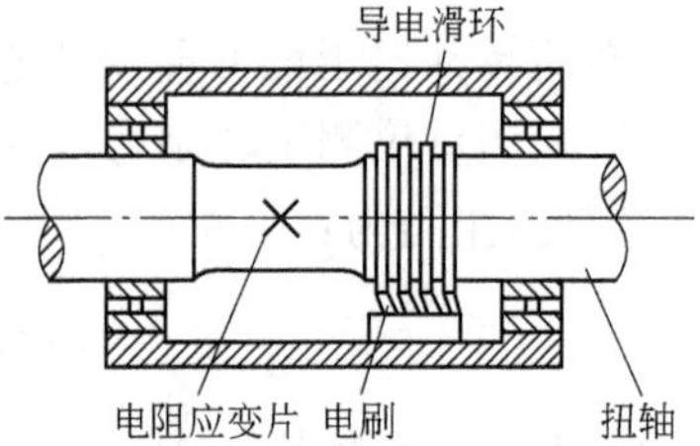

图 3-46　电阻应变式转矩传感器原理示意图

因为电阻应变片是贴在扭轴上的，所以给应变电桥供电和从桥路输出信号，都必须通过导电滑环。由于应变电桥的输出电流一般在几至几十微安，电刷和滑环之间接触的变化会带来较大的测量误差。为此，第一，电刷和滑环的接触面积尽可能大，如果可能，一个滑环与几个电刷同时接触；第二，接触压力保持在0.5～1MPa，不测量时，压力要解除。

电阻应变式转矩传感器结构较简单，制造也比较方便，但由于使用导电滑环，振动频率较低，因此，不适于在高速旋转体和扭轴振动频率较大的场合进行测量。

电桥输出信号可以用动态电阻应变仪等测量。

108. 什么是直流测速发电机，其用途如何？

直流测速发电机是一种测量转速信号的元件，发电机的转轴和被测电动机用连轴器连接在一起，当被测电动机的转速为 n 时，激磁电压 U_f 是不变值，设主磁通也不变，这时测速发电机的电势 E 则与被测电动机的转速成正比，即

$$E=C_e n$$

因此，据测得的电压值便可求出被测电动机的转速，即相应地把机械转速转换成电气信号。实际使用的测量电压仪表的刻度即用转/分表示。

直流测速发电机在结构上与普通小型直流发电机相同，可分为他激式和永磁式两种。他激式直流测速发电机的定子有主磁极，转子有电枢和换向器，激磁绕组接在直流电源上，电枢绕组作为输出绕组。

直流测速发电机的基本工作原理与一般直流发电机相同。在恒定磁场下，旋转电枢切割主磁通，这样电刷间即有感应电动势。在空载情况下，直流测速发电机的输出电压与其转速成正比。在有负载时，输出电压与转速就不成正比了，因此，为了提高测速发电机的线性精度，一般输出端都接高阻抗的负载。

109. 光电式转速传感器怎样测速？

如果在转轴上安装脉冲式转速传感器，就能够取得与转轴的转速成比例的脉冲信号数，把此脉冲信号进行计数或把它变换成电压或电流信号就能测量转轴的转速。由于转速传感器具有结构

简单可靠、测量精度高等特点，所以现在被广泛使用。

光电式转速传感器的特点是容易制成每转脉冲数高的传感器（可作成每转几万脉冲的传感器），因此分辨力高，惯性矩小，对转轴所附加的负荷极小，能够从零转速起始测量，并能够识别旋转方向。但是，光电式转速传感器容易受外界条件的影响。

光电式转速传感器可分成投射式和反射式两类。

（1）投射式光电转速传感器。传感器的作用原理如图 3-47 所示。读数盘具有与测量盘相同间距的缝隙，当测量盘转动时，每转过一条缝隙，从光源射到光敏元件上的光线产生一次明暗变化，这样光敏元件便感光一次，输出电流发生一个周期的变化，经脉冲变换电路输出一个脉冲信号。

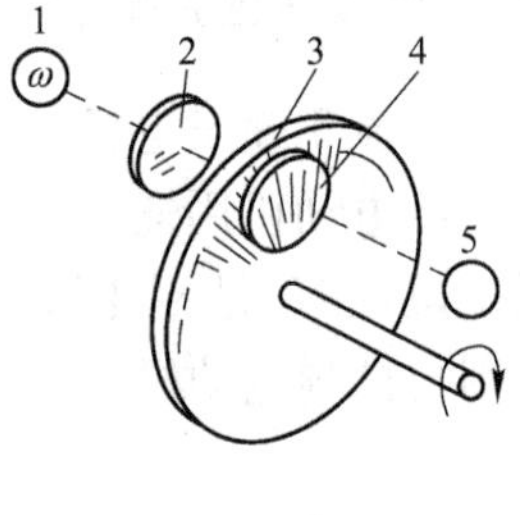

图 3-47 投射式光电转速传感器原理图
1—光源；2—透镜；3—测量盘；4—读数盘；5—光敏元件

SZGB 型投射式光电转速传感器有单向和可逆的两种，每转脉冲数为 20～500，最高工作频率 10kHz，最高转速 10000r/min，工作环境温度－10～＋50℃，输出示波脉冲信号。

（2）反射式光电转速传感器。反射式光电转速传感器的结构原理如图 3-48 所示。在被测转轴上设有反射记号，由光源发出的

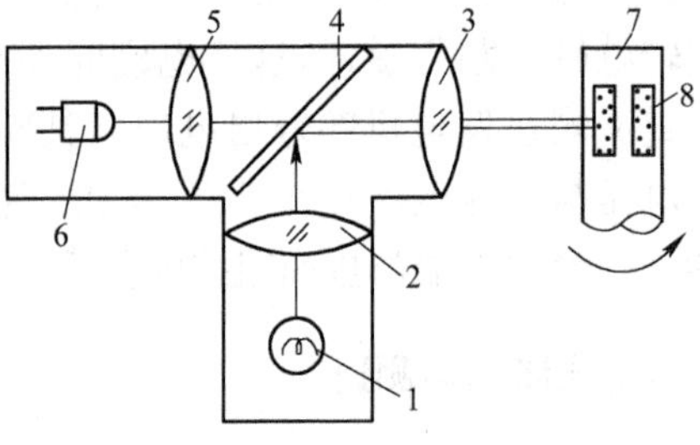

图 3-48 反射式光电转速传感器原理图
1—光源；2、3、5—透镜；4—半透膜；6—光敏元件；7—转轴；8—反射记号

光线，经透镜 2 聚焦，再通过半透膜，一部分光线透过半透膜，一部分光线由半透膜反射经透镜 3 后入射到被测转轴上。当被测轴转动时，投射到轴上的光点经过反射记号，反射率发生很大变化，反射率大时，反射光线经透镜 3、半透膜和透镜 5 投射到光敏元件上，使光敏元件感光；反射率小时，几乎没有反射光线，光敏元件就不感光，这样光点经过一个反射记号，光敏元件感光变化一次，发出一个电脉冲信号，对信号进行计数就能够测定被测轴的转速。

反射式光电转速传感器能进行离线接触测量，对被测轴不增加负载，而且使用比较方便。但反射光的强度较投射式的要弱，因此，输出信号需要进行放大、整形，然后采用数字或模拟的形式显示出来。

SZGB-11 型反射式光电转速传感器要求被测直径大于 3mm，测量转速范围 30～480000r/min，使用环境温度 0～40℃，输出信号幅度不小于 8V。

110. 什么叫模拟式电子转速表和数字式电子转速表？

（1）模拟式电子转速表。从光电式转速传感器或磁电式转速传感器得到的脉冲信号，可以通过图 3-49 所示的模拟式电子转速表把被测转速指示出来。转速传感器输出的脉冲信号经放大和整形后变换成具有一定幅度和宽度的脉冲信号。对此脉冲信号积分后输出与脉冲频率成比例的直流电压信号，由指示电表直接读取转速值。

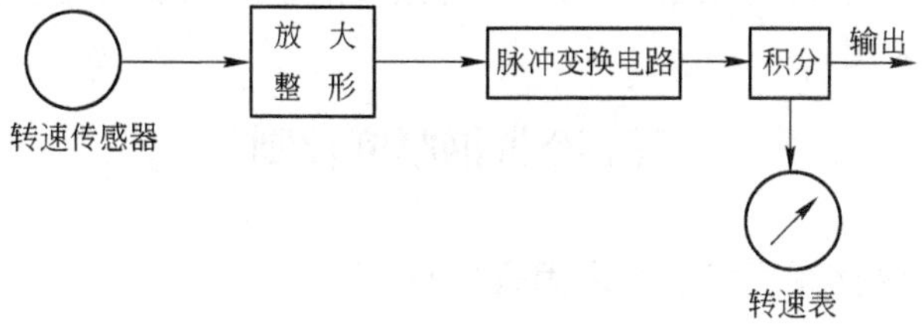

图 3-49 模拟式电子转速表方框图

这种转速表与测速发电机不同，因为它的输入信号是与转速成正比的频率信号，其测量精度取决于指示表的精度，同时它还能输出线性较好的记录信号。由于这些特点，模拟式电子转速表用得很广。

(2) 数字式电子转速表。因为从光电式转速传感器或磁电式转速传感器得到的脉冲信号的频率与被测轴的转速成比例，因此可用测频率的方法来测量转速。在电子计数器内部设有正确的基准时间信号发生器，进行计数控制。数字式转速表的原理方框图如图 3-50 所示。

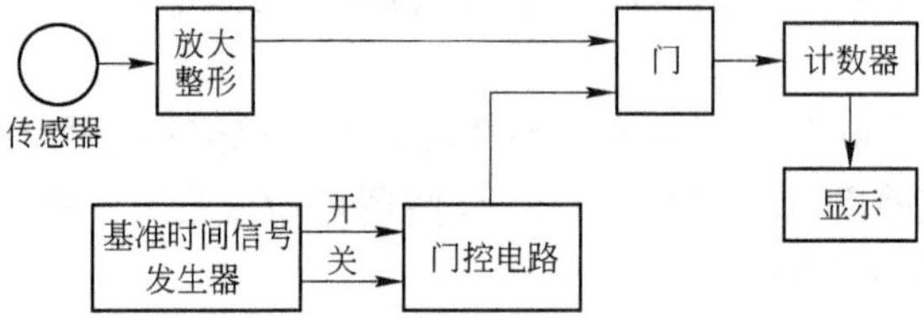

图 3-50 数字式转速表方框图

由转速传感器输出的频率信号经放大、整形变为方波输入到门电路，另外，从基准时间信号发生器得到的时基信号通过门控电路决定测定时间，在测定时间内计数门开放，对传感器信号进行计数，计数结果用数字显示，如此自动反复测量。

基准时间信号发生器使用石英晶体振荡器，其误差可以忽略。测量结果以数字形式显示，读数误差小，如果测定时间短，就可以测量转速的瞬时变化。由于这些特点，数字式电子转速表得到了广泛的应用。

五、冷带钢厚度控制

111. 冷带钢厚度波动的原因有哪些？

冷带钢厚度的波动主要起因于轧制压力的波动，而影响轧制压力波动的原因是多方面的。

(1) 带钢方面的原因。带钢的化学成分和组织不均匀、轧制速度的变化等都对带钢厚度的变化有很大影响，如冷带钢的焊缝及热影响区硬度的增大和组织性能的不均等。

冷轧坯料尺寸变化的影响。坯料宽度不均将引起轧制压力和轧机弹跳的变化；坯料厚度变化则使实际压下量产生波动，也引起轧制压力和弹跳的变化。轧后的板厚变化必然比轧前的板厚变化要小，但很难完全消除。轧机的刚度愈小，则愈不容易消除轧制前的厚度不均。因此，为了提高冷轧产品的厚度精度，要求坯料的尺寸公差要尽可能小。

(2) 轧机方面的原因。轧辊的热膨胀、轧辊的磨损、轧辊的偏心运转等也会造成带钢厚度的波动。这些因素都是在压下螺丝位置不变的情况下使实际辊缝发生变化，从而使轧出的带钢厚度产生波动。

(3) 轧制工艺方面的原因。冷轧轧制时带钢前后张力的变化、轧制速度的变化、摩擦系数的波动等也是造成厚度波动的原因。

带钢在穿带和抛钢时，带钢头部和尾部所受张力是突然增大和突然消失的。带钢张力的变化改变了金属变形抗力，引起轧制压力的波动，使带钢头部和尾部出现两个厚度增大的区段，造成带钢切头切尾损失增加。

轧制速度变化（冷连轧是以低速穿带、高速轧制、减速抛钢进行操作的）使金属变形抗力变化，或者速度变化影响油膜轴承的油膜厚度变化，从而改变轧制压力和实际辊缝。速度增大使油膜增厚，压下量加大，因而使带钢变薄。速度变化对冷轧时摩擦系数的影响也十分显著。速度增加使摩擦系数减小，即使轧制压力减小。

112. 什么叫轧机刚度？

(1) 轧机弹跳和刚度。在轧制过程中，轧件的变形抗力通过轧辊和轧辊轴承、压下螺丝等最后传给机架。从轧辊到机架这一系列受力部件都要产生一定量的弹性变形。这些受力部件的弹性变形的总和，最终都使轧辊辊缝增大，如图 3-51 所示。

设轧辊原始辊缝为 S_0，在轧制过程中，由于轧制力的作用，轧机受力部件产生弹性变形，使轧出的轧件厚度 h 将大于 S_0，两者之差（f），即辊缝增大量（轧机总变形）称为轧机弹跳，其关系可表示如下：

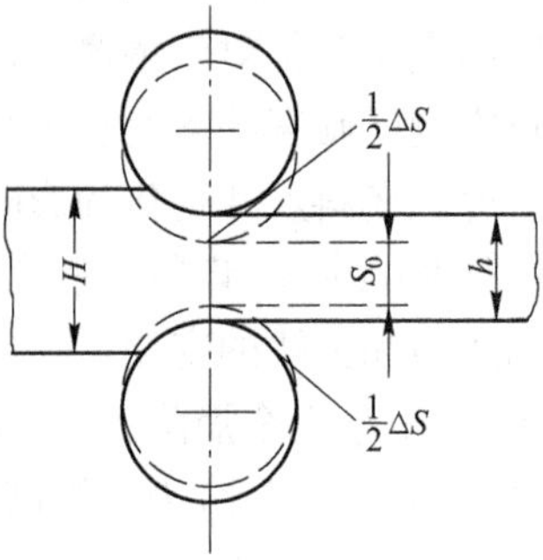

图 3-51 轧机弹跳

$$f=h-S_0$$

式中 f——轧辊弹跳，mm；

h——轧件出口厚度，mm；

S_0——轧辊开口度（原始辊缝值），在轧辊预压靠情况下，S_0 可为负值。

轧机的弹跳是由轧机的弹性变形引起的，其总变形可达几个毫米，它包括机架、轧辊系统以及压下系统的弹性变形，其中，轧辊变形占总变形量的 40%～70%。

表示轧机弹性变形与轧制压力之间关系的曲线称为轧机的弹性曲线。如图 3-52 所示，轧制压力越大，则轧机的弹性变形也越大。

由图 3-52 可见，轧机的弹性曲线并不完全是一条直线，在弹性曲线的起始段不是直线，而是一小段曲线，这是由于轧机各部件之间存在着一定的间隙和接触不均匀之故。随着轧制压力的增加，弹性曲线的斜率逐渐增大。当轧制压力增大到一定数值后，弹性曲线可近似地看成是一条直线。实际生产中，轧机大多工作在弹性曲线的直线段

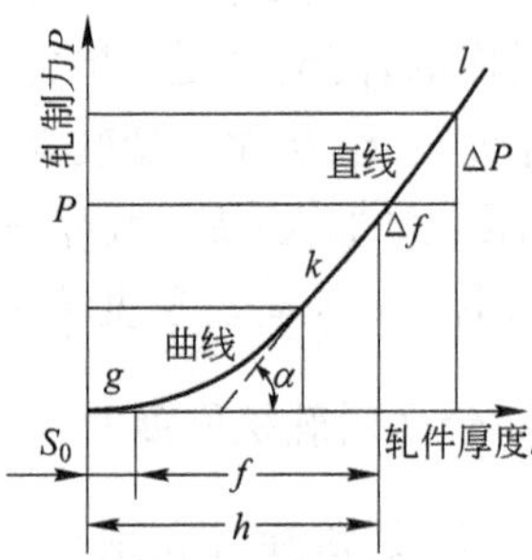

图 3-52 轧机的弹性变形曲线

范围内，因此，通常将直线部分的斜率称为轧机的刚度系数 K，或称为轧机模数。轧机刚度系数 K 可用下式表示：

$$K=\tan\alpha=\frac{\Delta P}{\Delta f}$$

式中 K——轧机刚度系数，N/mm；

ΔP——弹性曲线直线部分的轧制压力的变化量，N；

Δf——弹性曲线直线部分的机座弹性变形的变化量，mm。

轧机刚度系数的物理意义是指轧机工作机座抵抗弹性变形的能力的大小，即当轧机产生单位（1mm）弹性变形时所需要的轧制压力的大小，此力越大，则刚度系数越大（即弹性曲线越陡），表明轧机刚度越大，而轧机弹性变形就越小。通俗地说，轧机刚度系数 K 即表示轧机工作机座的软硬程度。

（2）轧机纵向刚度和横向刚度。图 3-53 示出了工作机座的弹性变形情况。在轧件进入轧辊之前轧辊的开口度（原始辊缝）为 S_0（如图虚线所示）；当轧件进入轧辊后，在轧制压力的作用下，工作机座产生了弹性变形 f，使辊缝加大，弹性变形的结果，使两轧辊轴线产生相对平移，使实际压下量减小，带钢出口厚度大于原始辊缝值，影响带钢纵向厚度。轧机工作机座抵抗纵向弹性变形的

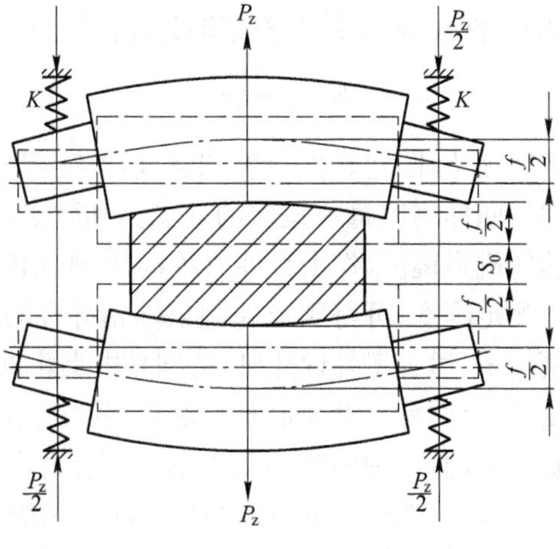

图 3-53 工作机座变形示意图

能力大小称为轧机纵向刚度，简称轧机刚度。

在轧制压力作用下，轧辊还会产生弯曲变形，轧辊呈凹形（假设轧辊为平辊）。由于轧辊的弯曲变形，带钢沿宽度方向厚度不均，即出现横向厚差。轧机抵抗横向弹性变形的能力大小称为轧机的横向刚度。带钢沿宽度方向产生的横向厚度偏差，一般是通过合理的辊形设计、辊形调整装置等来控制的。

113. 怎样测定轧机刚度，其有何意义？

轧机刚度是可以通过公式计算求得的，但是由于轧机中各部件的形状和受力情况比较复杂，再加上各部件的接触面间存在着间隙，因此，目前轧机刚度只能是近似的计算。最可靠的办法是通过对现有轧机的实测，以求得其刚度。

轧机刚度的实测方法主要有轧板法和调节压下螺丝法两种。

（1）轧板法。此法又可分为固定辊缝和改变辊缝两种方法。

固定辊缝轧板法：预先固定轧辊辊缝，然后将宽度相同而不同厚度的轧件依次送入轧辊中轧制，同时测出每一道次的轧制压力和轧出的轧件厚度。求出该道次的轧机弹跳值，以轧制力 P 为纵坐标，以轧后带钢厚度 h 与原始辊缝 S_0 之差（轧机弹跳值）为横坐标，绘出轧机的弹性曲线，曲线的斜率即为轧机的刚度系数 K，即

$$K=\frac{P}{h-S_0}$$

改变辊缝轧板法：固定轧件厚度和宽度，改变辊缝，以轧出不同厚度的轧件。同样测出每一道次的轧制力和轧出的轧件厚度。求出该道次的轧机弹跳值，作出弹性曲线，求得轧机刚度系数。

用轧板法测定刚度，可得到与轧制条件相符合的轧机刚度系数。其方法最简单，适合于各种轧机，特别是中小轧机。在采用轧板法测定刚度时，应注意正确确定原始辊缝，因为工作机座各零部件之间存在着间隙，而这种间隙随条件的不同会有所变化。当直接测定辊缝时，要注意消除产生间隙的影响，可采用压铅方法来测量辊缝。铅是很软的金属，压出的铅块厚度即为原始辊缝。当采

用压下装置的压下电子仪显示辊缝时，要以一个适当的小预压紧力，达到消除间隙的位置为零位。

（2）调节压下螺丝法。大型轧机的压下装置，采用调节压下螺丝法比较方便。该方法不进行轧制，让工作辊直接压靠，一面旋转轧辊，一面调节压下螺丝，同时记录压下调节量和相对应的压力。压下螺丝开始压靠的移动量即为此压力时的机座总变形量。根据压下调节量与压下作用力之间的关系，作出轧机弹性曲线。采用这种方法，可以从小负荷到最大负荷进行连续测定。

为了使调节压下螺丝法与轧制情况更接近，也可不转动轧辊，而在工作辊之间夹入一块冷态钢板或铝板，板宽与轧件宽度相对应，不断调节压下螺丝，求出压下调节量与压下作用力之间的关系，作出弹性曲线。注意压下调节量要减去所夹板的压下量。

图 3-54 为某厂 1200mm 四辊冷轧机机架的弹性曲线，其中，曲线 1 为实测曲线，曲线 2 为计算曲线。图 3-55 则为该轧机轧制不同

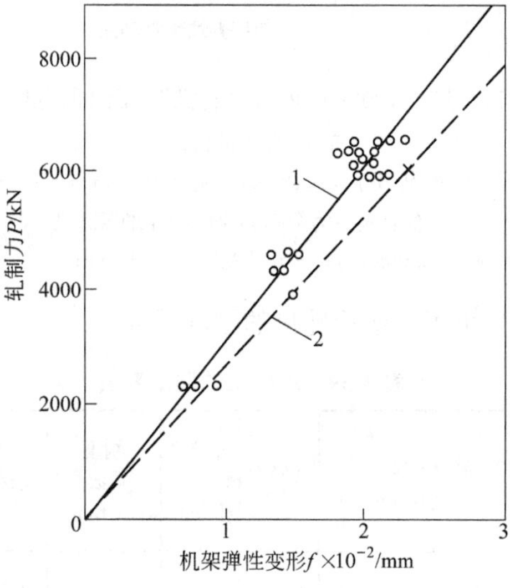

图 3-54 某厂 1200mm 四辊冷轧机机架的弹性曲线

1—实测曲线；2—计算曲线

宽度的轧件时的机架弹性曲线。由图可见,轧件越窄,轧机的刚度系数越小。

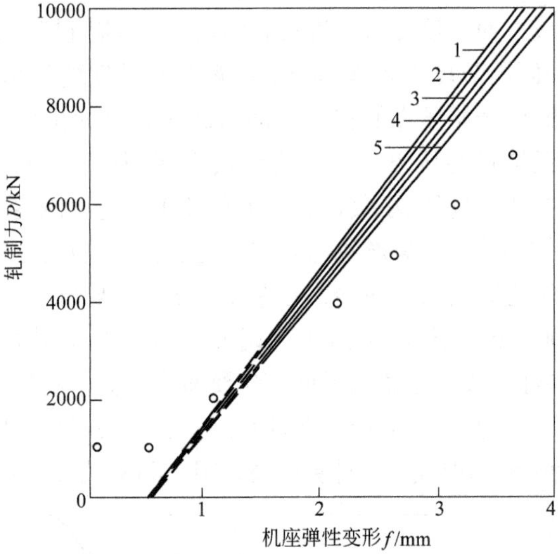

图 3-55 某厂 1200mm 四辊冷轧机轧制不同宽度轧件时的机架弹性曲线

1—轧辊预压靠时;2—轧件宽度为 900mm 时;3—轧件宽度为 750mm 时;4—轧件宽度为 500mm 时;5—轧件宽度为 300mm 时

表 3-39 列出了一些冷轧机的刚度系数。

表 3-39 冷轧机的刚度系数

轧机类型	轧辊尺寸 /mm×mm	轧制力 /kN	牌坊立柱断面积/cm²	刚度系数/kN·mm⁻¹	轧材	板厚/mm	
						坯料	成品
四辊可逆式冷轧机	ϕ650/ϕ1400×2800	20000	6480	6000	铝带	6~8	0.5~4
偏八辊轧机	ϕ210/ϕ1250×1400	15000		5000	带钢	1.5~4.5	0.25~3

续表 3-39

轧机类型	轧辊尺寸 /mm×mm	轧制力 /kN	牌坊立柱断面积/cm^2	刚度系数/ $kN \cdot mm^{-1}$	轧材	板厚/mm	
						坯料	成品
四辊可逆式冷轧机	ϕ250/ϕ750×800		1560	2500	铜带		
四辊五机架冷连轧机	ϕ610/ϕ1525×1700	25000	6000	5000	带钢	1.5～6	0.2～3
四辊不可逆式箔材轧机	ϕ230/ϕ550×1200	2000	1260	1800	铝箔	0.5～0.7	0.005～2
四辊六机架冷连轧机	ϕ584/ϕ1422×1422		6930	5000	带钢	2.3	0.3
六辊冷轧机	ϕ28/ϕ84×60			110～120	铜	0.3	0.02
十二辊罗思型可逆轧机	ϕ(42～32)×260，ϕ93×260，ϕ185×260			680	各种带材	2.0	0.1
二十辊森吉米尔轧机	ϕ80×140，支撑辊 ϕ406×112			6000	带钢		0.152

轧机刚度是表征一台轧机结构性能的重要参数，因此，了解和实测轧机的刚度具有重要的意义。

(1) 保证成品尺寸精度。对于带钢冷轧机来说，轧机刚度是反映一台轧机所能获得轧制精度的一个重要指标。轧机刚度越大，轧机的弹性变形就越小，由轧机弹性变形所引起的轧件厚度波动值就越小。显而易见，增大轧机刚度有利于减小轧件厚度偏差，提高所轧产品的尺寸精度。

(2) 为厚度控制提供可靠的依据。如果忽略轧件轧出后的弹性恢复，那么，轧件出口厚度 h 与轧机刚度 K、轧制力 P 和辊缝 S_0 之间的关系如下：

$$h=S_0+\frac{P}{K}$$

由上式可知，若已知轧机刚度 K，则可求出某一轧制力 P 下，轧机产生的弹性变形的大小，从而可求出为获得轧件出口厚度为

h 时所必需的轧辊开口度 S_0，这样就为人工调节轧辊原始辊缝或进一步实现带钢厚度自动控制提供了可靠的数据。

114. 影响轧机刚度的因素有哪些？

轧机刚度是轧机弹性曲线上任意点的斜率，即轧机刚度系数 K 可用下式表示：

$$K = \tan\alpha = \frac{\Delta P}{\Delta f}$$

式中　ΔP——轧制力的变化量，N；

　　　Δf——机座变形的变化量，mm。

轧机的刚度系数不仅是轧机结构所固有的特性，而且和轧制条件有关。不同的轧制速度和轧材宽度，均使轧机刚度系数有所变化。

图 3-56 示出在不同的轧辊圆周速度条件下，用调节压下螺丝法所测得的轧机弹性曲线。由图可知，轧机刚度系数受轧辊速度的影响较大。

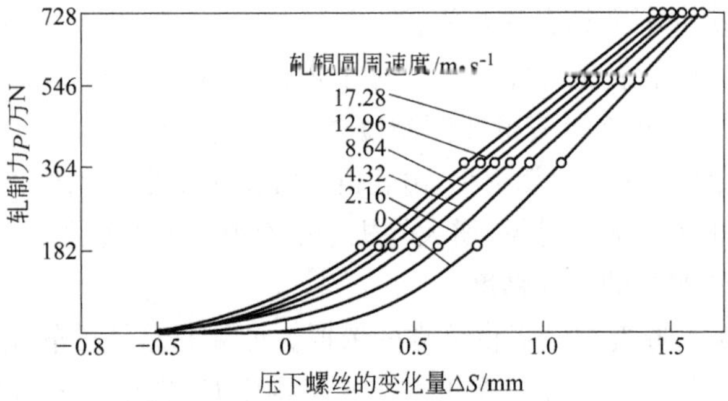

图 3-56　由轧辊圆周速度的不同引起的弹性曲线的变化

工作辊与轧件之间产生的接触变形决定于单位板宽上的轧制力。另外，轧件宽度的改变，从工作辊传给支撑辊的轧制力沿宽度的分布发生变化，使接触变形量发生变化，从而引起轧辊弯曲变形也将发生变化。因此轧件宽度会影响轧机的刚度系数。板宽越窄，轧机刚度系数就越小。板宽 b 对刚度系数的影响一般可写成（图 3-57）：

$$K_b = K_L - \beta(L-b)$$

式中 L——轧辊辊身长度；

b——轧件宽度；

K_L——用预压靠法得到的刚度系数，即 $b=L$ 时的刚度系数；

K_b——宽度为 b 时的刚度系数；

β——宽度对刚度系数的影响系数。

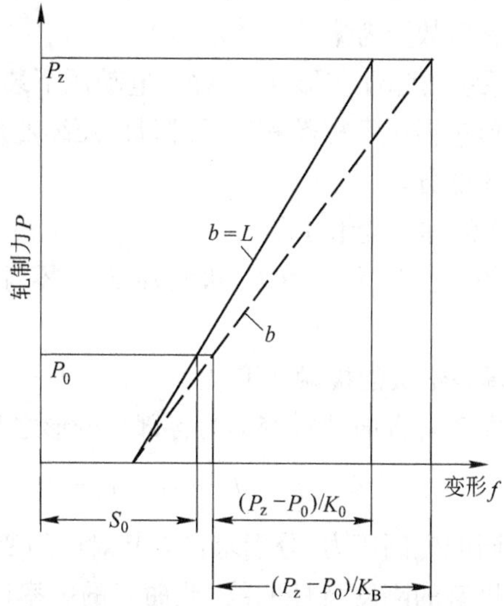

图 3-57 轧件宽度对轧机刚度的影响

115. 怎样粗略估算轧机刚度？

轧机工作机座的弹性变形由以下几部分组成：

(1) 轧辊辊系的弹性变形 f_1。四辊轧机轧辊辊系的弹性变形包括 3 部分：支撑辊的弯曲变形 f_{11}、工作辊与支撑辊间的弹性压扁变形 f_{12} 和工作辊与轧件间的弹性压扁变形 f_{13}，即轧辊辊系的总变形为：

$$f_1 = 2f_{11} + 2f_{12} + f_{13}$$

对于二辊轧机，则无 f_{12} 这一项。

(2) 轧辊轴承的变形 f_2。滚动轴承的弹性变形可以计算，而动压液体摩擦轴承的油膜厚度是随轧辊运转速度变化而变化的，此油膜厚度将影响辊缝变化，即影响轧机的刚度。可通过自动控制系统对轧机进行速度补偿，来消除油膜厚度变化对辊缝的影响。因此，在进行轧机刚度计算时，可不考虑油膜变化的影响。

(3) 牌坊的弹性变形 f_3。牌坊在垂直方向的变形会使辊缝变化，影响轧制精度，故要考虑。

(4) 压下系统的弹性变形 f_4。对于电动压下装置，影响轧辊辊缝的弹性变形包括压下螺丝和压下螺母的压缩变形以及螺纹螺牙的弯曲变形 3 部分。

(5) 轴承座的弹性变形 f_5。

(6) 止推垫、上垫板、下垫板和测压头等零件的弹性压缩变形 f_6。

(7) 压力调心垫板的接触变形 f_7。

工作机座在垂直方向的总变形为各部分变形之和：

$$f = f_1 + f_2 + f_3 + f_4 + f_5 + f_6 + f_7$$

在给定不同的轧制压力，分别求得与其对应的变形量后，就可作出轧机工作机座的刚度特性曲线，此曲线的斜率即为轧机的刚性系数 K。

上述的工作机座各部分弹性变形的计算是比较麻烦的。从轧机各部分变形的计算结果可以看出：轧辊辊系的变形量最大，占总变形的 40%～50%；牌坊的变形约占总变形的 12%～16%；轧辊轴承的变形占总变形的 10%～15%；压下系统变形占总变形的 6%～8%；其余的变形约占总变形的 15%～20%。

根据现有的某些轧机的刚度系数统计，可得到如图 3-58 所示的轧机刚度与支撑辊直径的关系。可以看出：随着支撑辊直径的增大，轧机刚度系数也增大。

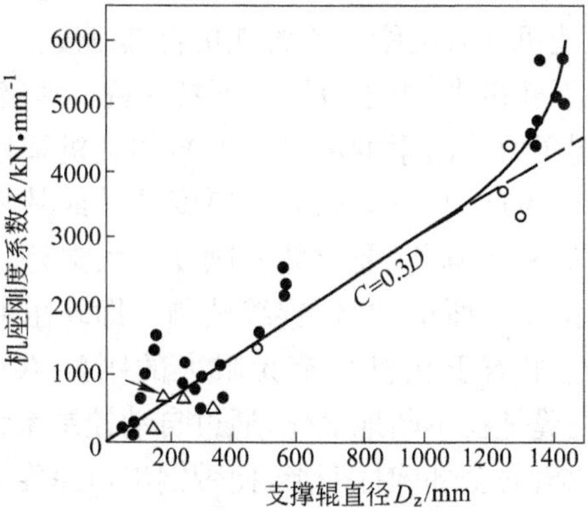

图 3-58　各种轧机刚度系数 K 与支撑辊直径 D 的关系曲线

小型轧机 $K=0.3D_z$（D_z 以 mm 为单位）；

对于支撑辊直径为 1200～1400mm的大型冷轧机 $K=(0.3\sim0.4)D_z$。

图 3-59 表示了某一四辊冷轧机的轧机刚度系数 K 与支撑辊直径和辊身长度的关系，这些曲线是通过计算得到的。

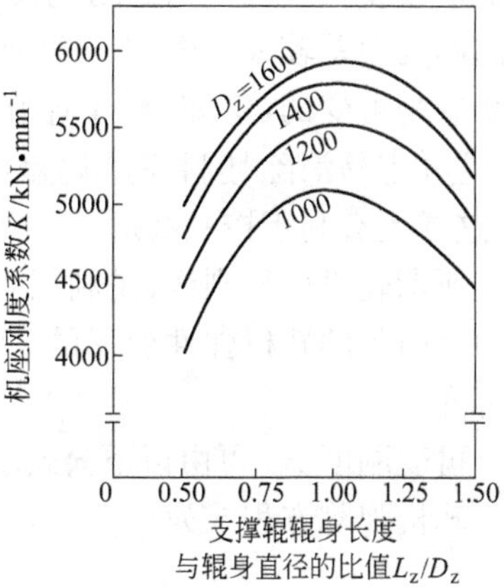

图 3-59　四辊冷轧机的轧机刚度系数 K 与支撑辊直径 D_z 和辊身长度 L_z 的关系

轧机的主要特征尺寸：支撑辊直径与工作辊直径之比为 2.5；

机架主柱厚度为 745mm；

机架主柱宽度为 760mm；

压下螺丝直径为 458mm。

116. 什么叫轧机可变刚度，生产中为什么需要轧机刚度可变?

对于制造好的一台轧机来说，轧机的结构确定后，轧机固有的刚度 K 是基本不变的，或者说，在较小范围内变化（如轧件宽度变化的影响），把轧机固有的刚度称为轧机自然刚度。

在液压压下轧机中，由于液压压下具有调节速度快、反应灵敏等优点，因轧制压力等因素的波动而产生的轧机弹性变形可随时得到调整补偿。生产中，对于因坯料厚度波动或其力学性能不均等因素所引起的板厚偏差，要求轧机刚度愈大愈好，刚度愈大，则出口板厚偏差愈小。所谓的"恒辊缝轧制"，即轧出的板材厚度保持恒定不变，这相当于轧机具有无限大的刚度 K（辊缝没有变化）。实际上辊缝是在不断地变化，通过自动控制系统不断调节液压压下，消除轧机的全部弹性变形，使带钢出口厚度不变。由此引出了一个轧机的可变刚度 K_c 的概念。

生产中，采用"恒辊缝"控制时，虽然可以完全消除轧件的纵向厚度差，但由于轧制压力急剧增大，轧辊的弯曲变形较大，故带钢的板形较差。当轧机当量刚度较小时，则可获得较好的板形，而带钢的厚度偏差较大。因此，对冷连轧机来说，我们希望各机架的刚度系数是可变的，例如，对于连轧机第一、二机架，希望轧机刚度大，这样容易消除坯料厚度偏差，而最终机架则要求轧机刚度小些，这样更有利于控制板形。

所谓轧机可变刚度，是利用不同的辊缝改变量去抵消因轧制压力所引起的轧机弹性变形的一部分或全部，这就相当于轧机刚度可变。

可变刚度 K_c 可由以下公式求得。

轧机弹跳方程式为：

$$\delta h=\delta S_0+\frac{\delta P}{K}$$

压下调节满足下式要求：

$$\delta S_0=-C\frac{\delta P}{K}$$

代入弹跳方程式得：

$$\delta h=\delta S_0+\frac{\delta P}{K}=-C\frac{\delta P}{K}+\frac{\delta P}{K}=\frac{1-C}{K}\delta P$$

由此求得轧机的可变刚度为：

$$K_c=\frac{\delta P}{\delta h}=\frac{\delta P}{\frac{1-C}{K}\delta P}=\frac{K}{1-C}$$

式中 K——轧机的自然刚度系数；

C——调节系数。

从上式可知，改变调节系数 C 的大小，就可以改变可变刚度 K_c，实现不同的控制方法（图 3-60）：

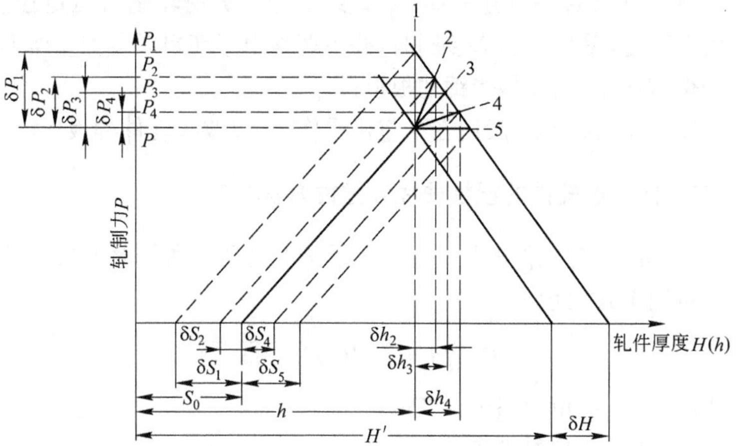

图 3-60 轧机当量刚度系数可变时的 P-H 图

1—“恒辊缝”控制；2—硬特性控制；3—恒定原始辊缝控制；4—软特性控制；5—恒压力控制

（1）恒辊缝控制。当 $C=1$ 时，$K_c=\infty$，即轧机的可变刚度为无限大（最硬），轧辊辊缝的调整量完全补偿了机座的弹性变形波动量，轧出带材厚度 h 保持恒定，轧制过程工作点始终在 $K_c=\infty$ 这条线（直线 1）上。

(2) 当 $0<C<1$ 时,可变刚度 K_c 大于轧机自然刚度 K,这是硬特性控制,轧辊辊缝调整量只能补偿部分的机座弹性变形波动量(直线 2)。

(3) 当 $C=0$ 时,$K_c=K$,即轧机可变刚度等于轧机的自然刚度。轧制过程中压下不进行调节,轧辊原始辊缝 S_0 恒定,轧制过程的工作点始终在自然刚度曲线 K(直线 3)上。

(4) 当 $C<0$ 时,可变刚度 K_c 小于轧机刚度系数 K,这是软特性控制(直线 4),轧辊辊缝调整方向与机座弹性变形量的方向相同。

(5) 恒压力控制。当 $C=-\infty$时,$K_c=0$,即轧机的可变刚度为零(最软),以保证轧制过程中轧制压力恒定,轧制过程的工作点始终保持在 $K_c=0$ 这一条线(直线 5)上,实现轧制力恒定控制。由图可见,采用恒压力控制时,并不调整由于坯料厚度偏差所形成的带钢偏差。此时,带钢的板形最好。

恒压力控制一般用在平整机操作上,以改善轧件的板形。

117. 什么是轧件的塑性曲线和塑性方程式?

轧制力与轧件的轧制条件和受力状态等各种因素有关。轧制力可用下式表示:

$$P=pF=n_\sigma \sigma B\sqrt{R(H-h)}$$

式中 p——单位压力,MPa;

F——接触面积,mm^2;

B——轧件宽度,mm;

R——轧辊半径,mm;

H——轧件轧前厚度,mm;

h——轧件轧后厚度,mm;

n_σ——应力状态系数,与摩擦系数及变形速度有关;

σ——变形阻力,与化学成分、变形程度、张力等有关。

当上式中除轧件轧后厚度 h 外的所有参数都不变时,那么,轧

制力的变化量 δP 可用下式表示：

$$\delta P=-M\delta h$$

式中　δP——轧制力的变化量；

δh——轧件轧后厚度的变化量；

M——轧件塑性系数，$M=-\dfrac{\delta P}{\delta h}=\tan\beta$。

此式即为轧件的塑性方程式，M 称为轧件的塑性系数。它反映了轧件的软硬程度，即变形难易程度。在不同轧制条件下的 M 值可以通过试验求得。在一定的坯料厚度 H 的情况下，轧制力与压下量之间的关系如图 3-61 所示。由图可见，轧制力 P 在相当宽的压下量范围内成直线变化。只是在压下量较小或较大时，轧制力才成曲线变化。在一般情况下，采用很小或很大压下量轧制的情况较少，轧制力变化曲线（也称为塑性变形曲线）可以近似地用直线表示。

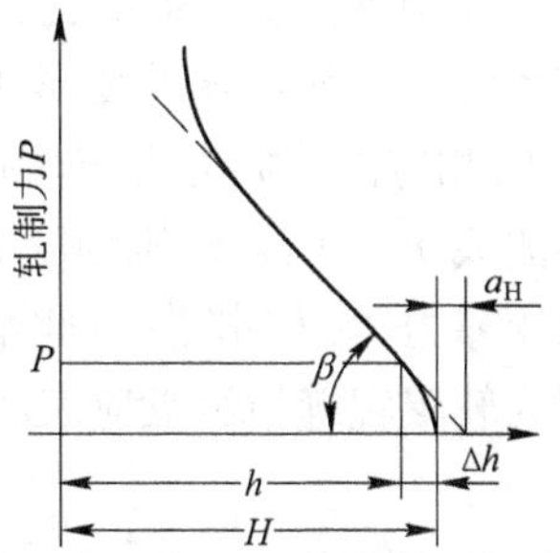

图 3-61　轧件塑性变形曲线

轧件塑性系数 M 实际上是近似直线的斜率，$M=\tan\beta$。一般说来，坯料厚度 H 和张力 T 愈小，塑性系数 M 愈大，变形阻力 σ 和摩擦系数愈大，塑性系数 M 亦越大。

118. 什么叫轧机弹塑曲线（*P*-*H* 图），其有何用途？

轧制过程是轧件和轧机（轧辊）相互作用的过程。相互作用产生了轧制力，轧件受轧制力的作用产生了塑性变形，而轧机工作机座受轧制力的作用产生了弹性变形。所谓轧机的弹塑曲线，是轧机的弹跳曲线与轧件的塑性变形曲线的总称。现在，我们通常用弹塑曲线来说明轧制过程。

由于轧机弹跳曲线和轧件塑性曲线的纵坐标都是轧制力 P，

而横坐标都与轧件厚度 $H(h)$ 有关，因此，将弹跳曲线和塑性曲线绘制在同一图上，就得到弹塑曲线（P-H 图）。

现在，以生产操作中确定轧辊的原始辊缝为例，说明 P-H 图的用途。

P-H 图可以较直观地分析坯料厚度 H、轧件厚度 h、轧制力 P 以及轧辊辊缝 S_0 等参数的关系。在图 3-62 所示的 P-H 图上，塑性曲线用近似直线 $\overline{Gd}$ 表示。如果采用人工零位操作，轧辊预压靠力为 P_0，轧机弹性变形压靠曲线为 $Ok'l'$。要得到的轧件厚度为 h，相应的轧制力为 P，则在塑性曲线上的相应点为 e，过 e 作弹跳曲线 $\overline{mel}$（已知轧机刚度 K 就是直线 $\overline{mel}$ 的斜率）。然后，通过预压靠力 P_0 作水平线，此水平线与弹跳曲线交点 k 的横坐标 S_0'，即为轧辊辊缝指示盘应表示的原始辊缝值。

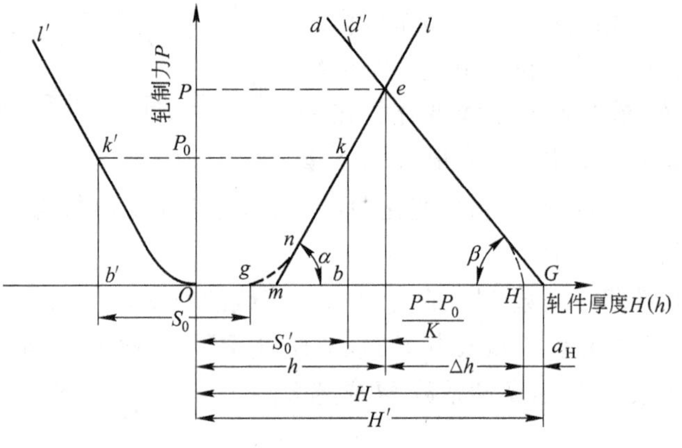

图 3-62 弹-塑曲线（P-H 图）

同样，当已知轧辊辊缝指示盘表的原始辊缝值为 S'_0 时，操作时轧制力为 P 值，则弹性曲线与塑性曲线交点 e 的横坐标 h，就表示轧出的轧件厚度。在该操作点 e 下，在 P-H 图上还可清楚地知道压下量 Δh 和轧机弹跳值 $\dfrac{P-P_0}{K}$ 等数值。

由上可知，弹塑曲线（P-H 图）是弹跳方程与塑性方程联立求解的一种图解形式。P-H 图能直观地表示出各种轧制条件和轧机刚度对轧件厚度的影响，并能对轧机的操作调整进行分析。

P-H 图是目前讨论板厚差和板厚控制问题的一个重要工具。利用 P-H 图可以形象地分析造成厚度差的各种原因及轧机的调整过程。

119. 什么叫辊缝人工零位？

在冷轧机上，以一定的原始辊缝 S_0 轧制不同厚度的轧件，测出轧制力 P 和轧出后的轧件厚度 h。显然，轧出的轧件厚度 h 与原始辊缝 S_0 之间的差值，即为在此轧制力 P 作用下的轧机弹性变形量 f。将测得的数值绘制成轧机弹性变形曲线，如图 3-63 中的曲线 gkl 所示，此曲线称为轧机弹跳曲线。弹跳曲线可以用轧制力 P 和轧出厚度 h 表示，也可以用轧制力 P 和轧机弹性变形量 f 表示。

由于轧制力一般都比轧机弹跳曲线上非直线段的最大轧制力高，故轧机弹跳曲线也可用图 3-63 的 kl 直线表示。此时轧出的轧件厚度 h 可近似地用下式表示：

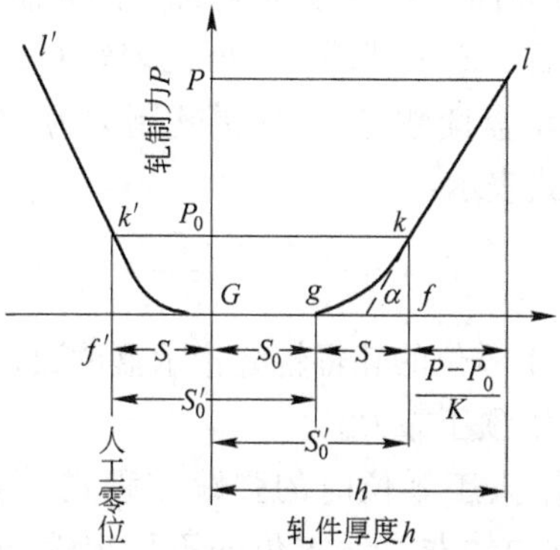

图 3-63 人工零位时弹跳曲线

$$h=S_0+\frac{P}{K} \tag{3-4}$$

式中　S_0——轧辊原始辊缝，mm；

P——轧制力，N；

K——轧机刚度系数，N/mm，$K=\tan\alpha$。

式 3-4 称为轧机的弹跳方程式，它反映了轧件厚度与轧机弹性变形的关系。

由于机座各部件间存在着间隙和接触不均匀等不稳定因素，弹跳曲线的非直线部分经常是变化的。在实际操作时，为了消除非直线段的影响，往往采用人工零位法进行轧制。即在轧制前，先将轧辊预压靠到一定的压力 P_0，并将此时的轧辊辊缝指示盘读数设为零，称为人工零位。图 3-63 中的弹跳曲线 $Gk'l'$ 就是预压靠曲线，在 G 点处轧辊开始接触，当压靠力为 P_0 时，轧辊原始辊缝为 Gf'，是一个负值。今以 f' 点作为人工零位，即将压靠力为 P_0 时的轧辊辊缝指示盘读数设为零（或称为清零）。显然，当压靠力 P 等于零时，实际的原始辊缝为零，而辊缝指示盘读数则为 $f'G=S$。如果轧辊继续上升，当实际的原始辊缝为 $Gg=S_0$ 时，辊缝指示盘读数应为 $f'g=S+S_0=S'_0$。曲线 gkl 为在此辊缝下的轧机弹跳曲线，它与压靠曲线 $Gk'l'$ 完全对称。当轧制力为 P_0 时，轧机弹性变形 $gf=f'G=S$，故线段 Gf 可代表轧制力为 P_0 时人工零位的轧辊辊缝指示盘读数 S'_0。如果轧制力为 P 时，则轧出的轧件厚度 h 可用下式表示：

$$h=S'_0+\frac{P-P_0}{K} \tag{3-5}$$

式中　S'_0——人工零位的轧辊辊缝指示盘读数；

P_0——轧辊预压靠力。

式 3-5 为采用人工零位时的弹跳方程式。采用人工零位操作，可以消除压靠曲线非直线零位的不稳定性，使弹跳方程便于应用。

式 3-4 和式 3-5 所示的弹跳方程，对于轧机的调整具有重要的意义：

（1）在实际操作时，要应用弹跳曲线来确定轧辊原始辊缝；

(2) 弹跳方程是轧机厚度自动控制的一个有力工具；

(3) 由于弹跳方程直接表示了轧件厚度与轧辊辊缝和轧制力的关系，可以用来作为间接测量轧件厚度的一个基本公式。

120. 怎样利用弹塑曲线(*P-H* 图)来分析轧机调整过程?

从上题可知，*P-H* 图可综合分析轧件与轧机间相互作用力和变形的关系。利用 *P-H* 图还可以形象地分析造成带钢厚度差的各种原因及轧机的调整过程。

(1) 轧辊的热膨胀与轧辊的磨损。这些缓慢变化量都使辊缝 S_0 发生变化，出口厚度由 h 变为 h' 或 h''，操作中可移动压下 δS 来补偿实际辊缝变化(图 3-64*a*)。

(2) 来料厚度增加 δH(图 3-64*b*)。原来轧制力为 P_z，轧出厚

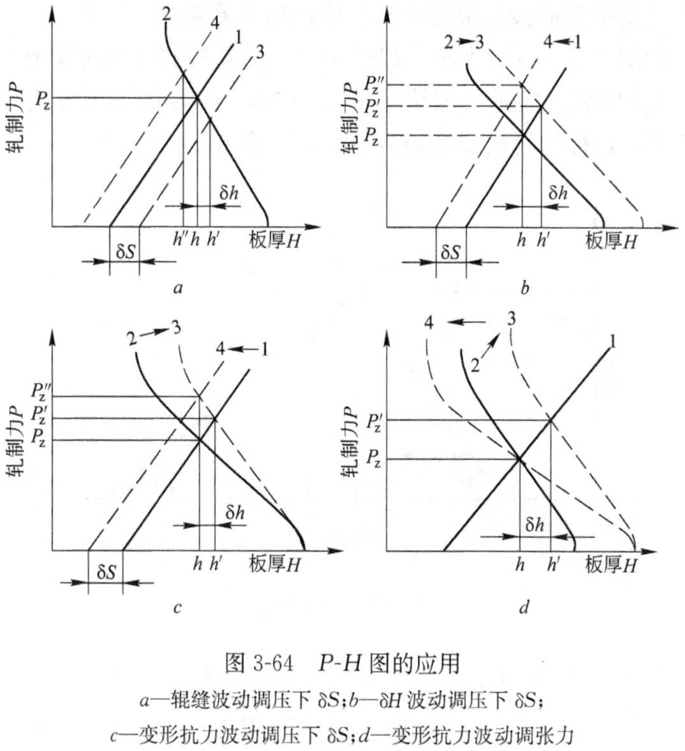

图 3-64 *P-H* 图的应用

a—辊缝波动调压下 δS；*b*—δH 波动调压下 δS；

c—变形抗力波动调压下 δS；*d*—变形抗力波动调张力

度为 h，当坯料厚度增加 δH 时，塑性曲线由 2 变到 3，轧制力变为 P_z'，轧后厚度变为 h'。为了消除厚度差 δh，需移动压下 δS，弹性曲线由 1 变到 4，轧制力变为 P_z''，使轧后厚度保持 h 不变。

(3) 轧件变形抗力的波动。轧件变形抗力增高时，塑性曲线由 2 变到 3(图3-64c)，轧制力 P_z 变到了 P_z'，轧后厚度变为 h'。为了消除厚度差 δh，使弹性曲线由 1 变到 4，轧制力变为 P_z'' (图3-64c)。

(4) 当来料厚度增加 δH 时，塑性曲线由 2 变到 3，也可改变张力使塑性曲线由 3 变到 4，轧后厚度仍保持 h 不变(图 3-64d)。

121. 轧机刚度与调节板厚有什么关系？

上题已定性地分析了 P-H 图与调节板厚的关系。下面定量分析轧机弹塑曲线与板厚差和板厚控制的关系。

如图 3-65 所示，当压下移动 δS 时(即轧机的弹性曲线由 1 变到 2)，这时轧件实际增加压下量为 δh，δh 与 δS 的比值称为压下效率 K_s，也称为辊缝传递函数或机座转换系数。

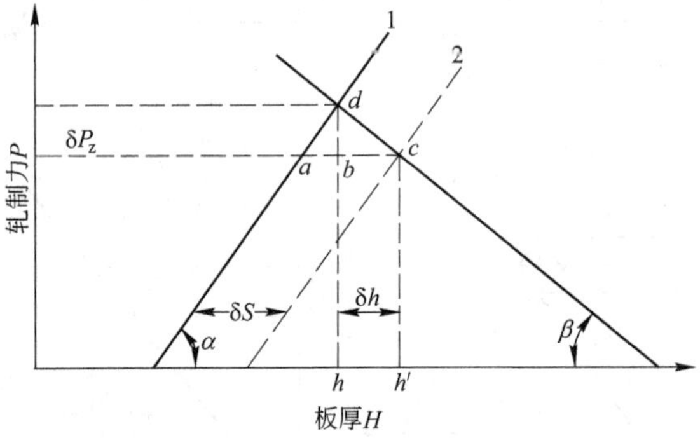

图 3-65　压下效率

由图 3-65 可知：$\delta S=ac$，$\delta h=bc$，$\delta P_z=bd$

而且：　　　　　$\tan\alpha=K$，$\tan\beta=M$

$$\delta h = bc = \frac{bd}{\tan\beta} = \frac{\delta P_z}{M}$$

$$\delta S = ac = ab + bc = \frac{bd}{\tan\alpha} + \frac{bd}{\tan\beta} = \frac{\delta P_z}{K} + \frac{\delta P_z}{M}$$

$$= \left(\frac{K+M}{KM}\right)\delta P_z$$

所以
$$K_s = \frac{\delta h}{\delta S} = \frac{\dfrac{\delta P_z}{M}}{\dfrac{K+M}{KM}\delta P_z} = \frac{K}{K+M}$$

举例说，如果压下效率 $K_s = 0.5$，即 $\delta S = 2\delta h$，压下螺丝调整值 δS 应为所需压下厚度 δh 的两倍。K_s 值决定于轧机刚度系数 K 和轧件塑性系数 M。从上式可知，轧机刚性越好，压下效率 K_s 越大，即在相同的厚度偏差 δh 下，可减少压下螺丝调节量 δS。知道 K 和 M 值后，就可求得压下效率 K_s。

在厚度自动控制系统中，在得到轧件厚度偏差信号 δh 后，用比例放大器的 $1/K_s$ 倍，使输入控制压下信号为 δS。

122. 什么叫预控(前馈)厚度自动控制(AGC)?

为了克服反馈控制的滞后现象，厚度自动控制系统可采用预控原理来调厚。由测厚仪测出入口带材的实际厚度 H^*，当它与给定值 $\overline{H}$ 相比有偏差 δH 时，可预先估计出将产生的出口厚度偏差 δh，由此预先确定应有的压下调整值 δS 值；然后根据该检测点进入轧机的时间，并考虑压下移动所需的时间提前进行控制。

δH、δh 和 δS 之间的关系可用图 3-66 求得。

由图 3-66 可知：$\delta H = ac$，$\delta h = ab$，$\tan\alpha = K$，$\tan\beta = M$，

$$ab = \frac{bd}{\tan\alpha} = \frac{bd}{K},\ bc = \frac{bd}{\tan\beta} = \frac{bd}{M},$$

$$ac = ab + bc = \frac{bd}{K} + \frac{bd}{M} = bd\left(\frac{1}{K} + \frac{1}{M}\right)$$

所以

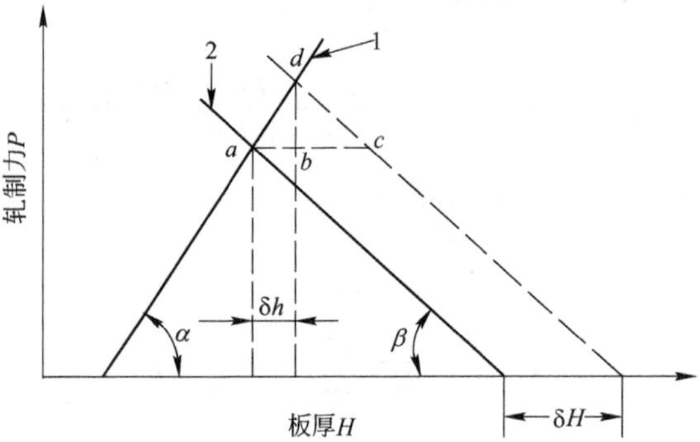

图 3-66 坯料厚度偏差 δH 与轧出厚度偏差 δh 的关系

$$\frac{\delta h}{\delta H}=\frac{ab}{ac}=\frac{\frac{bd}{K}}{bd\left(\frac{1}{K}+\frac{1}{M}\right)}=\frac{M}{K+M}$$

而

$$\frac{\delta S}{\delta h}=\frac{K+M}{K}$$

所以

$$\frac{\delta S}{\delta H}=\frac{\delta h}{\delta H}\times\frac{\delta S}{\delta h}=\frac{M}{K+M}\times\frac{K+M}{K}=\frac{M}{K}$$

即

$$\delta S=\frac{M}{K}\delta H$$

由上式可知，若坯料塑性系数 M 大，轧机刚度系数 K 较小，则要调整的压下量就大；反之，坯料塑性系数 M 小，轧机刚度系数 K 大，则轧机要调整的压下量就小。根据轧机的刚度系数 K 和塑性系数 M，由入口测厚仪检测到的入口厚度偏差 δH，便可由上式求得预控压下调整量 δS。计算公式的精度直接影响预控精度。

123. 怎样用压力信号来调节板厚(P-AGC)？

利用轧制力 P 来间接测量轧件厚度，然后调节辊缝进行厚度控制，故又称为压力-厚度自动控制(P-AGC)，是目前应用较广的一种形式。这种方法是应用测压仪测出轧件轧制力后，通过弹跳方程式间接得出轧件的厚度或厚度偏差。然后根据计算得到的轧件厚度偏差来调节辊缝，控制板厚。间接测厚法，由于得出的轧件厚度是处在轧辊辊缝中轧制的轧件厚度，所以信号传递时差小，能较好地改善轧件的厚度偏差，同时测量装置简单，便于维护。这种方法的缺点是轧件厚度的测量精度较低。但是，可以用轧机出口处测厚仪测得的厚度信号来修正间接测厚的测量精度。

P-AGC 系统的基本原理如下：

在压力厚度自动控制系统中，采用间接测厚法测出轧件厚度 h 后，要与轧件的给定厚度 h_0 比较，得出轧件的厚度偏差值 Δh，并输出辊缝调节量信号 ΔS，使辊缝作相应调整，保持轧件厚度不变。压力 P 的变化量(ΔP)与轧辊辊缝调整量(ΔS)之间的定量关系可由 P-H 图求得。由图 3-67 可知：

$$\overline{ab}=\Delta S, \overline{fh}=\Delta P$$

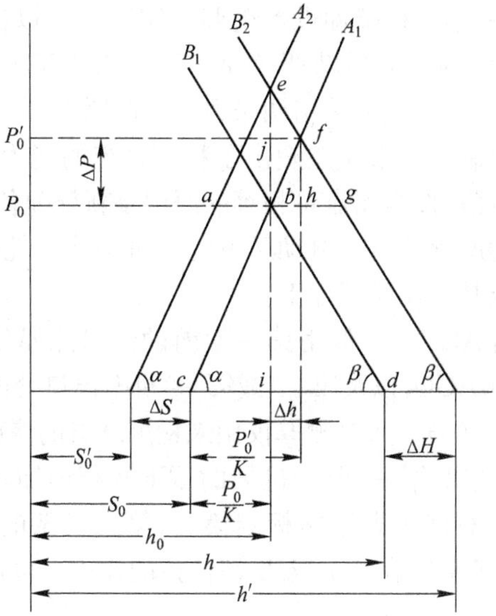

图 3-67 压力调厚时 P-H 图

则 $\Delta S : \Delta P = \overline{ab} : \overline{fh}$

由 Δabe 有： $\overline{ab} = \overline{eb}/K = (\overline{ej} + \overline{fh})/K$

由 Δejf 有： $\overline{ej} = M\overline{if} = M\overline{bh}$

由 Δbhf 有： $\overline{bh} = \overline{fh}/K$

代入，则得：

$$\frac{\Delta S}{\Delta P} = -\frac{1}{K}\left(1 + \frac{M}{K}\right)$$

由于压力 P 增加时，辊缝 S_0 应减小，即 ΔP 为正时，ΔS 为负，故符号相反。

124. 冷带钢连轧厚度控制系统的基本思想和工作原理是什么？

近年来，由于计算机技术的飞跃发展，除了新引进的冷轧机大多采用计算机控制外，现有冷轧机也正在为采用计算机的控制技术进行探索。

冷轧带钢厚度及板形精度要求高，因而要求厚度控制系统精度也高。冷带钢连轧机厚度控制系统的基本思想是：

要在第一、第二机架即设置粗调 AGC 系统，以保证坯料厚度偏差基本得到消除；以后精调 AGC 系统，由于压下效率低，而且要保证良好的板形，故常采用调张力作为调厚手段，对带钢厚度再次进行精确控制。如果误差超出了精调系统的能力范围，就改变第一架的设定值，按金属流量相等的原则重新分配各架的压下量，以达到合格的厚度精度。电动压下的五机架冷连轧机 AGC 系统的基本组成及其工作原理如下：

(1) 粗调 AGC。一般由第一架前的入口测厚仪，第一、第二机架的轧制力 AGC，以及第二(或第一)机架出口处的测厚仪组成粗调系统(图 3-68)。入口测厚仪用来检测坯料的厚度偏差(δH)，以此 δH 信号来对第一、第二机架的压下实行前馈控制。出口测厚仪则用于不断修正即不断标定第一、第二机架的轧制力 AGC 系统，以提高其控制精度，起着反馈监控的作用。根据秒流量相等原则，各架厚度 $h_i = \frac{v_2}{v_i} h_2$，精调系统以此第二或第一架出口厚度

(h_2 或 h_1)作为标准,通过调节速度比 v_2/v_i,来保证 h_i 的数值。因此,希望通过粗调系统的控制,基本上消除坯料的厚度不均,得到比较均匀的 h_2 或 h_1,以保证最终成品的精度。

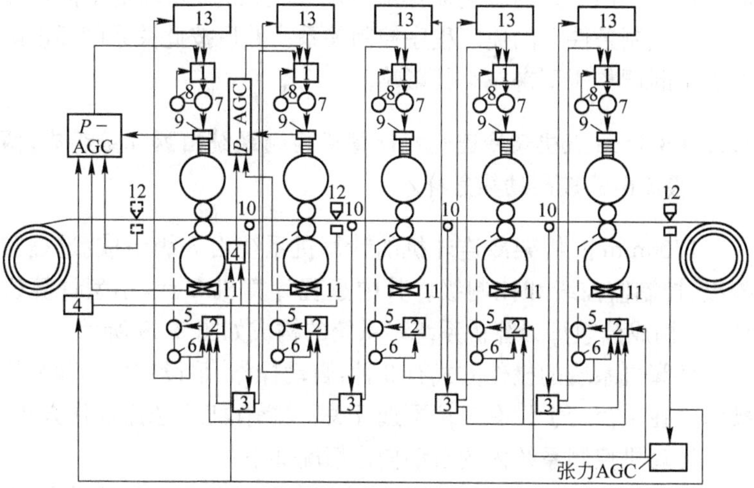

图 3-68 五机架冷连轧厚度控制系统(轧制方向自左至右)

1—压下电机速度调节器;2—主电机速度调节器;3—张力极限控制器;4—监视 AGC;5—主电机;6、8—测速机;7—压下电机;9—辊缝测量仪;10—张力辊;11—测压仪;12—测厚仪;13—加、减速补偿系统

(2) 精调 AGC。由第五架后的测厚仪及第四、第五机架的测厚仪组成带钢厚度精调系统。由于电动压下反应速度比较慢,加之压下效率也较低,且需考虑板形的影响,故精调 AGC 一般常采用张力作为调节手段。此时由成品架出口测厚仪发生信号来反馈控制第三~第四机架及第四~第五机架之间的张力。由于张力调节范围有限,当板厚差较大时,便需将偏差信号补充反馈给粗调 AGC 系统。

(3) 张力补偿及加减速补偿。带钢头部穿带和尾部轧制时,张力逐架建立和逐架消失,此时必须调整各架辊缝来补偿头尾厚差。加速及减速对冷轧带钢头尾厚差影响较大,如果等到速度变化产生厚差以后再用 AGC 进行调整，则必将加重 AGC 系统的负荷，故冷连轧时一般还采用了根据轧速来调整各架辊缝的附加系统，即加速和减速厚度补偿系统。用统计方法，找出本轧机各种轧制条件下摩擦系数的影响规律或厚度变化规律，以确定不同产品在不同轧制条件下的速度程序控制关系。然后按此关系随速度降低而不断调整压下来减小其影响。

125. 1700mm 五机架冷连轧机计算机控制系统由哪几级组成，两级监控的控制功能怎样？

1700mm 五机架冷连轧机的计算机系统由 3 级组成：过程监控级、控制监控级和控制级。其中过程计算机 2 台，小型计算机 15 台，构成分散型计算机系统。系统的构成如图 3-69 所示。

计算机系统的操作方式有 3 种：自动操作、手设定操作和紧急操作。在主控台上设有 3 位预选开关，由操作工来选定操作方式。

计算机控制系统内的自动操作情况如下：

(1)过程监控级。过程计算机完成轧机运行参数的预设定，生产过程数据的收集及处理，自适应和自学习控制，轧制过程的运行控制和工程记录、生产记录与事故记录等。

对轧机工艺过程的直接控制由控制监控级和控制级完成。

(2) 控制监控级。在自动操作时，人工智能控制台(IPU)上有两台视频显示器。一台显示轧制中钢卷和下一钢卷的生产过程预设定值以及计算机系统中主要设备的事故预告，以供操作工评价计算机的预设定计算的结果是否符合实际；如不满意，操作工可以通过显示给予修正，重新进行预设定计算，达到满意结果为止；如果预设定值是可行的，经操作工批准，这些预设定值才能输给执行系统。另一台视频显示器用于轧机生产计划的检查核对和调整。由于屏幕容量的限制，一次只能显示 5 个钢卷的原始数据。若检查经卡片阅读器读到磁盘中的一批钢卷的原始数据，应一部分一部分地把钢卷原始数据调出来检查。如果显示的钢卷编号及其数据核对同车间所列不一致，操作工可以通过显示器键盘通知

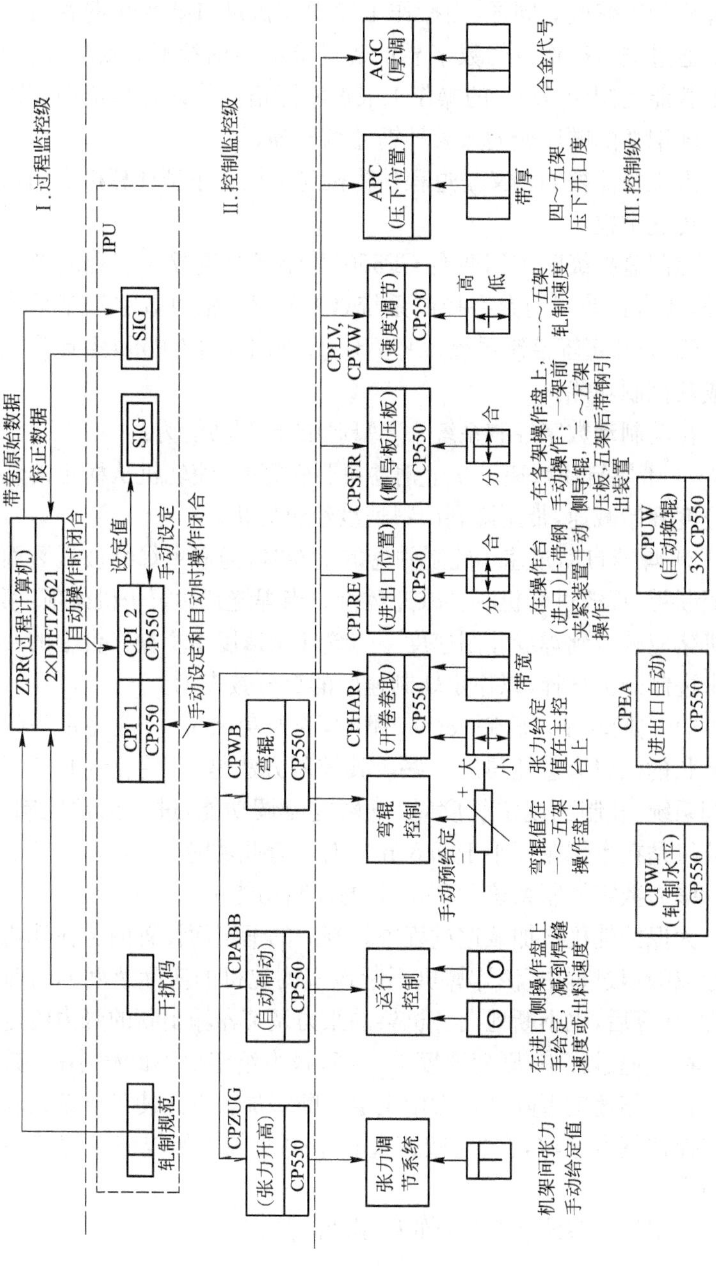

图 3-69 五机架冷连轧机生产过程控制计算机系统

计算机予以修改。同样，当操作工发现轧机进口处待轧钢卷与计算机通过进口操作台的数字显示装置指示的钢卷不一致时，通知人工智能控制台(IPU)的操作工根据实际情况修改计算机中存贮的待轧钢卷的顺序或插入某种钢卷编号等。

人工智能控制台又是过程计算机与下级各小型计算机之间信息的传递中枢。

控制监控级除了用两台 CP550 型计算机组成人工智能控制台外，还有自动制动数字控制系统(CPABB)、张力数字控制系统(CPZUG)和弯辊控制系统(CPWB)，分别用 3 台 CP550 型计算机完成其控制功能。

自动制动数字控制系统(CPABB)的控制功能为：

1) 带尾自动减速。一个钢卷将要轧完时，使轧机从稳定的轧制速度开始减速，带尾降到出料速度经过轧机。

2) 焊缝自动减速。轧制并卷的钢卷时，为避免焊缝被轧裂而造成断带，焊缝过轧机时要减速运行。当焊缝到达第一机架前，第五机架应减速到焊缝轧制速度。焊缝轧制速度由主操作台上的两位十进制开关选择，以稳定轧制速度的百分数表示。

3) 斜楔轧制。轧制较薄带钢时，为避免断带，一般将带头约 20m 长的一段有意轧得厚一些。其控制方法是，开始轧制时断开厚调系统，轧制到规定长度时，再恢复厚调功能，进行正常轧制。该轧机是在带钢厚度小于 0.85mm 时才有此功能。

张力数字控制系统(CPZUG)的控制功能是：

为保持轧机在加减速过程中轧制力的恒定而设置的。在轧机升速或降速过程中，该计算机不断地实测轧机的实际速度的瞬时值，经计算后，也不断地向各机架的张力调节器输出新的张力给定值。在升速过程中，则随速度的升高，张力给定值不断减小；在减速过程中随速度下降其张力给定值不断增加。以此使各机架的轧制力保持基本稳定，在加、减速过程中也使各机架辊缝及出口厚度稳定。

弯辊控制系统(CPWB)的控制功能是：

各机架均有液压弯辊装置，可按工艺要求实行正弯辊和负弯辊工作。采用的方法是，在积累工艺操作的大量资料的基础上，统计出不同带宽与弯辊力的相应关系，以表格的形式存于小型计算机中。该系统的操作分自动和手动操作两种方法。

126. 1700mm五机架冷连轧机工艺过程直接控制的功能有哪些？

1700mm五机架冷连轧机工艺过程直接控制有如下功能：

(1) 进、出口段。进、出口段用两台CP550型计算机，一台作进、出口段行程位置控制(CPLRE)，另一台作进、出口段顺序控制(CPEA)。

进口段：钢卷从步进梁接受到拆捆机中心，拆除捆带，将带钢降至穿带水平，钢卷从钢卷车的接受位置移送到预开卷位置及带头定位，钢带垂直定位至开卷筒中心，将钢卷从预开卷位置送到开卷机的胀筒上，钢卷车返回。

出口段：钢卷车的移动、钢卷提升器的定位及阀门的开关。

上述每个动作的控制都由进出口段行程位置控制(CPLRE)来完成，而这些动作的先后顺序则由进出口段顺序控制(CPEA)来完成。

(2) 侧导板和压板调节系统(CPSFR)。侧导板和压板调节系统用一台CP550型计算机来完成对一机架前、各机架之间及五机架后所有侧导板装置进行宽度调整。

(3) 开卷/卷取控制(CPHAR)。开卷/卷取控制用一台CP550型计算机，这台计算机用于无论电机、卷径、速度、带钢厚度和宽度、开卷/卷取机的转动惯量、钢卷以及在卷取机的不同点的加速、延时和电流等干扰因素如何变化，都能保证带钢卷得很好，并且保证开卷/卷取机的张力恒定。另外能确定卷取机上每个卷取来的钢卷尾部的位置。

开卷/卷取控制也能够手动输入宽度及张力给定值，必要时，操作人员还可通过CPHAR改变轧制张力，对实际的带钢给定值进行收集和输出，以适应带钢张力的模拟量控制。

此外，CPHAR 还有如下功能：计算钢卷直径及其减小率；计算钢卷转动惯量及整个卷筒的惯量；计算由转动惯量加速度产生的加速力矩；计算由钢卷直径增加产生的制动力矩；计算张力力矩、力矩和等。

(4) 速度数字给定和调节系统（CPLV、CPVW）。速度数字给定和调节系统使用了两台 CP550 型计算机。一台用于产生引导给定值，完成各机架加、减速同步运行。即无论在什么情况（不同穿带方式、不同运行命令）下，都能产生一条平滑的引导给定值曲线。还能向开卷/卷取机输送加、减速度值。一台用于产生速度给定值。

(5) 轧制线水平数字调节系统（CPWL）。在连轧机初次调试或换辊后，工作辊/支撑辊直径的偏差使得轧制线不能保持水平。所以，采用斜楔调整补偿工作辊和支撑辊各种不同直径组合的偏差，以使轧制线保持在一个固定的水平面上。自动位置控制是由给定值数字传递和模拟实际值检测所组成的数字控制系统。控制取决于实际值与给定值之间数字的比较。5 个机架的斜楔调整由一台 CP550 型计算机来完成。

(6) 自动换辊（CPUW）。由 3 台 CP550 型计算机来完成 5 个机架的换辊控制，其中第一机架和第二机架用一台，第三和第四机架用一台，第五机架用一台计算机控制。换辊时间不超过 5min。

换辊有 4 种操作方式：自动操作、半自动操作、手干预自动操作、手动操作。采用哪种操作方式换辊由控制台选择。

(7) 厚度自动调节系统（AGC）及压下位置调节系统（APC）。由过程计算机经 CPIP1 计算机向系统传输设定值：第一机架前、后和第五机架后的测厚仪的厚度设定值 H_0、H_1 及 H_5 和被测带钢的钢种分组号（合金成分）；机架刚度系数（K）、轧件塑性系数（M），以及有关系数 $K/(M+K)$、M/K 和 $1/K$；各机架压下装置的开口度 $S_1 \sim S_5$ 等。该两系统由数字-模拟混合系统构成。

127. 2030mm 全连续轧机控制系统的特点是什么？

（1）自动控制系统的组成。2030mm 冷连轧机的自动控制系统由 3 台西门子 300 系列产品 R30K 型计算机、2 台 R10VS 计算机、13 台 S_5 型可编程序控制器及若干模拟装置组成。

3 台 R30K 计算机各自功能如下：

一台 R30K 最佳化计算机。这台计算机与生产管理系统 FLS 相联，接受 FLS 的命令，按照主控台输入的轧制方案及有关数据，对要轧制的带钢进行最佳设定计算，亦借助于自适应数学模型，算出各个环节的最佳给定值，如轧机各机架的出口厚度 h_i、各机架的速度 v_i、各机架的辊缝 S_i、轧制力 P_i、机架间张力 T_i 等。最佳化追求的目标是使设备的生产能力及产品质量达到最高。

另一台 R30K 计算机作为控制机 1。其控制范围从入口信息点至卷取机的整个轧机范围各模拟系统，如厚度自动控制系统 AGC，压下控制系统 APC，轧机速度及运行控制，包括焊缝及缺陷跟踪。此外，还有进出料、轧制水平线控制，常规轧制时钢卷定位及测定值收集等方面的控制。

第三台 R30K 型计算机作为控制机 2。其控制范围从开卷机，经焊机、活套至一机架头部信息点活套范围的焊缝跟踪，活套监控（即根据活套充满度监视轧机速度及充套速度）、活套张力给定与调节，焊机管理和测量值收集等。

控制机 1、2 是自动控制系统的关键，没有控制机 1 轧机不能运行，没有控制机 2 不能实现全连续轧制。此外，一台 R10VS 型计算机用于板形控制，另一台 R10VS 用于模拟系统的故障干扰信息收集。还有一台小型计算机用于焊机控制。

除上述各系统外，尚有厚度自动控制、位置控制、速度控制等各模拟系统；加上 13 台可编程序控制器，用于位置控制、行程控制、进出料及换辊小车、连锁控制及二进制信息的逻辑处理；还有大量仪表，如 7 台 X 射线测厚仪，20 个位置传感器及测压、测张力、测速度、测板形和定中等装置等，这些组成了 2030mm 轧机完美的控制系统。

（2）工作原理。系统设计的指导思想是以秒流量相等的原理为基础，即在一机架上消除原料厚度偏差的95%，建立秒流量恒等的初始条件，由张力调节系统维持流量稳定，提高速度精度来保证板厚精度。其表达式为：

$$V=h_i v_i$$

式中 V——秒流量，m^3/s；

h_i——i 机架出口板厚，mm；

v_i——i 机架出口板速，m/s。

上述思想的关键是不直接控制辊缝，板厚精度是通过恒定秒流量、提高速度精度来达到的。这对冷轧带钢来说，比直接控制辊缝效果更好，特别是对宽带钢更是如此。

（3）控制思想的实现。主要包括以下几方面的内容：

1）由AGC系统第一机架各调节环节消除原料厚度偏差的95%。

将第一机架前测厚仪至第一机架的距离2850mm分为6段，取每段的测量平均值 Δh_0 作为该段的厚度偏差，将其转为压力偏差 ΔP 后，送至轧制力调节器。ΔP 计算公式为：

$$\Delta P=K\Delta h_0 M$$

式中 K——修正系数；

M——材料塑性系数。

实测轧制力之后，考虑到机架刚度、油膜厚度变化及第一机架后测厚仪测得的偏差、辊缝实测值等，综合上述因素与计算机设定的第一机架出口厚度 h_1 之差记为 Δh_{G1}，然后根据 Δh_{G1} 去修正轧制力，并在修正之前将 Δh_{G1} 转为轧制力 $\Delta P'$：

$$\Delta P'=K_2\Delta h_{G1}M$$

式中 K_2——修正数量。

由第一机架后的测厚仪测得厚度偏差 Δh_1，按这个厚差算出轧制力的修正值 $\Delta P''$：

$$\Delta P''=K_3\Delta h_1 M$$

最后将 ΔP、$\Delta P'$、$\Delta P''$一起送到轧制力调节器，综合其结果去调节辊缝，从而消除入口厚度偏差。同时，根据 Δh_1 来调整第一机架转速，以保证进入第二机架流量恒等。

入口流量控制是十分重要的，因为它是 AGC 系统正常工作的前提。

2）由张力调节系统维持流量恒定。张力恒定是连轧机系统稳定的重要环节，因为张力波动必然引起各机架的负荷转移，导致扭矩、压力、出口厚度都产生变化，使最佳设定前功尽弃，所以，张力调节系统是维持流量恒定的关键，也是实现最佳设定的前提条件。在本 AGC 系统中，由轧制力调节器，根据张力偏差调辊缝。而辊缝修正既消除了张力偏差，又修正了出口厚度，亦即保持秒流量恒定。

3）提高速度精度保证板厚精度。西门子设计的主传动速度自动控制系统中，采用了流量自适应调节器速度控制方式，除了通常的电枢电流环、转速环、电势和磁通环外，还有数字给定装置、转速数字和状态干扰动态观测器等辅助环节，从而使轧辊线速度 v_{ri} 的控制精度达到 0.04%，即使在低速状态下也可达到 1%，故精度很高。

六、冷带钢板形控制

128. 轧机辊缝形状与哪些因素有关？

带钢的横向厚度差（即断面形状的变化）和板形的变化是由辊缝形状的变化引起的。影响辊缝形状的因素有：

（1）轧辊的弹性弯曲变形。它使辊缝中部尺寸大于边部尺寸，带钢中部产生凸度，带钢边缘减薄。轧制力越大，轧辊的弹性弯曲变形越大；轧辊直径越大，刚性就越好，则轧辊的弹性弯曲变形越小。

（2）轧辊的热膨胀。轧制时轧件变形而产生的热量、轧件与轧辊摩擦而产生的热量都会使轧辊受热。冷却润滑液又会使轧辊冷却。由于沿辊身长度上其受热和冷却不一致,在各种因素的影响下,轧辊中部比两端的热膨胀大,从而使轧辊产生热凸度,影响辊缝形状。

(3) 轧辊的磨损。工作辊与带钢之间、工作辊与支撑辊之间的摩擦会使轧辊磨损。影响轧辊磨损的因素也是多方面的,例如,轧辊与带钢的材质、轧辊表面硬度和粗糙度、轧制力和轧制速度、前滑和后滑的大小以及支撑辊与工作辊之间的滑动速度等都会影响轧辊磨损的快慢。另外,沿辊身长度方向轧辊磨损是不均匀的,这些都会影响辊缝的形状。

(4) 轧辊的弹性压扁。轧制时,由于轧制力的作用,带钢与工作辊之间、工作辊与支撑辊之间均会产生弹性压扁。影响辊缝形状的不是轧辊弹性压扁的数值,而是压扁值沿辊身长度方向的大小。对于工作辊来说,如果轧制力沿带钢宽度是均匀分布的,则工作辊的弹性压扁分布也是均匀的。由于工作辊与支撑辊之间的接触长度大于带钢与工作辊的接触长度,因而接触长度上各点的压力是不相同的,这就使辊与辊之间弹性压扁值沿辊身长度方向也是不均匀的。工作辊与支撑辊之间不均匀压扁引起了辊缝形状的变化。

(5) 轧辊的原始辊形(凸形、凹形或圆柱形)。轧辊原始辊形不同,就可以人为地使辊缝形状不同。我们在生产中就用轧辊原始辊形这一因素来补偿上述因素对辊缝所造成的影响。

129. 什么叫辊形,辊形设计的任务是什么?

轧辊辊身表面的轮廓形状称为辊形,一般以辊身中部和端部的直径差 ΔD(即凸度)来表示。

在常温下,刚磨制出来的辊形称为原始辊形(ΔD_0),轧制过程中,由于辊温和磨损的影响,辊形发生变化,这时的辊形称为工作辊形(ΔD),工作辊形 ΔD 为:

$$\Delta D=\Delta D_0+\Delta D_{热}-\Delta D_{磨}$$

式中　ΔD_0——原始辊形，凸形为正，凹形为负，圆柱形为零；

$\Delta D_{热}$——热凸度，凸形为正，凹形为负；

$\Delta D_{磨}$——磨损凹度。

辊形设计的任务就是在轧制时使工作辊辊形能够补偿轧制力引起的轧辊弹性变形（包括弹性弯曲和弹性压扁），以保证带钢的横向偏差（断面凸度）最小，这时，工作辊原始辊形的设计条件是：

$$\Delta D_0 = f - \Delta D_{热} + \Delta D_{磨}$$

式中　f——工作辊的弹性弯曲变形。

由于轧辊磨损值很难事先确定，所以，工作辊的原始辊形只由轧辊弹性变形（挠度）和热凸度决定。磨损的影响则靠换辊、合理安排不同产品的轧制计划、压下规程、调整辊温分布等方式来补偿。此时

$$\Delta D_0 = f - \Delta D_{热}$$

式中，轧辊弹性弯曲变形与轧辊刚度和轧制力有关。轧辊的热凸度 $\Delta D_{热}$ 决定于轧辊的材料和辊身温度分布。由于影响轧辊温度差的因素很多，所以轧辊温差多采用实测值，有时 $\Delta D_{热}$ 也采用实测值。

按照不同轧机的轧制条件，原始辊形可以是圆柱形（$\Delta D_0 = 0$）、凸形（$\Delta D_0 > 0$）和凹形（$\Delta D_0 < 0$）。

四辊冷轧机的支撑辊一般磨成圆柱形，而工作辊则磨成一定的凸度，可以磨一个工作辊呈凸面，也可以两个工作辊都磨成凸面的。现场生产一般只磨一个工作辊呈凸面，这样磨辊比较方便。当辊形设计合理时，上述辊形的组合都能轧出横向厚度比较均匀的带材（图 3-70）。

130. 怎样计算轧辊挠度？

为了简化计算，近似地认为四辊轧机支撑辊与工作辊之间的压力分布是沿辊身长度方向均匀分布的。此时，支撑辊受力简图如图 3-71 所示。

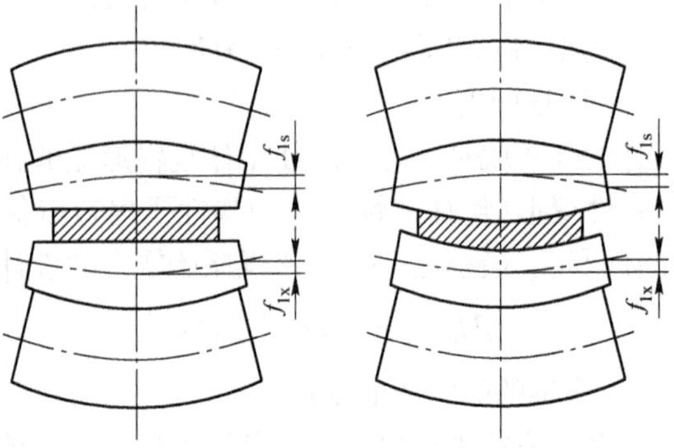

图 3-70 辊形对板材横向厚度差的影响

a—两个工作辊凸形；*b*— 一个工作辊凸形

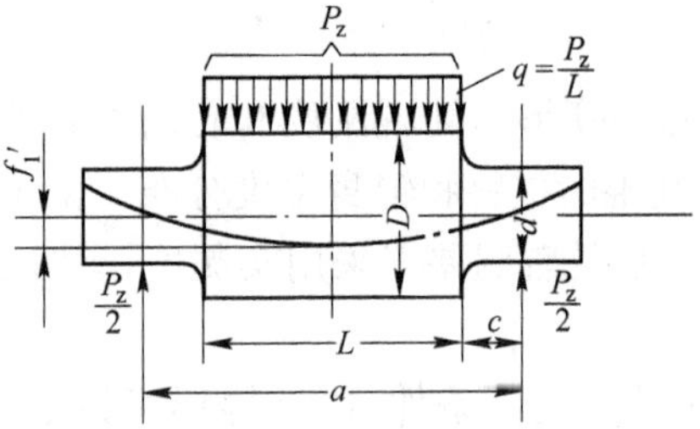

图 3-71 支撑辊受力简图

设每个支撑辊辊身中央的最大挠度为 f_1'，则四辊轧机轧辊的弯曲变形（挠度）f_1 为：

$$f_1 = 2f_1'$$

由于轧辊（支撑辊）直径与长度之比值较大（$D/L=0.4\sim1$），则横切力对挠度的影响不可忽略。因此，支撑辊最大挠度 f_1'为：

$$f_1' = f_{弯}' + f_{切}'$$

式中 $f_{弯}'$——支撑辊弯曲挠度；

$f_{切}'$——支撑辊切力挠度。

用材料力学方法可以求出（图 3-71）：

$$f_{弯}'=\frac{P_z}{18.8ED^4}\left\{8a^3-4aL^2+L^3+64c^3\left[\left(\frac{D}{d}\right)^4-1\right]\right\}$$

$$f_{切}'=\frac{P_z}{\pi GD^2}\left\{a-\frac{L}{2}+2c\left[\left(\frac{D}{d}\right)^2-1\right]\right\}$$

式中 P_z——轧辊上的总轧制力；

E——轧辊的弹性模量；

G——轧辊的剪切模量；

D——支撑辊的辊身直径；

d——支撑辊的辊颈直径；

L——支撑辊辊身长度；

a——支撑辊轴承中心线间的距离；

c——支撑辊辊身边缘至轴承中心线间的距离。

举例：已知条件：300mm 四辊冷轧机，工作辊直径：$D_{工}=120$mm；辊颈直径：$d_{工}=75$mm；支撑辊直径：$D_{支}=300$mm；辊颈直径：$d_{支}=150$mm；辊身长度：$L=300$mm；轧辊材质：60CrMoV；支撑辊轴承中心线间的距离：$a=545$mm；支撑辊辊身边缘至轴承中心线的距离：$c=122.5$mm；轧辊弹性模数：$E=2.1\times10^5$MPa；轧辊剪切弹性模量：$G=0.8\times10^5$MPa；轧制 08Al 钢带，轧制力：$P_z=1110$kN；钢带宽度：$B=206$mm。

(1) 由弯矩引起的挠度 $f_{弯}'$ 为：

$$f_{弯}'=\frac{P_z}{18.8ED^4}\left\{8a^3-4aL^2+L^3+64c^3\left[\left(\frac{D}{d}\right)^4-1\right]\right\}$$

$$=\frac{111\times10^3}{18.8\times2.1\times10^4\times300^4}\left\{8\times545^3+300^3-4\times545\times300^2+64\times122.5^3\left[\left(\frac{300}{150}\right)^4-1\right]\right\}$$

$$=0.1003\text{mm}$$

(2) 由于剪切引起的挠度 $f_{切}'$ 为：

$$f_{切}'=\frac{P_z}{\pi GD^2}\left\{a-\frac{L}{2}+2c\left[\left(\frac{D}{d}\right)^2-1\right]\right\}$$

$$=\frac{111\times10^3}{3.14\times0.8\times10^4\times300^2}\left\{545-\frac{300}{2}+2\times122.5\left[\left(\frac{300}{150}\right)^2-1\right]\right\}$$

$$=0.048\text{mm}$$

所以支撑辊最大挠度 f_1'为：

$$f_1'=f_{弯}'+f_{切}'=0.1003+0.048=0.148\text{mm}$$

131. 怎样计算轧辊弹性压扁量?

假定工作辊与支撑辊之间的压力是均匀分布的，即不考虑对轧辊弯曲变形的影响，并把工作辊与支撑辊之间的弹性压扁看作是两个圆柱体的接触变形，如图 3-72 所示。由于接触压扁，两辊中心线互相靠近的数值(即压扁值)可由下式计算。

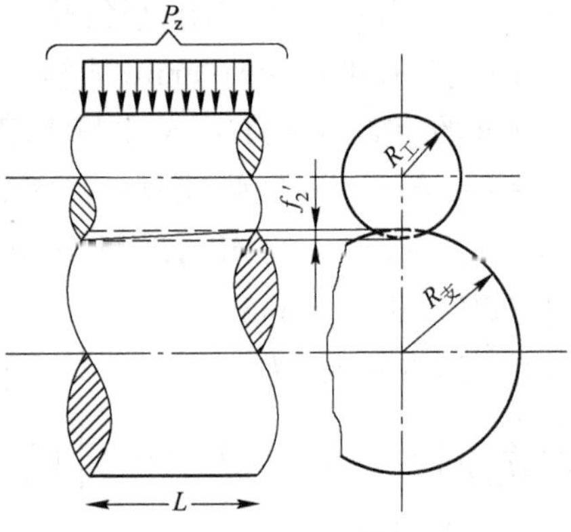

图 3-72 工作辊与支撑辊之间的弹性压扁示意图

$$f_2'=1.3\frac{P_z}{EL}\log\left[\frac{35.5EL}{\left(\frac{1}{R_工}+\frac{1}{R_支}\right)P_z}\right]$$

式中 f_2'——每对工作辊与支撑辊之间的弹性压扁量；

P_z——作用在轧辊上的总压力；

L——轧辊辊身长度；

$R_{工}$——工作辊半径；

$R_{支}$——支撑辊半径；

E——轧辊弹性模数，钢轧辊取 $E=2.1\times10^5$ MPa。

故上下两对工作辊与支撑辊之间的弹性压扁量的总和为：

$$f_2=2f_2'$$

举例：已知条件同上题，则 f_2' 为：

$$f_2'=1.3\frac{P_z}{EL}\log\left[\frac{35.5EL}{\left(\frac{1}{R_{工}}+\frac{1}{R_{支}}\right)P_z}\right]$$

$$=1.3\times\frac{111\times10^3}{2.1\times10^4\times300}\log\left[\frac{35.5\times2.1\times10^4\times300}{\left(\frac{1}{60}+\frac{1}{150}\right)\times111\times10^3}\right]$$

$$=0.159\text{mm}$$

132. 怎样计算轧辊热凸度？

在冷轧中，由于带材变形热和摩擦热的作用，轧辊难免会有一定的温度升高。实践表明，辊身各部分的温度并不一致，由此引起的温度差将导致轧辊直径尺寸的热膨胀差（即轧辊热凸度）。在正常轧制过程中，工作辊表面的温度可升至 80～120℃，支撑辊表面温度可升至 50～70℃。工作辊辊身中部（温度最高处）与边部的温差通常为 15～20℃，最高可达 30～40℃，支撑辊辊身中部与边部的温差通常为 5～6℃，最高可达 15～20℃。冷轧机工作辊表面的最佳温度是 60～70℃，辊身中部与板材边部的温差为 5～10℃，与辊身边缘的温差为 10～20℃。在正常条件下，支撑辊辊身的纵向温差不大于 5℃。轧辊辊身温度分布不均，使轧辊产生热凸度。

轧辊热凸度 $\Delta D_{热}$ 可近似地按下式计算：

$$\Delta D_{热}=K_t\alpha\Delta tD$$

式中 D——轧辊直径，mm；

Δt——辊身中部与边部的温度差，℃；

α——轧辊材料的线膨胀系数，1/℃，对钢轧辊来说，取 $\alpha=11.9\times10^{-6}$ 1/℃，铸铁轧辊 $\alpha=12.8\times10^{-6}$ 1/℃；

K_t——约束系数，当轧辊横截面上温度为均匀分布时，$K_t=1$，当温度分布不均且表面温度等于心部温度时，$K_t=0.9$。

举例：已知条件同上题。取工作辊中部与板边的温度差 $\Delta t=5$℃，轧辊热凸度 $\Delta D_{热}$ 为：

$$\begin{aligned}\Delta D_{热} &= K_t\alpha\Delta tD\\ &=0.9\times11.9\times10^{-6}\times5\times120\\ &=0.0064\text{mm}\end{aligned}$$

133. 怎样合理选择冷轧工作辊的原始辊形？

工作辊原始辊形的合理选择是以正常生产条件下相对稳定的轧制力、辊温和辊身磨损特点为依据的。原始辊形 ΔD_0 本质上起到补偿各因素的平均影响的作用。生产中，对辊形的控制和调整又是在原始辊形的基础上施行的，或者说是以原始辊形为其出发点的。因此，原始辊形选择得合理与否对辊形控制的效果有直接影响。由此可见，合理的辊形设计与辊形的实际控制二者是相辅相成的。

检验原始辊形的合理与否应从产品质量、设备利用情况、操作的稳定性以及是否能有效地减少实际辊形控制与调整的工作量等方面来衡量。原始辊形凸度选得过大或过小，都会在带材产品的板形与横向厚差上反映出来，凸度选得过大会引起轧件的横窜或蛇行以及容易造成断带事故；辊形凸度选得过小有可能限制轧机能力的充分发挥，因为原始凸度小，在实际操作中，压下稍微给大一些，带材就会因出现边浪而报废，尽管此时实际操作上轧制力还远未达到允许值。

工作辊原始辊形 ΔD_0 与轧辊弹性变形（挠度）f_1、轧辊间弹性

压扁 f_2、轧辊热凸度 $\Delta D_{热}$ 的关系如下：

$$\Delta D_0 = f_1 + f_2 - \Delta D_{热}$$

在生产中，原始辊形的选定并不完全是依靠计算，而主要是依靠经验估计与对比。按经验确定原始辊形 ΔD_0 的方法，一般都是先参照国内外已有的同类型或相似轧机的经验预选一个原始凸度值(开始时此值都选得偏小一些)，然后根据试轧的效果逐渐修正。由于冷轧工作辊换辊频繁，故轧制一批产品后根据实际情况再调整一下原始辊凸度值是完全应该的。在大多数情况下，一套行之有效的辊形制度都是经过一段时期的试轧，反复比较其实际效果之后才确定下来，并且随着生产条件的变化作适当的改变。也应进行必要的理论验算。从所考虑轧机的具体轧制条件出发，经验估计与理论计算互相补充，使辊形的初步设计有较充分的根据。

134. 怎样补偿生产中的轧辊磨损？

在轧制过程中，工作辊与支撑辊均将逐渐磨损，支撑辊的磨损较工作辊少。轧辊磨损则使辊缝形状逐渐变得不规则起来。影响轧辊磨损的主要因素是磨损速度(在一定轧辊使用期间内的实际磨耗量)以及磨损的分布特点。轧辊磨损与所轧品种、规格及轧制计划的安排、轧制工艺制度、轧辊材质、原始辊形与轧辊冷却润滑条件等都密切相关。

生产中，轧辊的磨损主要通过合理选择原始辊形来补偿。对于四辊轧机来说，由于工作辊与支撑辊的换辊周期不一样，一般工作辊换辊很频繁，因此，可以做到每更换一次(或几次)工作辊，就适当增加工作辊原始凸度，以弥补支撑辊磨损带来的影响，例如，某 1200mm 可逆式四辊冷轧机在轧制厚度在 0.5mm 以下的产品时，工作辊的换辊周期仅为支撑辊的 1/16，即工作辊换辊 16 次，支撑辊才更换 1 次。针对这种实际情况，当轧制 1020mm 宽的变压器硅钢片时，在支撑辊使用初期所采用的工作辊凸度为 0.07mm，以后随着支撑辊的逐渐磨损，工作辊凸度由 0.07mm 渐次递增到 0.13mm。表 3-40 为可逆式四辊冷轧机原始辊形凸度配置实例。

表 3-40　单机 1200mm 可逆式四辊冷轧机辊形配置实例

轧制产品		工作辊凸度值/mm	备　注
T8A	B=1020mm	0.07～0.10	支撑辊使用前期，工作辊凸度用小值，后期用大值；只有上工作辊有凸度，下工作辊凸度为零
硅钢板	B=1020mm	0.07～0.13	
硅钢板	B=800mm	0.28～0.32	
镀锡板	B=760mm	0.25～0.28	
普通板	B=820～870mm	0.15～0.18	
普通板	B=1020mm	0.05～0.10	

135. 调整辊形的方法有哪几种？

为了改善板形和缩小横向厚度差，就要控制工作辊的实际凸度和实际挠度，以满足减小横向厚差的要求。在轧制过程中，有很多因素促使工作辊的实际凸度和挠度不断变化，例如：

(1) 轧制工作时间的长短、轧制速度的高低、轧制品种的不同、轧辊冷却条件的差异等都会引起轧辊温度分布状况的改变，导致轧辊热凸度的变化，从而引起工作辊实际凸度的改变。

(2) 在轧制过程中轧辊的磨损不断增大，也引起轧辊实际凸度的变化。

(3) 轧件厚度、宽度、张力等的变化及轧件力学性能不均等的影响，均会引起轧制力的大小及横向分布规律的变化，从而引起工作辊实际挠度的改变。

因此，在辊形设计时，计算出一个原始辊形凸度 ΔD_0，但是仅靠一个固定的轧辊原始凸度，显然不能保持良好的板形，这就要求在轧制过程中对轧辊实际凸度和实际挠度不断进行调整（即辊形调节）。目前，在冷轧机的生产实践中采用的辊形调节方法有：

(1) 按合理的辊形设计，根据经验或计算，对给定规格求出工作辊原始凸度 ΔD_0，使其保持所需板形及横向厚差。生产中，用不同的工作辊原始凸度来适应各种规格的带材。

(2) 调节沿辊身长度上的温度分布，即改变 $\Delta D_{热}$。如用辊身长度方向分段冷却轧辊，改变各段冷却液的数量和温度，便可改变轧辊的热凸度 $\Delta D_{热}$，从而也就改变了轧辊实际凸度，达到调整辊形的目的。此方法的优点是采用的设备和控制方法都很简单，但它的调整速度很慢，惯性大，不能满足高速轧制的要求，且不能经常保持轧辊热凸度的对称性和稳定性。

(3) 改变压下规程，调整轧制力，改变轧辊实际挠度。例如，带钢产生对称边浪，通过减小压下量，减小轧辊本身的挠度就可缓和或消除这种缺陷。此方法的缺点是改变压下量会影响带钢出口厚度，可能导致轧制道次的增加，降低生产率。

(4) 采用液压弯辊装置，调节轧辊挠度，改变轧辊实际挠度。当采用这种方法时，轧辊(工作辊或支撑辊)两端受一附加的弯曲力作用，可加大或减小轧辊在轧制过程中所产生的挠度，使轧辊实际挠度自动或人工地保持在最佳数值上。液压弯辊的突出优点是快速、准确，能满足高速度、高精度轧制的要求，实现板形自动控制；能使一种辊形适应多种规格的生产，便于磨辊，减少了换辊次数，提高了作业率。但此方法也有缺点，如弯辊力使轧辊有关零件的负荷增加，降低零件使用寿命等。

(5) 采用高性能轧辊凸度控制轧机，即 HC 轧机，该轧机在工作辊与支撑辊间有能做轴向移动的中间辊。两个中间辊的移动是对称的，但方向相反。工作辊上有调节辊形用的液压弯辊装置。该轧机能够根据被轧板材的宽度设定中间辊的移动量。这样，工作辊和支撑辊在板宽的外侧有一端不接触，消除了工作辊的附加弯曲，因而使工作辊弯辊效果更为显著，提高了辊形调节的灵敏度。

136. 带钢横向厚差与板形是一回事吗?

板带材沿宽度方向的厚度偏差(即带钢中部与边部厚度之差)称为横向厚差(或称为同板差或三点差)。它决定于板材横截面的形状(图 3-73)。

矩形截面的横向厚差为零，属于理想的情况。楔形截面的横向厚差是因左右压下装置调整不当引起的。对称的凸形或凹形截

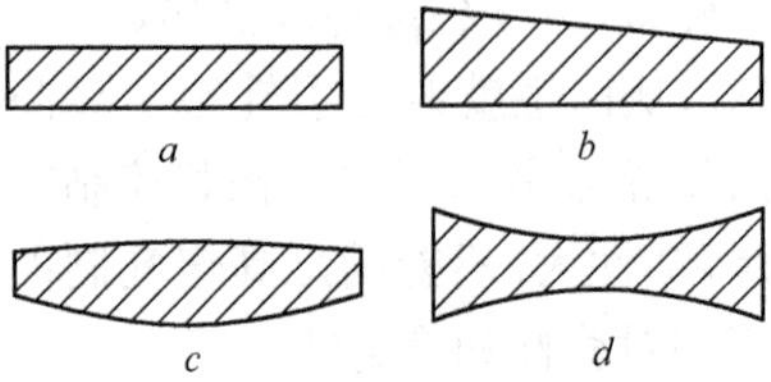

图 3-73　板带材的横截面形状

a—矩形（理想形状）；*b*—楔形；*c*—凸形；*d*—凹形

面的横向厚差是由于轧制时实际辊缝形状所造成的，它决定于辊形的设计和轧机调整以及坯料等问题。在产品标准中，对横向厚差都作了规定。

减小板带材的横向厚差首先有利于保证产品的厚度均匀性，另一方面，也提高了成材率，特别是按板带钢长度交货时，可带来一定的经济收益。

板形是板带材平直度的简称。板形的好坏是指板带材横向各部位是否产生波浪或折皱，它决定于板带材沿宽度方向的延伸是否相等。如图 3-74 所示，如果轧制时的辊缝不良，两边的延伸大于中部的延伸，则产生对称的双边波浪；反之，如果中部延伸大于边部延伸，则产生中间波浪（瓢曲）。如果两边的压下不当，使一边

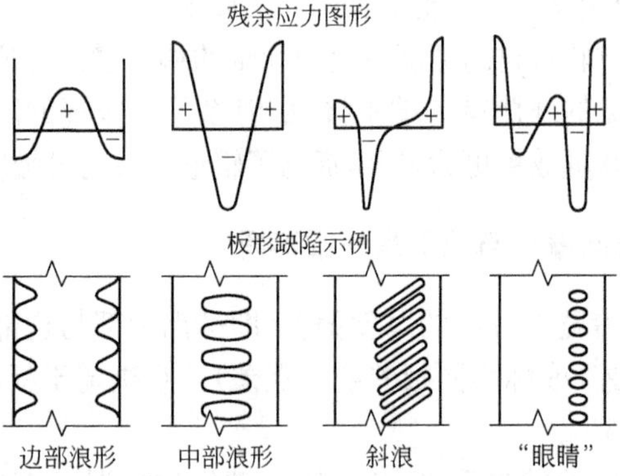

图 3-74　板形缺陷

的延伸大于另一边的延伸，则产生单边波浪，或镰刀弯。

常见的板形缺陷有镰刀弯（即旁弯）、浪形和瓢曲。浪形和瓢曲缺陷尚有多种表现形式（如图 3-74 中所示），其中斜浪与“眼睛”等属于比较特殊的浪形缺陷，较常见的是中部浪形与单侧或双侧对称边浪。

对于冷轧板带钢产品来说，不允许有明显的浪形与瓢曲，根据冷轧产品的厚度规格与用途，其具体规定是不同的。例如，冷轧电工硅钢板，国家标准规定每米长度的瓢曲度不允许超过 2mm；对刀片带钢来说，把轧后的成品带材摊放在平台上，如发现有超过 1mm 的浪瓢就算不合格；供制造电视机用的带钢要求更严，把板片置于平台上，其平直度要求达到用指甲也不能将其掀起的程度。各种冷轧产品的具体规定见有关技术标准。

严格来说，板形又可分为视在板形与潜在板形两类。所谓视在板形就是指在轧后即可用肉眼辨别的板形；而潜在板形的特点是轧制之后不能立即发现，往往要在后部加工工序中才会暴露。例如，有时从轧机轧出的板材看起来并无浪瓢，但一经纵剪后，即出现旁弯或者浪皱。生产中要将视在板形和潜在板形都控制在所要求的允许范围之内。

衡量板形好坏的标准是波形度（平直度）。图 3-75 所示为板带材在有波浪处的纵向截面图。一般板带材的波形度可表示为：

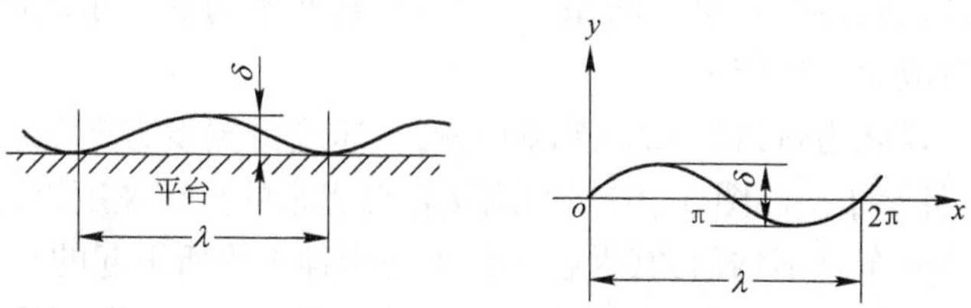

图 3-75 板带材的波浪度

$$\alpha=\frac{\delta}{\lambda}\times 100\%$$

式中 δ——波浪高度；

λ——波浪长度。

板形不良对板带钢的轧制操作也有重大影响，板形严重不良会导致勒辊、轧卡、断带、撕裂等事故的出现(甚至可能损坏轧机)，使故障停产时间增加。板形状况不佳也限制了轧制速度的提高，因而影响轧机的生产能力。此外，板形不良也使轧机所能轧出的最薄规格受到限制。

由上可知，板形决定于带钢纵向延伸差，因此，横向厚差和板形是两种不同的概念，但是，横向厚差与板形有着内在的关系。通过调节辊缝形状，可以达到减小带钢的横向厚差和改善板形质量(即消除边浪和中间波浪)的目的。

137. 什么叫二次变形？

板形缺陷的出现来源于板宽方向上各条纵向纤维的延伸不均。延伸较大的部分被迫受压，而延伸较小者则被迫受拉。拉伸作用不会引起板形问题，但是当压缩应力超过一定的临界值时，该部分板材在压缩力的作用下将产生不同形式的屈曲。

首先设想从轧辊轧出的带材是由一系列宽度很小的纵向小条所组成。这样，板带沿宽度方向上的延伸不均就可理解为这些纵向小条的延伸不均。当各小条互无联系并各自延伸时，则所轧出带材的端部形状就是各小条的延伸不一致的情况。然而，实际上各小条之间存在着整体联系。这样，在延伸不均的小条之间便会产生拉应力或压应力。

可以认为，带材头部(硬端)的前进速度沿宽度方向是均匀分布的，且等于 v_{1p}(图 3-76)。而刚从辊缝出来的金属速度沿宽度方向上的分布是不均匀的(因各小条纵向延伸不均所引起的)。从秒流量一致的条件出发，其平均速度也应等于 v_{1p}。因此，实际速度超过此平均速度的纵向小条，将产生压缩的附加变形，而实际速度小于平均速度的小条将产生拉伸的附加变形。为了区别于轧制时带材的变形，我们把这种离开辊缝以后由于纵向延伸不均而引起的附加变形称为二次变形。带材二次变形的结果导致带材浪形、瓢曲和旁弯。

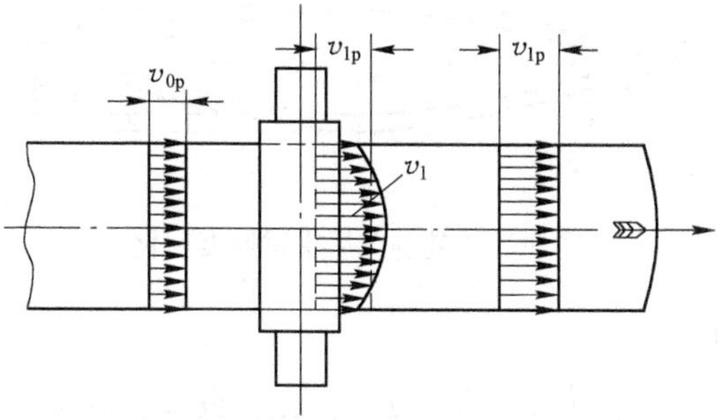

图 3-76 带钢前进速度沿宽向分布

v_{0p}—平均入口速度；v_{1p}—平均出口速度

如果认为二次变形等于零是确保带材完全平直的理想条件，就应设法使带材各纵向小条延伸完全一致，即意味着带材断面上各点的压下率相同。

138. 怎样才能保证板形良好？

我们知道，板形好坏是指带材横向各部位是否产生波浪或折皱，它决定于带材沿宽度方向的延伸是否一致。带材厚度越小，即使绝对压下量的微小差异也可能导致伸长率的显著不均，从而会引起板形变坏，出现浪弯或瓢曲。

为了保证板形良好，必须遵守均匀延伸或所谓“板凸度一定”的原则，即必须使带材沿宽度方向上各点的伸长率或压下率基本相等。

如图 3-77 所示，设轧制前板带边缘的厚度等于 H，而中间厚度等于 $H+\Delta$，Δ 为轧前厚度差或称板凸量；轧制后带材相当横断面上的厚度分别为 h 和 $h+\delta$，δ 为轧后厚度差或板凸量。把 Δ/H 与 δ/h 称为板凸度。带材沿宽度上压下率相等的条件，可以写成带材边缘和中部伸长率 λ 相等的条件，即

$$\frac{H+\Delta}{h+\delta}=\frac{H}{h}=\lambda$$

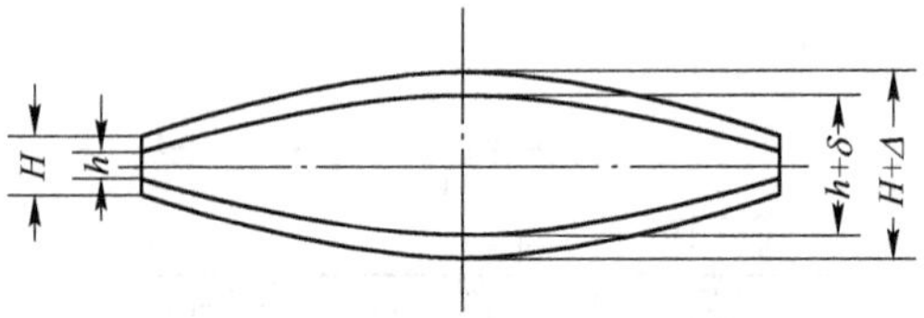

图 3-77　轧制前后带材厚度变化

由此可得：

$$\frac{\Delta}{\delta}=\frac{H}{h}=\lambda;\frac{\Delta}{H}=\frac{\delta}{h}=\cdots\cdots=\frac{\delta_n}{h_n}=\text{板凸度}$$

式中　δ_n、h_n——成品带材的厚度差和厚度。

由此可见，要想满足均匀变形的条件，保证板形良好，则必须使带材轧前的厚度差 Δ 与轧后的厚度差 δ 之比等于伸长率 λ。或者轧前板凸度(Δ/H)等于轧后板凸度(δ/h)，即板凸度保持一定。

本道次轧前的板厚也就是前一道次轧后的板厚，亦即前一道次轧制时辊缝的实际形状。因此，在均匀变形的原则下，后一道次的板厚差 δ 要比前一道次的板厚差 Δ 小，其差值为：

$$\Delta-\delta=(\lambda-1)\delta$$

由于轧辊的原始辊形及因辊温差所产生的热凸度在前后道次中几乎是不变的，故此差值主要取决于轧辊因承受压力所产生的挠度值。这就是说，要保证均匀变形的条件，就必须后一道次轧制时轧辊挠度小于前一道次的轧辊挠度；也就是在轧辊刚度相同的情况下，后一道次的轧制力 $P_{后}$ 必须小于前一道次的轧制力 $P_{前}$，其差值可由挠度计算公式反推求出，即由：

$$\Delta-\delta=\frac{P_{前}}{K_{辊}}-\frac{P_{后}}{K_{辊}}=\frac{1}{K_{辊}}(P_{前}-P_{后})$$

故得：

$$P_{前}-P_{后}=K_{辊}(\Delta-\delta)=K_{辊}(\lambda-1)\delta$$

式中　$K_{辊}$——轧辊刚度系数，N/mm。

由此可见，为了保证良好的板形，满足均匀变形的条件，在设备强度一定的情况下，使轧制力逐道减小是压下规程制定和生产操作的理论基础。

139. 轧制时怎样观察和测量带钢板形?

(1) 目测板形。在冷轧机上采用大张力轧制时，借助于木棍打击低速轧制的带钢。根据木棍打击带钢的声音和回弹检测张应力的分布，从而掌握带钢板形情况。有时轧钢工人为掌握板形情况，冒着危险用手去压按机架间绷紧的带钢，根据各部分的松弛程度来判断板形的好坏。

用手压或木棍打击带钢的检测方法耗时长，主观片面，只能对轧制过程中板形作粗略的估计，并且不能实现连续检测。

(2) 用磁力板形仪进行测量。在带张力冷轧的情况下，导致产生板形缺陷的不均匀延伸将使轧制张力沿板宽方向的分布发生改变。非接触式的磁力板形仪(图 3-78)是利用带钢张力分布不均而引起磁导率变化的原理而制作的仪器。仪器的测定部分由编成一组的多对探测头所组成(探测头的数目根据板宽不同可为 5～11对)。上探测头为励磁头，带有电流频率为 125Hz 的励磁线圈；下探测头则带有测感线圈。磁通通过被测钢板。测感线圈的输出电压是带材内部出现的张应力的函数。此应力值通过电子装

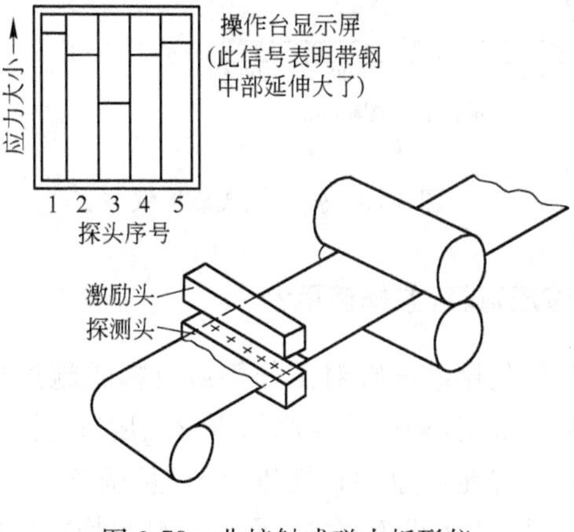

图 3-78　非接触式磁力板形仪

置最后显示于荧光屏上。其测量结果也可直接用来控制轧机的弯辊系统。

(3) 张力辊式(接触式)板形仪测量。张力辊式板形仪中比较常用的一种如图 3-79 所示，*a*、*b* 图分别表示两种横向张力下延伸波动的分布。其方法是用由多段组成的测量辊代替一般的驮辊。带钢的延伸不均将反映为横向张力的分布不均，每一段测量出与其相接触的一小段带材(25～50mm 宽)中的张应力，据此反推板形并实行控制。

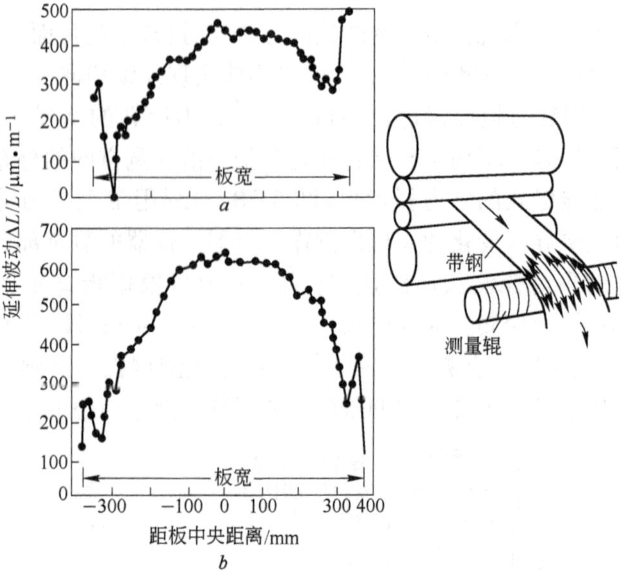

图 3-79 张力辊式板形仪

140. 什么叫液压弯辊，怎样使用？

液压弯辊就是用液压缸对工作辊或支撑辊施加附加弯曲力，使轧辊产生附加挠度，补偿轧辊原始辊形凸度，以保证带钢板形良好。液压弯辊装置能迅速调整轧辊辊形，且调整幅度较大。液压弯辊装置不仅可以减少磨辊次数，而且还减少换辊次数，提高轧机作业率，同计算机相结合，就可以有效地控制板形。液压弯辊的缺点是给轧机、轧辊轴承和轧辊本身增加了附加载荷，因而影响了轧机能力的充分发挥。

液压弯辊有两种基本方式：弯曲工作辊和弯曲支撑辊。

(1) 弯曲工作辊的方法有正弯辊法（简称 JWW 法），是减小工作辊挠度的方法（图 3-80*a*）；负弯辊法（简称 JWB 法），是增加工作辊挠度的方法（图 3-80*b*）。弯曲工作辊的方法较灵活，结构简单，弯辊力较小，又能达到满意的辊形控制效果。因此，工作辊弯曲方式在一般带材轧机上使用较广。

正弯辊是在上、下工作辊轴承座之间设置液压缸或利用工作辊平衡缸（图 3-81）对上、下工作辊轴承座施加与轧制力方向相同的弯辊力 $J/2$（此规定为正值，故称正弯辊）。在工作辊正弯的作用下，轧制时轧辊的挠度减小。

负弯辊是在工作辊轴承座与支撑辊轴承座之间设置液压缸（图 3-81），对工作辊轴承座施加一个与轧制力方向相反的作用力 $J/2$（此力规定为负值，故称负弯辊），工作辊负弯使轧制时工作辊的挠度增加。

轧辊在使用中磨损时，辊身中部磨损比边部快，应采用正弯辊，增加轧辊向下的挠度，就可延长轧辊使用周期，减少换辊和磨辊次数。

在轧制过程中，轧辊受热膨胀，辊身中部散热较慢，使辊径膨胀较大，这时需要用负弯辊来减小轧辊凸度，使轧出带钢的板形较好。

由于轧件材料性能不均匀、温度不均匀、轧辊辊形变化以及轧件规格变化等各种原因，在带钢轧制过程中需要随时通过弯辊装置来调整辊形。

(2) 弯曲支撑辊的方法是把支撑辊两端加长，在伸长的辊端上设置液压缸。支撑辊正弯法是弯辊力 $J/2$ 的作用方向与轧制力方向相同，以减小支撑辊挠度（简称 JBB 法，见图 3-80*c*）。采用支撑辊正弯会使辊颈和轴承的负荷增大，因而降低其寿命并限制

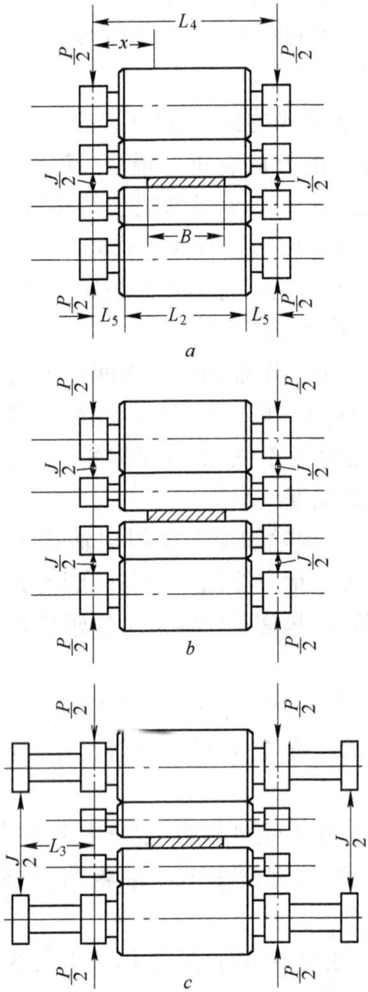

图 3-80 液压弯辊装置的主要形式

a—弯辊缸位于工作辊之间；

b—弯辊缸位于工作辊和支撑辊之间；

c—弯辊缸施力于支撑辊之间

了轧机能力的发挥。同时弯辊力还会增加压下装置的负荷。弯曲

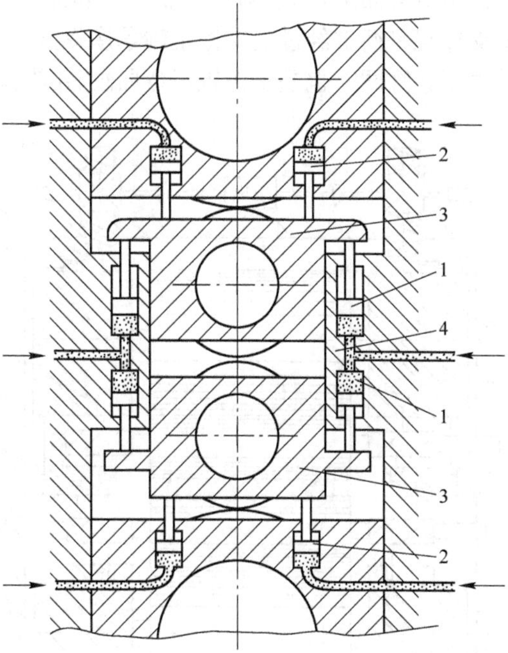

图 3-81 工作辊弯辊液压缸的配置简图

1—正弯辊缸；2—负弯辊缸；3—轴承座；4—机架凸块

支撑辊的方法需要延长支撑辊辊颈(安装液压缸)，因而轧机结构复杂而庞大，同时液压缸的位置还影响工作辊换辊，故只在轧辊辊身特别长时才采用。冷带钢轧机上不采用这种弯曲方法。

141. 冷轧带钢轧机的平衡装置和液压弯辊装置是怎样的？

图 3-82 是具有液压弯辊装置和液压装置的轧机的平衡缸和弯曲缸布置示意图。生产中要求连轧机组能进行快速换辊，因此，工作辊平衡缸和支撑辊平衡缸均设在机架窗口上。如图所示，在每个牌坊的窗口内，装有两个镶块，每个镶块内有两个工作辊正弯曲缸和 1 个支撑辊平衡缸。8 个工作辊负弯曲缸都装在支撑辊的轴承座内。换工作辊时，不需要拆卸油管。上、下支撑辊轴承座内

还装设有工作辊负弯曲缸，用来调整辊形。工作辊的换辊轨道，在换辊时可由支撑辊平衡缸经过上支撑辊轴承座提升。工作辊平衡缸和下工作辊压紧缸同时也是工作辊正弯曲缸，用来调整辊形。

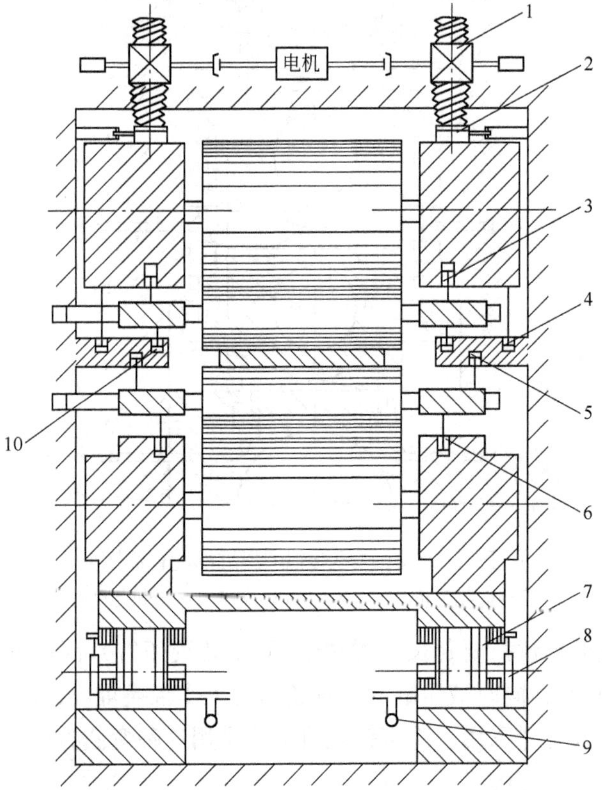

图 3-82　冷轧带钢轧机的平衡缸和弯辊缸布置示意图

1—电动调整装置；2—测压头；3—上工作辊负弯曲缸；4—支撑辊平衡缸；5—下工作辊正弯曲、压紧缸；6—下工作辊负弯曲缸；7—辊缝调整装置(压上液压缸)；8—位移传感器；9—压力传感器；10—上工作辊正弯曲、平衡缸

142. 怎样控制冷轧机的液压弯辊？

液压弯辊(即液压辊形调节)的控制可分为手动调节系统和自

动调节系统两类。目前，手动调节系统已得到广泛应用。

采用手动调节系统时，弯辊力的大小是操作者根据对板形的观测、计算（包括使用计算机计算）或操作经验给定的，而没有板形的反馈调节。手动调节系统的要求是给定后的弯辊力应能保持不变。下面简单说明液压弯辊的伺服阀控制系统。

伺服阀控制系统是利用电液伺服阀并通过压力传感器的反馈来控制弯辊缸的油压，这样既简单可靠，又能提高弯辊力的控制精度，因此，它是目前手动调节系统中一种较好的控制方式。1700mm 五机架冷连轧机的液压弯辊系统就采用这种控制方式，如图 3-83 所示。在该冷连轧机组上，一、二、三机座上只有工作辊正弯曲，在四、五机座上则既有工作辊正弯曲又有负弯曲。弯辊力经人工给定后，由电液伺服阀自动保持。该液压弯辊系统由液压站、执行油缸及控制阀组 3 部分组成。

液压站有 4 只轴向柱塞定压变量泵，其中 3 台工作，1 台作循环过滤冷却，并兼作备用。泵站能提供 4 种不同的压力油：(1) 23MPa 的高压油，它是工作油泵直接排出的高压油，作为电液伺服阀 1 和 2 的供油压力；(2) 18MPa 的高压油，它是经伺服阀和压力传感器反馈控制后的输出压力油，故压力较稳定，作为工作辊及支撑辊的平衡和伺服阀 1 和 2 的前置级控制油压；(3) 6MPa 的中压油，它是 18MPa 油压经减压阀液压后的二次压力油，主要用于换辊时使液压站活塞退回及液控单向阀和电液换向阀的控制油路；(4) 0.5MPa 的低压油，它是 6MPa 的中压油经减压后的二次输出压力，作液压缸活塞杆腔的背压用。

每个机座上共有 8 个工作辊正弯曲缸（见上题）。上下工作辊正弯曲缸的行程分别为 210mm 和 150mm，活塞与活塞杆直径均相应为 120mm 和 60mm。每个机座还有 8 个工作辊负弯曲缸，行程为 150mm，活塞与活塞杆直径相应为 120mm 和 60mm。

现以第四和第五机座弯辊控制系统来说明控制过程。

(1) 正弯辊控制。正弯辊力由伺服阀 1 进行控制，其输出压力由压力给定器给定。此时负弯辊用伺服阀 2 控制并由压力给定

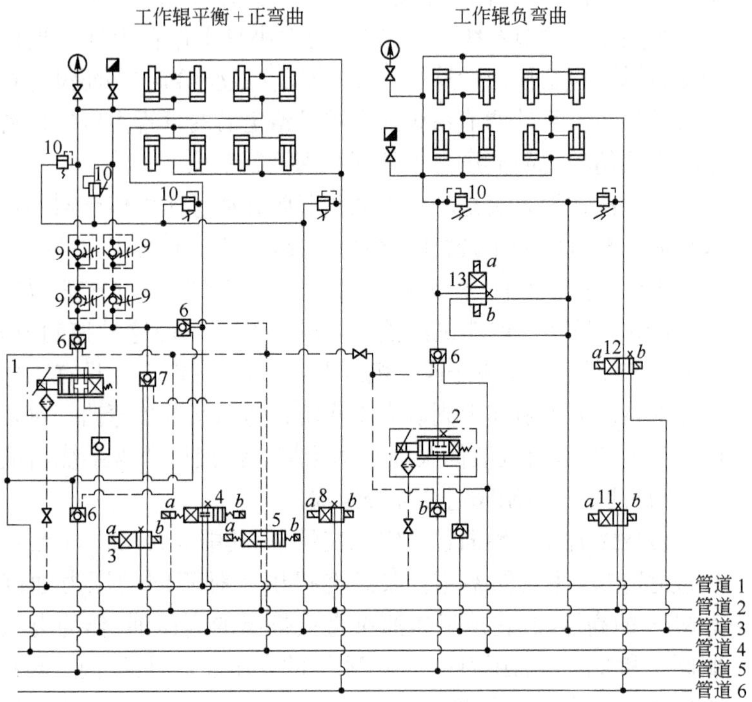

图 3-83　1700mm 五机架冷连轧机液压弯辊系统图
1、2—电液伺服阀；3、4、5、8、11、12、13—换向阀；
6、7—液控单向阀；9—单向节流阀；10—安全阀
管道 1—p=18MPa；管道 2—p=6MPa；管道 3—回油管路(O)；
管道 4—泄油管路(L)；管道 5—p=23MPa；管道 6—p=0.5MPa

器给出最小输出压力。换向阀 3、4 处于图示位置，换向阀 5 和 a 接通，使 5 个液控单向阀 6 打开，23MPa 的高压油供给伺服阀，并通往上、下正弯辊缸。液控单向阀 7 关闭，避免弯辊压力油回流。换向阀 8 处于图示位置，使正弯辊缸的活塞杆腔保持有 0.5MPa 的背压。设置单向节流阀 9 的目的是为了保证上、下弯辊缸能同步动作。安全阀 10 用来防止系统过载。换向阀 11、12 处于图示位置，供给负弯辊缸活塞杆腔以 0.5MPa 的低压油作为背压。换向阀 13 处于图示位置，避免弯辊压力油回流。

(2) 负弯辊控制。与正弯辊相反，伺服阀 1 由压力给定器给出最小输出压力，而负弯辊力则由伺服阀 2 按压力给定器所给定的负弯辊力进行控制。其他阀的阀位和作用与正弯控制相同。

(3) 平衡控制。当轧机调零时，正弯辊缸可作平衡缸使用，此时各阀的位置如下：伺服阀 1 断开(处于中间位置)，换向阀 3 的 a 端接通，使 18MPa 的高压油进入上正弯辊缸。换向阀 4 的 b 端接通，使 18MPa 的高压油进入下正弯辊缸。换向阀 5 的 b 端接通，使所有液控单向阀 6 关闭，将伺服阀 1、2 从油路中切除，同时打开液控单向阀 7。换向阀 8 处于图示位置，使上、下正弯辊缸的活塞杆腔接通 0.5MPa 的恒压油路。伺服阀 2 断开(处于中间位置)。换向阀 11、12 处于图示位置，使上、下负弯辊缸活塞杆腔接通 0.5MPa 的恒压油路。换向阀 13 的 a 端接通，使上、下负弯辊缸的活塞腔卸压，活塞缩回。

(4) 换辊控制。当更换工作辊时，可使正、负弯辊缸的活塞全部缩回，此时各有关阀位如下：换向阀 8 及 11 的 a 端、12 的 b 端接通，使所有弯辊缸的活塞杆腔充满 6MPa 的中压油。换向阀 4 和 13 的 a 端、换向阀 3 和 5 的 b 端接通，使所有弯辊缸的活塞腔接通回油管路。

轧制过程中，由于轧制力和来料横向厚差等因素的波动引起的板形变化要求弯辊力能及时调整，但手动控制系统只能使弯辊力保持给定数值不变，不能及时调节为最佳弯辊力。此外，冷轧带张力轧制时，很难判断板形的好坏，因此，手动调节系统不仅给定慢，而且准确性不高。为了进一步提高产品质量和满足高速轧制的要求，需采用辊形自动控制。

143. 什么叫 HC 轧机？

HC 轧机也叫做高性能轧辊凸度控制轧机。

在四辊轧机上，支撑辊辊身与工作辊辊身是全长接触的，而另一边工作辊辊身仅与轧件宽度部分相接触。工作辊与支撑辊间的受压情况和弹性压扁情况主要受带钢宽度的影响。但是由于工作辊上、下两面的接触长度不相等，即工作辊与轧件的接触长度小于工作辊与支撑辊之间的接触长度，产生不均匀接触变形，并使工作辊产生附加弯曲，即图 3-84*a* 中指出的有害接触部分使工作辊受到悬臂弯曲力而产生附加弯曲。如果将工作辊与支撑辊间的接触长度调整到与轧件接触长度接近，消除辊间的有害接触部分，如图 3-84*b* 所示，则工作辊由于弹性压扁分布不均匀造成的挠度将显著减小。根据这一想法，设计出 HC 轧机。

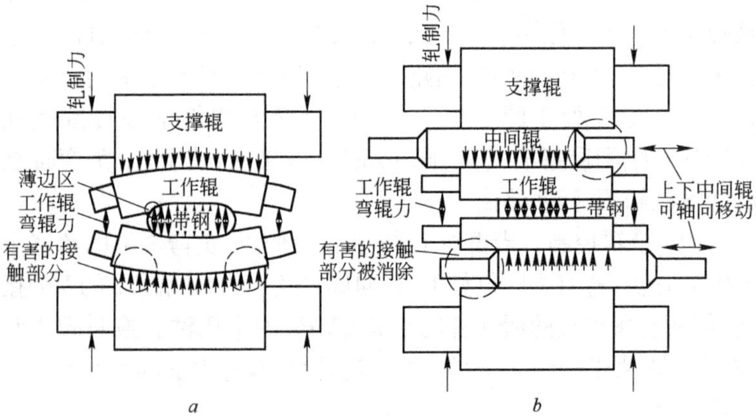

图 3-84　一般四辊轧机和 HC 轧机轧辊变形情况比较

HC 轧机如图 3-85 所示。在工作辊 3 和支撑辊 1 之间，增设了可以沿着轴线移动的中间辊 2 和 4。若将中间辊的辊身端部调整到与带钢边缘相对应的位置（图 3-85 所示的位置），这样，在非传动端，上工作辊上下两面的接触长度几乎相等，减小了压力分布的不均匀情况，弹性压扁分布较均匀，上工作辊的挠度相应减小。在传动端，情况是相同的，只是上、下辊间的关系倒了一下。

HC 轧机有下列优点：

(1) 增强了弯辊装置的效能。由于工作辊的一端是悬臂的，所以用很小的弯辊力就能明显改变工作辊的挠度。

(2) 扩大了辊形调整的范围。由于中间辊位置可以移动，即使工作辊原始辊形为零（即轧辊没有凸度），配合液压弯辊也可以

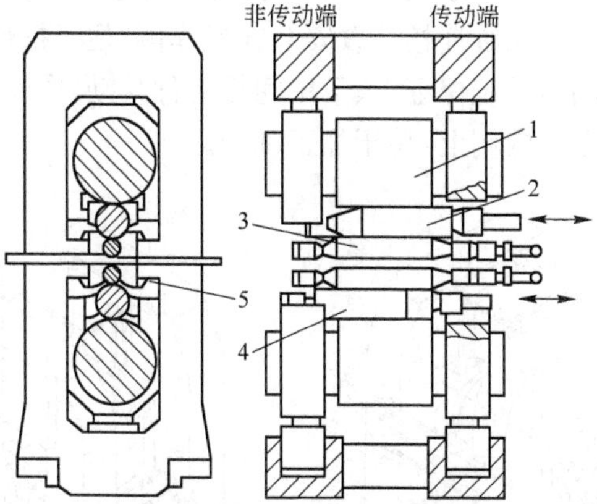

图 3-85 HC 轧机结构简图

1—支撑辊；2—上中间辊；3—工作辊；4—下中间辊；

5—工作辊正弯曲液压缸

在较大范围内调整辊形，因此可减少备用轧辊的数量。

(3) 带钢板形稳定性好。实践表明，当中间辊调整到某一位置时，轧制力波动和张力变化对板形的影响很小。这样，可减小冷轧张力，也能控制良好的板形，并减少了板形控制的操作次数。

(4) 可以显著提高带钢平直度，可以减小带钢边部变薄和裂边部分的宽度，减少切边损失。

(5) 可加大压下量。这是由于压下量不受板形限制的缘故，从而提高了轧机产量。

144. HC 轧机的辊系稳定条件是什么？

HC 轧机的 6 个轧辊组成一列布置，工作辊有液压正弯或正、负弯，它的弯辊力效果比一般四辊轧机的弯辊力效果增大约 3 倍以上，因此可选择较小的弯辊力而效果大。通过弯辊力变化进行在线板形微调补偿，实现板形的闭环控制。

HC 轧机的结构与四辊轧机无多大区别，其关键在于 HC 轧机有一套轴向移动装置，如图 3-86 所示。中间辊的轴向移动可用液压缸的推、拉来实现，与CVC轧机的轴向移动机构相似。将中间辊轴承座与液压缸连接装置安装在操作侧，便于操作和换辊，油压回路采用同步系统保证上、下中间辊对称移动，中间辊移动油缸在机架左右立柱内侧上，易于加工维护。

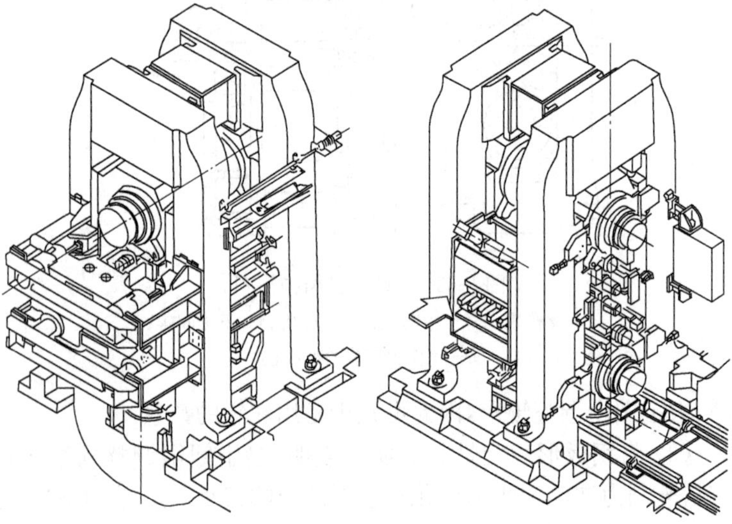

图 3-86　HC轧机的结构简图

a—传动侧；*b*—操作侧

轧辊辊颈与轴承之间，轴承与轴承座之间，工作辊、中间辊、支撑辊的轴承座之间及轴承座与机架窗口之间，压下系统之内均存在着接触间隙，再加上张力波动和加减速产生的惯性力变化，使得辊系存在不稳定性。辊系的不稳定，将造成产品厚度不均，轴承受冲击载荷的影响而降低寿命，并且使辊面磨损加剧。为使辊系在轧制过程中保持稳定，必须使轧辊及其轴承座在轧制过程中始终受一固定的侧向力约束，即让轧辊的轴承座受一始终不变方向的水平力。四辊轧机通常采用使工作辊中心垂线相对于支撑辊中心垂线有一偏移量的方法来满足稳定性要求。HC轧机采用中间辊相对支撑辊和工作辊有一个偏移量的方法，满足稳定性要求。

现以工作辊传动为例来分析辊系稳定性的条件。

(1) 工作辊的稳定条件。工作辊传动的六辊轧机辊系受力如图 3-87 所示。工作辊和支撑辊的轴心在同一个垂线上，中间辊相对于此轴心线向入口偏移 e 的距离，这时为正向轧制(图 3-87a)；反之为反向轧制(图 3-87b)。由于工作辊和中间辊的轴承座上下移动，如果忽略轴承座与机架间摩擦力，则工作辊和中间辊轴承处只分别受水平反力 F_1 和 F_2 的作用。

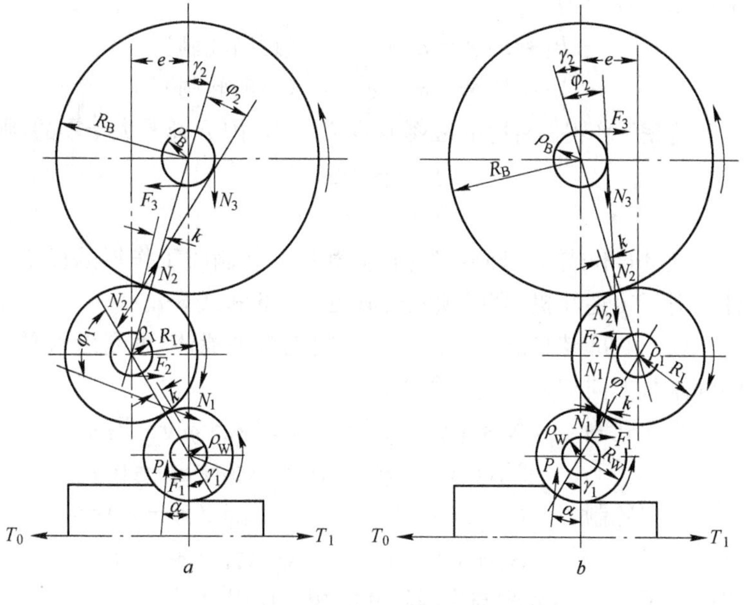

图 3-87 工作辊传动的六辊轧机辊系受力图

a—正向轧制；b—反向轧制

取工作辊为平衡体，可列出工作辊在水平方向和垂直方向的力平衡方程为：

正向轧制时 $P\sin\alpha + N_1\sin(\varphi_1+\gamma_1) - F_1 = 0$

$$P\cos\alpha + N_1\cos(\varphi_1+\gamma_1) = 0$$

反向轧制时 $P\sin\alpha-N_1\sin(\gamma_1-\varphi_1)+F_1=0$

$$P\cos\alpha-N_1\cos(\gamma_1-\varphi_1)=0$$

式中 P——轧制力；

N_1——工作辊与中间辊间的相互作用力；

α——轧制力 P 与垂线的夹角；

φ_1——N_1 与工作辊、中间辊中心连线之间的夹角；

γ_1——工作辊、中间辊中心连线与垂线的夹角。

由于 α、φ_1、γ_1 都很小，则 $N_1\approx P$，从而可以求出工作辊轴承座上的水平反力为：

$$F_1\approx P(\gamma_1+\varphi_1+\alpha) \quad （正向轧制）$$

$$F_1\approx P(\gamma_1-\varphi_1-\alpha) \quad （反向轧制）$$

为使工作辊保持稳定，必须保证 $F_1>0$。因 P 总是大于零的，则

$$\gamma_1+\varphi_1+\alpha>0 \tag{3-6}$$

$$\gamma_1-\varphi_1-\alpha>0 \tag{3-7}$$

式 3-6 和式 3-7 即分别为正向和反向轧制时工作辊的稳定条件。对于可逆轧机，则必须同时满足式 3-6 和式 3-7。

(2) 中间辊的稳定条件。取中间辊为平衡体，可列出水平方向和垂直方向的力平衡方程为：

正向轧制 $N_1\sin(\gamma_1+\varphi_1)+N_2\sin(\gamma_2+\varphi_2)-F_2=0$

$$N_1\cos(\gamma_1+\varphi_1)-N_2\cos(\gamma_2+\varphi_2)=0$$

反向轧制 $F_2-N_1\sin(\gamma_1-\varphi_1)-N_2\sin(\gamma_2-\varphi_2)=0$

$$N_1\cos(\gamma_1-\varphi_1)-N_2\cos(\gamma_2-\varphi_2)=0$$

式中 N_2——中间辊与支撑辊间的相互作用力；

φ_2——N_2 与中间辊、支撑辊中心连线之间的夹角；

γ_2——中间辊和支撑辊中心连线与垂线之间的夹角。

由于 γ_1、γ_2、φ_1、φ_2 都很小，则 $N_1\approx N_2$，从而可以求出中间辊轴承座上的水平反力为：

正向轧制时 $F_2=N_1(\gamma_1+\varphi_1+\gamma_2+\varphi_2)$

反向轧制时 $F_2=N_1(\gamma_1+\gamma_2-\varphi_1-\varphi_2)$

为使中间辊保持稳定，必须使 $F_2>0$，则有：

正向轧制时 $\gamma_1+\gamma_2+\varphi_1+\varphi_2>0$ (3-8)

反向轧制时 $\gamma_1+\gamma_2-\varphi_1-\varphi_2>0$ (3-9)

式 3-8 和式 3-9 分别为正向轧制和反向轧制时中间辊的稳定条件。

(3) 支撑辊的稳定条件。以支撑辊为平衡体，可列出水平方向的平衡方程为：

正向轧制时 $N_2\sin(\gamma_2+\varphi_2)-F_3=0$

反向轧制时 $F_3-N_2\sin(\gamma_2-\varphi_2)=0$

为使支撑辊稳定，必须让支撑辊轴承处的反力 $F_3>0$，则有：

正向轧制时 $\gamma_2+\varphi_2>0$

反向轧制时 $\gamma_2-\varphi_2>0$ (3-10)

(4) 有关角度的计算。由图 3-87 可求出 γ_1、γ_2、α 和 φ_2 的值：

$$\gamma_1\approx\sin\gamma_1=\frac{e}{R_W+R_I}$$

$$\gamma_2\approx\sin\gamma_2=\frac{e}{R_I+R_B}$$

$$\alpha\approx\sin\alpha=\frac{T_1-T_0}{2P}$$

$$\varphi_2\approx\sin\varphi_2=\frac{k\cos\varphi_2+\rho_B}{R_B}\approx\frac{k+\rho_B}{R_B}$$

式中 e——中间辊轴线相对于工作辊与支撑辊轴线的偏移量；

R_W、R_I、R_B——分别为工作辊、中间辊、支撑辊的半径；

T_1、T_0——分别为前张力和后张力；

k——两辊相接触时纯滚动的滚动摩擦力臂；

ρ_B——支撑辊辊颈的摩擦圆半径，$\rho_B=\mu_B R'_B$；

μ_B——支撑辊轴承的摩擦系数；

R'_B——支撑辊辊颈半径。

φ_1 可按以下步骤求出，并以中间辊为平衡体求力矩平衡：

$$N_2(k\cos\varphi_2+R_{\rm I}\sin\varphi_2)-N_1(R_{\rm I}\sin\varphi_1-k\cos\varphi_1)+$$
$$[N_1\sin(\gamma_1+\varphi_1)+N_2\sin(\gamma_2+\varphi_2)]\rho_{\rm I}=0 \tag{3-11}$$
$$N_2(k\cos\varphi_2+R_{\rm I}\sin\varphi_2)-N_1(R_{\rm I}\sin\varphi_1-k\cos\varphi_1)+$$
$$[N_1\sin(\gamma_1-\varphi_1)+N_2\sin(\gamma_2-\varphi_2)]\rho_{\rm I}=0 \tag{3-12}$$

将式 3-11 和式 3-12 化简可求出 φ_1 为：

正向轧制时 $$\varphi_1=\frac{2k+R_{\rm I}\varphi_2+(\gamma_1+\gamma_2+\varphi_2)\rho_{\rm I}}{R_{\rm I}-\rho_{\rm I}}$$

反向轧制时 $$\varphi_1=\frac{2k+R_{\rm I}\varphi_2+(\gamma_1+\gamma_2-\varphi_2)\rho_{\rm I}}{R_{\rm I}+\rho_{\rm I}}$$

式中 $\rho_{\rm I}$——中间辊辊颈处摩擦圆半径，$\rho_{\rm I}=\mu_{\rm I}R'_{\rm I}$；

$\mu_{\rm I}$——中间辊轴承的摩擦系数；

$R'_{\rm I}$——中间辊辊颈半径。

(5) 辊系的稳定条件。要使辊系保持稳定，所取偏心量必须同时满足工作辊、中间辊和支撑辊的稳定条件。对于无张力轧制，$\alpha=0$。若取前张力大于后张力，则 $\alpha>0$，因 γ_1、γ_2、φ_1、φ_2 都大于零，所以，对于不可逆轧机来说，中间辊只要偏向入口一个偏移距 e，即可满足辊系稳定性的要求。对于可逆轧机来说，反向轧制的稳定性条件必须同时满足式 3-7、式 3-9 和式 3-10，据此可求出辊系稳定所需要的最小偏移量。对于中间辊传动和支撑辊传动时，辊系稳定性的分析法同上述工作辊传动的分析方法相同。

145. 什么是 UC 轧机？

UC 轧机（Universal Crown Control Mill）基本上是一台 HC 轧机，但是增加了新的功能，能进行多样化的板形控制。它除了具有 HC 轧机的特点外，主要增加了中间辊弯辊装置。此弯辊装置有一个随动定位块，它可以使弯辊力始终作用在中间辊轴承中心，即使中间辊有轴向移动时也是如此。因此，UC 轧机是一种采用小直径工作辊、中间辊弯辊、中间辊移动和工作辊弯辊 3 种装置进行板形控制的轧机，如图 3-88 所示。

众所周知，轧制薄板或高硬度的材料时，使用小直径工作辊是

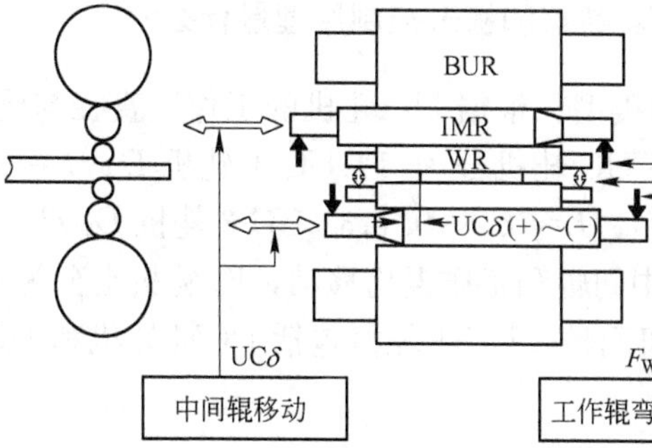

图 3-88 UC 轧机

有利的。但工作辊直径过小由于刚性降低，也会出现如图 3-89*a* 所示那样的带钢边部附近变薄，难以保证生产出平直的高质量带钢。因此，为了抑制小直径工作辊的整体弯曲，对可移动的中间辊也增设弯辊装置，这样就可得到如图 3-89*b* 所示那样高质量的带钢，这便是 UC 轧机。

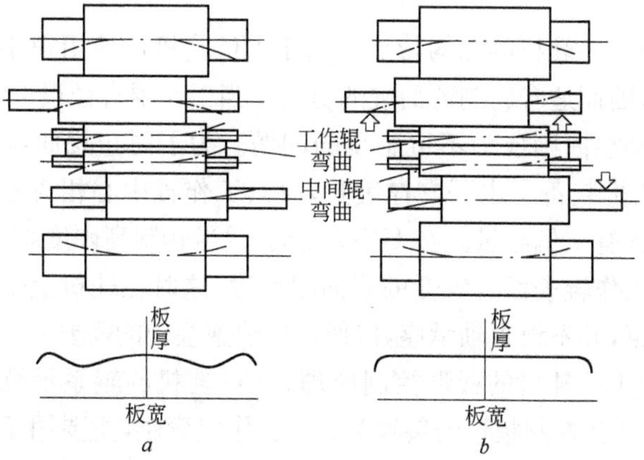

图 3-89 UC 轧机的原理

a—小直径工作辊的 HC 轧机；*b*—UC 轧机

146. UC 轧机的类型、特点和板形控制原理是什么?

(1) UC 轧机的类型。根据 UC 轧机的工作辊直径与辊身长度的比值不同,可将 UC 轧机分为:1) UC-1 轧机 $D_W/L=0.4\sim0.2$;2) UC-2 轧机 $D_W/L=0.2\sim0.1$;3) UC-3 轧机 $D_W/L<0.1$。按照中间辊移动及中间辊和工作辊均移动,UC 轧机也分为 UCM 轧机和 UCMW 轧机两种。UC-1 轧机包括 UCM 轧机和 UCMW 轧机,如图 3-90 所示。

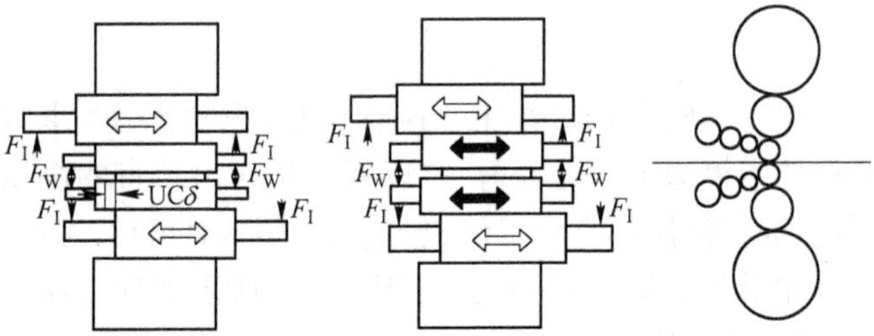

图 3-90 UC 轧机的分类示意图

(2) UC 轧机的结构特点。由于 UC 轧机可使用很小直径的工作辊,因而适合轧制薄而硬的材料。当工作辊直径很小时,工作辊的水平挠曲则成为不可忽视的问题。为了防止挠曲,UC-2 和 UC-3 轧机装备了水平支撑装置,故其工作辊中心相对于中间辊和支撑辊有一偏心量。在 UC-3 轧机上,当轧制高硬度材料时,还要求其工作辊表面有较低的表面粗糙度,这时在轧机上采用极小的工作辊,并不设置轴承座,以便适应快速换辊的需要。

(3) UC 轧机的板形控制原理。UC 轧机的辊系示意图见图 3-91。其 3 套控制板形的装置为:1) 工作辊弯辊,主要用于控制轧制板带的边部形状;2) 中间辊弯辊,主要用于控制轧制板带的中部形状;3) 中间辊移动,主要用于控制轧制板带其余区域的形状。图 3-92 所示为对 UC 轧机采用不同控制手段的结果。其轧辊尺寸为 ϕ320mm/ϕ600mm/ϕ1350mm × 2000mm,坯料厚度为

4.00mm，该道次的入口厚度为0.39mm、宽度为1800mm的低碳钢，该道次的出口厚度为0.27mm。图上标出了工作辊弯辊力F_W、中间辊移动位置UCδ、中间辊弯辊力F_I不同效果时的计算值。由图可明显看出：F_I影响二次曲线的板凸度控制，但不控制整个宽度的凸度；F_W控制板材边部的凸度且具有4次以上的高次控制成分；UCδ除具有上述F_I与F_W的中间效果外，还有扩大F_I和F_W效果的功能。这样，UC轧机除有F_I、UCδ、F_W性质各不相同的控制效果外，还可以将这些效果适当结合，实现多种板形、板凸度控制。但若对轧辊直径，特别是工作辊直径给予各种变化，图3-92的特性也会有所不同。

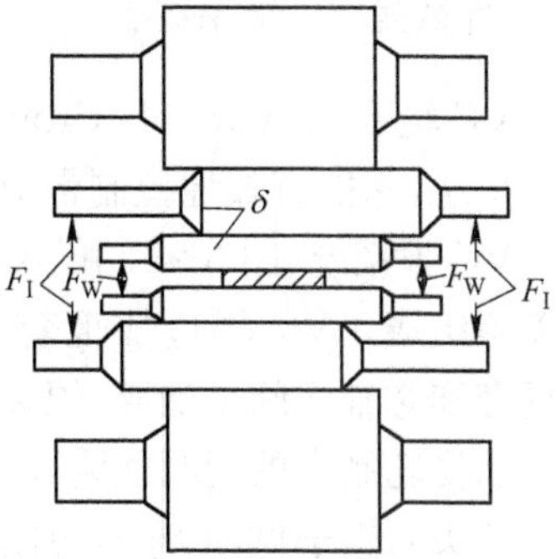

图3-91 UC轧机的辊系示意图

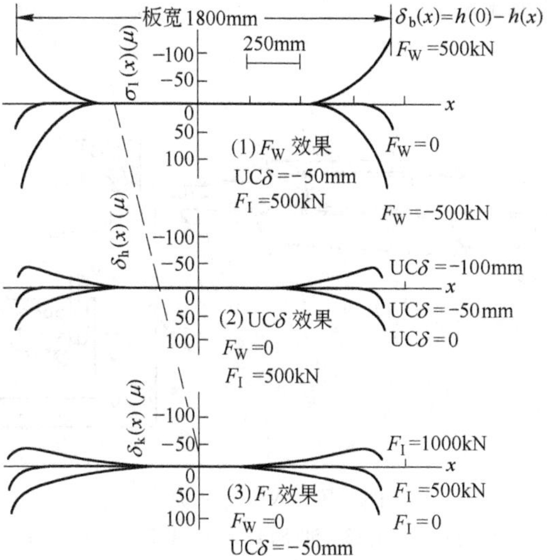

图3-92 UC轧机各控制手段的效果

147. 什么是VC辊系统？

VC辊系统(Variable Crown Roll System)是一种轧辊凸度可变的系统，它能有效地控制带板材板形和辊形。

VC辊系统(图3-93)由VC辊、液压动力装置、控制装置和操作盘等组成。VC辊包括辊套、芯轴、油腔、油路和旋转接头等。在辊套和芯轴之间是油腔，辊套两端紧密地热装在芯轴上，以便使其在承受轧制力的同时能耐高压密封。液压动力装置的高压油经旋转接头向辊子供油，通过控制高压油使辊套膨胀，以补偿轧辊挠度。油压为0～50MPa，轧辊凸度在最大压力下，沿半径方向最大凸度轧钢时可达0.27mm，轧铝时可达0.33mm。图3-94表示VC辊凸度与油压的关系，轧辊凸度的形式类似于正弦曲线，且轧辊的中间凸度值与压力成正比。最大凸度取决于VC辊的结构，因此，选择适合于轧制条件的辊套形式，即能够获得理想的轧辊凸度。图3-94是在工作压力为0～50MPa、响应速度为10MPa/s、调压精度为0.5%、采用多元醇脂油和旋转接头的最大转数为500r/min的条件下做出来的。

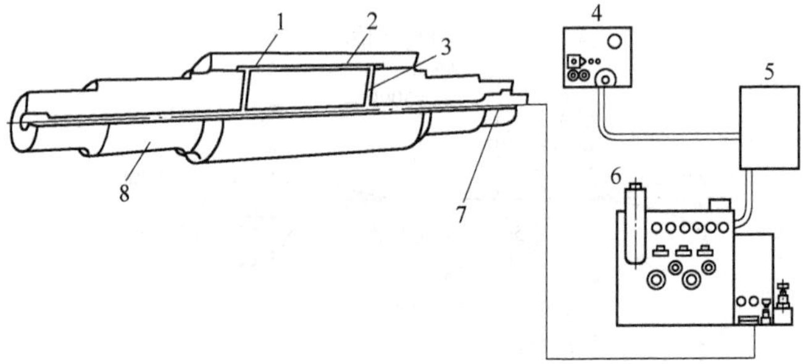

图3-93 VC辊系统

1—辊套；2—油腔；3—油路；4—操作盘；5—控制仪表；6—液压仪表；7—旋转接头；8—芯轴

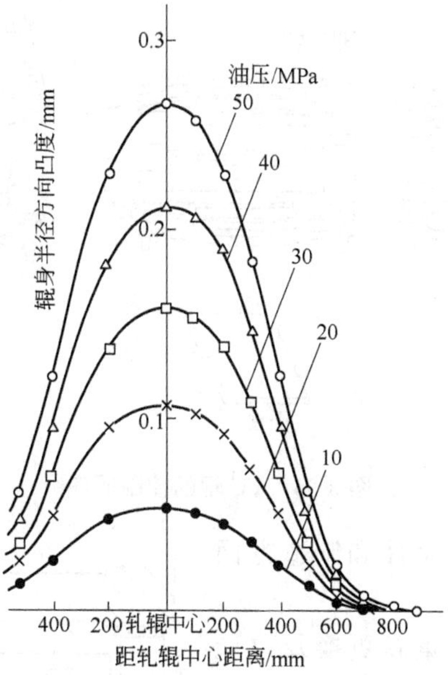

图 3-94 VC 支撑辊凸度与油压的关系

148. VC 辊的控制原理及特点是什么？

(1) VC 辊的控制原理。由于四辊轧机轧制负荷大，且工作辊直径较小，因此在一般四辊轧机上，都将支撑辊用作 VC 辊。其控制原理见图 3-95，控制方法见图 3-96。油压过小将使带材产生边浪，油压过大将使带材产生中间浪，只有油压适中才能获得平直的带材。

(2) VC 辊的特点。VC 辊系统具有以下特性：

1) 高效率带钢板形控制；

2) 结构简单；

3) 容易操作和维修保养；

4) 设计安全，独创新颖；

5) 有可能构成代替传感器的自动闭环控制系统；

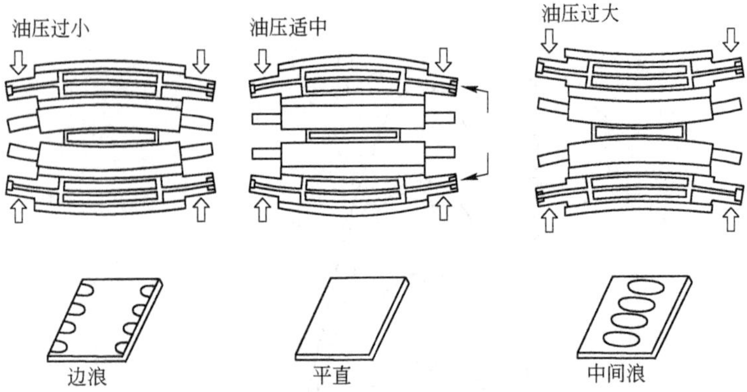

图 3-95 VC 辊的控制原理

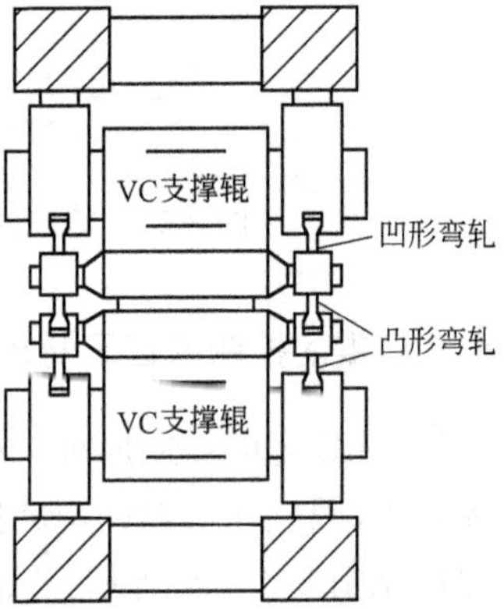

图 3-96 VC 辊的控制方法

6）在轧辊设计和制造方面技术完备；

7）不需要重新更换及改造现有轧机；

8）投资花费少；

9）不需要长期停产；

10）在结构和操作的工艺方面设计合理。

149. CVC 轧机的基本原理及特点是什么？

（1）基本原理。CVC 轧机(Continuously Variable Crown)的基本原理是将工作辊辊身沿轴线方向一半磨削成凸辊形，另一半磨削成凹辊形，整个辊身呈 S 形或花瓶式轧辊，并将上、下工作辊对称布置，通过轴向对称分别移动上、下工作辊，以改变所组成的孔型，从而控制带钢的横断面形状而达到所要求的板形。归纳起来有如下几点：

1）轧辊整个辊身外廓被磨成 S 形（或瓶形）曲线，上、下辊磨削程度相同，互相错位 180°布置，使上、下辊形状互相补充，形成一个对称的辊缝轮廓。

2）上、下轧辊通过其轴向可移动的轴颈安装在支座上，或是其支座本身可以同轧辊一起做轴向移动。上、下辊轴向移动方向是相反的，根据辊缝要求，移动距离可以相同，也可以不同。

3）S形曲线加上轴向移动，使整个轧辊表面间距发生不同的变化，如图 3-97 所示，从而改变了带钢横断面的凸度，改善了板形质量。

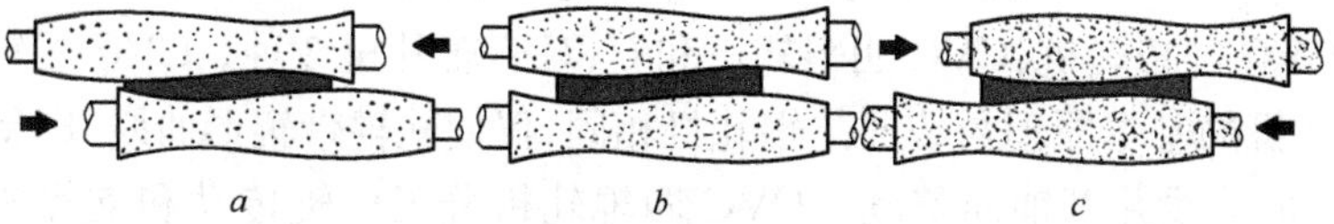

图 3-97 CVC 轧机的工作原理图

a—负凸度控制；*b*—中和凸度控制；*c*—正凸度控制

4）CVC 轧机的作用与一般带凸度轧辊相同，但是凸度可通过轴向移动轧辊在最小和最大凸度值之间进行无级调节，再加上弯辊装置，可扩大板形调节范围。当轴向移动距离为±50～±150mm 时，其辊缝变化可达 400～500μm，再加上弯辊作用，调节量可达 600μm 左右，这是其他轧机无法达到的。

图 3-97*b* 所示是根据预算的辊缝要求，将轧辊稍加轴向移动并抬起上辊，构成具有高度相同的辊缝。在这个位置上，轧辊的作用与液压凸度系统相似，其有效凸度等于零。

图 3-97*c* 所示为上辊向右移动，下辊向左移动，且移动量相同。这时轧件中间处的辊廓线间距变窄，从而加大中部压下量，此时的有效凸度大于零。

图 3-97*a* 所示为上辊向左移动，下辊向右移动，且移动量相同。这时轧件中心处辊缝曲线凸度变大，从而减小了中部压下量，此时的有效凸度小于零。

（2）CVC 轧机的主要特点。CVC 轧机是在 HC 轧机的基础上发展起来的一种新型轧机。其关键是轧辊具有连续变化凸度的功能,能准确有效地使工作辊间空隙曲线与轧件板形曲线相匹配,增大了轧机的适用范围,可获得良好的板形。其主要特点为:1) 一次磨成的轧辊代替多次磨成不同曲线的轧辊组;2) 可提供连续变化的轧辊凸度,辊缝形状可无级调节;3) 具有较宽较灵活的调节范围;4) 板形控制能力强。

150. CVC轧机的类型及结构是怎样的?

(1) CVC轧机的类型。按轧辊的数目,CVC轧机可分为CVC二辊轧机、CVC四辊轧机和CVC六辊轧机3种。CVC二辊轧机的基本原理与普通二辊轧机相同,仅使轧辊带辊形曲线,即呈S形曲线并可轴向移动。CVC四辊轧机分工作辊传动和支撑辊传动两种,实际上是轧辊带S形曲线的HCW轧机。CVC六辊轧机分为中间辊传动和支撑辊传动两种,如图3-98所示。而S形曲线不但可以在工作辊上,也可以在中间辊上,当S形曲线在中间辊上时,一般采用支撑辊传动。

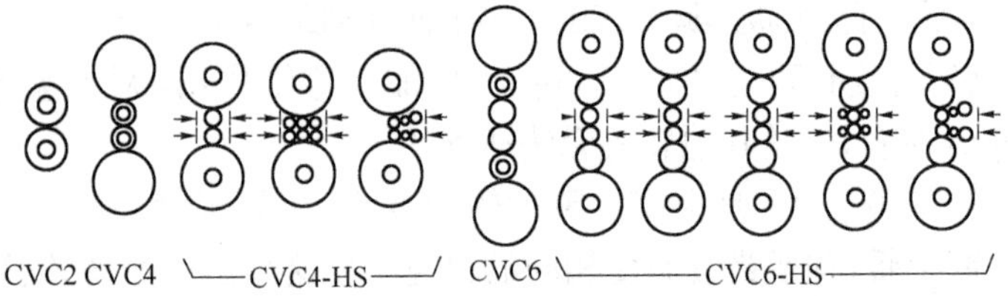

图3-98 CVC轧机的设计类型分类

CVC4-HS轧机具有CVC工作辊和工作辊水平稳定装置,与工作辊弯辊系统相结合,使调整轧辊间隙形状沿板宽方向更具有灵活性,以使板形良好。

CVC6-HS轧机具有CVC工作辊或CVC中间辊和工作辊水平稳定装置,工作辊和中间辊都装有弯辊系统,能够灵敏地调整轧辊间隙形状,以保证板形良好。

(2) CVC 轧机的结构。对 CVC 轧机的基本要求是:CVC 辊，包括上、下辊,能相对轴向移动一段距离;要设置一套与 CVC 配套使用,并能动态控制轧辊凸度的液压弯辊系统。

1) 平衡与弯辊装置。热轧板带轧机精轧机组大都采用四辊

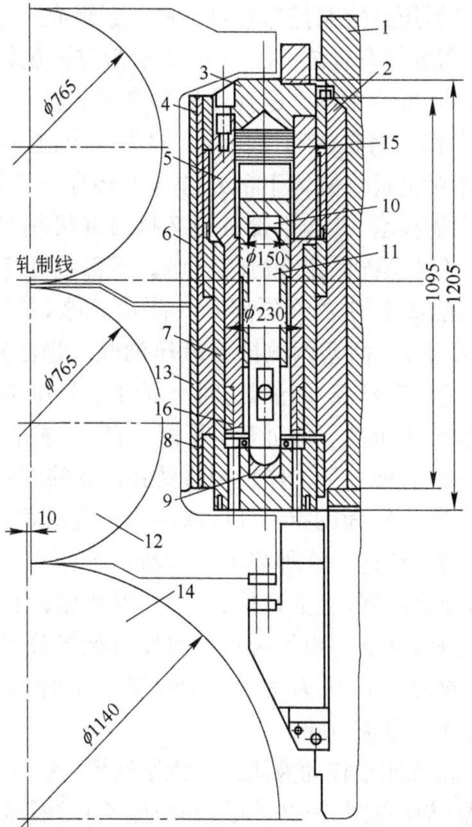

图 3-99 某热轧厂 CVC 轧机平衡与弯辊装置

1—牌坊;2—凸块;3—缸盖;4—上隔离套;5—液压缸体;6—中间隔离套;7—下部缸套;8—下隔离套;9、10—球面轴承座;11—挺杆;12—工作辊;13—耐磨板;14—下支撑辊;15—活塞;16—内隔离套

轧机，它将液压弯辊缸与工作辊平衡缸组合成一个统一元件，并置于轧机牌坊凸块之中。而 CVC 系统要求工作辊及其轴承座能在机架中沿轧辊轴线轴向移动±100mm（以宝钢热轧厂精轧机组为例）。考虑到轧辊轴向移动会对缸体产生较大的倾翻力矩，因此，在设计中将原来四辊轧机经常采用的分置式的上工作辊平衡缸兼正弯及下工作辊压紧缸兼正弯缸合并在一起组成一个共同的套装缸体，作为平衡缸与弯辊缸。图 3-99 所示为宝钢热轧厂精轧机组的平衡与弯辊装置示意图。缸体 5 套装在牌坊凸块 2 内孔之中，上部用上隔离套 4 将缸体与凸块内孔隔离开来，缸体 5 与上隔离套 4 间可以相对滑动。缸体下部外圆与下部缸套 7 相配合，缸体下端外圆用内隔离套 16 与下部缸套 7 接触并可相对滑动。内隔离套 16 用法兰及螺栓固定在缸体下端。下部缸套 7 与牌坊凸块 2 内孔用中间隔离套 6 及下隔离套 8 隔离开来，并可相对滑动。缸体内装有活塞 15，活塞两侧即为液压油腔。当活塞上腔（无杆腔）进油时，下腔（有杆腔）回油，这时上部缸体上升，同时不锈钢活塞 15 通过挺杆 11 带动下部缸套 7 下降，可以完成平衡上工作辊、压紧下工作辊或者使上下工作辊同时受到正弯的作用。活塞杆下部为一根两端皆为球面的挺杆 11，球面分别与球面轴承座 10 相接触，使压力均匀传递。这种将上下弯辊缸连接在一起成为一个整体的设计，稳定性好，上下弯辊力一致，对板带断面凸度控制及平直度控制有利，其结构更加合理。每座机架各设平衡与弯辊缸 4 台，用于平衡时液压压力为 18MPa，用于弯辊时压力最大为 26MPa，活塞直径为 ϕ170mm。

2）CVC 轧机轧辊移动液压缸和锁紧装置。CVC 轧机轧辊轴向移动液压缸结构见图 3-100 和图 3-101。CVC 移动液压缸缸体设置于操作侧牌坊凸块上，与凸块制作成一个整体元件。活塞与缸体之间、活塞杆与液压缸盖之间有密封装置。活塞杆的端部，通过法兰盘和螺栓与外衬套盖和外衬套固接。外衬套内壁设有两个隔离套和一个中间套，并固定在外衬套内圈上。当外衬套沿缸体做轴向移动时，隔离套的内孔与缸体外圆做相对滑动。当 CVC

移动液压缸活塞两侧有压力差，使活塞沿缸体轴向移动时，可通过活塞杆端带动外衬套盖、外衬套以及工作辊一齐做轴向移动。外衬套与工作辊之间的离合是靠一套锁紧装置实现的。外衬套端部安装一个能做旋转运动的锁紧块，通过一套专用的液压缸驱动。它可以将工作辊操作侧轴承座外端附设的圆柱销连锁在外衬套上。带钢轧制前按预设定位置，将上下工作辊移动到位，轧制过程中不再移动。当轧制一般板带或不需要 CVC 机构作用时，可将轧辊定于中位插上定位销，关闭 CVC 移动液压缸，则工作辊将成为普通轧辊使用。

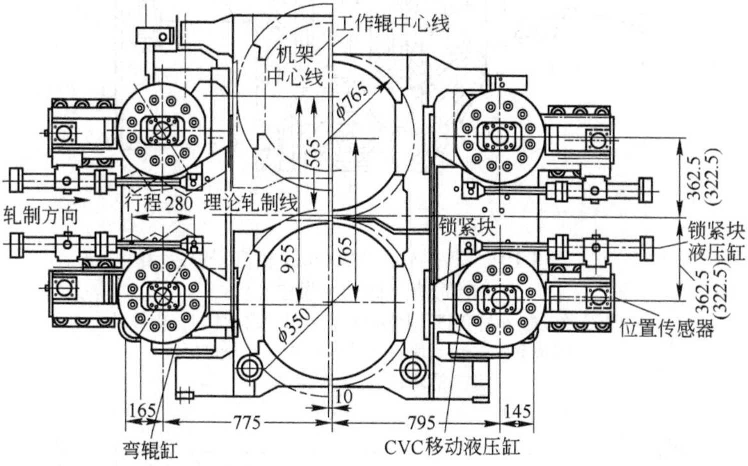

图 3-100 某热轧厂 2050mm 轧机 CVC 辊的锁紧装置图

3）传动轴。图 3-102 为某冷轧厂 2030mm 轧机 CVC 轧辊的传动轴示意图。传动轴是一种可轴向移动的齿轮轴，CVC 系统要移动的 200mm 距离是在人字齿轮侧通过轴 1 和联轴节外齿 2 之间的啮合来进行的。主接轴的轴向支承是通过一个装在轴内的弹簧组 3 支承在齿轮轴 4 上，并处于轧辊工作位置。换辊时轴向移动距离要受一块内挡板 5 的限制。轧辊侧的齿轮连接轴头由于有一个弹簧 6，因此有弹簧力作用，其主要任务是在换辊时便于齿轮

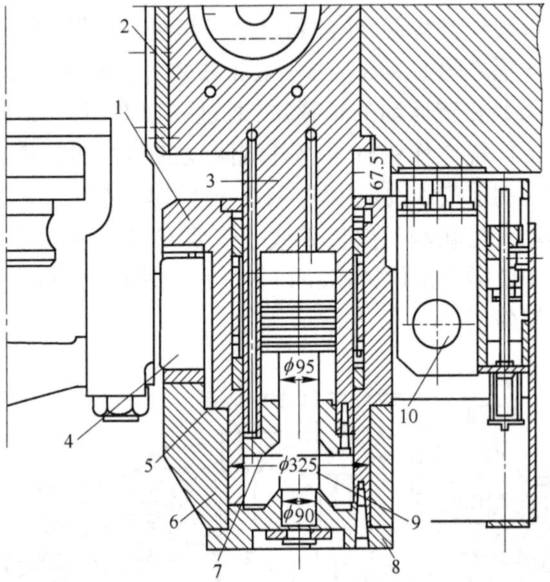

图 3-101 某热轧厂 2050mm 轧机 CVC 辊的轴向移动装置图

1—CVC 移动缸外衬套；2—牌坊凸块；3—液压缸体；4—圆柱销；5—隔离套；6—锁紧块；7—液压缸盖；8—外衬套盖；9—活塞杆；10—定位销

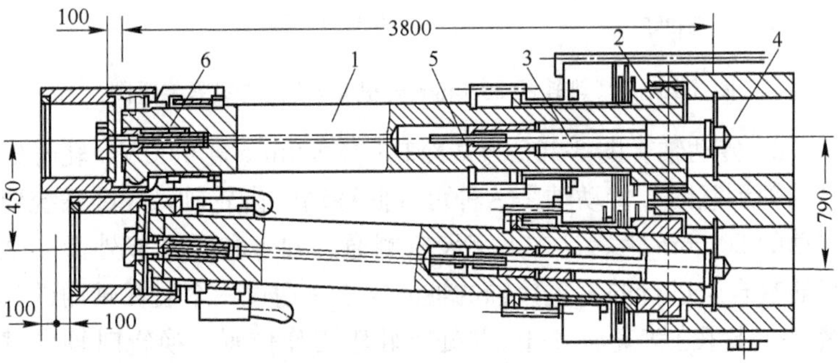

图 3-102 CVC 轧机的传动轴

1—轴；2—联轴节外齿；3—弹簧组；4—齿轮轴；5—内挡板；6—弹簧

连接轴头迅速地与主轴中心线对中。

4）换辊。图 3-103 为某热轧厂 2050mm 轧机的 CVC 轧机示意图。工作辊 1 在轴承座 2 和 3 内，轴承 4 为四列圆柱滚动轴承，轴承固定在轧辊和轴承座之间。每一工作辊能轴向移动的最大距离为±100mm，传动轴（见图 3-102）也随同一起移动。工作辊通过两个液压缸 5 来实现轴向移动，液压缸安装在精轧机机架的操作侧，这些液压缸被装入固定于机架 6 的导向块 7 上，液压缸的活塞杆与可移动的液压缸座 8 连接，在这些缸座中，装有可摆动的连接板 9，当轴向移动时，连接板便拴住操作侧的轴承座 2，从而移动轧辊。传动侧的轴承座 3 和弯辊液压缸座 10 都通过两个连接板

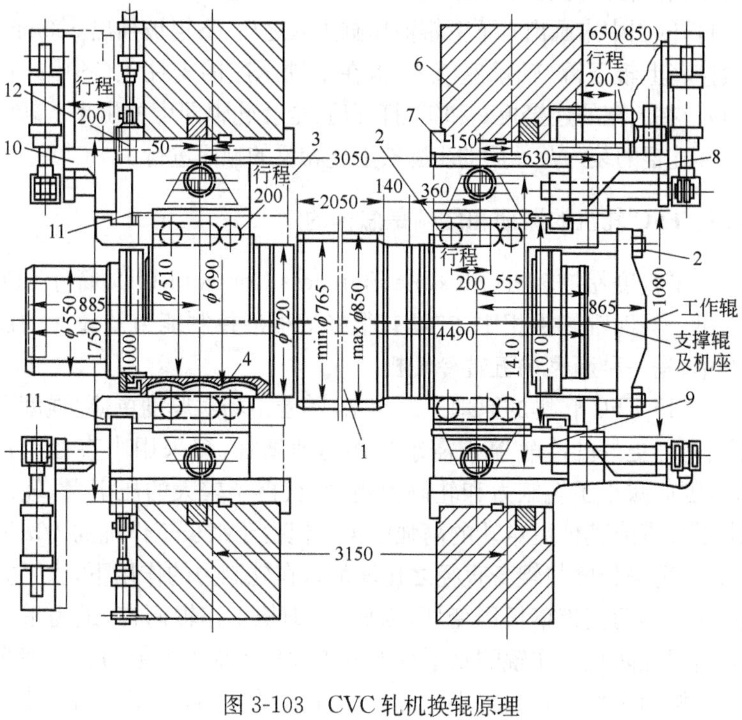

图 3-103　CVC 轧机换辊原理

1—工作辊；2、3—轴承座；4—轴承；5—液压缸；6—机架；7—导向块；8、10—液压缸座；9、11—连接板；12—固定销

11 连接，因轧辊 1 传动侧的轴承座 3 是通过轴承轴向固定的，在移动轧辊时，轴承座 3 也随之移动。借助于连接板 11 也可使液压缸座 10 移动，通过轴承座 2 和 3 液压缸座 8 和 10 同时做水平移动，这就使弯辊力总是作用于滚柱轴承的中心。轧辊轴向移动的液压缸装配有位移传感器，并通过一套位置调节装置使轧辊在 CVC 工作范围内移动，同时保持在理想的位置上。

换辊时用液压缸 5 使两个轧辊到达确定的轴向换辊位置。在这个位置上，传动侧固定液压缸座 10 的固定销 12 通过液压缸移动松开，因为在轧辊推出或装入时，液压缸座 10 也随之移动。由于液压缸驱动的升降轨道(图中未画出)提升，与下工作辊轴承座下面的轮子相接触。传动轴由液压缸支承，下辊的连接板 9 和 11 用液压缸打开(图中未画出)，下弯辊液压缸进入之后，下辊被抽出 300mm。紧接着上辊下降，轴承座就支 承在下轴承座的支柱上(图中未画出)。在上辊的连接板 9 和 11 打开后，全套轧辊即可抽出来。新的一套轧辊的装入及其后的步骤按上述相反的顺序进行。

151. FFC 轧机的原理和结构是怎样的?

平直度易控轧机(Flexible Flateness Control Mill)，简称 FFC 轧机。与四辊轧机相比，它具有很好的板形控制能力及较大的压下率，是一种新型的五辊冷轧机。

(1) FFC 轧机的原理。近年来，随着市场对厚度更薄、强度更高、板形更好的冷轧薄板需求量的迅速增加，多采用小直径工作辊，因而减小了轧制力和轧制力矩，并获得了较大的压下量，轧制出了薄带或其他更难轧的高强度钢。但由于细长工作辊的 l/d 增加(即辊身长度与辊身直径之比增加)，在轧制力的作用下，水平方向易变形而使带钢板形变坏，因此，对细长工作辊而言，最为重要的是研究防止工作辊的水平变形及扩大矫正板形的能力。一般多辊轧机因工作辊直径较小，不能传递轧制力矩，都采用中间辊或支撑辊传动。由于在轧制速度较高时，工作辊与中间辊、中间辊与支撑辊之间往往容易产生打滑，因此，多辊轧机不适宜高速轧制。另外，其结构也比较复杂，还要有特殊设计的机架。

用 FFC 轧机（见图 3-104）即可解决上述问题，其方法是：1）工作辊采用异径组合，一个工作辊直径与普通四辊轧机的工作辊直径相似，另一个工作辊直径较小，故两个工作辊的平均直径小于普通的四辊轧机的工作辊直径，即 FFC 轧机具有较小的等效工作辊直径。2）采用驱动工作辊的方法以避免工作辊打滑。3）工作辊传动系统可使上下工作辊得到不同的速比，两个工作辊的圆周速度不等，可以实现异步轧制。4）在大直径工作辊和中间辊之间设有双轴承座弯辊装置（DCB 弯辊装置）。5）在轧机出口侧小直径工作辊处，设有由水平侧弯辊和分段组合式支撑辊组成的水平弯辊装置。

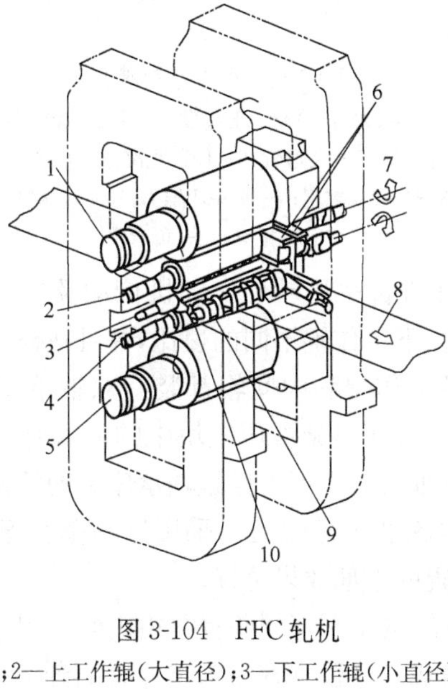

图 3-104　FFC 轧机

1—上支撑辊；2—上工作辊（大直径）；3—下工作辊（小直径）；4—中间辊；5—下支撑辊；6—双轴承座弯辊；7—工作辊驱动；8—轧制方向；9—分段支撑辊；10—水平弯辊

(2) FFC 轧机的结构。FFC 轧机的结构特点是：

1）如图 3-104 所示，FFC 轧机的主体部分由上支撑辊、上工作辊（大直径工作辊）、下工作辊（小直径工作辊）、中间辊和下支撑辊组成。两工作辊直径不等，一个中间辊置于小直径工作辊与下支撑辊之间，并与工作辊有较大的偏移距离（见图 3-105 中的 6）。

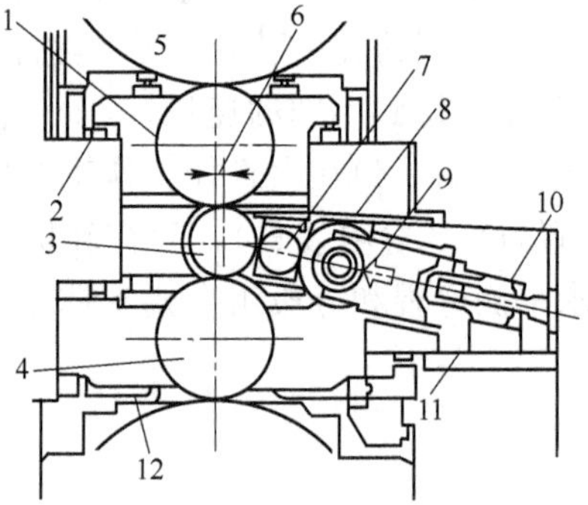

图 3-105　水平弯辊装置

1—上工作辊（大直径）；2—正弯辊；3—下工作辊（小直径）；
4—中间辊；5—负弯辊；6—偏移距离；7—水平弯辊；
8—分段支撑辊；9—水平弯辊力；10—液压缸；
11—支撑梁；12—负弯辊

2）两个工作辊都采用单独电动机传动及速度控制。工作辊传动系统提供上、下工作辊不同的速比，并且在操作时可以改变这个速比。大直径工作辊和中间辊都装有双轴承座垂直弯辊装置（见图 3-105）。由装于机架液压缸块中的活塞对大直径工作辊及中间辊施加正弯辊力。上下支撑辊轴承座中的活塞分别对大直径工作辊及中间辊施加负弯辊力。采用这一垂直弯辊装置十分有效，特别是对轧辊的中部效果更好。

小直径工作辊的水平弯辊装置是由内侧弯辊、分段支撑辊、液压缸及支撑梁组成。分段支撑辊有 6 个滚针轴承，轴承的外座圈布置成有规则的间距。在各个轴承之间有可以在支撑梁的导轨上滑动的可动板。支撑梁上有 7 个液压缸，可单独将水平弯辊力作用到可动板上。

3）外轴承座圈沿轧辊表面边部具有光滑的倒角，其作用是均衡带钢与轧辊的接触压力。在各轴承间均有沿支承导轨滑动的移动板。支撑梁有 7 个对移动板单独施加水平弯曲力的液压缸，而液压缸设有测量柱塞行程和液压力的传感器。侧弯力由 7 个液压缸供给，通过可动板、分段支撑辊及侧弯辊作用到下工作辊上。这些液压缸可以同时或单独工作，以不同的弯辊制度，达到水平方向调整辊缝的目的。图 3-106 表示出水平面弯辊作用及 6 种不同的弯辊力作业方式。

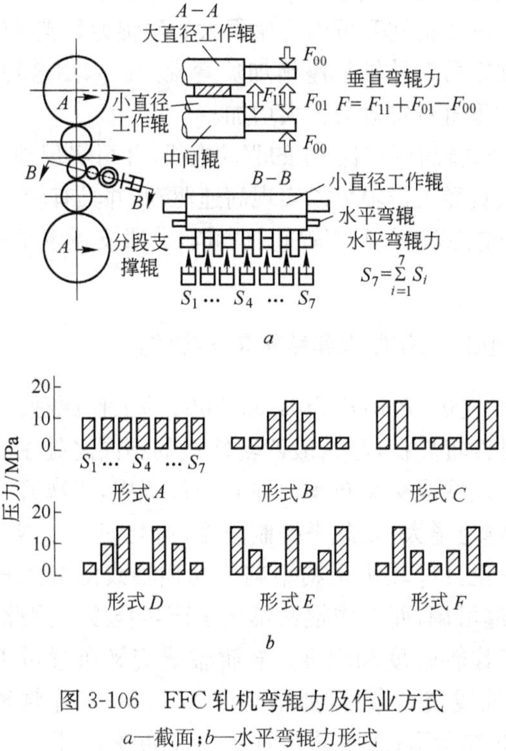

图 3-106 FFC 轧机弯辊力及作业方式

a—截面；*b*—水平弯辊力形式

7 个液压缸对小直径工作辊施加水平弯曲力，每个液压缸均设有一个检测液压缸柱塞行程位置的磁刻度尺及检测液压缸压力的传感器。根据控制电路，可以选择位置控制或压力控制。由 7

个液压缸产生的压力分布及特性曲线可以是对称的(以带钢宽度中心线为基准),也可以是非对称的。此外,在保持压力分布相同的情况下,可以改变液压缸的总压力。

4) 平直度闭环自动控制系统由传感器、液压缸、平直度测量仪和微型计算机等构成闭路反馈系统。计算机分析判断来自平直度测量仪的信号,并将控制信号传递给控制器。当改变水平弯曲力时,调整辊缝,以便借助于带压下补偿器的反馈检测柱塞行程位置,并控制压下液压缸的压力。

5) 双轴承座垂直弯辊装置用于大直径工作辊和中间辊,固定在机架上的液压缸柱塞可以产生很大的弯辊力。支撑辊轴承座中的液压缸柱塞可对外轴承座施加负弯辊力。采用这种结构,可使轧辊中部的垂直弯辊效力大大增加。

6) 每个轧辊有各自独立的驱动电机,并可实现独立的速度控制。通常大直径工作辊可以实现高速驱动,并具有较大的扭矩。

7) 换辊方式与普通四辊轧机相同,分段支撑辊组用换辊小车更换。

152. PC 轧机的工作原理和结构是怎样的?

(1) PC 轧机(Paired Crossed Mill)的工作原理。PC 轧机基本上是一种四辊轧机,与一般四辊轧机的不同之处主要是将平行布置的轧辊改变成交叉布置。在轧制过程中,当离开中心的距离增大时,辊缝也增大,以此来控制凸度,这与使工作辊凸度变化等效。也就是说,PC 轧机是利用调节轧辊轴线的交叉角度来控制凸度,使辊缝可调,而工作辊又不至于产生挠度。因此,凸度控制不会影响工作辊强度和刚度。轧辊轴线交叉布置可以有 3 种形式:支撑辊轴线交叉布置,如图 3-107*a* 所示;工作辊轴线交叉布置,如图3-107*b*所示;成对轧辊轴线交叉布置,如图 3-107*c* 所示。只要改变交叉角,就能改变轧辊凸度。工作辊轴线交叉布置时,轧辊凸度变化范围最大,但是这种布置形式的轧机未能得到实际应用,因为这种布置形式的轧机,在工作辊和支撑辊之间产生较大的相对滑动，使轧辊磨损和能量消耗大为增加。当支撑辊轴线交叉布置时，其效果同工作辊轴线交叉布置时一样，在工作辊和支撑辊之间同样产生相对滑动，使轧辊磨损和能量消耗大为增加。当轧辊轴线成对交叉布置时，工作辊和支撑辊之间就不会产生相对滑动，这就消除了上述弊端，因此得到实际应用的 PC 轧机即是采用成对交叉布置的轧机。所谓成对交叉，是指轴线相互平行的上工作辊和上支撑辊为“一对”，而下工作辊和下支撑辊为“另一对”，这两对轧辊的轴线交叉布置成一个角度。实际使用的最大交叉角为 1.5°，当交叉角为 1°时，轧辊凸度可达 1000μm。轧辊轴线交叉角与轧辊凸度的关系可用下式表示：

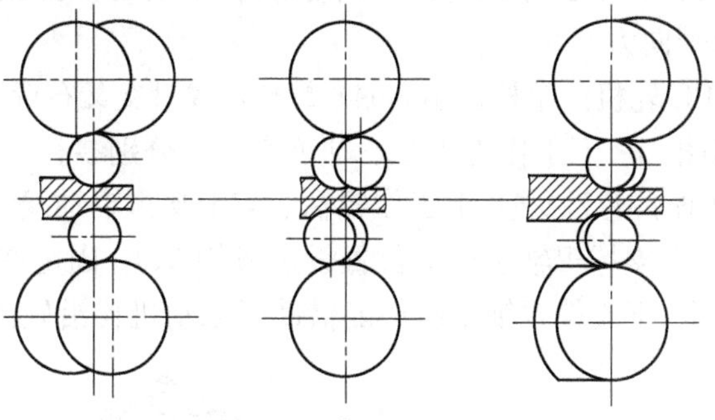

图 3-107 PC 轧机原理图

a—支撑辊轴线交叉；*b*—工作辊轴线交叉；*c*—成对轧辊轴线交叉

$$\delta=\frac{B^2\tan^2\theta}{2(D_W+S)}$$

式中 δ——轧辊凸度；

B——带材宽度；

θ——轧辊轴线横移交叉角；

D_W——工作辊直径；

S——辊缝。

(2) PC 轧机的特性。PC 轧机的特性主要有：

1）凸度及板形控制：带钢的宽度越大，改变交叉角的效果越明显。轧辊交叉角从0°变化到1°时，带钢的板形可从边浪变成中间浪。

2）轧制力、轧制力矩和前滑：轧辊交叉角从0°变化到1°时，并不影响轧制力、轧制力矩和前滑，因而证实了PC轧机与四辊轧机具有相同的特征，可用传统的轧制理论来计算PC轧机的轧制力和轧制力矩。

3）轴向力：在成对交叉辊轧机上，带钢横向产生相对滑动，因而在带钢上产生轴向力，其大小基本上与交叉角成正比，并随压下量的增加而减小。热轧普通钢时，最大轴向力为轧制力的10%，若压下率为30%时，轴向力约为轧制力的5%，因此可用适当的机构来控制轴向力。

（3）PC轧机的结构。图3-108是轧辊成对交叉布置的PC轧机结构简图，上、下工作辊1、2的轴承座3、4分别装在上、下支撑辊5、6的轴承座7、8中，上工作辊轴线与上支撑辊轴线大致保持平行。上、下支撑辊轴承座的位置设定机构9、10固定在机架11的两侧。上、下支撑辊轴承座还能借助于驱动机构沿轧制方向移

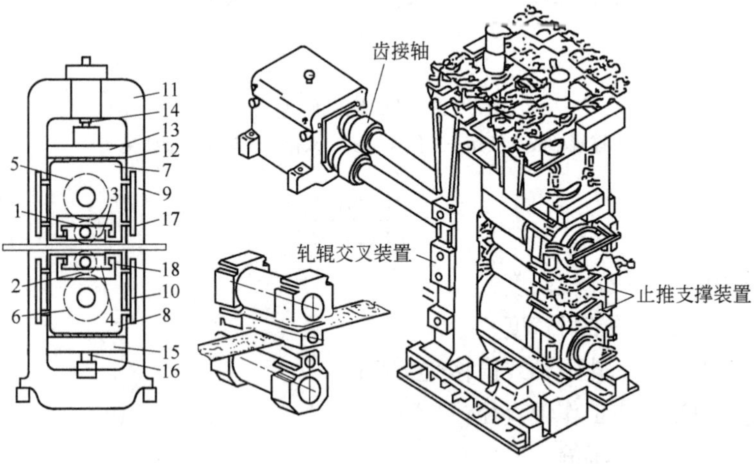

图3-108　PC轧机的结构简图

动，或保持在所定的位置上。上支撑辊轴承座通过摩擦力减小机构12由平衡梁13来支撑，而平衡梁通过压下螺丝14把轧制力传给机架。下面一对轧辊承受的轧制力通过摩擦力减小机构传给换辊台车15，最后通过液压千斤顶16传给机架。上、下工作辊轴承座的位置设定机构17、18也可借助于驱动机构使上、下工作辊轴承座沿轧制方向移动，或固定在所定位置上。

交叉辊轧机和普通四辊轧机的主要区别是前者需要配备一套交叉机构以及设置承受工作辊侧向力和减小AGC滞后的止推支撑机构。此外，为了防止传动轴摆角的增大和保证轧辊交叉滑动面，交叉辊轧机还需要一合适的测量装置。然而交叉辊轧机的设计是以普通四辊轧机为基础的，增加了轧辊交叉装置和轴向力承受装置。其轧辊交叉装置如图3-109所示。

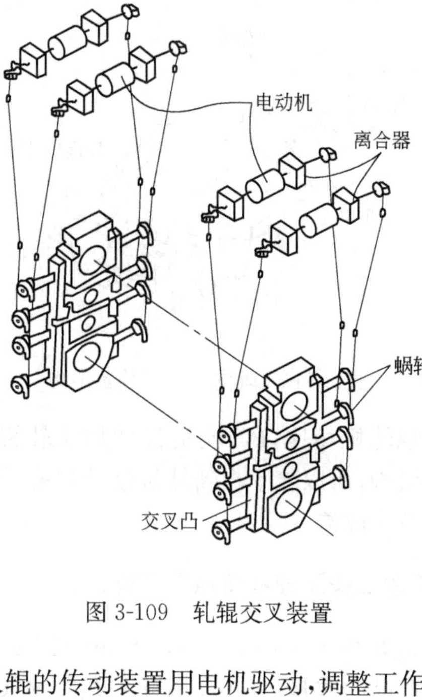

图3-109 轧辊交叉装置

上、下交叉辊的传动装置用电机驱动，调整工作辊和支撑辊轴承座的交叉头是由电动机通过蜗杆减速机同时驱动的。当轧辊轴承座间隙过大时，交叉头之间的扩大和缩小的微调是通过 4 台电机和 8 个离合器来完成的。

工作辊的止推支撑装置的结构如图 3-110 所示。该装置装在工作辊工作侧的轴头上，与工作辊轴承座一起组成能承受大负荷的紧凑止推轴承。工作辊产生的对机架的推力用一套四连杆机构和轮子来传递，并使引起 AGC 滞后的垂直滑动阻力得到减小。该四连杆机构通过两侧轮子相等地传递工作辊的推力，以避免止推轴承产生偏心负荷。齿轮联轴节的齿面经氮化处理，以适应齿轮联轴节偏角的增大。辊子交叉的滑动面是一块为操作侧和传动侧共用的平板，因此，支撑辊产生的作用于压下螺丝的偏心力将由工作侧和传动侧的平衡力所抵消。板形控制系统是以装在最后一架轧机出口侧的辊形仪和板形仪的反馈信号为基准的。

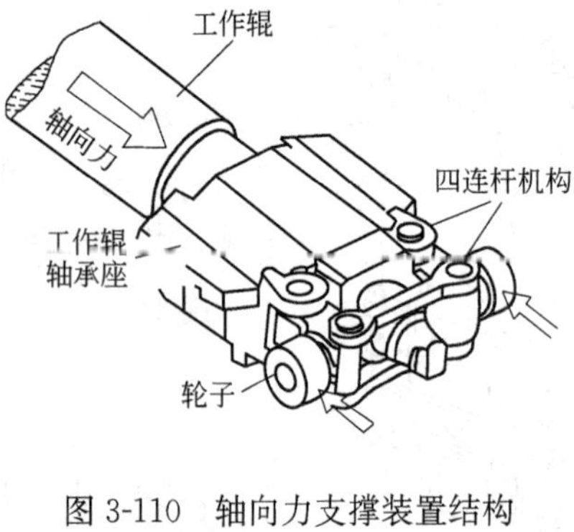

图 3-110　轴向力支撑装置结构

与一般四辊轧机相比，PC 轧机仅增加了轧辊角度调整和侧推力支撑两套机构，所以除了在新轧机设计时采用外，也可用于现有四辊轧机的技术改造。

153. UPC 轧机的工作原理和特点是怎样的？

(1) UPC 轧机(Universal Profile Control Mill)的工作原理。为提高板带材产品的质量，发展了像 HC 轧机和 UC 轧机等新型轧机，但这些轧机的投资都比较高，从而使成本增加。为了既要提高产品质量，又要降低成本，德国 MDS(曼内斯曼·德马克·萨克)公司研制出一种万能板形控制轧机——UPC 轧机。

UPC 轧机工作辊的辊廓曲线为一简单的貌似雪茄烟形状，呈中间直径大、两端直径小的双圆锥状，如图 3-111 所示。其工作辊可以轴向抽动，以工作辊轴向抽动量，再配合施加弯辊力，即可获得各种所需要的辊缝(图 3-111a)。如工作辊轴向移动到两个小圆锥段相对时(图3-111b)，则可轧出凸形断面的轧件。当上、下工作辊轴向移动到两个大圆锥段相对时(图 3-111c)，则会使轧件产

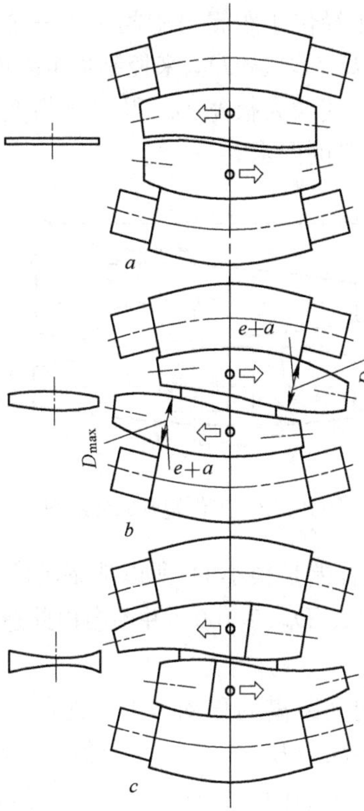

图 3-111　UPC 轧机工作原理示意图

生中凹的形状。UPC 技术既可用于四辊轧机，又可用于六辊轧机。当 UPC 技术用于六辊轧机时，可以抽动中间辊。工作辊或中间辊的轴向移动装置，是由设在轧辊端部（操作侧）的双向液压缸来驱动的，在调整压下装置的过程中，或在轧制过程中，可实现连续的轴向移动调整。

(2) UPC 轧机的特点。UPC 轧机的特点是：

1) 特殊的工作辊辊廓曲线。UPC 轧机的关键在于合理地配置特定的工作辊辊廓曲线。再加上工作辊轴向移动距离的合理选择与弯辊系统相协调配合，这样就可达到板形调整的任意性。图 3-112 为一对工作辊的示意图，整个辊身长 L 上，工作辊的直径是逐渐变化的，最大辊径位于距辊身中间位置一个 e 的距离处。利用轧辊的直径差 $\Delta D=D_{max}-D_{min}$ 来控制板带断面的横向厚差，利用辊廓曲线的长度，使最大板宽 B_{max} 及最小板宽 B_{min} 范围内的产品都可达到合理控制的要求。

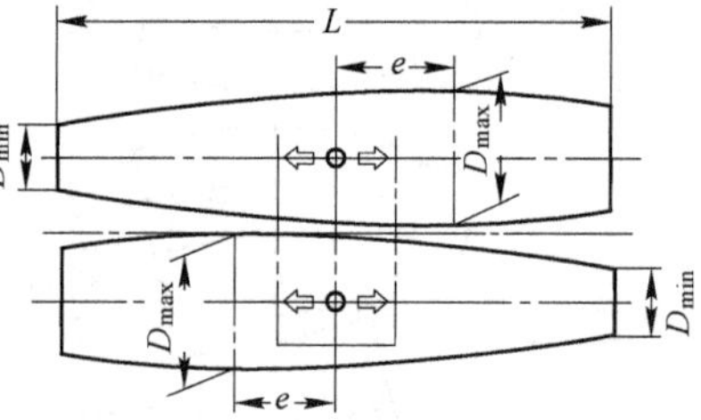

图 3-112　工作辊辊廓曲线图

由于轧辊的直径差是很小的，所以轧辊辊廓长度上的速度差也是很小的，$\Delta v=\Delta D/D_{max}\times100\%$并不会由此造成轧制过程中轧件的大量偏斜。

2) 工作辊轴向大距离的移动。工作辊在工作时彼此轴向移动，其移动行程 $S=S_1=B_{max}-B$（B_{max}为最大板宽，B 为某种产品的板宽），即轧辊分别从中间位置以 S 或 S_1 缓慢相对移动，或者从端部位置以 $S+S_1$ 向一边移动。轧辊轴向移动量的大小，应以克服工作辊、支撑辊弹性变形以及磨损、热凸度造成的辊缝变化量为原则。

3）工作辊弯辊、双圆锥辊廓曲线和轧辊轴向移动相结合形成动态规格的控制系统。UPC 轧机以其凸形轧辊辊廓曲线来影响轧制负荷曲线，从而有效地将板形控制在设定的范围之内。UPC 轧辊辊廓曲线和工作辊弯辊的作用，可进行板形修正。如果轧辊是凸度轮廓曲线，仅与稳定的板形相匹配即可。而同时再进行轴向抽动，可在板带边部区域、热凸度和轧辊磨损方面进行相应的补偿。当 UPC 轧辊辊廓曲线与轧辊轴向移动位置调节到板形需要的相应位置时，在此条件使用弯辊力很小，仅作为补偿调节手段而已。由于在 UPC 系统中，工作辊轴向移动、UPC 轧辊辊廓曲线和工作辊弯辊相结合，形成一套带有补偿调节的板形控制系统，能够稳定地补偿轧制过程中轧制变化以及热变形影响，稳定地提供高质量的板带产品。

4）UPC 轧机的工作辊轴向移动，减少了因板带边部引起的轧辊集中区域的磨损，从而可减少轧辊备品，降低磨辊次数及成本。

第四章　冷轧设备及其操作

一、冷轧机及其操作

154. 冷带轧机主机列由哪几部分组成？

冷带轧机主机列由主电机、传动装置和轧机工作机座 3 部分组成。也有的冷轧机工作辊直接由直流电动机通过连接轴单独驱动，如图 4-1 所示。

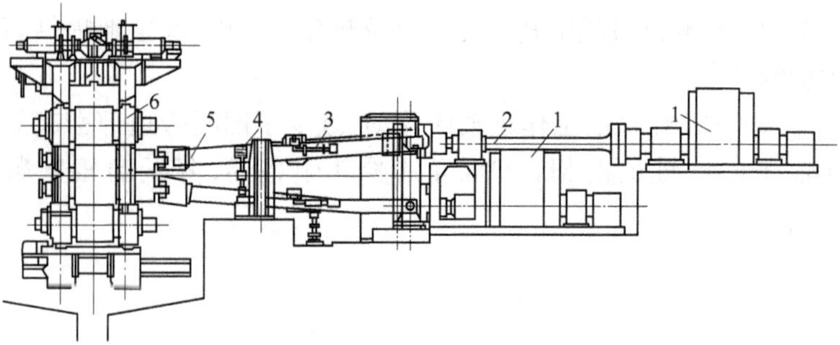

图 4-1　电动机直接驱动轧辊的主机列
1—电动机；2—传动轴；3—连接轴移出缸；4—连接轴平衡装置；5—万向接轴；6—工作机座

传动机构的作用是将主电机的动力传递给轧辊。一般冷轧机的传动机构由联轴器、减速机、齿轮机座和连接轴等组成。

轧机一般采用一、二级减速机，三级减速机很少使用。

大多数轧机都有齿轮机座，齿轮机座有二辊式、三辊式和四辊式。四辊式齿轮机座有 4 个轴，既可传动工作辊又可传动支撑辊。

某些小型冷连轧机还采用一种联合齿轮箱（图 4-2）。两个电动机通过一级减速（或增速）后，再经连接轴分别驱动工作辊（上、下齿轮不啮合，靠电动机同步）。

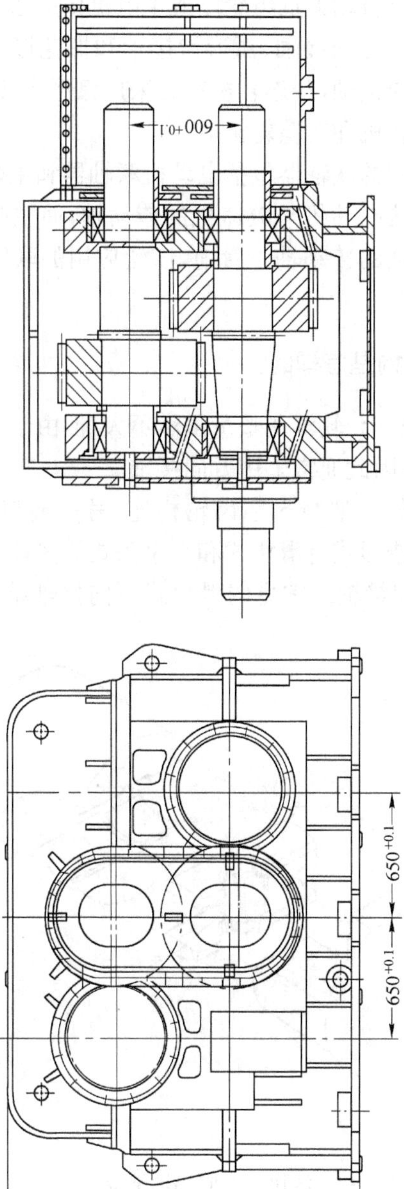

图 4-2 冷连轧机的联合齿轮箱

连接轴的作用是将动力从齿轮座或主电机传递给轧辊。轧辊常用的连接轴主要有万向接轴、弧形齿接轴和梅花接轴 3 种。一般冷轧机均采用万向接轴，冷连轧机有的采用弧形齿接轴，梅花接轴仅用在旧式小型轧机和实验轧机上。

轧机主机列所用的联轴器包括电动机联轴器和主联轴器。电动机联轴器用来连接电动机与减速机的传动轴，而主联轴器用来连接减速机与齿轮轴的传动轴。目前，广泛应用的联轴器是齿轮联轴器。

155. 万向接轴的结构是怎样的？

在冷轧带钢轧机上，轧辊调整量虽然不大，但由于轧制速度较高和轧制精度较高，因此通常采用万向接轴。

轧机万向接轴的一端与人字齿轮相连，另一端与轧辊连接。万向接轴的关节构造形式有滑块式和十字头式等多种。

(1) 滑块式万向接轴。常见的滑块式万向接轴结构如图 4-3

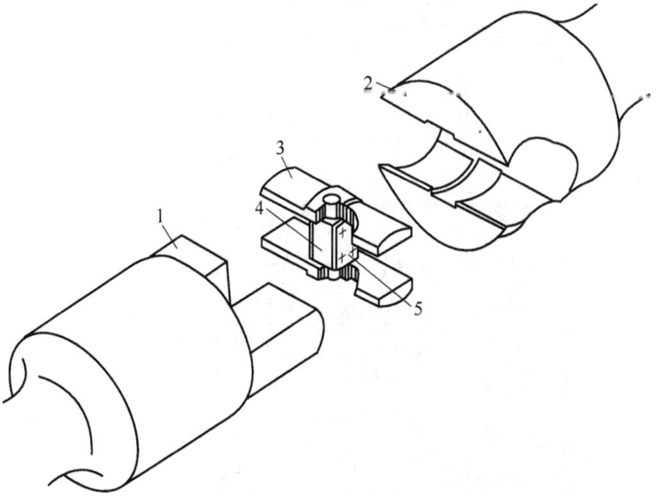

图 4-3 滑块式万向接轴结构

1—扁头；2—叉头；3—月牙形滑块；4—小方轴；5—青铜滑块

所示。叉头2(又叫虎口)的横向镗孔内装有两块月牙形青铜滑块,并由小方轴4在中间连接。轧辊(或齿轮辊)上的扁头1插入月牙形滑块和小方轴的中部方形断面之间,即形成虎口关节,叉头可以转动,并在8°～10°的情况下仍能转动。小方轴4也可做成一个方块中间穿过一根柱形轴的形式。

滑块式万向接轴润滑比较困难,青铜月牙形滑块容易磨损,而且间隙加大时磨损更剧烈,冲击增大(尤其是可逆式轧机),这往往会造成叉头和扁头变形,甚至断裂。因此要加强润滑,经常检查,定期更换月牙形滑块。

(2) 十字轴铰链。十字轴铰链也是带滚动轴承的万向接轴(图4-4),它由两个叉头1、一个十字轴2组成,滚动轴承安装在十字轴的轴颈上。

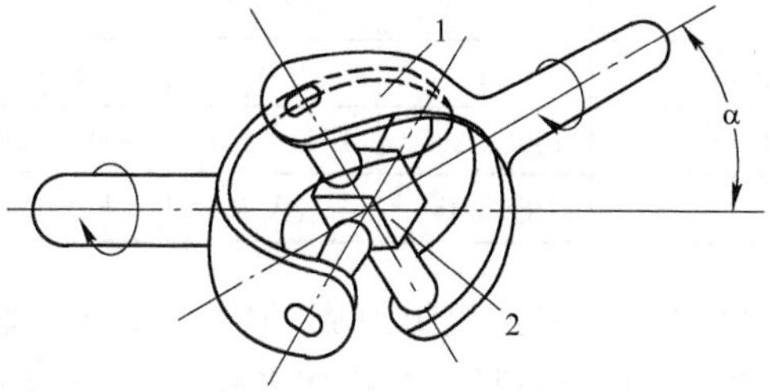

图4-4　十字轴铰链简图

1—叉头;2—十字轴

与滑块式万向接轴相比,带滚动轴承的万向接轴有以下优点:

1) 铰链中没有月牙形滑块,磨损件少;2)滚动轴承的间隙小,接轴的冲击和振动显著减小,约为滑块式万向接轴的1/30,有利于带钢质量的提高;3)从根本上改善了接轴的润滑条件,铰链密封性好,润滑可靠,减少了润滑剂的消耗,4)传动效率高达99%以上,可节省功率5%～15%。

带滚动轴承的万向接轴其主要缺点是叉头强度较弱,这种万向接轴的承载能力主要取决于叉头强度和滚动轴承的承载能力。这种接轴工作平稳,没有冲击,能在倾斜角达10°～12°的情况下传递较大的扭矩，工作良好。用人工油枪往轴承内打油后，能保持长期润滑良好，使用维护方便。

156. 某1700mm冷连轧厂的设备布置和工艺流程是怎样的？

1700mm五机架冷连轧机生产普通及深冲用冷轧薄板(卷)、镀锌薄板(卷)和镀锡薄板(卷)，年产100万t。坯料及成品规格见表4-1。

表4-1 某1700mm冷连轧机的坯料和成品规格

项目 \ 规格 \ 品种	普通及深冲钢板、镀锌板(卷)		镀锡板(卷)	
	坯　料	成　品	坯　料	成　品
带宽/mm	550～1550	550～1500	550～1550	550～1100
带厚/mm	1.5～6	0.2～3	1.5～3.5	0.15～0.55
钢卷内径/mm	610	610	610	450
钢卷外径/mm	1000～2550	1000～2550	900～1800	900～1800
卷重/t	最大45	最大45	最大20	最大20

全厂由14条作业线或机组组成，主要包括连续酸洗机组、五机架冷连轧机、电解脱脂机组、单机架平整机、双机架平整机、3条横切机组、纵切机组、重卷机组、连续热镀锌机组、连续电镀锡机组、罩式退火炉以及包装机组。

某1700mm冷连轧厂设备布置如图4-5所示。某冷连轧厂工艺流程见图4-6。工厂使用热轧厂生产的热轧带钢卷为原料。带钢卷通过热轧厂的地下运输链直接送至冷轧厂酸洗跨的原料库贮存及冷却。然后根据生产计划由吊车将钢卷吊运至连续酸洗机组，钢卷在该机组中连续进行开卷、焊接、机械破鳞、盐酸酸洗、漂洗、烘干、涂油、切边、卷取等作业。酸洗后的钢卷由输出运输链送至轧机前跨，由吊车卸下并堆存在中间仓库内。

已酸洗及涂油的带钢卷按生产计划再由吊车吊至冷轧机组，冷轧至成品厚度。经冷轧后的钢卷由步进梁运送到轧机后跨，然

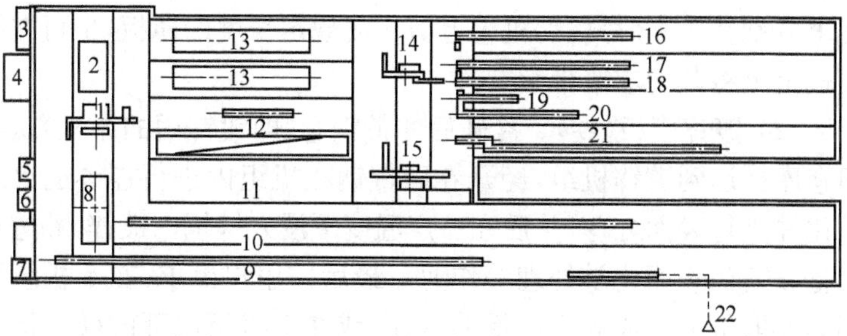

图 4-5　某 1700mm 冷连轧厂设备布置图

1—五机架冷轧机；2—电控室及计算机室；3—高压开关室；4—动态无功自动补偿装置；5—加油站；6—蒸汽分配装置；7—废酸再生处理站；8—轧辊冷却系统；9—酸洗机组；10—镀锌机组；11—磨辊间；12—脱脂机组；13—罩式退火炉；14—单机架平整机；15—双机架平整机；16—3 号剪切机组；17—2 号剪切机组；18—1 号剪切机组；19—重卷机；20—纵剪机组；21—镀锡机组；22—从热轧来的钢卷的运输链

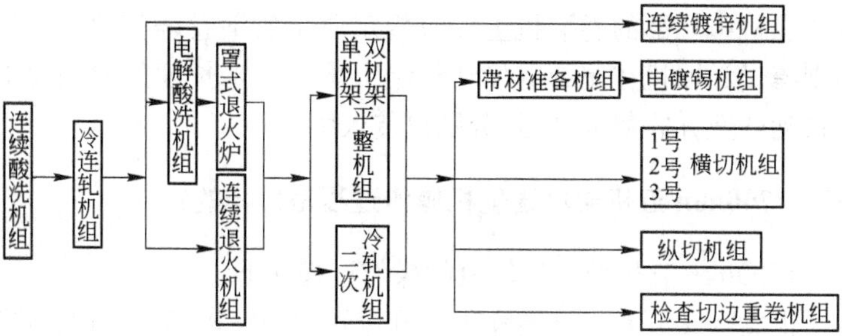

图 4-6　冷轧普碳钢带的工艺流程图

后按不同的产品分别进行后道工序加工。

(1) 普通及深冲用冷轧薄板(卷)。冷轧后钢卷在罩式炉内加热退火，以消除冷轧时造成的加工硬化。退火时在罩内通以保护气体以防止带钢表面氧化。退火后的大部分钢卷(厚度大于 0.4mm)送到单机架平整机组内进行平整，以提高带钢的力学性能并改善表面质量。少量钢卷(厚度小于 0.4mm)则需经过双机架平整机平整。经平整后的钢卷即为成品,成品钢卷可根据用户要求分别在 1～3 号横切机组上剪切成规定长度的薄板,也可在纵切机组上将其切成窄带钢卷。

(2) 镀锌薄板(卷)。冷轧后的带钢卷(即镀锌用的原板)从中间仓库吊运到镀锌机组,经开卷后带钢在机组内进行连续退火或常化并进行表面处理,然后在一定温度下浸入锌锅内镀锌,并进行光整、矫直、表面化学处理等作业。最后按用户要求,在本机组尾部的卷取机上卷成规定质量的钢卷;或在本机组尾部的横切机组上剪成定尺长度的镀锌板。

(3) 镀锡薄板(卷)。镀锡用的冷轧带钢卷由钢卷运输链送到电解清洗机组,在机组内清洗掉带钢表面的轧制油,然后将经罩式炉退火的钢卷送到双机架平整机组上进行平整(或进行二次冷轧,生产硬度较高、厚度较薄的二次冷轧镀锡板)。平整后的钢卷送到连续电镀锡机组,进行切边、清洗、酸洗、电解镀锡、软熔、表面化学处理、静电涂油等作业,生产出成品。根据用户要求,需以钢卷交货的在机组尾部的卷取机上卷成规定质量的钢卷;需以钢板交货的则跨过卷取机在尾部的横切机组上剪成一定长度的镀锡薄板,经自动分选并收集成堆后,分别包装入库。

157. 1700mm 五机架冷连轧机操作过程是怎样的?

1700mm 五机架冷连轧机的操作过程如下:

钢卷→预开卷→开卷穿带→升速轧制→停车卸卷→钢卷输出(见图 4-7)。

(1) 预开卷。将酸洗并涂过油的钢卷吊放在与轧制线垂直布置的托架式步进梁上,步进梁将钢卷运至轧制线上。通过光电管和定位传感器,钢卷自动对中,然后由剥捆带机割断钢卷上的捆扎带。钢卷车上的托辊带动钢卷回转,由带头探测器测出带头位置后,刮刀掀起带头并送至三辊矫直机。带钢头部穿过带钢夹持器,通过夹送辊而被夹钳夹紧,此后矫直机两个下辊和刮刀离开轧制线,退至轧机传动侧。钢卷等待开卷。

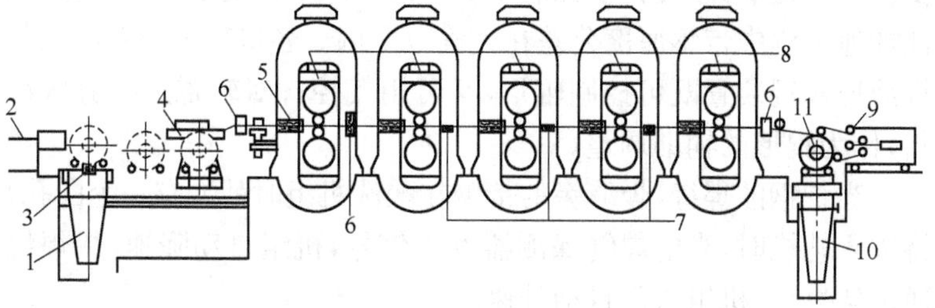

图 4-7　五机架冷连轧机

1—钢卷输入车；2—拆捆机；3—步进式梁；4—开卷机；
5—带钢辊式压紧器；6—同位素测厚仪；7—电磁式测厚仪；
8—全液压压下装置；9—助卷机；10—钢卷输出车；11—卷取机

(2) 开卷穿带。前一卷带钢尾部离开双圆柱头胀缩式开卷机后，卷筒收缩并左右分开。当带钢尾部离开第一架轧机时，辊式压紧器立即张开，钳着后一根带钢头部的夹钳和上夹送辊下降，同时通过气动装置将带钢夹持器打开。当夹送辊闭合时，带钢夹钳打开并横向分离，然后夹钳整体上升。此时，带钢已处于轧制线水平上。夹送辊通过摆动导板和带有压板的侧导向辊将带钢头部送往轧机时，钢卷车将钢卷前移并与开卷机卷筒对中，开卷机两个卷筒对中合拢，插入钢卷，卷筒胀开。带钢进入轧机后，辊式压紧器立即压紧带钢，以防止带钢折皱且使其产生后张力。同时，夹送辊的上辊升起，则下辊起导向辊作用。当开卷机与第一轧机间带钢产生了张力后，开卷机上的带钢跑偏控制装置自动投入工作，以保证带钢始终对中轧制。

带钢头部以穿带速度逐个穿过各架轧机。穿带时各架轧机带钢压紧器的压板均保持开口度 215mm，而侧导板则已调整好宽度，引导带钢对中前进。测张辊均处于下降位置。待穿带完毕后，机架之间带钢产生张力，测张辊上升，压紧器的压板下降至开口度 60mm 处，侧导板快速打开，每侧打开 30mm。然后开启轧辊冷却剂喷头。

带钢头部以喂料速度到达卷取机卷筒，当带钢头部在卷筒上卷绕 3～5 卷后，皮带助卷器退回，关闭保护栅罩。

(3) 升速轧制。穿带结束后，机组同步升速到预定的轧制速度。在升速前，厚度自动控制系统和液压压下系统已投入工作，保证加速过程中带钢厚度公差在允许范围内。各机架上设置的工作辊液压弯辊装置既可控制辊形，又可用气控阀对轧辊进行分区冷却，作为辊形的辅助调整。

当带钢的焊缝（焊缝旁的带钢在酸洗机组时就冲有一个圆孔）将进入轧机时，光电焊缝探测器发生信号，机组自动降速，待焊缝通过轧机后，机组重新自动升速。

(4) 停车卸卷。带钢尾部即将进入轧机时，机组自动降速，带尾离开开卷机后，各架的带钢压紧器压板顺序压紧带钢，保证带钢尾部在一定的后张力下轧制，并防止带尾跳动。带尾离开最后一架轧机后，卸卷小车上升，以低压力将带尾压住，卷取机停车。然后卷筒收缩，钢卷由小车移出（必要时使用卷取机上的推卷器），落入输出步进梁的鞍部。

(5) 钢卷输出。步进梁将钢卷移上磅秤，称量后送往打捆机打捆，再移至步进梁端部，用翻卷机将钢卷翻转 90°，由吊车运往存放场。

158. 什么是偏八辊轧机？

偏八辊轧机是在二辊式、四辊式轧机的基础上发展起来的一种结构简单的多辊式轧机，又称 MKW 轧机，如图 4-8 所示。它由一对支撑辊 1、一对工作辊 2、一对中间辊 3 及一对侧向支撑辊 4 所组成。

在轧制时，由支撑辊 1 通过摩擦力驱动工作辊 2 进行轧制。除支撑辊 1 是主动辊外，其他轧辊都靠摩擦传动。

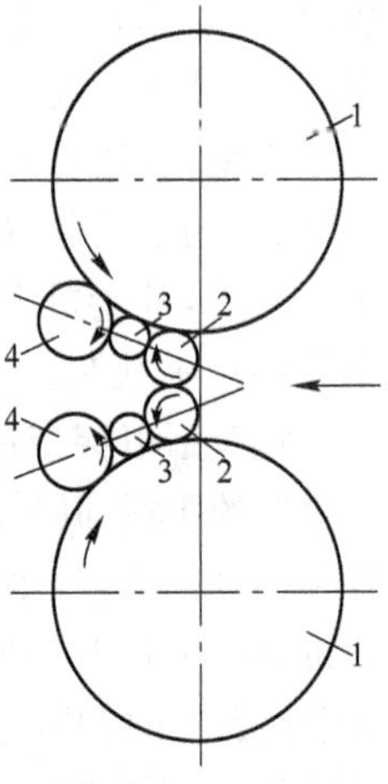

图 4-8 偏八辊轧机简图
1—支撑辊；2—工作辊；3—中间辊；4—侧向支撑辊

随着国民经济和科学技术的发展，需要生产更多宽而薄的难变形金属带材。这些金属带材的生产要求减小轧制压力和轧辊变形等问题。采用小直径工作辊能减小轧制压力。为了解决由于小工作辊刚性不够而引起工作辊侧向弯曲的问题，出现了各种类型的多辊式冷轧机。偏八辊轧机除了能够满足轧制需要的强度和刚度要求，克服工作辊的侧向弯曲外，还具有结构简单、调整方便、工作稳定性好、可以可逆轧制、可增大压下量、减少道次、简化冷轧工序(即减少中间退火次数)、提高产量质量等优点。因此，偏八辊轧机发展很快，使用范围较广。它用于轧制碳钢、不锈钢、硅钢和合金钢等，也特别适用于轧制有色金属的薄带和箔材。

偏八辊轧机可作为精轧前的粗轧机使用，也可以进行单机生产。

159. 偏八辊轧机的辊系结构是怎样的？

偏八辊轧机是上下各 4 个轧辊对称布置的，如图 4-9 所示。

偏八辊轧机的特点是工作辊轴线偏离支撑辊轴线而配置。这就使工作辊在垂直方向和水平方向都受到支撑辊支撑，从而，在减小工作辊直径的情况下，工作辊在垂直方向和水平方向上都有足够的刚度。这样，提高了工作辊的稳定性，有利于大压下量轧制。

中间辊仅与工作辊及侧向支撑辊接触，使工作辊与侧向支撑辊转动方向相同。而中间辊不与支撑辊接触，以免产生相对滑动，加剧轧辊磨损。同时，有了中间辊，使侧向支撑辊向外移动，扩大了辊系空间，有利于轧机调整。

偏八辊轧机要求工作辊辊身和侧向支撑辊辊身，以一定压力紧压在支撑辊辊身上。而且，工作辊、中间辊和侧向支撑辊辊身，还必须彼此压紧。同时，在工作辊压下调整时，要求 4 个辊子一起上下，不改变相互的位置。

偏八辊轧机的定位座 7 将工作辊 10、中间辊 9、侧向支撑辊 5 组合在一起，使三者的轴心线在同一直线上，并保证工作辊与支撑辊有一定的偏心量。定位座 7 的一个轴孔与侧向支撑辊 5 的轴颈通过轴套 6 相配合，中间辊 9 的轴承盒 8 安装在定位座 7 的导槽中，可沿导槽左右移动。工作辊 10 的轴颈与铜套 13 相配合，铜套 13 由叉头 15 和叉头 14 抱头，叉头 15 的另一端，做成圆柱体并开

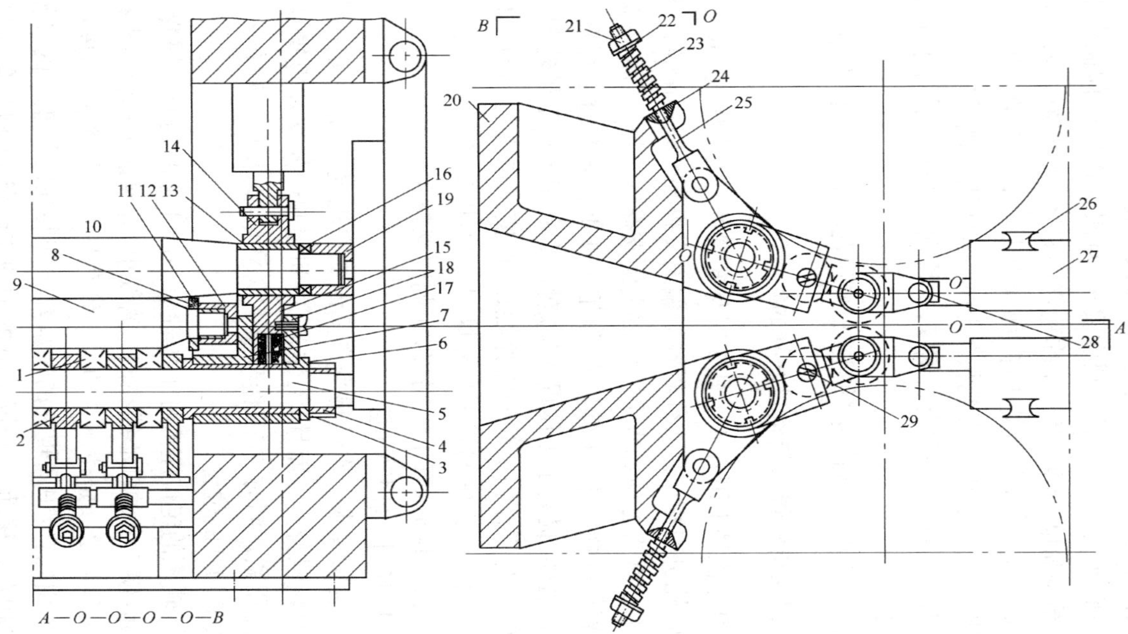

图 4-9　偏八辊轧机轧辊装配图

1—滚动轴承；2—支撑座；3—垫圈；4—螺母；5—侧向支撑辊；6—轴套；7—定位座；8—轴承盒；9—中间辊；10—工作辊；11—挡块；12—轴套；13—铜套；14—叉头；15—叉头；16—止推轴承；17—弹簧；18—螺钉；19—套筒；20—支撑梁；21—螺母；22—垫圈；23—弹簧；24—球面垫；25—拉杆；26—导轨块；27—液压缸；28—销轴；29—螺钉

导槽，插入定位座 7 的另一圆孔中，孔内放有弹簧 17（也有采用液压的），由螺钉 18 通过键槽来限位。叉头 14 的另一端则与液压缸 27 的柱塞用销轴 28 铰接。

侧向支撑辊 5 是由心轴，11 个滚动轴承 1、10 个支撑座 2 等组成的。在每个支撑座 2 上装有拉杆 25、球面垫 24、弹簧 23、垫圈 22 和螺母 21。将侧向支撑辊 5 吊在支撑梁 20 上。

液压缸 27 通过压力油后，柱塞向左移动，使工作辊的辊身压紧中间辊的辊身，中间辊的辊身便压紧在侧向支撑辊的滚动轴承 1 上，通过支撑座 2 压在支撑梁 20 的垂直面上，将轧制时的侧向力传至机架。这样，侧向支撑辊、中间辊和工作辊的辊身就可以彼此压紧。

由于工作辊、中间辊和侧向支撑辊的轴心连线与液压缸柱塞呈一夹角，所以有一向上分力，使工作辊和侧向支撑辊同时压紧在支撑辊上。

工作辊端部装有止推轴承 16 和套筒 19，用来承受轧制时工作辊的轴向力，以防止工作辊轴向窜动。

上轧辊的平衡装置与四辊轧机类似，采用拉杆弹簧平衡装置。压下装置采用由电动机经蜗杆蜗轮传动压下螺丝的电动压下形式。因为侧向支撑辊的支撑座 2 是通过拉杆、球面垫和弹簧吊在支撑梁 20 上，并从侧面压紧在支撑座上的，所以压下调整时，工作辊、中间辊和侧向支撑辊能够随着大支撑辊一起移动。

160. 二十辊轧机的压下和辊形是怎样调整的？

二十辊轧机的辊系按 1—2—3—4 型上下对称布置（图 4-10），上下两个工作辊分别支撑在两个第一层中间辊上，后者又支撑在 3 个第

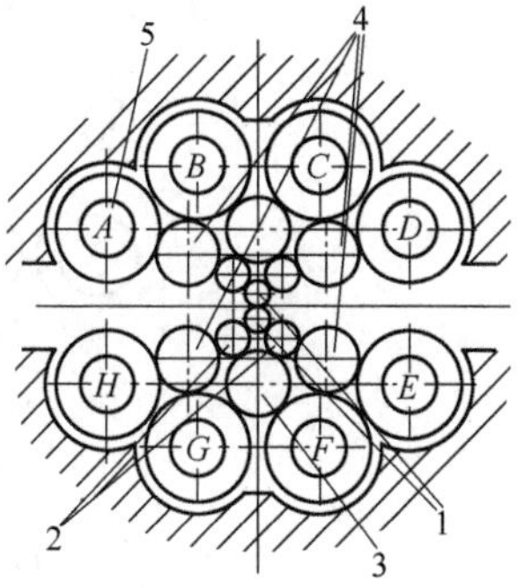

图 4-10　二十辊轧机辊系布置
1—工作辊；2—第一层中间辊；3—第二层中间辊；4—传动辊；5—支撑辊

二层中间辊上，第二层中间辊又支撑在最外层的 4 个支撑辊上。通常以第二层中间辊外侧 4 个辊为传动辊。每一个支撑辊都由心轴、滚柱轴承、偏心环和鞍座组成，用压板将鞍座固定在机架的半圆孔内。支撑辊心轴与偏心环用键连接。当心轴转动时，支撑辊的中心线便产生移动。

(1) 压下调整。图 4-11 所示为采用位置传感器并经过电液伺服阀的转换和放大来控制压下的电—液压压下系统。压力油从

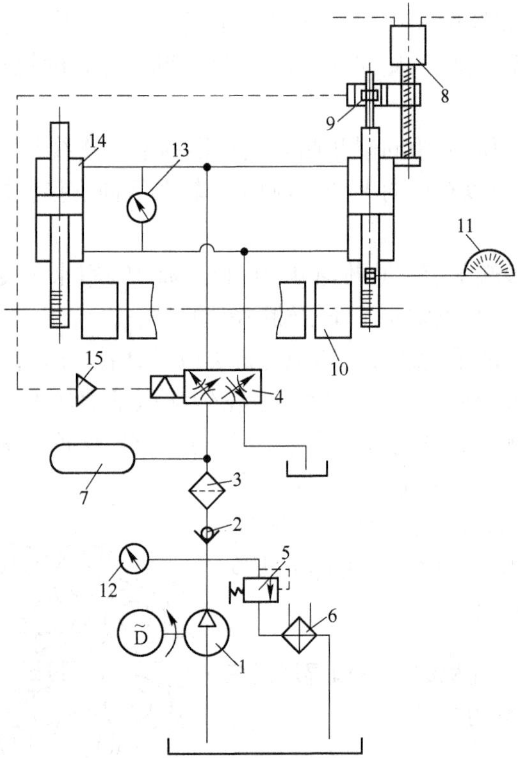

图 4-11 电—液压压下系统

1—油泵；2—单向阀；3—过滤器；4—电液伺服阀；5—调压阀；6—冷却器；7—蓄压器；8—步进电机；9—位置传感器；10—*B*、*C* 支撑辊；11—上工作辊位置指示器；12—压力计；13—压差计；14—液压缸；15—放大器

油泵 1 经单向阀 2、过滤器 3 和电液伺服阀 4 送入压下油缸的上下腔。调压阀 5 控制系统的压力,多余的压力油从该阀经冷却器 6 排回油箱。蓄压器 7 经常向系统补充压力油,保证系统的正常工作。

压下时,步进电机 8 带动位置传感器 9 的外壳向上移动,由于位置传感器内芯与活塞杆刚性固定在一起,开始时处于静止状态,传感器的感应圈与铁芯产生相对位移,从而发出电信号,该电信号经放大后输入电液伺服阀,使压下油缸下腔的道路打开,上腔与回油相通,在上下腔压力差的作用下活塞杆开始向上移动,工作辊压下。抬起时动作顺序与压下时相反。

在轧制过程中,如因某种原因轧制压力增大时,由于压下支撑辊的非自锁性,活塞杆将产生向下的位移,即工作辊抬起,与此同时,位置传感器的内芯也要向下移动。这时在位置传感器中将产生一个使活塞杆上升的负反馈信号,经放大后送入电液伺服阀,使下腔油路开大,上腔油路关小,上下腔的压力增量将与轧制压力的增量相平衡,活塞向上移动使轧件厚度恢复到要求值。

(2) 辊形调整。为了获得平整的板形,轧机都有辊形调整机构。辊形调整包括轴向调整和径向调整。

辊形轴向调整除了可以促使带材沿横向尺寸均匀外,还可用来消除带材的边波。将上下两对第一层中间辊相反的两端加工成锥形,使其同向或反向移动来调整轧辊重合平行部分(即有效平面量)的长度,就可调好带材边部的形状。此机构不能在轧制过程中进行调整,而只能在轧前预先调整好。第一层中间辊的轴向移动是由液压马达通过链轮来实现的。辊子锥度的大小与锥形段长短取决于带材的钢质和规格以及所采用的轧制规程。一般有效平面量占带宽的 80%。

径向辊形调整由液压马达驱动蜗轮蜗杆,双面齿条便向上或向下移动,从而使最外层支撑辊 B、C 的外偏心环转动。由于外偏心环与机架半圆孔是偏心的,因此支撑辊心轴上的某一部位发生弹性弯曲变形,从而使支撑辊的某一轴承位置发生变化,通过中间辊就能使工作辊某一部分的形状改变，达到径向辊形调整的目的。由于对每个背衬轴承都可以进行单独或几个同时调整，因此可获得轧制工艺所需的各种辊形。

二十辊轧机的调整操作如下：

轧机在换辊后，靠电动（或液压）压下装置将上、下辊箱调近。然后，在第一和第二层中间辊之间放入薄片条，并且用压下装置施加压力。接着卸掉载荷，取出薄片条。在薄片条宽度上应有一样的挤压压痕。假如薄片右边压痕比左边小，那么，将压下装置右边的齿条压下，或者抬起左边的齿条，或者同时调节两边齿条。轧辊经水平调整后，开始轧制第一根带钢，此时再对轧辊作最后的调整。

161. 二辊、四辊不可逆式冷轧机的基本操作要点是什么？

二辊和四辊不可逆式冷轧机的操作要点如下：

（1）认真检查设备情况，特别是运动部分的运转情况是否正常；各部分的油眼加上润滑油。根据生产通知单核对钢种、炉号、规格、重量和工艺要求，并及时与磨床工取得联系，作好轧辊准备工作。

（2）根据来料材质的软硬和轧机的能力，给予适当的道次和压下量，原则是前几道为大压下量，随着加工硬化，压下量应逐道减小。

（3）在轧制不同宽度带钢时，应先宽后窄，并在固定的辊面内轧制，不得任意左右移动，以免造成钢带严重裂边。

（4）压下应采取静压为主、动压为辅的原则，静压时间不应超过 3min，以防损坏设备。使用轧机时，应符合轧机的主要技术参数要求，不允许超负荷运行。

（5）为避免钢带产生镰刀弯，在调整压下螺丝时，两边的调整量要尽可能相等。生产不同厚度的成品时，应适当调整前张力的大小，以保证成品的平直度。

（6）操作人员不得任意离开岗位。应特别注意：当钢带刚进轧辊时，是否有缠辊现象，如发生缠辊应立即停车。严防钢带双层轧制，造成事故。

(7) 辊面不得有严重磨损。在轧制过程中，如发现轧辊质量影响钢带表面质量和尺寸精度时，应立即换辊。轧制成品带材时尤其要注意辊面情况。

换辊时必须将轴瓦、油槽内油污除尽，如发现油槽已磨损，必须重新开油槽，砂光后使用。轧辊质量要求如表 4-2 所示。

表 4-2　轧辊质量要求

轧　辊	工　作　辊 尺寸/mm×mm	表面粗糙度 R_a/μm	圆锥度 /mm	椭圆度 /mm	辊子硬度 HRC	辊径差 /mm	同心度 /mm
二辊式	ϕ130×180	≥0.2	≤0.01	≤0.005	64～66	≤0.05	≤0.03
二辊式	ϕ106×140	≥0.2	≤0.01	≤0.005	64～66	≤0.05	≤0.025
四辊式	ϕ45/ϕ140×180	≥0.2	≤0.001	≤0.005	64～66	≤0.05	≤0.02

换辊后，需空车运转 2～3min，并将压下螺丝逐步均匀压下，预热轧辊。

(8) 应经常检查钢带边缘与中间的厚薄，不得超出公差；轧制中带钢如有撕裂或钻入辊颈(轴瓦)，不得用手拉，应停车后用钢丝钳取出；使用布夹子时，喂钢带须将手放在夹子后面，防止将手轧入造成事故；停车时必须将压下螺丝松开，以免损坏机械。

(9) 成品或半成品轧好后，应按炉号、钢种、规格、重量填写日报表与转移单，分批堆放。

162. 四辊可逆式冷轧机的基本操作要点是什么？

生产前的准备工作包括：

(1) 检查主轧机和压下、卷取系统，检查工作辊、支撑辊和导辊的表面情况，检查工艺润滑油、乳化液等情况。

(2) 校正量具(如千分尺)，准备好所用的工具及物品。

(3) 按生产通知单和生产流程卡检查坯料的钢种、炉号、规格、数量和表面质量。

(4) 轧制前，轧机应空车运转几分钟，并将压下螺丝逐步均匀压下，预热轧辊，正常后再生产。

生产操作要点是：

(1) 轧制带钢应按先宽后窄的原则，来料要清洁，卷筒要整齐；压下应采取静压为主、动压为辅的原则。

(2) 轧机的开动和停止应平稳，要均匀轧制，保持稳定的张力，以保证带钢厚薄均匀；逐道测量钢带厚度，并随时注意钢带表面质量和平直度，保证轧制的带材符合标准的要求。

(3) 轧制过程中，如发现轧辊质量影响钢带表面质量、成品尺寸精度时，应立即换辊，轧制成品带材时更应注意；支撑辊更换后，应先调整辊缝，然后投入生产。轧辊质量要求如表 4-3 所示。

表 4-3 四辊可逆式冷轧机轧辊质量要求

轧 辊	直径×辊身长度/mm×mm	表面粗糙度 R_a/μm	圆锥度/mm	椭圆度/mm	辊面肖氏硬度 HS	辊径差/mm	同心度/mm
工作辊	195×380	≥0.2	≤0.01	≤0.01	95～102	≤0.05	≤0.02
支撑辊	430×380	0.2	≤0.02	≤0.02	53～61	≤1.0	≤0.02

(4) 卸料时松卷要稳，有些薄带材要进行重卷，防止钢带划伤；成品卸料时要特别注意在钢带上打上炉号，放到指定地点，填好生产转移单或生产流程卡，填好生产日报表。

(5) 切头和废品应过磅后放入指定的废品箱(槽)内，不得乱放。

(6) 下班前，应检查操作台所有开关是否复位(零位)，其中包括照明设备等电器开关。

163. 小型十二辊和二十辊可逆式冷轧机的基本操作要点是什么？

小型多辊可逆式冷轧机操作要点如下：

(1) 认真检查轧机的机械设备和电气设备系统，所有开关是否复位。同时检查轧辊表面、卷取机、润滑油等情况。

(2) 校正好量具，准备好使用的工具及物品，做好清洁工作；

轧制前，应先打开工艺润滑油泵，然后启动主电机和卷取电机。

(3) 按生产通知单和工艺流程卡核对来料的钢种、炉号、规格、重量，并检查来料的表面质量。

(4) 带坯上卷筒前要清除影响产品表面质量的缺陷，如焊接头、碎边、划伤、氧化、垃圾等。

(5) 根据来料的钢种、厚度、宽度和成品要求等情况，选择适当的工作辊和传动辊的辊形，以及采用适当的前后张力，并合理控制轧制道次、压下量和速度，以轧出合格的钢带。来料上卷时，带钢边部应叠卷整齐，表面需加油，并逐步增加张力，防止擦伤。200mm 宽的精密合金和不锈钢钢带的轧制规程见表 4-4。

表 4-4 ϕ27～22mm/ϕ54mm/ϕ98mm/ϕ165mm×380mm 四柱式二十辊轧机精密合金和不锈钢钢带的轧制规程

牌号	成品厚度/mm	坯料厚度/mm	道次	每道厚度/mm	道次压下量/mm	道次压下率/%	总压缩率/%	张力/kN	轧制速度/m·min^{-1}
1Cr18Ni9Ti	0.1	0.3	1	0.16	0.14	46.7	46.7	16	50
			2	0.11	0.05	31.2	63.5	11	80
			3	0.10	0.01	9.1	67.0	9	100
1J79	0.02	0.15	1	0.08	0.07	46.5	46.5	5	50
			2	0.05	0.03	37.6	67.0	3	80
			3	0.03	0.02	40.0	80.0	2.5	100
			4	0.022	0.008	26.6	87.2	2	120
			5	0.02	0.002	9.2	98.0	2	>120
1J51	0.05	0.5 硬态	1	0.3	0.20	40.0	40.0	25	50
			2	0.15	0.15	50.0	70.0	13	80
			3	0.10	0.05	33.4	80.0	8	100
			4	0.06	0.04	40.0	88.0	4	100
			5	0.05	0.01	16.8	90.0	3	120
3J1	0.08	0.2	1	0.13	0.07	35.0	35.0	10	50
			2	0.09	0.04	30.7	55.0	9	80
			3	0.08	0.01	11.1	60.0	8	100

续表 4-4

牌号	成品厚度/mm	坯料厚度/mm	道次	每道厚度/mm	道次压下量/mm	道次压下率/%	总压缩率/%	张力/kN	轧制速度/m · min^{-1}
4J29	0.2	0.6	1	0.40	0.20	33.4	33.4	18	50
			2	0.23	0.17	42.5	61.5	15	100
			3	0.20	0.03	13.0	67.0	14	150

注：轧辊凸度：下第一层中间辊为凸度辊（ϕ54mm），凸度值分 0.04mm、0.06mm、0.09mm 3 种，0.06mm 用得最多，较软带材（4J29）用 0.04mm 的，质硬带材（1J79）用 0.09mm 的。

（6）轧制过程中，操作工应经常检查带钢尺寸和表面质量。压下应以静压为主，动压为辅。在断带或因其他原因停车时，静压时间不能超过 3min，以免损伤轧机。

（7）磨损的传动辊、中间辊、吊环、止推铜块、导辊等应及时调换。轧辊质量影响钢带表面质量或尺寸精度时，应立即换辊。工作辊质量要求如下：

轧机	轧辊	表面粗糙度 R_a/μm	圆锥度/mm	椭圆度/mm	辊面硬度 HRC	辊径差/mm	同心度/mm
十二辊	工作辊	≥0.2	≤0.01	≤0.005	64～66	≤0.02	≤0.002
二十辊	工作辊	0.025	≤0.0005	≤0.0005	64～68	≤0.005	≤0.0016

（8）工艺润滑油应定期过滤和更换，一般一个季度过滤一次，一年更换一次。

（9）轧好后的成品或半成品应小心卸下，放在指定地点，打上清楚炉号标记，填写工艺转移单或生产流程卡，注明钢种、炉号、规格、重量、班别及转移要求。

（10）切头和废品应放在指定的废品箱内。下班前应检查各开关是否已经复位。

164. 冷轧带钢生产中会出现哪些事故，怎样排除？

冷轧生产中出现的事故（包括电气、机械等），一般可分为操作事故、设备事故和质量事故，都直接对设备、质量、产量带来影响，因此，当发生事故时，应立即采取有效措施进行及时处理。

（1）跑偏。发生在穿带时的头部跑偏或脱尾时的尾部跑偏，是由于来料厚薄不均、操作不熟练、轧辊用旧、电气原因等造成的。穿带时的轻微跑偏，可及时调整压下螺丝来消除；严重的跑偏，需在机架前剪断带钢，找出跑偏原因，再重新穿带；脱尾时发现带尾跑偏，应立即停车，根据情况抬起压下螺丝使带钢通过或将其剪断。在轧制极薄带时，跑偏很容易损伤轧辊，应特别引起注意。

（2）断带。断带的原因可归纳为来料有缺陷、焊缝质量不好、误操作、电气及机械故障。断带必须立即停车，以减少损失。严重断带不仅使工作辊，甚至使支撑辊发生严重粘结，粘结后废带的处理、工作辊的抽出也相当困难，而且处理时间长、劳动强度也大。断带处理后，应对设备进行检查。换辊后开轧的第一卷钢要认真检查其表面质量。对有焊缝的钢卷，其焊缝位置的标记要准确、清晰，在焊缝通过轧机之前，应降低轧制速度。对已发现有缺陷的钢卷一定要慢速轧制。

（3）轧机振动。轧机振动一般发生在高速轧制极薄带时。由于振动，带钢厚度波动，同时很容易产生断带。因此，一旦听见轧机有明显的振动声时，应立即降低轧制速度，使振动消除。产生振动的原因很多，如轧制速度过高、成品厚度薄、成品道次的轧制压力较低而变形量小、带钢前张力较大、润滑情况太好或太坏、工作辊的粗糙度不够、支撑辊有损伤、各种轧制参数的突变、轧辊轴承内和轴承座之间的间隙较大等。引起轧机振动的原因较复杂，不容易做出正确的判断。通过仔细查找和分析，在没有得出正确结论之前，只有用限制轧制速度的方法来防止发生振动。

165. 冷轧设备有哪几种润滑方式？

为了保证轧钢设备正常运转，充分发挥设备生产能力，除了对设备采取定期检修、维护保养和按规程正常使用外，对冷轧设备的各个摩擦部分进行充分润滑，是极为重要的措施之一，这也是操作人员日常的一项重要工作。凡是轴承、齿轮、滑板、螺母等各种互相接触并有相对滑动或滚动的部分,都需要进行润滑。

润滑的目的是:

(1) 减少摩擦,降低能量消耗;

(2) 减少设备零件磨损,延长使用寿命;

(3) 保护设备零件表面,防止腐蚀。

润滑的基本方式有稀油润滑、干油润滑和油雾润滑。

稀油润滑是采用矿物油(液体润滑油)做润滑剂。因为稀油具有流动性、对金属表面的附着性、一定的黏度和热容性等特性,所以能粘附在被润滑零件的表面上,并能形成流体动压力,使摩擦表面互相隔开,还能从摩擦表面上带走摩擦产生的热量。稀油性能比较稳定,有一定的防腐作用。但稀油不易密封,设备的润滑面容易侵入水、氧化铁皮等杂质。

干油润滑实际上是用油膏状润滑脂(也叫黄油)做润滑剂。润滑脂是由润滑油加上稠化剂制成的油脂,除具有润滑性能外,其粘附力很强,因此保护性能较好,对摩擦表面还起到密封作用,以免金属腐蚀和杂质侵入。加入一次润滑脂后,设备可运转一段时间,使用方便。但运转时能量消耗较稀油大,不适用于高速运转的设备。

油雾润滑是一种新的润滑方式。润滑油在雾化器中,在经过过滤和压缩空气的作用下,被雾化成极微小的油粒。然后微小油粒与压缩空气混合在一起,经管道和凝缩喷嘴,凝成稍大的油滴被喷到摩擦表面。油雾润滑的耗油量少,工作温度低,润滑效果好,维修费用省。但油雾润滑对密封的要求很高,对油质和压缩空气要求也很严格。

166. 怎样进行稀油润滑,操作中应注意哪些事项?

稀油润滑有人工给油和稀油站循环给油两种方法。

(1) 人工给油。人工给油又有直接加油、油杯给油、油环润滑和油池润滑 4 种方法。

人工直接加油是稀油润滑最简单的给油方法。由操作人员用油壶、油刷等工具，往摩擦表面浇油或涂油（例如开式齿轮、轮子、滑道等）。即使新式轧机，仍然有很多润滑点采用人工加油。人工加油的这些部位一般不经常动作，动作的幅度不大。

开式金属轴承等可用油杯给油，即人工把油加入油杯中，在设备运转过程中油逐渐从油杯中滴到摩擦面上。这种给油方式在小型冷轧设备上还在采用。

轧钢设备的电机滑动轴承较普遍采用油环润滑。支撑电机轴颈的轴承座内部有一空腔，加入油后成为油池，油环套在轴颈上，油环下部则浸入油中。轴旋转时，摩擦力使油环缓慢转动，把油带到轴颈上而进入轴瓦进行润滑。一般单一设置的中型电机，是人工往轴承座的油池中加油的。

轧钢设备上的齿轮减速机、蜗轮减速机和人字齿轮箱等，通常采用人工灌注油池润滑，即由人将油灌入减速机的壳体内，壳体下部即成为油池。齿轮或蜗轮的下部浸入油池，旋转时即将油飞溅到减速机各润滑部位。减速机内灌注油量不能太多，因为油受搅动会发热，一般以浸没齿轮的一个齿高为宜，慢速轴可浸入稍深。通常在减速机上备有探杆式油标，在杆上刻有最高油位和最低油位两个刻度，工作中应定期检查，防止缺油。

油池润滑和油环润滑都必须定期换油。由于环境恶劣、灰尘杂质多和密封性差，因此润滑油在使用过程中杂质增多，如使用时间过长就会造成设备过早磨损。同时由于油的搅动，油与空气中氧气作用，油中的有机酸含量增加，引起腐蚀作用。另外，油中可能混入水分，使油乳化变质，降低甚至丧失润滑性能，并使腐蚀作用加剧。一般在使用半年至一年后，应换油。

在加油或换油时，要注意严格使用规定牌号的润滑油。例如轧钢机多用轧钢机油，辅助设备用车用机油或机械油，齿轮座用齿轮油，主电机用透平油。各种油质必须严格防止混淆，以免影响油的性能，降低润滑效果。

（2）稀油站循环供油。在设备比较集中、润滑点密集的情况下，采用集中给油的方式，由润滑油站循环供油，其系统如图 4-12

所示。稀油站设置在地下油库中,便于回油。油箱 1 内贮存整个系统需要的油量,油泵工从油箱吸油并将压力油送出,油经过过滤器 3 和冷却器 4,由管路送往各润滑点。过滤器和冷却器都有旁路油管,在清洗、检修时,或在冬季不用冷却时,油从旁路通过。压力箱下半部通油,上半部通压缩空气,用来调节油压,保持供油稳定,并在油泵发生故障时能短时继续供油。安全调压阀 6 用来调节管路的工作压力,当压力超过规定时,阀被打开,油从放油管返回油箱。各设备润滑点用过的油,经回油管返回油箱,这样就形成了一个循环系统,不断提供润滑油。

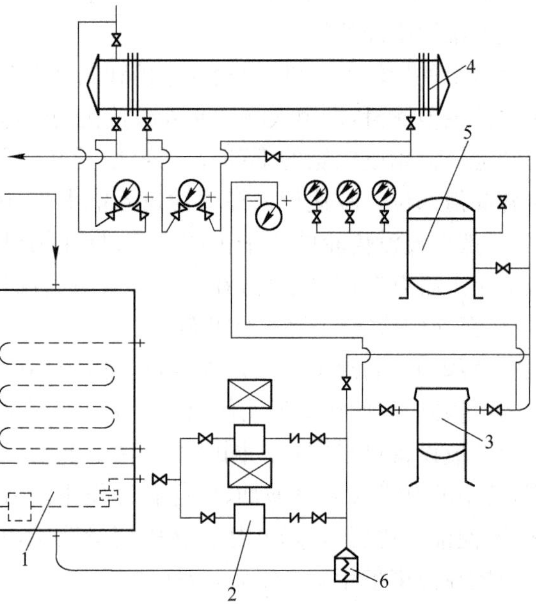

图 4-12　稀油循环供油润滑站

1—油箱;2—油泵;3—过滤器;4—冷却器;
5—压力箱;6—安全调压阀

供油站操作中应注意下列事项:

1) 经常注意油箱油面,如发现骤降,必须查找漏油之处,及时处理。

2）注意油温，通常应保持在35～40℃范围内，如有变化，应使用冷却器降温或加热油箱升温。

3）要保持供油站油的工作压力在0.2～0.4MPa，有的也可达1MPa。在保证每个润滑点都有油（特别注意压下装置等最高处和最远处）的条件下，尽量采用较低的油压，这样供油站工作较安全。如油压突然下降，往往是油泵发生故障或管路破裂，应及时处理。

4）要注意过滤器前、后的油压差。如压差太大，说明过滤器杂质太多而造成堵塞，应及时清洗。

5）供油站的仪表、信号等应定期校验，联锁系统也应定期检查校验，防止误动作或失灵。

167. 怎样进行干油润滑？

干油润滑方式有人工充填干油润滑、手动集中润滑和自动集中润滑等几种方式。

（1）人工充填干油润滑。人工充填干油润滑，即在设备组装时，往润滑点充填干油，在以后长期运转时一般就不再加油，直到设备检修拆洗时再充填一次。中小型电机的滚动轴承、通风机和泵的轴承、某些不常动作的空转辊等，往往采用这种润滑方式。

充填干油的油量一般只占润滑点空间的30％～40％，干油加得太多，使运转时阻力太大，引起发热。

对于矫正机万向接轴关节等部位不适于管道集中润滑，就利用油枪或油杯由人工往润滑点加油。润滑点上有油眼或油嘴，人工定期地进行加油润滑。

（2）干油集中润滑。集中润滑，就是设置一个干油站，经过管道和给油器，把干油送往各个润滑点。一个干油站可供应几个到上百个润滑点。

手动集中润滑的干油站系统如图4-13所示。手动干油站1的油通向两根给油主管2，这两根主管平行敷设，轮流供油。主管内的干油经给油器3和支管4通向润滑点（每根支管通向一个润滑点），每次只供给一定量的干油。一次给油结束，就进行手动换向，下一次由另一主管供油。

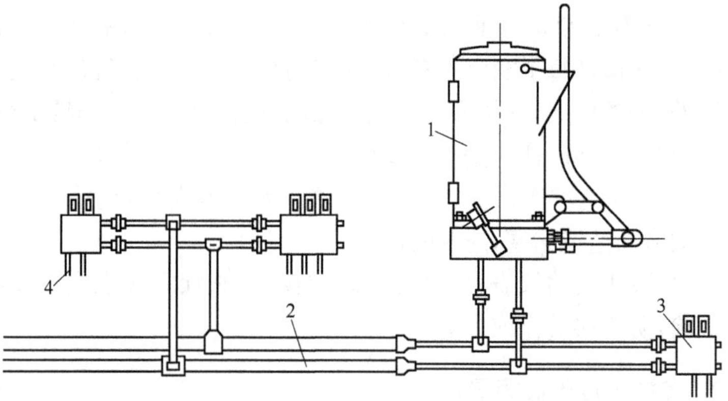

图 4-13　手动干油站系统

1—手动干油站；2—主管；3—给油器；4—支管

自动集中润滑的干油站系统如图 4-14 所示。自动干油站 1

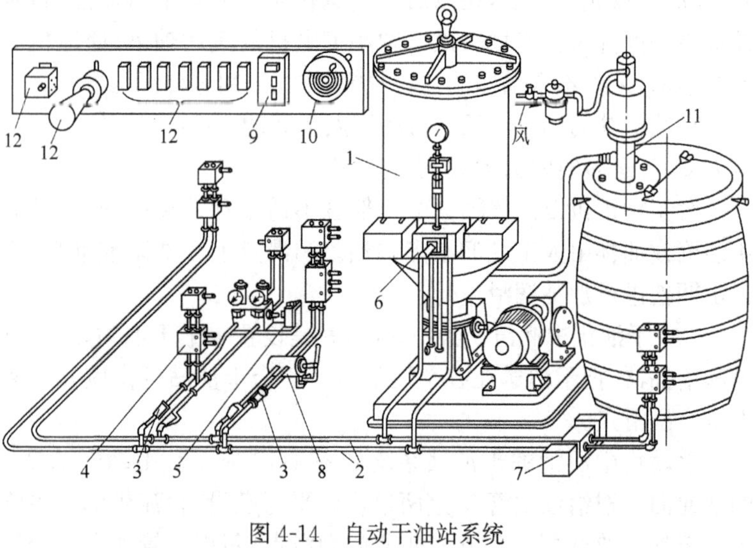

图 4-14　自动干油站系统

1—自动干油站；2—主管；3—过滤器；4—给油器；5—终点阀；6—换向阀；7—电磁阀；8—手动阀；9—定时继电器；10—自记压力表；11—加油泵；12—信号装置

运转时，干油经平行主管 2 通向给油器 4，在管路中还装有网式过滤器 3，可以定期清洗除渣。当全系统给油完毕后，装在管路末端的终点阀(也叫压力操纵阀)起作用，使干油站自动停车，并使换向阀 6 换向。在同一系统中有的设备需油量较少或停止使用时，可利用电磁阀 7 或手动阀 8 将某一段管路闭塞。自动干油站由定时继电器控制，到规定时刻自动开车加油，由自记压力表记录每次打油的压力或变化情况。干油站用加油泵添油，操作盘上还有信号装置。

自动干油站的工作情况可从自记压力表的记录上看出。正常情况时压力逐渐上升(供油)，到一定值时突然下降(一次供油完毕、换向)。如果压力长时间上不去，表明管路有泄漏，此时有信号发出，应及时处理。如果压力长时间保持不降，表明终点阀或换向阀有故障，也有信号发出，亦应及时处理。如果压力长时间在一定范围内波动，表明管路内进入空气，或者是干油泵柱塞已磨损，也应做相应处理。自动干油站的仪表、定时继电器及联锁系统应定期校验。自记压力表的记录纸每天更换一次。

二、轧辊及其轴承

168. 冷轧轧辊由哪几部分组成?

冷轧辊是冷轧机的主要部件。轧辊由辊身、辊颈和轴头 3 部分组成。辊颈安装在轴承中，并通过轴承座和压下装置把轧制力传给机架。轴头和连接轴相连，传递轧制力矩。此外，还有制造、安装所需的某些辅助表面，如中心孔、紧固吊装用沟槽、螺孔以及轧机试运转前盘动轧辊用的带槽轴伸等。

冷轧工作辊可分整体工作辊和镶套辊两种。其中整体工作辊中又有实心辊和空心辊之分。工作辊结构如图 4-15 所示。

冷轧辊的直径超过 400mm 时，在锻造后大多在轧辊中心镗一个 $\phi70\sim250$mm 的中心孔。这样，当工作辊进行表面淬火时，可用冷水通过轧辊中心孔，提高淬火效果，保证淬火层的硬度和厚

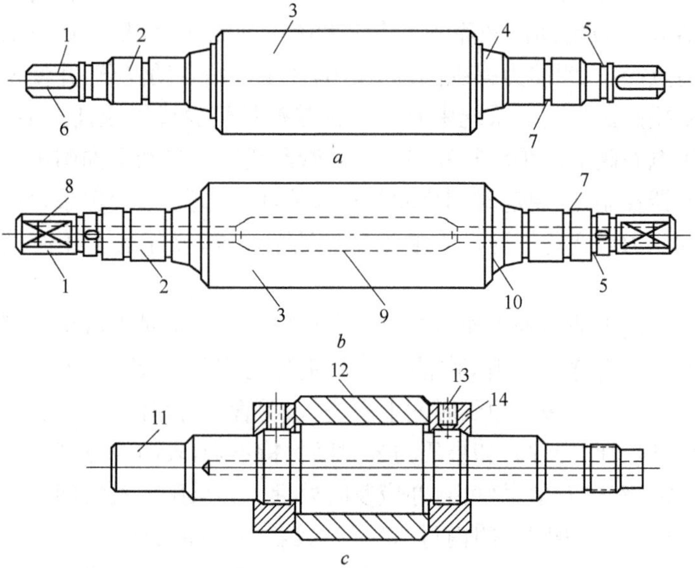

图 4-15 工作辊的结构

a—实心辊；*b*—空心辊；*c*—硬质合金镶套辊

1—传动端；2—辊颈；3—辊身；4—圆锥过渡区；5—紧固件槽；6—键槽；7—辊颈润滑油沟；8—平口；9—内孔；10—双圆锥过渡区；11—心轴；12—硬质合金套；13—螺钉；14—轴向紧定用螺母

度。轧辊中心部分的金属往往具有疏松、气孔及其他缺陷，这些缺陷是淬火时产生应力集中的因素。镗了中心孔以后，可使轧辊经热处理后内应力分布比较均匀。中心孔也可用来预热轧辊和生产中对轧辊进行冷却。

支撑辊也有实心辊和空心辊两种。图 4-16 示出了支撑辊的几种典型结构。支撑辊辊颈有圆柱形（装设滚动轴承用）和圆锥形两种。采用圆锥形辊颈是为了便于拆装油膜轴承。锥度一般取 1∶5。空心辊的两端有中心孔塞，以便在车削轧辊时定心。支撑辊两边对称布置的吊装用槽，是专为吊装时挂钢绳而设置的。两端的盘车用槽，在轧机试运转前，可与专门套筒连接，以便在试运转前先用吊车盘动轧辊。

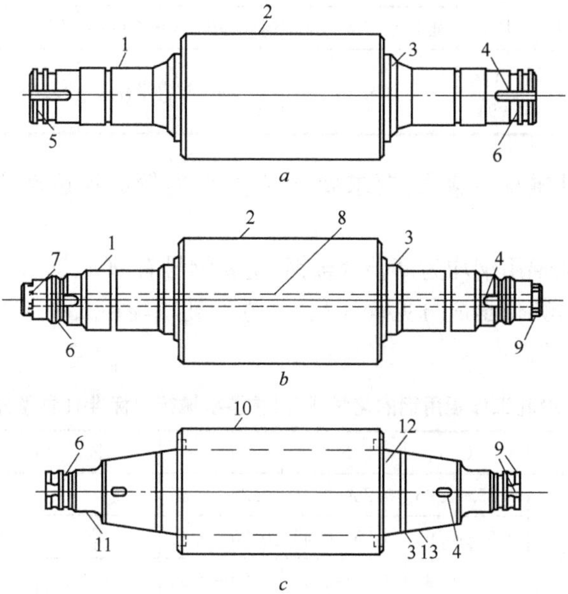

图 4-16 支撑辊的结构

a—实心辊；*b*—空心辊；*c*—镶套辊

1—辊颈；2—辊身；3—过渡段；4—键槽；5—吊装用槽；

6—紧固件槽；7—中心孔塞；8—内孔；9—盘车用槽；10—辊套；

11—装止推轴承用表面；12—心轴；13—锥形辊颈

169. 对冷轧工作辊的材质有什么要求，轧辊怎样热处理？

冷轧过程中，轧辊表面承受着很大的挤压应力和强烈的磨损，高速轧制时，卡钢、过烧等会造成辊面裂纹。因此，冷轧工作辊应具有极高而均匀的硬度，一定深度的硬化层，以及良好的耐磨性与抗裂性。轧辊具有良好的耐过烧、抗裂性是延长轧辊寿命的主要因素。降低轧辊硬度，虽能改善抗裂性，但耐磨性降低。因此，必须正确选择轧辊的表面硬度。

冷轧辊的表面硬度与硬化层深度规定如表 4-5 所示。

表 4-5 冷轧辊表面硬度与硬化层深度的关系

冷轧辊等级	硬度 HS	硬化层深度		
		辊径小于 250mm	辊径等于 250～500mm	辊径大于 500mm
Ⅰ Ⅱ	95～102 90～94	≥5mm	>4%辊身半径	≥3%辊身半径

冷轧辊直径愈大，要求硬化层愈深，对钢的淬透性要求也愈高。

冷轧辊用钢均为高碳合金钢，主要钢号有 9Cr、9Cr2、9Cr2W、9Cr2Mo，其化学成分见表 4-6。根据冷轧辊辊径大小所选用的钢号见表 4-7。

表 4-6 冷轧工作辊用钢的化学成分(重型机械行业标准)(质量分数/%)

钢　号	C	Si	Mn	P	S
9Cr	0.85～0.95	0.25～0.45	0.20～0.35	≤0.03	≤0.03
9Cr2	0.85～0.95	0.25～0.45	0.20～0.35	≤0.03	≤0.03
9CrV	0.85～0.95	0.25～0.45	0.20～0.35	≤0.03	≤0.03
9Cr2W	0.85～0.95	0.25～0.45	0.20～0.35	≤0.03	≤0.03
9Cr2Mo	0.85～0.95	0.25～0.45	0.20～0.35	≤0.03	≤0.03
钢　号	Cr	Ni	Mo	W	V
9Cr	1.40～1.70	≤0.30			
9Cr2	1.70～2.10	≤0.30			
9CrV	1.40～1.70	≤0.30			0.10～0.25
9Cr2W	1.70～2.10	≤0.30		0.30～0.60	
9Cr2Mo	1.70～2.10	≤0.30	0.20～0.40		

表 4-7 根据冷轧工作辊辊径选用钢号

钢　　号	适用范围/mm	钢　　号	适用范围/mm
9Cr	$\phi \leqslant 300$	9Cr2W	$\phi \leqslant 500$
9CrV	$\phi \leqslant 300$	9Cr2Mo	$\phi \leqslant 500$
9Cr2	$\phi \leqslant 400$		

钢中高碳含量保证轧辊有高硬度；加铬、钼或钨可以增加钢的淬透性与耐磨性能；加锰、镍等元素会增加残余奥氏体，在高应力作用下，残余奥氏体转变为马氏体时造成的局部应力会产生显微裂纹，这些显微裂纹当受到交变疲劳应力作用时会逐渐扩大，最后崩落，故需限制锰、镍的含量。

冷轧辊用钢一般用碱性电弧炉或酸性平炉冶炼。冷轧辊中若存在大的非金属夹杂物与粗晶组织，在强烈喷水淬火时会引起炸裂，辊身表面有夹杂物会缩短轧辊使用寿命。

冷轧辊在淬硬热处理前，应进行调质处理，以防止网状碳化物析出并得到珠光体球化组织，同时改善轧辊心部的金属组织。轧辊淬火后可获得韧性较好的隐针状马氏体。冷轧辊用钢的临界温度和热处理温度见表4-8。9Cr2Mo钢调质后的力学性能见表4-9。

表 4-8 冷轧辊用钢的临界温度和热处理温度

钢号	临界温度(近似值)/℃				热处理温度/℃			
	Ac_1	A_{cm}	Ar_1	M_s	调质		淬火①	回火②
					淬火	高温回火		
9Cr	746	860	700	270	870～890	700～720	整体淬火 810～850 工频表面淬火 900～930	130～170
9CrV	770			215	870～890	700～720	整体淬火 810～850 工频表面淬火 900～930	130～170
9Cr2	740	840	680	270	870～890	700～720	整体淬火 810～850 工频表面淬火 900～930	130～170
9Cr2W	750	850	680	195	870～890	700～720	整体淬火 810～850 工频表面淬火 900～930	130～170
9Cr2Mo	760	810		175	870～890	700～720	整体淬火 810～850 工频表面淬火 900～930	130～170

① 工频表面淬火：小轧辊 900～930℃，大轧辊 920～940℃；

② 粗磨后回火温度：120℃±5℃。

表 4-9 9Cr2Mo 冷轧辊调质后力学性能实例

序号	热处理	强度极限 σ_b /MPa	屈服极限 σ_s /MPa	伸长率 δ_5 /%	断面收缩率 ψ/%	冲击韧性 a_K /J • cm^{-2}
例 1	880℃油冷	685	357	25.3	45.3	49
	780℃回火	685	359	26.4	52.0	39
例 2	880℃油冷	778	542	23.0	44.2	35
	710℃回火	788	548	21.8	46.6	45

注：取样截面尺寸 ϕ280mm。

冷轧辊通常用的淬火方法有感应表面淬火(中频与双频)和整体淬火。双频淬火是用频率为 60Hz 的感应电流预热辊身，接着以 1200Hz 的感应电流加热。双频感应淬火的冷轧辊硬化层较深，且残余应力较小，对防止冷轧辊表面剥落和提高轧辊寿命的效果显著。轧辊淬火后应及时在 130～140℃低温回火，以消除内应力和稳定淬火组织。一般冷轧辊往往不待淬硬层磨损到规定的深度就报废了，其主要原因是轧辊表面出现裂纹。

170. 对冷轧支撑辊的材质有什么要求，轧辊怎样热处理？

轧件对冷轧工作辊巨大的轧制压力，大部分传递到支撑辊上。支撑辊既要能承受很大的弯曲应力，还要具有很大的刚性来限制工作辊的弹性变形，以保证钢板厚度均匀。

轧机支撑辊的表面肖氏硬度一般为 HS45 左右。目前为提高板厚精度与延长轧辊的寿命，支撑辊硬度有提高的趋势。支撑辊常用钢号有 9Cr2Mo、9CrV 及 60CrMnMo 等，其化学成分见表 4-10。采用正火和回火处理支撑辊，表面硬度一般 HS≤45，要求硬度大于 HS45 的支撑辊，可采用调质或调质处理后再表面淬火处理，制造工艺与冷轧工作辊类似。表面淬火后根据回火温度的不同，可控制表面硬度在 HS65～85 之间，见表 4-11、表 4-12。

60CrMnMo 钢的碳含量比高碳钢低许多，用作大直径支撑辊进行调质处理，不易开裂，表面淬火性能也好。调质前预先钻中心孔，孔径为辊径的 1/8～1/10。调质后综合力学性能较好，提高了

表 4-10 几种支撑辊用钢的化学成分(质量分数/%)

钢号	碳(C)	硅(Si)	锰(Mn)	磷(P)
9Cr2Mo	0.85～0.95	0.25～0.45	0.20～0.35	≤0.03
9CrV	0.85～0.95	0.25～0.45	0.20～0.35	≤0.03
60CrMnMo	0.55～0.65	0.25～0.40	0.70～1.00	≤0.04
钢号	**硫(S)**	**铬(Cr)**	**钼(Mo)**	**钒(V)**
9Cr2Mo	≤0.03	1.70～2.10	0.20～0.40	
9CrV	≤0.03	1.40～1.70		0.10～0.25
60CrMnMo	0.04	0.80～1.20	0.20～0.30	

表 4-11 60CrMnMo 钢支撑辊力学性能实例

序号	截面尺寸/mm	热处理/℃	取样部位	强度极限 σ_b/MPa	屈服极限 σ_s/MPa
1	ϕ520(孔 ϕ180)	860 油冷 580 回火	1/2 厚度,纵向	933 933	703 673
2	ϕ520(孔 ϕ180)	850 油冷 580 回火	1/2 厚度,纵向	1002 990	741 755
3	ϕ1600	860 油冷 660～670 回火	表层,切向	726 725	508 508
序号	**截面尺寸/mm**	**伸长率 δ_5/%**	**断面收缩率 ψ/%**	**冲击韧性 a_K/J·cm^{-2}**	**布氏硬度 HB**
1	ϕ520(孔 ϕ180)	15.6 14.6	48.1 46.6	43 44	269
2	ϕ520(孔 ϕ180)	13.6 13.4	45.2 40.7	38 32	285
3	ϕ1600	20.4 23.1	53.8 57.1	46 52	207

注:表中 1、2 为调质后使用的轧辊,3 为调质后再经工频表面淬火的轧辊。

表 4-12 支撑辊中温回火温度与硬度的关系

钢号	硬度 HS				
	80～90	70～80	65～75	60～70	55～65
	回火温度/℃				
9Cr2Mo 9Cr2W 9CrV	300	340	370	420	450
60CrMnMo	300	330	360	390	420

支撑辊的抗折断能力。表面淬火后辊面硬度高，耐磨性好。

171. 对冷轧辊加工有哪些技术要求？

对轧辊制造提出要求，是为了保证轧辊的机械强度、带钢的表面质量和轧辊的安装精度。

(1) 保证轧辊机械强度所规定的技术要求。保证轧辊材料的化学成分及力学性能；轧辊铸造时，不允许有铸造缺陷，如气孔、砂眼、裂纹、夹渣及偏析等；锻造轧辊的坯料必须经多方均匀锻压，锻压比不得小于 3；热处理后的残余应力应最小；保证轧辊接触强度所需的表面硬度。

(2) 保证带钢表面质量所规定的技术要求。在轧制过程中，轧辊表面与带钢表面直接接触，因此必须保证轧辊表面具有较高的耐磨性，以保证带钢的表面质量。轧辊的耐磨性取决于轧辊的表面硬度。

冷轧辊表面硬度的要求见表 4-13。

表 4-13 冷轧辊的表面硬度

轧辊名称	硬度等级	肖氏硬度值 HS	
		辊身	辊颈
工作辊	A B	95～102 90～94	30～55
支撑辊	C D	70～89 45～69	30～55

最终热处理后，工作辊辊身应具有一定深度的淬硬层。当辊身直径小于 250mm 时，淬硬层深度不应小于 5mm；当直径为 250～500mm 时，淬硬层深度不小于辊身半径的 4%；当直径大于 500mm 时，淬硬层深度不小于辊身半径的 3%。

为了保证冷轧带钢表面质量，对轧辊辊身表面粗糙度的要求也较高，一般 $R_a=0.1\sim0.4\mu m$。

(3) 保证安装和轧制精度所规定的轧辊配合尺寸与形位公差要求。轧辊配合尺寸有辊颈直径、安装轴承的定位套筒和轴承紧固螺丝用的尺寸、工作辊与联轴器的配合尺寸，工作辊传动扁头的尺寸。

规定轧辊的形位公差包括辊颈的椭圆度和柱度公差、辊身相对于辊颈的同轴度、各端面相对于轧辊轴心线的垂直度、工作辊传动扁头的两平行平面相对于工作辊轴心线的对称度、轧辊辊颈上各台阶相对于辊颈的径向跳动、各键槽表面相对于轧辊轴心线的对称度等。形状公差和位置公差的名称和符号见表 4-14。

轧辊形位公差的标注示例见图 4-17。

表 4-14　形状公差和位置公差的名称和符号

形状公差名称	符　号	位置公差名称	符　号
不直度	—	不平行度	//
不平度	⏥	不垂直度	⊥
不圆度	○	不同轴度	◎
椭圆度	⊕	不对称度	⌯
不柱度		位移度	⌖
不圆柱度	⌭	跳动　端面跳动	↗
		跳动　径向跳动	

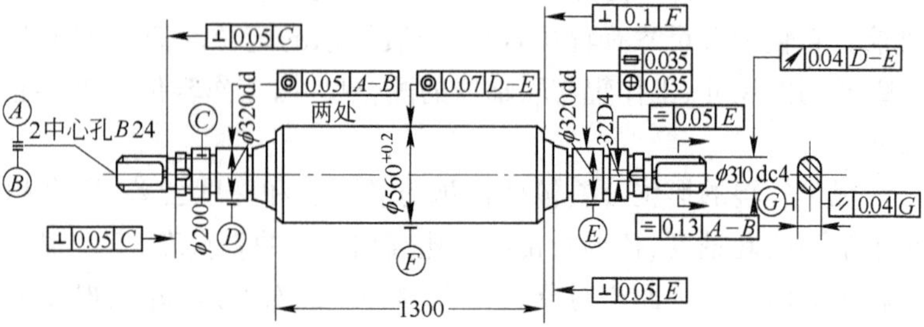

图 4-17　轧辊形位公差的标注

172. 如何提高轧辊磨削的加工精度?

要提高轧辊磨削的加工精度主要从以下 3 个方面着手:

(1) 轧辊磨床的精度要好,刚性要高,消振方面的工作要做得周密细致,主电动机也要进行平衡,工作台在低速运动时不能有爬行现象,防止液压系统漏油和润滑系统导轨面润滑失调,磨头轴与轴承的间隙控制在 0.01～0.015mm 之内。

(2) 磨削工艺和磨削工具要选择适当。影响加工精度的因素中磨削量、砂轮特性、轧辊材质、砂轮修整方式和冷却条件都属于磨削工艺和磨削工具的选择问题,在可能的条件下提高砂轮线速度。轧辊的圆周速度与砂轮的线速度要配合适当,如精磨轧辊,砂轮速度为 30～35m/s,轧辊速度为 15～50m/s。精磨时进给量要小,一般在 0.005～0.02mm 之间。砂轮的选择更为重要(选择方法详见 156 问)。另外,正确修整砂轮也是保证提高磨削精度的重要措施。

(3) 操作水平要提高。操作水平是提高加工质量的人为因素,关键在技术、经验、细心、负责。

173. 轧辊磨削时如何合理选择磨削用量?

外圆磨削时,一般有 4 个运动,如图 4-18 所示。

砂轮外圆线速度 v_s 为:

$$v_s=\frac{\pi d_0 n_0}{1000}$$

式中 d_0——砂轮直径，mm；

n_0——砂轮转速，r/s；

v_s——砂轮外圆线速度，即磨削速度，m/s。

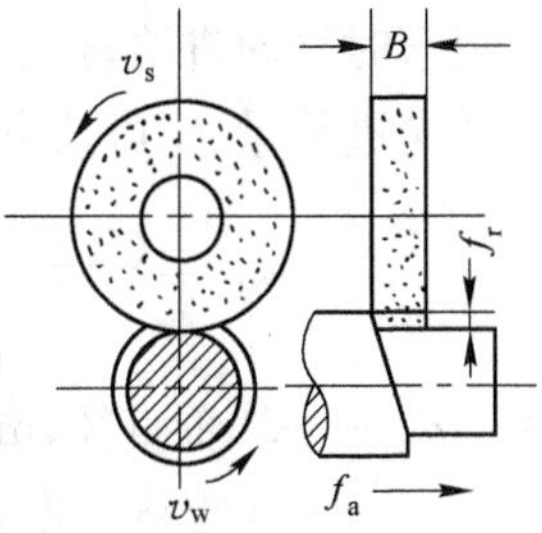

图 4-18 外圆磨削要素

径向进给量 f_r 为工作台每双(单)行程内轧辊相对砂轮径向移动的距离。一般情况下，f_r＝0.005～0.02mm。

轴向进给量 f_a 为沿砂轮轴向的进给距离。一般情况下，f_a＝(0.2～0.8)B。B 为砂轮宽度，单位为 mm。

轧辊线速度 v_w 为：

$$v_w=\frac{\pi d_w n_w}{1000}$$

式中 v_w——轧辊线速度，m/s；

d_w——轧辊直径，mm；

n_w——轧辊转速，r/s。

磨削用量的选择原则是：在保证轧辊表面质量的前提下尽量提高生产率。也就是说，磨削用量是在保证磨削温度较低、磨削表面粗糙度较低的条件下，尽量取较大的径向进给量 f_r、轴向进给量 f_a 和轧辊线速度 v_w。一般磨削速度 v_s 是固定不变的，而径向进给量对磨削表面层的质量影响较大，所以，磨削量的选择步骤是：先选较大的轧辊线速度 v_w，再选轴向进给量 f_a，最后才选径向进给量 f_r。

(1) 粗磨时磨削用量的选择。轧辊线速度 v_w 宜选大值，因为它对轧辊表面粗糙度的影响较小，而且选用较高的 v_w，可以减轻磨削表面烧伤。但 v_w 太大也可能使轧辊表面产生多角形和引起振动，因此对 v_w 也应有一定限制。一般情况是轧辊直径越大，越不容易形成动平衡，故轧辊转速应当低些。

粗磨时轴向进给量 f_a 一般取 0.5～0.8B，B 为砂轮宽度。

径向进给量 f_r 可按下式选择：

$$f_r=\frac{(5.28\sim7.46)\times10^{-4}d_w^{0.3}K_wK_t}{v_wf_a}$$

式中 d_w——轧辊直径，mm；

v_w——轧辊线速度，m/s；

f_a、f_r——轴向、径向进给量，mm；

K_w——轧辊材质的修正系数(淬火钢：0.95；未淬火钢：1；铸铁：1.05)；

K_t——砂轮直径的修正系数，其与砂轮直径的关系如下：

砂轮直径 d_0/mm	400	500	600	750
K_t	0.82	0.91	1	1.12

(2) 半精磨和精磨时磨削用量的选择。同粗磨时一样，v_w 的最低限受磨削烧伤的限制，高限受磨床振动的限制。由于半精磨和精磨时磨削力都较小，故 v_w 可略高一些。轴向进给量 f_a 的选择原则是：当表面粗糙度要求较高时，f_a 应当小些。当表面粗糙度要求 $R_a=0.8\mu m$ 时，$f_a=(0.5\sim0.7)B$；$R_a=0.4\mu m$ 时，$f_a=(0.25\sim0.5)B$。径向进给量 f_r 应按轧辊的表面粗糙度、加工余量、精度要求和工艺系统刚性来选择。加工要求越高，余量越小，工艺系统刚性越差，轧辊材质导热性越差，则 f_r 应越小，可按下面经验公式来选择：

$$f_r=\frac{9\times10^{-3}d_w^{0.5}}{f_av_w}K_fK_t$$

式中 d_w——轧辊直径，mm；

f_a——轴向进给量；mm；

v_w——轧辊线速度，m/s；

K_f——精加工时径向进给量的修正系数(表 4-15)；

K_t——精加工时砂轮直径的修正系数(表 4-15)。

表 4-15　f_r 的修正系数

	精度	直径上的余量/mm					
		0.11～0.15	0.20	0.30	0.50	0.70	1.0
径向进给量修正系数 K_f	1	0.4	0.5	0.63	0.8	1.0	1.25
	2	0.5	0.63	0.8	1.0	1.25	1.6
	3	0.63	0.8	1.0	1.25	1.6	2.0
	4	0.83	1.0	1.25	1.6	2.0	2.5
砂轮直径修正系数 K_t	轧辊材质		砂轮直径/mm				
			400	500	600	750	900
	耐热钢		0.55	0.6	0.71	0.8	0.85
	淬火钢		0.8	0.9	1.0	1.1	1.2
	未淬火钢		0.95	1.1	1.2	1.3	1.45
	铸铁		1.3	1.45	1.6	1.75	1.9

174. 轧辊磨削时怎样选择砂轮?

选择合适的砂轮，就是根据被磨削轧辊的材质、加工要求、磨削性能来选择合适的砂轮。砂轮是由磨粒、结合剂和气孔组成的。砂轮的特性包括磨料、粒度、硬度、结合剂、组织、强度、形状和尺寸等方面。下面着重说明磨料、粒度、硬度和结合剂的选用。

(1) 磨料。磨料(磨粒)是砂轮的基本材料，在磨削时主要起切削作用。目前我国生产的磨料有氧化铝系、碳化硅系和高硬磨料系等 3 大类。表 4-16 列出了几种与低的表面粗糙度有关的常用磨料特性。

表 4-16　常用磨料特性及应用范围

磨料名称	代号	特　　点	应　用　范　围
棕刚玉	GZ	棕褐色，硬度一般，韧性大，能承受较大的压力，价格便宜	适用于碳钢、合金钢、可锻铸铁等
白刚玉	GB	白色，硬度比棕刚玉高，韧性较棕刚玉低	适用于磨削淬火钢、高碳钢、高速钢等

续表 4-16

磨料名称	代号	特　　点	应 用 范 围
单晶刚玉	GD	浅黄色或白色，颗粒呈球状，硬度和韧性都比白刚玉高	加工较硬的淬火钢、合金钢、高钒高速钢、不锈钢和耐热钢等
微晶刚玉	GW	颜色与棕刚玉相近，磨粒由微小晶粒组成，强度高	磨削轴承钢、碳素钢、不锈钢和特种球墨铸铁
铬刚玉	GG	玫瑰红或紫红色，韧性比白刚玉高，有较好的切削性能	磨削淬火钢、合金钢等
绿碳化硅	TL	绿色，硬度仅次于碳化硼和金刚石	适用于磨削硬质合金、陶瓷等

在精密磨削和超精磨削时，选用刚玉砂轮比碳化硅砂轮更能获得低的表面粗糙度。

(2) 粒度。粒度是指磨粒的尺寸。粒度号是以在筛网的一英寸长度上有多少个孔来命名的。例如，80 号粒度是指一英寸长度上有 80 个孔。细于 280 号的磨粒用水选法分级，并用 W××表示微粒的尺寸，例如 W40，则表示其公称尺寸为 40～28μm。

通常认为，粒度号愈大(即磨粒愈细)，加工的表面粗糙度愈低。这是因为普通磨削时，修整用量和磨削用量都比较大。磨削时，粒度号愈大，参加切削的磨粒数目就愈多，加工的表面粗糙度就愈低。对于轧辊表面粗糙度 R_a 要求在 0.025μm 以上时，可在 46～280 号(400～63μm)粒度的范围内选用砂轮。粒度偏细的砂轮，加工表面粗糙度均匀，拉毛划伤现象少；对于表面粗糙度 R_a 要求在 0.012μm 以下时，可采用粒度 W10(10μm)以下的砂轮。

(3) 砂轮硬度。砂轮的硬度与磨粒本身的硬度不是一回事，砂轮硬度是指砂轮工作表面的磨粒在外力作用下，其脱落的难易程度。也就是说，磨粒容易脱落的，则砂轮硬度就低，反之，硬度就高。可见，砂轮硬度也是标志砂轮特性的一个重要指标，它影响着加工表面的质量和砂轮的使用寿命。

砂轮硬度等级分类见表 4-17。硬度等级的选用原则是：

表 4-17 砂轮硬度等级

硬度等级	大级	超软		软			中软		中		中硬			硬		超硬
	小级	超软3	超软4	软1	软2	软3	中软1	中软2	中1	中2	中硬1	中硬2	中硬3	硬1	硬2	超硬
代号		CR_3	CR_4	R_1	R_2	R_3	ZR_1	ZR_2	Z_1	Z_2	ZY_1	ZY_2	ZY_3	Y_1	Y_2	CY

1）磨削软材料选用硬砂轮，磨削硬材料选用软砂轮，如磨淬火钢，选 R_2～ZR_1 硬度的砂轮，磨削未淬火钢选用 ZR_2～Z_2 硬度的砂轮；

2）磨削导热性差或磨削接触面大的工件时，容易产生烧伤或裂纹，应采用较软的砂轮，如磨削硬质合金要选用 R_2～R_3 的绿色碳化粒砂轮；

3）精磨比粗磨选用的砂轮硬度要高 1～2 小级；

4）加工精度和表面粗糙度要求高时，砂轮硬度要高些；

5）以树脂做结合剂的砂轮比以陶瓷做结合剂的砂轮硬度要高 1～2 小级；

6）砂轮粗磨时承受的磨削力大，应选用较硬的砂轮，反之可选较软的砂轮；

7）镜面磨削宜选用 CR 级硬度的砂轮；

8）精密磨削和超精磨削选用 R_3～ZR_2 硬度的砂轮较好。

（4）结合剂。结合剂是把许多细小的磨粒黏合在一起组成砂轮的材料。砂轮能否承受冲击和经受高速旋转下的离心力的作用而不破裂，以及能否耐磨蚀，主要取决于结合剂。几种结合剂的特性见表 4-18。

表 4-18 结合剂的特性

名称	代号	特性
陶瓷结合剂	A	能耐热，耐油和酸、碱的侵蚀，强度较高但较脆
树脂结合剂	S	强度高且富有弹性，能在高速下工作，但坚固性和耐热性比陶瓷结合剂差，不耐酸、碱
橡胶结合剂	X	具有弹性，密度大，磨粒容易脱落，耐热性差，不耐酸，不耐油，且有臭味

陶瓷结合剂的粗粒度砂轮比树脂结合剂的粗粒度砂轮能使轧辊表面获得更低的表面粗糙度。因此在精密磨削和超精磨削时应用最多的是以陶瓷做结合剂的砂轮。镜面磨削时应用树脂结合剂的砂轮，因为树脂结合剂的砂轮较陶瓷结合剂的砂轮稳定，这样可获得较稳定的加工表面质量(如不出现螺旋形、烧伤等)。

175. 轧辊磨削前应做哪些准备工作?

磨削技术是一种工艺性很强的技术。磨削效果的好坏，在很大程度上依赖于人的操作技术水平。因此，操作前的一些准备工作必须做好。

磨削前应做的准备工作如下：

(1) 磨床的空转。在磨床开动之前，应检查砂轮电动机皮带的松紧状态是否合适。皮带太松会产生“拍打”现象，甚至打滑，使轧辊表面在磨削时产生振纹等缺陷，特别是对于平皮带传动更应注意。如皮带太紧，主轴将承受较大的拉力，而使砂轮架温升增加，也加速轴承的磨损。

在准备磨削前，应将磨床空运转一段时间(约 20～30min)，使磨床在工作时性能稳定，也可以排除液压系统中的空气。

(2) 轧辊中心孔的检查和校正。检查磨床的两顶尖与轧辊中心孔接触是否良好，若轧辊两中心孔不同心或者是头尾架两顶尖不在一条直线上，会造成顶尖中心线与轧辊中心孔连线不重合，这种接触状况不仅使加工的轧辊不圆度增大，而且对轧辊的表面粗糙度也有影响。此外，若轧辊的中心孔锥度太大，使顶尖与轧辊中心孔接触在锥度的小端部位，这种接触状况也会使磨削不稳定，影响轧辊不圆度和表面粗糙度，为此应对轧辊的中心孔进行研修。中心孔表面应光洁，一般 $R_a=0.1\mu m$ 左右。

(3) 砂轮的静平衡。使砂轮达到静平衡的方法有多种，但采用“三点平衡法”可以较快地达到精细平衡的效果。使砂轮静平衡时应注意以下几点：

1) 平衡架要调整好水平，特别是纵向水平更要注意；

2）平衡心轴直径小，则灵敏度高，平衡精度高；但心轴太细，则刚性差，心轴容易弯曲变形，反而达不到高的平衡精度；

3）平衡架的圆柱棒如果生锈或弯曲，将影响平衡精度，应将圆柱棒拆下，在外圆磨床上重新磨削达到要求；

4）新砂轮一般都不圆，应先粗平衡一次，使新砂轮在磨床上修圆，同时将其两端面修平，然后从机床卸下，再进行精细平衡；

5）砂轮卡盘的内锥孔与平衡心轴要配合良好。

176. 磨削轧辊应注意的事项是什么？

磨削轧辊时应注意如下几点：

(1) 轧辊的装夹。轧辊装在两顶尖上，不能过松或过紧。过松在磨削时轧辊会有微量窜动和跳动，影响轧辊加工精度和表面粗糙度；过紧则轧辊中心孔与顶尖摩擦大、发热多，对细长轧辊会使轧辊产生弯曲变形，加工后的表面粗糙度和圆度也较差。

安装轧辊前，一定要将轧辊中心孔和顶尖擦干净，并且加适量的润滑油，一般用 20 号机械油为宜，因为用润滑脂往往易夹入杂质而影响轧辊的圆度。

(2) 磨削时的对刀。在超精磨削和镜面磨削时的对刀（第一次切削）是很重要的。如果第一次进给太大，不仅会破坏砂轮表面的微刃，而且由于砂轮切削能力所限，将会使轧辊烧伤并产生螺旋形，对超精磨削影响尤为严重，因此当在磨削轧辊时应非常仔细地对刀。判断砂轮与轧辊是否已接触，可采用几种方法：一种是用磨削指示仪；一种是在轧辊的表面涂上一层薄薄的红油，然后使砂轮慢慢接近轧辊来进行判断；此外，还可以观察砂轮上的水纹或轧辊与砂轮之间冷却液声音的变化来判断砂轮与轧辊之间的距离变化，但这种方法很难用作精确对刀。

(3) 进刀时应在轧辊尺寸大的一端进刀，因为开始磨削时砂轮切削性能较好，较易磨去余量。不要在轧辊尺寸小的一端进刀，以防纵走刀时大端切深增加而造成轧辊的烧伤。

(4) 在超精磨削时，光磨时间不宜过长。超精磨削主要是靠微刃切削来达到低的表面粗糙度。光磨起的作用较小，特别是在光磨 1～2 个双行程后，对降低轧辊表面粗糙度的作用就更小。光磨时间太长，有时砂轮钝化后所引起的自激振动会使轧辊表面产生振纹。

(5) 冷却液要充分。

(6) 砂轮要保持锋利，经常修整砂轮以减小径向分力。

177. 怎样选择低表面粗糙度冷轧辊磨削的工艺参数？

低表面粗糙度轧辊磨削时磨削用量的确定主要是选择砂轮线速度、轧辊线速度、工作台纵向进给速度、横向进给量和进给次数以及光磨行程数等。下面分别加以选择。

(1) 砂轮线速度 v_s。提高砂轮线速度 v_s，使单位时间内参加切削的切刃数增多和切屑厚度变薄，从而能降低轧辊表面粗糙度。砂轮线速度增高，砂轮的切削能力提高，这对提高生产率是有利的。但是 v_s 高时，磨削热增大，因而容易使轧辊产生烧伤。此外，当 v_s 高时，磨床振动也较大，在轧辊上容易产生振纹和多角形等缺陷。因此，为了保证轧辊质量，以采用较低的砂轮线速度为宜。一般可采用 $v_s = 17 \sim 20\text{m/s}$。

(2) 轧辊线速度 v_w。在超精磨削时，轧辊线速度对轧辊产生多角形和烧伤有影响。当轧辊线速度 v_w 提高时，轧辊表面的多角形深度增大；当 v_w 减小时，轧辊表面的多角形深度减小，但是当 v_w 过低时，有可能产生轧辊表面烧伤并可能出现螺旋形等缺陷。一般采用砂轮线速度 v_s 与轧辊线速度 v_w 之比 q 为 120～150。

(3) 工作台纵进给速度(或磨削导程 S)。工作台的纵进给速度也可以用砂轮每转的纵进给量 S(磨削导程)来表示。磨削导程 S 在一定范围内对轧辊表面粗糙度无显著影响，但是如果磨削导程太大，则由于砂轮经精细修整后其切削力较差，因而容易使轧辊表面产生螺旋形和烧伤，特别是当选用粗粒度砂轮时更为敏感。

用粗粒度陶瓷砂轮进行超精磨削时，磨削导程 S 可选用

0.06～0.25mm/r。在镜面磨削时，由于采用石墨砂轮磨削，当磨削导程较大时，轧辊表面也会产生明显的螺旋形。当产生了一些不明显的螺旋形时，在以后的光磨过程中也可磨去。因此，在光磨开始阶段，宜取较大的 S 值，可采用 $S=0.25\sim0.5$mm/r。当光磨一段时间后，再采用较小的磨削导程，可取 $S=0.06\sim0.25$mm/r。这样既可提高磨削效率，又可得到较好的磨削表面。

（4）横向进给量 t 和进给次数。在超精磨削时，为了避免切深过大而使轧辊烧伤和产生螺旋形以及破坏砂轮的微刃，横向进给量不能过大，特别是第一次进刀，如果进给量太大，不仅会使轧辊表面可能产生烧伤和螺旋形，而且有可能破坏砂轮微刃，从而影响磨削效率。对超精磨削而言，一般应使横向进给量 $t\leqslant 0.0025$mm/次。

进给次数的选择主要应根据轧辊余量及尺寸精度要求而定。如果轧辊是在同一台磨床上进行精磨和超精磨削，并且没有变更调好的工作台锥度，则对能达到超精磨削要求的轧辊表面粗糙度 $R_a=0.025\mu$m 而言，只需一次进刀就可达到所要求的表面粗糙度。一般轧辊的超精磨削直径余量为 0.01～0.015mm，因此超精磨削的进刀次数为 2～3 次。

镜面磨削，主要是靠砂轮和轧辊间的摩擦抛光作用来达到低的轧辊表面粗糙度，在镜面磨削时磨削的余量很少，一般只有 2～3μm，因此镜面磨削，一般只能进刀一次就任其光磨，直至达到镜面。决不能像一般磨削那样，在工作台往复换向时多次进刀，这一点应特别注意，否则轧辊的表面粗糙度不但不能改善，反而要恶化。

镜面磨削时的进给量 t 的大小与砂轮的性能等因素有关，往往凭操作者的经验来决定，一般进给量 t 可取 0.005～0.010mm。

（5）光磨时间或光磨行程数。超精磨削时，在光磨开始阶段，轧辊表面粗糙度随光磨时间增加而降低，但经过几个光磨行程后，轧辊表面粗糙度就降低不多了。这是因为超精磨削主要是依靠微刃切削来降低轧辊表面粗糙度的。所以，在超精磨削时，一般只需光磨 4～8 个行程就可以达到 R_a=0.025μm。

在镜面磨削时，光磨时间对轧辊表面粗糙度影响较大。光磨时间长，轧辊表面粗糙度就低。因此，为了达到镜面表面粗糙度，需要较长的光磨时间，通常需要 20～30 个行程才能达到 R_a=0.006μm，有时甚至需要更长的光磨时间。

为了便于使用时参考，下面列出精密磨、超精磨和镜面磨削时的工艺参数，如表 4-19 所示。表中所推荐的参数值不是一成不变的，操作者应根据加工过程中出现的问题灵活选用。

表 4-19　高精度低表面粗糙度磨削工艺参数

工艺参数	精密磨削 R_a=0.05～0.1μm	超精磨削 R_a=0.012～0.025μm		镜面磨削 R_a=0.006μm
粒度号 （砂轮粒度）	60～80 （315～160μm）	60～W20 （315～14μm）	W20～W10 （20～7μm）	<W14 （<14μm）
修整工具	单颗粒金刚石，金刚石片状修整器	单颗粒金刚石，修整器（锋利）	金刚石片状	单颗粒 金刚石（锋利）
砂轮线速度 $/m \cdot s^{-1}$	17～35	15～20	15～20	15～20
砂轮修整时 导程$/mm \cdot r^{-1}$	0.02～0.05	0.01～0.02	0.01～0.03	0.008～0.012
砂轮修整时 横向进给量/mm	≤0.005	0.002～0.003	0.002～0.003	0.002～0.003
砂轮修整时 横向进给次数 /次·单程$^{-1}$	2～4	2～4	2～4	2～4
砂轮光修次数 /次·单程$^{-1}$		1	1	1
轧辊线速度 $/m \cdot s^{-1}$	10～15	10～15	10～15	<10
磨削时工作台 速度$/mm \cdot min^{-1}$	80～200	50～150	50～200	50～100

续表 4-19

工艺参数	精密磨削 R_a=0.05～0.1μm	超精磨削 R_a=0.012～0.025μm		镜面磨削 R_a=0.006μm
磨削时横向进给量/mm	0.002～0.005	≤0.0025	≤0.0025	0.005～0.010
磨削时横向进给次数/次·单程$^{-1}$	1～3	1～3	1～3	1①
光磨次数/次·单程$^{-1}$	1～3	4～6	5～15	20～30
磨削前轧辊表面粗糙度 R_a/μm	0.4	0.2	0.1	0.025

① 镜面磨削时一次进给后，如压力稳定即可不再进给。

178. 怎样磨削精密冷轧辊？

精密冷轧辊的尺寸和技术要求如图 4-19 所示。

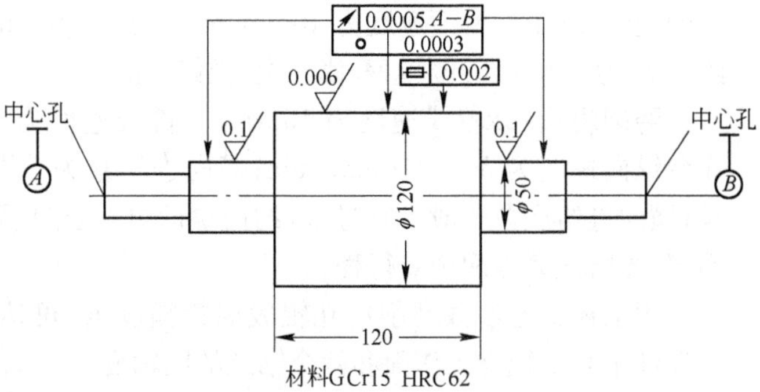

图 4-19 精密轧辊简图

该轧辊是轧制微米级箔带用的精密轧辊，因此对辊面的表面粗糙度、圆度以及和轴颈的同轴度等要求很高。在加工前应对轧辊中心孔进行仔细地研磨和检查。同时应将 3 个加工面在一次装夹中磨削，以保证它们的同轴度和各加工面的圆度。由于一对轧辊的尺寸差要求比较严，为此应选余量小的一只轧辊先加工。为了保证加工精度，一对轧辊应在同一台磨床上进行精磨、超精磨削和镜面磨削。在精磨时应通过检查和调整，使工件达到精度要求。如果达不到精度要求，不能把希望寄托在超精磨削和镜面磨削的工序上，因为在同一台磨床上进行精磨、超精磨削和镜面磨削时，超精磨削和镜面磨削主要是用于降低工件表面粗糙度，对工件的精度只能稍有改善。所以在加工这类精度要求高的轧辊时，都应在精磨时使其达到精度要求，才能进行下一步的低粗糙度加工。

(1) 超精磨前对轧辊加工精度的要求。轧辊辊身工作面和两个轴颈的径向跳动应小于 0.001mm；轧辊辊身工作面锥度应小于 0.002mm；轧辊辊身工作面和两个轴颈应留 0.01～0.02mm 的超精磨削加工余量；轧辊辊身工作面和两个轴颈的表面粗糙度 R_a 应在 0.2μm 以下。

(2) 超精磨削。选用 MG1432、MG1432A 或改装高精度外圆磨床；选用 GB 240ZR$_1$A 砂轮。

砂轮修整：修整工具为锋利的金刚石；修整导程 S_d 即砂轮每转的进给量(工作台面速度为 10mm/min)为 0.012mm/r；修整进给量 t_d 为 0.0025mm/单程，修三次，光修一次。

磨削用量：砂轮线速度为 18m/s；工件线速度为 9m/min；工作台纵向速度为 50～100mm/min；横向进给量为 0.0025mm/双程；横向进给次数一般不宜过多，约两次即可，但这仍要根据余量而定；光磨次数为两个双行程。

用上述工艺参数磨削后轧辊表面粗糙度 R_a 可达 0.025μm，也保证了轧辊辊身工作面和两个轴颈的同轴度。

(3) 轧辊辊身工作面的镜面磨削。选用磨床型号同上；砂轮采用细粒度树脂为结合剂并加有石墨做填料的砂轮，即 GBW10CRS(加有石墨)。

砂轮修整：修整工具用锋利的金刚石，修整导程 S_d 为 0.01mm/r，修整进给量 t_d 为 0.0025mm/单程，修三次，无进给光修一次。

磨削用量：砂轮线速度为 18m/s；工件线速度为 7m/min；工作台面速度为 50～100mm/min；横向进给次数通常只需一次，进给量多少与砂轮性能及磨床条件有关，最好应根据具体加工条件由磨削指示仪控制合理压力，一般可在 0.005～0.01mm（半径方向）的范围内；光磨时间约 2h。

经过上述工艺磨削后，工件表面粗糙度 R_a 可达 0.006μm，不圆度可达 0.0002mm。

179. 冷轧辊精磨时产生多角形和振纹的原因是什么，怎样防止？

轧辊表面的多角形是指在轧辊表面沿母线方向上存在一条条直线痕迹，如从轧辊的横断面看，周边呈现近似正弦波的曲线，如图 4-20 所示。这种多角形缺陷在外圆磨削时最常见。

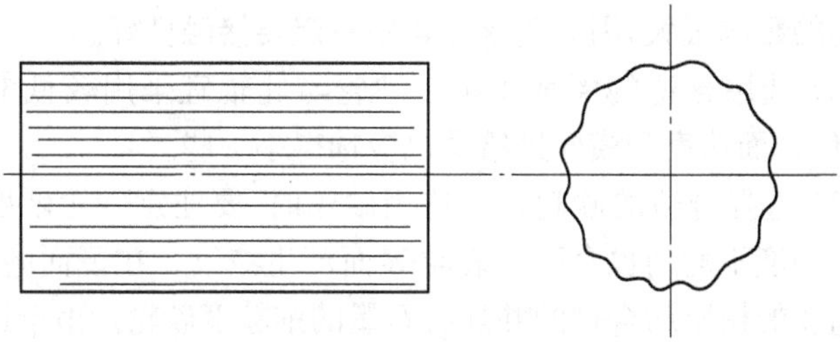

图 4-20　多角形示意图

所谓轧辊表面的振纹（波纹）是指在轧辊表面上存在的各种不同形状的深浅不一的花纹。在低表面粗糙度磨削时常出现的振纹见图 4-21。

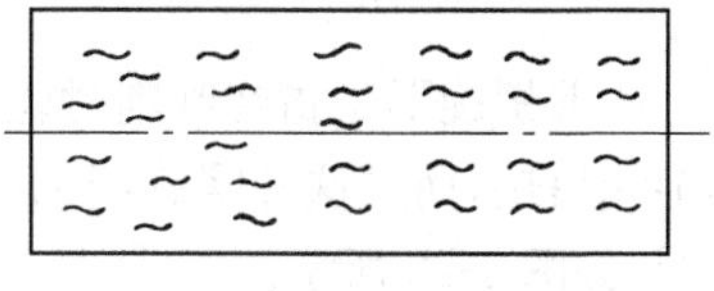

图 4-21　轧辊表面的振纹示意图

产生多角形及振纹的原因是在磨削时砂轮相对于工件有振动，这种振动是由于砂轮不平衡、砂轮传动电机不平衡、传动平皮带厚薄不均或三角皮带长短不一致等引起的。磨削过程中,砂轮对轧辊产生摩擦作用后,也会引起轧辊的振动,致使轧辊表面出现振纹。

防止产生多角形和振纹的措施如下:

(1) 砂轮需经过仔细静平衡。要求砂轮在平衡架平衡时,8个方位都能停留得住。

(2) 电动机动平衡。建议采用 HYQ-22 整机动平衡仪对电动机加皮带轮进行平衡。

(3) 电动机减振。电动机装在机床上时,下面应垫上木板或硬橡皮,并拧紧螺钉。

(4) 减少皮带振动。皮带拉力不均匀,也会引起砂轮架振动。一般用薄型平皮带较好,皮带厚度要均匀;如用三角皮带时几根皮带的长短要一致,皮带的松紧要恰当,太松也会引起砂轮架的振动。

(5) 提高砂轮架的抗振性。砂轮架与床身导轨接触的好坏,对振动的影响很大,因此要求导轨副一定要接触良好。

(6) 选用合适的磨削用量。砂轮与轧辊宜采用较低的线速度,工作台面速度和横向进给量也应选得小一些。

(7) 选择合适的砂轮。在选用砂轮时,要注意砂轮硬度是否均匀。硬度不均匀也会引起轧辊表面产生波纹。在镜面磨削时,采用超软的树脂结合剂的并加有石墨的细粒度砂轮。由于这种砂轮具有一定的弹性,对振动不敏感,可基本上消除轧辊表面的波纹。

(8) 砂轮磨钝后应及时修整砂轮,注意修整时,金刚石应置于合适的位置上。

180. 冷轧辊磨削时产生螺旋形的原因是什么,怎样防止?

所谓螺旋形是指在磨削时轧辊表面上存在一种像螺纹一样的螺旋线痕迹,而且这种螺旋线的导程及粗细在不同条件下都有所不同,如图 4-22 所示。

当螺旋形与轧辊转速和工作台速度关系一致时,产生螺旋形

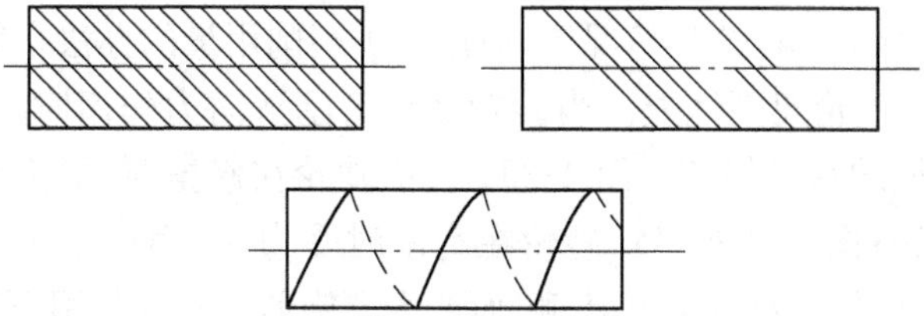

图 4-22　轧辊表面螺旋形

的原因及防止措施如下：

(1) 砂轮在粗修整时母线修得不平，精修整时由于修整量少而矫正不过来。磨削时砂轮同轧辊部分接触，常常是砂轮的一个棱边接触轧辊，使轧辊表面出现螺旋形，如图 4-23 所示。因此在精密磨削、超精磨削和镜面磨削前，粗修整砂轮时的切深不宜过大，一般可在 0.005～0.01mm/次。

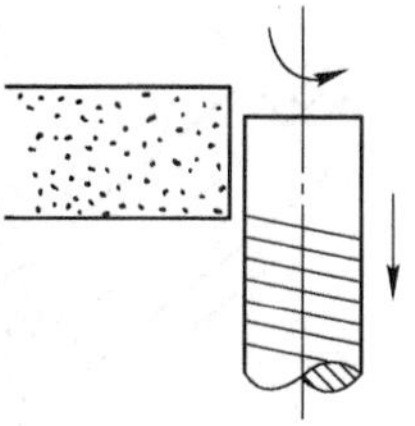

图 4-23　砂轮修整不平造成螺旋形

(2) 修整砂轮时没有用冷却液，或冷却液只冲着砂轮的一部分，另一部分没有被冲着，没有冲着冷却液的部分，修整时的金刚石会引起膨胀，而造成砂轮母线不直。因此，在修整砂轮时，应有充分的冷却液，而且喷嘴位置和冷却液要对准砂轮的整个宽度。

(3) 砂轮架主轴翘头或低头，使砂轮中心线在垂直平面内与磨床导轨不水平，因而在修整时会使砂轮母线成凹形。凹形的砂轮表面与轧辊接触不良而引起螺旋形。在安装砂轮架时，允许砂轮轴有一点翘头，每 100mm 约为 0.005mm，主轴的水平可通过修括砂轮架导轨或转盘来达到。

(4) 工作台润滑油压力过高，使台面运动时稳定性差，有漂浮现象，从而在磨削时产生单边接触，而使轧辊出现螺旋形。因此，导轨润滑油压力要低些，流量要小些。

(5) 由于头、尾架系统刚性不一致，在磨削力基本不变的条件下，系统刚性差的变形大，砂轮与轧辊接触不良而引起螺旋形，如图 4-24 所示。在这种情况下，应用减少磨削用量的办法来解决。

（6）砂轮架刚性差。当砂轮受到磨削法向力作用时，产生绕垂直轴线的水平偏转。图 4-25*a* 表示砂轮在修整时，受力小而基本不偏转；图 4-25*b* 表示砂轮在磨削时受力大，而产生一定的偏转，造成砂轮边缘与轧辊接触，而产生螺旋形。特别是用石墨砂轮做镜面磨削时，这种现象更容易出现，因为镜面磨削时法向力（即砂轮与轧辊的接触压力）较大。这可以通过修括导轨和选配滚柱等措施来解决。

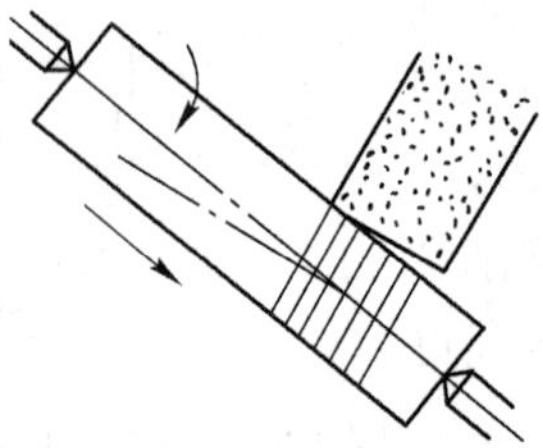

图 4-24　磨床头、尾架刚性不一致引起螺旋形

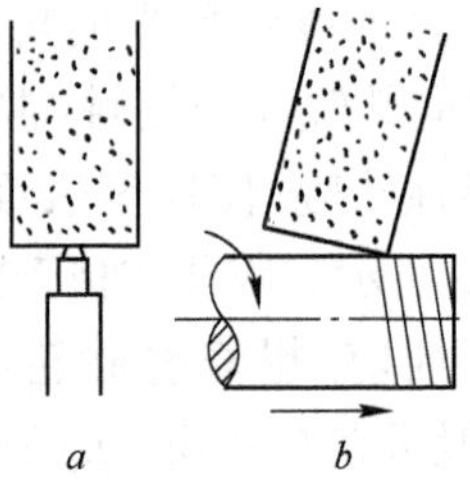

图 4-25　砂轮偏转引起螺旋形

（7）砂轮架导轨扭曲，而修整时金刚石的位置和磨削时轧辊的位置相差太多，也会使砂轮在磨削时出现与轧辊单面接触，造成螺旋形缺陷。因此必须提高横向导轨本身的精度，修整砂轮时砂轮架的位置最好与磨削时位置相近。

（8）当因砂轮硬度在宽度方向上不均匀造成螺旋形时，则应更换砂轮。有些砂轮其两边的硬度与中间硬度不一致，所以在低表面粗糙度磨削时，砂轮两边应修得低一些。

（9）磨削时，由于砂轮旋转而产生热变形使砂轮偏转，造成砂轮母线与轧辊接触不好，从而产生螺旋形。当磨床在较热的状态下修整砂轮时，也易造成砂轮母线不平。因此，要求在机床进入温升饱和状态下，再进行修整砂轮和磨削。

181. 轧辊磨削时产生烧伤的原因是什么，怎样防止？

所谓烧伤是指在轧辊表面上存在黄褐色或黑色的形迹。这种形迹往往随着螺旋形缺陷同时出现，而且也呈螺旋形（图 4-26*a*），或者随着多角形缺陷同时出现而呈直线形点线状分布（图 4-26*b*），在有些情况下，烧伤斑点为无一定规则的点状分布。烧伤的痕迹一般比较深。在精密磨削或超精磨削时，如果用陶瓷结合剂的砂轮磨削，在磨削时一旦出现火花，则轧辊表面就很容易出现螺旋形烧伤。

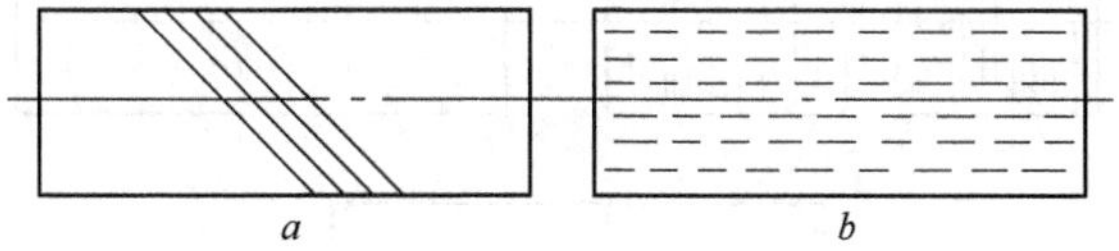

图 4-26 轧辊表面烧伤痕迹

产生烧伤的原因是：

(1) 砂轮硬度选择太硬；

(2) 磨削时横向进给量过大，纵向走刀速度过快；

(3) 砂轮修整过细，特别是粗粒度砂轮（46～80 号，即粒度为 400～160μm）经细修整后，极容易出现烧伤；

(4) 砂轮过钝，磨削能力差；

(5) 磨削时冷却液喷嘴安放得不好，冷却液不能顺利进入磨削区，或者冷却液供应不充分。

防止产生烧伤的措施是：

(1) 砂轮硬度不能过硬，应根据轧辊材质合理选用磨料；

(2) 适当减少磨削用量，并适当提高轧辊线速度；

(3) 冷却液喷嘴位置要安放好，而且要有充足的冷却液；

(4) 砂轮钝后要及时修整；

(5) 磨削时如出现火花，应立即退刀，并重新进给，减少进给量，必要时应重新修整砂轮；

(6) 适当将砂轮修整用量选得稍大些。

182. 轧辊磨削时产生划痕的原因是什么,怎样防止?

划痕(或称划伤、拉毛)有以下几种情况:一种是粗划痕,其深度比较深,约 0.002~0.003mm,甚至更深一些,这种划痕的分布没有一定规则,而且数量也较少;另一种是细划痕,比较浅,约 0.0005mm,通常较均匀地分布在轧辊表面上,数量也多。几种划痕情况如图 4-27 所示。

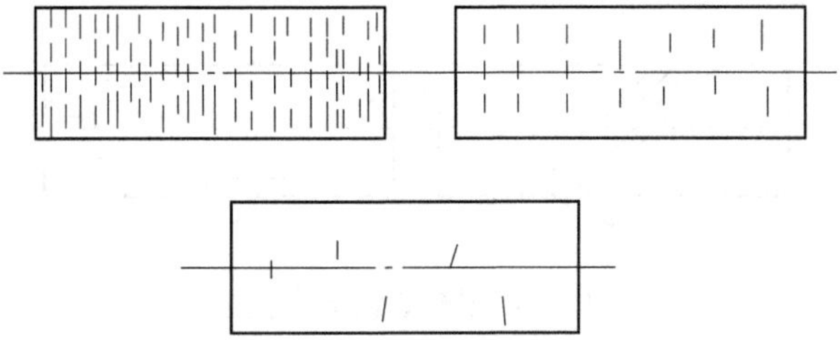

图 4-27 轧辊表面划痕示意图

产生划痕的原因是:

(1) 磨削时,磨粒掉在砂轮和轧辊之间而引起。这种拉毛点数量较少,深度较深,不均匀地分布在轧辊表面上。

(2) 冷却液不清洁,磨削时冷却液将磨粒或磨屑带入砂轮与轧辊之间引起。这种拉毛分布无规则,且拉毛点数量较多。

(3) 砂轮工作面上存在着个别凸起的磨粒。砂轮经过修整后,可用手指轻轻贴在旋转的砂轮表面,会感觉到有个别高出的磨粒。这种磨粒一般用刷子清除不掉。

(4) 选用的砂轮磨料脆性较大,如碳化硅、微晶刚玉等,由于脆性大,磨粒容易破碎,因而引起拉毛。

(5) 选用的砂轮硬度偏低,或砂轮硬度均匀性不好,这样在磨削时磨粒也容易脱落,引起轧辊表面拉毛。

(6) 精密磨削和超精磨削时,选用粒度太粗的砂轮,也容易引起数量不多的拉毛。

(7) 上一道工序表面粗糙度较高，而在磨削时，轧辊表面磨削量较少，因而留下上道工序的磨痕。这种磨痕数量很多，分布也广。

防止产生划痕的措施有：

(1) 冷却液应经过良好的过滤，以防止磨削时带入杂粒。

(2) 轧辊材质韧性高，选用磨料的韧性也高，砂轮硬度也应高一些。硬度不均匀的砂轮要更换。

(3) 砂轮修整后，要开大冷却液，并用刷子清洗。

(4) 选用粒度较细的砂轮，如用240号粒度(即63～50μm)的砂轮进行精磨削和超精磨削，这样会获得良好均匀的轧辊表面。

(5) 砂轮修整好后(特别是粗粒度砂轮)，表面有些磨粒冲不掉，刷不掉。因此磨第一个轧辊时，余量应稍多一些，使这些凸出的磨粒脱落后再进行正常的工作。这种措施对较软的轧辊材质更为合适。

(6) 每一道工序前的轧辊表面粗糙度均应达到一定的要求，精密磨削前轧辊表面粗糙度 $R_a \leqslant 0.4\mu m$；超精磨削前轧辊表面粗糙度 $R_a \leqslant 0.1\mu m$；镜面磨削前的轧辊表面粗糙度 $R_a \leqslant 0.025\mu m$。否则，会由于磨削时轧辊表面磨削量少而留下上道工序的磨痕。

(7) 选用合适的修整用量和磨削用量。

(8) 砂轮的两边应修整成一台阶或倒角，以防止砂轮两边的磨粒由于粘结强度低而在磨削时脱落。

183. 什么叫调质处理，冷轧辊怎样进行调质处理？

钢在淬火后再进行高温回火，这种工艺过程叫做调质处理。调质的目的是使钢获得良好的综合力学性能。

碳含量(质量分数)在0.25%～0.50%之间的碳钢或合金钢，经调质处理后能得到优良的综合力学性能。如果钢碳含量过低，影响强度；碳含量过高，则降低韧性，不能得到好的综合力学性能。

经调质处理后，钢中具有回火索氏体组织，这种组织是一种颗粒状碳化物和铁素体的混合物，硬度约为 HRC23～35，强度、塑性和韧性都较好。

根据使用要求，冷轧工作辊辊身表面硬度不低于肖氏硬度(HS)90，有效淬火层深度应为半径的 3%～4%。为了满足这些要求，需要进行淬火，但淬火又会使轧辊金属内部形成很大的内应力，为使这些内应力不致引起轧辊断裂，同时也为了改善金属的组织，就需要采用调质热处理。

184. 冷轧辊怎样进行工频淬火？

根据电磁学原理可知：当导体(感应器)中通过交变电流时，在其周围形成交变磁场。在交变磁场中放入另一导体(如被加热的轧辊)，则在此导体(轧辊)中就会感应出交变电流，该感应电流成涡流状流动，因此称为涡流。导体(轧辊)具有电阻。感应电流通过它时就要发热，使电能转变为热能，即热电效应。交变电流具有两个特点，即集肤效应和邻近效应。所谓集肤效应，就是交变电流仅沿导体表面层流动的性质。电流频率越大，则电流渗透深度越小。所谓邻近效应，就是两个有交变电流流过的导体，如果彼此相距很近，则交变电流仅沿两个导体相邻的一面(当导体里的电流方向相反时)或相距较远的一面(当导体里的电流方向相同时)流动的性质。导体之间相距愈近，邻近效应愈强。

工频淬火就是利用交变电流的集肤效应和邻近效应使电流能够高度集中于轧辊表面，从而使轧辊表面很快地加热到淬火温度。

冷轧辊工频淬火(图 4-28)就是采用工频加热轧辊表面进行淬火的方法。工频加热法是以电磁感应现象为理论基础的，即轧辊放在通交流电的线圈的电磁场中，在轧辊中产生感应电流。电流通过轧辊时，轧辊表面深度达 30mm 的一层金属被加热。当轧辊表面被加热到 900～940℃时，用压力为 0.3～0.7MPa 的喷水器喷水急冷。

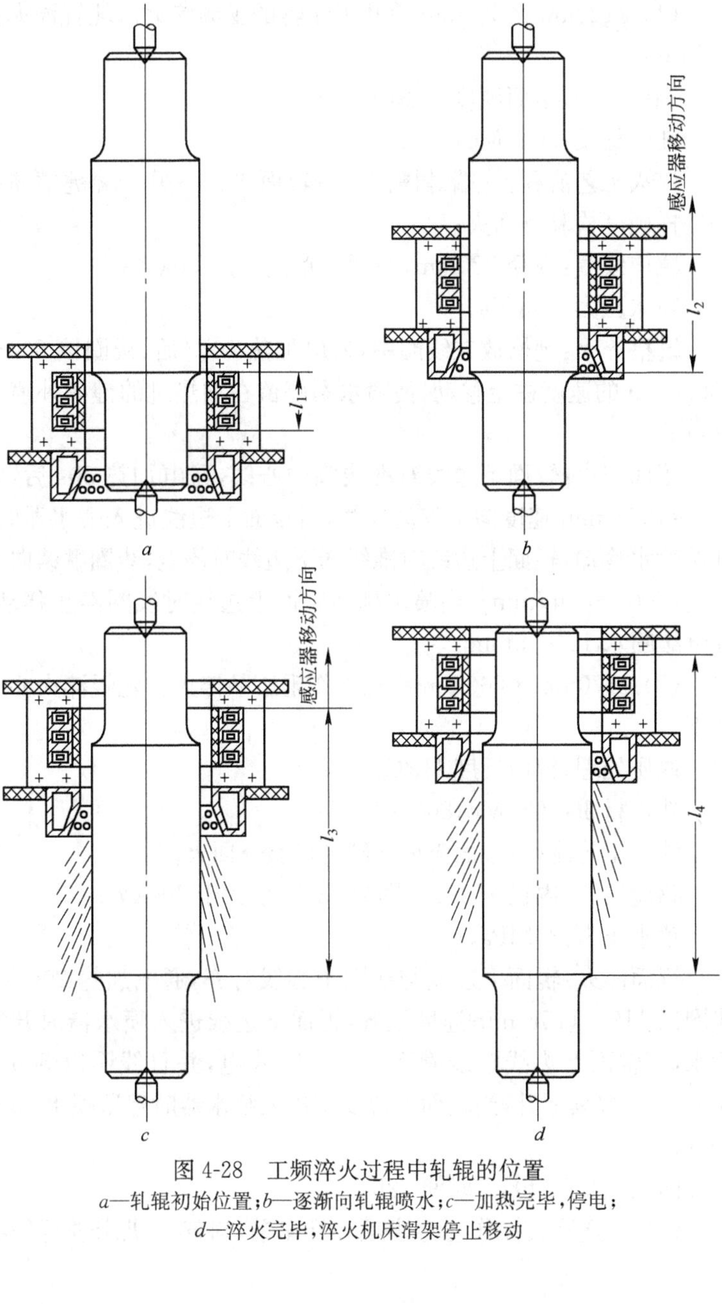

图 4-28　工频淬火过程中轧辊的位置
a—轧辊初始位置；*b*—逐渐向轧辊喷水；*c*—加热完毕，停电；
d—淬火完毕，淬火机床滑架停止移动

(1) ϕ120mm×300mm冷轧工作辊的工频淬火。轧辊淬火要求如下：

调质处理，辊面硬度：HRC64～67；

轧辊材质：9Cr2Mo；

淬火工艺流程：一端键槽淬火→辊面淬火→另一端键槽淬火→抽样硬度检验→回火；

感应线圈：内径220mm，28圈，功率大于700kW；

喷水压力：35MPa；

键槽淬火：键槽放在线圈中，通电加热105s后，线圈以600～700r/min的速度往上移动，使喷水圈停留在加热过的键槽外喷水3min；

辊面淬火：辊面下边线对准线圈中心线，通电加热30s后，以100～105r/min速度向上移动线圈，当辊面下边线进入喷水器时，开始喷水冷却，辊面上边线对准线圈下边线时停电，线圈继续向上移动(500～600r/min)，当喷水到达辊面上边线时线圈停止移动，并继续喷水10～15min。

(2) ϕ170mm×600mm冷轧工作辊工频淬火。轧辊淬火要求如下：

调质处理，辊面硬度HRC>64；

轧辊材质：9Cr2Mo，86CrMoV7；

淬火工艺流程：辊面淬火→硬度检验→回火；

感应线圈：内径260mm，圈数23，功率大于700kW；

喷水压力：35MPa；

辊面淬火：辊面下边线与线圈中心线对齐，通电加热20s后，线圈以110～115r/min速度上升，辊面下边线进入喷水器时开始喷水，当辊面上边线距线圈下边1/4时停电，并且线圈以500～600r/min继续上升，当辊面上边线刚进入喷水器时停留喷水15～20min；

回火：温度140℃，时间72h。

(3) 工频淬火操作注意事项。开车前，对淬火机床进行仔细检查。各运动部件要能正常运转。主柱、丝杆及变速箱要经常加油。电器开关应能正常动作。

根据淬火轧辊的辊径，选用适当的感应线圈、喷水圈和上下顶针。装好后进行试运转。

线圈平台移动应特别注意其上下移动方向和行程，防止损坏机床。

感应线圈冷却水应循环畅通，如果断水，应立即停止通电加热。线圈应按淬火工艺要求的位置移动。

经常注意喷水圈的喷水孔是否堵塞，如有垃圾要及时清理。

按淬火工艺的规程进行淬火，淬火后及时送烘箱进行回火。

185. 轧辊为什么要进行冷处理？

将淬火后的轧辊过冷到0℃以下，使钢中残余奥氏体继续转变为马氏体的工艺操作叫做冷处理。

冷处理的目的是：

(1) 提高轧辊的硬度和耐磨性；

(2) 稳定轧辊尺寸，防止轧辊尺寸在存放和使用过程中发生变化；

(3) 防止轧辊开裂。

对于高碳合金钢的轧辊来说，淬火冷却到室温时，大部分奥氏体将转变为马氏体，但在马氏体片间仍存在少量残余奥氏体，其数量决定于钢的合金成分、淬火温度和处理方法。

过量的残余奥氏体会降低轧辊的强度、疲劳强度、硬度与耐磨性。残余奥氏体是一种不稳定组织，在存放和使用过程中会缓慢地继续转变为马氏体，并使体积膨胀，影响轧辊的尺寸精度。因此，对冷轧辊常进行冷处理。

冷处理温度根据马氏体转变终了点来确定，碳钢一般为－30～－50℃，合金钢为－40～－80℃，也有采用低达－100～－120℃的。

碳素工具钢中的残余奥氏体在室温下易于稳定化，所以淬火后应迅速进行冷处理，然后再进行回火。对于高合金钢，由于淬透性好，残余奥氏体不稳定，一般应在淬火、回火后再进行冷处理，然后再进行一次低温回火。

186. 冷轧辊在运输和存放过程中应注意哪些事项？

经过粗车或淬火前车削的轧辊，由于运输或堆放时不小心，相互撞击，有时在工作面上留下很大很深的凹痕，以致在下一步车削加工时都无法消除。淬火和磨削后的轧辊更应特别小心对待。轧辊淬火面上的裂纹和碰伤都可能成为轧辊过早损坏的原因。

(1) 淬过火的轧辊严禁堆垛存放。放轧辊时，应把辊颈搁在垫有木条的台架上，辊身不得相互接触。

(2) 装卸轧辊时，不要用一根吊绳同时捆两个或两个以上的轧辊，以免轧辊互相撞击。捆吊轧辊时，应使用普通的钢丝绳绑在辊颈上，同时要遵守各项安全措施，以防损伤辊身和辊颈的加工表面。比较轻的小型轧辊可以用软麻绳捆吊。

(3) 淬过火的轧辊在小车、电瓶车等上运输时，必须遵守防止轧辊碰撞和轴向移动的各项措施。轧辊应成一列摆在木条上，并在木条上加工出放辊颈的槽子。轧辊辊身不许接触。

(4) 为了防止轧辊在存放过程中生锈，轧辊表面涂上防锈油(黄干油)，然后用油纸(有时用纱布)包紧。

(5) 对每个新进车间的轧辊打上登记序号，同时填写轧辊工作记录卡片。在记录卡片里，要填写轧辊从使用开始到报废期间的所有变更。

187. 冷轧辊使用期间怎样进行回火？

为了延长轧辊使用期限和防止过早的损坏，冷轧辊要定期地进行低温回火。低温回火可以消除内应力。

所有的轧辊，经过使用一定时间后，不论轧辊表面状态和形状如何，均应进行低温回火。在轧辊由于辊身或辊颈的外形被磨损或淬火层局部碎裂而进行重磨前，也应先进行低温回火。使用时间不长，为了消除小缺陷(划伤、粗糙和不严重的碎裂)而送去重磨的轧辊，一般可不进行低温回火。

轧辊的低温回火在盛有矿物油的回火槽内进行。低温回火时，要求油的最高温度：辊身直径在400mm以下的轧辊为120～130℃，400mm以上的为140℃。轧辊浸入槽内时，油温约60℃，而轧辊的温度不应低于10℃。油和轧辊的温差不超过50℃。轧辊浸入后，回火槽内的油，以50℃/h的速度加热。

回火槽内的油达到规定的最高温度后，轧辊在槽内的停留时间为：

(1) 辊身直径在400mm以下的轧辊，以每10mm直径需0.5h计算；

(2) 辊身直径在400mm以上的轧辊，以每10mm直径需1h计算。

轧辊回火后和油一起冷却到70℃，冷却速度为20℃/h。然后在空气中继续冷却。

188. 造成轧辊缺陷的原因是什么？

生产中轧辊缺陷的种类和产生的原因如下：

(1) 裂纹。轧辊裂纹的产生主要是由于轧辊局部压力过大和轧辊急冷急热而引起的。轧机上，若乳化液喷嘴堵塞，造成轧辊局部冷却条件不好，就会产生裂纹。冬季由于气温较低，因此比夏季易产生裂纹。

(2) 掉皮。裂纹继续发展就形成块状或片状掉皮，掉皮轻者可重磨后继续使用，掉皮严重的轧辊则报废。

(3) 划坑。划坑主要是由于带钢的焊缝处或其他杂物进入轧机，使轧辊辊面被划出不同形状的坑。一般划坑的轧辊必须换辊。带钢焊缝质量不好时，轧制操作到过焊缝时应抬起压下，以防划坑。

(4) 粘辊。粘辊的原因是局部压下量过大、断碎片、带钢重叠和破边等。一般轻微粘辊经辊面手磨后即可轧钢，带钢表面要求高时，必须换辊。

(5) 勒辊。勒辊主要是由压下量过大而使带钢产生重皮或轻微折叠和带钢跑偏产生重皮造成的。勒辊严重时，产生粘辊，带钢被轧裂。勒辊轻微时，带钢和轧辊上均有勒印。

(6) 断辊。支撑辊折断的原因主要是超压下（即轧制压力过大）、轧辊内部有缺陷（非金属夹杂、气泡等）和轧辊温度应力等。

189. 怎样校核二辊冷轧机的轧辊强度？

轧辊直接与轧件接触并承受轧制压力。为了保证轧机生产率和降低生产成本，轧辊应耐用，并具有足够的强度。在生产中，断辊、轧辊表层剥落等破坏性事故是不应该发生的。

轧辊的破坏是由于受到了各种应力的综合影响，其中包括弯曲应力、扭转应力、接触应力、由于轧辊温度分布不均或温度交替变化引起的温度应力和轧辊制造加工过程中形成的残余应力等。

为了防止轧辊破坏，应按轧制条件和轧辊尺寸对轧辊进行强度校核。

二辊式冷轧机轧辊强度校核过程如下：

轧制压力近似地看成沿轧件宽度均匀分布，而且左右对称（图4-29）。

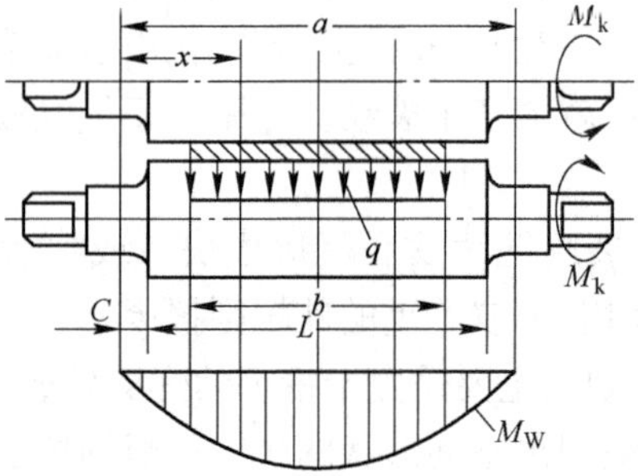

图 4-29 二辊式轧机轧辊受力简图

轧制力为：$P=qb$

式中 q——辊面上单位宽度的轧制力，N/mm；

b——轧件宽度，mm。

通常对辊身只计算弯曲应力，对辊颈则计算弯曲和扭转应力，对传动端辊颈只计算扭转应力。

辊身中央断面的弯曲力矩为：

$$M_{\mathrm{Wmax}}=P\left(\frac{a}{4}-\frac{b}{8}\right)$$

弯曲应力 σ_{Wmax} 为：

$$\sigma_{\mathrm{Wmax}}=\frac{P}{0.1D^3}\left(\frac{a}{4}-\frac{b}{8}\right)$$

式中　D——计算断面的轧辊直径，mm；

a——压下螺丝中心距，mm。

辊颈危险断面上的弯曲力矩 M_n 为：

$$M_n=\frac{P}{2}C$$

式中　C——压下螺丝中心线至辊身边缘的距离，可近似取为辊颈长度的一半。

辊颈危险断面的弯曲应力 σ 和扭转应力 τ 分别为：

$$\sigma=\frac{M_n}{0.1d^3}$$

$$\tau=\frac{M_k}{0.2d^3}$$

式中　M_n、M_k——辊颈危险断面处的弯矩和扭矩；

d——辊颈直径，mm。

辊颈强度应按弯、扭合成应力计算。

采用钢轧辊时，合成应力应按第四强度理论计算：

$$\sigma_p=\sqrt{\sigma^2+3\tau^2}$$

计算的合成应力 σ_p 应小于轧辊材料的许用应力 R_b，即

$$\sigma_p\leqslant R_b$$

对于合金锻钢轧辊，当强度极限 σ_b 为 700～750MPa 时，许用应力 $R_b=140$～150MPa；

对碳素锻钢轧辊，强度极限 σ_b 为 600～650MPa 时，许用应力

R_b=120～130MPa。

190. 怎样校核四辊冷轧机的轧辊强度？

四辊轧机的支撑辊直径 D_2 与工作辊直径 D_1 之比一般在 1.5～2.9 范围内，显然，支撑辊有很大的刚性，因此轧制时的弯曲力矩绝大部分由支撑辊承担。在计算支撑辊强度时，通常按其承受全部轧制力的情况考虑。当四辊轧机工作时，对支撑辊只需计算辊身中部和辊颈断面的弯曲应力。

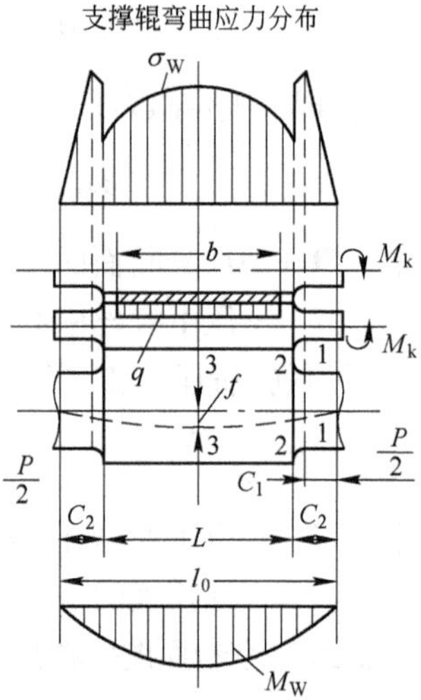

图 4-30 四辊轧机支撑辊计算简图

支撑辊的弯曲力矩和弯曲应力分布如图 4-30 所示。在辊颈的 1—1 断面和 2—2 断面上的弯曲应力均应满足强度条件，即

$$\sigma_{1-1}=\frac{PC_1}{0.2d_{1-1}^3}\leqslant R_b$$

$$\sigma_{2-2}=\frac{PC_2}{0.2d_{2-2}^3}\leqslant R_b$$

式中 P——总轧制力，N；

d_{1-1}、d_{2-2}——辊颈 1—1 和 2—2 断面处的直径，mm；

C_1、C_2——辊颈 1—1 和 2—2 断面至支反力 P/2 处的距离，mm。

支撑辊中部最大弯曲力矩 M_{Wmax} 可用下面简化式计算：

$$M_{Wmax}=P\left(\frac{l_0}{4}-\frac{L}{8}\right)$$

式中 l_0——两个压下螺丝的中心距，mm；

L——支撑辊的辊身长度，mm。

则支撑辊辊身中部 3—3 断面处的弯曲应力为：

$$\sigma_{3-3}=\frac{P}{0.4D_2^3}\left(l_0-\frac{L}{2}\right)\leqslant R_b$$

式中　D_2——支撑辊重车后的最小直径，mm；

R_b——许用弯曲应力，MPa。

由于有支撑辊承受弯曲力矩，故工作辊可只考虑扭转力矩，即仅计算传动端的扭转应力。扭转应力为：

$$\tau=\frac{M_k}{W_k}$$

式中　M_k——作用在一个工作辊上的最大传动力矩；

W_k——工作辊传动端的扭转断面系数。

如果在轧制过程中存在很大的前后张力差以及工作辊有弯辊装置，则对工作辊还要计算由它们引起的弯曲应力，并与扭转应力合成。

191. 怎样校核冷轧辊的疲劳强度？

四辊轧机在轧制时，支撑辊与工作辊辊面之间有很大的接触应力，在计算轧辊强度时，应对此交变的接触应力进行疲劳强度校核。

半径方向产生的法向正应力在接触表面的中部最大，其值可按下式求得：

$$\sigma_{max}=\sqrt{\frac{q(R_1+R_2)}{\pi^2(K_1+K_2)R_1R_2}}$$

式中　q——加在接触表面单位长度上的负荷，N/mm；

R_1、R_2——相互接触的工作辊和支撑辊的半径，mm；

K_1、K_2——与轧辊材料有关的系数，$K_1=\frac{1-\nu_1^2}{\pi E_1}$，$K_2=\frac{1-\nu_2^2}{\pi E_2}$，其中 ν_1、ν_2 和 E_1、E_2 为两轧辊材料的泊松比和弹性模量。

若工作辊和支撑辊材质相同，并取 $\nu_1=\nu_2=0.3$，则上式可简化为：

$$\sigma_{max}=0.418\sqrt{\frac{qE(R_1+R_2)}{R_1R_2}}$$

在接触区还存在切应力 τ。根据计算，切应力在离表面深度 $Z=0.78b$ 时达到最大值(b 是工作辊与支撑辊接触表面宽度之半)(图 4-32)。为了保证轧辊表面不产生疲劳破坏，τ_{max} 应小于许用值，即

$$\tau_{max}=0.304\sigma_{max}\leqslant[\tau]$$

正应力和切应力的许用值与轧辊表面硬度有关。按照支撑辊表面硬度列出的应力许用值见表 4-20。正应力 σ 和切应力 τ 在接触区变化情况见图 4-31。

表 4-20 许用接触应力值

支撑辊表面硬度 HS	许用正应力 [σ]/MPa	许用切应力 [τ]/MPa	支撑辊表面硬度 HS	许用正应力 [σ]/MPa	许用切应力 [τ]/MPa
30	1600	490	60	2200	670
40	2000	610	85	2400	730

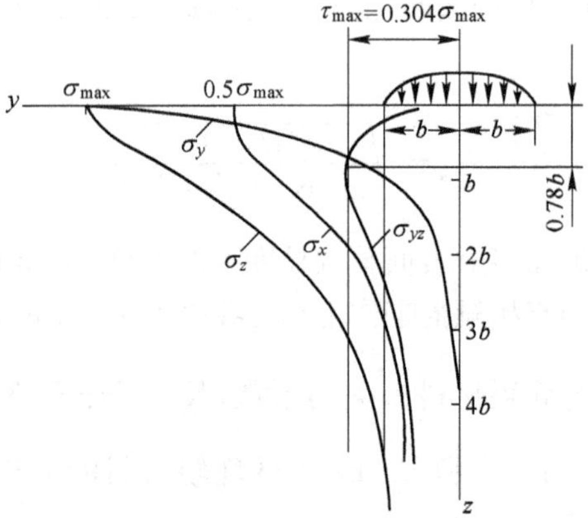

图 4-31 轧辊接触应力与深度的关系

192. 四辊冷轧机常用哪几种滚动轴承?

轧辊轴承是轧机的主要部件之一。轧辊轴承的工作特点是:(1) 单位压力大,单位压力超过一般用途轴承的 2～5 倍,甚至更高;(2)工作速度的变化范围较大;(3)轴承工作环境比较恶劣,工艺润滑液和铁屑等杂物均有可能落入轴承。

因此,对用于轧辊的轴承要求有:高的承载能力,轴承本身能耗要小,可在不同速度下工作,结构简单,成本低等。

滚动轴承具有摩擦系数小、精度高、运转安全、维护简单等优点,但滚动轴承承受冲击负荷的性能较差,成本较高,不适合高速工作。四辊冷轧机常用的滚动轴承有:

(1) 双列向心球面滚子轴承。这类轴承既可承受径向负荷,也可承受小的轴向负荷,多用于小型带钢冷轧机支撑辊上。一般是每个辊颈上安装两个双列球面滚子轴承(图 4-32),对负荷小的轧机也可每边安装一个轴承。此类轴承具有自动调心特性,轴承内套孔有圆柱孔和圆锥孔两种。

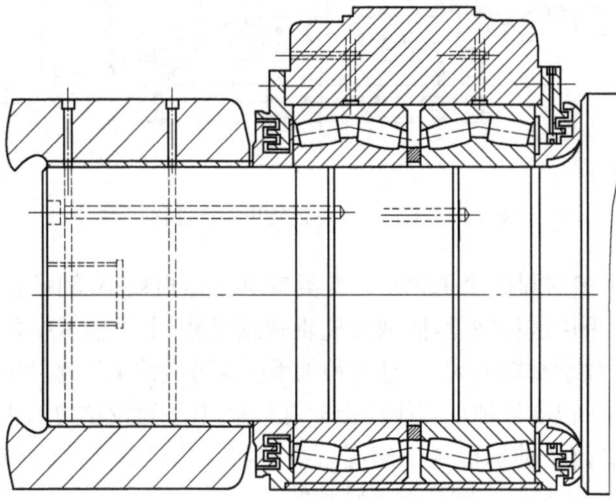

图 4-32　二辊轧机的轧辊轴承

(2) 四列圆锥滚子轴承。这类轴承可承受径向力和轴向力。用作四辊轧机的工作辊和支撑辊轴承。四列圆锥滚子轴承有两个内圈(滚动体装配在内圈上),三个外圈,各内、外圈之间都有间隔环。各圈、环上都有印号,装配时必须严格按印号次序,如有混乱,会使内部间隙变化,造成四列滚子的载荷不均,使轴承过早损坏。采用四列圆锥滚子轴承的 1700mm 四辊冷连轧机的工作辊轴承如图 4-33 所示。

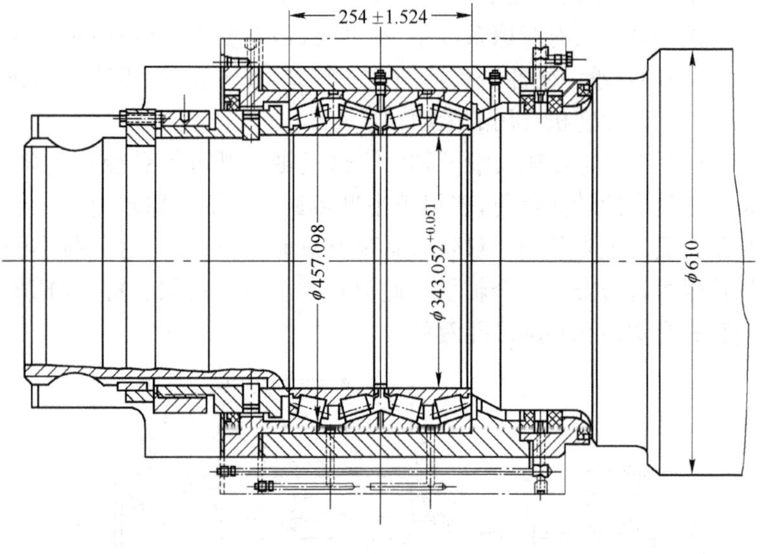

图 4-33　1700mm 冷连轧机工作辊轴承

(3) 多列圆柱滚子轴承。此类轴承摩擦损耗小,轴承径向尺寸较小,采用这种轴承,能加大轧辊辊颈尺寸,由于轴承中装有多列滚柱,故承载能力大,并且这种轴承所能适应的工作速度也比圆锥轴承高,但圆柱轴承不能承受轴向负荷,必须增设单独的止推轴承。圆柱滚子轴承适用于速度较高的四辊轧机的支撑辊和工作辊。图 4-34 是四列圆柱滚子轴承的示意图。

多列圆柱滚子轴承的内圈和外圈制造公差较严,内圈用紧配

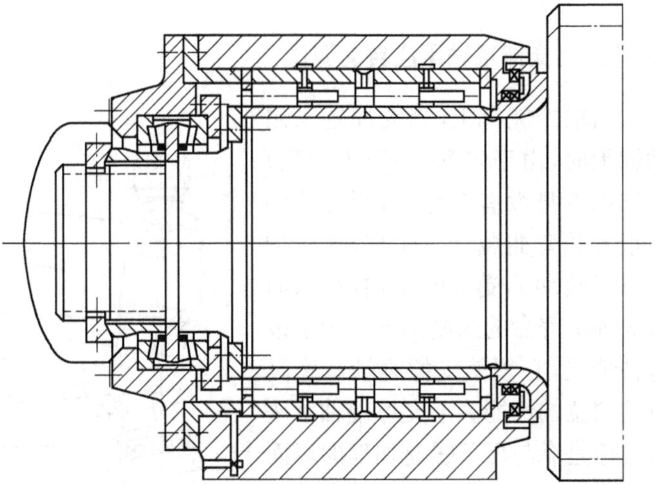

图 4-34　四列圆柱滚子轴承

合与辊颈连接(一般采用热装)。在换辊时,内圈与轧辊一起拆下,外圈和滚子与轴承座组成一整体,可以和任何一对内圈调换配合,具有互换性,换辊比较方便。在磨辊时内圈也套在轧辊上,作为磨削辊身的基准面,从而使内圈和辊身之间保持很高的同心度。

(4) 滚针轴承。滚针轴承和圆柱滚子轴承一样,也可使轧辊辊颈直径增大。四辊冷轧机工作辊轴承有时采用滚针轴承。当工作辊直径较小,而又要求传递大的扭矩时,滚针轴承可做成无内圈的轴承,滚针与辊颈直接接触。这时,要求辊颈表面硬度不低于HRC60,否则会降低轴承的工作能力。

当轧辊采用滚针轴承、多列圆柱滚子轴承时,为了承受轴向力,要装设止推轴承。轧辊用的止推轴承主要有单列向心球轴承、向心推力球轴承、双列圆锥滚子轴承、双向圆锥滚子推力轴承和双向推力球轴承。

滚动轴承在使用中必须经常注意其轴向紧固、润滑和密封情况。发现有不正常的响声或温度过高,应及时停车检查。

轴承座的清洗检查和轴承间隙的测量调整,应定期进行,并做好记录。

193. 什么叫支撑辊轴承座自动调位?

在四辊冷轧机上,当支撑辊采用滚动轴承时,由于多列(一般为四列)滚动轴承本身没有自位性,而支撑辊又在很大的弯曲载荷下工作,这就加剧了各列滚动体受力的不均性,从而会造成轴承寿命的急剧降低。为了改善这种情况,必须使支撑辊轴承座具有自动调位的性能。上支撑辊轴承座的自位性是靠与压下螺丝端部的球面接触达到的。而下支撑辊轴承座的自位性,则靠在其下部设一圆弧状自位垫块或缩短其轴向的接触长度来解决(图 4-35),这一要求在采用油膜轴承时也是一样的。

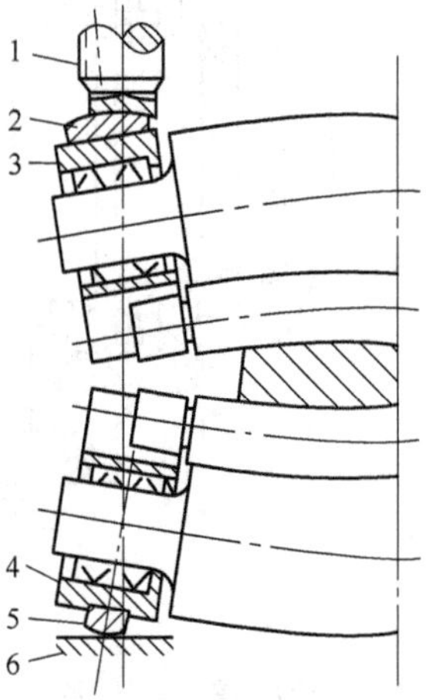

图 4-35　支撑辊轴承座的自位原理示意图

1—压下螺丝;2—球面推力轴承;3—上支撑辊轴承座;4—下支撑辊轴承座;5—自位垫块;6—支座

球面滚柱轴承在单个使用时本身原有自位性,但一般轧辊多用四列,这样,轴承整体本身已无自位性。此外,当两个球面轴承的径向间隙不等时,它不像圆锥滚柱轴承那样能靠选择间隔环宽度来达到径向间隙相等。为了改善上述情况,要求轴承座应有自位性。

194. 怎样用液压方法拆装轴承?

当轧辊转速很高时(如轧制速度超过 6m/s),为了防止由于辊颈与轴承内座圈间的相对转动而产生急剧磨损,不得不采用静配合。这时,往往在辊颈和轴承内座圈之间加一中间锥套。

用液压方法拆装静配合轴承是很方便的,图 4-36 是往锥面辊颈上安装静配合轴承时的一种专用液压装置。将具有锥孔内圈的

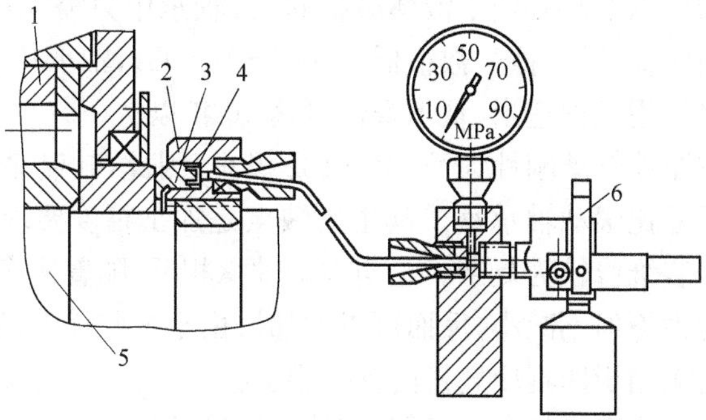

图 4-36　用液压螺母往锥面辊颈上压装轴承的装置
1—滚动轴承；2—液压螺母；3—环形活塞；4—密封圈；
5—带锥面的辊颈；6—手动柱塞高压油泵

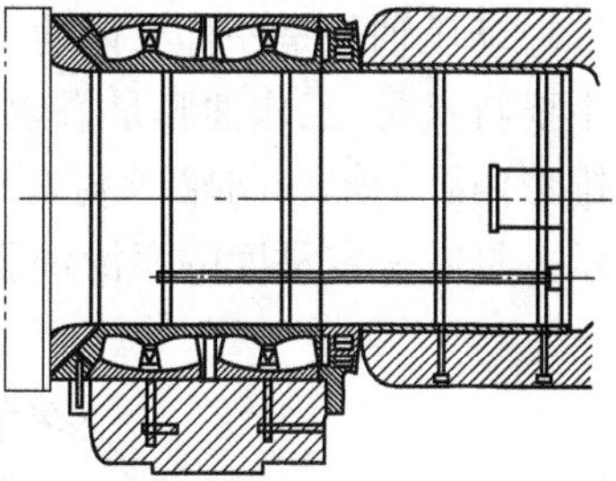

图 4-37　锥面内孔轴承的拆装油孔

滚动轴承 1 套入带锥面的辊颈 5 后，装上一个止推环并在半环螺丝上拧上一个专用的液压螺母 2，在其靠近轴承一边端面上的环形槽中，装有带密封圈 4 的环形活塞 3，用手动柱塞高压油泵 6 通过油管往液压螺母的环形槽中打入 50～100MPa 的高压油，当活塞向左移动 3～5mm 时，将轴承压装在锥面辊颈上，通过移动量和压力表来确定配合的程度。轴承压装好后，把液压螺母取下，换上原来的轴向固定螺母。当拆卸轴承时，可将高压油直接从辊颈端面上的油孔打入辊颈表面，使轴承内圈在直径方向弹性膨胀，利用锥面产生的轴向推力将静配合的轴承取下，如图 4-37 所示。这也是采用无键连接时常用的拆卸方式。

195. 什么是液体摩擦轴承？

液体摩擦轴承的基本特点是：辊颈在轴承中旋转时被一层油膜与轴衬隔开，由于加工精确和密封良好，能在很高的单位压力

(达 25MPa 以上)下,处于液体摩擦状态;轴承中只需克服很小的油层间内摩擦,其摩擦系数很低(0.001～0.008),轴承几乎没有磨损。如果使用维护适当,轴承寿命可达 10 年以上。

液体摩擦轴承刚性大而弹性变形极小,因此,轧制精度较高。其外廓尺寸比滚动轴承小。其主要缺点是加工精度要求高,加工制造和安装维修较为复杂。它与滚动轴承相反,随着速度的增加,其负荷能力不但不减小,反而可以增加。由于这些优点,液体摩擦轴承广泛应用于四辊冷轧机的支撑辊上。

根据油膜形成的方法不同,液体摩擦轴承又可分为动压轴承、静压轴承和静-动压轴承 3 种类型。

196. 什么是动压轴承?

动压轴承是一种流体动力润滑的闭式滑动轴承。动压轴承的主要特点是:工作油膜是靠辊颈在轴承中旋转时把润滑油吸入带锥形内孔的轴套与轴承衬套工作面之间而形成的,如图 4-38 所示。具有一定黏度的润滑油膜产生动压力,当动压力与轴承上径

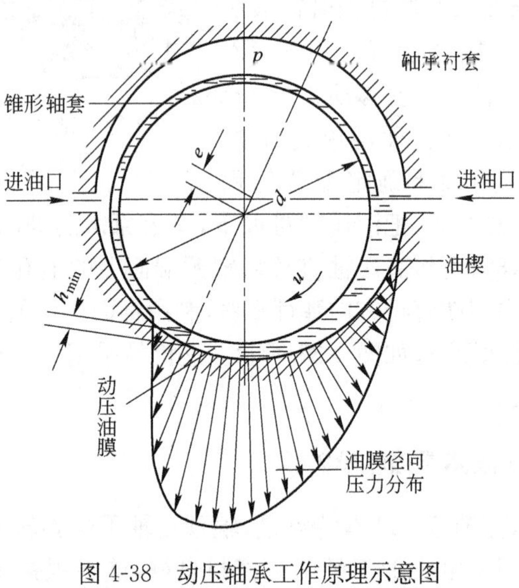

图 4-38 动压轴承工作原理示意图

向载荷相平衡时，锥形轴套与轴承衬套被一层极薄的动压油膜隔开，轴承在液体摩擦状态下工作。习惯上称动压轴承为油膜轴承或液体摩擦轴承，其实动压轴承只是液体摩擦轴承的一种。

动压轴承保持液体摩擦的主要条件是：

(1) 轴套与轴承衬套间各点的间隙必须是不相等的，即应具有楔形间隙，以便使润滑油进入楔缝。

(2) 辊颈应有足够的旋转速度，即轧辊旋转速度越高，轴承的承载能力越大。

(3) 要连续供给足够的、黏度适当的清净润滑油，黏度越高，轴承的承载能力也越大。

(4) 轴承摩擦面的加工精度要高，表面粗糙度要低，以保证表面不平度不超过油膜厚度。尺寸精度为一级，表面粗糙度 R_a 为 0.025～0.1μm，微观不平度不大于 0.5～1μm。

(5) 轴承应具有良好的密封性。

动压轴承与普通滑动轴承和滚动轴承相比，具有以下优点：

(1) 摩擦系数小，仅为 0.001～0.005，而一般青铜轴承或巴比合金滑动轴承的摩擦系数为0.03～0.1。

(2) 承载能力大，对冲击载荷的敏感性小，其单位压力可达 22～25MPa，而相同尺寸的滚动轴承的承载能力却小得多，且对冲击载荷较敏感。

(3) 适合于高速下工作，在辊颈线速度为20～30m/s 的情况下，仍能保证较高的轧制精度(小于 0.02mm)。

(4) 使用寿命长，轴承工作面几乎不磨损，在正常使用时，寿命可达 10 年以上。

(5) 体积小，结构紧凑。

动压轴承所采用的稀油自动循环润滑系统如图 4-39 所示。该系统由油箱、油泵、蓄能器、过滤器和冷却器等组成。注入轴承的油压一般为 0.08～0.15MPa，不得在低于 0.08MPa 的压力下工作。轧机与润滑系统有连锁装置，润滑系统未开动前，轧机不能启动，在中断供油时，轧机应立即停车。因此系统中有低压、高压和事故信号显示装置。

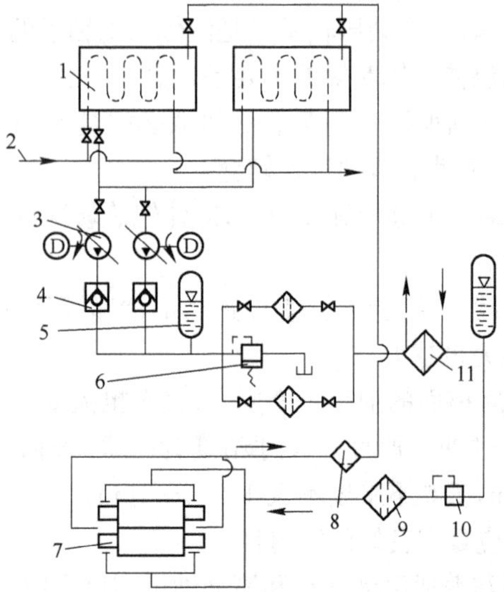

图 4-39　动压轴承供油系统

1—油箱；2—蒸汽入口；3—油泵；4—单向阀；5—蓄能器；
6—安全阀；7—轧机；8—分水器；9—过滤器；
10—减压阀；11—冷却器

由上可知，动压轴承的液体摩擦条件只有在轧辊具有一定转速的情况下才能形成，因此，当轧辊经常启动、制动和反转时，就不能保证液体摩擦状态。而且，动压轴承在启动之前不允许承受很大载荷。故动压轴承只在转速变化不大的不可逆轧机上才具有好的效果，使用范围受到限制。

197. 什么是静压轴承？

冷轧薄带钢时轧辊有很大的预压靠，造成有载荷启动，使动压轴承寿命缩短，甚至造成事故。另外，动压轴承的油膜厚度随轧制速度变化而变化，影响轧制精度，故在冷轧机上应用静压轴承日益增多。

静压轴承的高压油膜是靠一个专门的液压系统供给的高压油产生的，即靠油的静压力使辊颈悬浮在轴承中。因此，这种高压油膜的形成与辊颈的运动状态无关。无论是启动、制动或反转，甚至静止状态，都能保持液体摩擦条件，这是与一般动压轴承的不同之处。

600mm 冷轧机的支撑辊使用的静压轴承工作原理如图 4-40 所示。

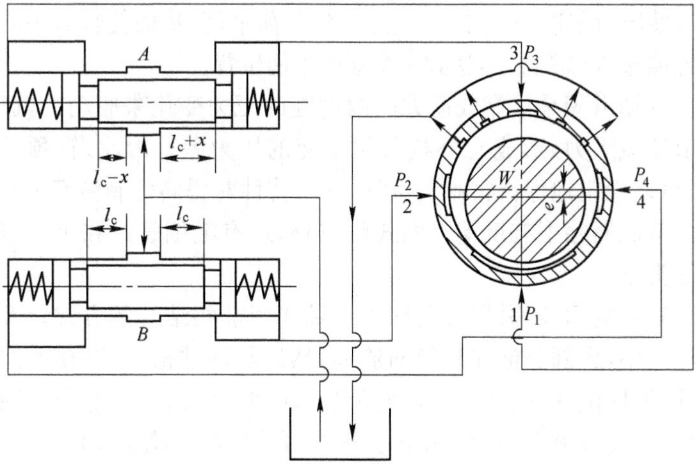

图 4-40　600mm 冷轧机支撑辊的静压轴承工作原理图
1—主油腔；2、4—侧油腔；3—副油腔

轴承衬套内表面的圆周上布置着 4 个油腔 1、2、3 和 4，受载方向的大油腔为主油腔 1，对面的小油腔为副油腔 3，左右还有两个面积相等的侧油腔 2 和 4。用油泵将压力油经两个滑阀节流器 A 和 B 送入油腔。油腔 1 和 3 中的压力由滑阀 A 控制，油腔 2 和 4 中的压力由滑阀 B 控制，滑阀与阀体周围的间隙起节流作用。当轧辊未受径向载荷时，从各油腔进入的压力油使辊颈浮在中央，即辊径周围的径向间隙均等，各油腔的液体阻力和节流阻力也相等，两滑阀在两端弹簧作用下，都处在中间位置，即滑阀两边的节流长度相等。而当轧辊承受径向载荷 W 时，辊颈即沿受力方向发生位移，如图 4-40 所示的状态，辊颈中心偏离轴承中心的距离为 e，使承载油腔 1 处的间隙减小，油腔压力（P_1）升高，而对面油腔 3 处的间隙增大，油腔压力（P_3）降低，因此，上下油腔之间形成了压力差（$\Delta P=P_1-P_3$）。此时，滑阀 A 左端弹簧作用于滑阀的压力将大于右端压力，这就迫使滑阀向右移动一个距离 x，于是右边的节流长度增大到 l_c+x，节流阻力增加；而左边的节流长度则减小到 l_c-x，其节流阻力减小。因而流入油腔 1 的油量增加，流入油腔 3 的油量减少，结果使压力差进一步加大，直至与外载荷平衡，从而使辊颈中心的位置偏移值有所减小，达到一个新的平衡位置。

反馈滑阀是依靠载荷方向两油腔的压力变化来驱动的，通过调节节流阻力，形成与外载荷相平衡的压力差。因此，辊颈受载后，可以稳定地保持很小的位移，这一特性对提高轧制精度十分有利。节流器除了有反馈滑阀式的以外，还有毛细管式和小孔节流式等类型。

轴承的回油，采用径向回油和轴向回油相结合的方式。即在小油腔中，大部分油先沿径向流动，然后经回油槽回油；在大油腔中，因无回油槽，全部油沿轴向流出；侧油腔中的油一部分从轴向排出，一部分流至回油槽排出。这样可减少油的流量，增加了承载面积和承载能力。

静压轴承包括轴承本体、节流器和供油系统 3 部分。图 4-41 为某厂 ϕ160mm/ϕ400mm×600mm 四辊冷轧机支撑辊静压轴承的结构示意图。在承受径向载荷的轴瓦套筒内表面上，沿轴向布置双列油腔，轴瓦套筒外侧装有一个固定块和两个止推块，专门承受轴向载荷，轴瓦套筒和止推块用螺母进行轴向固定。为了使轴承能够自动调位，下支撑辊轴承座下部设有弧面自位垫板，上支撑辊轴承座与压下螺丝之间设有球面垫。

静压轴承的供油系统如图 4-42 所示。冷却器位置选择在回油管路或进油管上。如果油箱在地下室，利用自然坡度可以回油，就不需要回油泵。该静压轴承使用 50 号机械油，油压为 20～21MPa。

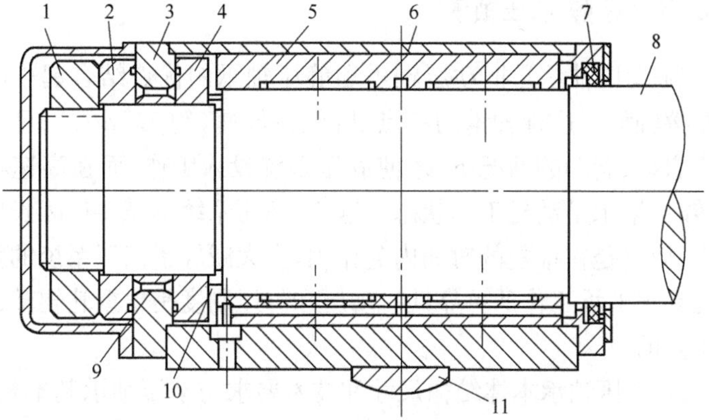

图 4-41　600mm冷轧机支撑辊静压轴承结构图

1—螺母；2、4—止推块；3—固定块；5—衬套；6—轴承座；7—密封圈；8—轧辊；9—调整垫；10—补偿垫；11—自位板

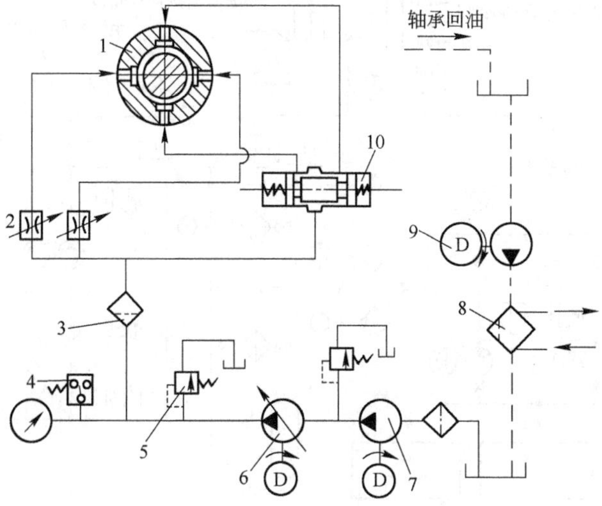

图 4-42　静压轴承的供油系统

1—轴承；2—毛细管节流器；3—过滤器；4—压力继电器；5—溢流阀；6—高压泵；7—低压泵；8—回油泵；9—冷却器；10—反馈滑阀

198. 什么是静-动压轴承？

静-动压轴承是把动压轴承和静压轴承的优点结合起来的液体摩擦轴承。这种轴承的特点是：仅在低速（约 1.6m/s）、可逆运转或启动、制动的情况下，才使静压系统投入工作；而在高速稳定运转时，轴承呈动压工作状态。这样，高压系统不需要连续长期地工作，而只是在很短的时间内起作用，大大减轻了高压系统的负担和提高了轴承工作的可靠性。动压和静压制度是根据轧辊转速自动切换的。

静-动压轴承本体结构尺寸和技术要求与动压轴承基本相同。所不同的是在轴承衬瓦的承载面上，增设有静压油腔及相应的高压进油孔。1700mm 五机架冷连轧机支撑辊是采用静-动压轴承。静-动压轴承的供油系统如图 4-43 所示。供油系统包括供给低压

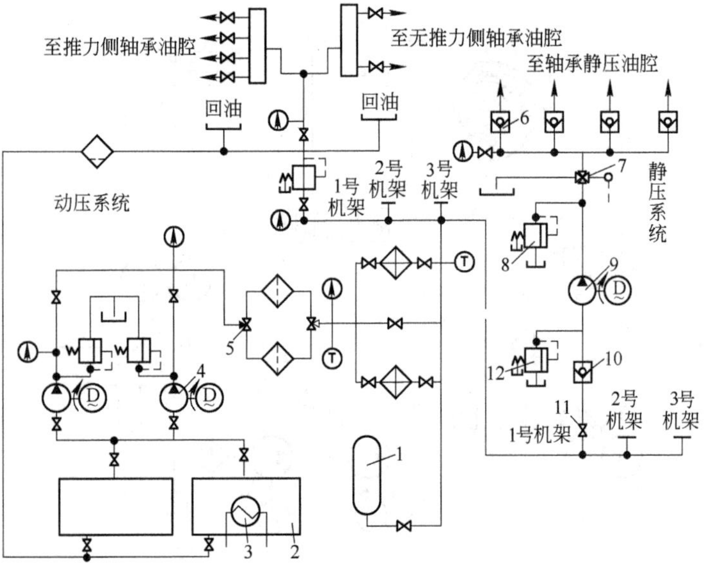

图 4-43　1700mm 冷连轧机支撑辊静-动压轴承供油系统

1—蓄能器；2—油箱；3—加热器；4—低压泵；5—换向阀；6、10—单向阀；7—气控换向阀；8—高压安全阀；9—高压泵；11—截止阀；12—低压安全阀

油的动压供油系统和供给高压油的静压供油系统。

5 架轧机每架都有单独的静压系统。它直接从动压供油系统中吸低压油，没有单独的油箱。高压泵 9 是采用卧式三柱塞泵，在高压泵 9 后装有一个气控换向阀 7。在实际生产操作中，高压泵始终运转。当轧辊速度低于临界速度时，通过气控换向阀 7 将高压油送至轴承。当轧辊速度高于临界速度时，通过气控换向阀 7 使高压泵卸荷。动压系统的液压油经截止阀 11、单向阀 10 被吸入高压泵。压出的高压油经气控换向阀 7 和单向阀 6 输送到轴承的静压油腔。高压泵的吸入侧及压出侧装有安全阀 12、8，高压安全阀 8 压力调到 150MPa，以控制系统的压力。系统的正常工作压力为 70～100MPa，短时可达 140MPa。

动压供油系统由油箱 2、低压泵 4、蓄能器 1、加热器 3 等组成。低压油泵采用卧式螺杆泵，供油压力为 0.8MPa。装在油箱 2 内的加热器 3 是由24 根加热管组成的，通入温度为 130℃的蒸汽将油加热到工作温度 43℃，并装有温度调节器，自动控制油温。

199. 怎样使用和维护液体摩擦轴承？

使用油膜轴承，必须确保装配的精度和各零部件的清洁，特别要注意保护轴颈镜面和衬套的内表面。整个轴承安装到辊颈上去后，必须有良好的轴向紧固，严防螺母松动。密封圈必须仔细检查，有磨坏或碰坏的，必须及时更换，确保轴承的密封性。

必须经常清洗油过滤器，保持油质十分清洁。轴承的油膜厚度一般只有 0.025～0.07mm，一点微小的杂质就会破坏油膜，损坏轴承。

生产中要密切注意油温和油压。油压波动会影响供油的正常，油温变化影响油的黏度，使油膜厚度变化以致影响轴承正常工作。尤其是在长时间停车后再启动时，必须先通油循环并空载运转，从油泵到轴承整个油路系统的温度稳定（正常温度为：进油 35～45℃，轴承出口小于 60℃）之后，才能承受载荷。

三、液压传动与压下装置

200. 什么叫液压传动，它有哪些优缺点，冷带钢车间哪些设备采用液压传动？

目前常用的传动方式有机械传动、电力传动、液体传动和气体传动等。

以液体为工作介质来传递能量和进行控制的传动方式叫做液体传动，它包括液力传动和液压传动。液压传动是指利用密闭工作容器内液体压力能来进行传动的方式。

液压传动的主要优点是：

(1) 易于减速，从而可获得较大的力和扭矩，并能实现较大范围的无级变速，使整个传动系统简化。

(2) 易于实现直线往复运动，可以直接驱动工作装置。各液压元件间可用管路连接，故安装位置自由度多，便于机械的总体布置。

(3) 能容量大，即较小质量和尺寸的液压件可传递较大的功率。由于液压元件的结构紧凑、质量轻，而且液压油具有一定的吸振能力，所以液压系统的惯性小、启动快、工作平衡，易于快速而无冲击地变速与换向。

(4) 液压系统易于实现安全保护，同时液压传动比机械传动操作简便、省力，因而可提高作业质量。

(5) 液压传动的工作介质本身就是润滑油，可使各液压元件自行润滑，因而简化了机械的维护保养，有利于延长元件的使用寿命。

(6) 液压元件易于实现标准化、系列化、通用化，便于组织专业化大批量生产，从而可提高生产率、提高产品质量、降低成本。

(7) 与电动、气动系统相配合，可设计出性能好、自动化程度高的传动及控制系统。

液压传动与其他传动方式相比也有缺点，例如：

(1) 液压油的泄漏难以避免,外漏会污染环境并造成浪费;内漏会降低传动效率,并影响传动的平稳性和准确性,因而液压传动不适用于要求定比传动的场合。当前液压传动比机械传动的效率低,这是许多机械传动还不能被液压传动取代的主要原因。

(2) 液压油的黏度随温度变化而变化,从而影响传动机械的工作性能,因此在低温及高温条件下,均不宜采用液压传动。

(3) 液体流动过程中压力损失大,不适用于远距离传动。

(4) 零件加工质量要求高,因而目前液压元件成本较高。

由于液压传动有其突出的优点,目前在国内外各个行业已得到广泛的应用。在冷带钢生产车间里,采用液压传动的设备和机构也特别多,例如钢卷输送步进梁、钢卷小车、压板和导板机构、液压轧机、轧机工作辊和支撑辊及接轴的平衡装置、液压弯辊装置、换辊装置、卷取机卷筒胀缩机构、剪切机、各连续作业线的带钢跑偏控制装置等。车间机械化和自动化程度愈高,则采用液压传动的设备和控制系统也愈多。

201. 液压系统是由哪些装置组成的,系统怎样进行调试?

一个能完成能量传递的液压系统由 4 部分组成:

(1) 油泵。其职能是将机械能转换为液体的压力能,它是液压系统中的动力元件。目前常用的油泵有齿轮泵、叶片泵、柱塞泵和螺杆泵等。

(2) 执行元件。其职能是将液体的压力能转换为机械能。执行元件包括油缸和油马达。

(3) 控制调节装置(各种阀类)。其职能是控制和调节各部分液体的压力、流量和方向,以满足机械的工作要求。

(4) 辅助装置。辅助装置主要包括油箱、滤油器、油管及管接头、密封件、蓄能器等。

液压系统就是根据机械的工作要求合理地选择和设计上述各液压元件,将它们合理地组合在一起,使其完成一定的工作循环。

要看懂液压系统图,首先要知道液压元件的符号。我国已规定了液压元件的图形符号(GB 786—76 液压及气动图形符号)。

液压系统的调试一般按外观检查、空载调试和负载调试等 3 个步骤进行。

外观检查的主要内容是:

(1) 各个液压元件及管道安装是否正确,连接是否可靠。例如油泵的吸入口、排出口和旋转方向,与油泵上的标记是否相符;又如各种阀的进油口、出油口及泄油口的位置有无错误。

(2) 有无切屑、冷却液、磨粒、灰尘及其他杂质落入油箱,各液压部件的防护装置是否齐备和完好。

(3) 油箱中的油面高度和所用油液是否符合要求。

(4) 系统中各液压元件、油管和管接头的位置是否便于安装、调节检查和修理,压力计等仪表的安装是否便于观察。

空载调试的目的是为了检查系统的各元件、辅助装置工作是否可靠,工作循环或动作次序是否符合设计要求。试车步骤如下:

(1) 使油泵在卸载状态下运转,检查油泵的卸载压是否在允许数值内,是否有严重的噪声,油箱中油液的表面是否有泡沫,油液面高度是否在规定范围内等。

(2) 使油泵处于工作状态下运行,并使工作油缸以最大行程完成多次往复运动,以排除积存在系统内的空气,并检查所有的安全防护装置(如溢流阀、压力继电器等)工作的正确性和可靠性(检查方法可用挡块使工作部件停止移动,通过观察相应管路中的压力表,以证实安全防护装置在规定压力下工作是否可靠),检查液压系统各元件及管道有无外泄漏,内泄漏是否在允许范围内。

(3) 对多缸系统,检查各缸动作是否协调,顺序是否正确,还需检查启动、换向和速度换接时的运动平稳性,不应有爬行、跳动和冲击现象。

(4) 检查油液的温度,不应超过规定值。

负载调试的目的是为了检查液压系统的各回路在系统工作状态下能否实现预定的工作要求。

202. 液压系统怎样进行操作和维护?

液压系统的操作和维护应注意下列几点:

(1) 要了解所操作的液压传动系统的组成,熟悉各控制按钮和手柄的作用、方向、高低速位置、高低压位置和中间位置。

(2) 保持油箱正常油液面。油缸的容量较大时,试车后由于油进入系统,油箱油液面会下降,因此必须补油;在运行过程中由于液压系统的泄漏,油箱的油液面也会下降,故应经常检查和补油。

(3) 保持液压油的清洁。液压油应定期检查,在油箱中取样与新油作比较,观察其色泽、黏度有无变化,有无沉淀和杂质,对不符合质量要求的油应加以更换。一般每半年到一年换油一次,在高温、潮湿、多粉尘的情况下连续工作的系统,要缩短换油周期。换油时要清洗油箱及滤油器,注油时应用 120 目以上的滤网过滤。在擦拭油泵、阀和油箱时要极力防止棉丝布屑落入油中。

(4) 油泵启动前,检查各种手柄,包括液压系统上的和机器上的手柄都应在空挡位置;调整好行程开关挡块,并检查溢流阀、安全阀是否灵活有效。油泵初次启动时,最好先向泵内注油,这样出油快,并可防止油泵在启动时由于无油润滑而损坏零件。检查无误时,才能启动油泵电机,使油泵空载运转,如发现油泵无油输出时,应立即停车,以防油泵损坏。

(5) 油泵启动后,应"听检"各部分声音是否正常,压力表指示是否在限值范围内,调定安全阀,使油压保持规定数值。

(6) 试运转各操作手柄或按钮,从慢速(指可调速者)开始观察各个回路有无不正常情况,行程开关是否起作用,设备和液压系统是否有振动。

(7) 试运转时,要检查液压油、泵壳、轴承等处温度是否正常,一般应为 30～50℃。管道有无漏油,密封是否良好,连接螺丝是否有松动现象。

(8) 试运转时,调整自动工作循环和顺序动作,检查各操作阀变换运动或方向时,是否有振动、噪声、爬行、冲击等现象。

(9) 试运转时，对油泵工作压力、卸荷压力、压力继电器工作压力、快速行程压力等进行调整，使其符合规定。

(10) 操作过程中应随时注意液压系统的工作情况，如振动、噪声、压力、温度，如有不正常，应立即停车检查。故障排除后方能继续工作。

(11) 操作结束时，应将全部控制手柄放在空挡位置，然后切断电源。

液压系统在安装、使用和维护中还必须注意以下各项安全事项：

(1) 电机传动到油泵的安全装置的保险功率，一般不能超过油泵公称压力功率的30%；

(2) 凡是电动机带动的元件均应装安全防护罩；

(3) 所有螺钉、销子等紧固件必须配全、装紧；

(4) 一切联锁和锁紧装置必须校正；

(5) 压力表、温度表等检查用仪表应装在便于观察的地方；

(6) 液压系统发生故障或事故时，禁止在工作状态下进行检查、拆装、调整；

(7) 在试运转及试验时，不得靠近高压管道；

(8) 当打开放气阀时，不能对着放气喷射方向看；

(9) 高压系统内的微小喷泄，也应停车修理，严禁用手去堵塞或试探，要防止液压油伤人；

(10) 蓄能器注入气体后，不得拆开或松螺钉。需拆开时，必须放尽气体，确认无压力后才能进行。

203. 齿轮油泵是怎样工作的，其常见故障是什么，怎样排除？

齿轮油泵壳体内有一对齿数相同的外齿轮相互啮合。齿轮油泵的工作原理如图4-44所示。在齿轮脱开啮合的地方，形成部分真空即齿隙空间，油液在大气压的作用下，进入吸油腔并填满齿隙空间。在齿轮开始啮合的地方，齿隙空间中所存在的油液受到挤压，形成高压油并被排挤出去。由此可见，外啮合齿轮油泵是靠齿轮齿隙空间容积的变化来吸油与排油的。

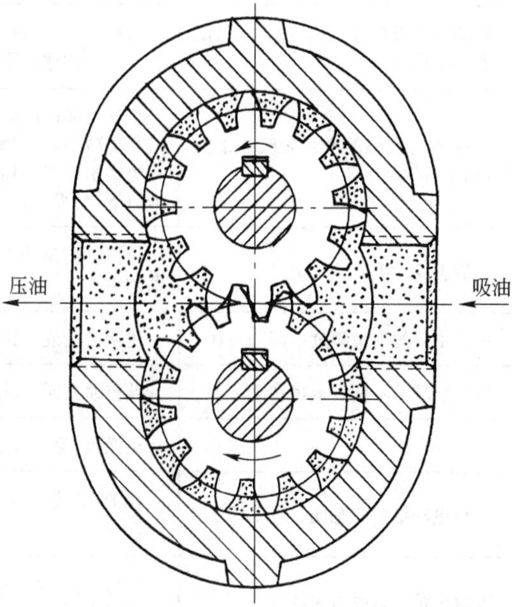

图 4-44 齿轮油泵的工作原理图

齿轮油泵的常见故障及其排除方法见表 4-21。

表 4-21 齿轮油泵的常见故障及排除方法

故 障	产 生 原 因	排 除 方 法
不打油，输油量不足或压力不够	泵轴不转动	轴上漏装键，联轴器松动
	旋转方向错误	纠正电动机转向
	吸油管或滤油器堵塞	疏通管道，清洗滤油器，除去堵塞物或更换新的
	各连接处有泄漏，引起空气混入	检查各连接处，拧紧松动的螺钉，更换破损的密封垫
	油液黏度大或油液温升过高，黏度过小	油液应根据温升变化来选用
	轴向间隙或径向间隙过大	修复或更换有关零件

续表 4-21

故　障	产　生　原　因	排　除　方　法
噪声严重，压力波动	吸油管及吸口滤油器堵塞，吸口滤油器容量小	排除脏物，使吸油通畅，改用容量合适的滤油器
	从吸入管或轴的密封处吸入了空气，油中有气泡	在连接部位或密封处加点油，若噪声减小，可拧紧接头处螺钉或更换密封圈，回油管口应在油面以下，与吸油管要有一定距离
	油液黏度太大	更换黏度适当的油或用加热器预热
	齿轮本身的齿形精度不高	更换齿轮或对其研磨修整
	泵与联轴节不同心或擦伤	调整使其同心，排除擦伤
	油封损坏	更换，以免吸入空气
油泵转动不灵活	泵与电动机的联轴同心度不好	调整使其不同心度不大于0.2mm
	油液中杂质被吸入泵体内	严防灰砂、铁屑及冷却水等进入油箱内，保持油液洁净
	轴向间隙及径向间隙过小	修配有关零件
	装配不良，轴与盖板孔同心度不好，长轴的弹簧固紧脚太长，滚针套的质量差	根据要求重新进行装配

204. 叶片油泵是怎样工作的，其常见故障是什么，怎样排除？

叶片油泵是由转子、叶片、定子以及端面配油盘等组成的。单作用叶片油泵的工作原理如图 4-45 所示。定子的内表面是一个圆柱面，转子相对于定子偏移一个距离 e。当转子旋转时，叶片依靠离心力的作用，始终紧压在定子的内表面上，并沿着转子上的径向槽作往复移动。端面油盘上开有两个窗口，一个叫吸油腔，一个叫排油腔。当转子逆时针旋转时，左边每两个相邻叶片之间的空间容积逐渐变大，形成局部真空而吸油；右边每两个相邻叶片之间的空间容积逐渐缩小，形成排油状态。这就是叶片油泵的工作原理。

叶片油泵具有结构紧凑、外形尺寸小、价格较柱塞油泵便宜、输油量均匀、运转平稳、噪声小、单作用叶片油泵易于实现流量调节、工作压力及容积效率比齿轮油泵高等优点。在轧钢设备中，工作压力在 2.5～14MPa 时采用叶片油泵。

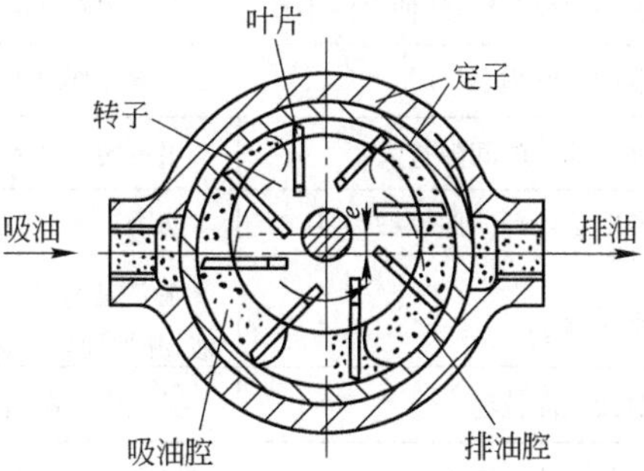

图 4-45　单作用叶片油泵的工作原理图

叶片油泵的常见故障及其排除方法见表 4-22。

表 4-22　叶片油泵的常见故障及其排除方法

故　障	产 生 原 因	排 除 方 法
油液吸不上，没有压力	电动机转向错误	纠正电动机转向
	油液面过低，油液吸不上去	定期检查油箱油液，并加油至油标规定线
	叶片在转子槽内配合过紧	单配叶片，使各叶片在所处的转子槽内移动灵活
	油液黏度过大，使叶片移动不灵活	更换黏度较小的 10 号机械油
	泵体有砂眼，高低压油互通	更换新的泵体
	配油盘在液压油作用下变形，配油盘与壳体接触不良	修整配油盘的接触面

续表 4-22

故障	产生原因	排除方法
输油量不足，压力提不高	各连接处密封不严，吸入空气	检查吸油口及各连接处是否泄漏，紧固各连接处
	个别叶片移动不灵活	不灵活的叶片应单槽配研
	轴向间隙及径向间隙过大	修复或更换有关零件
	叶片和转子装反	纠正转子和叶片方向
	定子内环曲面起线，致使接触不良	放在内圆磨床上修磨
	配油盘内孔磨损	严重损坏时需更换
	转子槽及叶片的间隙过大	根据转子叶片槽单配叶片
	叶片和定子内环曲面接触不良	修磨
	吸油不通畅	清洗滤油器，定期更换工作油液，并加油至油标规定线
噪声严重	定子曲面表面拉毛	抛光定子曲面
	配油盘与内孔不垂直	修磨配油盘端面或叶片侧面
	配油盘压油腔的节流槽太短	用什锦锉适当修长，当一片叶片通过节流槽时，相邻的一片应开启
	主轴密封圈太紧（用手摸轴和端盖有时烫手）	适当调整密封圈
	叶片侧角太小，叶片运动时作用力有突变	将原叶片一侧 0.5×45°的倒角改为 1×45°，或加工成圆弧形
	叶片高度尺寸不一致	同一组叶片的高度不能超过 0.01mm
	吸油密封不严，空气侵入	加足油液，加大吸油管道面积，清除滤油器污物，更换黏度较小的油液
	联轴器安装不同心或松动	修理联轴器
	电动机转速高于油泵额定转速	降低电动机转速

205. 控制阀分哪几类,各有什么作用,有哪些共同的要求?

控制阀的作用是用来控制和调节液压系统中油液的压力、流量和流动的方向,以满足执行机构对力、速度和运动方向的要求。根据用途和工作特点的不同,控制阀主要可分为以下3类:

(1) 压力阀:如溢流阀、减压阀、顺序阀、卸荷阀、平衡阀、背压阀、压力继电器等。这些阀都是利用弹簧力与液压力相平衡的条件,控制液压系统的工作压力或通过压力来控制油液的通断。

(2) 流量阀:如节流阀、调速阀、行程调速阀等。这些阀都是利用一定的开口形式(如针形、槽式、缝隙式、薄刃式)和一定的通流截面来控制流量,从而控制执行机构的速度。

(3) 方向阀:如单向阀、换向阀、减速阀、充填阀、截止阀等。这些阀用来控制液压系统油路的换向、顺序动作及卸荷等。

各种控制阀作为液压系统的控制部分,其共同要求是:

(1) 动作灵敏,工作可靠,冲击和振动小;

(2) 阻力损失小;

(3) 密封性好,不允许有外泄漏;

(4) 结构简单,通用性大;

(5) 价廉,耐用。

其中换向阀的形式很多,一般按阀芯的工作特点、不同的工作位置和阀体接通的道路数以及控制方法来分类,例如:电动二位四通阀、电动三位四通阀、液动二位四通阀、液动三位四通阀等。根据阀芯运动方法的不同,这种阀可分为转阀和滑阀两种;根据操作方法不同可分为手动换向阀、电磁换向阀、液动换向阀和电液换向阀等。

熟悉各类控制阀元件的图形符号有利于看懂液压系统图。各元件的图形符号与元件基本结构及工作原理有关,掌握示意图表示的规律性,有助于熟悉和记忆液压元件的符号。

压力及流量控制阀元件都用一个方框表示阀的基体,然后根据元件的机理简化地加以表示。

溢流阀、顺序阀和减压阀等压力阀(图 4-46)都是利用控制液压油推动滑阀压缩弹簧进行工作的,所以方框一侧都有一个弹簧,弹簧的对面都是用虚线表示的控制液压油。溢流阀与顺序阀都是由进口的压力来控制的,所以阀呈常闭式,框中的箭头表示滑阀是平行错开的,与进出口不连成一线。减压阀是保证出口压力的,所以由出口来油控制,为常开式,框中的箭头表示滑阀与进出口连成一线。

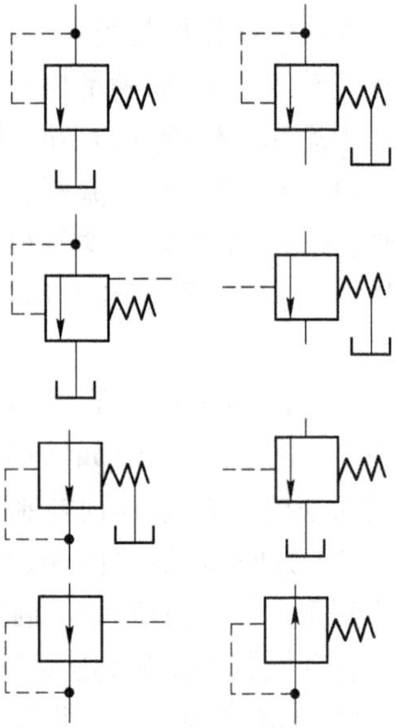
图 4-46　压力阀图形符号

节流阀的符号(图 4-47)是两段小圆弧夹着流动的油液。加一横斜箭头,表示流量可调;在节流前再加另一个横斜箭头,表示带有压力补偿的调速阀。在框侧有流回油箱符号的表示分路节流。

方向阀如图 4-48 所示,换向阀主体以相连的几个方框表示,几个方框就表示几位;每个方框内有几个出管连接,就表示几通。二位换向阀的常态一般看左方框,三位换向阀的常态看中间的方框,各型号机能用与连接通道符号相似的英文字母代号称呼。

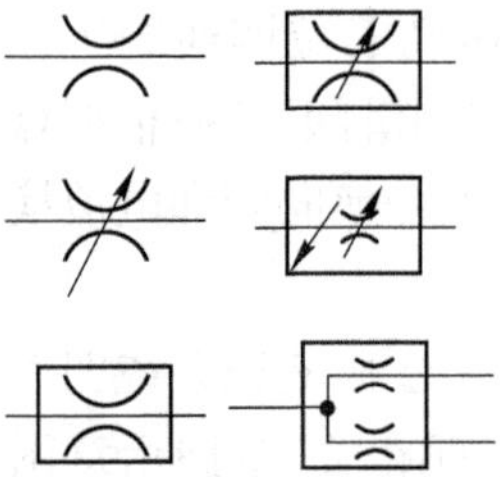
图 4-47　节流阀图形符号

单向阀的符号是在方框内有钢球和锥凹。入口方向再加虚线的,为液控单向阀。

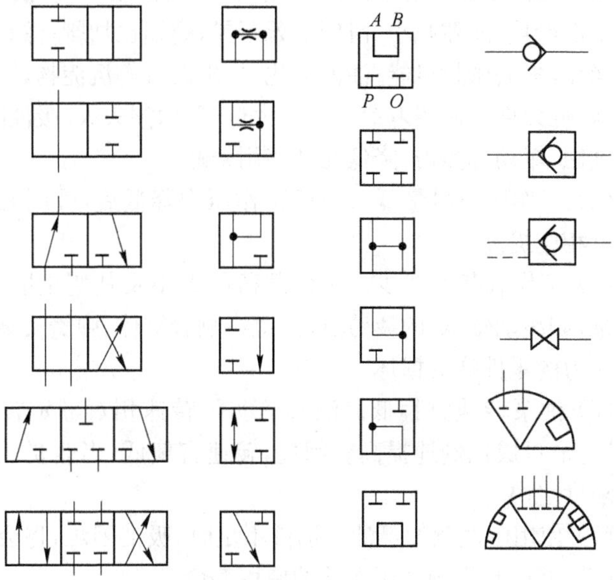

图 4-48　方向阀图形符号

206. 怎样延长液压元件的使用寿命?

各种液压元件都有额定的使用寿命,如何防止液压元件过早损坏并延长其使用寿命是一个很有经济价值的问题。液压元件的使用寿命与许多因素有关,如油质选用、油液过滤、油温控制、压力大小、载荷变化、维护保养等。为了延长液压元件的使用寿命,应注意以下几点:

(1) 选用油质要适当。不同牌号的油混合后,可能引起油质的恶化,增加产生故障和损坏的机会。选择油液黏度要适中,黏度太大吸油困难,容易产生气蚀;黏度太大或太小,都会造成严重的温升。

(2) 保持油净,防止污染。正确的过滤加上对过滤器合理的维护,可以减少70%以上的故障。尤其是伺服阀,对污染油液更为敏感。油质污染对元件的寿命影响最大,所以应当特别予以重视。

(3) 控制油温要适中。油温过高时，油膜破坏，磨损加剧；机械热变形严重，间隙减小，滑阀卡死不灵，磨损也加剧；橡胶密封件变形老化，失去密封机能；油液氧化，析出沥青等沉淀物，堵塞节流小孔，降低元件的使用寿命。油温太低，压力损失大，吸油阻力大，产生气蚀、振动和撞击，降低元件使用寿命。

(4) 工作压力尽量低。一般工作压力降低后，液压元件的寿命都可相应提高。

(5) 工作载荷突变少。工作载荷的大小及其变化情况，影响着油泵（如滚动轴承）的疲劳点蚀，也影响着缸体、弹簧及某些承受交变应力的零件疲劳损坏。

(6) 油泵转速宜稍低。油泵的实际转速相对额定转速减小时，其寿命可成比例地提高。因此，转速宜偏低（当然要在允许的最低限度之内）。

(7) 使用中注意加足油。油液不足时，吸油困难，将会产生噪声、振动和气蚀，影响液压元件的使用寿命。

207. 液压油污染的原因是什么，怎样处理？

液压油污染的原因及其处理方法见表 4-23。

表 4-23 液压油污染的原因及其处理方法

污染现象	污染原因	处理方法
油变成白浊色（空气侵入）	吸油管、压油管流速较高部位的管道接头不好	使泵运转，在管接头处注油，根据异常声音的变化，找出入气之处并封闭
	泵的油封不好	更换油封或降低吸油阻力
	油管等处密封不好	更换油封
	蓄能器皮囊破损	更换皮囊
	液压元件有的密封不好	更换密封，使元件安装位置低于油液面或安装逆止阀
	油箱中有气泡	使回油管在油液面下或修改油箱不适当的结构
	工作油不好	采用消泡性能好的油

续表 4-23

污染现象	污染原因	处理方法
油变成乳白色(水侵入)	从油箱通气孔浸入水	空气潮湿时,油槽的放池管应每月拆开一次,检查油槽下部,并排水
	水管式油冷却器破损	修理冷却器
	因结构不好或管理不善从油箱顶板侵入水	除通气孔外,油箱应完全密闭
有固体杂物	装配中的切屑、污垢、焊渣、砂土等未清除	酸洗、充分冲洗
	从油箱顶板侵入	除通气孔外,油箱应完全密封
	从注油口浸入	加油时应使用过滤器,运转中应以螺塞塞牢注油口
	泵阀之类的磨损粉末	定期检查液压油,若杂质含量超过规定量即应换油
	油箱内壁的油漆脱落	应在涂漆前做好清理工作,使油漆不致脱落
有树胶状黏着物	密封件被工作油浸蚀	采用耐油的密封件
	蓄能器皮囊受到不适当液压油的浸蚀	采用不燃液压油时更应注意
	油箱内壁的涂料变质	应采用充分耐油的涂料
	液压油变质	采用抗氧化性能良好的液压油,酸值超过规定时,应更换新油,黏着物须用冲洗方法预先清除

208. 拆装液压传动装置时应注意什么?

拆装液压传动装置时应注意以下几点:

(1) 应防止铁屑、灰尘、纤维杂质及其他机械杂质等脏物落入油箱,避免乳化液、水分等进入液压系统。

(2) 液压元件安装前,应用煤油清洗并在试验台上试验合格,然后安装。

(3) 各种自动控制仪表如压力计、电接触压力计、压力继电器等,在安装前必须进行校验。

(4) 换向阀的安装一般应使其轴线在水平位置。

(5) 为避免损坏电动机轴和油泵轴,电动机与油泵应采用弹性联轴节传动,并应保证两轴同心,不同心度应在 0.1～0.15mm 以下。不允许用皮带、齿轮直接传动,以防止油泵轴承载过大,或轴产生弯曲变形。安装联轴器时,不允许大力敲打油泵轴,以免损伤油泵的转子。

(6) 油泵吸油高度应符合说明书规定,一般吸油高度不大于 0.5m。要特别注意有些柱塞油泵没有自吸能力,应浸在油中或安装在油液面下。油泵的吸油管径要适中,吸油阻力不可过大,连接处要严密,不得有漏气现象。

(7) 行程较大和在高温下工作的油缸,安装时一端紧固,另一端应保持浮动。油缸的安装平面与活塞杆的滑动平面应保持足够的水平度和垂直度。油缸的轴线应与负载作用力的中心线重合,否则会产生侧向力,易使密封件及活塞磨损。油缸的密封圈不要压得过紧。

(8) 活塞杆、油缸、滑阀副等零件,应保持清洁,并应保证有良好的密封,不许用油漆或火漆等封死。

209. 液压系统压力调不上去是什么原因,怎样排除?

液压系统压力不足又调不高的主要原因是压力油路与回油路短接,或有严重的泄漏,或油箱的油根本没有进入系统,或电动机功率不足。其具体原因和排除方法见表 4-24。

表 4-24 系统压力调不上去的原因及其排除方法

产生原因	排除方法
泵未排油	检查油泵的电动机接线,修理油泵
油泵中的零件损坏(如叶片油泵的定子环有裂纹)	检查油泵效率,效率过低时,应更换
泵壳体有气孔或砂眼	更换油泵壳体

续表 4-24

产 生 原 因	排 除 方 法
管道中有较大的泄漏	拧紧管接头，检查并清理管接头的密封处，若管子破裂，应更换油管
油缸中有较大的泄漏	更换密封装置，若缸体显著磨损应镗缸孔，相应更换活塞
先导型溢流阀的导阀或主阀始终处于打开位置的原因是： 阻尼孔堵塞 控制卸荷油路中有泄漏 杂质微粒卡住先导阀滑阀或先导阀滑阀副密封不良 先导阀由于别劲而卡住 主阀的弹簧太弱（弹簧力小于摩擦力）	采取的措施是： 拆下主滑阀并清洗 清洗或更换滑阀副 清洗或更换滑阀副 修理先导阀 更换弹簧
管路连接错误，使油泵卸荷	更正管路
换向阀在中间位置卡死，使油泵卸荷	修理换向阀
限压式变量油泵调压弹簧太弱	更换弹簧
压力表或压力表开关堵塞，系统中的压力没有反映出来	清洗压力表或压力表开关

210. 工作油缸运动不正常和工作部件出现爬行现象的原因是什么，怎样排除？

工作油缸运动不正常的原因及其排除方法见表 4-25。

表 4-25 工作油缸运动不正常的原因及其排除方法

产 生 原 因	排 除 方 法
节流阀前的滤油器堵塞	清洗滤油器
节流阀的节流口堵塞	清洗节流阀
调速器中的减压阀或溢流阀芯卡死	对阀芯及阀孔进行清洗、检查、修磨，必要时更换
调速阀中的减压阀或溢流阀的弹簧过弱或过强	检查节流阀进出口压降（应在 0.2～0.35MPa 范围内），必要时更换弹簧
调速阀中的减压阀或溢流阀卡死于打开的位置上	对滑阀及阀孔进行清洗、检查、修磨，必要时更换

续表 4-25

产 生 原 因	排 除 方 法
油缸活塞处或系统中有关环节泄漏过大	更换密封装置,排除各环节过大的泄漏
油泵泄漏过大	更换油泵
油中混入杂质太多	换油,清洗油箱及有关元件和管道
油温过高,油的黏度降低	排除油过热的因素

液压系统中工作部件出现爬行现象的原因及其排除方法见表4-26。

表 4-26 工作部件爬行的原因及其排除方法

产 生 原 因	排 除 方 法
油液面过低,吸油不畅	加足油液至油标线
吸油口被堵,形成局部真空	拆卸清洗滤油网,更换新油
油泵供油不均匀	更换或修理油泵
溢流阀调节的压力过低	调节溢流阀,使油泵出口压力比最大工作压力大 0.5～1MPa;调整增加背压力
油缸的回油腔背压不足	调整增加背压力
吸、排油管相距太近,排油飞溅吸入气泡	使吸、排油管适当远离
回油管在油液面上,停车时空气侵入系统	将回油管插入油液中
接头密封处不严,空气侵入	拧紧接头螺帽,严防空气侵入
有些元件密封质量差,空气侵入	修理或更换这些元件,保证密封
导轨精度不好,局部阻力变化,接触不良	恢复导轨规定精度
油缸中活塞杆弯曲,缸孔拉毛,活塞与活塞杆不同心等,产生不均匀的摩擦力	重装、校直、修复、更换、配制等
油缸活塞杆的密封件扭曲或润滑不良	调整或更换密封件,改善润滑条件
润滑情况不良,缺乏润滑油	根据故障具体情况,改善润滑条件

211. 换向时有冲击是什么原因,怎样排除?

工作部件换向时产生冲击的原因及其排除方法见表4-27。

表4-27 换向冲击的原因及其排除方法

产生原因	排除方法
导向阀和换向阀等制动锥斜角太大,致使换向时的溢流速度变化剧烈	以制动锥斜角较小或制动锥长度较长的滑阀来替换
节流缓冲失灵,单向节流缓冲装置中节流阀磨损,单向阀密封不严或有其他泄漏之处	修复或更换
油缸端头没有缓冲装置	增设背压阀或平衡装置
工作压力过高	调整压力阀,适当降低工作压力
溢流阀有故障,使压力突然升高	根据溢流阀有关故障的排除方法进行排除
背压阀压力太低或存在故障	适当提高背压阀压力,排除故障
油液黏度太小	更换黏度较大的油液
用针形节流缓冲时,节流变化大,稳定性差	改针形节流为三角槽式节流
系统中有大量空气	排除系统中的空气
双出杆油缸活塞杆两端连接工作台面处螺帽松动	适当拧紧螺帽

212. 液压系统有噪声和振动是什么原因,怎样排除?

噪声和振动往往同时出现,噪声恶化劳动条件,引起工人疲劳,振动将使管接头松脱甚至断裂。产生噪声和振动的主要原因及其排除方法见表4-28。

表4-28 系统噪声和振动产生的原因及其排除方法

产生原因	排除方法
油泵吸油管或吸口滤油网堵塞	清除吸油管道或滤油网堵塞物

续表 4-28

产 生 原 因	排 除 方 法
吸口滤油网容量太小	采用容量为使用容量的两倍以上的滤油网
吸油管太细或过长	变更管道布置，尽量缩短并适当加粗吸油管
泵的安装位置过高	降低安装位置，使吸入真空度低于额定值
油的黏度过大	更换黏度适当的油或用加热器预热油
转速超过额定值	降低转速，使其低于额定转速
油箱的空气滤清器堵塞	清洗空气滤清器
升压泵故障或容量不足	修理或更换升压泵
吸油管密封不良，有空气吸入	拧紧螺纹，或重新安装连接处，更换密封圈
吸入的油中有气泡	排除空气进入油中的可能性
油泵的油封损坏使空气侵入	更换密封圈
油泵内有空气未排尽	空载运转，直至排尽空气
管路内有气泡	利用排气阀或使系统快速反复运行多次，以排除气体，特别是闭式系统，设计上应保证完全排除气泡
压力超过额定值	以低于额定压力运转
泵轴与电动机轴不同心	重新调整
泵内部零件损坏或磨损，如轴承磨损或叶片泵的叶片卡死、折断，定子环断裂等	更换或修理内部零件

213. 对带钢冷轧机电动压下装置有哪些要求？

通常，用来调节轧机辊缝的轧辊调整机构称为压下装置。带钢冷轧机的轧辊调整机构，按传动形式分类主要有手动、电动和液压等几种。手动压下装置仅在某些小型冷轧机上使用。冷轧机广泛使用的是电动压下装置。

电动压下装置主要由压下螺丝和螺母及传动机构等组成。四辊冷轧机的电动压下大多采用圆柱齿轮-蜗轮副传动或两级蜗轮副传动的形式。图 4-49 示出了 6 种配置方式。其中图 4-49*b* 是电动机直接传动的；图 4-49*a*、*d*、*e* 是圆柱齿轮-蜗轮副传动；图 4-49*c*、*f* 是两级蜗轮副传动，其传动速比大(可达 1000～2000)、结构紧凑，在使用球面蜗轮副或平面蜗轮副时，也可以有较高的传动效率。

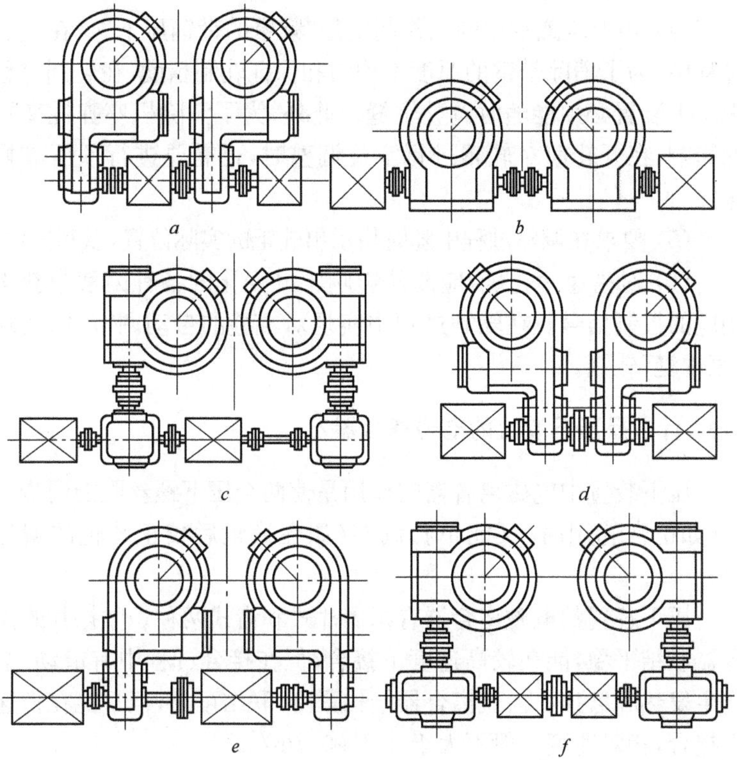

图 4-49　电动压下装置配置方案简图

压下螺丝的传动装置应满足下列要求：

(1) 能单独和同时传动两个压下螺丝，以满足辊缝调整的要求。轧辊平行度的调整要求严格，由于冷带钢的宽厚比很大，因此，上、下轧辊应严格保持平行。

(2) 压下螺丝应准确地停在所要求的位置上，以保证辊缝的调整精度。压下装置的调整精度应在冷轧带钢的厚度公差范围之内。

(3) 迅速地将轧辊调整到所设定的位置上，以提高轧机的生产能力。为在高轧速下调整轧件的局部厚差，压下装置必须动作迅速、反应灵敏。

(4) 压下装置常用的工作制度是“频繁的带钢压下”。在轧制过程中，为了消除带钢的厚度不均匀和保证轧制精度，在轧制过程中压下装置必须能随时调整辊缝。此外，为了消除机座弹性变形的影响，在开轧前对轧辊进行零位调整时，也需要进行预压靠操作。

(5) 要求在调整过程中随时指示出轧辊的实际位置，以利操作。

(6) 对高速冷轧机，应能从影响辊缝变化的各种因素中获得相应的控制信号。在轧制过程中实现对辊缝的自动调节，以实现“恒辊缝”轧制。

214. 什么是压下装置的电磁离合器？

压下装置中电磁离合器的作用是使两个压下螺丝既能同步调整(如正常轧制时)又能单独调整(如在换辊后校正轧辊的偏斜时)。

压下装置的电磁离合器有摩擦片式和齿式两种。摩擦片式离合器联结平稳，能在较高速度下接合，但在接合过程中有滑动，会产生发热和磨损。齿式离合器结构紧凑，联结可靠，但只能在低速下接合，相对速度一般不大于 0.7～0.8m/s。

电磁离合器的工作原理(图 4-50)如下：

磁轭线圈 4 通电后产生吸力，吸引衔铁 7 而使摩擦片 6 与摩擦环 13 相互压紧。摩擦片 6 通过衔铁 7、导向销 8 与半联轴器 10 相连；摩擦环 13 则与磁轭底座(半联轴器)1 相连，从而使两个半

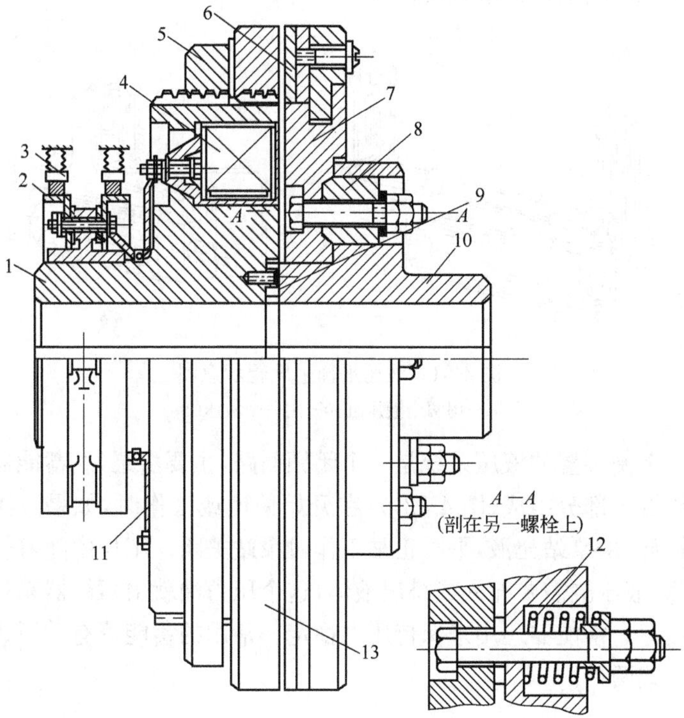

图 4-50 单摩擦片式电磁离合器结构示意图

1—磁轭底座；2—集电环；3—电刷装置；4—磁轭线圈；5—紧固螺母；6—摩擦片；7—衔铁；8—导向销；9—定位环；10—半联轴器；11—导线；12—复位弹簧；13—摩擦环

联轴器在磁轭线圈通电后实现接合。在线圈断电后，在复位弹簧 12 的作用下，离合器脱开。线圈上的电流，通过电刷装置 3、集电环 2 和导线 11 供给。

215. 怎样用液压缸平衡上轧辊?

液压平衡装置一般是利用装设在压下装置平台上的液压缸通过吊杆和横梁，把上辊及其轴承座吊挂起来进行平衡(图 4-51)。轧机可用一个液压缸或两个液压缸来平衡。平衡力是由往液压缸内充入高压液体而形成的。

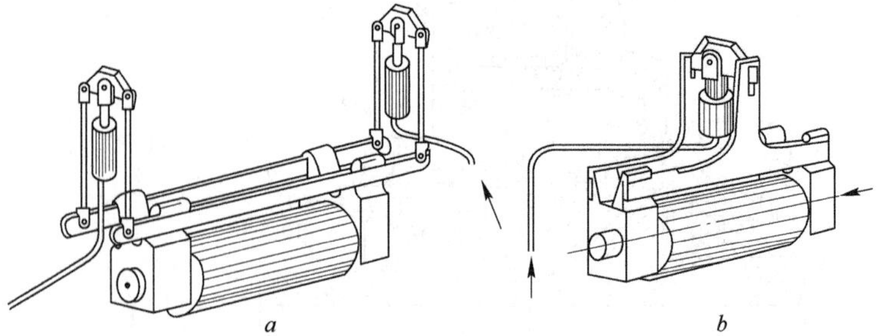

图 4-51 液压平衡上轧辊示意图

a—用两个液压缸；*b*—用一个液压缸

平衡装置的液压系统是一个闭锁回路，主要由泵站、蓄能器和液压缸 3 部分组成(图 4-52)。在开始使用或工作时，如果液体泄漏损耗，由泵站充液，平时正常工作时泵站关闭。工作中随着轧辊升降，液压缸需要充入或排出液体，这个压力油就由蓄能器来补充或储存。蓄能器还用来保持压力稳定。常用的蓄能器有重锤式和气罐式两种。

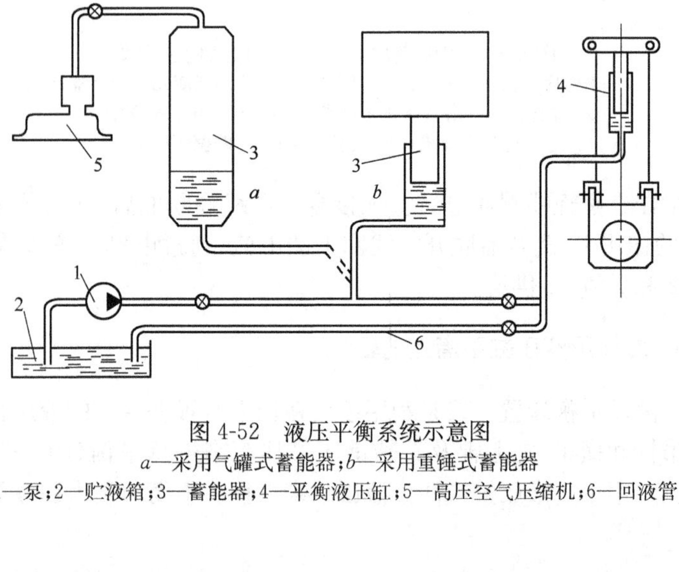

图 4-52 液压平衡系统示意图

a—采用气罐式蓄能器；*b*—采用重锤式蓄能器

1—泵；2—贮液箱；3—蓄能器；4—平衡液压缸；5—高压空气压缩机；6—回液管

液压平衡装置结构紧凑、工作可靠、运行平稳，而且可使上辊轴承座与压下螺丝分别单独动作，对换辊和处理故障特别方便。但要有专门的液压泵站，并要有专人管理和维修。

216. 1200mm 四辊冷轧机液压压下装置是怎样进行工作的？

1200mm 四辊冷轧机的液压压下调整是由液压缸柱塞来进行的，装在左右两个牌坊中的两个液压缸，既可同时调整，也可分别调整。液压缸安装在下支撑辊轴承座和机架下横梁之间，为压上式，其优点是可以省去换辊升降机构。图 4-53 为 1200mm 四辊冷轧机液压压下装置示意图，其柱塞直径为 1000mm，压下速度为 5～10mm/min(≈0.083～0.166mm/s)，柱塞行程为 23～63mm，工作压力为 21MPa，允许最大静压力为 33.6MN，最大轧制力为 25MN。

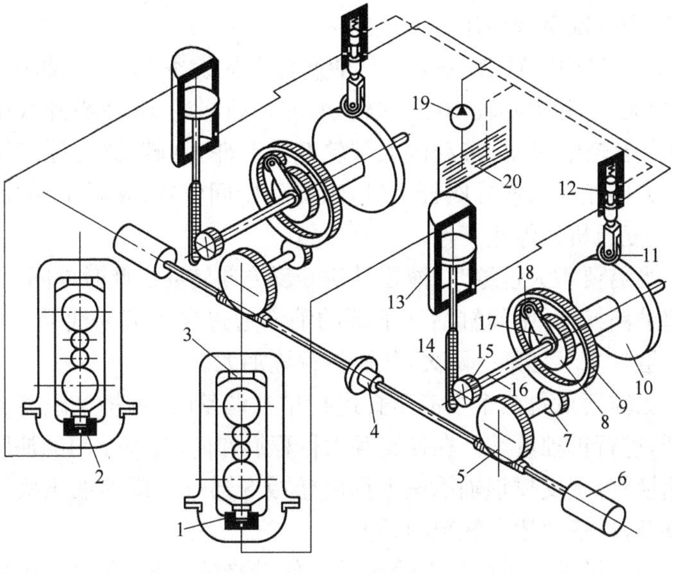

图 4-53　1200mm 四辊冷轧机液压压下装置示意图

1、2—主液压缸；3—垫板；4—电磁离合器；5—蜗杆蜗轮；6—液压马达；7—小齿轮；8—内太阳轮；9—外太阳轮；10—凸轮；11—滚轮；12—导阀；13—中间缸；14—齿条；15—小齿轮；16—中心轴；17—导架；18—行星轮；19—油泵；20—油箱

主液压缸柱塞的每一工作行程是靠微量增减进出油缸的油量来实现的，因而是属于油量控制式的液压压下装置。主缸每一行程中复原机构的工作顺序如下(图 4-53)：

(1) 液压马达 6 按规定方向转动，通过蜗杆蜗轮 5 和小齿轮 7，使差动轮系的外太阳轮 9 转动。

(2) 由于中间缸活塞杆上的齿条 14 此时不动，故与齿条啮合的小齿轮 15、中心轴 16 及导架 17 也是不动的，行星轮 18 在外太阳轮 9 的带动下只做自转，并带动内太阳轮 8 及与其一体的凸轮 10(8 和 10 空套在中心轴 16 上)转动一个角度。

(3) 凸轮 10 的旋转，通过滚轮 11 使导阀中的导杆从中间位置下移(当使辊缝减小时)，于是导阀下部的油路接通，高压油从油泵 19 通过导阀打入中间缸 13，并推动其中的活塞上升，将中间缸上部的油液压入主液压缸 1 和 2，推动下轴承座上升到要求的距离，实现一次微调动作。

(4) 当中间缸活塞移动时，活塞杆上的齿条 14 就带动小齿轮 15、导架 17 和中心轴 16 一起转动，并使行星轮 18 在沿外太阳轮 9 的内齿轮中滚动，带动内太阳轮 8 及凸轮 10 转动(与原来压下时的方向相反)，使导阀杆上升，恢复到中间位置，导阀 12 的油路切断，复原机构停止工作。

当需要增大辊缝时，液压马达 6 反方向转动。此时导阀上升，上部油路接通，中间缸活塞下部的油液通过导阀流回油箱 20，主液压缸柱塞下移某一距离，从而使辊缝加大。

当需要对每一个主液压缸进行单独调整时，可将电磁离合器分开，进行单独调整。在换辊等大行程操作时，另有专门的油路来加速换辊，上支撑辊轴承座上面的垫板 3 通过专门的液压机构可以移开，以快速增大轧辊的开度。

为了排除由于漏油而给正常工作带来的影响，在主液压缸的供油回路中，设有专门的反馈系统——复原机构。这样能对导阀的泄漏进行自动补偿，并供给主液压缸一定的油量，从而能够保持所要求的辊缝位置。

217. 600mm 冷连轧机液压压下装置是怎样工作的?

液压压下装置是用液压缸代替传统的压下螺丝、螺母来调整轧辊辊缝的。在 600mm 冷连轧机液压压下装置中,除了电气控制系统和液压动力系统外,还包括检测仪表(位置传感器和测压仪等)、电液伺服阀和辊缝调整液压缸。

图 4-54 为某厂 600mm 冷连轧机液压压下系统的原理图。该

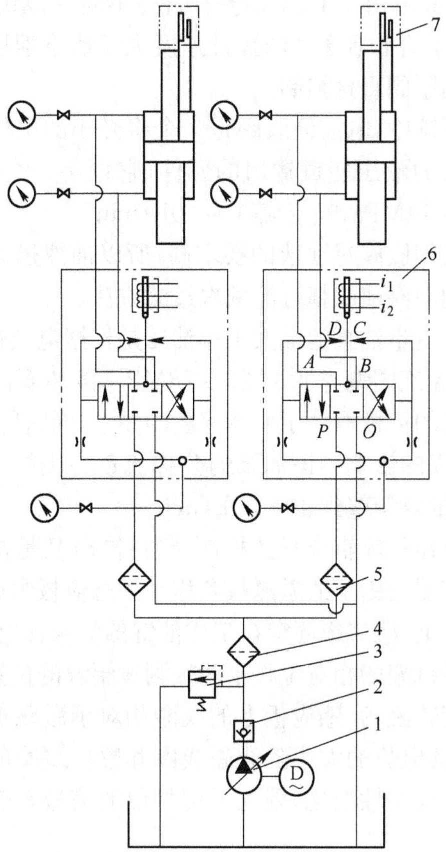

图 4-54 600mm 冷连轧机液压压下系统原理图

1—轴向柱塞变量油泵;2—单向阀;3—溢流阀;4—粗滤油器;5—精滤油器;6—电液伺服阀;7—同步感应器

系统由工作油缸、同步感应器、电液伺服阀、滤油器和轴向柱塞变量油泵等组成。

工作油缸设置在轧机机架上横梁内，通过测压头、支撑辊的轴承座、支撑辊和工作辊等进行压下。工作油缸为活塞式差动油缸，活塞直径为 290mm，最大行程为 135mm。为了减少轧制间隙时间，提高生产率，要求工作油缸在压下和提升时具有不同的速度，向上提升行程的速度要快。因此，上活塞杆直径取 80mm，下活塞杆直径为 110mm，由于上、下活塞杆直径不同，活塞的承压面积也不同，故使工作油缸活塞杆的提升速度大于压下速度。工作油缸由高压电液伺服阀直接控制。

在液压系统中，电液伺服阀是一个将微小的电气输入信号放大为功率很大的液压能量输出的元件，它也是一个功率放大器。其额定压力为 14MPa，额定流量为 30L/min。

由于电液伺服阀对油液的要求高，所以油液过滤方式采用粗过滤和电液伺服阀前的精过滤两次过滤方法。

轴向柱塞变量油泵的最大工作油压是根据电液伺服阀需要的供油压力，由溢流阀调整到约 23～28MPa，该油泵的公称压力为 32MPa。油泵的流量取决于调节速度的要求，同时应考虑到油缸、阀、管路等漏损的影响。该油泵的公称流量为 160L/min，在使用时，油泵的流量要调整到 40～50L/min。

同步感应器是轧辊位置的检测装置，同时又是位置信号发生器。同步感应器由固定的激磁板和移动的感应板组成。激磁板固定在轧机机架上，感应板固定在工作油缸的活塞杆上，这样可以通过测量活塞与机架的相对位移来间接测量辊缝的位置。激磁板上通电后形成旋转磁场，感应板上的线圈相对于激磁板移动即感应生成电动势，其电势的大小随激磁线圈和感应线圈的相对位置的相位变化而作周期性变化，因此可用相位的信号来表示位移的信号。

在正常轧制的情况下，给定相位 φ_1 和反馈相位 φ_2 处于平衡状态。鉴相器由于没有相位差，输出电压为零，输入电液伺服阀的信号电流也为零，电液伺服阀输出的油液流量也为零，则轧机的工作油缸活塞杆保持不动。

若需调整辊缝时，则给定相位 φ_1 变为 $\varphi_1+\Delta\varphi$，而反馈相位 φ_2 不变，引起相位不平衡，则鉴相器就有相对于 $\Delta\varphi$ 相位的输出电压 Δu，就有直流放大为 Δi 的信号电流输入电液伺服阀，从而电液伺服阀输出油液，使轧机工作油缸的活塞杆提升或压下。由于工作油缸活塞杆的位置改变，同步感应器的感应板反馈相位 φ_2 也发生变化，$\varphi_1+\Delta\varphi$ 和 $\varphi_2+\Delta\varphi$ 又达到新的平衡状态，则 $\Delta i=0$，柱塞就不再移动，轧辊在新的辊缝位置下保持不动。

在轧制过程中，坯料或其他原因引起轧机弹跳，使油缸活塞发生移动，此时位置给定相位未变，反馈相位发生变化而破坏了平衡，则鉴相器的输出信号电流能自动进行纠偏调节，以保持轧辊辊缝恒定，提高冷轧带钢产品的精度。

218. 1700mm 冷连轧机液压压下装置是怎样工作的？

1700mm 冷连轧机液压压下装置布置情况如图 4-55 所示，压下液压缸 3 和平衡架 9 由平衡液压缸 1 通过拉杆悬挂在机架顶部。若拔掉销轴 8，则平衡架连同压下液压缸可随同支撑辊一起拉出机架进行检修。压下液压缸与支撑辊轴承座间有一垫片组 5，其厚度可按照轧辊的磨损量来调整，以避免液压缸行程过大。

在液压缸上部的 T 形槽内，装有弧形垫块 2。利用双向动作的双向油缸 7，可将两弧形垫块同时抽出，进行换辊操作。

压下液压缸的缸体平放在上支撑辊轴承座 6 上（有定位销），液压缸活塞顶住机架窗口下方的弧形垫块 2。缸体上装有液压压力传感器 4。每个液压缸有两个光栅式位置传感器 10，按对角线布置在活塞两侧。

压下液压缸的活塞直径为 965mm，最大行程为 100mm，最大作用力约为 12.5MN。液压压下系统采用 MOOG73 型电液流量控制伺服阀，其额定流量为 57L/min（压力为 7MPa 时），最大工作压力为 21MPa。液压缸回程油压为 1.5MPa。

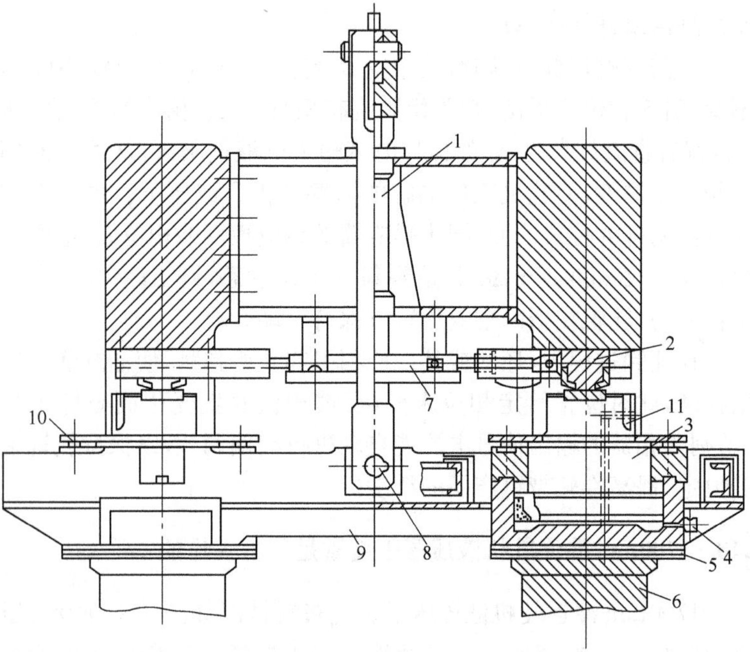

图 4-55　1700mm 冷连轧机液压压下装置

1—平衡液压缸；2—弧形垫块；3—压下液压缸；4—液压压力传感器；
5—垫片组；6—上支撑辊轴承座；7—双向油缸；8—销轴；
9—平衡架；10—位置传感器；11—高压油进油口

219. 液压压下系统中电液伺服阀的作用是什么，它是怎样工作的？

在液压压下系统里，电液伺服阀的作用是：将电信号进行功率放大，直接控制压下油缸柱塞上下移动，以此来调整轧辊辊缝。当轧件状态变化引起辊缝发生变化，使轧辊实际位置偏离给定位置时，通过装在压下油缸上的位置传感器，将位置偏离信号放大后输到电液伺服阀，使压下油缸的柱塞上下移动，直到消除偏差为止，使系统又处于新的平衡状态。由于在平衡时柱塞位置是恒定的，这就间接地控制了辊缝恒定。

电液伺服阀主要由力矩马达、喷嘴挡板液压前置放大器和滑阀式功率放大器等组成，其结构如图 4-56 所示。

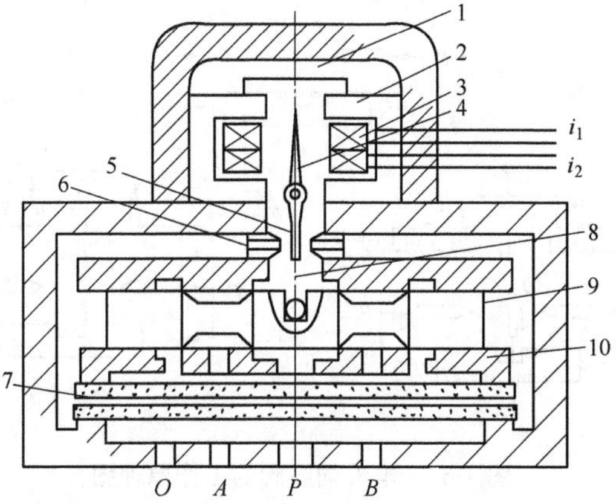

图 4-56　电液伺服阀的结构简图

1—永久磁铁；2—导磁体；3—线圈；4—可动衔铁；5—挡板；
6—喷嘴；7—固定节流孔；8—反馈弹簧；
9—三位四通滑阀阀芯；10—阀套

力矩马达由永久磁铁 1、导磁体 2、线圈 3 和可动衔铁 4 等零件组成。其作用是把外界输入的电信号（电流 i）转换成力矩（$M=f(i)$）并输送到下一级。力矩马达靠永久磁铁在气隙中产生的固定磁通量和通电后线圈在气隙中产生的磁通量叠加，产生一个不平衡力矩，使可动衔铁受力而偏转。喷嘴挡板液压前置放大器由挡板 5、喷嘴 6 以及固定节流孔 7 等零件组成，其作用是放大力。力矩马达使可动衔铁转动，同时带动挡板偏转，改变喷嘴到挡板间的距离，从而使两喷嘴腔的压力不平衡而产生压力差。在该压力差作用下滑阀阀芯移动。滑阀式功率放大器由反馈弹簧 8、三位四通滑阀阀芯 9 和阀套 10 等零件组成。其作用是把压力和流量同时放大，达到功率放大的目的。

电液伺服阀的工作情况是这样的（见图 4-57）：

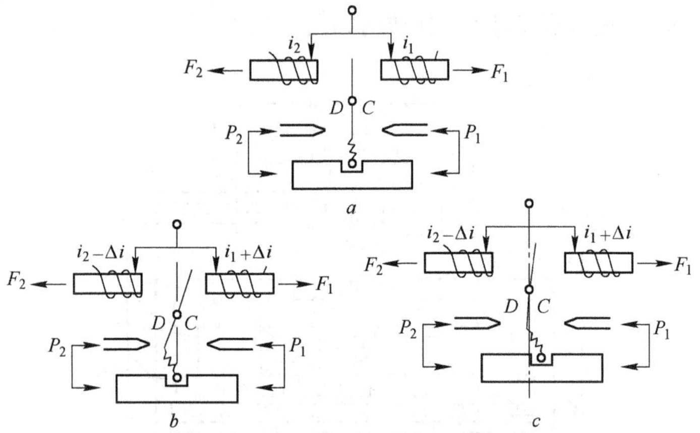

图 4-57　电液伺服阀的工作原理图

(1) 零位。图 4-57*a* 所示位置没有输入微小的电流信号，Δi 为零；力矩马达两个线圈的原有电流处于平衡，$i_1=i_2$；可动衔铁在正中位置时，其受力平衡，即 $F_1=F_2$；挡板处于两喷嘴的中间位置，$C=D$；两侧喷嘴控制腔的压力相等，$P_1=P_2$；三位四通滑阀阀芯处于中间位置，P、A、O、B 油口不通，输出的电液流量为零。

(2) P、A 油口和 B、O 油口接通（图 4-57*b*）。当需压下时，输入微小的正向电流信号，$\Delta i>0$，则力矩马达两侧线圈的电流为：

$$i_1+\Delta i>i_2-\Delta i$$

衔铁内部产生磁通，使一侧磁通增加，另一侧磁通减少，则可动衔铁的受力为 $F_1>F_2$，这样使可动衔铁向磁通增加的方向（顺时针）偏转一角度，产生与电磁力相应的力矩，从而引起挡板左移，则挡板与两侧喷嘴的距离改变，$C>D$，因而形成两侧控制腔的压力差，$P_1<P_2$。该压力差将推动三位四通滑阀阀芯右移，其移动一定距离后，由于阀芯右移时带动挡板右移，故又出现挡板与两侧喷嘴的距离相等，$C=D$（图 4-57*c*），此时阀芯就不再移动；由于阀芯的右移而形成阀的开口，则油口 P、A 和 B、O 接通，油液推动工

作油缸柱塞向下运动进行压下，辊缝的距离减小。

当电流信号消失时，则 $\Delta i=0$，$i_1=i_2$，$F_1=F_2$。可动衔铁回复到中间位置，使 $P_1>P_2$，则滑阀阀芯左移而自动复位，P、A、O、B 油口不通。

(3) P、B 油口和 A、O 油口接通。同理，当需抬起轧辊时，输入微小的反向电流信号 Δi，则力矩马达两侧线圈的电流为：

$$i_1-\Delta i<i_2+\Delta i$$

使可动衔铁的受力变为 $F_1<F_2$；这样，可动衔铁逆时针偏转一角度，使挡板右移，则挡板与两侧喷嘴的距离为 $C<D$，从而控制腔形成压力差，$P_1>P_2$；该压力差将推动滑阀阀芯左移，则油口 P、B 及 A、O 接通，油液推动工作油缸柱塞向上移动，使辊缝距离增大。

若电流信号消失，则 $\Delta i=0$，滑阀自动复位并处于中间位置状态。

由上述可知，工作油缸柱塞的提升或压下是通过电液伺服阀上部力矩马达控制的滑阀阀芯移动来实现的。电流信号则从位置传感器中得到。

四、开卷机与卷取机

220. 什么叫双筒回转式开卷机？

双筒回转式开卷机可用于窄带钢冷连轧机上。

图 4-58 所示为双筒回转式开卷机，它有两个卷筒，一个卷筒正常工作时，另一个可同时上卷，做准备工作。当带钢开卷完时，通过油缸传动，使卷筒绕中心立轴回转 180°，将另一侧备好的带钢卷送至机组中心线上进行开卷。这样可缩短辅助工时，提高生产效率。

由图可见，右边的卷筒是胀开的，处于上好卷的工作位置。左边的卷筒是收缩的，处于上卷位置。当一卷带钢轧完后，开卷机在

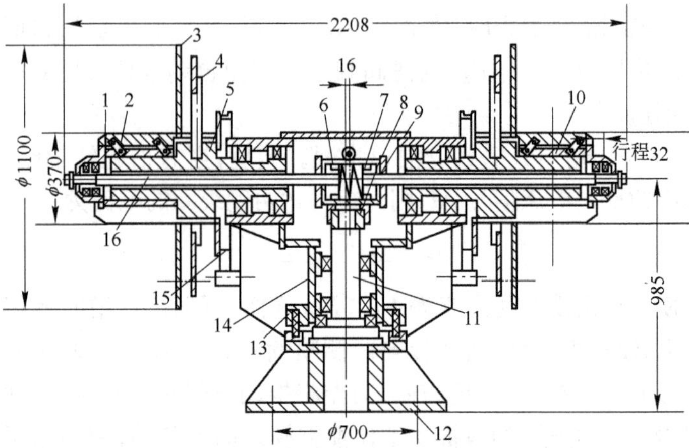

图 4-58　双筒回转式开卷机

1—扇形板；2—链板；3—护板；4—导向轴；5—空心轴；6—滑座；7—弹簧；8—偏心器；9—螺母压盖；10—滑套；11—主轴；12—底座；13—止动器；14—机身；15—制动轮；16—推杆

水平回转 180°的过程中，卷筒即自动胀开，撑紧钢卷。这一动作是由一个装有压缩弹簧 7 的滑座 6 对固定在主轴 11 上的偏心器 8 的复合运动完成的。推动机身 14 绕主轴 11 旋转时，左右卷筒的空心轴互换了位置。但因滑座 6 是绕偏心器 8 转动的，从而使推杆 16 对空心轴 5 发生相对位移，带动滑套 10 轴向运动，改变链板与水平方向的夹角，使卷筒胀缩。卷筒上有制动器，防止断带时卷筒继续转动而松卷。

窄带钢冷轧机的双筒回转式开卷机技术性能如下：

带钢卷内径	750mm
带钢卷外径	1000～1100mm
带钢卷宽度	65～330mm
带钢卷厚度	1.2～4.75mm
带钢卷质量	2t
卷筒直径	700～780mm

221. 什么叫单卷筒棱锥式开卷机?

单卷筒棱锥式开卷机具有刚性好、开卷张力大和设备质量较轻等优点,目前已广泛使用。

这种开卷机的卷筒上无钳口装置,卷筒的胀缩机构是由活动支撑轴颈 1、拉杆 2、空心轴 3、扁销 4、弓形块 5、棱锥轴 6 和滑键 7 等组成,如图 4-59 所示。

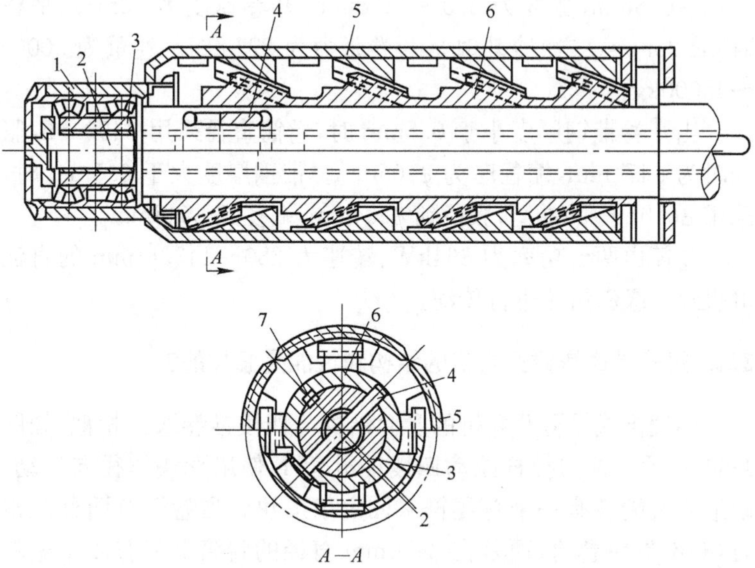

图 4-59　单卷筒棱锥式开卷机的卷筒结构

1—活动支撑轴颈;2—拉杆;3—空心轴;
4—扁销;5—弓形块;6—棱锥轴;7—滑键

卷筒是由 4 块弓形块 5 所组成的。弓形块 5 与棱锥轴 6 之间构成斜楔滑动表面,其中有两个滑动面做成燕尾槽形式 。棱锥轴 6 通过扁销 4 与拉杆 2 相连。扁销 4 穿过空心轴 3 上的长孔,并可在长孔内移动。空心轴 3 与棱锥轴 6 之间由滑键 7 相连,使棱锥轴6在空心轴3上滑动。

活动支撑轴颈安放在活动支架上，以支持卷筒，使其不呈悬臂状，从而增加卷筒刚性。

轴向胀缩液压缸（直径为ϕ320mm，行程为95mm，工作压力为7MPa）动作，使拉杆2连同棱锥轴6进行轴向移动，斜楔使弓形块胀开，卷筒胀径。胀缩液压缸反向动作时，则卷筒缩径。

单卷筒棱锥式开卷机用于双机架平整机组，开卷带钢厚度为0.15～0.8mm，宽度为550～1270mm，开卷速度为33m/s（平整时）或23m/s（二次冷轧时），开卷张力为22700N。卷重为20000～45000kg。

当开卷带钢厚度小于0.5mm时，卷筒直径采用ϕ450mm，胀径时为ϕ474mm，缩径时为ϕ405mm。带钢厚度大于0.5mm时，采用ϕ610mm的卷筒，胀径到ϕ634mm，缩径到ϕ548mm。

卷筒由两台功率为364kW、转速为280～1430r/min的直流电机经一级斜齿轮进行传动。

222. 四棱锥式悬臂开卷机的结构和性能是怎样的？

四棱锥式悬臂开卷机的卷筒结构与四棱锥卷取机相似，如图4-60所示。轴向拉杆拉动四棱锥滑套4，使扇形块作径向运动。扇形块两端各有一个燕尾槽来固定扇形块。当卷筒有两种规格时，并不更换卷筒，而是在ϕ450mm直径的卷筒上装有4个塑料扇形板，成为ϕ610mm卷筒。相邻扇形块侧边做成相啮合的矩形凸缘，减少了缝隙对钢卷内层的影响。

如图4-61所示，卷筒轴头6内有滚动轴承，是活动支撑的支点。上卷后，移动液压缸2将开卷机移到可使卷筒轴头搁在活动支撑4上的位置。

这种开卷机用于处理较大卷重和较大张力的钢卷。某冷轧厂的1号～3号横切机组、纵切机组和重卷检查机组都用这种开卷机，其技术性能见表4-29。

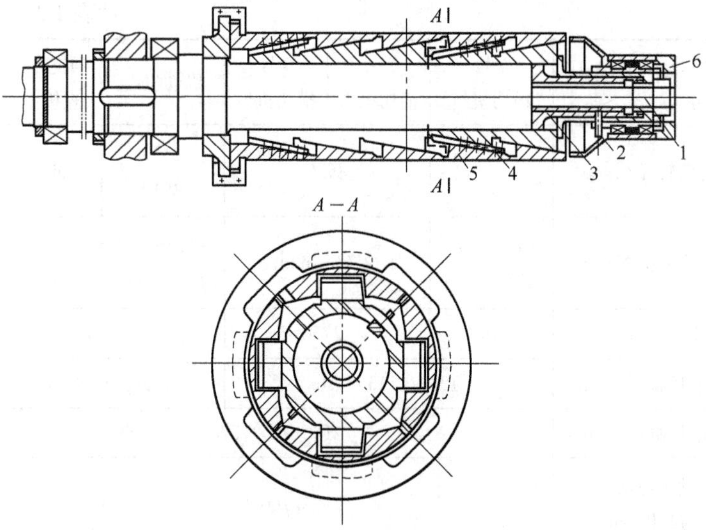

图 4-60　卷筒结构

1—轴向拉杆；2—定位销；3—空心轴；4—滑套；5—扇形块；6—卷筒轴头

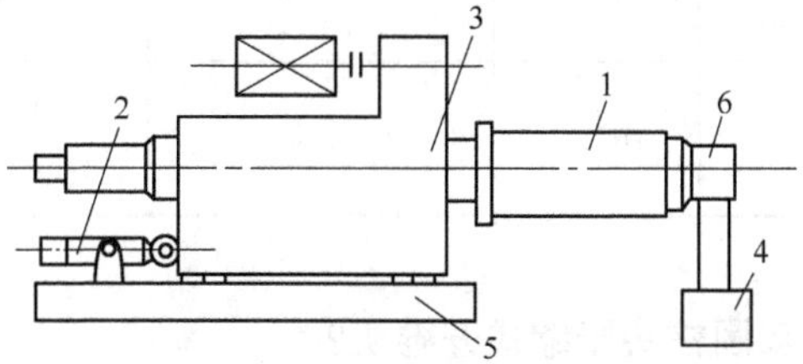

图 4-61　四棱锥式悬臂开卷机

1—卷筒；2—移动液压缸；3—减速机；4—活动支撑；
5—机座；6—卷筒轴头

表 4-29　四棱锥式悬臂开卷机技术性能

名称 \ 机组	1号横切机组	2号横切机组	3号横切机组	纵切机组	重卷检查机组
带钢厚度/mm	0.2～1.0	0.5～2.0	0.5～3.0	0.2～3.0	0.4～3.0
带钢宽度/mm	600～1530	700～1530		600～1530	700～1530
材料强度/MPa	280～420				
开卷速度/$m \cdot min^{-1}$	200	120		250/125	200

续表 4-29

名称＼机组	1号横切机组	2号横切机组	3号横切机组	纵切机组	重卷检查机组
卷筒直径/mm	ϕ450 ϕ610	ϕ610		ϕ450 ϕ610	ϕ610
卷筒胀缩范围/mm	ϕ416～470 ϕ575～630	ϕ575～630		ϕ416～470 ϕ575～630	ϕ575～630
开卷张力/N	7650	12750		49000	
胀缩液压缸尺寸/mm	ϕ275/ϕ115×170			ϕ450/ϕ115×170	
移动液压缸尺寸/mm	ϕ160/ϕ80×570				
活动支撑液压缸尺寸/mm	ϕ125/ϕ60×730				
电动机 功率/kW 转速/r·min^{-1}	0～25/25 0～500/2840	0～25/25 0～500/2100		0～100/100 0～500/2100	
减速机速比	20.117	33.745		23.54/11.896 （换挡）	19.9687

223. 什么叫双圆柱头胀缩式开卷机？

某厂五机架冷连轧机组采用轴向液压缸胀缩的双圆柱头胀缩式开卷机，并且酸洗机组和单机架平整机组等均采用此种开卷机。

图 4-62 是双圆柱头胀缩式开卷机总图，其技术性能见表 4-30。

卷筒支撑在减速机中，减速机安放在有滑道的底座上，移动液压缸可推动减速机前后滑动。电动机固定不动，通过花键和球面齿接手将力矩传到卷筒上。卷筒结构如图 4-63 所示。拉杆 2 的头部做成锥形，锥形部位上加工有燕尾槽滑动面，使拉杆与弓形块

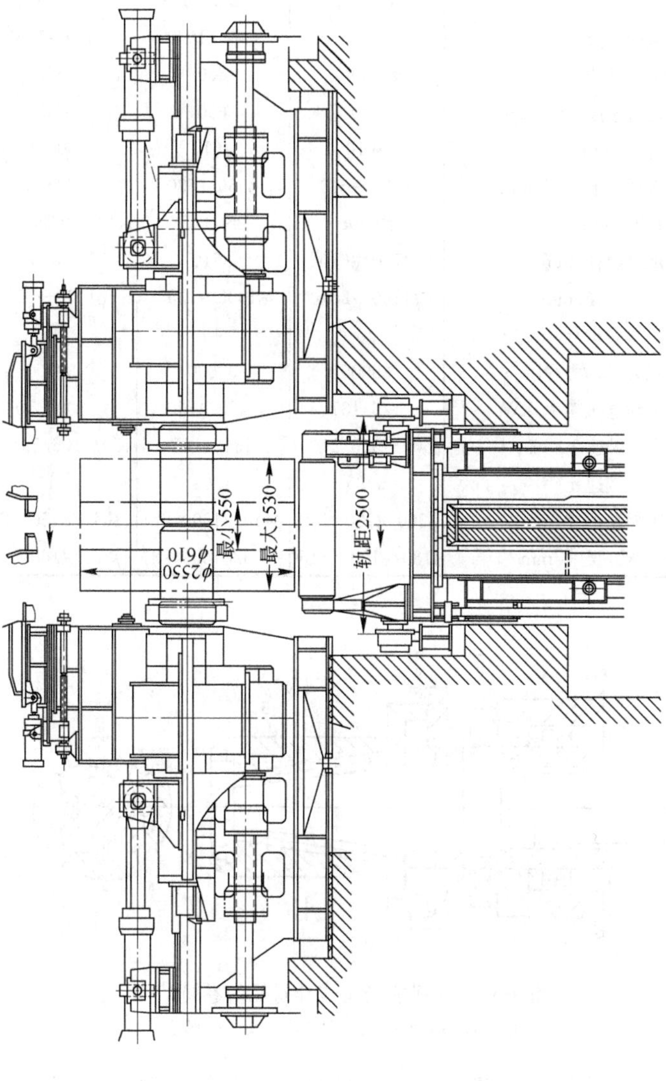

图 4-62　双圆柱头胀缩式开卷机

表 4-30 双圆柱头胀缩式开卷机技术性能

名 称	酸洗机组	五机架冷连轧机	单机架平整机
带钢厚度/mm	1.5～6	1.5～6	0.4～3
带钢宽度/mm	550～1530	550～1530	550～1530
带钢强度/MPa	650	650	650
带钢运行速度/$m \cdot min^{-1}$	600	630	1500
卷筒直径/mm	ϕ610	ϕ610	ϕ610
卷筒直径胀缩范围/mm	ϕ575～643	ϕ560～630	ϕ560～630
卷筒长度/mm	约 855	约 855	约 855
钢卷规格内径/mm	ϕ760/ϕ610	ϕ610	ϕ610
外径/mm	ϕ1100～2550	ϕ1000～2550	ϕ1000～2550
质量/t	45	45	45
开卷张力(最大)/N	25000	92000	80000
卷筒传动电机功率/kW	125/131	425/475	800/710
转速/$r \cdot min^{-1}$	500～525/2100	130～145	150～176/591/715
减速比	6.25	1.64	1
卷筒胀缩缸尺寸/mm	ϕ300/ϕ100×142	ϕ440/ϕ150×221	ϕ440/ϕ150×221
移动液压缸尺寸/mm	ϕ180/ϕ100×1150	ϕ250/ϕ160×980	ϕ250/ϕ160×980

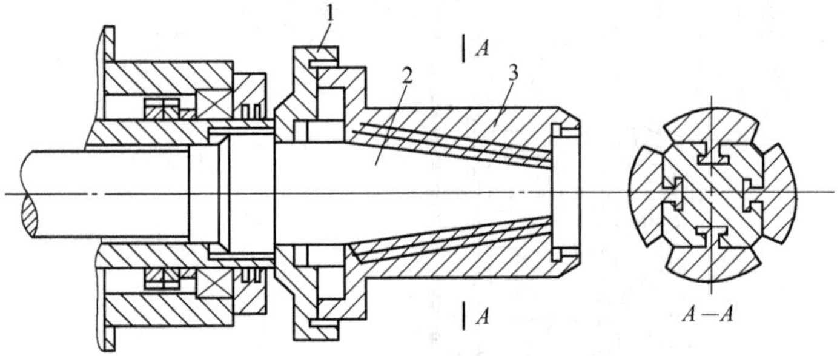

图 4-63 双圆柱胀缩式开卷机的卷筒结构

1—空心轴；2—拉杆(棱锥轴)；3—弓形块

3 相配合，构成斜楔滑动机构。拉杆直接与轴向胀缩液压缸的活塞相连接，当轴向胀缩液压缸(活塞直径为 ϕ440mm，行程为

221mm，工作压力为 8MPa）动作时，拉杆移动，推动弓形块胀开，卷筒胀径；反之，液压缸反向动作时，卷筒缩径。

卷筒是由功率为 475kW、转速为 130～540r/min 的直流电机，经过减速装置带动空心轴来旋转的。

开卷机的移动是由液压缸（活塞直径为 ϕ250mm，行程为 980mm，工作压力为 20MPa）来驱动的。

开卷机采用光电式边缘控制装置，移动液压缸可同步运动。这种开卷机能防止钢卷因自重而变形。使用时，两个卷筒间距只有 20mm。

224. 预开卷设备包括哪些，其工作过程怎样？

带钢在进行酸洗、冷轧等工序前，要把带钢头部展开和矫直，往往在机组前面设有开卷直头设备。

冷连轧机头部装有预开卷设备，以保证机组连续生产和提高轧机生产率。

预开卷设备由步进梁、钢卷车、剥捆带机、刮板直头机、压辊、带头探测辊、三辊矫直机、带钢夹持器及带钢夹钳等设备组成，如图 4-64 所示。

预开卷工作过程如下：

带钢卷→步进梁送进→切割捆扎带→寻找带钢头部→三辊矫直→开卷机开卷。

（1）热轧带钢卷经酸洗后吊至与轧制线相垂直的步进梁上。步进梁可将钢卷步进地运到轧制中心线上去。在最后一个步进动作中，借助于光电装置和行进发生器测定钢卷宽度，使钢卷自动落到钢卷车 3 上。

（2）钢卷车在光电管控制下，由升降液压缸 4 动作下降，使钢卷位于剥捆带机 7 前面，而剥捆带机设在轧制中心线上。接着剥捆带机借助于液压缸 8 驶向钢卷，将钢卷捆扎带剥掉。

剥捆带机 7 是由刮刀装置 13、压杆 11、夹送辊 10、碎边剪 9 等组成的。刮刀装置 13 上装有切割捆带的圆盘（砂轮）12，借助于液

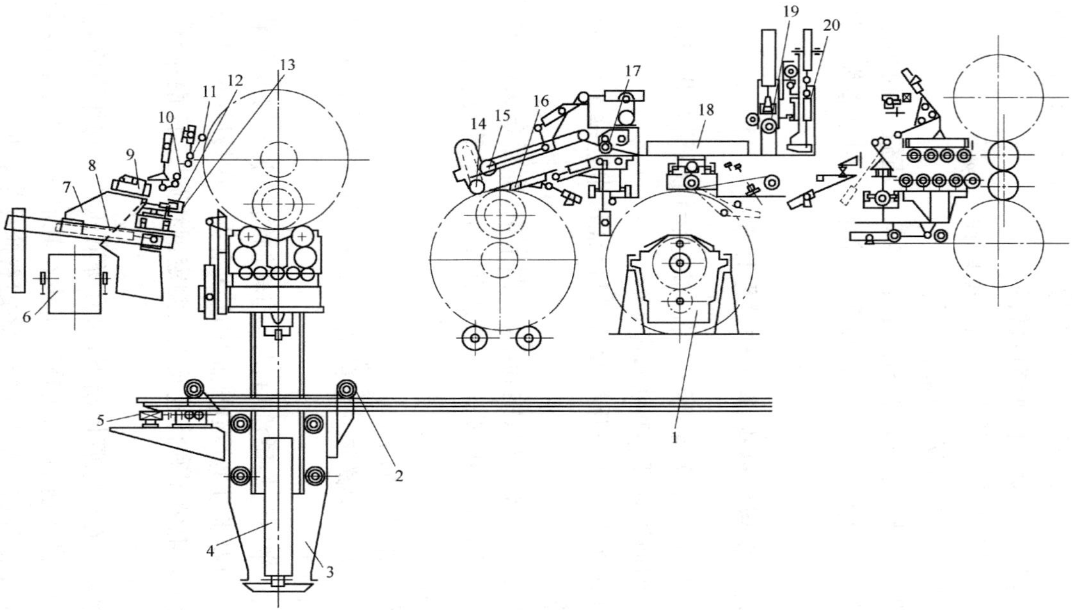

图 4-64　预开卷设备

1—双圆柱胀缩开卷机；2—钢卷车行走机构；3—钢卷车；4—钢卷车升降液压缸；5—钢卷车行走机构电动机；6—废料箱；7—剥捆带机；8—液压缸；9—碎边剪；10—夹送辊；11—压杆；12—圆盘（砂轮）；13—刮刀装置；14—压辊；15—探测辊；16—开卷刀；17—三辊矫直机；18—带钢支持器；19—夹送辊；20—带钢夹钳装置

压缸刮刀装置可沿带钢宽度方向移动。压杆 11 是由液压缸操纵的,用来压住捆带,以免割断时崩开。夹送辊 10 将切断的捆扎带送到碎边剪 9 剪成碎块,通过溜槽落到废料箱 6 中。剥捆带机退回,钢卷车 3 降到入料高度,同时钢卷车被由电动机驱动的行走机构 2 带动,沿轧制方向行驶,将钢卷送至入料位置。

(3) 带头探测辊 15 通过液压缸动作落到钢卷上,然后钢卷作反向旋转。当带钢探测辊 15 测到带钢头部时,把带钢头定位在压辊 14 与开卷刀 16 之间。开卷刀由两个液压缸传动,一个液压缸使开卷刀伸缩,另一个使它摆动。

(4) 带钢头部在钢卷车 3 上的传动辊带动下,被送到三辊矫直机 17。上面一个被动矫直辊靠液压缸升降,下面两个矫直辊由电动机驱动。从三辊矫直机 17 出来的带钢,经过按带钢宽度调整好的支持器 18,使带钢在水平面上运行。将矫直好的带钢头部夹持,并穿过夹送辊 19。当带钢头部碰到挡板后,由夹钳装置 20 夹住。此后,开卷刀 16 缩回并摆动下降;压辊 14 抬起,与钢卷脱离接触;矫直机的下矫直辊和开卷刀一起向传动侧移动,离开带钢运行的地段。

(5) 钢卷车 3 将钢卷移到双圆柱胀缩开卷机 1 并将钢卷装在开卷机的圆柱头上进行开卷。

225. 什么叫刮板式直头机,其操作过程怎样?

直头机用来把已展开的带钢头部矫直,以便使带钢顺利地喂入轧机。

图 4-65 所示为带有三辊矫直机的刮板式直头机。

该刮板式直头机技术性能如下：

刮板宽度	300mm
带钢尺寸	(0.2～2.5)mm×(270～530)mm
最大矫直力	40kN

刮板式直头机的操作过程如下：

将带钢卷吊放在上料小车架上;升起上料小车液压缸,将钢卷托起并对准开卷机中心,移动水平液压缸,将钢卷送至开卷卷筒

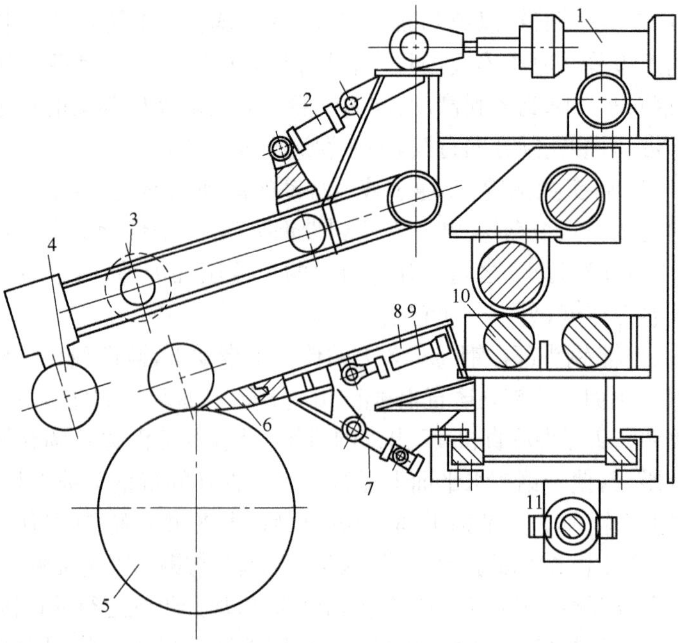

图 4-65　刮板式直头机

1—压辊液压缸；2—探测辊液压缸；3—探测辊；4—压辊；5—带卷；6—开卷刀；7—导板液压缸；8—导板；9—开卷刀液压缸；10—下矫直辊；11—矫直机液压缸

上，对准轧制中心线；开卷机卷筒胀开，上料小车下降，悬臂托架推紧；把助开卷机推上，剪断扎丝；顺时针开动开卷机至带钢头部上翘，然后再逆时针转动，将带钢头部送入三辊矫直机，停止开卷机；三辊矫直机上辊压下，顺时针开动三辊矫直机，将带钢头部喂入 1 号液压压板装置，直至喂入 1 号轧机的工作辊。

226. 冷带钢卷取机的工作特点是什么？

在冷轧带钢生产中，采用连轧方式是提高生产率的重要措施，连轧出来的冷带钢要由卷取机卷绕成卷。此外，可逆、不可逆式单机架冷带钢轧机中，轧件也往往长达数十米甚至更长。为了适应生产、运输、贮存及用户等需要，冷带钢也必须要用卷取机卷绕成卷(图4-66)。

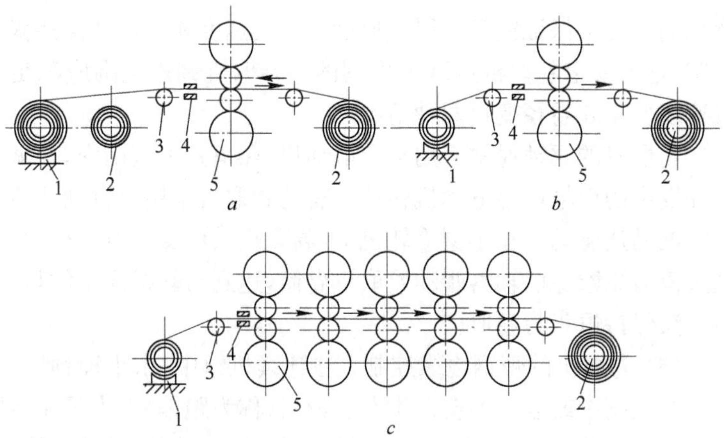

图 4-66　各类冷轧机机组中的卷取机

a—可逆式；*b*—不可逆式；*c*—连续式

1—开卷机；2—卷取机；3—导向空转辊；4—压板(或辊式导板)；5—轧机

卷取机是成卷轧制冷轧机组中必不可少的设备。生产实践表明，保证卷取机正常工作对提高轧机的生产率有很重要的意义。在冷轧车间中，卷取机还普遍用于酸洗、剪切、热处理等辅助机组中。

冷带钢卷取机的工作特点如下：

(1) 提供张力，实现张力轧制。在不可逆式和可逆式冷轧机上，带钢张力是由前后卷取机来实现的。张力在冷轧过程中起重要作用，张力轧制可以降低轧制压力，使带钢板形平直，提高带钢表面质量。同时带张力卷取可使钢卷紧密、整齐。在连轧时，张力还起到自动调节连轧关系的作用。为此，轧制冷带钢时，在保证带钢正常轧制的前提下，均采用大张力轧制。根据经验，在可逆式冷轧机上，对于 2～4mm 厚的带钢，张应力 $\sigma_0 \approx (0.1 \sim 0.2)\sigma_s$；对于 0.3～1mm 厚的带钢，$\sigma_0 \approx (0.5 \sim 0.8)\sigma_s$($\sigma_s$ 是考虑加工硬化后的材料屈服极限)。在连轧机组中,末架轧机与卷取机之间带钢采用小张力,卷取机张应力 $\sigma_0 \approx (0.1 \sim 0.15)\sigma_s$。

(2) 卷取机速度必须可调。在带钢卷取过程中,钢卷直径是变化的。为了保证钢卷外层线速度与轧机速度相适应并保持张力恒定,这就要求卷取机速度是可调的。卷取机调速范围应满足轧机速度变化和卷径变化两种情况。

卷取机的驱动通常采用直流电动机,在恒张力范围内,根据张力计发出的信号调整电动机转速。有的卷取机采用可自动调节油压的油马达驱动。在小型冷轧机上,卷取机采用交流电动机驱动,经过恒力矩摩擦联轴器驱动卷取机卷筒,达到与轧机同步的目的,但无法保持恒张力卷取。

(3) 卷取机的带钢边缘控制。在连续机组中,由于种种原因,带钢在轧制中或运行中会产生左右偏斜(称为跑偏)。为了使卷取的钢卷边缘整齐,在卷取机上常设置边缘控制(跑偏控制)机构,最常用的跑偏控制机构是光电式或压缩空气式带钢边缘信号发生器,通过随动阀驱动卷取机上的移动液压缸,使卷取机可在滑座上左右移动,以保证钢卷边缘整齐。

227. 什么是助卷器,其作用是什么?

在冷连轧机组中,卷取机的卷筒均不采用钳口,这是因为厚度小于 0.25mm 的带钢前端不易引进钳口间隙,钳口也不易夹紧带钢,因而需要用助卷器帮助带钢卷绕在卷筒上,以便提高轧机生产率,缩短辅助操作时间。

助卷器的形式有皮带式与链带式两种,其中水平移动的皮带式助卷器是最常用的。

图 4-67 所示是一台水平移动的皮带式助卷器,它由架体移动液压缸 1、架体 2、皮带伸缩液压缸 3、皮带摆动液压缸 4、皮带 5、皮带轮 6 组成。卷取机开始卷取带钢之前,助卷器架体 2 在液压缸 1 的作用下前移,开动摆动液压缸 4,使摆动辊靠向卷筒。在皮带伸缩液压缸 3 作用下张紧皮带,皮带包紧在卷筒上,卷筒转动时,

皮带与卷筒一起转动。带钢头部通过导板进入卷筒与皮带之间，使带钢紧贴卷筒表面进行卷绕。待卷绕2～3圈之后，带钢头部已被带钢裹住，此时助卷器可移出卷筒，卷筒上各圈带钢就有足够的摩擦力，可在较大的张力下继续进行卷取。为防止带钢尾部打坏助卷器，装有重力操作防护挡板7，助卷器工作时挡板被架体前轮轴压住处于水平位置，助卷器不工作时在重锤作用下挡板翻起挡住助卷器，以保护助卷器皮带不被带钢尾部打坏。

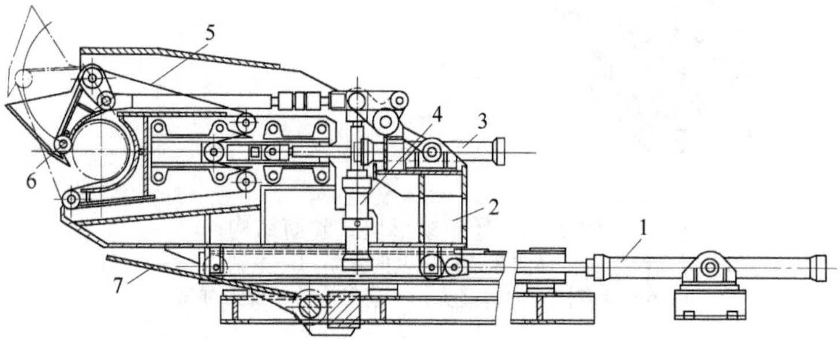

图 4-67　皮带助卷器

1—架体移动液压缸；2—架体；3—皮带伸缩液压缸；4—皮带摆动液压缸；5—皮带；6—皮带轮；7—防护挡板

228. 牙条扇形块无缝隙卷取机的结构和性能是怎样的？

图4-68所示为350mm冷连轧机的牙条扇形块无缝隙卷取机卷筒结构示意图。由图可见，牙条扇形无缝隙卷筒实际上是将四棱锥镶条式卷筒扇形块下的斜面改成平面，而依靠支撑在扇形块边缘的4组牙条的径向运动实现胀缩。胀缩缸左侧通油时，活塞6、活塞杆5拉动导向法兰1，使轴向牙条3右移。轴向牙条的移动带动径向牙条2做径向运动，撑起扇形块8，卷筒胀开。卷筒胀开时，径向牙条填充了扇形块间的缝隙。胀缩缸活塞反向运动时，靠碟形弹簧的作用使卷筒收缩。

350mm冷连轧机牙条扇形无缝隙卷取机的技术性能如下：

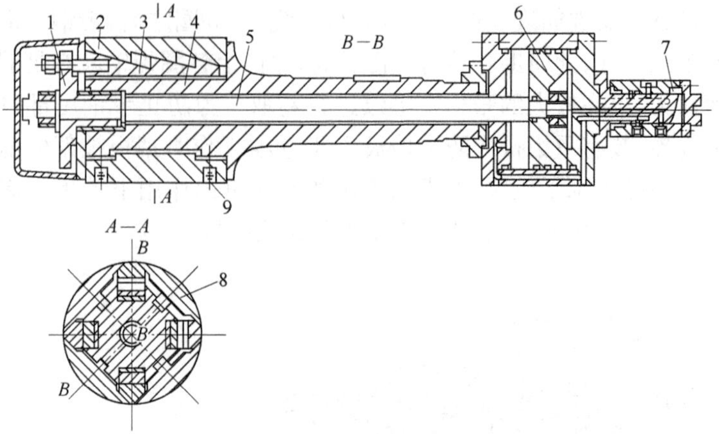

图 4-68　牙条扇形块式卷筒结构

1—导向法兰；2—径向牙条；3—轴向牙条；4—主轴；5—活塞杆；
6—活塞；7—回转接头；8—扇形块；9—碟形弹簧

卷筒尺寸	ϕ400mm×400mm
胀缩量	20mm
胀缩缸油压	5MPa
胀缩缸直径	ϕ320mm
工作行程	49.3mm
牙条倾斜角	16°
卷取张力	5.3～20kN

229. 什么是实心卷筒卷取机？

图 4-69 是 1400mm 偏八辊冷轧机上卷取机的实心卷筒结构示意图。卷筒的钳口采用斜楔式钳紧机构。钳口的夹紧和松开是由液压缸带动拨盘推动斜楔 2 来实现的。当斜楔 2 被往左推时，在斜楔面的作用下，斜楔 3 使钳口夹紧；相反，斜楔 2 被往右推时，在碟形弹簧 4 的作用下，斜楔 3 使钳口松开。碟形弹簧装在实心卷筒的两侧。斜楔的锁紧是靠其本身自锁实现的。

在卸卷时，为了使轧机仍能继续生产，在轧机后安装了双实心

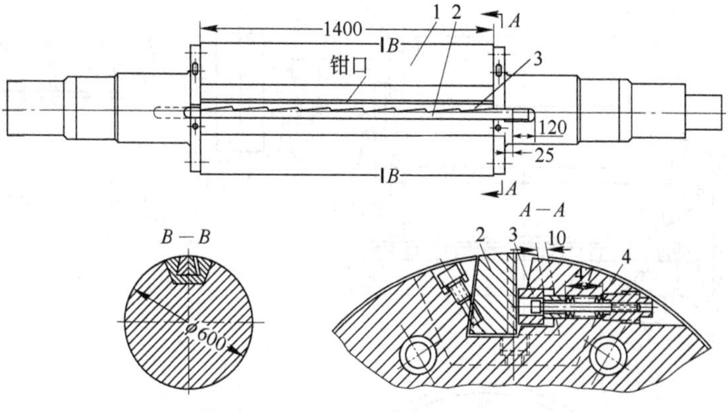

图 4-69　1400mm 偏八辊冷轧机的实心卷筒
1—卷筒；2、3—斜楔；4—碟形弹簧

卷筒转盘式卷取机。图 4-70 是双卷筒转盘式卷取机的传动简图。当一卷带钢卷完时，两个卷筒传动轴上的齿形离合器 5 在液压缸 6 的作用下脱开，使卷筒脱离传动。转盘回转 180°，两个卷筒互换位置，使空卷筒处于工作位置，合上离合器 5，空卷筒则可重新投入工作。而另一有带钢的卷筒就成为开卷机，将轧完的带钢送到重卷机进行重卷和卸卷。

实心卷筒直径为 610mm，用来卷取厚 0.2～4.5mm、宽 600～1300mm、卷重为 10t 的带钢卷。卷筒是由串联的两台直流电动机 7 传动的。卷筒张力范围为 12.5～250kN；当一台电动机工作时，张力范围为 12.5～125kN；两台电机共同工作时张力范围为 25～250kN。转盘由一台 11kW、1150r/min 的交流电动机通过小齿轮 10、大齿轮 11 转动。

实心卷筒卷取机的优点是结构简单，卷筒的强度和刚度大，用在单位张力很大、钢卷很重的偏八辊可逆式冷轧机和大张力轧制不锈钢的二十辊轧机以及小型冷轧机上卷取薄带钢。缺点是卷筒直径不能胀缩，为了卸卷则要增设一台可胀缩卷筒的重卷机，当轧制终了时，将带钢从实心卷筒往重卷机上重卷并卸卷。

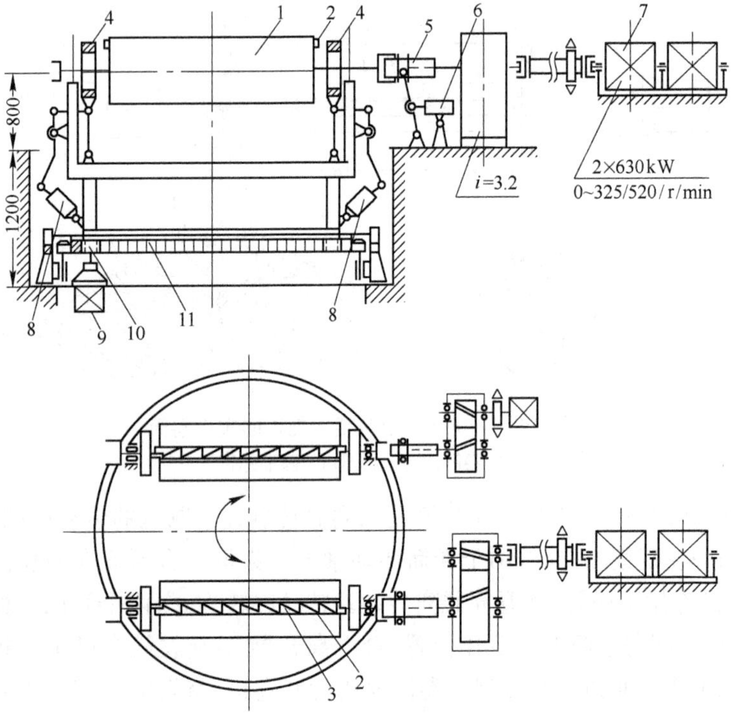

图 4-70　双卷筒转盘式卷取机传动简图

1—卷筒；2、3—斜楔；4—拨盘；5—离合器；6、8—液压缸；
7—电动机；9—立式电动机；10—小齿轮；11—大齿轮

在小型冷轧机上，带钢质量较轻，卸卷时只需将卷筒反转，便可人工取下带钢卷。因此，实心卷筒卷取机获得了广泛应用。

230. 什么是径向活塞弓形块卷取机?

径向活塞弓形块卷取机的卷筒由心轴、弓形块等组成(图 4-71)。在心轴内沿卷筒长度方向布置有 5～7 组互相套叠的径向活塞，用于撑开弓形块和夹紧钳口。活塞内及弓形块上有碟形弹簧，用来收缩弓形块和放松钳口(见图 4-71 断面图)。各组活塞是由增压缸内的高压油推动的。增压缸沿卷筒心轴轴向设置，增压缸柱塞由胀缩液压缸活塞推动。平衡缸 1 用来保持增压缸内的稳定油压。

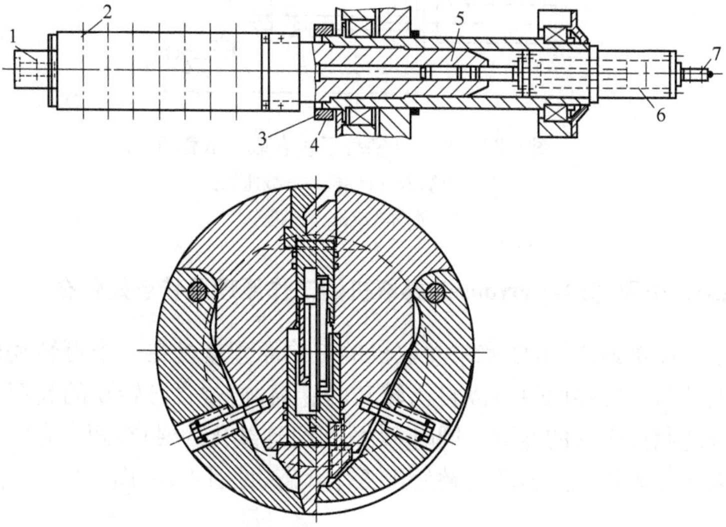

图 4-71 径向活塞弓形块卷筒结构

1—平衡缸；2—卷筒；3—压盖；4—牙嵌式接手；
5—增压缸；6—胀缩缸；7—回转接头

这种卷筒使用可靠，但因卷筒的结构不对称，所以不能在高速、大负荷情况下运转。这种卷取机多用在冷轧车间的精整机组上，如纵切机组、重卷机组、酸洗机组等。由于带钢品种、厚度不同，工艺上要求纵切机组的卷取机能快速更换 ϕ450mm 和 ϕ610mm 两种直径的卷筒。

径向活塞弓形块卷取机由卷筒、推卷机、随动液压缸和机座等组成，如图 4-72 所示。卷取机采用光电式边缘控制装置来控制带钢跑偏。随动液压缸可使卷取机沿卷筒轴向在 ±75mm 范围内移动。

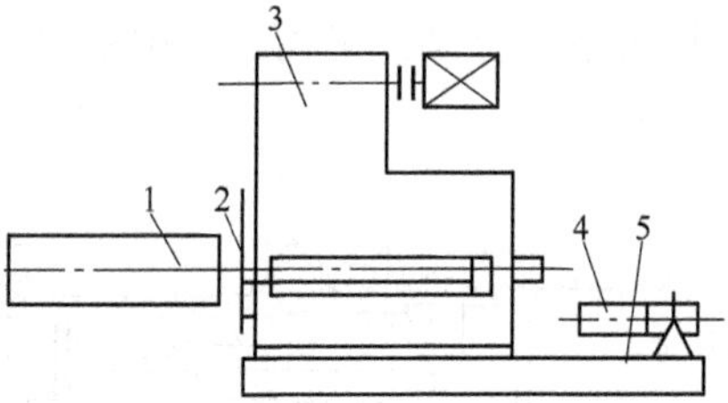

图 4-72　径向活塞弓形块卷取机示意图

1—卷筒；2—推卷机；3—减速机；
4—随动液压缸；5—机座

231. 卡罗塞尔(Carrousel)卷取机的工作原理及特点是什么？

简单地讲，卡罗塞尔卷取机的工作原理就是在一个可转动的大转盘上安装两只可以自己转动的卷筒，通过自己转动的卷筒进行轧制后带钢的卷取。同时，为满足全连续化的要求，两个卷筒可以通过大转盘的转动交替处于工作状态，见图 4-73、图 4-74。

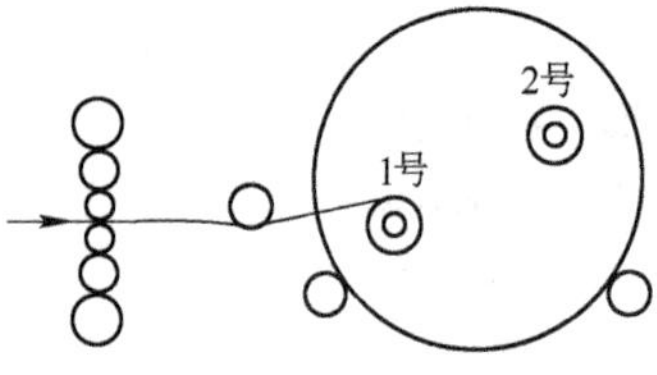

图 4-73　卡罗塞尔卷取机工作状态(一)

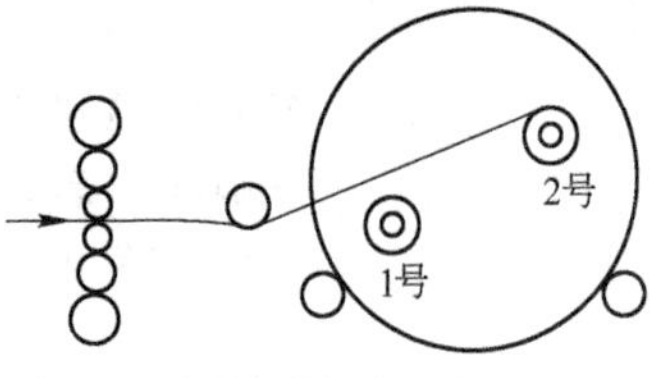

图 4-74　卡罗塞尔卷取机工作状态(二)

卡罗塞尔卷取机的工作方式为：当穿带的带钢出最后机架后，卷取机上 1 号卷取位置上的卷筒，事先已做好卷取穿带准备工作(包括助卷器已包绕，卷筒张开等)。带钢在 1 号位置卷筒包绕好后，与普通卷取机相似，其他辅助卷取的设备退回原位，之后，大转盘开始转动，1 号卷取位置的卷筒随同大转盘转动到 2 号卷取位置，在 2 号卷取位置进行整个钢卷的带钢卷取工作。在这同一时刻，原先2号卷取位置的卷筒随大转盘转到1号卷取位置，2号卷筒进行下一卷带钢的穿带准备工作。

卷取机的工作方式就是这样交替进行的，其主要特点是，穿带包绕总是在1号卷取位置，整个带钢的卷取以及钢卷的卸卷是在2号卷取位置完成的。

目前设计使用的卡罗塞尔卷取机采用的机械传动方式有两种：一种是行星齿轮的工作方式；另一种是采用芯轴外套的工作方式，见图4-75、图4-76。

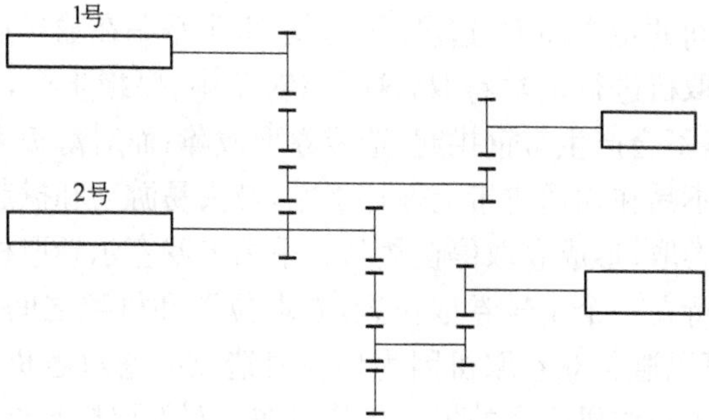

图4-75　行星齿轮传动

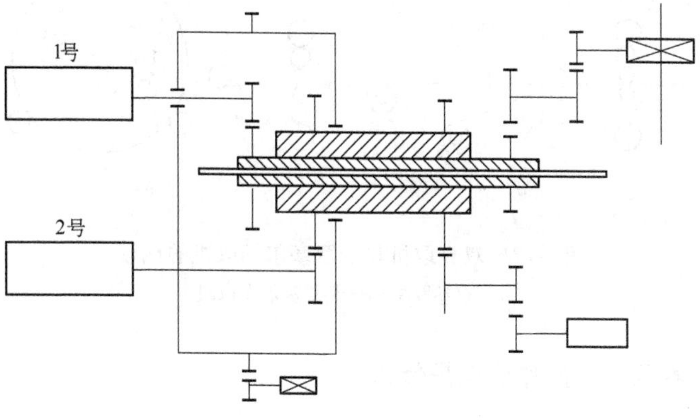

图4-76　芯轴外套传动

卡罗塞尔卷取机的优点是：

(1) 降低设备投资。在全连续化轧制情况下，必须有两个卷筒进行交替工作。如果采用单卷筒的卷取机，则要求配备两台才能够正常工作。在最后机架出口段配备两台卷取机，占用面积增加；另外采用两台同样设备，设备投资增加。而采用卡罗塞尔卷取机，一个转盘上配备两只卷筒，设备结构为一个整体，占用面积减少，设备投资减少。

(2) 易于卷取薄板。采用两台单独的卷取机进行生产，两台卷取机串列布置，从一台卷取机切换到另一台卷取机，轧机出口和卷取机之间的距离加大，这段距离要求带头平贴在输送皮带上，才能进入卷取机进行正常卷取，这一点对于中、厚板生产，带头容易保持平贴，不会产生带钢拱起，造成卷取故障；而对薄板生产，剪切后的带头不易在输送皮带上保持平贴，带头易游动和拱起，会造成无法穿带卷取，形成卷取停机故障。采用卡罗塞尔卷取机，带钢穿带始终保持在一个1号卷取位置，卷取位置和机架之间的距离大为缩短，可以避免双卷取机因为切换时造成的卷取停机故障。这是卡罗塞尔卷取机生产的极大优势所在。双卷取机与卡罗塞尔卷取机的比较见图4-77。

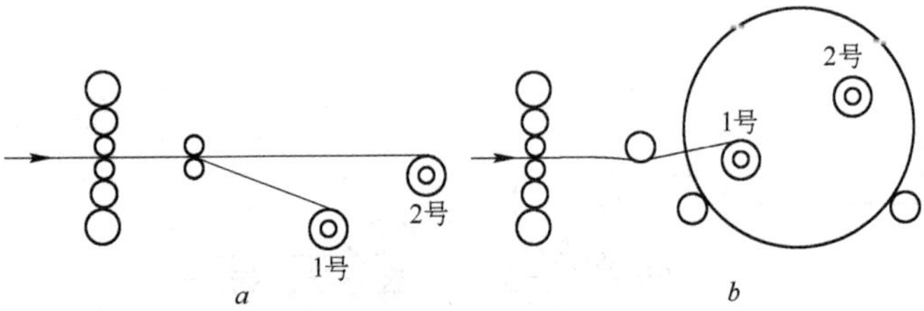

图4-77　双卷取机与卡罗塞尔卷取机的比较

a—双卷取机；*b*—卡罗塞尔卷取机

232. 卷取机的操作要点是什么？

卷取机的操作要点是：

(1) 卷取机卷筒胀开,托架顶住后,将助卷机水平缸推上。

(2) 当带钢头部进入卷取机时应及时抱紧,卷取张力形成后,将助卷机松开。

(3) 将卸料小车水平缸推至卷取机下面,当卸料时,将卸料小车垂直缸顶起,碰到带钢时立即停止;收缩卷筒,退出托架;立即启动卸料小车水平缸,使带钢卷离开卷取机。

(4) 冷轧带钢卷取温度通常为40~150℃,带钢的热量传至卷筒各部件。如果卷取时间长,卷筒受热膨胀,同时带钢卷散热而收缩,使卷筒承受的径向压力增加。因此,对于卷筒胀缩的卷取机,在卷取过程中可改变胀缩液压缸的供油压力,以保持卷筒径向压力为某一定值。

(5) 卷取机操作时经常会出现钢卷层间滑移,使带钢表面擦伤,尤其是对表面质量要求高的带钢应特别注意。采用相同的开卷张力和卷取张力或开卷和卷取胀缩液压缸的供油压力相同,可以防止带卷层间滑移。另外,卷筒不圆度大也会造成带卷层间滑移,因此也应加以重视。

(6) 润滑对卷取机正常操作是很重要的。为了使卷筒能正常地胀缩,不发生自锁现象,卷取机卷筒斜楔摩擦配合表面,应加润滑油脂,进行定期润滑,最好每班加润滑油一次。采用二硫化钼润滑剂效果较好。

(7) 不宜在卷取宽带钢的卷筒上,用大张力卷取窄带钢。

五、电气传动与控制

233. 各类冷轧机的工作特点是什么,对主电机有哪些要求?

冷轧机的工作制度按操作方式可分为可逆式和不可逆式两种,按轧制状态,又可分为带张力的和不带张力的两种。

(1) 不可逆式工作制度。小型冷带轧机采用不可逆式工作制度最多。当采用这种工作制度时,轧辊与轧件的运动方向始终不变,但轧制速度却有可调和不可调两种,轧制速度不需要调整的小型冷带轧机，通常选用交流同步电动机和异步电机。在连续式冷带钢轧机上，为了保证通过每个机座的金属秒流量相等，保持轧件张力的恒定，需要在轧制过程中不断调整轧制速度。这类轧机，一般都采用调速范围广、超载能力大、惯性力矩小的直流电动机来传动。

（2）可逆式工作制度。用可逆式冷轧机轧制时，轧辊既能逆转又能调速。这类轧机采用调速范围广、惯性力矩小的直流电动机传动。为提高轧机的生产能力，可逆式冷轧机一般都有快速启动和制动的要求。

各类冷轧机的工作特点和对主电机的要求见表 4-31。

表 4-31　各类冷轧机的工作特点和对主电机的要求

<table>
<tr><th>轧机类型</th><th>主传动装置工作制度</th><th>轧机工作特点和对主电机的要求</th><th>采用的电动机</th></tr>
<tr><td>小规格冷带钢轧机</td><td>不要求调速的不可逆式工作制度</td><td>（1）轧件较长，间隙时间短；
（2）轧制负荷均匀，最大力矩与正常力矩之比小于 2.5；
（3）起动次数极少</td><td>交流同步电机 TZ、TD 系列或交流异步电机 JR、JQ 和 JRQ 系列</td></tr>
<tr><td>单机座可逆式冷轧机</td><td>起动、制动、正反转不频繁，但调速范围广</td><td>（1）调速范围广，咬入时速度低，轧制时速度高；
（2）在轧制和停歇时保持带材恒张力；
（3）带负荷起动、加减速和制动；
（4）轧制时要求轧制速度稳定；
（5）通常有带钢厚度自动控制要求</td><td rowspan="2">冶金型直流他激电动机 ZJD 或 ZD 系列</td></tr>
<tr><td>带钢冷连轧机</td><td>连续轧制工作制度</td><td>（1）各机座间有大张力，既要求张力稳定，又要求张力调节灵活；
（2）低速穿带，升速轧制；
（3）整个机组包括开卷、卷取为一个整体速度控制系统，但又可分别调节；
（4）普遍采用厚度自动控制、张力闭环等；
（5）过焊缝自动减速、加速，有断带时自动保护；
（6）可全部采用计算机控制</td></tr>
</table>

234. 300mm冷连轧机对电气传动装置有哪些要求?

冷轧机电气设备首先必须满足冷轧工艺的要求,连轧机比单机要求更高。冷连轧工艺对电气设置的要求如下:

(1) 要求轧机有较大的调速范围,且要求连续可调。300mm五机架连轧机的调速范围由0.3m/s到4.3m/s,覆盖率为4.3/0.3=14。

(2) 各机架速度能单独起、制动及正、反向运转,并能够联合起、制动。为了减少头尾带钢的损耗,要求轧机起、制动时间尽量短些,如加速时间不大于13s,减速时间不大于15s,快速降低时间不大于10s。在发生事故时能进行紧急制动,各机架应能按各允许的速度进行急停,一般急停时间不大于3s。

(3) 为了保证能顺利穿带,电机特性要足够硬,电机动态速降不能大于25%,同时要求轧机的起步特性完全一致。为保证顺利穿带建立张力,必须有速度微调装置。

(4) 在穿带、加速、稳速轧制和减速等各项操作中,应能保证所要求的带钢张力,从而保证带钢质量。冷轧工艺要求轧机间带钢最大张力为30kN,最小张力为3kN。要求轧机加减速时带钢张力波动不大于±15%,卷取(开卷)机与轧机间带钢张力波动不大于±5%,在稳速轧制时,带钢张力波动不大于±5%,否则带钢表面将产生肋形,影响带钢质量。

235. 直流电动机由哪些主要部分组成,其转动原理是什么?

直流电机主要由两大部分组成,即定子和电枢。

(1) 定子。直流电机定子由主磁极、换向极、机座等组成。

主磁极:主磁极由极身和极靴两部分组成,通常用0.5~1.0mm厚的硅钢片叠制而成,铁心靠近电枢的一端称为极靴,它能使磁通容易通过空气隙。极身处有励磁绕组,用以产生磁场。

换向极:当电枢绕组中的线圈电流在换向时,与该线圈相联的换向片同电刷之间会产生火花。换向极是用来改善直流电机的换向性能的。换向极一般采用整块锻钢制成，也有用硅钢片叠制而成的。

机座：除了支撑整个直流电动机零部件外，还是磁路的一部分，机座中传导磁通的部分称为磁轭。

端盖、电刷架：端盖是电机的防护盖，同时支撑着电机的转子。电刷架固定在机座内壁或端盖内侧，由刷杆、刷盒和电刷组成。电刷架是固定电刷将直流电流引入旋转电枢的一个重要部件。

(2) 电枢。直流电机电枢由电枢铁心、电枢绕组、换向器等组成。

电枢铁心：由 0.5mm 厚涂有绝缘漆并冲成电枢冲片的硅钢片叠制而成。较大容量的直流电动机，其电枢铁心在轴上分为数段，段间留有约 10mm 的径向通风沟，用以改善散热条件。电枢铁心外圆轴上有分布均匀的轴向槽，槽内嵌放电枢绕组。

电枢绕组：用铜线或铜排绕成线圈嵌入电枢铁心槽内，然后按一定的接线方法与换向片相连构成电枢绕组。

换向器：换向器由多片带燕尾的梯形铜排和同形状的云母片间隔压制而成。

风扇：降低温升、加速电机散热。

直流电动机的转动是依据载流导体在磁场中受电磁力作用而运动的原理。现以图 4-78 来说明直流电动机是怎样旋转起来的。

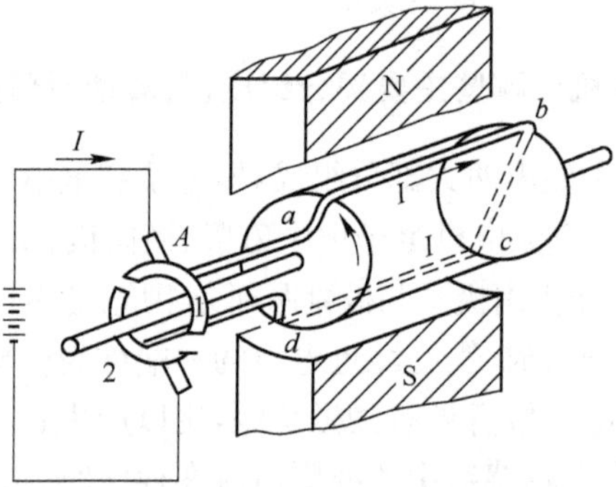

图 4-78　直流电动机的转动原理

从图中可知，将直流电源正极接电刷 A，负极接电刷 B，电流经电刷 A、换向片 1、线圈 $a\ b\ c\ d$、换向片 2 和电刷 B 回到负极。

这时，载流线圈 ab 边和 cd 边在磁场中分别受到电磁力的作用。线圈 ab 边处于 N 极下方，根据右手定则可知，线圈 ab 边受到一个向左的作用力，线圈 cd 边受到一个向右的作用力，线圈在这一力偶的作用下便开始向逆时针方向旋转起来。当线圈转到磁极中性面时，也就是当电刷与换向片间的绝缘物接触时，线圈中电流等于零，电磁力也等于零。但由于机械转动时的惯性作用，线圈将继续转动。当线圈 ab 边从 N 极转至 S 极后，换向片 1 也同时转到与电刷 B 接触，此时的通路是电源正极电刷 A、换向片 2、线圈 $dcba$、换向片 1、电刷 B 和电源负极。线圈中又有电流流过，经过 ab 边的电流反向，但电磁转矩的方向保持不变。因此，线圈仍然按逆时针方向旋转，这就是直流电动机的转动原理。

236. 直流电动机分哪几种，其铭牌上数据表示什么意义？

直流电动机按励磁方式的不同可分为：(1)他励电动机；(2)并励电动机；(3) 串励电动机；(4) 复励电动机。

他励电动机的励磁绕组由单独的直流电源供给，与电枢绕组的电源无关。并励电动机的励磁绕组与电枢绕组并联由同一直流电源供电。串励电动机的励磁绕组与电枢绕组相串联，也由同一直流电源供电。复励电动机的励磁绕组包括串励绕组和并励绕组，它们分别与电枢绕组串联和并联，如图 4-79 所示。

在直流拖动系统中，由于他励直流电动机的特性较好，因而应用也较广泛。

我国生产的直流电机的几个主要系列如下：

Z_2 系列是普通中小型直流电机；

ZD 系列是一般用途的直流电动机；

ZJ 系列是大型直流电机，它能够承受经常逆转、紧急制动、短时过载等冲击性负载，适用于大型轧钢机的传动；

ZZ 系列和 ZZK 系列是冶金工业起重用电机。

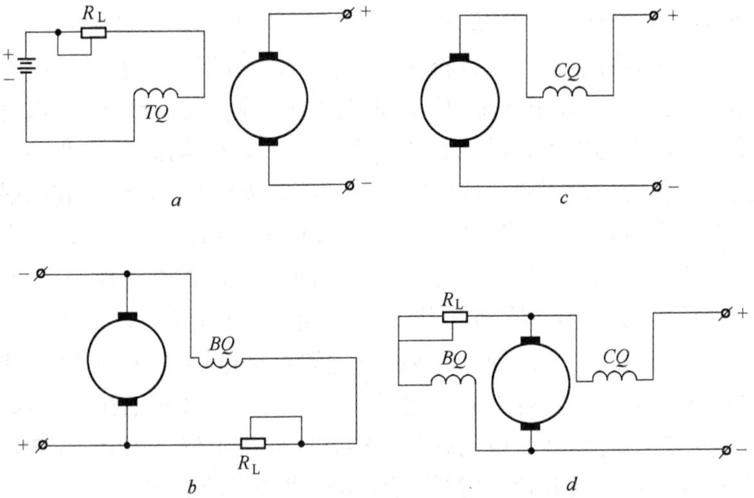

图 4-79 直流电动机按励磁方式分类

a—他励电动机；*b*—并励电动机；*c*—串励电动机；*d*—复励电动机

每台直流电动机的机座上都有一块铭牌，它表明了正确合理地使用电机的各种技术数据。这些数据就是直流电机的额定值。额定值又可叫做铭牌值。表 4-32 就是一台直流电机的铭牌。

表 4-32 直流电动机的铭牌

型　号	Z_2—72	励磁	并激
功　率	22kW	励磁电压	220V
电　压	220V	励磁电流	2.06A
电　流	116A	定额	连续
转　速	1500r/min	温升	80℃
	产品编号 ××××	出厂日期××年×月	
	××××电机厂		

额定功率 P_e：直流电动机的额定功率是指在额定条件下电动机轴上输出的机械功率。

额定电压 U_e：直流电动机的额定电压是指在额定条件下加在

电动机两端上的电源电压。有的铭牌上电压项目中标有 185/220/320,表示正常工作电压为 220V,但在 185V 和 320V 时都能工作。

额定电流 I_e:对电动机来说,是指轴上带有额定机械负载时的输入电流。

因此,直流电动机的额定电压 U_e 与额定电流 I_e 的乘积是它的输入功率 P_1,额定输出功率 P_e 是 U_eI_e 与额定效率 η_e 的乘积。

额定转速:是指在额定电压 U_e、额定电流 I_e 和额定输出功率 P_e 的情况下的转子转速。

励磁:是指定子的励磁方式。

励磁电压:是指建立定子固定磁场所需要的额定电压。

励磁电流:是指在输出额定功率的情况下,建立定子固定磁场所需要的磁场电流。

定额:是指电机的运行方式,一般分连续、断续和短时 3 种。

温升:是指电机绕组温度和环境温度的差值。

237. 什么是电动机的机械特性?

电动机的机械特性是指电动机的转速 n 与电磁转矩 M 的关系,即 $n=f(M)$。电动机的启动、稳定运行、制动和转速调节等,都和电机的机械特性有关。

电动机的机械特性有一个重要的指标,就是机械特性的硬度。通常用硬度系数 β 来表示转速随转矩变化而变化的程度。特性曲线上任一点的硬度系数,就是该点的转矩变化百分数与转速变化百分数之比。

从硬度的观点来看,可把电动机的机械特性分为以下 3 种类型:

(1) 绝对硬的机械特性:当转矩改变时,转速保持不变,机械特性是一条平行于横坐标轴的直线,斜率 $K=0$,它的硬度系数 β 很大,同步电动机即具有此种特性,如图 4-80 中曲线 1。

(2) 硬机械特性：这种特性转速随转矩而变化，但改变程度不大，斜率 K 的绝对值不大，且为一定值，β 为 40～10。他励直流电动机即具有此类特性，如图 4-80 中曲线 2。

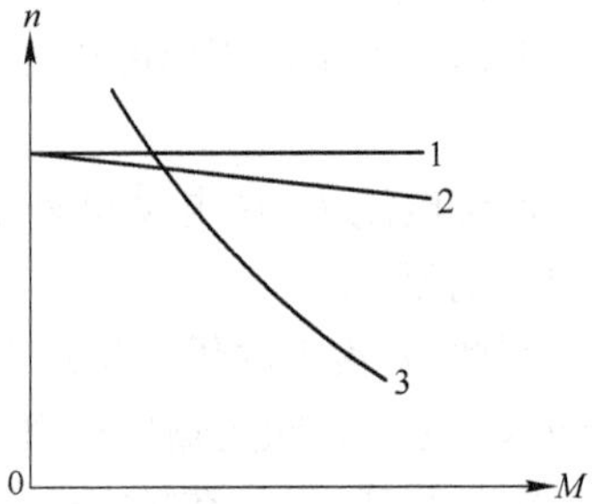

图 4-80 电动机的机械特性

(3) 软机械特性：这种特性是转速随转矩的变化有较大的改变。斜率 K 的绝对值较大，且线上各点的 K 值不同，β<10 且不是常数。串励电动机即具有此类特性，如图 4-80 中曲线 3。

他励直流电动机要改变电机的固有特性，可以采用 3 种方法来改变转速 n 和转矩 M 的关系：(1)在电枢电路中，串入附加电阻 R_f；(2)改变供给电枢的电源电压；(3)减弱电动机的磁通 Φ。

238. 直流电动机有哪几种启动、制动方法和改变旋转方向的方法？

轧制带钢时，单机架可逆式冷轧机需频繁地起、制动和反向轧制。因此，要求驱动轧机的直流电动机也能快速启动、制动和改变旋转方向，其改变方法如下：

(1) 直流电动机启动方法有：直接启动、在电枢回路中串入电阻启动和降压启动等 3 种。

直接启动：直流电动机在启动瞬间，转速 n 为零，所以反电势 E_a 为零。

根据公式 $I_a=\dfrac{U}{R_a}$，电枢端电压 U 加在数值很小的电枢绕组电阻 R_a 上，势必产生很大的启动电流 I_a，一般直接启动时的启动电流可达额定电流的 10～20 倍。

这样大的启动电流将使电枢绕组严重过热并产生很大的电动力而引起损坏；还可能在电刷与换向器接触处产生强烈火花，使换向恶化;同时,从电磁转矩 M 与电流 I_a 的正比关系可知,电动机将产生过大转矩使加速过快,有可能损坏设备。因此,直接启动不适合用于冷轧主电机 ,一般只用于小容量、功率不大于4kW、启动电流为额定电流的6～8倍的直流电动机。

电枢回路串电阻启动:就是利用启动变阻器限制启动电流不超过允许值。当电动机旋转起来以后,随着转速的升高,反电势 E_a 逐步增大,电枢电流逐渐减小,就可以逐步减小启动电阻,直到全部切除。此时电动机达到额定转速稳定运行。

这种方法使启动过程中能量损耗大,一般用于中小型直流电动机。

降压启动:降低端电压使启动电流按正比例减小,电动机可以平滑启动,能量损耗很小。降压启动方法可用于大型直流电动机。

(2) 直流电动机有3种制动方法,即能耗制动、反接制动和回馈制动。

能耗制动:将直流电动机的电枢回路从电源切断,接在一个附加电阻(也称制动电阻)上,如图4-81*a* 所示。利用电动机旋转惯性使其发电,此时,电动机作为发电机运行,也就是将转动的动能变换为电能向制动电阻供电,并消耗在制动电阻上,从而使电枢电流反向,电磁转矩变为制动转矩,该转矩与电动机的旋转方向相反,起到制动作用。

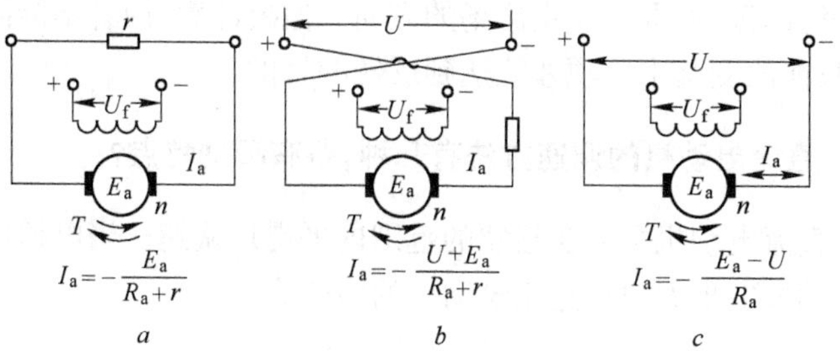

图4-81 直流电动机不同制动方法的原理图

a—能耗制动;*b*—反接制动;*c*—回馈制动

能耗制动的制动转矩与转速成正比关系，随着转速的降低，制动转矩也将减小，因此，在某些场合配合机械制动（如电磁抱闸）同时使用。能耗制动适用于使机组停转。

反接制动：在电动机正常运行时，不改变励磁回路的方向而将电枢绕组电压极性经一限流电阻突然反接（见图 4-81*b*）。由于电枢端电压的极性改变，电枢回路产生一个较大的反接电流，从而产生一个与电动机旋转方向相反的制动转矩以实现制动。此种制动方法，当转速下降为零时，必须同时切断电源，否则会发生反向启动。反接制动由于反接电流和制动转矩都较大，因此制动作用很强。

回馈制动：回馈制动也称再生发电制动。在励磁不变的情况下，由于电动机负载变化的原因，电动机的实际转速超过了理想的空载转速。当转速升高到一定程度时，电源电压小于电枢反电势，使电流改变方向，电动机作为发电机运行，使电动机加速的动能转化为电能向电网回馈（见图 4-81*c*）。此时，电磁转矩变为制动转矩与电动机旋转方向相反，起到制动作用。例如开卷机的电动机转速升高，当 $U<E_a$ 时，将产生制动力矩而制动。

回馈制动的特点是制动时电动机转速不为零。当电磁转矩与负载加速转矩相等时，电动机便在一个稳定的转速下运行。

（3）改变直流电动机旋转方向有两种方法：第一种方法是将电枢两端电压反接，即改变电枢电流的方向；第二种方法是改变励磁绕组的极性，即改变主磁场的方向。但要注意，两者不能同时改变，只能改变其中一项才能达到反转的目的。

239. 直流电动机的调速方法有几种，各有哪些特点？

直流电动机可以在很宽的范围内平滑地调速。当电枢回路中串接调节电阻 R_f 时，直流电动机的转速为：

$$n=\frac{U-I(R_s+R_f)}{C_e\Phi}$$

式中　U——电枢端电压；

I——电枢电流；

R_s——电枢电阻；

R_f——电枢电路中串接调节电阻；

C_e——电动势常数；

Φ——磁通。

从上式可以看出，直流电动机可采用调节励磁电流、电枢端电压和电枢回路电阻等方法进行调速，下面分别叙述不同调速方法的特点：

(1) 调节励磁电流 I_f。减小励磁电流也就是减弱磁通 Φ。转速 n 随励磁电流 I_f 和磁通 Φ 的减小而升高。但是由于电机铁心磁饱和的原因，一般不允许增大磁通 Φ，而只能采用减弱磁通的办法进行调速，其线路图和特性曲线如图 4-82a 所示。

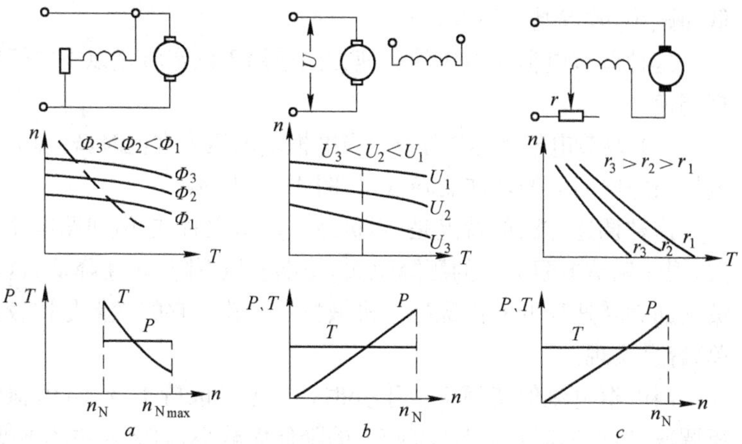

图 4-82　直流电动机不同调速方法的线路图和特性曲线

a—调节励磁电流；b—调节电枢电压；c—调节电枢回路电阻

减弱磁通 Φ 实现调速是一种简单、经济而且控制方便的办法。它具有调速平滑、范围宽、损耗小、稳定性好等优点，配合其他装置可进行无级调速。用这种方法调速后获得的机械特性比较硬。

调节励磁电流 I_f 的调速方法在电枢电流保持额定值不变时，转矩 T 与磁通 Φ 成正比，转速 n 与磁通 Φ 成反比，输入、输出功率及效率基本不变。因此，调节励磁电流的方法适用于额定转速以上的恒功率调速。

(2) 调节电枢端电压 U。当磁通为常值时，转速 n 随电枢端电压 U 的减小而降低。

改变电枢端电压 U 进行调速，可保持电动机机械特性硬度不变，调速平滑、范围宽。一般用调节发电机的励磁来改变电动机的端电压。但由发电机组供电时，最低转速要受发电机剩磁的限制。该调速方法的缺点是需要一套能够改变电压的直流设备。

当电枢电流保持额定值不变时，转矩 T 保持不变，转速 n 和电枢端电压 U 成正比(见图 4-82b)，输入、输出功率随 U 和 n 的降低而减小，效率基本不变。

这种调节电枢端电压的调速方法适用于额定转速以下的恒转矩调速。

(3) 调节电枢回路电阻 r。当电枢端电压为常值时，转速 n 随电枢回路电阻 r 的增加而降低，如图 4-82c 所示。

这种调速方法的特点是：当负载力矩增大时，电枢回路电流增大，因此调节电阻 r 上的压降也大，使端电压下降，转速降低，这种负载加大转速变低的情况称为机械特性变软。它的优点是比较简单，容易实现。

当电枢电流保持额定值不变时，转矩 T 保持不变，可做恒转矩调速，但低速时，输出功率随 n 的降低而减小，而输入功率不变，效率将随 n 的降低而降低，这种调速方法只适用于额定转速以下，不需经常调速，调节范围不大且要求不高的场合。

240. 什么叫电动机的调速范围和静差率？

电动机的调速范围，是指在规定的恒速精度下，在满负荷时，电动机最高工作转速到最低工作转速的可调节范围，用调速比 D

来表示，即

$$D=\frac{\text{最高工作转速}}{\text{最低工作转速}}=\frac{n_{\text{最大}}}{n_{\text{最小}}}$$

通常用最大静差率来表示恒速的精度。电动机电流为额定电流时，转速降 Δn 与电机理想空载转速 n_0 之比的百分数叫做静差率，以 S 表示，即

$$S=\frac{\Delta n}{n_0}\times 100\%$$

而最大静差率 $S_{\text{最大}}$ 为：

$$S_{\text{最大}}=\frac{\Delta n}{n_{0\text{最小}}}\times 100\%$$

式中 $n_{0\text{最小}}$——最低空载转速。

调速比 D、最大静差率 $S_{\text{最大}}$ 和转速降 Δn 三者的关系如下：

$$D=\frac{n_{\text{最大}}}{n_{\text{最小}}}=\frac{n_{\text{最大}}S_{\text{最大}}}{\Delta n(1-S_{\text{最大}})}$$

上式表示电机调速时，如转速降 Δn 一定，所要求的静差率 $S_{\text{最大}}$ 越小，则调速比 D 也越小，即调速范围窄。但调速比和静差率是生产工艺所要求的，对于一般调速系统，总是希望调速比 D 大，静差率 S 小，例如，冷连轧机：$D\geqslant 15$，$S_{\text{最大}}\leqslant 2\%$。

特别应当指出：调速范围和静差率是两个不可分割的指标，孤立地要求调速范围而没有静差率的限制是没有意义的。

241. 冷轧机在什么情况下采用恒转矩调速和恒功率调速？

冷连轧机要求调速范围广。驱动轧机的直流电动机既要改变电枢电压调速，又要减弱励磁以进一步提高电动机的转速。

电动机在额定负载、额定电压 U_e、额定磁通时对应的转速叫额定转速，也叫基速 n_e。

(1) 恒转矩调速。基速以下在额定磁通 Φ_e（又称为满磁）时，用改变电枢电压 U 的方法调速，简称升压调速。

设电动机电流为 I_D，那么电动机转矩 M_D 为：

$$M_D = K_M \Phi_e I_D$$

只要负荷不变，I_D 就不变，转矩 M_D 与电枢电压 U 无关，因此基速以下调速是恒转矩调速，它的功率 P 为：

$$P = \frac{M_D n}{975} = \frac{M_D}{975} n = cn$$

式中　C——常数，$c = \frac{M_D}{975}$。

电动机功率 P 与转速 n 成正比。基速以下变 U 调速，转速越低功率越小，不经济。

(2) 恒功率调速。基速以上在额定电压 U_e 时，用减弱磁通的方法调速，简称变磁通调速，又称为弱磁调速。

这时电动机功率为：

$$P = \frac{M_D n}{975} = E_D I_D$$

式中　E_D——电动机的反电势，$E_D = U_e - I_D R_D$。

基速以上调速，U_e 固定不变，为了充分利用电动机，令 I_D 不变，电动机内阻压降 $I_D R_D$ 就不变了，因此，反电势 E_D 也是不变的，即电动机电流不变时，功率也不变。所以基速以上弱磁调速为恒功率调速，即

$$E_D = K_e \Phi n = 常数$$

式中　K_e——常数，与电动机构造有关。

若想保持反电势 E_D 不变，Φ 与 n 的乘积必须不变，即

$$\Phi n = A \text{ 或 } \Phi = \frac{A}{n}$$

基速以上减磁通调速，电动机是恒功率输出。Φ 与 n 按双曲线关系变化，Φ 逐渐减小，n 逐渐增大，电动机转矩 M_D 为：

$$M_D = K_M \Phi I_D = K_M \frac{A}{n} I_D = \frac{A'}{n}$$

式中　A'——负载电流不变时为常数，$A' = K_M A I_D$。

基速以上弱磁调速时，随着转速的升高，转矩逐渐下降，M_D 与 n 也是按双曲线关系变化 。

基速以下升压调速和基速以上弱磁调速有关物理量变化情况如图 4-83 所示。其中 n_{gd} 为转速给定信号。

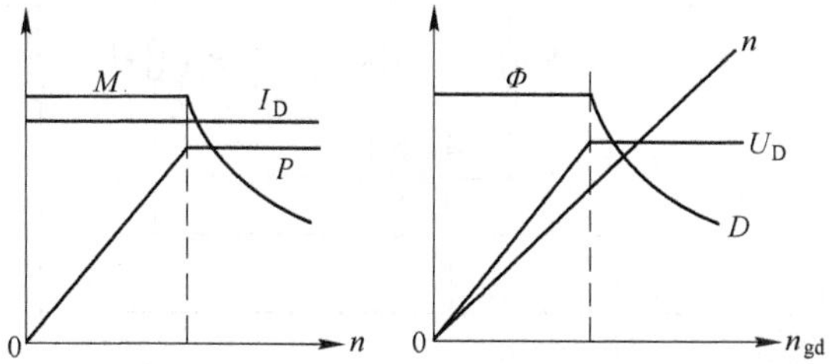

图 4-83　两种调速方法中有关物理量间的关系

242. 什么是发电机-电动机机组？

在冷轧生产中，冷轧机大多要求直流电动机驱动，并且要求直流电机的调速范围能满足轧制工艺的需要。因此，在较长时期内采用发电机-电动机机组供电，一般叫 F-D 系统。图 4-84 为 F-D 拖动系统的原理图。异步电动机 Y 拖动直流发电机 F 和励磁机 L，发电机 F 对直流电动机 D 的电枢供电，励磁机 L 则对发电机和电动机的励磁绕组供电。

发电机 F 和直流电动机 D 的电枢直接连接，在 F-D 系统主回路里不接启动电阻或调速电阻，这样控制发电机的励磁就可以控制发电机的输出电压，以达到控制电动机的启动电流、工作转速和旋转方向的目的。

F-D 拖动系统启动、调速和反转等都在励磁回路里操作，所以可选用小容量的控制电器。

在 F-D 系统中，由于交流电动机 Y、直流发电机 F 和励磁机 L 这 3 台电机都为直流他励电动机服务，再由直流电机去带动轧辊

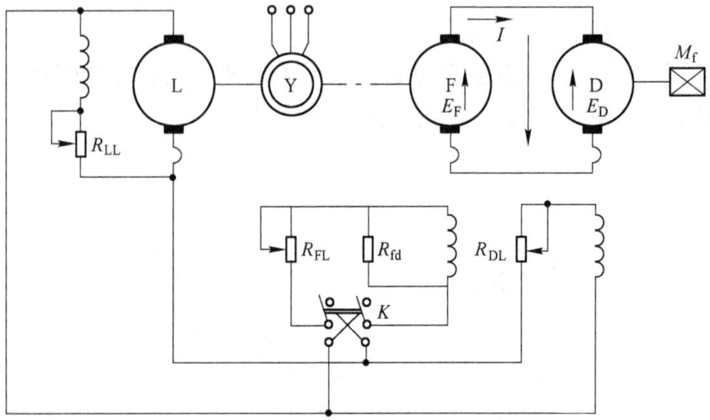

图 4-84　发电机-电动机机组原理

旋转，因此能够得到比较满意的拖动性能。

由于对发电机-电动机机组中的直流他励电动机可以同时采用调磁的方法（恒功率）和调压的方法（恒转矩）来调速，所以可以大大地扩大调速范围。调压时，可使 $n_{最大}$ 较低，为 $n_{最小}$ 的 5～10 倍。当调磁时，又可使 $n_{最大}$ 再升高 0.5～2 倍。这样，发电机-电动机机组他励直流电动机总的调速范围可达 7.5～30。

发电机-电动机机组的主要优点是：除了调速范围大外，还容易得到近似的无级调速。只要增加发电机励磁调节电阻和电动机励磁调节电阻的抽头数目，就可以使各级速度之间的差数很小，而接近无级调速。

发电机-电动机机组的缺点是：设备容量大，需要的电机多，占地面积大，振动大，噪声大，能量损耗也大。因此，发电机-电动机机组不是理想的拖动系统，目前正逐渐被可控硅直流电源供电系统所代替。

243. 什么叫可控硅供电？

二极管整流电路输出的直流电压其大小一般是不可调节的。

而在我们冷轧生产中往往需要电压可以调节的直流电源，如直流电动机的调速。

为了使整流器输出的直流电压能够调节，可以采取下述两种方法：一种是通过改变整流器输入端交流电源电压的幅值来改变整流器输出端直流电压的大小，如图 4-85*a* 所示；另一种是利用可控整流元件，将整流器输出的直流电压波形可控制地加以切割，从而使输出的直流电压平均值大小改变，如图 4-85*b* 所示。图 4-85*a* 所示的电路因有机械惯性、不能实现快速调节以及所需的控制功率较大等缺点，所以不被采用。在生产实际中所用的调压整流电源大都为图 4-85*b* 所示的可控整流电路。

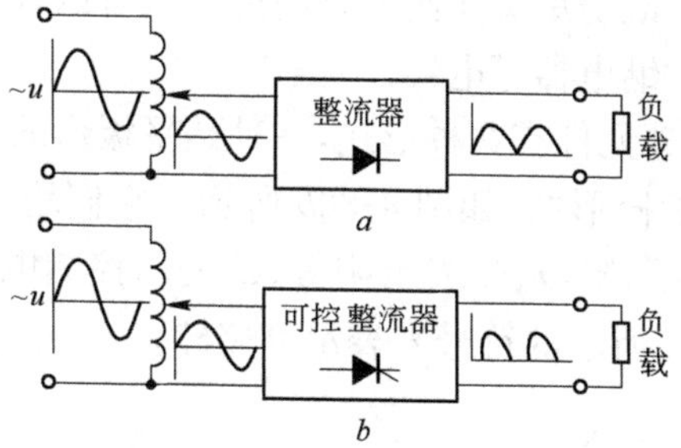

图 4-85 两种调压整流电路

作为可控整流电路中的关键元件是可控整流元件。可控整流元件从闸流管、引燃管、可控水银整流器等离子可控整流器件发展到半导体大功率可控整流元件。这种半导体大功率可控整流元件就是可控硅整流元件，简称“可控硅”，记作 SCR。

可控硅整流元件，较其他类型的旧式可控整流元件具有体积小、质量轻、效率高、寿命长，运行中无噪声、无毒、无磨损、不需预热，使用维修方便等显著优点。

可控硅与普通硅整流二极管相比较，由于具有可控整流的功能，因此利用它可以实现一系列交、直流电能形式间的特殊转换，例如：

(1) 可控整流：将幅值一定的交流电能变成电压可调的直流电能，广泛应用于交、直流电动机无级调速，同步机励磁、电解等电源中。

(2) 交流调压：将某种交流电压变成另一种交流电压，取代了用硅钢片和铜线制成的调压器和电抗器等。

(3) 变频：把交流从一种频率转变为另一种频率。例如用作中频电源和控制交流感应电动机的变频调速。

(4) 逆变：将直流电能变成交流电能。应用于绕线型感应电动机的串级调速、直流电动机的再生制动等。

(5) 交、直流无触点开关：能快速接通或断开大功率的电路，又不产生火花，既防爆又防潮而且耐震。它可以取代防爆开关、接触器、有触点的继电器等电器。

目前可控硅元件有两种形式，一种是平板形的，如图 4-86*a* 所示，另一种是螺栓形的，如图 4-86*b* 所示。它们均有 3 个电极，分别用符号 *A* 表示阳极、*C* 表示阴极、*G* 表示控制电极。在电路图上则用图 4-86*c* 所示的符号来表示可控硅。

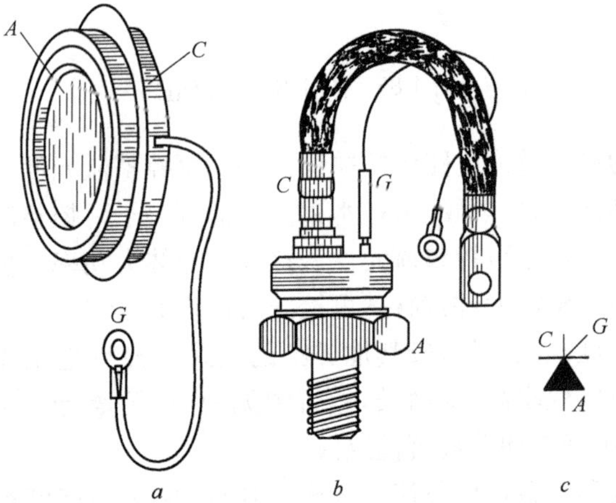

图 4-86　可控硅外形和符号

国产可控硅元件按国家标准命名为 3CT 系列，元件型号及所代表的意义如下：

3 C T □ / □

- □（斜线后）——表示元件的断态重复峰值电压
- □（斜线前）——表示元件的额定通态平均电流
- T——表示可控硅整流元件
- C——表示 N 型硅原始材料
- 3——表示有 3 根电极

如 3CT200/750 表示通态平均电流为 200A，断态重复峰值电压为 750V 的可控硅整流元件。

某厂 300mm 五机架冷连轧机由原来用发电机-电动机机组供电，改为可控硅供电系统，生产上发挥了很大的优越性，具体表现为：

(1) 产量大幅度提高，以冷轧电缆带而言，产量从原来班产 18t 增加到 26t，最高可达 30t。

(2) 电耗大幅度降低，由原来每吨钢耗电 224kW · h 降为 163kW · h。

(3) 事故率下降。每月故障时间不超过 8h，有时甚至连续几个月无事故。

244. 直流电动机控制系统的基本原理是什么？

图 4-87 是一个可控硅直流电源供电给直流电动机的方框图。在输入端电动机对应有一个转速，从输出到输入之间没有任何形式的电路联系，我们把这样的系统叫做“开环”控制系统。

当电动机的负荷增大时，转速便下降，要想减小转速降，可以增大给定电压 U_{gd}，使整流电压 U_d 增大，以此来补偿电枢压降，使电动机转速恢复到原来的数值。这样就可以保证既有较大的调速范围，又可以具有较小静差率的要求。而开环控制系统不能及时地做到这一点。

在图 4-88 中，CF 表示测速发电机，它与电动机 D 装在同一根机械轴上，所以测速发电机发出的电压 U_{nf} 与电动机的转速成正比，并把 U_{nf} 引入到输入端与给定电压 U_{gd} 反极性串联，这两个电压之差为 $\Delta U_k = U_{gf} - U_{nf}$。用这个电压差作为可控硅整流装置的输入电压，控制整流电压 U_d，进而控制电动机的转速。其中电动机叫做控制对象，电动机的转速称为被控制量（也称输出量），U_{gd} 叫做给定量或输入量。

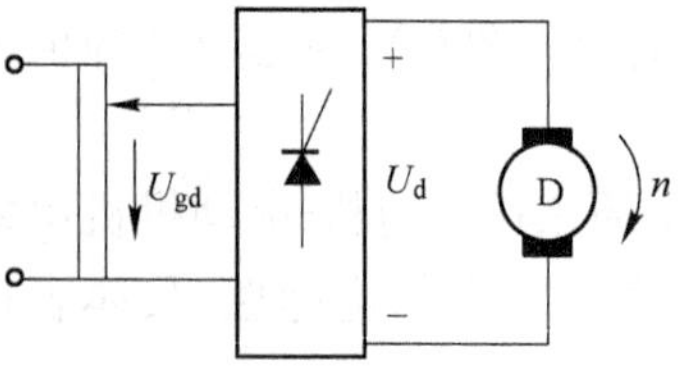

图 4-87　可控硅-电动机开环控制系统

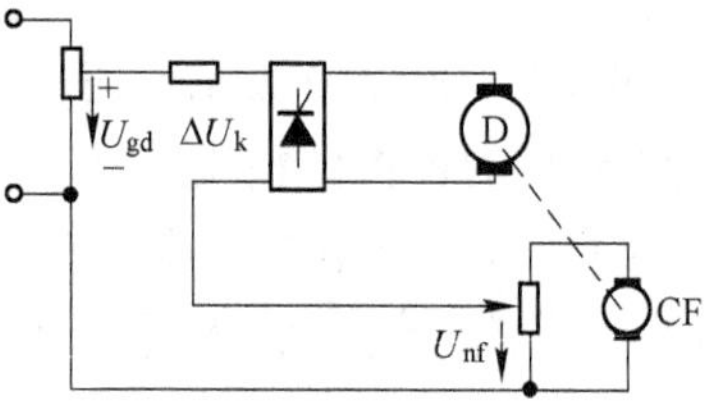

图 4-88　转速负反馈控制系统

电压 U_{nf} 返回到输入端参加控制，U_{nf} 的大小反映被控制量电机转速的高低，把这种方式叫做转速反馈。因为电压 U_{nf} 极性与给定电压 U_{gd} 相反，所以叫转速负反馈，这种系统叫做转速负反馈控制系统。它是最常用的一种反馈控制系统。

当转速 n 下降时，U_{nf} 减小，则 $\Delta U_k = U_{gd} - U_{nf}$ 增大（因为 U_{gd} 未变），使整流电压升高，电动机转速上升接近原来转速；或由于负荷减小和其他因素影响电动机转速 n 升高时，测速发电机电压 U_{nf} 增大，则 $\Delta U_k = U_{gd} - U_{nf}$ 减小，整流电压下降，转速随着下降到接近原来的数值。转速负反馈可以维持转速接近恒定，实现恒转速控制。

在图 4-88 中把反映转速 n 的电压 U_{nf} 反馈到输入端，与给定电压 U_{gd} 比较，形成一个闭环。当给定电压不变时，转速 n 产生波动，通过反馈作用，系统可以自动调节转速 n 接近恒值，所以把这种系统叫做闭环控制系统。

依靠反馈信号的作用，达到阻止被控制量变化的目的，我们把这样控制方法叫做反馈控制。它是电力拖动自动控制系统的基础。

在转速负反馈系统中，电动机负荷增大以后，所产生的转速降 Δn 比不加反馈时要小，从而达到扩大调速范围的目的。

245. 常用的调节器有哪些？

调节器是组成自动调节系统的重要一环。所谓调节器，就是对输入量（给定量）进行某种运算，使输出量按某种预定规律进行变化的装置。

最常见的调节器有以下几种类型：

P：比例调节器，输出量与输入量之间成比例关系。

I：积分调节器，输出量与输入量对时间的积分成正比。

D：微分调节器，输出量与输入量对时间的微分成正比。

PI：比例积分调节器，输出量由两部分组成，一部分与输入量成正比，另一部分与输入量对时间的积分成正比。

PD：比例微分调节器，输出量由两部分组成，一部分与输入量成正比，另一部分与输入量对时间的微分成正比。

PID：比例积分微分调节器，输出量由 3 部分组成，一部分与输入量成正比，另一部分与输入量对时间的积分成正比，再一部分与输入量对时间的微分成正比。

调节输出量反馈到调节器的输入端。正确地选择调节器的形式和参数，可以使调节系统获得预期的品质指标。

在可控硅自动调速系统中，绝大多数情况采用直流半导体放大器组成调节器。这种放大器需对输入量进行运算，以使输出量按预期规律变化，因此，有时称为“运算放大器”。

表 4-33 给出了可控硅自动调速系统中常用的电子调节器的电路和过渡过程图像，便于读懂系统图。

表 4-33　电子调节器

符号	名称	接　线　图	过　渡　过　程
P	比例	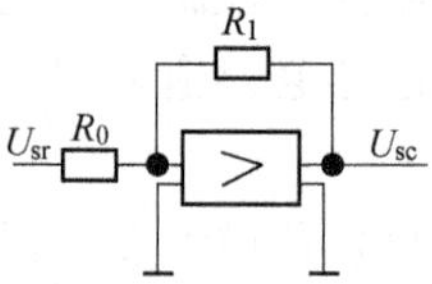	
I	积分	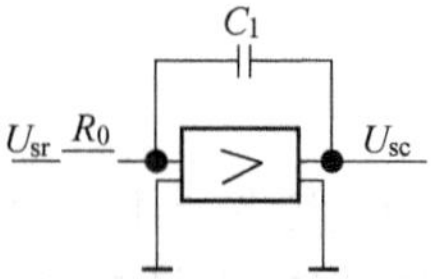	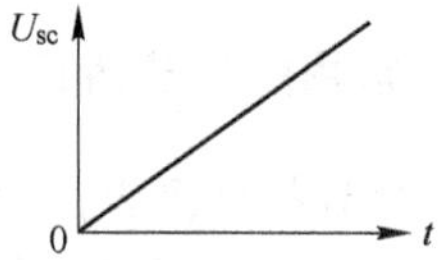
D	微分	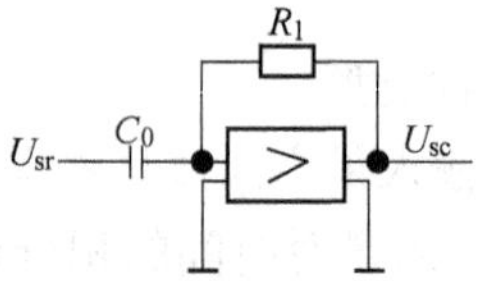	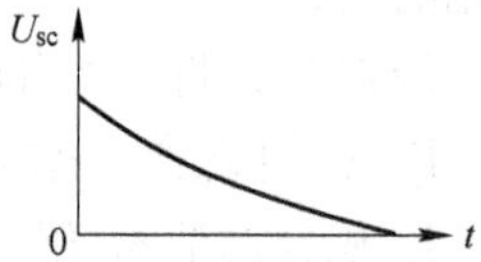
PI	比例积分	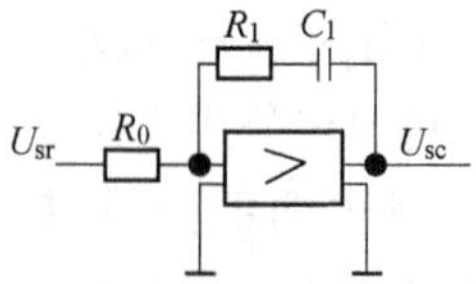	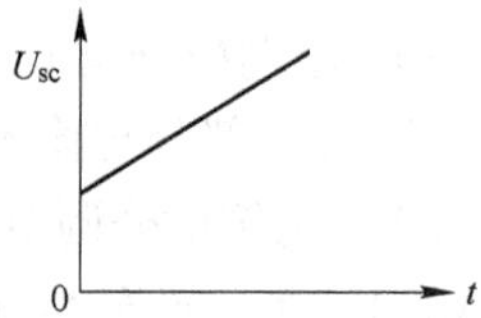
PD	比例微分	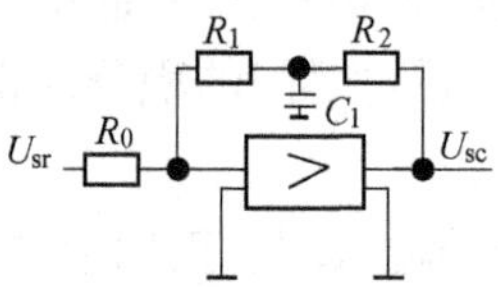	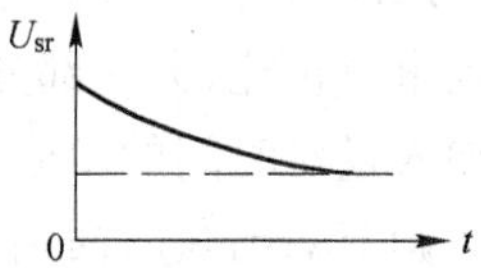
PID	比例积分微分	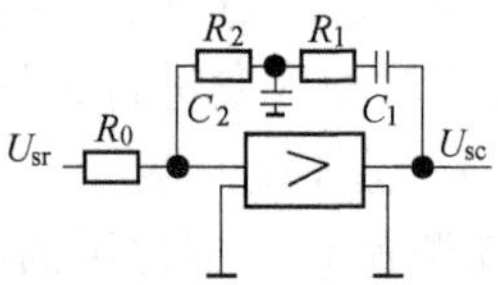	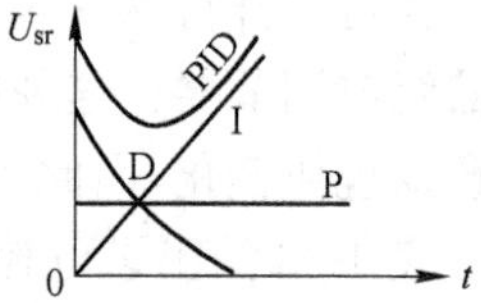

续表 4-33

符号	名称	接　线　图	过　渡　过　程
T	惯性	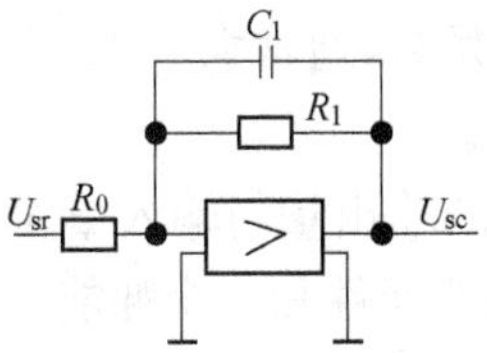	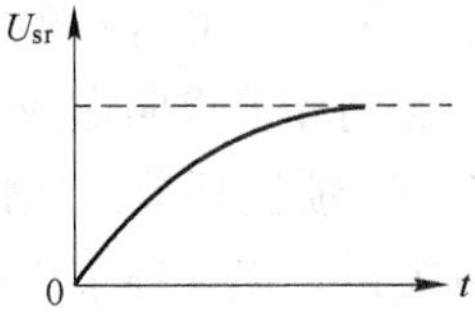

246. 自动控制系统中典型环节有哪些？

在生产中，经常需要控制系统按着给定信号的要求，从一种稳定运转状态转换到另一种稳定运转状态。例如电动机从静止状态启动到某一转速稳定状态，或由高速运转状态降低到低速运转状态等。由于控制系统中存在着这样或那样的惯性(电气的、机械的等)，系统从原来的运转状态过渡到新的运转状态，不是跟随控制信号同时改变的，而是有一个过渡过程。控制系统的动态特性就是指过渡过程中各个输出量(例如电动机转速、电流、电压等)对于时间变化的规律。

自动控制系统都是由若干元件按某种连接方式组成的。例如，可控硅电动机自动调速系统中有可控硅、调节器、触发器、测速机、电动机等，称为构成系统的“环节”。系统的动态过程与它使用的元件动态特性密切相关。因此，研究系统的动态过程，必须首先研究各种元件的动态特性。自动控制系统中所使用的元件类型很多。任何环节(简单的、复杂的)按过滤过程性质，都可以分为比例环节、惯性环节、滞后环节、微分环节、积分环节、振荡环节等以及它们的组合。这些环节一般叫做典型环节。

(1) 比例环节。输出量与输入量成比例关系的环节叫比例环节。它的输出量 $X_{sc}(t)$ 能立即成比例地反映输入量 $X_{sr}(t)$ 的变化，没有时间滞后(没有储能元件)。属于这类环节的有电位器、晶体管放大器、机械上的杠杆等。比例环节的输出量和输入量关系式为：

$$X_{sc}(t)=KX_{sr}(t)$$

式中　K——比例系数或放大系数，通常大于1。

比例环节也叫做放大环节。

(2) 惯性环节。惯性环节的输出量与输入量对时间的积分成比例关系。惯性环节由一个储能元件和一个耗能元件组成。在电路中 RL 电路(电阻-电感电路)是惯性环节，RC 电路(电阻-电容电路)也是惯性环节。直流电动机的电枢、发电机的励磁绕组、继电器线圈等都是 RL 电路。

(3) 积分环节。积分环节的输出量与输入量对时间的积分成比例关系。它只包含一个储能元件，像充液时没有输出的液罐。电动机以动态电流为输入量，以电动机转速为输出量都是积分环节。

惯性环节的时间常数足够大时，它在系统中的作用就近似于一个积分环节。或者说积分环节也可以近似看成是大时间常数的惯性环节。

(4) 微分环节。输出量与输入量对时间的导数成正比的环节叫微分环节。当输入量 $X_{sr}(t)$ 为单位阶跃函数时，输出量在时间 $t=0$ 时为无限大，$t>0$ 时为零。

在现实中不可能得到上述理想微分环节，只能近似地得到。如 RC 微分电路(图 4-89)输入量为直流电压 U_{sr}，输出量为 U_R。电容 C 初始电压为零时，突然加大阶跃输入电压 U_{sr}，电容器上电压不能突变，$t=0$ 时相当于电容短路，所以 $U_{sc}=U_R=U_{sr}$；$t>0$ 时电容充电，U_R 减小，稳定时 $U_R=0$，这时 $U_C=U_{sr}$，电容只起隔离直流电压的作用。

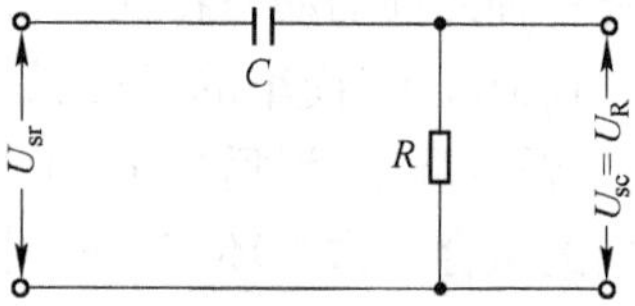

图 4-89　RC 电路

综上所述，理想微分环节在阶跃输入时加速了过渡过程，而积分环节和惯性环节起延缓过渡过程的作用。

(5) 振荡环节。振荡环节包括两个储能元件。当输入量为阶跃函数时，输出的过渡过程带有振荡性质。

例如由电阻、电容和电感所组成的电路中，电感中储存磁能，电容中储存电能，两种能量可以反复地转换，使输出量的过渡过程有振荡性质。又如电动机，以电压为输入量，以转速为输出量，如是一个振荡环节，它也包含两个储能元件，一个是电枢回路电感，能储存磁能，另一个是电机转子的惯量，能储存动能，两种能量可以反复地转换，使电动机转速有振荡性质。

(6) 滞后环节。放大环节能够毫无滞后地复现输入量，而惯性环节和振荡环节都是以一定程度的滞后复现输入量。输入量作用后，环节输出量逐渐增加，过渡过程结束时，复现输入量。滞后是纯滞后。输入量作用后，起初环节的输出量仍然是零，等到一定时间(纯滞后时间)后，输出量才毫无偏差地复现输入量。在可控硅-电动机调速系统中，可控硅整流电路就是这种滞后环节。

247. 可控硅导通和关断的条件是什么?

可控硅具有单向导电的特性，可控硅的导通可以通过控制极加以控制。

可控硅导通的条件是：

(1) 阳、阴极间必须施加正向电压；

(2) 控制极、阴极之间必须施加具有一定功率的正向电压，这个电压一般称为触发信号或触发电压；

(3) 阳、阴极间通过的电流必须大于维持电流值。

以上 3 个条件必须同时具备，缺一不可。

可控硅关断的条件是：

(1) 阳、阴极间通过电流小于维持电流值；

(2) 阳、阴极间施加反向电压；

(3) 阳、阴极间施加的正向电压减小为零。

以上 3 个条件中，只要具备其中之一，就可使导通的可控硅关断。

由此可知,可控硅由关断状态转化为导通状态,除了取决于可控硅内部结构外,还必须同时具备电路的外部条件。这些外部条件除了大家所熟知的阳极电位比阴极电位高和有一定大小的通流负载之外,还必须在控制极与阴极之间加入足够功率的正向控制电压信号。控制电压信号又称为触发信号。它可以是交流、直流信号,也可以是作用时间为数百微秒的脉冲信号。触发信号只要满足控制极触发功率与所需要的作用时间,就能使可控硅触发导通。可控硅导通后,控制信号就失去控制作用。为了减少控制级的损耗,可控硅导通后,触发信号即被撤消,这种信号叫做脉冲信号,产生脉冲信号的触发电路叫做脉冲触发电路。

在自动控制系统中,为了能自动调节可控硅控制角的大小,以满足调节负载参数(如电压、电流、速度等)的要求,触发电路产生的是相对于电源电压相位可以移相的脉冲。脉冲相位的移动靠控制系统输出的直流电压 U_k 来控制。U_k 称为控制电压,图 4-90 表示出调节器、触发电路和可控硅电路之间的关系。

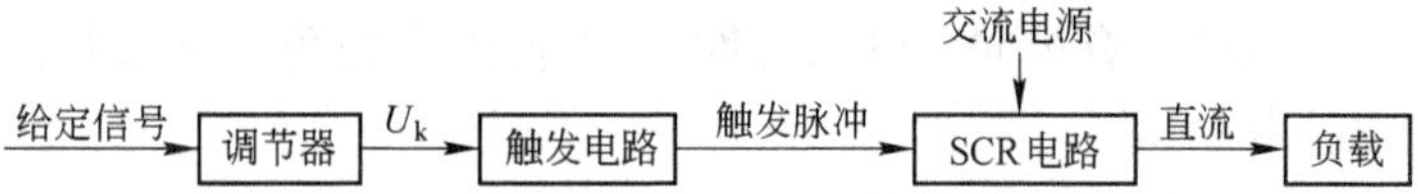

图 4-90　可控硅整流电路与触发电路的关系

248. 什么是可控硅-电动机非独立励磁控制系统?

根据直流电动机的两种调速方式,自动调速系统的升速采用先升压、后弱磁的方案。电动机先满磁升压启动,当转速达到基速 n_e 的 90%～95%(该转速值称为转速整定值 n_z=90%～95%n_e),即端电压 $U_D \approx U_e$ 时再开始弱磁升速。电动机在高速停车或高速降为低速时,先增磁、后降压进行制动。由于这种调速系统调整范围广,过渡过程时间短,平滑性好,又能充分利用电动机,因此,在可逆式轧机和连轧机上主传动常常用这种自动调速系统。

先升压、后弱磁的自动调速系统，在基速以上的调磁控制叫做磁场控制系统。它又分为独立励磁控制系统和非独立励磁控制系统。非独立励磁控制系统的减弱励磁由电动机反电势来控制，电动机反电势必须达到额定值的 90%～95%（也称为整定电势 E_z＝90%～95%E_e）以后，才允许弱磁，就是利用反电势信号去控制减弱磁场。非独立励磁控制系统，其控制方式简单可靠，用一定给定信号来控制电枢电压和励磁电流。电动机启动时能保证先升压、后弱磁；电动机减速和制动时能保证先增磁、后降压。减少了操作工人的劳动强度，提高了控制的准确程度。

图 4-91 是非独立励磁系统的方框图。电动机电枢电压控制方式是双环系统，内环是电流环，外环是速度环。励磁控制也是双环系统，内环是磁通环，由磁通调节器 ΦT、触发器、可控硅、励磁

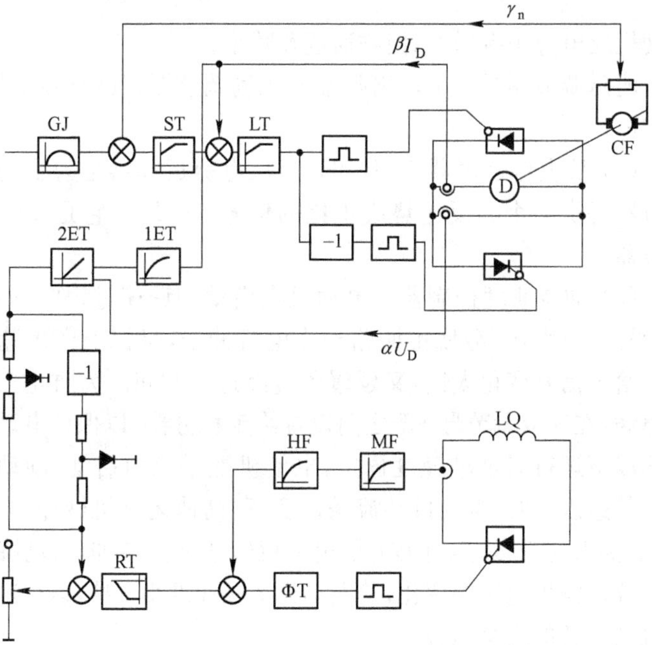

图 4-91　非独立励磁系统方框图

绕组 LQ、磁场模拟环节 MF 和函数发生器 HF 构成，进行磁通调节；外环是电势环，由弱磁调节器 RT、反电势调节器 1ET、2ET 和满磁给定信号 $E_{\Phi g}$组成。励磁系统各个环节的作用如下：

(1) 弱磁调节器 RT。基速以下调速，电动机满磁，用提高电动机端电压的方法进行速度升降。反电势 E_D 随着转速 n 的升高而增加，根据反馈控制原理，要维持某一参量恒定，必须设置该参量的反馈回路，构成调节闭环。在基速以下调速过程中，要维持满磁场不变，必须给磁通环输入一个固定信号，靠磁通环调节磁通为恒值。这就是对弱磁调节器的第一个要求，即基速以下调速时，弱磁调节器的输出 U_{rt}是最大值，以保证电动机在满磁状态下工作。

基速以上的速度调节，必须在电动机的反电势达到整定电势 E_z 才允许弱磁升速。所以，对弱磁调节器的第二个要求是电动机反电势达到 E_z 后，开始弱磁，磁通按 $\Phi=\dfrac{A}{n}$ 规律，随着转速升高，电动机反电势稍有增加，使磁通逐渐减小。

弱磁调节器是一个输出限幅的比例调节器，其输出就是磁通给定值。

(2) 反电势运算器 1ET、2ET。反电势运算器是为了向弱磁调节器提供一个与反电势成正比的信号——E_x。它是比例微分调节器。

(3) 加减速度控制器。电动机在启动和调速过程中，如果给定信号变化太快，会使主回路产生电流冲击，机械上产生速度冲击。给定信号变化太慢，又延缓了过渡过程时间。为防止上述两种弊病，在速度调节器 ST 之前设置给定积分器，以保证电动机在基速以下运行时加减速度恒定，电动机能平稳地启动、制动和调速。基速以上时，电动机整流条件变坏，高速运行机械冲击也大，为此，要求随着磁通 Φ 的降低，电动机转速 n 的增加，自动降低给定积分器输出电压的变化，使电动机加减速度小一些，以保障电机和机械设备的安全运转。

(4) 最大电流限制器。最大电流限制器的作用是限制电动机的电流，使它在不同转速运转过程中都不超出最大允许电流值。假设电动机在基速以下运行，最大允许电流为 I_{max}，在基速以上运行时，由于整流条件变坏和机械冲击增大，最大允许电流要随转速增加逐渐降低，转速越高，最大允许电流越小。

(5) 函数发生器 HF。调磁系统内环是磁通环，给定值是磁通给定 Φ_{gd}，反馈量是磁通反馈 Φ_f。Φ_f 不易测出，只能用易于测量的励磁电流间接地代替磁通。励磁电流 I_Φ 与磁通 Φ 为非线性关系，模拟非线性关系的运算放大器叫做函数发生器。

249. 怎样控制 300mm 冷连轧机的张力?

无论大型高速冷连轧机还是小型低速冷连轧机，有一个共同点是必须满足冷连轧工艺中“金属秒流量相等”的原则。所谓“秒流量相等”即是在单位时间内流出每一架轧机的带钢体积是相等的，可写成：

$$h_1 v_1 = h_2 v_2 = \cdots = h_5 v_5$$

式中　$h_1 \sim h_5$——第 1 机架至第 5 机架带钢出口厚度；

$v_1 \sim v_5$——第 1 机架至第 5 机架带钢出口速度。

如果在轧制过程中不能保证秒流量相等的原则，那么就会造成拉钢或堆钢，使连轧难以进行。

张力调节的手段有两个，一个是调整压下量，以改变带钢轧出厚度 h 来保证秒流量相等；另一个是用调整轧辊线速度 v 的办法来调节带钢张力。中小型较低速轧机常采用调速方法。300mm 五机架冷连轧机在单机系统的最外环采用张力调节器。通过张力调节器将 5 个机架联成一个整体。

大家知道，张力是由相邻机架带钢出口和入口线速度差引起的，线速度差与张力之间的传递关系是一个惯性环节，故张力调节器采用比例积分调节器的形式。

在可控硅传动设备中，带自动投张装置的张力调节器控制张力调节环的投入及进行张力自动调节。它由张力投入环节和张力调节环节组成。

张力投入环节的作用是当张力上升到接近给定值时，将张力调节环节的锁零解除，使张力调节环节投入工作。

张力调节环节的作用是维持机架间带钢张力恒定。

轧制工艺参数变化（如来料厚度变化），相邻两机架的带钢秒流量就发生变化，则张力就会发生波动。以第 i 机架为基准机架，当第 i 机架与第 $i-1$ 机架间带钢张力平衡被破坏，张力反馈量发生变化时，通过张力调节器输出量的改变，使第 $i-1$ 机架电机速度做相应变化，从而使张力恢复到原来值。

由于张力是由两相邻机架线速度差引起的惯性环节，因此，张力变化不是跃变的，而是一个渐变量。五机架连轧机组以 2.5m/s 的速度轧制时，设给定张力自 10kN 变化到 15kN，张力变化量为 5kN，速度变化将达到 40～50r/min。

300mm 五机架冷连轧机采用第 3 机架作为速度基准机架，在此机架上不设张力调节器。第 3 机架为基准机架的优点是可以减少张力受相邻机架张力调整的影响，有利于提高张力控制精度。

图 4-92 为五机架张力控制系统示意图。现以增加带钢张力为例，对于第 3 机架前的轧机，轧辊速度是往下调节的；对于第 3 机架后的轧机，轧辊速度应往上调节。

当外扰量影响带钢秒流量相等时，通过调节相应机架的轧辊速度来保证张力恒定，重新达到秒流量相等。但是，多机架在调节中有其特殊性，即调节某两个相邻机架间带钢张力时要影响其他机架间的张力。当 1～2 机架间或 4～5 机架间的张力 T_{1-2} 或 T_{4-5} 变化时，则分别调节第 1 及第 5 机架的轧辊转速即可恢复到原张力值。但当 T_{2-3} 或 T_{3-4} 发生波动时，则应调节第 2 或第 4 机架的轧辊转速，保证 T_{2-3} 或 T_{3-4} 恒定，但由于第 2 或第 4 机架转速变化后，即破坏了已经恒定的张力 T_{1-2} 或 T_{4-5}，这样，T_{1-2} 或 T_{4-5} 也要再做相应的调整，造成连轧机张力波动变大，产生不良影响。

因此，在第 2 和第 4 机架的张力调整器输出上设置相关校正环节，其基本原理如下：

假设由于某种外扰量引起 T_{2-3} 变大，则张力调节器立即对第

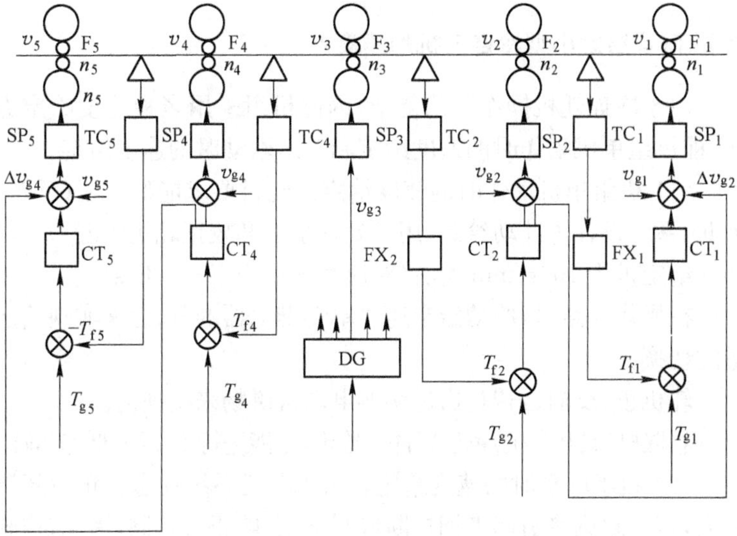

图 4-92 300mm 五机架冷连轧机张力控制系统

v_i—第 i 机架带钢出口线速度；n_i—第 i 机架电机转速；SP_i—第 i 机架速度调节系统；v_{gi}—第 i 机架速度给定；CT_i—第 i 机架张力调节器；T_{gi}—第 i 机架张力给定；T_{fi}—第 i 机架张力反馈信号；FX_i—第 i 机架倒相器；TC_i—第 i 机架张力计；DG—给定积分器；Δv_{gi}—第 i 机架送出的给定张力相关校正

2 机架主电机进行调速，使其速度升高。可是，如无相关校正环节，则当第 2 机架增速时，便造成 T_{1-2} 变大，张力反馈量增加，然后通过第 1 机架张力调节器对第 1 机架主电机进行增加，使 T_{1-2} 平衡。而在调 T_{1-2} 时，对 T_{2-3} 也有影响(其影响较调节 T_{2-3} 时对 T_{1-2} 小)，故连轧机张力波动就显得较大。

所谓张力相关校正就是当 T_{2-3} 变大后，第 2 机架张力调节器的输出量在调节第 2 机架主电机升速的同时，送一信号到第 1 机架主电机，先将第 1 机架主电机速度往上调起来，使 T_{1-2} 不向增大方向变化。只要补偿得当，就可做到相互间影响很小，这样的控制称为张力前馈控制。一般校正信号的量，选在 30%～40%为宜，以达到缓和相关张力的影响，适当改善张力波动的目的。

250. 怎样给定小型冷连轧机的速度？

由于冷连轧机操作工艺复杂，因此机组采用多种速度给定方式，即机组单机动作时的速度给定和机组联动时的速度给定。

（1）机组单机动作时的速度给定。轧机要求能低速正、反转，因此，系统设置了冲动给定，用于处理事故和校正轧机辊缝。一般冲动给定量为 100r/min 左右（对应线速度小于 0.5m/s）。

在操作回路里，冲动给定通过单动继电器的分、合来实现给定量的切换。

轧机正、反向运转是通过切换电动机磁场来实现的。

卷取机（或开卷机）也设置冲动给定，也能进行正、反向低速运转。

（2）机组联动时的速度给定。由于单机系统动态校正时超调量大，速度超调将引起带钢拉断或起套，影响正常轧制，因此，连轧机的速度超调是不允许的。为此，连轧机的速度给定往往需要采用逐渐变化的给定量，如斜坡信号。小型五机架冷连轧机组由统一的给定积分器输出斜坡信号，每个机架按各自的轧制工艺分配的速度给定值取出各自斜坡信号值，以保证各机架升速同步。

给定积分器能发生 0～4m/s 的轧制信号和 0～0.5m/s 的喂料速度信号。总操作人员通过总操作回路向给定积分器输入不同的给定量。

由于轧制工艺中各机架速度分配是以成品机架高速轧制时为准的，在轧制过程中各机架速度分配不再改变。但是，轧制中、高速时的速度分配比例与低速时不一定一致，因此，经高速时速度分配比例可能造成低速喂料困难，或者根本建立不起张力。为解决这一问题，在每一机架上（除第 3 机架外）设置了速度微调，微调量为±50r/min，以保证穿带和建立张力。

为了在卷取机（或开卷机）咬入带钢后能使综合调节器自动地从速度控制状态转变为电流控制状态，在综合调节器上设置速度附加给定，给定量为 100r/min。该附加速度给定量的作用是当卷取

(开卷)机一旦绷紧带钢时,使综合调节器中的速度环节推向饱和。

251. 为什么小型冷连轧机需要“锁零”装置及轧机强制起步?

(1) “锁零”装置。连轧机在停车时,不能有“爬行”现象,否则将造成起套或拉断带钢,而五机架冷连轧机系统中又大量采用比例积分(PI)和积分(I)调节器,如果不加“锁零”装置,一旦放大器“零点”漂移,则电机将会自动“爬行”起来。为此,速度调节器、电压调节器和电流调节器等均设置“锁零”装置,即由一只 3DJ 场效应管将输入与输出短接起来。当轧机停车时,一套电平检测、或非门及电平变换逻辑装置使 3DJ 场效应管呈低阻抗,使各调节器输出为零,而电压调节器输出为零时,可控硅无电压输出,轧机就能可靠停止。

当速度给定输入量大于某一电平值时,则电平检测翻转,使电平变换输出 −15V 电压给各场效应管,使其呈高阻抗,这样系统即可进入运行状态。

(2) 轧机强制起步。由于各机架解除“锁零”的电压均调整成一样的(目前均整定为 0.3V 时解除“锁零”),但各机架的速度值是不同的,这样,在给定积分器输出斜坡信号电压时,必定造成各机架打开“锁零”有先有后的现象,使各机架起步运行时间不一致。各轧机起步不一致,必定会拉断钢带(尤其是生产 0.1mm 薄带钢时),造成金属消耗增加,生产率降低。

为使各轧机起步一致,五机架冷连轧机组在系统中还设置了一个强制起步装置,即轧机进入联动运转时,当给定积分器输出到某一值(目前整定为 0.2V)时,发生一个统一的解除“锁零”信号给各系统的电平变换器,使它们翻转,机组各调节器在同一时刻解除“锁零”,机组各系统在同一时刻投入运行,保证了各轧机几乎在同一时刻(小于 10ms 差异)起步升速。

252. 安全用电一般需注意哪些事项,发生触电事故后怎么办?

安全用电一般需注意:

(1) 检修电路或设备时，不可带电操作；一定要拉开闸刀，切断总电源，并挂上“有人工作，不准合闸”的表示牌，然后进行工作。

(2) 在任何电气设备未经检查证明无电之前，应一律认为有电，不得乱动。

(3) 不准在电线上勾挂东西，不可把重物压在电线上。

(4) 不可用铜丝作为熔断丝（俗称保险丝），应按电路的实际电量来选择适当的熔断丝。

(5) 普通电灯不能做活动工作灯使用，活动灯必须采用36V以下的安全活动工作灯。

(6) 不准任意拆除设备或操作台上的电器装置，发现故障应及时请电工修理。

一旦发生触电时，首先要立即关掉开关，切断电源；或用木棒、竹竿等不导电的东西，迅速地使触电者与电源脱离。但要注意，切不可用手去拉触电者，以免发生连锁触电。触电者脱离电源后，如呼吸、心跳已停止，应马上做人工呼吸和胸外心脏按摩，进行抢救，直至呼吸、心跳恢复。

一般急救办法有口对口人工呼吸法和人工胸外心脏挤压法等。

(1) 口对口人工呼吸法。触电者仰卧，面部朝上，颈后部（不是头后部）垫一软枕，使其头部尽量后仰。抢救者坐于触电者头旁，一手捏紧触电者鼻子，不使其漏气，同时用口对着触电者的口吹气，在触电者胸壁扩张后，即停止吹气，让触电人胸壁自行回缩，呼出空气。如此反复进行，每分钟约15次。

(2) 人工胸外心脏挤压法。将触电者平卧在硬板或地面上。抢救者跪在触电者一侧，两手相叠，手掌放在触电者的胸骨下端，剑突之上，借自己的体重用力向下压约2～3cm，然后停止，让胸廓自行弹起。按此反复进行，每分钟挤压70～80次，直至出现规律性的心跳和呼吸为止。挤压时必须注意加压不宜过大，以防肋骨骨折和心脏损伤。

第五章　退火与精整

一、退火工艺及其操作

253. 什么叫退火，冷轧带钢退火的目的是什么？

退火是将带钢加热到一定温度保温后再缓慢冷却的工艺操作。

退火的主要目的是：

（1）降低钢的硬度，消除冷加工硬化，改善钢的性能，恢复钢的塑性变形能力。

（2）消除钢中的残余内应力，稳定组织，防止变形。

（3）均匀钢的组织和化学成分。

退火是冷轧带钢生产中最主要的热处理工序之一。冷轧中间退火的目的主要是使受到高度冷加工硬化的金属重新软化，对于大多数钢带来说，这种处理基本上是再结晶退火。冷轧带钢的成品热处理主要也是退火，但根据所生产带钢品种最终性能的不同要求，其退火工艺制度也各不相同。表 5-1 列出了各种退火的目的。各类退火工艺的加热温度范围，如图 5-1 所示。

表 5-1　各种退火的目的

名　称	主　要　目　的
扩散退火	使钢的成分均匀化，消除应力，降低硬度
完全退火	消除组织缺陷，降低硬度，细化组织
不完全退火	细化组织，降低硬度
等温退火	减少变形，细化组织，降低硬度，防止白点产生
球化退火	获得球状碳化物，降低硬度，提高塑性
再结晶退火	消除冷加工硬化
去应力退火	消除内应力

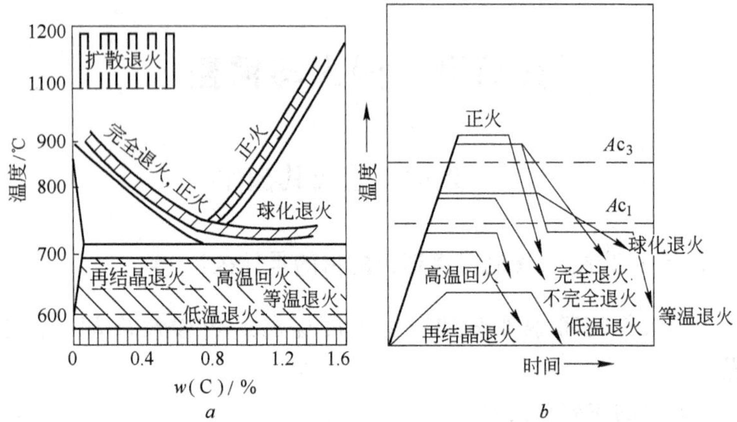

图 5-1 各类退火工艺的加热温度范围

a—加热温度范围；*b*—退火工艺曲线

254. 什么是氧化和脱碳？

钢的氧化和脱碳的一般原理如下：

炉气中的 O_2、CO_2 和水与钢中的铁起化学反应，使带钢表面形成一层松脆的氧化皮，其反应如下：

$$2Fe+O_2=2FeO$$

$$Fe+CO_2=FeO+CO\uparrow$$

$$Fe+H_2O=FeO+H_2\uparrow$$

氧化不仅消耗金属，而且使带钢表面硬度不均匀并失去原有精度与表面粗糙度，甚至造成废品，此外还增加消除氧化皮的辅助工序。

炉气中的 O_2、CO_2 和水除了使钢氧化外，还能和钢中的碳发生化学反应，生成气体，使钢表面碳含量降低，这种现象称为脱碳。其化学反应如下：

$$Fe(C)+\frac{1}{2}O_2=Fe+CO\uparrow$$

$$Fe(C)+CO_2=Fe+2CO\uparrow$$

$$Fe(C)+H_2O=Fe+H_2\uparrow+CO\uparrow$$

钢的加热温度越高、钢中碳含量越高(特别是含有高含量的硅、钼和铅等元素时),钢便越容易脱碳。由于钢的脱碳速度大于氧化速度,故在钢的氧化层下面,通常总是存在着一层一定厚度的脱碳层。脱碳使带钢表面碳含量下降,从而导致表面硬度和耐磨性下降,疲劳强度下降更甚。

预防氧化和脱碳的方法主要有:

(1) 炉子采用可控气氛(如氨分解气氛)进行热处理,就可基本上避免钢的氧化和脱碳。

(2) 将带钢卷装入箱中,钢卷上覆盖上铁屑和木炭,密封后放在炉内加热。

255. 什么是氨分解,氨分解炉的操作要点是什么?

带钢在一般空气中加热,会产生氧化和脱碳,影响带钢的质量,因此,需采用无氧化、无脱碳的加热方法,即光亮退火。带钢光亮退火主要在保护气氛下进行退火。保护气氛采用氨分解气的较多。

氨分解的化学反应式为:$2NH_3 \longrightarrow N_2+3H_2$,用镍做催化剂,分解反应温度830～900℃。

氨分解保护气体的制备比较简单,利用瓶装的无水液态氨做原料。液态氨自瓶中流出,通过蒸发器加热汽化后,通入装有催化剂的反应罐内进行分解。这个反应很容易进行。氨分解后成为含75%H_2及25%N_2(体积分数)的氮氢混合气体。分解要求不高时可降低反应温度。表5-2中列出了在镍做催化剂的条件下,不同温度时的分解率。

表 5-2　氨的分解率

温度/℃	分解率/%	残余 NH_3 的体积分数/%	温度/℃	分解率/%	残余 NH_3 的体积分数/%
200	74.7	25.3	600	99.95	0.05
300	97.82	2.18	700	99.98	0.02
400	99.52	0.48	800	99.99	0.01
500	99.71	0.29	900	99.99	0.01

氨分解保护气体的露点可控制在－20℃左右。露点要求再低时，根据无水液态氨的纯度，用活性胶或铝胶进行脱水干燥。氨分解气氛在普通处理温度下对钢及钢中的碳都呈惰性。氨分解的制取流程及成分见表 5-3。

表 5-3　氨分解气体的制取流程及成分

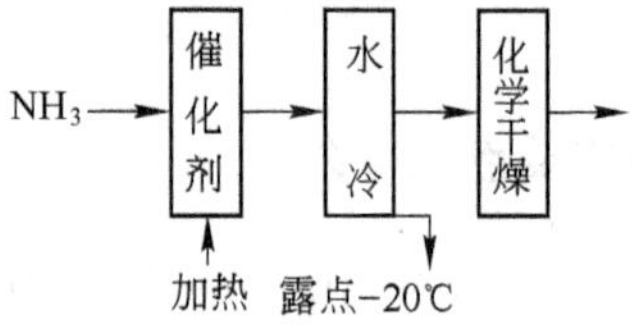

项　目		数　值
成分(体积分数)/%	H_2	75
	N_2	25
露点/℃		－20～－40

氨分解炉操作中应注意以下几点：

(1) 由液氨瓶把液氨注入蒸发器内，注意观察液面位置高低，使其保持在规定的高度范围内。

(2) 氨分解炉炉温应控制在 800～850℃，并应随时注意炉温变化情况。经常检查分解炉的流量、压力，以及电器、仪表运转等是否正常，并半小时记录一次。核对使用氨分解气的各个热处理炉流量大小是否正确，应保证气体的正常供应。

(3) 液氨输入蒸发器压力应控制在 0.2～0.4MPa，分解炉内压力控制在 0.05MPa 左右。

(4) 遇到临时停电或电器故障，应密切注视氨分解炉炉温，当发现炉温下降到 750℃以下时，用气的退火炉应停止使用氨分解气体(此时可采取改用氢气瓶或氮气瓶气体的措施)。

(5) 氨分解炉停炉时,应先关闭液氨,待蒸发器内液氨逐步蒸发完以后,再关闭电闸。

(6) 液氨瓶、氮瓶或氢瓶在使用时注意不要全部用尽,应剩余少量气体。

(7) 氨分解设备的各种装置应定期检查(一般每月一次)。

(8) 氨分解房内如遇液氨大量溢出,操作人员必须戴上防毒面具(注意应先拉去活性炭容器底部的橡皮塞头),再进行紧急处理(如关闭液氨瓶,堵塞漏气部位等)。

(9) 操作人员如因氨气刺激而发生昏倒现象,应立即抢救离开现场。同时必须用清水不断冲洗其眼部。

256. 碳素工具钢怎样进行球化退火,操作中应注意什么?

碳素工具钢钢带卷一般以轧制状态和退火状态交货,显微组织多为粗片状珠光体,甚至有网状渗碳体。因此,为改善其切削加工性、提高产品质量、防止淬火变形开裂、提高淬火后的性能,碳素工具钢应进行球化退火。

球化退火的主要目的是使钢中片状和网状碳化物转变成球状。碳素工具钢的球化退火可采用普通退火法和等温退火法。普通球化退火时,把带钢卷加热到 $Ac_1+(20\sim30℃)$,保温较长时间,然后随炉缓慢冷却到500℃以下出炉空冷。常用工具钢的退火温度列于表5-4,其球化退火工艺曲线如图5-2所示。

表 5-4 常用碳素工具钢的退火温度

钢 种	加热温度/℃	等温温度/℃	硬度 HB
T3	760～780	680～700	≤187
T10	760～780	680～700	≤197
T12	760～780	680～700	≤207
9Mn2V	760～780	680～700	≤229
9SiCr	780～810	680～720	≤229

续表 5-4

钢　　种	加热温度/℃	等温温度/℃	硬度 HB
GCr15	790～810	700～720	≤229
CrWMn	780～800	700～720	≤245
Cr12	850～870	720～740	≤255
Cr12MoV	850～870	720～750	≤255

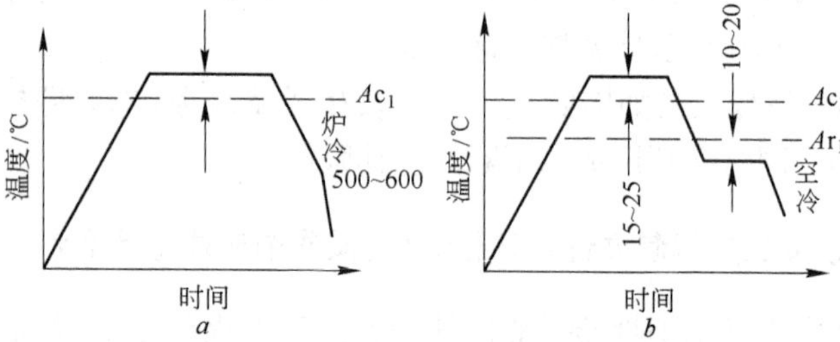

图 5-2　碳素工具钢球化退火工艺曲线

a—普通球化退火；*b*—等温球化退火

球化退火的操作应注意下列问题：

(1) 退火时要防止带钢卷脱碳，常用铸铁屑或废渗碳剂装箱退火。

(2) 严格控制退火温度。温度过高，碳化物溶解较多，奥氏体均匀化程度大，将减少或失去球化的核心，退火后易获得片状珠光体；温度过低，原来组织中片状珠光体较难溶解，也不能达到球化的目的。例如，当 9SiCr 钢加热到 820℃球化退火时，得到全部球状珠光体(HB229)，当加热温度提高到 900～920℃(超过 A_{cm})时，冷却后的组织则主要为粗片状珠光体。

(3) 适当掌握保温时间。保温时间过长，会促使奥氏体均匀化，不利于球化；时间过短，则原组织中的片状组织难以完全破坏，也达不到球化的效果。保温时间一般可按每 1cm 直径(厚度)保温 0.5～1.0h 估算。

(4) 精确控制冷却速度。球化退火的冷却速度不影响珠光体的形状，但决定碳化物的弥散度，因而可决定退火后的硬度。冷却速度过大，碳化物来不及聚集长大，在冷却中还会产生新晶核，因而可得到弥散度大的细粒状或点状珠光体，硬度将偏高；反之，冷却速度过小，则常得到弥散度小、硬度过低的粗粒状珠光体。

(5) 认真消除网状碳化物。钢中如果存在较严重的网状碳化物，应先进行正火处理加以消除，然后再球化退火。

257. 台车式燃煤(气)退火炉的操作要点是什么?

台车式燃煤(气)退火炉操作应注意下列几点：

(1) 按生产调度单仔细核对带卷的钢号、炉号、规格和卷数，并规格装包的料应符合工艺要求。并规格装包的原则是：

每炉钢带的厚薄规格以相差 1、2mm 以下为宜；

碳含量较高的钢带(如 T9～T13，Cr03 等)和碳含量中等的钢带(如 35～60 号)可相互并装；60Si2 钢带应尽量单独装炉；普碳和低碳钢带可与任何钢带并装。

(2) 光亮退火钢带要求填料退火，装包时应尽量使钢带卷放在包子当中，内罩要盖好，铁屑要干燥筛净，要保证有 150mm 以上的铁屑厚度。包盖要封严，所用泥料要搅拌均匀，厚稀适中，外盖封好后再撒上一圈废铁屑。不填料退火时，0.6mm 以下薄钢带必须装在退火包子的中下部，上部 150～200mm 处装厚钢带。

(3) 装炉方式是每炉平台上分装 3 排包子，中间为高包子(如 ϕ550mm×1050mm)，两侧为低包子(如 ϕ550mm×950mm)。进出炉时包子应排列整齐，并认真做好投放包子位置编号牌的工作。做好交接班记录制度，将装包情况和设备故障填写清楚。

(4) 出包钢卷应分清钢种、炉号和规格，堆放整齐，铁屑去净，有质量问题的钢卷应另行堆放。

(5) 加热操作时要做到“四勤”：勤加煤(勤调节煤气、空气和阀门)；勤捅炉膛，保证煤层燃烧完全；勤查仪表，常看炉温，适时调节烟道闸门；勤除垃圾。

退火工艺制度如表 5-5 所示。

表 5-5　各种钢带的退火工艺制度

<table>
<tr><th rowspan="2">钢 种</th><th rowspan="2">装包方法</th><th rowspan="2">退火种类</th><th colspan="3">退火工艺制度</th><th rowspan="2">备　注</th></tr>
<tr><th>退火炉</th><th>升温时间/h</th><th>炉顶温度/℃
(保温时间/h)</th></tr>
<tr><td>碳结钢</td><td>不填料</td><td>T</td><td>燃煤炉
煤气炉</td><td>1
3</td><td>900～920(4.5～5)
800(2～2.5)</td><td rowspan="7">总加热时间为5～6h 者，退火周期为 12h；
总加热时间为13～14h 者，退火周期为 24h；
总加热时间为18～20h 者，退火周期为 48h；
T—再结晶退火；
QT—球化退火；
R—软钢带；
TR—特软钢带</td></tr>
<tr><td>08,10,15</td><td>填 料</td><td>R,T</td><td>燃煤炉
煤气炉</td><td>1
3</td><td>900(4)880(6)860(2)
780(6)760(4)</td></tr>
<tr><td>20,08</td><td>填 料</td><td>T,TR</td><td>燃煤炉
煤气炉</td><td>1
3</td><td>900(6)880(6)
800(5)780(5)</td></tr>
<tr><td>35～70 号,T7,T8,65Mn</td><td>填 料</td><td>T,QT</td><td>燃煤炉
煤气炉</td><td>1
3</td><td>880(5)860(6)840(6)
780(3)760(6)740(6)</td></tr>
<tr><td>50A 甲(成品)</td><td>填 料</td><td>QT</td><td>煤气炉</td><td>3</td><td>780(2)760(6)
740(5)</td></tr>
<tr><td>T9～T13,Cr03</td><td>填 料</td><td>T,QT</td><td>燃煤炉
煤气炉</td><td>1
3</td><td>900(2)880(6)860(4)
800(2)780(3)760(5)</td></tr>
<tr><td>60Si2,60Si2Mn</td><td>填 料</td><td>T,QT</td><td>燃煤炉
煤气炉</td><td>1
3</td><td>860(3)840(4)
800(12)760(3)
740(4)700(5)680(5)</td></tr>
</table>

258. 什么是强对流全氢罩式退火炉？

强对流全氢罩式退火炉即 HiCON/H_2 型罩式退火炉，该罩式炉的特征是：保护气体用体积分数为 99.999%的氢气，氢气热传导性能好；罩式炉炉台下部中央安装有炉底风机，在升温、保温、冷却过程中，风机强制内罩中氢气对流，故而升温快，炉内温度分布均匀，保温后期炉内金属温度差不大于 20℃；再结晶退火后钢带力学性能、冲压性能好，可处理深冲、特深冲用钢带；由于热处理周期缩短，炉台生产率高，可减少炉台数，节省基建投资。

该罩式炉不仅节能，而且钢带质量稳定，深冲性能好，表面光亮净洁，表面残碳量不大于 $20mg/m^2$。图 5-3 为 $HiCON/H_2$ 型罩式退火炉示意图。

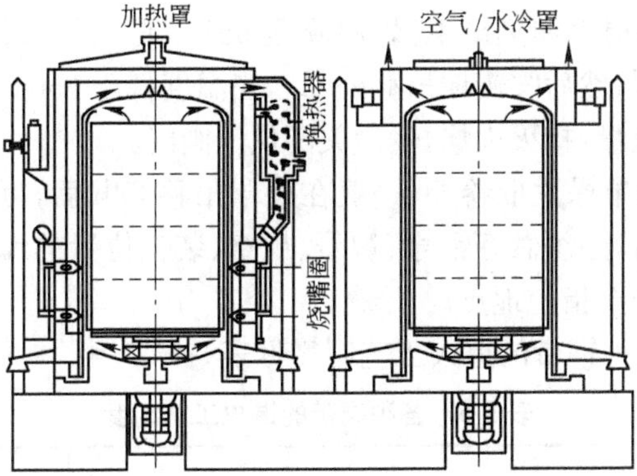

图 5-3 $HiCON/H_2$ 型罩式退火炉示意图

259. 电罩式退火炉的操作要点是什么？

电罩式退火炉操作中应注意以下几点：

(1) 根据退火生产通知单领料，并认真核对带卷的钢种、炉号、规格和卷数。

(2) 按下厚上薄、下大上小的原则装带卷垛。吊运带卷时必须检查吊具是否安全可靠。带卷必须保持垂直，安放平稳，以防加热时钢带变形。吊放内罩时，必须挖松沙槽，打开放气阀，内罩必须缓慢下落，垂直安放于炉台上，并将沙封埋到 200～300mm 深度，然后关闭放气阀，清扫炉台。吊放外罩时，必须检查炉内电阻带是否断落，然后吊运至指定位置，对准套环缓慢下落。

(3) 内罩放好后，必须用保护气体冷吹 3h 后才能吊装热的外罩。同时按规定尺寸插好热电偶，然后接通电源升温。

(4) 按指定的退火工艺制度加热，若遇不同钢种、规格钢带混装时，则按退火温度较低的退火工艺加热，并做好各种表格的填写工作。

(5) 在加热过程中，必须经常注意仪表、电器的运转是否正常，炉内气体是否畅通。炉温升至600℃左右，点燃出气口火焰。

(6) 当退火加热结束，炉温降至550℃或600℃时断开电闸，抽出热电偶，然后缓慢地吊移外罩。当温度低于350℃时，先减少保护气体流量，扑灭火焰，然后关闭供气阀门。

(7) 除单垛大带卷外，一般在外罩吊移22h后，可吊移内罩。带卷出炉后，必须做好钢号、炉号、规格、装包位置的编写工作，然后将带卷送至指定地点。

(8) 各种钢带的退火工艺制度见表5-6。

表5-6 各种钢带的退火工艺制度

钢种	厚度规格/mm	退火工艺制度				备注
		升温时间/h	退火温度/℃	保温时间/h	吊外罩时温度/℃	
碳结钢、08～20	≤0.3	2	660	12	550	吊外罩22h后吊内罩
	0.3～1	2	670	12	550	
	1～1.5	2	680	14	550	
	1.5～2.5	3	700	14	550	
35～60号、65Mn、T7、T8	≤0.5	2	670	13	550	
	0.5～1.0	2	680	13	550	
	1.0～1.5	2	680	14	550	
	1.5～2.0	3	700	14	550	
	2.0～2.5	3	700	15	550	
T9～T13、Cr03	≤0.2	2	670	14	550	
	0.2～0.5	2	680	15	550	
	0.5～1.5	3	690	15	550	
	约2.7	3	710	16	550	

续表 5-6

钢　种	厚度规格/mm	退火工艺制度				备　注
		升温时间/h	退火温度/℃	保温时间/h	吊外罩时温度/℃	
60Si2、60Si2Mn	≤0.5	2	660	14	600	吊外罩 22h 后吊内罩
	0.5～1.2	2	670	14	600	
	1.2～2.0	2	680	14	600	
	≥2.0	3	690	15	600	

电罩式退火炉性能如下：

外罩尺寸：ϕ2500mm × 2600mm，内罩有效使用尺寸：ϕ1200mm×1350mm；

退火带卷最大外径：单垛 ϕ1200mm，5 垛 ϕ360～440mm；

最大装炉量：5t。

260. 塔式连续退火炉的工艺操作是怎样的？

塔式连续光亮退火机组从工艺上分为清洗（脱脂）和热处理两部分，也可分为 3 段：入口段、炉子段和出口段，如图 5-4 所示。机组主要技术参数列于表 5-7 中。

表 5-7　塔式连续光亮退火机组主要技术参数

项　　目	参　　数	项　　目	参　　数
钢　　种	Q195F，Q215F，05F，08F	额定年产量/万 $t \cdot a^{-1}$	2
产品厚度/mm	0.21～0.40	钢卷外径/mm	1200
宽度/mm	200～514	内径/mm	460
额定速度/$m \cdot min^{-1}$	50	钢卷最大质量/kg	3000
最高速度/$m \cdot min^{-1}$	60	带钢在炉内总长度/m	约 145

塔式连续光亮退火的工艺过程如下：

冷轧钢卷⟶开卷机上卷⟶剪切带卷头、尾⟶焊接⟶1 号张力辊⟶碱洗⟶热水冲洗⟶电解清洗⟶热水冲洗⟶漂洗⟶烘干⟶前活套架⟶自由活套坑⟶进口密封

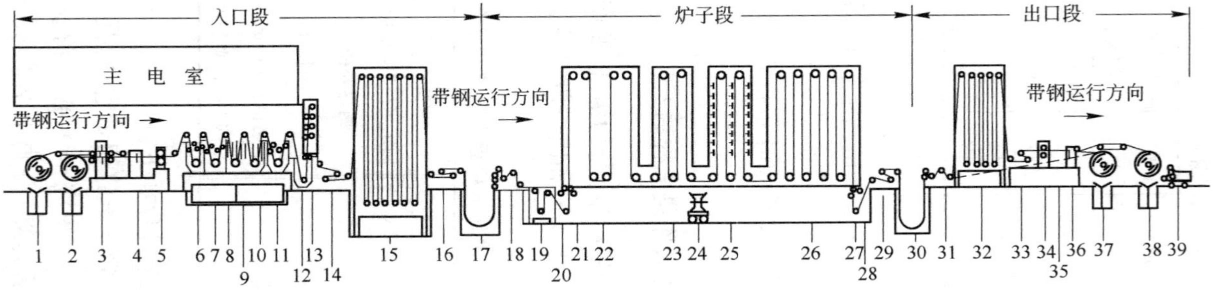

图 5-4 塔式连续光亮退火机组示意图

1—1号开卷机；2—2号开卷机；3—双层剪断机；4—焊接机；5—1号张力辊（夹送辊）；6—碱液刷洗槽；7—热水冲洗槽；8—碱液循环槽；9—电解清洗槽；10—热水循环槽；11—热水冲洗槽；12—漂洗槽；13—热风烘干塔；14—2号张力辊；15—前活套架；16—3号张力辊；17—自由活套坑；18—4号张力辊；19—张力调节器；20—入口摆动辊；21—入口密封辊；22—加热室；23—保温室；24—炉底小车；25—控制冷却室；26—快速冷却室；27—出口密封辊；28—出口摆动辊；29—5号张力辊；30—自由活套坑；31—6号张力辊；32—后活套架；33—7号张力辊；34—夹送辊；35—检验平台；36—剪断机；37—1号卷取机；38—2号卷取机；39—助卷机

辊⟶加热室将带钢加热至680～720℃⟶保温室保温⟶控制冷却室将带钢冷至480～500℃⟶快速冷却室将带钢冷至120℃⟶出口密封辊⟶自由活套坑⟶检验台检验⟶剪切⟶卷取。

带钢的化学去油和电解清洗都是在苛性碱溶液中进行的，溶液的质量浓度为：NaOH 10～20g/L、Na_2CO_3 20～25g/L、Na_3PO_4 20～25g/L，溶液温度为85～95℃，碱洗时间不少于4s，电解清洗时间不少于8s，热水冲洗槽的热水温度为85～95℃。

带钢由自由活套坑出来后，通过4号张力辊、张力调节器及摆动辊后，即进入塔式退火炉。塔式退火炉全部由电加热，其主要特性如表5-8所示。

表5-8 塔式连续光亮退火机组炉子段特性

炉室名称	通道数	离开炉区时带钢最高温度/℃	在50m/min速度下带钢停留时间/s	带钢在炉室内有效长度/m	电加热功率/kW	炉辊直径/mm
加热室	4	720	≥24	20	600	400
保温室	4	720	≥24	20	150	400
控制冷却室	4	500	≥24	20	100	400
快速冷却室	10	120	≥64.8	54		400

为了使退火后的带钢表面光亮，无氧化，在塔式连续退火炉中通入保护气体（$\varphi(CO_2)<5\%$，$\varphi(CO)=8\%\sim10\%$，$\varphi(O_2)\leqslant0.4\%$，$\varphi(H_2)=12\%\sim15\%$，$\varphi(CH_4)\leqslant1\%$，其余$N_2$，露点−40℃）。

用摆动辊来控制带钢跑偏，摆动辊可做垂直摆动或水平摆动，垂直摆动角限制在±1.5°以内，水平摆动可达±5°，摆动辊是通过一低压液压系统（压力为0.8MPa）的油缸推动的，由光电开关来控制。

塔式连续退火炉与罩式炉相比有下列优点：

(1) 设备造价低，占地面积小；

(2) 退火周期短，机组产量高，热利用率高；

(3) 操作简单，容易维护，易于实现生产的自动化；

(4) 温度均匀，产品质量好，表面光亮，缺陷少，钢带容易平整；

(5) 省去中间酸洗工序。

塔式连续退火炉的缺点是：产品规格单一，只能适应一定厚度和宽度范围的钢带退火。

261. 退火炉操作时应注意哪些安全事项？

(1) 油炉安全操作。在操作油炉时，必须经常仔细地对设备进行检查，油管和空气管不得漏油、漏气，炉底不得存有重油。

如发现油炉工作不正常时，必须立即停止燃烧，待故障排除后，方可重新点火燃烧。

油炉燃烧时，操作者或其他人员不得站在炉门口，以防火焰烧伤身体。

如果突然停止输送空气，就应迅速关闭重油。

在打开重油喷油嘴时，应先放出蒸汽或压缩空气，然后再放出重油。关闭喷嘴时，则应先关闭重油，然后再关闭蒸汽或压缩空气。

(2) 煤气炉安全操作。点火前先开动鼓风机，打开炉门和风门进行吹炉，待炉内剩余煤气吹净后，再关上风门。

点火时，应将点火把送到烧嘴口进行点火，但人必须站在烧嘴的侧面，以防火焰喷出伤人。

点火时，应先供给少量煤气，当点燃后再逐渐增加其供给量，直到火焰稳定时为止。

空气供给量应逐渐地增加，直到煤气达到完全燃烧时为止。

已经点燃的烧嘴，如果由于某些原因而熄灭，或个别烧嘴点不着火，则应先关闭烧嘴的煤气，后关闭风门，此后检查炉子，待故障排除后再重新点火。停炉时，先关闭煤气，后关风门，再关煤气总开关，最后关上鼓风机。

二、温度测量

262. 热电偶的测温原理是什么，常用热电偶的测温范围怎样？

热电偶是由两种成分不同的导体 A 和 B 连接在一起构成的感温元件，如图 5-5 所示。当导体 A 和 B 的两个接点 1 和 2 存在温差时，回路中就产生热电势，这种效应称为热电效应。热电偶就是利用这个原理来测量温度的。

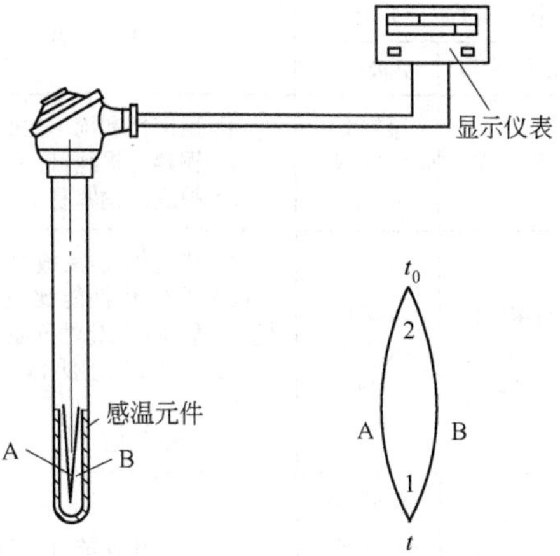

图 5-5　热电偶的作用原理

如图 5-5 所示，热电偶的感温元件的一端是由导体 A 和 B 互相焊接在一起的，通常称它为测量端，置于温度为 t 的被测介质中；另一端通常称为参比端，处于恒定的温度 t_0 中。当测量端的温度变化时，热电势随之产生变化，将变化的热电势输入显示仪表显示出温度的变化值。

当热电偶的两端（测量端和参比端）存在温差时，其热电势是两端温度函数的差，可用下式表示：

$$E_t = e_{AB}(t) - e_{AB}(t_0)$$

式中　E_t——热电偶的热电势；

$e_{AB}(t)$——温度为 t 时的热电势；

$e_{AB}(t_0)$——温度为 t_0 时的热电势。

当参比端的温度恒定时，热电势与温度成正比关系。

热电偶可由廉金属（如铜—康铜、镍铬—考铜、镍铬—镍硅等）、贵金属（如铂铑—铂等）、难熔金属和非金属等制成。

退火炉中采用镍铬—镍硅热电偶较多。几种热电偶的特点和温度测量范围见表 5-9。

表 5-9　几种热电偶的温度测量范围

名称	代号	材料成分（质量分数）/%		特　点	温度测量范围/℃
		正极（+）	负极（−）		
铜—康铜	WRC	纯　铜	康铜 Cu 60+Ni 40	（1）稳定性和均匀性好； （2）铜容易提纯，价格低廉； （3）缺点是铜容易氧化	−200～+300
镍铬—考铜	WRK	镍铬 Ni 90+Cr 10	考铜 Cu 56+Ni 44	（1）热电势大，灵敏度高； （2）抗氧化性能比铜—康铜优良，适用于氧化性气氛； （3）可以向低温延伸到−200℃； （4）价格低廉	0～800
镍铬—镍硅	WRN	镍铬 Ni 89+Cr 10+Fe1	镍硅 Ni 97+Si 2.5+Mn 0.5	（1）抗氧化性能好，长期使用稳定性很好，适用于氧化性气氛； （2）测量温度范围大； （3）在含硫的气氛中易脆断	0～1300
镍铬—镍铅	WRN	镍铬 Ni 89+Cr 10+Fe1	镍铅 Ni 95+Al2+Mn2+Si1		0～1200
铂铑10—铂	WRP	铂铑 Pt 90+Rh10	纯　铂	（1）测量精度高，稳定性好； （2）抗氧化性能好； （3）缺点是抗还原性能差（易受氢、硫、硅及其化合物的侵蚀变脆）	0～1600

263. 怎样使用热电偶？

热电偶的使用方法如下：

(1) 选择具有代表性的测量点来安装热电偶，即把工作端安装在炉子等温区。热电偶的安装位置尽可能避开磁场，以免引起干扰。如产生干扰，可将不锈钢保护管接地或接“零”加以消除。

(2) 热电偶插入炉内深度一般不小于保护管外径的 8～10 倍。热电偶的接线盒不应靠在炉壁上，以免热电偶自由端温度过高。一般相距 200mm 左右为宜。

(3) 补偿导线最好装入接地的铁管中，以免机械损伤和电磁场的干扰。补偿导线与热电偶及仪表的接线应保持良好的接触。

(4) 在使用过程中，应经常检查保护管是否损伤。热电偶有严重的老化现象应及时更换。

264. 怎样使用动圈式温度仪表?

毫伏计属于动圈式温度仪表，有指示型和调节型两种。指示型(XCZ 型)仅能测量指示温度；调节型(XCT 型)除能指示温度外，还可以调节温度。动圈式仪表型号的意义见表 5-10。

表 5-10 动圈式仪表代号的意义

第一节						第二节					
第一位		第二位		第三位		第一位		第二位		第三位	
代号	意义	代号	意义	代号	意义	代号	意义	代号	意义	代号	意义
X	显示仪器	C	动圈式磁电系	Z	指示仪	1	单标尺，表示设计序列和种类	0	无附加装置，表示调节方式	1	配热电偶
				T	指示调节仪	1	高频振荡(固定参数)	0	二位调节	2	配热电阻
						2	高频振荡(可变参数)	1	三位调节(狭带)	3	配霍尔变送器
						3	时间程序式高频振荡(固定参数)	2	三位调节(宽带)	4	配压力变送器
								3	时间比例		
								4	时间比例加二位调节		
								9	比例积分微分调节		

退火炉中广泛使用既能测量温度又能控制温度的调节式毫伏计，如 XCT-101 型动圈式温度仪表(图 5-6)，其使用方法如下：

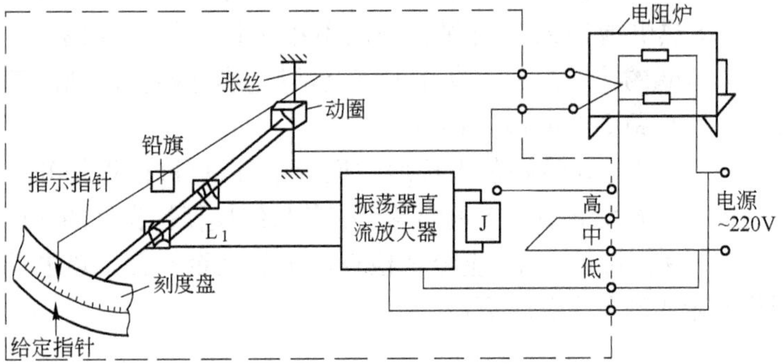

图 5-6　XCT-101 型动圈式温度仪表的结构示意图

(1) 配用的热电偶的分度号必须和毫伏计刻盘面上注明配用的热电偶分度号相符。

(2) 外线电阻必须符合仪表的要求。外线电阻是指仪表外部测量线路的全部电阻值，即热电偶的电阻、补偿导线的电阻和外线调整电阻的总和，其值必须和仪表刻度表面上所注明的数值相符，否则将影响测温准确度。

(3) 调节机械零点。当仪表的电气线路没有接通时，指针应指在刻度的起始位置，如不指示零点，应调节零位调节器，把指针调零。如若通过调指针起始位置的办法消除热电偶冷端温度变化的影响(如配用 EU-2 热电偶时)，就应把指针调到相当于冷端温度的刻度线上。

(4) 由于热电偶冷端温度的变化，热电偶在使用过程中逐渐老化或毫伏计本身所发生的非线性的变化，都影响毫伏计测温的准确度。因此，毫伏计在使用过程中必须定期用标准电位差计进行校对(校温)。发现异常现象应及时进行检修。

(5) 接线时应注意极性。毫伏计上连接热电偶正负极的接线柱上有“+”、“−”极性之分，不可接反。如热电偶或补偿导线的极性不易辨认时，可反复调换接线端，当其指针指向较高温度时，表示接线正确无误。

（6）毫伏计应平稳地安装在无振动的地方，这对于调节式毫伏计尤为重要。应经常保持毫伏计壳体和盘面玻璃的清洁。

265. 电子电位差计的一般工作原理是什么？

电子管式（如 EWY、EWC 等）和晶体管式（如 XWB、XWC 等）电子电位差计的工作原理是相同的。现以 XWB-101 型电子电位差计为例，简述其工作原理。

电子电位差计主要由测量桥路、振动变流极、电压放大器、相敏功率放大器、可逆电动机、指示记录机构以及调节机构等所组成，如图 5-7 所示。

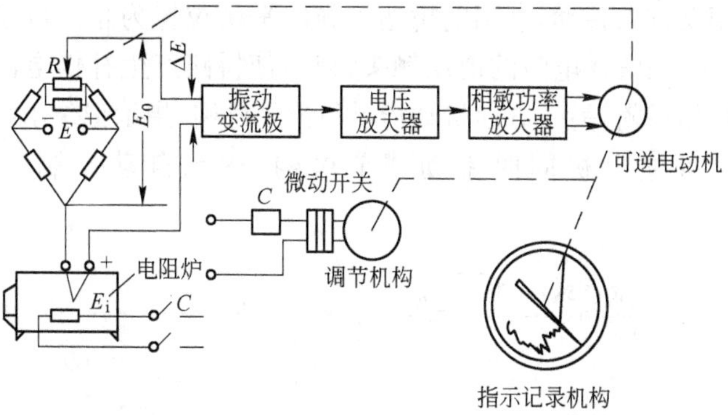

图 5-7　XWB-101 型电子电位差计工作原理示意图

电位差计是一种利用电压平衡原理（又称电压补偿）来进行测量的一种仪器。测量原理如图 5-8 所示。图中标准电源的电动势 E_1 是已知的，被测电动势 E_x（未知）与 E_1 在闭合回路中的方向恰好相反，当回路中的电流为零时（检流计 G 指零），说明 $E_x=E_1$（方向相反），即已知电动势和未知电动势达到了平衡。若检流计不指零位，则说明回路中两个电动势没有达到平衡，即 $E_1\neq E_x$。

这就是利用电压平衡法来测量未知电动势的基本原理。上述标准电源是用一固定电源(电池)接入电路,实现电压平衡的,而实际的电位差计则是利用改变可变电阻上的电位差(电压降)与未知电动势(或电压)相补偿来进行测量的。电位差计这一名称也由此而来。电位差计实际上是以放大器为检零机构的自动平衡式测量仪表,其工作原理如图 5-8 所示。当热电偶产生的热电势 E_t 送入测量桥路与其两端电压进行比较时,若 $E_t < E_0$,其差值 $\Delta E = E_0 - E_t$,称为不平衡电压。振动变流级将此直流的不平衡电压 ΔE 变成 50 周/s 的交流电压,放大器将这一微弱信号送进电压放大器和功率放大器后,推动可逆电动机朝着使测量桥路趋于平衡的方向转动,直到 ΔE 趋近于零,电桥达到平衡位置时($E_t = E_0$),可逆电动机才停止转动。若 $E_t > E_0$,破坏了上述平衡状态,可逆电机向相反方向转动,直到电桥达到新的平衡位置为止。可逆电机一方面带动滑线电阻的滑动触头移动,使桥路产生补偿电流和被测讯号相平衡,另一方面带动指示与记录机构,指示记录出相应的温度。可逆电机同时带动调节机构,达到自动控制炉温的目的。

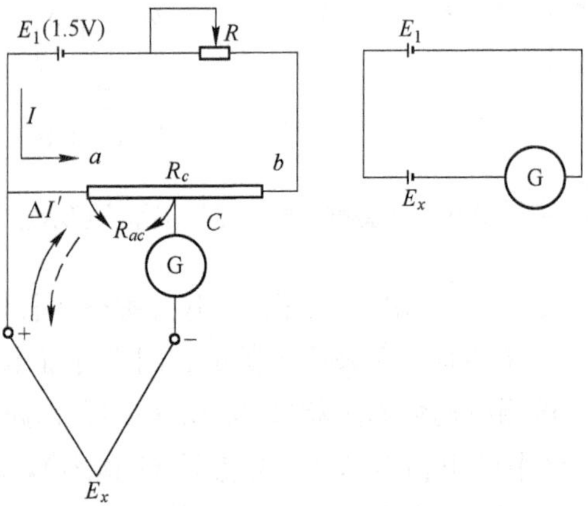

图 5-8 两电动势平衡原理示意图

266. 怎样使用电子电位差计？

电子电位差计是一种利用电压平衡原理测量热电势的一种仪表，属于自动平衡式仪表之一。其型号的意义列于表 5-11 中。

表 5-11　电子自动平衡式显示仪表代号的意义

第一节			第二节	
第一位代号的意义	第二位代号的意义	第三位代号的意义	第一位代号的意义	第二、三位代号的意义
X—显示仪表	W—直流电位差计 Q—直流电桥 L—交流电压平衡 D—交流电桥	A—条形指示仪 B—圆图记录仪 C—长图记录仪 D—小型长图记录仪 E—小型圆标及指示仪 F—中型长图记录仪 G—中型圆图记录仪 H—旋转刻度仪 T—台式仪表	1—单指针，单笔 2—双指针，双笔 3—多点指示，多点记录 4—单指针，单笔电动调节 5—单指针，单笔气动调节	表示附加装置 00—无附加装置 01—表示定值电接点 02—表内定值电接点 03—警报器 04—多量程 05—量程扩展 06—辅助记录 07—自动变速 08—程序控制 09—积算装置 10—计数器 11—计算单元 12—模数转换 13—电阻发仪装置

电子电位差计有电子管式（如 EWT、EWC 等）和晶体管式（如 XWB、XWC 等）两种类型。现以晶体管式的 XWB-101 型电子电位差计为例，说明其使用方法。

（1）控制柜开关、仪表开关接通后，检查仪表工作是否正常，其方法是将测量桥路的波段开关或钮子开关拨向“检查点”位置，对于起始点为 0℃的仪表，此时指针若指向 25℃左右，对于起始点

为 t_0 的仪表，指向(t_0+25)℃左右，则表示仪表工作正常，然后再将波段开关拨到测量位置。

(2) 调阻尼和灵敏度。接通仪表电源后，如指示针不停地摆动，表示灵敏度过高，若指示针反应缓慢，表示灵敏度过低，应先调节阻尼电位器，满足摆动两次的要求。若调节仍达不到要求，可再调节放大器灵敏度。“电流微调”电位器是调节稳压电源输出电流的，仪表在运行中一般不许动此电位器，否则，会使仪表产生较大的测量误差。

(3) 滑线电阻是用抗氧化锰铜电阻丝绕制的，不需经常清理，长期使用后，如发现接触不良时，可用小毛刷蘸少许汽油轻轻刷洗，如磨损过甚，仪表指示误差超限时，则应更换滑线电阻丝。滑动触点如长期使用磨损过大，也应更换。

(4) 更换记录纸。拨下指示针，将记录纸置于笔架上，再将记录纸卡在月牙板上。如记录笔记录的温度和指示针指示的温度不一致时，需调节记录笔杆上的调节螺丝。

(5) 墨水瓶卡在面板后部，用细塑料管导通墨水至记录笔，将墨水瓶抬高可将墨水引出，然后卡在卡座上。

(6) 指示针由于更换记录纸经常拨下，可能将指示针卡座松动，应及时将顶丝顶紧。

三、精　　整

267. 冷轧带钢为什么要进行平整？

在冷轧带钢的生产工序中，平整工序占有重要的地位。成品带钢退火后应进行平整，平整实际上是一种小压下率(1%～5%)的二次冷轧。平整的目的是：

(1) 使带钢具有良好的板形和较低的表面粗糙度；

(2) 改变平整压下率，可以使带钢的力学性能在一定幅度内变化，以适应不同用途的要求(例如，制造罐头顶、底的镀锡板在硬度与强度方面的要求就高于筒壁用材)；

(3) 对于深冲用板带钢，经小压下率平整后还能消除或缩小屈服平台(指强度试验曲线上的水平区段)。

冷轧后的平整，多在单机座四辊平整机(图 5-9*a*)上进行，对于表面质量和板形要求较高的薄带钢，也有在双机座四辊平整机上进行的(图 5-9*b*)。平整机组的设备与冷轧机组类似。

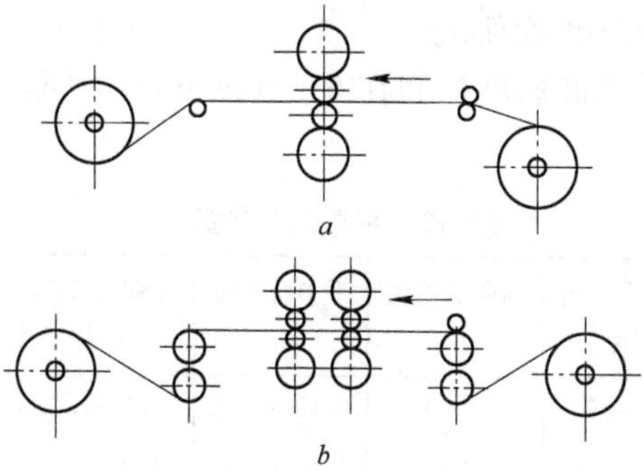

图 5-9 平整机组

a—单机座平整机；*b*—双机座平整机

平整机的前、后张力对压下率和板形影响很大，通常张应力为100～200MPa。平整时，一般不采用工艺润滑，必要时仅对商品卷涂以防锈油。

268. 平整机的操作要点是什么？

平整机的主要参数为：

ϕ370mm×600mm 平整机，单辊传动；最大平整速度 72m/min；最大伸长率 1.5%。

两辊式平整机的操作要点如下：

(1) 平整前，认真检查新辊子表面有无麻点、粗糙丝纹、凹坑及豆痕等缺陷，校对平整辊凸度。

(2) 检查压下装置，转动平整辊，同时揩去辊子上的油污，观察上下辊之间缝隙是否一致，做适当调整。

(3) 剪 1m 或 1.5m 原料，测量其厚度(或测两边长度)，送入轧机平整，观察其板形及测量厚度(或长度)，若基本符合工艺要求，板形较好，即可平整。

(4) 上料开卷，用吊车将退火后钢卷吊入开卷机，使钢带宽度中心与机组中心线基本一致；逆时针方向开卷，松卷 1～2 圈后，将卷头送入导卫板中间至辊缝。

(5) 开平整机时速度控制在 5～10m/min。平整工艺参数如表 5-12 所示。

表 5-12 平整工艺参数

原料厚度 /mm	后张力电流 /A	前张力电流 /A	平整辊凸度 /mm	带钢伸长率 /%	平整速度 /m · min^{-1}
0.3 以下	100～150	<50	0.15～0.16	0.5～1.0	<72
0.3 以上	75～150	<80	0.08～0.12	1.0～1.5	<72

平整时适当调整压下或张力，以保证板形。带钢焊缝过平整机时应抬起压下螺丝，并慢速通过。平整带尾时，应降速至 10～20m/min。

(6) 开始卷取时用助卷机，卷取 3～4 圈后松开助卷机并推出。

269. 怎样测量平整机压下率？

为了降低冷轧钢带的表面粗糙度，减少厚度不均，改善浪瓢、皱折，使钢带表面加工硬化，带钢要进行平整，平整以不大的压下率进行冷加工。一般压下率在 0.3%～5%之间。压下率的变化会直接影响产品的质量，所以要求准确地测定压下率。

常用的压下率检测方法有转速检测器方式和 X 射线测厚仪方式两种。

(1) 转速检测器方法。转速检测器方法的基本工作原理是：将转速检测器直接连接在轧机入口侧和出口侧的张力辊上，检测出轧辊出口侧和入口侧的带钢速度差，以此来换算出压下率。将被测定的压下率与预先设定压下率的偏差用数字显示出来。压下率及其偏差经电压变换后，变成电压输出送给偏差指示仪及记录仪显示，如图 5-10 所示。这种方法的缺点是张力辊的磨损、带钢与张力辊之间的滑动等会直接引起测量误差，且当带钢停止平整时就不能测量了。

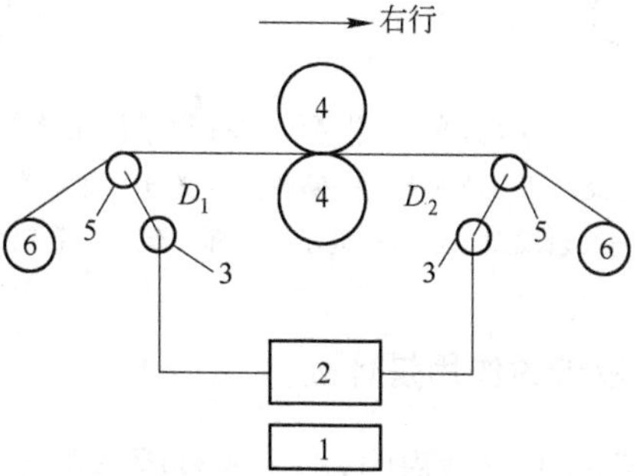

图 5-10　用转速检测器方法测量压下率简图

1—记录仪；2—偏差指示仪；3—转速检测器；
4—轧辊；5—张力辊；6—卷取机

压下率为：

$$\varepsilon=\frac{l_2-l_1}{l_2}\times100\%=\frac{P_2-P_1}{P_2}\times100\%$$

式中　l_1——入口侧带钢长度；

l_2——出口侧带钢长度；

P_1——入口侧检测脉冲数；

P_2——出口侧检测脉冲数。

(2) X 射线测厚仪方法。在轧机的入口侧和出口侧分别设置 X 射线测厚仪，以非接触方式连续地测定板厚，同时计算、记录压下率，如图 5-11 所示。自动平衡记录器能够利用内装的伺服机构来指示两个输入信号之比，所以，用来自两个 X 射线测厚仪的偏差信号指示压下率。

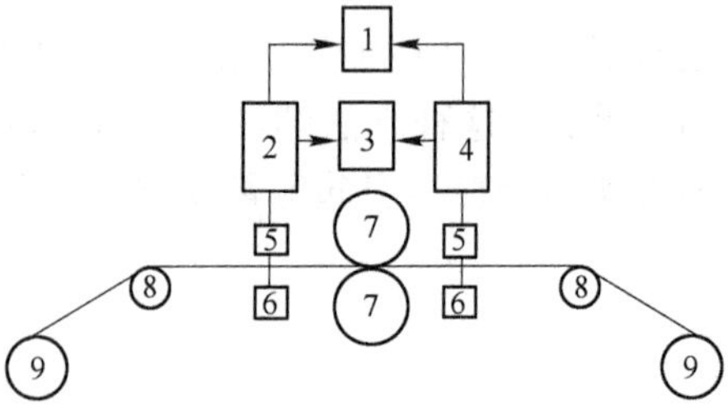

图 5-11 用 X 射线测厚仪方法测量压下率简图

1—压下率记录器；2—放大器；3—偏差指示仪；4—放大器；5—检测器；6—X 射线发生器；7—轧辊；8—张力辊；9—卷取机

270. 矫正冷轧板带的作用是什么？

在冷轧板带的生产过程中，由于各种因素的影响，往往产生形状缺陷，如纵向弯曲（波浪形）、横向弯曲、边缘浪形和中间瓢曲以及镰刀弯等。为了消除这些缺陷，冷轧板带需要在矫正机上进行矫正。

板带钢常用辊式矫正机或张力矫正机进行矫正。在辊式矫正机上板带钢多次通过交错排列的转动着的辊子，利用多次反复弯曲而得到矫正。张力矫正机（也称拉伸矫正机）主要用于矫正厚度小于 0.6mm 的薄板带。

通常，辊式矫正机只能有效地矫正轧件的纵向或横向弯曲。至于板带钢的中间瓢曲或边部浪形缺陷的矫正，其矫正效果不理想，因为矫正这种缺陷，需要使轧件产生适当的延伸。这时需采用拉伸矫正方法。拉伸矫正的主要特点是对轧件施加超过材料屈服极限的张力，使之产生弹塑性变形，从而将轧件矫平。

271. 斜刀片液压剪切机是怎样传动的？

斜刀片液压剪切机是布置在精整作业线上，用来横切带钢成钢板和切除带钢头尾或侧边的精整设备。

液压传动的剪切机与机械传动的同类型剪切机相比，具有工作平稳、安全可靠、质量轻、结构简单和工作行程可调等优点。

斜刀片液压剪切机的液压传动原理如图 5-12 所示。当系统通电后，由于压力继电器 14 处于低压，所以，辅助的轴向柱塞泵 12 能自行启动，通过单向阀 13 向储能器 7 输油。当油压达到 16MPa 时，继电器 14 发出电讯号使柱塞泵 12 停止供油。此时油缸下腔也保持 16MPa 的油压，从而支持着剪刀架处于上限位置，为剪切做好了准备。

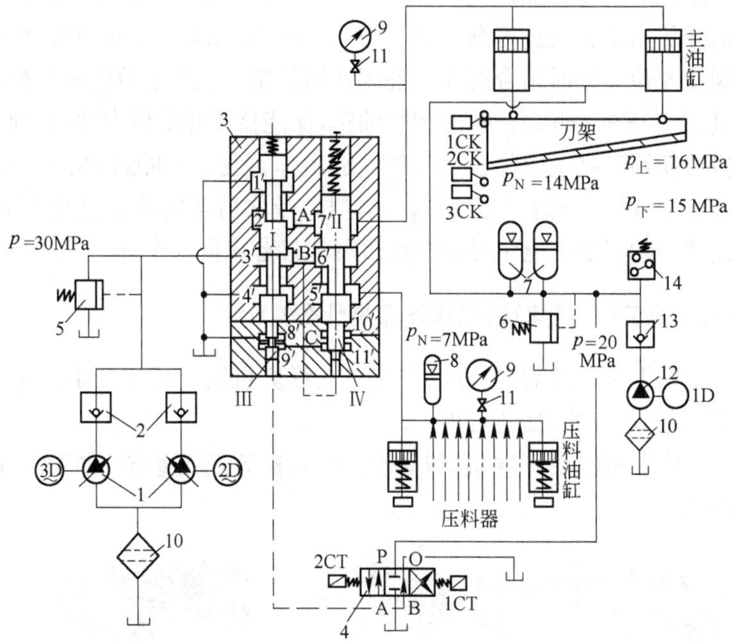

图 5-12　斜刀片液压剪切机的液压传动原理

1—轴向柱塞泵；2—单向阀；3—组合阀；4—电磁换向阀；5—溢流阀；6—溢流阀；7—活塞式储能器；8—活塞式储能器；9—压力表；10—滤油器；11—压力表开关；12—轴向柱塞泵；13—单向阀；14—压力继电器

起动主泵后，压力油通过单向阀 2 注向组合阀 3 的槽 3′，由于起动阀杆Ⅰ处于图中O的位置，槽3′与槽4′相通，主泵压力油均由槽4′流回油箱，泵处于卸荷运转状态。

单次剪切的液压过程是这样的：

当电磁换向阀4工作时，储能器7中的压力油通过电磁换向阀4推动阀杆Ⅲ，同时顶起阀杆Ⅰ，切断主泵的卸载通道槽3′—4′，使压力油经槽3′→B→槽6′→槽5′注入压料油缸。当油压逐渐升高时，阀杆Ⅳ下部细杆的推力也逐渐增加，直到克服顺序阀杆Ⅱ的弹簧力，使阀杆Ⅱ上升切断槽5′与槽6′间的通路，而接通槽6′、槽7′，使压力油由槽3′→B→槽6′→槽7′注入主缸上腔，剪刀架开始向下移动进行剪切，剪刃达到下限位置时，断电、电磁换向阀4复位。同时组合阀3中各阀杆均复位。主缸上腔的压力油通过槽7′→A→槽2′→槽1′卸回油箱，储能器7吐出压力油，立刻使剪刀架回升到上限位置。压料油缸由弹簧复位，油通过槽5′→槽6′→B→槽3′→槽4′卸回油箱。这样，单次剪切的液压过程结束。连续剪切只要由电讯号把单次过程连接起来便可实现。

272. 纵剪(分条剪)的操作要点是什么？

根据用户的需要，可以将带卷在纵剪机组上切成几条或十几条窄带，经卷取、捆扎后出厂。

纵剪机组由开卷机、纵剪机、卷取机等设备组成，如图5-13所示。

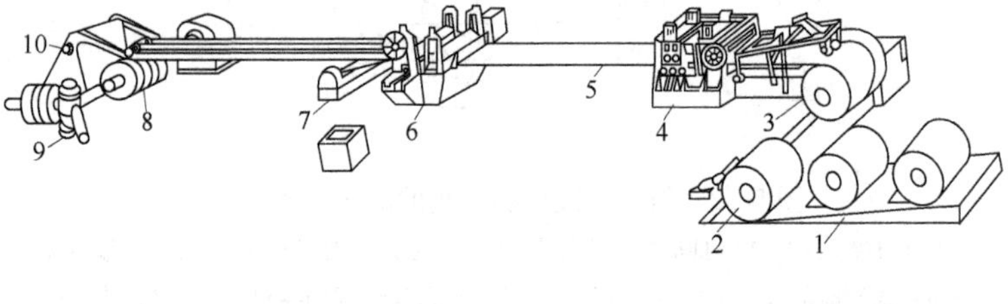

图5-13 纵剪机组

1—受料台；2—带卷小车；3—拆卷机；4—矫正机；5—带材；6—纵剪机；7—碎边机；8—重卷机；9—卸卷机；10—分隔装置

开卷机包括受卷台、带卷小车、拆卷机、压紧辊、切头机和矫平机等设备。

纵剪机由上下几片至十几片圆盘剪刀组成。刀片间距根据窄带宽度来确定。圆盘刀片的外径尺寸通常在120～250mm范围内，厚度为8～25mm。刀片的材质一般采用经热处理的合金钢，如4CrW2Si、GCr15、9Cr2Mo等。刀片的洛氏硬度值为HRC62～65，刀片端面的表面粗糙度R_a=0.8μm。纵剪机的最大剪切速度一般约为120m/min。两侧切下的碎边由卷取机卷取或用碎边刀切成小段。

小型纵剪机组的技术性能如下：

剪切带钢	Q195F～Q235F 冷轧料、平整料
带钢厚度	0.2～1.5mm
带钢宽度	120～206mm
抗拉强度	500～800MPa
卷重	最大300～350kg
原料内径	300mm
原料外径	500～550mm
成品内径	170mm、220mm
成品外径	430～470mm
最多分条数	18条(包括边丝)
分条宽度	7.8～100mm(不包括边丝)

纵剪(分条)操作要点是：

(1) 操作前应检查机组各部的机械、电器、润滑、动力是否正常，并预先把当班生产所要用的刀轴送入磨床进行精加工。

(2) 根据生产通知单，装好圆盘剪的刀轴，根据成品的要求，选好盘芯。

(3) 调节刀轴的固定螺丝，控制刀刃间隙，并用手转动上下刀轴间隙，调整到各方向的间隙一致为止。

(4) 把纵剪料插入卷取机盘芯内，开动卷取机进行纵剪，同时关闭圆盘剪；检查剪切质量，发现毛刺大、切不断等现象应排除；注意卷取情况、卷径大小，适时停车卸卷。

(5) 在镶接带钢时，头部插入卷取机内，尾部用人工收紧；启动时应点动电钮开关,逐步开动,正常后才可按电钮进行正常剪切。

(6) 分条带的卸卷应将带钢头部按住,双手拉出卷取机至传料槽;卸卷时应注意分条卷,以防倾倒伤人。

(7) 卸卷打包时,必须用木鎯头把料卷端面敲平才准打包,扎丝需三等分打紧,扎丝结头必须放在内芯处。

273. 飞剪的工艺要求是什么?

飞剪用于横向剪切运动着的轧件。将圆盘剪剪下的带钢板边切碎的碎边机,也属于飞剪。

飞剪按剪切轧件的部位,可分为切头飞剪和定尺飞剪两种。切头飞剪用来剪切带钢头部和尾部。定尺飞剪除了剪切带钢的头尾部外,还能将带钢分段切成一定长度的钢板。定尺飞剪装在精整横切机组中。

冷轧车间飞剪按结构形式分类有摆动式飞剪和曲柄偏摇杆式飞剪等。

飞剪的工艺要求如下:

(1) 因剪切运动着的轧件,剪切断面的质量又要符合要求,这就要求飞剪有合理的剪切机构。

(2) 因要把轧件剪成规定的长度,而且能剪切多种定尺长度,尺寸公差应符合产品标准的规定,这就要求飞剪有准确的长度调整机构。

(3) 要满足机组生产率的要求。

(4) 飞剪的速度必须与轧件速度相适应,以保证轧件质量和防止发生设备事故。

274. 1700mm 冷带钢曲柄摇杆摆式飞剪系统设备怎样布置?

曲柄摇杆摆式飞剪装设在连续式冷轧薄板车间横切机组中,用来将冷轧带卷剪切成一定长度的单张薄板。剪切带钢厚度为 0.1～3mm,宽度为 1250～1550mm,钢板定尺长度为 0.5～16m。

图 5-14 为飞剪系统设备布置示意图。输入部分设备(包括矫

正机、定尺夹送辊及皮带导板台)由一台功率为 53kW 的直流电动机经差动齿轮装置与分配齿轮箱驱动，在差动齿轮箱的输入端还装有液压马达用来精确微调输入端设备与飞剪之间的速度关系，以获得高精度剪切定尺长度。飞剪由一台功率为 85kW 的直流电动机直接驱动。矫正机、定尺夹送辊与皮带导板台的速度决定于机组的速度，而飞剪的速度则取决于机组速度与剪切定尺长度。

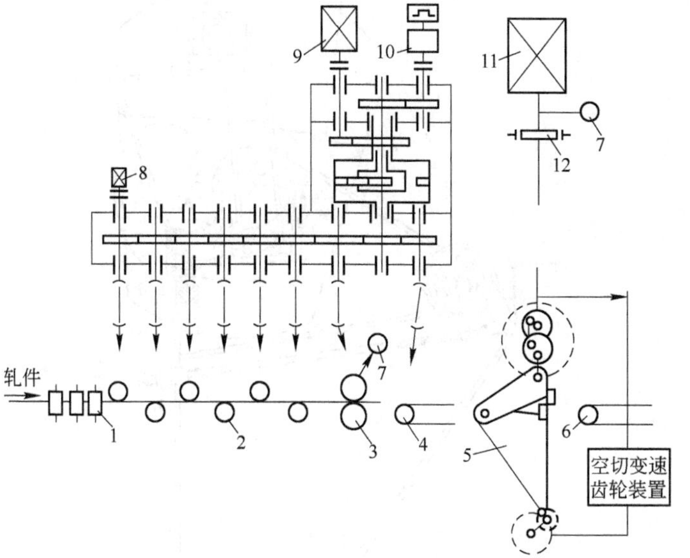

图 5-14　飞剪系统设备布置示意图

1—侧导向辊；2—矫正机；3—定尺夹送辊；4—皮带导板台；5—飞剪；6—输出皮带；7—脉冲发送器；8—测速发电机；9—直流电机；10—液压马达；11—直流电机；12—制动器

带钢从活套坑出来后由侧导向辊 1 对中并引导进入矫正机 2 矫正，矫正后的带钢经定尺夹送辊 3 与皮带导板台 4 送入飞剪 5，按要求的定尺长度进行剪切。各设备的速度调整都是自动进行的。定尺夹送辊与飞剪均装有脉冲发送器 7，两个脉冲信号同时输入自动控制系统进行比较，根据信号比较结果，利用液压马达 10 微调定尺夹送辊速度，以获得高精确度的剪切定尺长度。自动调整系统可在任何瞬间自动进行工作，因而保证了每块钢板的精确长度。

275. 曲柄摇杆摆式飞剪的工作原理是什么？

曲柄摇杆摆式飞剪的工作原理如图 5-15 所示，上刀架 1 与下

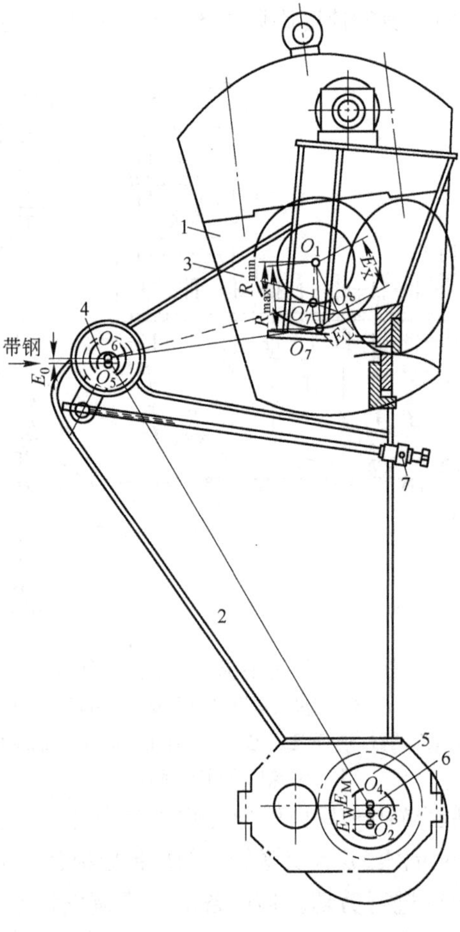

图 5-15　曲柄摇杆摆式飞剪机构

1—上刀架；2—下刀架；3—曲柄；4—偏心枢轴；5—偏心套；
6—偏心轴；7—剪刃间隙调整装置

刀架 2 通过偏心枢轴 4 连接起来，偏心枢轴 4 为可调整剪刃间隙的偏心(O_5O_6)枢轴，下刀架(即摇杆)以 O_3 为中心摆动。下刀架的摆动中心处装有空切用液压偏心套 5 及空切用机械偏心轴 6。改变偏心套 5 与偏心轴 6 的偏心位置可得到不同的空切次数。

曲柄 3 的半径是可调的，O_1O_7' 为最小半径，O_1O_7 为最大半径。通过改变曲柄转速与半径大小得到不同的剪切定尺长度(即采用径向匀速的方法)。曲柄 3 以 O_1 为中心旋转，通过枢轴 4 的带动，下刀架 2 以 O_3 为中心摆动，此时上下剪刃按相应的轨迹运行并进行剪切。

此飞剪全部实现了自动化操作，根据剪切定尺长度要求(数字输入)，由计算机计算并调整飞剪各有关参数(飞剪与夹送矫正机之间速比、曲柄半径、空切次数等)。这些调整工作是在飞剪停止运转情况下进行的，各项参数调整好以后，便有信号显示，通知飞剪可以起动进行剪切。除自动化系统外还设有手动操作系统。

276. 曲柄摇杆摆式飞剪有哪些机构，怎样动作和调整?

图 5-16 为曲柄摇杆摆式飞剪的结构简图，这种飞剪是由剪切机构和空切机构组成的。

(1) 剪切机构。剪切机构由曲柄摇杆机构组成，如图 5-16 所示。曲柄半径通过调整装置 3 可以改变长短，调整装置由液压马达及蜗轮减速机传动。曲柄半径调整装置如图 5-17 所示。

曲柄半径 R 的大小取决于偏心 E_K 与 E_L 的相位角(图 5-17b)当 E_L 转动 75°时，曲柄半径自 R_{max}减小为 R_{min}。

在图 5-17a 中，当上剪刃处于下极限位置时，定位油缸 1 的活塞下降使辊子推入定位凸轮 2 的凹槽内，曲柄轴 3 定位。接通液压管路 a，推动柱塞圆盘 4 向左靠；接通液压管路 c，推动带孔圆盘 5 向右靠，径向齿轮离合器 6 脱开，此时带孔圆盘 5 已与柱塞圆盘 4 由连接销轴 7 连接成整体。液压马达通过蜗轮减速机及小齿轮 8 带动内齿圈 9，从而使柱塞圆盘与带孔圆盘以 O_3 为圆心旋转一定角度(即转动偏心 E_L，改变 E_K 与 E_L 间的相位角)，直到符合定

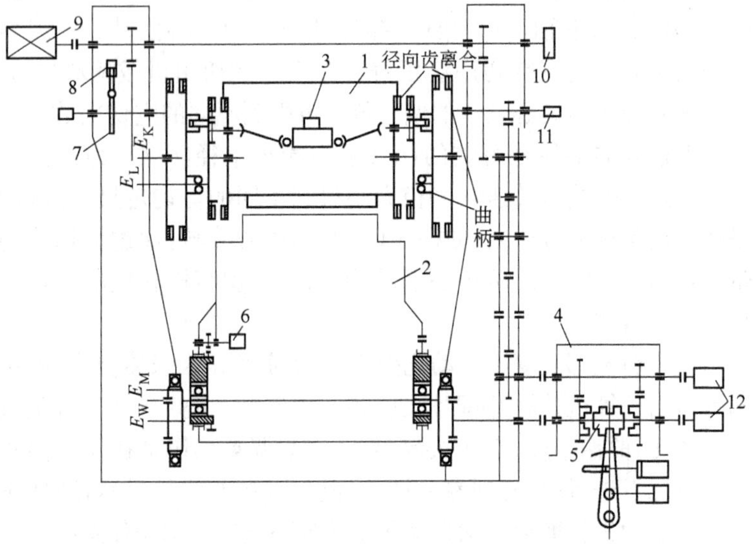

图 5-16　曲柄摇杆摆式飞剪结构简图

1—上刀架；2—下刀架；3—曲柄半径调整装置；4—空切机械偏心变速齿轮；5—离合器；6—空切液压偏心旋转油缸；7—曲柄定位凸轮；8—定位油缸；9—直流电动机(85kW，0～600/1500r/min)；10—制动器；11—脉冲发送器；12—仿形器

尺长度所要求的曲柄半径为止。半径调好以后，接通液压管路 *b*、*d* 使连接销轴 7 脱开，径向齿轮离合器 6 合上，定位油缸 1 的活塞上升，辊子退出凸轮 2 的凹槽，飞剪处于可工作状态。

剪刃间隙通过转动连接上下刀架的偏心枢轴来调整。

(2) 空切机构。当剪切定尺长度超过基本定尺长度后，就需采用空切机构来达到剪切倍尺长度的要求。空切机构由空切机械偏心与空切液压偏心两套机构组成。

如图 5-16 所示，空切机械偏心轴由飞剪电机通过传动齿轮与空切变速箱齿轮箱传动。当离合器推向左面时，曲柄与空切偏心轴的转速比为 2∶1，此时曲柄转 2 圈剪切 1 次，即剪切长度为 2 倍基本长度；离合器推向右面时，曲柄轴与空切偏心轴的转速比为

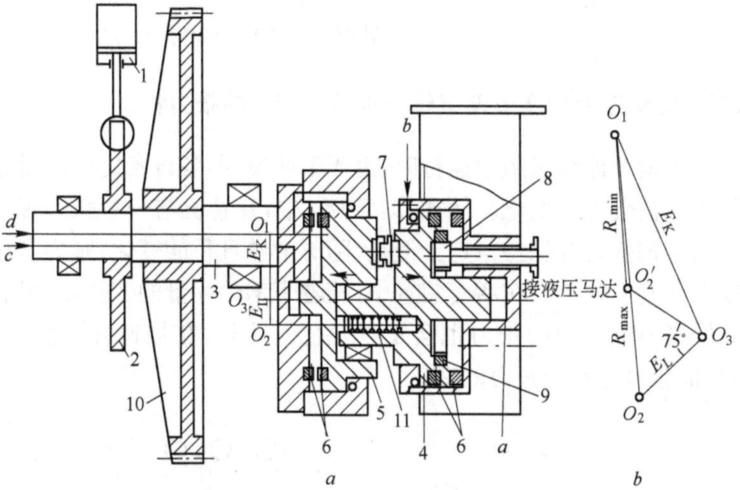

图 5-17 曲柄半径调整装置原理图

1—定位油缸；2—定位凸轮；3—曲柄轴；4—柱塞圆盘；5—带孔圆盘；6—径向齿轮离合器；7—连接销轴；8—小齿轮；9—内齿圈；10—传动大齿轮；11—盘形弹簧

4∶1，此时曲柄转 4 圈剪切 1 次，即剪切长度为 4 倍基本长度。

当剪切长度超过 4 倍基本定尺长度时，液压偏心投入工作，由旋转液压缸使偏心套以 O_3 为中心往复转动 150°，旋转液压缸的运转根据剪切长度所需要的空切次数，由电气连锁控制。由于下刀架固定在偏心套上，当偏心套的中心绕 O_3 旋转而下降时，下刀架也随之下降，因而上下剪刃不会相遇，即不能剪切。只有当偏心套返回原来位置(上死点)时才能剪切。这种方法可使剪切定尺无限延长。此飞剪实际定尺范围为 0.5～16m。

曲柄摇杆摆式飞剪的主要技术性能如下：

剪切带钢厚度	0.1～3mm
剪切带钢宽度	1250～1550mm
剪切钢板定尺长度	500～16000mm
	精度为±0.025%板长
带钢运行最大速度	5m/s

直流电动机	功率 85kW
	转速(0～600)/1500r/min

277. 怎样控制和调节连续作业机组中带钢的张力?

带钢在连续机组中运行时,由于某些原因,各设备之间的带钢张力往往会发生变化。例如,图 5-18*a* 中,开卷机与一号张力辊之间的带钢张力应保持恒定。但是,随着带卷直径的变化,张力和速度就会发生变化。在活套装置中,随着带钢贮存量的变化,二号和三号张力辊之间的张力也会发生变化。此外,在加速、减速运行时,也会引起带钢张力的变化。

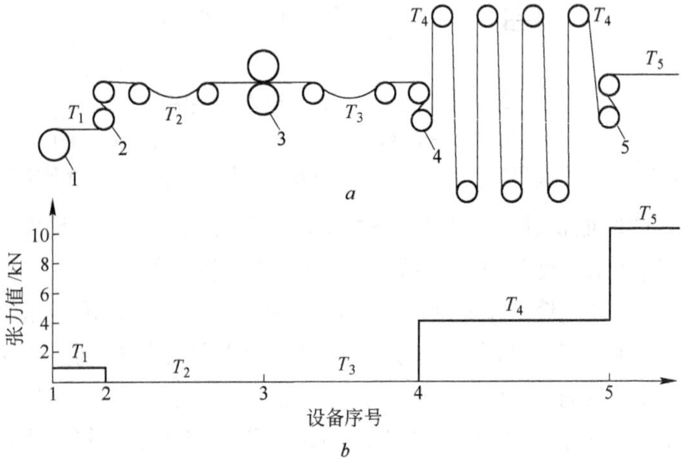

图 5-18 某机组各部分带钢张力分布

a—机组设备布置简图;*b*—各部分带钢张力分布

1—开卷机;2——号张力辊;3—圆盘剪;4—二号张力辊;5—三号张力辊

为了使机组各设备之间的带钢张力保持恒定,或使其在一定范围内变化,就需要对张力进行调节和控制。常用的张力调节和控制方法如下:

(1) 力矩控制法。张力是与传动力矩成正比的。直流电动机驱动时，电动机力矩为：

$$M=K_t\Phi I$$

式中　M——电动机力矩；

K_t——电动机结构常数；

Φ——电动机磁通；

I——电动机电流。

由上式可知，电动机力矩 M 与磁通 Φ 和电流 I 成正比关系。当磁通 Φ 一定时，通过电流调节器调节电机电流 I，就能改变电动机力矩 M，达到调节和控制带钢张力的目的。

(2) 浮动辊控制法。如图 5-19 所示的退火机组上，采用了浮动辊来控制带钢张力，在转向辊 3 的轴承座下面装有测压仪，测出的压力 P 与带钢张力 T 的关系为：

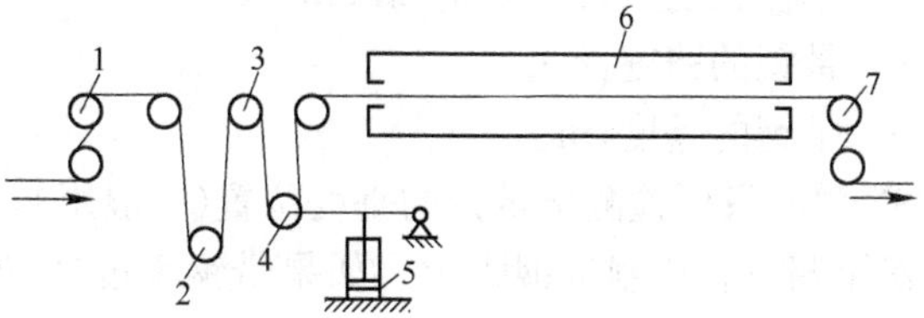

图 5-19　连续退火机组的张力控制

1—一号张力辊；2—摆动辊；3—转向辊；4—浮动辊；5—液压缸；6—退火炉；7—二号张力辊

$$P=2T+G_1+G_2$$

式中　P——测压仪测出的压力；

T——带钢张力；

G_1——转向辊重力；

G_2——转向辊轴承座重力。

当测出的压力 P 与给定压力值有偏差时，控制系统使液压缸 5 动作，液压缸 5 使得浮动辊升降来控制张力，并使张力变化不大于 1%～2%。此机组的张力控制是以退火炉出口处二号张力辊 7 的速度为基准的。当浮动辊升降时，一号张力辊 1 的速度就做相应改变，使张力保持在一定范围内。

(3) 带钢垂度控制法。带钢跨度 L 与其垂度 f 的比值为30～40 时(图 5-20)，带钢张力 T 和垂度 f 的关系为：

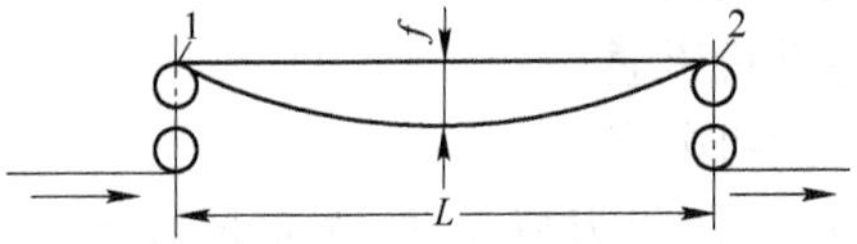

图 5-20　带钢垂度控制法
1—入口张力辊；2—出口张力辊

$$T=\frac{qL^2}{8f}$$

式中　T——带钢张力，N；

q——单位长度的带钢质量，kg/m；

L——带钢的跨度，m；

f——带钢的垂度，m。

由上式可知，只要检测出带钢的垂度位置(一般用非接触式检测装置)，就能调节和控制带钢张力。如果带钢垂度 f 减小，则张力增大。为了保持张力恒定，应调节出口张力辊 2 的力矩，即通过电流调节器使力矩发生变化来减小张力。带钢垂度减小，也说明入口端张力辊的速度小于出口端张力辊的速度，故可增加入口端张力辊的速度，直至达到给定的带钢垂度值为止。因此，带钢垂度控制法，可通过调节和控制出口端张力辊的力矩或改变入口端张力辊的速度，使带钢张力保持恒定。

278. 为什么要控制带钢跑偏，其控制装置有哪几种形式？

在连续作业机组(包括酸洗、冷连轧、退火等)中，由于机组设备的安装精度、传动辊子的磨损，特别是带钢板形等因素的影响，带钢运行时往往会产生跑偏现象。

带钢跑偏会影响带卷的质量，甚至损伤机组设备。因此，带钢跑偏控制是很重要的。减少带钢跑偏主要有以下 4 个措施：

(1) 保证机组设备的安装精度和传动辊子的良好表面形状。

(2) 改善带钢板形，提高带卷质量。

(3) 选择合适的机组工艺参数。机组速度和张力对带钢跑偏有较大的影响，增加机组张力能改善带钢跑偏现象，提高机组速度则易产生带钢跑偏现象。

(4) 机组中安装跑偏控制装置，控制带钢跑偏在一定范围之内。

带钢跑偏控制装置一般有 3 种形式：刚性机械导向装置、定心辊装置和自动校正装置。其中自动校正装置一般由带钢位置检测系统和自动校正装置本体组成。带钢位置检测系统的主要作用是检测带钢跑偏位置，并转换成某种信号通知校正装置。常用的带钢位置检测系统，按其控制方式主要可分为气液控制系统和光电液控制系统两种形式。

279. 卷取机怎样自动地控制带钢跑偏?

带钢车间的卷取机在卷取带钢时，由于带钢本身的尺寸和形状的偏差、卷取运输设备等安装的偏差，带钢卷取时的跑偏现象是很难避免的。为了保证产品质量，必须将卷取时的带钢跑偏控制在一定范围之内。

带钢跑偏自动控制系统可采用气液随动阀的控制系统，如图 5-21 所示。该系统是由气动检测器、气液随动阀、油缸和卷取机组成的。随动阀的第一级为射流管式，第二级为滑阀式。检测器的气源由车间压缩空气总管供给，经过滤、调压并稳压后使用。当带边位于检测喷嘴中央位置时，经过接受喷嘴作用于随动阀膜片上的额定气压作用力，与另一侧的膜片式弹簧相平衡。此时随动阀无液压油输出，卷取机卷筒不移动。如带钢跑偏向左边，离开中央位置，则接受喷嘴的气压增加，射流管就右移，使随动阀 b 口有液压油输出，油缸活塞推动卷筒左移，跟踪带钢的跑偏，使钢卷自动卷齐。由于检测器随同左移，当喷嘴中央又重新对准带钢边缘时，卷筒便停止在平衡位置上，这样就完成了一个纠偏过程。同样，当带钢边缘右移时，接受喷嘴的气压减小，则射流管左移，使随

动阀 a 口有液压油输出，油缸活塞拖动卷筒右移跟踪带钢的跑偏，直到喷嘴中央又重新对准带钢边缘时为止。

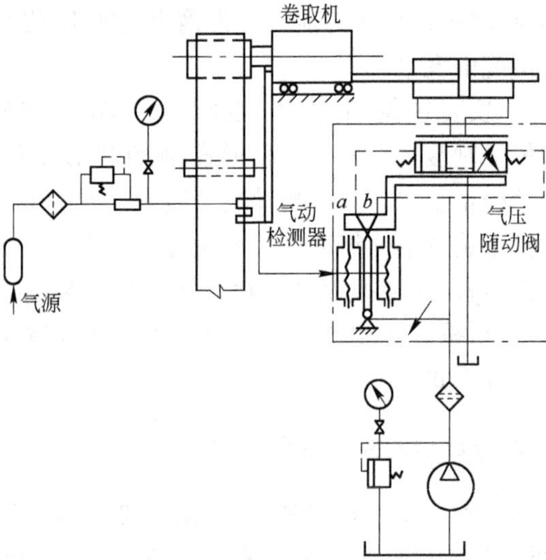

图 5-21　带钢跑偏自动控制系统

280. 开卷机怎样控制带钢跑偏？

图 5-22 为浮动式开卷机使用的气液控制系统工作原理图。此系统由气动检测喷嘴 2、薄膜发信器 4、定值调节器 5、喷油管 6、喷流替续器（或滑阀）7 等组成。

气动检测喷嘴由发射气嘴和接收气嘴两部分组成，这两个气嘴相距一定距离，带钢 1 在气嘴间运行。在带钢正常运行时，带钢边缘位于气嘴中心，整个系统处于平衡状态。当带

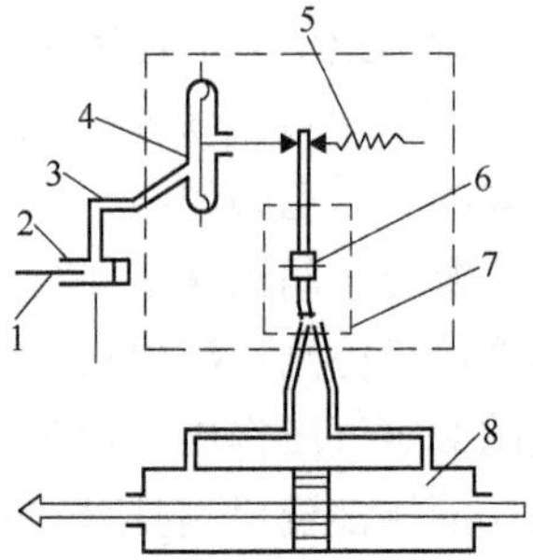

图 5-22　气液控制系统工作原理图

1—带钢；2—气动检测喷嘴；3—管路；4—薄膜发信器；5—定值调节器；6—喷油管；7—喷流替续器（或滑阀）；8—液压缸

钢发生跑偏时，带钢边缘将偏离气嘴中心，使接收气嘴接收的气流发生变化。

薄膜发信器的作用是将气流变化信号转化为位移信号。当薄膜上气流与定值调节器 5 的给定值相适应时，系统处于平衡状态。当带钢跑偏而使气流变化时，薄膜上气流大于或小于给定值，薄膜就产生位移，使喷油管 6 移动。当系统处于平衡位置时，喷油管 6 和喷流替续器(或滑阀)7 处于中间位置。此时，流入校正装置液压缸 8 两侧的油量相等，开卷机不发生轴向位移。当带钢跑偏时，薄膜上气流发生变化，喷油管和喷流替续器(或滑阀)移动，使流入液压缸 8 两侧的油量发生变化。通过液压缸 8 的活塞移动，开卷机做相应的轴向浮动来校正带钢跑偏。图 5-23 为浮动式开卷机

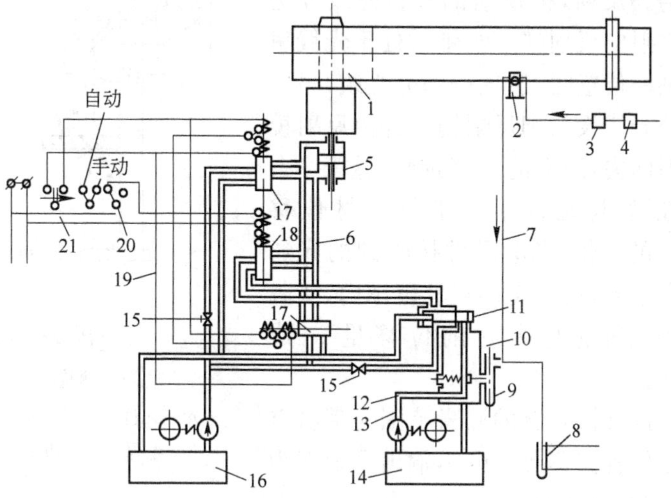

图 5-23 浮动式开卷机带钢跑偏控制系统布置图

1—带钢；2—气动检测喷嘴；3—空气减压阀；4—空气过滤器；5—浮动式开卷机液压缸；6—输油管；7—空气管路；8—沉淀器；9—薄膜发信器；10—喷流替续器；11—滑阀；12—输油管；13—滤油器；14—油箱；15—节流阀；16—油箱；17—电磁阀(调整卷取机移动)；18—电磁阀；19—电路；20—开关；21—手动操纵开关

带钢跑偏控制系统的布置图。

由图 5-23 可见，气动检测喷嘴位于开卷机后面，为了减少校正装置的滞后时间，气动检测喷嘴应尽量接近开卷机。气动检测喷嘴的发射气嘴和接收气嘴两部分之间的距离不大，一般为 40～50mm。

281. 浮动式卷取机是怎样控制带钢跑偏的?

浮动式卷取机是采用光电管边缘控制的方法来纠正带钢跑偏的。在卷取机上有一个光电检测装置，其结构原理见图 5-24。

光源发出的光线，经透镜 4 后被半透膜反射，被反射的平行光线经透镜 5 射向反射镜。当带材处于光线束中某一位置时，遮住一部分光线，另一部分光线投射到反射镜上并由反射镜反射回去，经透镜 5、半透膜、透镜 2 会聚在光电元件上。随着带材位移量 x 的变化，光电元件接收到的光通量也不同，在一定的位移范围内，接收到的光通量与带材的位移量 x 成正比。

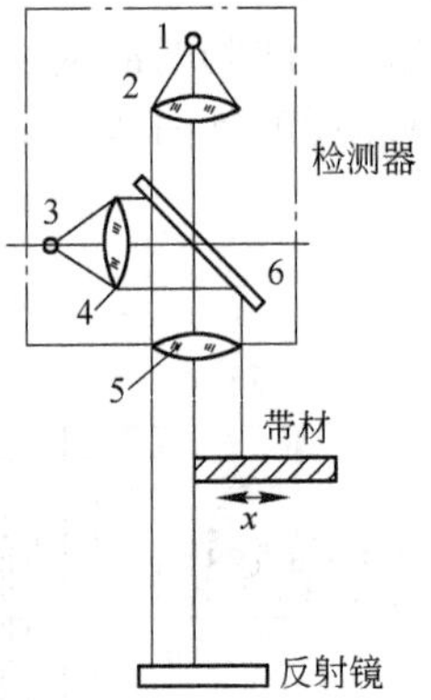

图 5-24　光电位置检测器原理示意图

1—光电元件；2、4、5—透镜；3—光源；6—半透膜

这种检测器的测量范围为带材自中心位置偏移±10mm，输出灵敏度为 10～30mA/mm。

由图 5-25 可见，当带钢边缘处在光源中心时，系统处于平衡状态。当带钢发生跑偏时，带钢边缘将偏离光源中心，使光电池电流发生变化。变化的电信号经放大器 3 放大后输入电液伺服阀 4。电液伺服阀的作用是将电信号转变为液压信号，使液压缸 5 两侧的液压油流量发生变化，使卷取机浮动来校正带钢跑偏。

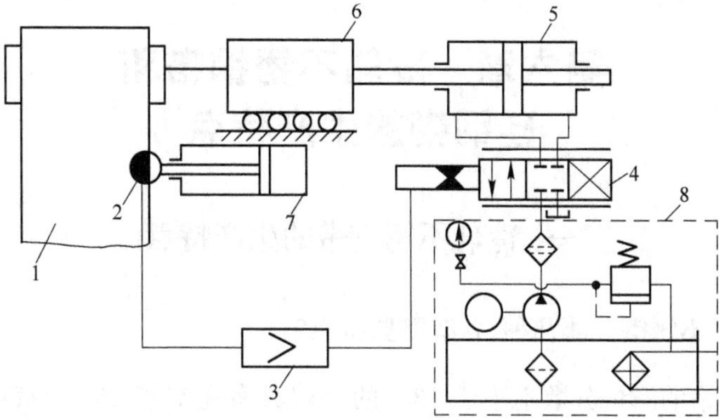

图 5-25 浮动式卷取机光电液控制系统

1—带钢；2—光电检测装置；3—放大器；4—电液伺服阀；5—液压缸；
6—浮动式卷取机；7—检测装置移动液压缸；8—液压系统装置

第六章　冷轧不锈钢带和硅钢带的生产特点

一、冷轧不锈钢带的生产特点

282. 不锈钢分哪几种，各有哪些特点？

铬的质量分数不小于13%的钢就具有在空气、水、蒸汽中不受腐蚀和不生锈的特性，这种钢称为不锈钢。不锈钢实际上是不锈钢、耐酸不锈钢和耐热不锈钢的总称。

在各种酸类(液态或气态)的介质中能抵抗腐蚀的钢称为耐酸不锈钢。铬的质量分数达到16%～18%的钢(如Cr17)，或除了含铬外还含有镍(镍的质量分数在14%以下)的镍铬钢(如1Cr18Ni9、2Cr18Ni9)，以及添加有钼、钛等合金元素的镍铬钢(如Cr18Ni12Mo2Ti等)都是耐酸不锈钢。

高的铬含量或加入一定量的硅、铝合金元素，能促使钢在高温条件下形成致密的氧化膜，从而保护金属免受气体腐蚀，如Cr25、Cr28钢能耐温1000～1100℃。钢中镍含量高，能形成高热强性的奥氏体组织，如Cr23Ni18、Cr25Ni20的铬镍钢的耐热能力一般可达700～800℃。这些不锈钢的特点是在高温下能抗氧化、抗蠕变及抗破断，并耐一定介质腐蚀，所以这些不锈钢称为耐热不锈钢(或称热强钢)。

不锈钢还可按金相组织不同而分为马氏体不锈钢、铁素体不锈钢、半马氏体或半铁素体不锈钢、奥氏体不锈钢和奥氏体-铁素体不锈钢几大类。

(1) 马氏体不锈钢(如 2Cr13、3Cr13 等)的主要特点是除含有较多的铬外,还含有较多的碳,随着钢中碳含量的增加,钢的耐腐蚀性能下降,但它的力学性能,特别是钢的强度、硬度、耐磨性以及切削性能则有显著提高,这类钢具有淬硬性。

(2) 铁素体不锈钢(如 Cr17、Cr17Ti、Cr25、Cr28 等)以铬为主要合金元素,铬含量(质量分数)一般在 13%～30%,而碳含量(质量分数)很低,均在 0.25%以下。铁素体不锈钢具有良好的耐氧化性介质腐蚀的能力,同时具有良好的热加工性及一定的冷加工性。但铁素体不锈钢经过淬火不能硬化,并易产生室温脆性,故使用时必须采取措施提高铁素体不锈钢的室温韧性。

(3) 半铁素体或半马氏体不锈钢(如 0Cr13、1Cr13 等)在淬火温度下为两相状态,冷却时不能全部转变为马氏体,组织中仍保留一部分铁素体,故这类钢叫半铁素体或半马氏体钢。这类钢在正确的热处理条件下,可得到良好的韧性和塑性。这类钢由于碳含量较低,故耐腐蚀性能较好。

(4) 奥氏体不锈钢(如 1Cr18Ni9、0Cr18Ni9Ti 等)铬的质量分数为 18%左右,镍的质量分数为 8%～10%。这类钢产生稳定的奥氏体组织。奥氏体不锈钢无磁性,经淬火也能硬化,并且比其他系列的不锈钢具有更优良的耐腐蚀性、耐热性及延伸性,以及更优越的可焊性,因而得到了极广泛的应用。

(5) 奥氏体-铁素体不锈钢(如 Cr17Mn、Cr17Mn13N 等)铬的质量分数为 20%左右,并含有一定数量的镍,以便形成奥氏体组织。这类钢的优点是,不仅具有良好的耐蚀性、焊接性和相当好的韧性,并且还具有高的机械强度和抗晶间腐蚀的性能。这种钢的缺点是,钢的冷热加工性能较差,特别是当含铁素体量高时更为明显。

常用不锈钢的化学成分和力学性能见表 6-1 和表 6-2。

表 6-1 常用不锈钢

系列	钢号	化学成分(质				
		C	Si	Mn	S	P
半铁素体或半马氏体系	0Cr13	≤0.08	≤0.60	≤0.60	≤0.030	≤0.035
	1Cr13	≤0.15	≤0.60	≤0.60	≤0.030	≤0.035
	Cr17Ni2	0.11～0.17	≤0.80	≤0.80	≤0.030	≤0.035
马氏体系	2Cr13	0.16～0.24	≤0.60	≤0.60	≤0.030	≤0.035
	3Cr13	0.25～0.34	≤0.60	≤0.60	≤0.030	≤0.035
	4Cr13	0.35～0.45	≤0.60	≤0.60	≤0.030	≤0.035
	9Cr18	0.9～1.0	≤0.80	≤0.70	≤0.030	≤0.035
铁素体系	Cr17	≤0.12	≤0.80	≤0.70	≤0.030	≤0.035
	Cr25	≤0.12	≤1.0	≤0.80	≤0.030	≤0.035
	Cr28	≤0.15	≤1.0	≤0.80	≤0.030	≤0.035
	Cr17Ti	≤0.10	≤0.80	≤0.70	≤0.030	≤0.035
	Cr17Mo2Ti	≤0.10	≤0.80	≤0.70	≤0.030	≤0.035
	Cr25Ti	≤0.12	≤1.00	≤0.80	≤0.030	≤0.035
	Cr25Mo3Ti	≤0.15	≤1.00	≤0.80	≤0.030	≤0.035
奥氏体系	0Cr18Ni9	0.06	0.80	2.00	0.03	0.035
	1Cr18Ni9	≤0.14	≤0.80	≤2.00	≤0.03	≤0.035
	0Cr18Ni9Ti	0.08	1.00	2.00	0.02	0.035
	1Cr18Ni9Ti	≤0.12	≤0.8	≤2.00	0.02	0.035
	00Cr18Ni10	≤0.03	≤1.00	≤2.00		
	Cr18Ni12Mo2Ti	≤0.12	≤0.80	≤2.00	0.02	0.035
	1Cr17Ni13Mo2Ti	0.10	0.80	2.00	0.02	0.035
	0Cr17Ni13Mo2Ti	0.08	0.80	2.00	0.02	0.035
	00Cr17Ni13Mo2	≤0.03	≤1.00	≤2.00		
	1Cr18Ni11Nb	≤0.10	≤1.00	≤2.00	0.02	0.035
	Cr18Ni9Cu3Ti	≤0.10	≤0.8	≤0.8	0.02	0.035
	Cr18Ni18Mo2Cu2Ti	≤0.07	≤0.08	≤0.80	≤0.02	≤0.035
	Cr25Ni20	0.20	1.00	2.00	0.030	0.035
	Cr23Ni13	0.20	1.00	2.00	0.025	0.035
奥氏体系铁素体系	Cr18Mn10Ni5Mo3	≤0.10	≤1.00	8.5～12.0	0.03	0.060
	Cr17Mn13Mo2CuN	≤0.08	≤0.80	12～15	≤0.03	≤0.03
	Cr17Mn13Mo2N	≤0.1	≤0.80	12～14	≤0.03	≤0.05

的化学成分

量分数)/%

Cr	Ni	Mo	Ti	V	其　他
12.0～14.0	≤0.5				
12.0～14.0					
16.0～18.0	1.5～2.5				
12.0～14.0					
12.0～14.0					
12.0～14.0					
17.0～19.0					
16.0～18.0					
24～27			5×w(C)≤0.80		
27～30			≤0.20		
16～18			5×w(C)～0.8		
16～18		1.6～1.9	≥7×w(C)		
24～27			5×w(C)～0.8		
24～27		2.3～2.6	1.5～2.0		
17～19	8～11				
17～19	8～11				
17～19	8～10.5		5×(w(C)～0.02)～0.80		
16～18	12～14		5×(w(C)～0.02)～0.8		
17～19	9～12				
16～19	11～14	2～3	0.3～0.6		
16～18	12～14	1.8～2.5	0.3～0.8		
16～18	12～14	1.8～2.5	0.3～0.8		
16～18	12～14	2.0～3.0			
17～20	9～13				w(Nb)≥8×w(C)≤1.5
17～19	8～10		≥7×w(C)		w(Cu)=2.8～3.2(w(Nb)≥8×w(C))
17～19	17～19	1.8～2.2	>7×w(C)		w(Cu)=1.8～2.2
23～26	19～22				
22～25	12～15				
17～19	4.0～6.0				w(N)≤0.30(约0.25)
16.5～18		1.8～2.2			w(N)=0.25～0.30
16.8～18		1.8～2.2			w(Cu)=0.8～1.2 w(N)=0.25～0.30

表 6-2 常用不锈

系列	钢号	热处理			
		淬火温度/℃	冷却剂	回火温度/℃	冷却剂
半铁素体或半马氏体系	0Cr13	1000～1050	油、水	700～790	油、水、空气
	1Cr13	1000～1050	油、水	700～790	油、水、空气
	Cr17Ni2	950～970	油	275～300	油
马氏体系	2Cr13	1000～1050	油、水	660～770	油、水、空气
	3Cr13	1000～1050	油	200～300	空气
	4Cr13	1050～1100	油	200～300	空气
	9Cr18	1000～1050	油	200～300	油、空气
铁素体系	Cr17			750～800	空气
	Cr25			700～800	空气
	Cr28			700～800	空气
	Cr17Ti			700～800	空气
	Cr17Mo2Ti			750～800	空气
	Cr25Ti			700～800	空气
	Cr25Mo3Ti				
奥氏体系	0Cr18Ni9	1080～1130	水		
	1Cr18Ni9	1100～1150	水		
	0Cr18Ni9Ti	1030～1080	水、空气		
	1Cr18Ni9Ti	1100～1150	水		
	00Cr18Ni10	1050～1150	水		
	Cr18Ni12Mo2Ti	1100～1150	水		
	1Cr17Ni13Mo2Ti	1050～1150	水、空气		
	0Cr17Ni13Mo2Ti	1050～1100	水、空气		
	00Cr17Ni13Mo2	1100～1150	水		
	1Cr18Ni11Nb	1100～1150	水		
	Cr18Ni9Cu3Ti	1020～1100	水		
	Cr18Ni18Mo2Cu2Ti	1050～1100	水		
	Cr25Ni20	1100～1150	空气		
	Cr23Ni13	1100～1150	水		
奥氏体系铁素体系	Cr18Mn10Ni5Mo3	1100～1150	水		
	Cr17Mn13Mo2CuN	1050±10	水		
	Cr17Mn13Mo2N				

钢的力学性能

力学性能					
抗拉强度 σ_b/MPa	屈服强度 σ_s/MPa	伸长率 δ/%	收缩率 ψ/%	冲击值 a_K/J·cm^{-2}	硬度 HRC
500	350	24	60		
600	420	20	60	90	
≥1100		>10		≥50	
660	450	16	55	80	
					48
					50
					55
400	250	20	50		
≥450	≥300	≥20	≥45		
450～600	300～450	20～30	45～60		
450	300	20			
≥500	≥300	≥20	≥55		
450	300	20	45		
650	550	12			
500	200	45	60		
550	200	45	50		
540～550	380～400				
550	200	40	55		
550～620	240～280	53～59	69～78		
550	220	40	55		
540～550	350～370				
540～550	350～370				
500	270	45	77		
≥550	≥200	≥40	≥55		
≥550	≥250	≥45		≥250	
≥550	≥230	≥40	≥35		
≥550	≥300	≥35	≥50		
560		34			
700	350	45	65		
≥680	≥450	≥40	≥55	≥150	
800～900	550	30	50		

283. 冷轧不锈钢带和耐热钢带的产品技术要求是什么?

冷轧不锈钢带用 0Cr13、1Cr13、2Cr13、3Cr13、4Cr13、1Cr28、0Cr18Ni9、1Cr18Ni9、2Cr18Ni9、1Cr18Ni9Ti、2Cr13Ni4Mn9、1Cr23Ni18 钢制造。冷轧不锈钢带的交货状态分为软钢带(R)、半冷作硬化钢带(BI)、冷作硬化钢带(I)和特殊冷作硬化钢带(TI)。

冷轧不锈钢带应符合标准(GB/T 4239—91)的规定。

(1) 钢带的厚度、宽度及允许偏差应符合表 6-3、表 6-4 的规定。宽度小于 50mm 的切边钢带,其镰刀弯应每米不得大于 3mm;宽度大于 50mm 者,应每米不大于 2mm。

表 6-3 不锈钢和耐热钢冷轧钢带厚度及允许偏差(mm)

钢带标准厚度							
0.3,0.4,0.5,0.6,0.7,0.8,0.9,1.0,1.2,1.5,2.0,2.5,3.0,3.5							
厚度	厚度允许偏差						
	宽度						
	20~150	>150~250	>250~400	>400~600	>600~1000	>1000~1250	>600~1250
					较高精度(A)		一般精度(B)
0.05~0.10	±0.01	±0.01	±0.01				
>0.10~0.15	±0.01	±0.01	±0.01				
>0.15~0.25	+0.01 -0.02	+0.01 -0.02	+0.01 -0.02	±0.02			
>0.25~0.45	±0.02	±0.02	±0.02	+0.02 -0.03	±0.04	±0.04	±0.04
>0.45~0.65	+0.02 -0.03	+0.02 -0.03	+0.02 -0.03	±0.03	±0.04	±0.04	±0.05

续表 6-3

钢带标准厚度

0.3,0.4,0.5,0.6,0.7,0.8,0.9,1.0,1.2,1.5,2.0,2.5,3.0,3.5

厚度	厚度允许偏差						
	宽度						
	20~150	>150~250	>250~400	>400~600	>600~1000	>1000~1250	>600~1250
					较高精度(A)		一般精度(B)
>0.65~0.90	±0.03	±0.03	+0.03 −0.04	±0.04	±0.05	±0.05	±0.06
>0.90~1.20	+0.03 −0.04	±0.04	±0.04	+0.04 −0.05	±0.05	±0.06	±0.08
>1.20~1.50	+0.04 −0.05	±0.05	±0.05	+0.05 −0.06	±0.06	±0.07	±0.11
>1.50~1.80	±0.06	+0.06 −0.07	+0.06 −0.07	±0.07	±0.07	±0.08	±0.12
>1.80~2.00	±0.06	±0.07	+0.07 −0.08	±0.08	±0.09	±0.10	±0.13
>2.00~2.30	±0.07	±0.08	+0.08 −0.09	±0.09	±0.10	±0.11	±0.14
>2.30~2.50	±0.07	±0.08	+0.08 −0.09	±0.09	±0.10	±0.11	±0.14
>2.50~3.10	±0.08	±0.09	+0.09 −0.10	±0.10	±0.11	±0.12	±0.16
>3.10~<4.00	±0.09	±0.10	+0.10 −0.11	±0.11	±0.12	±0.13	±0.18

表 6-4　不锈钢冷轧和热轧钢带及耐热钢冷轧钢带的宽度及允许偏差(mm)

宽度普通精度(P)								切边钢带宽度高级精度(K)					
边缘状态	宽度							厚度	宽度				
	20～50	＞50～150	＞150～250	＞250～400	＞400～600	＞600～1000	＞1000～1250		20～150	＞150～250	＞250～400	＞400～600	＞600～1000
切边钢带	+1 0	+2 0	+3 0	+4 0	+5 0	+5 0	+5 0	0.05～0.5	±0.15	±0.20	±0.25	±0.30	±0.50
不切边钢带	+2 −1	+3 −2	+6 −2	+7 −3	+20 0	+25 0	+30 0	＞0.5～1.0	±0.20	±0.25	±0.25	±0.30	±0.50
								＞1.0～1.5	±0.20	±0.30	±0.30	±0.40	±0.60
								＞1.5～2.5	±0.25	±0.35	±0.35	±0.50	±0.70
								＞2.5～4.0	±0.30	±0.40	±0.40	±0.50	±0.80

(2) 硬状态(BI、I、TI)交货的钢带应平直,其不平度应符合表6-5的规定。

表 6-5 钢带不平度(mm)

钢带宽度	不平度
20～50	≤3
>50～200	≤5
>200～600	≤10

(3) 钢带交货状态的力学性能应符合表6-6的规定。

(4) 钢带表面按光亮、酸洗两类分组,表面质量应符合表6-7的规定。

表 6-6 不锈钢带交货状态的力学性能

钢号	交货状态	抗拉强度 σ_b/MPa	伸长率 δ_{10}/%
0Cr13	软	≥400	≥21
1Cr13	硬	700～1000	
2Cr13	软	≥500	≥20
	硬	750～1050	
3Cr13	软	≥500	≥20
	硬	800～1100	
4Cr13	软	≥500	≥18
	硬	800～1100	
1Cr28	软	≥450	≥17
	硬	750～1150	
0Cr18Ni9	软	≥540	≥45
	半冷作硬化	≥750	≥25
1Cr18Ni9	软	≥540	≥40
	半冷作硬化	≥800	≥20
	冷作硬化	≥1000	≥10
	特殊冷作硬化	≥1150	≥5

续表 6-6

钢　　号	交货状态	抗拉强度 σ_b/MPa	伸长率 δ_{10}/%
2Cr18Ni9	软	≥580	≥35
	半冷作硬化	≥800	≥20
	冷作硬化	≥1000	≥10
	特殊冷作硬化	≥1150	≥5
1Cr18Ni9Ti	软	≥540	≥35
	半冷作硬化	≥750	≥20
	冷作硬化	≥900	≥7
2Cr13Mn9Ni4	软	≥600	≥40
	半冷作硬化	≥800	≥20
	冷作硬化	≥1000	≥15
	特殊冷作硬化	≥1150	≥8
1Cr23Ni18	软	≥580	≥45

表 6-7　钢带的表面质量

表面状态	软硬程度	表面光泽要求	表面允许缺陷	
光亮	软	光亮或暗银色，允许有轻微色差	允许有个别轻微的擦伤、压痕、凹面、麻点和清理的痕迹，其深度不得超过钢带厚度公差的一半	
	硬	光滑、洁净和光亮	Ⅰ组	允许有个别轻微的划痕、刮伤、凹面、辊印及清理的痕迹，其深度或高度不得超过钢带厚度公差的 1/4
			Ⅱ组	允许有局部轻微的划痕、刮痕、凹面、辊印及清理的痕迹，其深度或高度不得超过钢带厚度公差的一半
酸洗	软	银灰色或暗色，允许有轻微色差	允许有局部轻微的划痕、刮伤、凹面及清理的痕迹，其深度或高度不得超过钢带厚度公差的一半 无氧化层及过酸洗痕迹	

(5) 半冷作硬化、冷作硬化和特殊冷作硬化奥氏体钢带，应作反复弯曲试验。厚度大于 0.2mm 的钢带，弯曲次数不少于 2 次；厚度小于等于 0.2mm 的钢带，弯曲次数不少于 3 次。试验结果，钢带表面不得产生裂纹、分层或断裂等现象。

284. 不锈钢带坯常有哪些缺陷？

冷轧不锈钢带采用热轧带钢作为坯料。热轧带钢的表面质量取决于热轧坯料的质量和加热轧制工艺。在热带轧机上轧制带钢所形成的缺陷最主要有下列几种：

(1) 结疤。在板坯清理时对裂口及裂纹没有全部清除干净，结果在轧制时形成结疤；板坯加热时过热，特别是铬不锈钢，轧制时在带钢上形成结疤。带钢坯表面大量集结的非金属夹杂物，也是产生结疤的原因。

(2) 裂边。板坯侧面缺陷未全面清除干净，这是带钢裂边的原因。

(3) 过热。板坯在过高温度下长时间停留会引起过热。过热板坯轧制时会产生大裂口和剥落；邻近过热的部分出现细裂纹，细裂纹在进一步轧制时会变成结疤。为防止板坯过热必须严格遵守规定的加热制度，尤其是高温下的均热时间。加热铁素体类钢时，温度超过 850℃后必须快速加热。

(4) 机械损伤。轧入碎屑、压痕、划痕是热轧不锈带钢表面最有特征的缺陷。轧入碎屑和压痕缺陷是由于坯料上的结疤块、裂边在导卫上摩擦时有碎片落到带钢表面上以及其他东西被轧辊或矫直机辊子压入而形成的。

划痕大部分是在带钢运动时，下表面与不光滑的导卫、辊面不平的辊子及被动辊相接触时形成的。上表面划痕通常是在未卷紧运送时卷层间摩擦造成的。在卷取中，带钢与卷取机成形辊和喂料辊之间发生摩擦时，带钢表面上会产生很多短条状划伤。

(5) 带钢厚薄不均。带钢长度上的厚度不均匀与沿板坯长度加热的均匀性及带钢在机架间张力值有关。带钢的前端和后端一般比中部厚一些，这是因为在连续式精轧机组中带钢端部没有张力的缘故。带钢后端一般比前端厚，这是温度不同所致。

285. 冷轧不锈钢带的生产工艺流程是怎样的？

不锈钢带的生产工艺与一般冷轧带钢生产工艺的区别在于不锈钢板带在冷轧前必须先经退火和在生产过程中必须随时保持带钢表面的洁净，以提高成品率和抗腐蚀性能。

不锈钢带的生产工艺流程大致如下：

热轧带钢(坯料)→退火，碱、酸洗→检查修磨→冷轧→退火，碱、酸洗→平整→抛光→剪切→检查分类→包装→入库。

铁素体钢和马氏体钢的退火时间较长，目的是便于再结晶和溶解碳化物。通常在罩式炉中退火，退火温度约 800℃，保温 2～6h。铁素体钢要在空气中迅速冷却，以防脆化。马氏体钢不允许快速冷却，以免引起过大的内应力及硬化裂纹。奥氏体钢在连续炉中加热温度为 1000～1100℃，在水中或空气中迅速冷却。

退火后的带钢先经抛丸处理，打碎表面氧化铁皮，经刷洗后进入酸洗槽，彻底清除氧化铁皮和使表面钝化。一般用硝酸或硫酸进行酸洗。硝酸溶液温度为 20～55℃，硫酸溶液温度为 50～70℃。

不锈钢带坯的退火和酸洗一般在退火酸洗机组中进行，如图 6-1 所示。

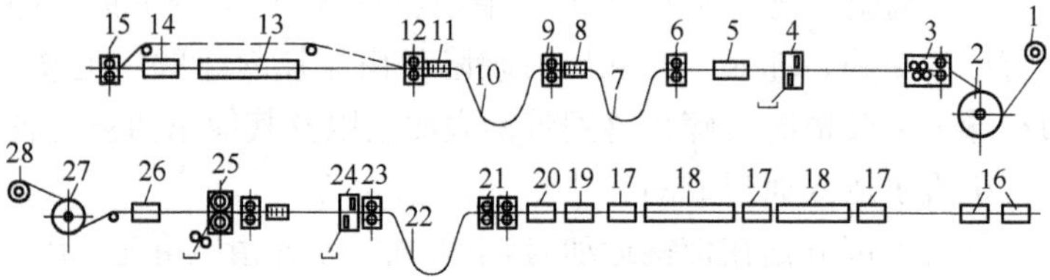

图 6-1　带坯退火酸洗机组

1—卷纸机；2—开卷机；3—直头机；4—切头剪；5—氩弧焊机；6—夹送辊；7—活套；8—侧导辊；9—夹送辊；10—活套；11—侧导辊；12—夹送辊；13—退火炉；14—冷却段；15—夹送辊；16—抛丸机；17—刷洗机；18—酸洗槽；19—清洗机；20—干燥室；21—夹送辊；22—活套；23—夹送辊；24—切分剪；25—圆盘剪；26—张力装置；27—卷取机；28—垫纸机

酸洗后的带钢经检查后，在带式修磨机上整修表面缺陷，然后送冷轧机轧制。

不锈钢属于难变形钢，冷轧时容易产生加工硬化，特别是多道次低压缩率轧制时更为明显。不锈钢带一般在四辊轧机和多辊轧机上轧制，如采用偏八辊轧机（MKW 轧机）和二十辊轧机等。对于较易轧制的奥氏体钢，每道次压缩率不超过 25%，每轧程的总压缩率不超过 75%。对于碳含量较高的马氏体钢，每道次压缩率为 15%，每轧程总压缩率不大于 50%。不锈钢带的轧制规程见表 6-8、表 6-9。

表 6-8　ϕ(1170～1250)mm/ϕ(90～120)mm×1400mm 偏八辊轧机冷轧 1000mm 宽不锈钢带的轧制规程

类型状态	成品厚度/mm	坯料厚度/mm	轧程	总变形量/mm 总变形率/%	每道厚度/mm 道次变形率/%						
					1	2	3	4	5	6	7
奥氏体软状态	0.25	3.0	Ⅰ	2.15 71.5	2.30 23.5	1.80 21.7	1.47 18.3	1.24 15.5	1.07 13.6	0.94 12.0	0.85 9.5
			Ⅱ	0.6 70.5	0.65 23.5	0.52 20.0	0.43 17.2	0.36 16.0	0.31 14.0	0.275 11.5	0.25 9.0
	0.50	3.0	Ⅰ	1.55 51.0	2.30 23.5	1.80 21.7	1.45 19.7				
			Ⅱ	0.95 65.5	1.10 24.0	0.85 22.6	0.69 19.0	0.58 16.0	0.50 13.8		
	0.75	3.0	Ⅰ	2.25 75.0	2.30 23.5	1.80 21.7	1.45 19.4	1.19 18.0	0.99 16.8	0.84 15.0	0.75 10.8

续表 6-8

类型状态	成品厚度/mm	坯料厚度/mm	轧程	总变形量/mm 总变形率/%	每道厚度/mm 道次变形率/% 1	2	3	4	5	6	7
奥氏体硬状态强度1200～1400MPa	2.0	4.5	Ⅰ	1.65 36.6	3.70 17.5	3.20 13.5	2.85 10.9				
			Ⅱ	0.85 29.8	2.45 14.0	2.15 12.0	2.00 7.0				
	2.5	4.5	Ⅰ	1.00 22.0	4.00 11.0	3.70 7.5	3.50 5.5				
			Ⅱ	1.00 28.5	3.05 13.0	2.70 11.5	2.50 7.3				
	3.0	4.5	Ⅰ	1.50 33.3	4.00 11.0	3.60 10.0	3.30 8.3	3.10 6.0	3.00 3.0		
铁素体半硬态强度600～950MPa	0.25	3.0	Ⅰ	2.00 66.6	2.50 16.6	2.10 16.0	1.78 15.2	1.51 15.0	1.29 14.5	1.12 13.2	1.00 10.8
			Ⅱ	0.65 65.0	0.84 16.0	0.71 15.5	0.60 15.5	0.53 13.0	0.46 13.0	0.40 13.0	0.35 12.5
			Ⅲ	0.10 28.5	0.30 14.2	0.27 10.0	0.25 7.5				
	0.75	3.0	Ⅰ	1.92 64.0	2.55 15.0	2.18 14.5	1.87 14.2	1.62 13.4	1.40 13.5	1.23 12.2	1.08 12.1
			Ⅱ	0.33 30.5	0.95 12.0	0.84 11.5	0.75 10.6				

续表 6-8

类型状态	成品厚度/mm	坯料厚度/mm	轧程	总变形量/mm 总变形率/%	每道厚度/mm 道次变形率/%						
					1	2	3	4	5	6	7
马氏体软状态	0.25，0.50，1.00	3.0	Ⅰ	1.00 33.3	2.60 13.2	2.25 13.0	2.0 11.0				
			Ⅱ	1.00 50.0	1.70 15.0	1.46 14.0	1.27 13.0	1.12 11.8	1.00 10.6		
			Ⅲ	0.50 50.0	0.85 15.0	0.73 14.1	0.63 13.6	0.56 11.0	0.50 10.5		
			Ⅳ	0.25 50.0	0.43 14.0	0.37 14.0	0.32 13.5	0.28 12.5	0.25 10.6		
	0.75	3.0	Ⅰ	1.50 50.0	2.25 15.0	2.20 13.7	1.90 13.2	1.68 12.0	1.50 10.5		
			Ⅱ	0.75 50.0	1.28 14.6	1.10 14.0	0.96 12.6	0.84 12.5	0.75 10.6		

表 6-9 ϕ(27～22)mm/ϕ54mm/ϕ98mm/ϕ165mm×380mm 四柱式二十辊轧机冷轧 200mm 宽不锈钢带的轧制规程

牌号	成品厚度/mm	坯料厚度/mm	道次	每道厚度/mm	道次压下量/mm	道次压下率/%	总压缩率/%	张力/kN	轧制速度/m·min^{-1}
1Cr18Ni9Ti	0.1	0.3 (张力：16kN)	1	0.16	0.14	46.7	46.7	16	50
			2	0.11	0.05	31.2	63.5	11	80
			3	0.10	0.01	9.1	67.0	9	100

一个轧程完成后，需经中间退火酸洗，消除冷轧加工硬化（再结晶退火）。对于奥氏体钢，加热温度为1050～1080℃。对于铁素体和马氏体钢，加热温度为800℃左右。加热后在水、空气或蒸汽中淬冷。在热处理过程中产生的铁皮在盐浴炉中氧化和疏松，以利酸洗。

酸洗后需对带钢表面进行检查，并在修磨机上清除缺陷。

成品不锈钢带进行光亮退火，即在无氧化气氛中作最后一次再结晶退火。通常采用分解氨做保护气体。

经过光亮退火后，一般不再进行研磨和抛光，以保持已获得的带钢表面粗糙度。

平整的目的在于改善带钢表面质量，同时也可改善带钢的板形和消除屈服平台。平整时的压缩率一般不超过2%。为了获得极其光洁的带钢表面，在平整过程中轧辊应经常抛光。

为了提高不锈钢带的抗腐蚀性能，对于某些特殊品种的不锈钢带还要进行研磨和抛光。一般采用湿式研磨（用油和乳化液），研磨时要防止由于不锈钢导热性能差而产生的灼斑或裂纹。抛光工序由抛光和擦净两部分组成。一般用乳化液做抛光剂。

为防止带钢表面划伤，整个工艺过程中所有与带钢接触的辊子表面必须十分光洁，或采用包胶辊。卷取时，必须在每层间垫上纸带。成品收集更需要每层间垫纸，以保护表面不致相互擦伤。

286. 各类不锈钢带的焊接特点是什么，应注意哪些事项？

（1）马氏体不锈钢焊接的主要问题是可焊性较差（可焊性的好坏可以用一种材料焊接时的难易程度和所获得焊接性能的好坏来综合判断），焊接时有强烈的淬火倾向，经焊接加热后在空气中冷却就能导致淬火，使焊缝和热影响区形成坚硬的马氏体组织，焊后残余应力较大，这是由于温差引起的热应力和奥氏体转变为马氏体组织的相变应力的综合作用所致，故裂纹的倾向性较大。这类不锈钢碳含量越高，其淬硬性就越大。

马氏体不锈钢焊接的另一个问题是由于扩散氢的作用而引起

滞后裂纹。

为了防止产生上述缺陷，生产中应注意的事项是：

1）焊接薄板时采用较小的电源、尽可能快的焊速，避免金属过热，应使焊道窄，熔池体积减小；

2）对于厚的板带，焊前进行预热，一般预热温度为200～400℃，焊后高温回火或退火，随后缓冷；

3）为了消除氢的产生，焊丝、坡口、氩气要清洁、干燥。

（2）铁素体不锈钢焊接的主要问题是易在熔合线附近热影响区产生粗晶，使常温塑性、韧性降低而引起脆化。高铬（铬的质量分数在16%以上）不锈钢焊后在600～400℃阶段缓慢冷却时，会出现475℃脆化，造成韧性恶化，使焊缝裂纹倾向较大。

为此，生产中应注意的事项是：

1）采用小电流、快焊速、窄焊道、加快焊缝冷却速度的方法，以尽量避免晶粒长大，缩短高温停留时间，防止过热；

2）对于铬的质量分数在16%以上的铁素体不锈钢，由于常温韧性较低，焊前最好预热，使其在韧性温度范围内焊接，但预热温度不应超过150℃，以免焊后冷却较缓，增加475℃脆性。

（3）奥氏体不锈钢焊接的主要问题是易产生热裂纹。这是由于在奥氏体晶界上有低熔点杂质物，冷却时在焊接收缩应力的作用下易产生热应力的缘故。在550～850℃长时间加热时，焊接热影响区的晶界上析出铬的碳化物，造成贫铬区，因而热影响区易发生晶间腐蚀。由于线膨胀系数较大，导热性差，而产生较大的焊接应力和变形，易造成热裂纹。

为此，生产中应注意的事项是：

1）避免焊缝过热，选用较小的焊接电流、较快的焊速，缩短高温停留时间，减小熔池面积，避免焊缝、近缝区的晶粒过度长大；

2）控制输入的焊接热量，采用能量集中的焊接方法，加强冷却，缩短经过危险温度区域的冷却时间；

3）焊后进行消除应力热处理和进行固溶处理（经1050～1100℃加热、水冷），使焊接时析出的铬的碳化物重新固溶到奥氏体中，或进行稳定化处理；

4）选用超低碳的奥氏体焊丝（w(C)≤0.04%）焊接，防止晶粒边界产生贫铬区，提高抗晶间腐蚀的能力。

287. 什么是氩弧焊，怎样操作？

不锈钢的焊接方法有很多，目前采用较多的有：手工电弧焊、氩弧焊、埋弧半自动焊和自动焊等。

氩弧焊是用惰性气体——氩气保护的一种电弧焊接方法。它是用从专用的焊枪喷嘴喷出严密的氩气层流，使电弧在这个氩气层流包围之中，与空气隔开，利用电弧产生的热量熔化被焊处，并填充焊丝，把两块分离的金属连接在一起，从而获得牢固的焊接接头。

在氩气保护下，通过电热使钨极发射大量电子，从而使氩气电离，产生足够的正、负离子和电子，使气体导电，在钨极与带钢之间产生连续的弧光放电，即产生了“氢弧”。氢弧中心白色耀眼部分叫“弧柱”，弧柱的温度非常高，它能熔化任何金属，作为焊接的热源。

氩气是一种较理想的保护气体，它是单原子气体，不会产生化合物，高温不分解，也不溶于金属中，不与任何元素发生反应。另外，由于氩气本身的热物理特点，氩的稳弧性能最好，热损耗小，电弧热集中，热效率高。因此，在惰性气体保护焊接中广泛应用氩气作为保护气体。

氩气纯度对于焊接质量有很大影响。氩气不纯则容易使焊缝氧化、氮化，使焊缝硬脆，破坏其气密性，降低焊接质量。因此，一般要求氩气纯度在99.7%以上。

氩弧焊分非熔化极和熔化极两种，非熔化极为手动和自动氩弧焊（电极为不熔化的钨极）。熔化极为半自动氩弧焊或自动氩弧焊（电极为边熔化边添加的焊丝）。

手工氩弧焊具有焊机体积小、质量轻、操作方便、电弧稳定性高、热量集中、焊缝接头质量好等优点，可以在任何位置用于对接焊缝、搭接焊缝、点焊等各种形式的焊接。

手工氩弧焊机由直流电焊机、线路控制箱、专用焊把、氩气流量计和瓶装氩气等组成(图 6-2)。

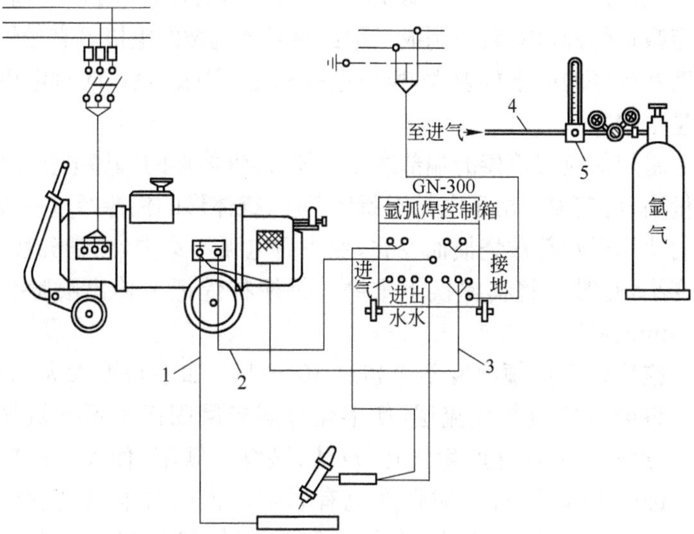

图 6-2　直流手工氩弧焊机

1、2、3—电缆；4—橡皮管；5—30L/min 转子流量计

该机具有自动输送氩气、引弧和自动关闭氩气装置，即当按动电钮后，立即送出氩气，数秒钟后(约 4～7s)通过高频自动引弧，电弧点燃后，高频自动停止工作。熄弧后，仍可延长放气数秒钟，继续保护焊缝，并可保持钨棒不被氧化。

控制箱有变压器、高频振荡器、电磁气阀、中间继电器、盒形硒堆、电容、电阻、硅可控整流器等电器元件，在控制箱屏板上装有电源转换开关、指示灯、检视气流、高频振荡器的小开关、熔断器、直流电流表、电压表等。

不锈钢手工氩弧焊是以直流电做电源，接正接法(焊把接负极)，这可使电极受热较小，基体金属加热快，焊波幅度小，即使焊缝金属在红热脆性状态也不易产生裂缝。如果反接时，电子流冲击使钨极过热，使钨微粒混入焊缝金属，对焊缝耐腐蚀性能不利。同时钍钨电极的过量弥散对人身的健康也有一定的影响。

电极由纯钨加质量分数为1%～2%的氧化钍（俗称钍钨）或一定数量的铈（称铈钨）制成。用钍钨或铈钨做的电极具有较低的温度和很好的电子放射性，所以电弧稳定，引弧容易，同时电极消耗量也较少。

施焊前应将钨棒的端部磨成锥体形，锥体形的钨棒电弧集中，热量高，熔透深。由于电弧不断地燃烧，锥体形的钨棒经过一段时间的使用后端部被烧损而变秃，变秃后电弧不集中，热量分散，电流变小，此时宜将钨棒换下重磨。钨棒在焊把上伸出喷嘴长度4～6mm为宜。

施焊时焊把倾斜度不应超过10°～15°，如果角度太大，周围空气将会破坏氩气气流层，使熔化金属未凝固而得不到氩气的保护，这样易使焊缝产生气孔、反渣、裂缝等缺陷，使焊缝的抗晶间腐蚀能力降低，对机械强度也有影响。施焊时电弧高度应保持在2～3mm之间，操作时手要把稳，不做忽高忽低和左右摆动的动作。如果左右摆动将使焊缝过宽和过热，忽高忽低会破坏氩气气流层的严密性。左手持的焊丝应尽量靠近焊件并倾斜10°～15°（图6-3），要有规则地送入焊丝，焊丝的端头不能碰到钨棒，否则焊丝熔化后熔化金属黏附在钨棒上，会影响钨极的正常放电。

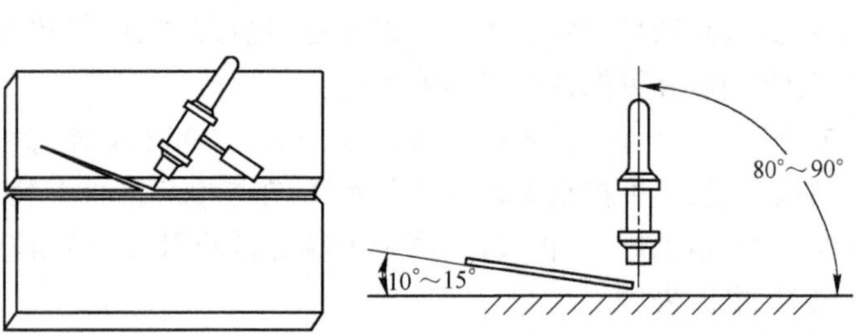

图6-3 氩弧焊示意图

不锈钢手工氩弧焊焊缝区域的清洗除污很重要。经正常的焊口处理以后的不锈钢带在进行氩弧焊前还应在焊缝两侧15～20mm内用丙酮擦洗，焊丝也应用丙酮擦洗，焊工戴的手套也应保持干净无油污。

1mm以下的薄带对接时不留间隙，约隔50mm进行点焊，焊肉长约5～10mm，选用ϕ2mm粗的钨棒，电流20～30A，氩气流量为6～8L/min，焊接时不填充焊丝。始焊端填高并倾斜10°～20°，持稳焊把，由高坡向下坡焊。焊缝长度超过500mm时，应采用分段焊或由中间向两边焊。

1～3mm不锈钢带对接时可不加工坡口，留1～2mm间隙，选用ϕ2.5～3mm粗的钨棒，电流50～80A，氩气流量为12L/min，焊丝直径ϕ2.5～3mm，约隔100mm左右进行点焊，焊肉长10～15mm。施焊时，用电弧将两钢板的边角熔化成圆角形，此时即可将焊丝伸入电弧之中，一滴一滴地加入焊丝将整条焊缝焊完。如果焊缝长度较长时，应采用分段焊法进行焊接。

操作时应注意下列几点：

(1) 氩弧焊有电弧集中、熔透深的特点，在熄弧时，弧坑较浅而薄，容易产生裂缝。操作时要特别注意：临熄弧时，焊把移动要快些，使弧坑逐渐缩小后方能熄弧；电焊机启动开关的按钮应装在氩弧焊把上，通过按钮控制电焊机的启动与停止，借助电焊机停止的惯性，得到焊机关闭后的衰退电流，以保证获得饱满的弧坑，避免产生裂缝。

(2) 熄弧后焊把不能马上离开熔池，应继续停在熔池上，使熔池液态金属在氩气保护下凝固。

(3) 氩弧焊的焊缝应呈金黄色，如果发黑说明氩气保护不好，应加大氩气流量或改进焊把。发黑的焊缝抗腐蚀能力较差。

288. 氩弧焊常见哪些焊接缺陷？

若带钢焊缝中存在缺陷，其强度将显著降低，以致造成断带，影响生产。

一般氩弧焊常见的焊接缺陷有：

(1) 焊缝不合要求，表现为高低宽窄不一，焊缝成形不良，背面焊缝下凹。焊缝减弱过多，使焊缝强度不够；焊缝过高，造成应力集中，易形成裂纹。

造成焊缝不合要求的原因是焊接工艺参数选择不当，或操作技术不熟练等。

(2) 烧穿，在焊缝上出现单个或连续的穿孔称为烧穿。产生烧穿的原因是：焊接电流过大，熔池温度过高，焊丝加入不及时，带钢对接间隙过大，焊接速度过慢等。

烧穿使焊缝强度减弱，易引起应力集中和裂纹，容易使带钢拉断，影响生产。出现烧穿时必须进行补焊，同时应正确选择焊接工艺参数，焊接前仔细检查对接间隙，熟练操作技术。

(3) 未焊透，即焊丝金属与基体金属未熔合在一起或焊缝金属中局部未熔合的现象。产生未焊透的原因是：电流过小，操作技术不熟练，焊接速度太快，对接间隙小，电弧过长或电弧未对准对接缝等。未焊透部分应进行补焊。

(4) 裂纹，在焊缝和热影响区出现的金属破裂现象叫裂纹。液体金属在凝固过程中或略低于固相线温度下产生的裂纹为热裂纹。其特征是：裂纹是沿晶间边界的，热裂纹断口上有明显的氧化色。冷裂纹则是由于在固态时发生相变，或有扩散氢的存在，以及冷却时在过大的焊接收缩应力作用下而生成的，裂纹是穿晶性质的，断口发亮，没有氧化色。

当焊丝的选择和操作方法不当，焊接时高温停留时间长，造成氧化、过热和晶粒过度长大，材料本身含杂质较多，或材料本身易淬硬时均易产生裂纹。因此，焊接中需注意选择适当的焊接工艺参数，解决好焊接前后的处理等问题。

(5) 气孔，在焊接内部及表面有单个或密集的圆形孔穴，使焊缝金属的有效截面积减小，降低焊缝的强度，造成应力集中。产生气孔的原因是：熔池在高温时能溶解大量的氢，熔池冷凝时溶解氢的能力显著下降，当熔池冷却过快时，氢气来不及跑出熔池即成为

“氢孔”。在焊件、焊丝表面有油污、氧化皮、铁锈，或在潮湿的气氛下焊接，或氩气纯度较低、含杂质较多，或氩气保护不良以及熔池高温氧化、飞溅等情况下均易产生气孔。因此，在焊接时需注意这些问题，以免产生气孔。

289. 怎样清除不锈钢带的氧化铁皮？

由于不锈钢的氧化铁皮含有氧化铬(Cr_2O_3)和尖晶石($FeO \cdot Cr_2O_3$)，这些氧化物实际上不溶于酸，故要清除不锈钢带表面的氧化皮颇为困难。

不锈钢带的酸洗方法有：酸法、碱—酸法、氢化钠法和电解法。同样，可以用机械方法清除带钢表面氧化铁皮。

(1) 连续式酸法酸洗，用来清除经过热处理的热轧带钢和冷轧带钢表面的氧化铁皮。

热轧奥氏体不锈带钢是在添加食盐和硝酸钠的硫酸溶液中酸洗。各酸洗槽内酸洗溶液最合适的成分如下：

第一、第二酸洗槽：$w(H_2SO_4)=17\%\sim20\%$、$w(NaCl)=1.5\%\sim2.5\%$、$w(NaNO_3)=1.5\%\sim2\%$；

第三酸洗槽：$w(H_2SO_4)=7\%\sim20\%$、$w(NaCl)=1\%$、$w(NaNO_3)=1\%$；

白化槽：$w(HNO_3)=5\%\sim6\%$溶液。

带钢通过酸洗槽的移动速度达10m/min，槽内溶液温度为70～80℃。

铬钢和双相不锈钢不用上述溶液，而采用第一酸洗槽配$w(H_2SO_4)=6\%\sim8\%$，第二酸洗槽配$w(HNO_3)=8\%\sim20\%$和$w(HF)=1\%\sim4\%$。溶液温度为35～65℃。带钢进入酸洗溶液之前，先进行喷丸处理。

酸法酸洗的主要缺点是：生产能力低，酸的消耗量大，金属损耗多。

(2) 碱—酸法酸洗，首先是碱处理工序，带钢放在400～550℃的NaOH和$NaNO_3$溶液中，使氧化铁皮进行化学破坏，变得疏松。接着，在水中冷却和洗涤，用蒸汽或压缩空气吹掉疏松的氧化铁皮和残留的碱液。随后在酸溶液中洗掉未被碱溶液破坏的氧化皮。此后再一次在冷水中洗涤。然后进行发白钝化，热清洗和干燥。

为了提高碱槽的反应能力，溶液中应添加质量分数为5%的食盐。只有在高温下(500～600℃)食盐才起作用。碱溶液的温度，对于保证带钢酸洗质量起着重大的作用。当快速酸洗时，溶液最适宜的温度为500～550℃。

酸槽溶液既要保证酸洗质量好，又要防止造成点腐蚀，以$w(H_2SO_4)=15\%\sim18\%$、$w(NaCl)=1\%\sim2\%$、$w(NaNO_3)=1\%\sim2\%$和$\rho(Fe_{总})\leqslant18g/L$的酸洗溶液最为合适。

最好的发白钝化溶液是温度为60～70℃的5%～10%(质量分数)硝酸溶液。

酸洗时，冷轧带钢最大移动速度为30m/min，热轧带钢为15m/min。

用碱—酸法酸洗带钢时，如果不遵守操作规程，可能出现欠酸洗和点腐蚀等缺陷。

欠酸洗是指带钢上有个别未被酸洗掉的氧化铁皮斑点。碱槽溶液温度低，熔融氢氧化钠和硝酸钠比例不对，酸洗液中硝酸钠或硫酸的浓度不够，酸洗溶液温度低和带钢在酸洗液中停留时间不足等，都能造成欠酸洗。

点腐蚀是指带钢表面上呈现小圆坑。点腐蚀能使厚度达0.2mm的薄带形成孔洞，从而使薄带根本不适合以后的加工。促使点腐蚀过酸洗的主要原因是：酸洗液温度过高，浓度过大，带钢在酸洗液中停留时间过长。

(3) 氢化钠酸洗法是以应用强还原剂——氢化钠溶入熔融氢氧化钠为基础的。氢化硅能使氧化铁皮还原成金属，或者使酸性氧化物还原成低价氧化物，同时生成氢氧化钠。被还原的氧化物与带钢表面结合不牢，在较弱的酸液中酸洗时就容易被洗掉。

由$w(NaOH)=76\%\sim78\%$和$w(NaH)=1.5\%\sim2\%$组成的

溶液，在碱槽内用煤气和电极加热到370℃。碱槽温度过高，氢化钠损失太多；温度太低，氧化皮还原过程减慢。

带钢从碱槽中出来，进入冷水槽，水和热金属接触所生成的蒸汽，把大部分氧化铁皮在槽内剥离下来。带钢洗涤后，通过热水槽，进入 $w(H_2SO_4)=5\%\sim10\%$ 的硫酸溶液槽，以洗掉附着的残碱和剩下的已被还原的氧化物。槽内溶液温度为70～80℃。带钢从硫酸槽出来，进入含硝酸和氢氟酸混合溶液槽，溶液温度为70℃。然后用水流冲洗，再烘干之后卷成钢卷。

用氢化钠法酸洗，金属的损耗比用碱—酸法少一半，因为氢化钠只与氧化铁皮起反应，根本不损害金属。

(4) 电解酸洗法是在熔融的氢氧化钠中进行的。电解酸洗有3种方法：阴极法、阳极法和非接触阴—阳极法。溶液温度保持在480℃左右。当发电机供电电压为6～8V、电流为30kA时，电流密度为 $25A/dm^2$。

带钢从电解槽中出来，进入刷洗装置清除残渣，随后进入钝化槽，再用水清洗之后，卷成钢卷。

电解酸洗法的优点是：没有金属损耗，生产率高（酸洗时间为10～15s），用途广（还可酸洗碳钢和高合金钢）。

290. 冷轧不锈钢带常有哪些缺陷，怎样去除？

冷轧不锈钢带的缺陷有：

(1) 带钢表面损伤，它是不锈钢板带报废的主要缺陷。带钢表面上擦痕、刮伤、刮线等是由于研磨不良或有划痕的输送辊所造成的。压入痕的产生，是由于落在带钢表面上的金属屑或外来颗粒被轧辊压入带钢表面，以及带钢在热处理机组、酸洗机组和轧机的开卷机、卷取机内受到损伤造成的。

因此，为了防止带钢表面产生缺陷，在不锈钢带生产过程中，必须注意设备完好，保持工作场地清洁，并严格执行各项操作规程。

(2) 单边波浪，是压下螺丝位置不一致和轧制时轧辊倾斜造成的。沿辊身长度上冷却不均也会出现这种现象。单边波浪的消除办法是提起带钢波浪侧的压下螺丝。

（3）双边波浪，是工作辊、支撑辊磨损过大，轧辊凸度过小，压下量过大等因素造成的。消除双边波浪的办法是换辊或者减小每道次的压下量。这种缺陷可以通过平整或矫直得到部分改善。

（4）瓢曲，是由轧辊原始凸度过大或辊身中部过热造成的。冷却辊身中部或停止向辊边喷冷却液可以消除带钢瓢曲。瓢曲也可以通过平整或矫直加以纠正。

（5）辊印，分凸起的和凹陷的两种。如果在轧辊表面上落有灰尘、砂粒、焦油、金属渣或弄脏的润滑油等都会造成辊印。粘在轧辊上的硬颗粒，也会给带钢留下印痕。未被拿掉的纸片，也能压入带钢表面，使带钢表面留下印痕。

291. 什么叫固溶处理？

奥氏体不锈钢容易在晶间受到腐蚀，其特点是腐蚀沿晶间深入到金属内部，并使钢材的机械强度显著下降，稍受力即沿晶间断裂。所以晶间腐蚀是一种危害性极大的腐蚀破坏。

奥氏体不锈钢产生晶间腐蚀的原因是：不锈钢在450～850℃的危险温度范围停留一定时间后，钢中晶粒内多余的碳很容易扩散到晶界上，与铬结合形成碳化铬（$Cr_{23}C_6$），并沿晶间析出，造成固溶体的晶界上发生贫铬现象，而使不锈钢铬含量降至能耐腐蚀的下限（铬的质量分数为13%）以下，因而使不锈钢丧失了抗腐蚀性能。

不锈钢中的碳含量越高，碳向晶粒表面扩散的倾向就越大，晶粒边界上的铬含量也就越缺乏，所以，2Cr18Ni9钢的晶间腐蚀倾向比1Cr18Ni9钢要大得多。

消除铬镍奥氏体不锈钢晶间腐蚀一般常用固溶处理的方法。固溶处理就是将钢加热到高温并以较快的速度冷却。一般加热至1050～1100℃，使钢中所有的碳都溶入奥氏体固溶体，而以足够快的速度将这种状态固定下来（水冷），便可获得均一的固溶体。经固溶处理的奥氏体不锈钢，具有高的耐腐蚀性能，对于不含钛或铌的铬镍奥氏体不锈钢，固溶处理是防止晶间腐蚀的重要手段。

292. 不锈钢带常用哪些热处理方法，会产生什么缺陷？

对不锈钢带进行热处理，是为了消除冷轧后的加工硬化，使成品不锈钢带达到规定的力学性能。

在生产不锈钢带时，常用下列几种热处理方法：

(1) 淬火，对于奥氏体、奥氏体-铁素体和奥氏体-马氏体不锈钢来说，淬火是一种软化热处理操作。

为了消除热轧工序的痕迹，奥氏体、奥氏体-铁素体和奥氏体-马氏体热轧带钢都必须进行淬火。淬火操作是先在直通式炉里把带钢加热，一般加热温度为 1050～1150℃，使钢中碳化物充分溶解并得到均匀的奥氏体组织。然后快速冷却，主要是水冷。若加热后缓慢冷却，有可能在 900～450℃温度范围内从固溶体里析出碳化物，使不锈钢对晶间腐蚀敏感。

对于冷轧不锈钢带的淬火既可作为中间热处理，又可以作为最终热处理。作为最终热处理时，加热温度应在 1100～1150℃温度范围内。

(2) 退火，马氏体、铁素体和马氏体-铁素体冷轧不锈钢卷均需进行退火。退火是在空气或保护气体的电热或煤气罩式炉内进行的。铁素体钢、马氏体钢的退火温度为 750～900℃。然后进行炉冷或空冷。

(3) 冷处理，为了使马氏体钢、铁素体-马氏体钢、奥氏体-马氏体钢最大限度地强化，需进行冷处理。冷处理是把冷轧或热处理后的不锈钢带浸入到－40～－70℃的低温介质里，在该温度下静置一定的时间。强烈的冷却（低于马氏体点 M_s），使奥氏体转变为马氏体。冷处理后为了减小内应力，在 350～500℃温度进行回火（或时效）。常用液体或固体二氧化碳、液氧、液氮或液化空气作为冷却介质。

不锈钢带热处理缺陷有：

(1) 气体腐蚀，是在带钢表面上呈现黑点状的小坑。如果带钢表面上乳化液、油、盐、污物等残迹没有清除干净，则带钢局部表面或全部表面(在炉内长时间停留)会受到气体腐蚀。在高温下，气体腐蚀带钢表面更为严重。

(2) 过热，过热时带钢表面呈暗褐色，表面层的氧化铁皮虽已剥落，但不易酸洗干净。出现这种缺陷的原因，是金属加热温度高或在炉内停留时间长。过热可能引起晶间腐蚀。

(3) 欠热，欠热时带钢表面有浅灰色金属光泽。酸洗时氧化铁皮难洗掉，酸洗后带钢呈灰色。欠热的原因是加热温度低或带钢通过炉内速度太快。

(4) 硌伤，硌伤是指带钢下表面有黑色的点状小坑，酸洗后容易看出来。这种缺陷是支撑辊道工作表面上有小凸起而损伤带钢表面。为此，炉内辊子必须定期磨光和更换。

二、冷轧硅钢片的生产特点

293. 什么是导磁体，其用途如何？

物质按其磁导率的不同，可分为3大类，凡是磁导率(μ)稍大于真空磁导率($\mu_0=4\pi\times10^{-7}$ H/m)或相对磁导率($\mu_r=\mu/\mu_0$)大于1的物质，都称为顺磁物质或顺磁体(如铝等)；凡是$\mu<\mu_0$或$\mu_r<1$的物质，都称为反磁物质或反磁体(如铜等)。顺磁体和反磁体统称为弱磁性体。

μ_r远远大于1的物质，称为铁磁物质(如铁、钴、镍及其合金)，为磁性材料，或称导磁体。

磁性材料(导磁体)通常又分为软磁性材料(软磁物质)和硬磁性材料(硬磁物质)两类。

软磁性材料(高磁导率材料)：它们具有很大的μ_r和较小的剩磁(即剩磁感应强度B_r较小)，矫顽力(去掉剩磁而使磁感应强度$B=0$时所加的磁场强度H_c称为矫顽力或矫顽磁力)也较小，磁滞损失较小，易于充磁和退磁。工业纯铁——软铁、硅钢片——电工硅钢片、铁镍合金——坡莫合金等均属软磁性材料。

硬磁性材料：具有较大的 B_r 和 H_c，反复磁化一个周期从电网吸取的能量也大，即磁滞损失大。磁钢及一般工业用钢均属此类。

磁性材料（导磁体）是随着电力、电讯、电子工业和近代尖端科学技术的发展而迅速发展起来的，其用途极为广泛，是工业部门的重要材料之一。

工业纯铁具有低的矫顽力和高的磁导率，但由于它的电阻很小（导电性较高），涡流损失很大，不适于做受反复磁化的部件（如发电机、变压器的铁芯），常用做直流电机和电磁铁的铁芯、磁极、电磁式仪表中的磁轭以及磁屏蔽等。

硅钢片在工业上用途极广，但主要用于制造变压器（硅的质量分数约为 4%的变压器硅钢）、电机（硅的质量分数约为 2%的发电机硅钢）的铁芯。凡是在对软磁性材料除要求有一定的磁性外，还要求有一定的机械特性的地方都使用电机硅钢。

硬磁材料主要做永久磁体，如用于各种电器仪表、发电机等。

294. 什么是硅钢片，对硅钢片有哪些要求？

硅钢片也叫硅钢薄板或电工钢板，是电力和电讯工业中用以制造各种发电机、电动机、变压器、继电器、互感器以及其他电器仪表等的重要磁性材料。

硅钢片实质上是硅的质量分数为 0.5%～5%的极低碳钢板。硅钢片按用途可分为电机硅钢片（硅的质量分数通常在 2.5%以下，厚度一般为 0.5mm）和变压器硅钢片（硅的质量分数通常为 2.5%～4.5%，厚度一般为 0.35mm）；按生产方法可分为热轧硅钢片和冷轧硅钢片，而冷轧硅钢片按晶粒取向程度不同又可分为取向硅钢片（用以制造变压器）和无取向硅钢片（用以制造电机）；按工作条件又可分为在强磁场下使用的硅钢片（多用于电力工业，这是最普通用量最大的）和弱磁场下使用的硅钢片（多用于电讯工业），以及在工频下使用的硅钢片和在高频下使用的硅钢片。在高频下使用的硅钢片，为了降低在高频下的涡流损失，通常采用 0.1～0.2mm 的厚度，而用于脉冲变压器者可薄到 0.05mm 以下。

硅钢片牌号的表示方法如下：

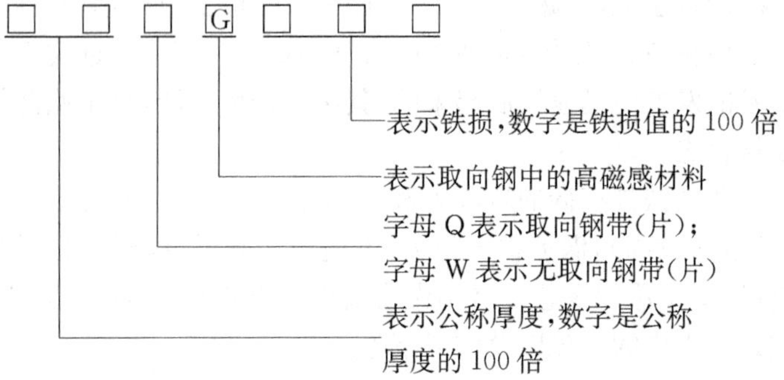

硅钢片性能的好坏不仅直接关系到电能的损耗，而且关系到电机、变压器等产品的性能、体积、质量大小和各种材料的节约。

对硅钢片的性能要求如下：

（1）具有良好的板形，表面涂层；准确的尺寸精度，极小的同板厚度差；良好的冲剪性能。

（2）具有良好的电磁性能，如低的铁损（铁损是 1kg 铁芯质量所损耗的电能，铁损低，则电机、变压器发热少，这样既可节省电能，又可节省材料）、高的磁感应强度（在通电线圈中放入铁芯，这时铁芯单位横截面积上磁力线的数目叫做磁感应强度，通过铁芯单位横截面积的磁力线愈多，则磁感应强度愈大）。

（3）符合用途要求的晶粒取向织构。

295. 什么是取向硅钢和无取向硅钢？

硅钢是铁素体钢，由体心立方体的 α-铁固溶体构成。实验结果表明，晶体的磁性在各个方面都不相同，这种性质称为磁各向异性。晶体磁化是有方向性的，磁化后磁性最高的方向称为易磁化方向（[100]方向），最低的为难磁化方向（[111]方向），如图 6-4 所示。此外还有介乎于难易之间的方向。

电器用硅钢为多晶体，如其中晶粒一致排列在易磁化方向，称为晶粒取向。各晶粒的取向趋于一致的组织称为织构。硅钢片的

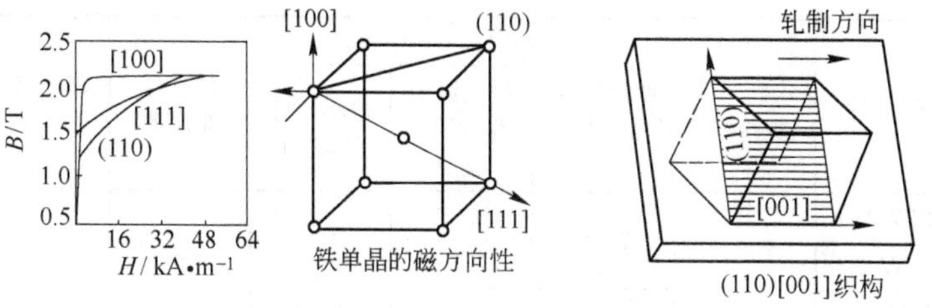

图 6-4　铁单晶的磁方向性和(110)[001]织构

易磁化轴[100]平行于轧制方向，而(110)面平行于轧制平面，则硅钢片沿轧制方向的磁感最高，具有(110)[001]的晶粒取向的组织称为高斯织构。这种具有方向性的硅钢，称为晶粒取向硅钢或取向硅钢。取向硅钢用于变压器，并且要求取向程度越高越好。这是因为，取向程度越高，磁致伸缩愈小(所谓磁致伸缩就是铁磁物质在磁化时发生伸长或减缩的现象，它是造成变压器噪声的主要原因)，则硅钢片的磁性愈好，并且使铁损降低。无取向硅钢用于电机制造。

296. 冷轧电工钢片的产品要求是什么?

冷轧电工钢片用来制造电机、变压器等产品，它分为冷轧无取向钢片和取向钢片两种。

冷轧电工钢片应符合国家标准 GB/T 2521—96 的规定。

(1) 无取向钢片和取向钢带的铁损和磁感应符合表 6-10 和表 6-11 的规定。

(2) 钢片的尺寸及其允许偏差应符合表 6-12 的规定。钢片的波浪度(或瓢曲度)不大于 4mm，波高和波长之比不大于 4%。镰刀弯每 2m 不超过 1mm。

(3) 全工艺型钢片应涂绝缘层。绝缘层应干燥、均匀、不脱落，并应进行层间电阻和附着性试验。取向钢带的绝缘层还应能经受消除应力的退火而不脱落。

表 6-10 无取向硅钢带(片)的铁损和磁感

<table>
<tr><th rowspan="2">牌　号</th><th rowspan="2">公称厚度/mm</th><th rowspan="2">理论密度/kg·dm^{-3}</th><th colspan="2">50Hz</th><th rowspan="2">最小弯曲次数</th><th rowspan="2">最小叠装系数/%</th></tr>
<tr><th>最大铁损 $P_{1.5}$/W·kg^{-1}</th><th>最小磁感 B_{5000}/T</th></tr>
<tr><td>35W230</td><td rowspan="8">0.35</td><td rowspan="2">7.60</td><td>2.30</td><td rowspan="5">1.60</td><td rowspan="3">2</td><td rowspan="8">95</td></tr>
<tr><td>35W250</td><td>2.50</td></tr>
<tr><td>35W270</td><td rowspan="4">7.65</td><td>2.70</td></tr>
<tr><td>35W300</td><td>3.00</td><td rowspan="2">3</td></tr>
<tr><td>35W330</td><td>3.30</td></tr>
<tr><td>35W360</td><td>3.60</td><td>1.61</td><td rowspan="3">5</td></tr>
<tr><td>35W400</td><td>4.00</td><td>1.62</td></tr>
<tr><td>35W440</td><td>7.70</td><td>4.40</td><td>1.64</td></tr>
<tr><td>50W230</td><td rowspan="15">0.50</td><td rowspan="4">7.60</td><td>2.30</td><td rowspan="7">1.60</td><td rowspan="4">2</td><td rowspan="21">97</td></tr>
<tr><td>50W250</td><td>2.50</td></tr>
<tr><td>50W270</td><td>2.70</td></tr>
<tr><td>50W290</td><td>2.90</td></tr>
<tr><td>50W310</td><td rowspan="4">7.65</td><td>3.10</td><td rowspan="2">3</td></tr>
<tr><td>50W330</td><td>3.30</td></tr>
<tr><td>50W350</td><td>3.50</td><td rowspan="2">5</td></tr>
<tr><td>50W400</td><td>4.00</td><td>1.61</td></tr>
<tr><td>50W470</td><td rowspan="2">7.70</td><td>4.70</td><td>1.62</td><td rowspan="13">10</td></tr>
<tr><td>50W540</td><td>5.40</td><td rowspan="2">1.65</td></tr>
<tr><td>50W600</td><td>7.75</td><td>6.00</td></tr>
<tr><td>50W700</td><td rowspan="2">7.80</td><td>7.00</td><td rowspan="2">1.68</td></tr>
<tr><td>50W800</td><td>8.00</td></tr>
<tr><td>50W1000</td><td rowspan="2">7.85</td><td>10.00</td><td rowspan="2">1.69</td></tr>
<tr><td>50W1300</td><td>13.00</td></tr>
<tr><td>65W600</td><td rowspan="6">0.65</td><td rowspan="2">7.75</td><td>6.00</td><td>1.64</td></tr>
<tr><td>65W700</td><td>7.00</td><td>1.65</td></tr>
<tr><td>65W800</td><td rowspan="2">7.80</td><td>8.00</td><td rowspan="2">1.68</td></tr>
<tr><td>65W1000</td><td>10.00</td></tr>
<tr><td>65W1300</td><td rowspan="2">7.85</td><td>13.00</td><td rowspan="2">1.69</td></tr>
<tr><td>65W1600</td><td>16.00</td></tr>
</table>

表 6-11 取向硅钢带(片)的铁损和磁感

牌 号	公称厚度/mm	理论密度/kg·dm^{-3}	50Hz		最小弯曲次数	最小叠装系数/%
			最大铁损 $P_{1.7}$/W·kg^{-1}	最小磁感 B_{800}/T		
27QG100	0.27	7.65	1.00	1.85	1	95
27QG110			1.10			
27Q120			1.20	1.78		
27Q130			1.30			
27Q140			1.40	1.75		
30QG110	0.30		1.10	1.85		95.5
30QG120			1.20			
30QG130			1.30			
30Q130				1.78		
30Q140			1.40			
30Q150			1.50	1.75		
35QG125	0.35		1.25	1.85		96
35QG135			1.35			
35Q135				1.78		
35Q145			1.45			
35Q155			1.55			
35Q165			1.65	1.76		

表 6-12 冷轧晶粒取向和无取向钢带(片)的尺寸及允许偏差(GB/T 2521—96)(mm)

<table>
<tr><th colspan="6">取 向 钢 带 (片)</th><th colspan="6">无 取 向 钢 带 (片)</th></tr>
<tr><th colspan="2">宽 度</th><th colspan="3">厚 度</th><th rowspan="2">长 度
允许偏差</th><th colspan="2">宽 度</th><th colspan="3">厚 度</th><th rowspan="2">长 度
允许偏差</th></tr>
<tr><th>公称尺寸</th><th>允许偏差</th><th>公称尺寸</th><th>允许偏差</th><th>横向厚度差</th><th>公称尺寸</th><th>允许偏差</th><th>公称尺寸</th><th>允许偏差</th><th>横向厚度差</th></tr>
<tr><td><150</td><td>+0.2
0</td><td rowspan="4">0.27
0.30
0.35</td><td rowspan="4">±0.03</td><td rowspan="2">≤0.02</td><td rowspan="4">+10
0</td><td rowspan="3">≤150</td><td rowspan="3">+0.3
0</td><td>0.35</td><td rowspan="2">±0.04</td><td>≤0.02</td><td rowspan="12">+10
0</td></tr>
<tr><td>>150～400</td><td>+0.3
0</td><td>0.50</td><td rowspan="2">≤0.03</td></tr>
<tr><td>>400～750</td><td>+0.5
0</td><td rowspan="2">≤0.03</td><td>0.65</td><td>±0.05</td></tr>
<tr><td>>75</td><td>+0.6
0</td><td rowspan="3">>150～
500</td><td rowspan="3">+0.5
0</td><td>0.35</td><td rowspan="2">±0.04</td><td>≤0.02</td></tr>
<tr><td rowspan="8"></td><td rowspan="8"></td><td rowspan="8"></td><td rowspan="8"></td><td rowspan="8"></td><td rowspan="8"></td><td>0.50</td><td rowspan="2">≤0.03</td></tr>
<tr><td>0.65</td><td>±0.05</td></tr>
<tr><td rowspan="3">>500～
1000</td><td rowspan="6">+1.5
0</td><td>0.35</td><td rowspan="2">±0.04</td><td>≤0.02</td></tr>
<tr><td>0.50</td><td>≤0.03</td></tr>
<tr><td>0.65</td><td>±0.05</td><td>≤0.04</td></tr>
<tr><td rowspan="3">>1000</td><td>0.35</td><td rowspan="2">±0.04</td><td>≤0.03</td></tr>
<tr><td>0.50</td><td rowspan="2">≤0.04</td></tr>
<tr><td>0.65</td><td>±0.05</td></tr>
</table>

注：1. 离边部不小于 15mm 测量钢带的厚度允许偏差，横向厚度差应符合表中规定。
2. 钢带应剪边交货。剪边交货钢带的宽度允许偏差应符合表中规定。根据用户要求，经供需双方协议，无取向钢亦可不剪边交货。
3. 长度是指由钢带剪切成的钢片长度。钢片长度一般为 2000mm，经供需双方协议，也可是宽度的倍尺。取向钢片和无取向钢片长度允许偏差应符合表中规定。

(4) 钢片表面应光滑，不得有妨碍使用的锈蚀、孔洞、重皮、折印、气泡、分层等缺陷。钢片表面允许有不影响使用的缺陷，如涂层条斑、擦痕、未起皮的钢质不良，以及不超过厚度允许偏差的少量结疤、麻点、凹坑、凸包和划痕等。

297. 磁滞合金冷轧带材的产品要求是什么？

磁滞合金冷轧带材用于制作磁滞电动机转子。磁滞合金冷轧带的技术要求应符合标准 GB/T 15001—94 的有关规定。

(1) 磁滞合金 2J4、2J7、2J9、2J10、2J11、2J12、2J51、2J52、2J53 的化学成分应符合表 6-13 的规定。

表 6-13　磁滞合金的牌号和化学成分

合金牌号	化学成分(质量分数)/%					
	C	Si	P	S	Mn	Co
2J4	≤0.12	≤0.70	≤0.025	≤0.020	≤0.70	44~45
2J7	≤0.12	≤0.70	≤0.025	≤0.020	≤0.70	51~53
2J9	≤0.12	≤0.70	≤0.025	≤0.020	≤0.70	51~53
2J10	≤0.12	≤0.70	≤0.025	≤0.020	≤0.70	51~53
2J11	≤0.12	≤0.70	≤0.025	≤0.020	≤0.70	51~53
2J12	≤0.12	≤0.70	≤0.025	≤0.020	≤0.70	51~53
2J51	≤0.03	≤0.50	≤0.030	≤0.030	≤0.70	11.0~13.0
2J52	≤0.03	≤0.50	≤0.030	≤0.030	≤0.70	15.0~17.0
2J53	≤0.03	≤0.50	≤0.030	≤0.030	11.5~12.5	

合金牌号	化学成分(质量分数)/%				
	V	Ni	Mo	W	F
2J4	3.50~4.50	5.30~6.70			余
2J7	6.50~7.50	≤0.70			余
2J9	8.50~9.50	≤0.70			余
2J10	9.50~10.5	≤0.70			余
2J11	10.5~11.5	≤0.70			余
2J12	11.5~12.5	≤0.70			余
2J51				14.0~15.0	余
2J52			5.00~6.00	10.0~11.0	余
2J53		3.00~4.00	2.50~3.50		余

（2）磁滞合金冷轧带材尺寸及其允许偏差应符合表6-14的规定。

（3）冷轧带材试样经回火热处理后，磁滞性能应符合表6-15的规定。

表6-14 尺寸及允许偏差(mm)

厚度		宽度		长度
尺寸	允许偏差	尺寸	允许偏差	
0.20～0.40 >0.40～0.60 >0.60～0.80	−0.03 −0.05 −0.07	50～120	±0.5	≥300

表6-15 磁滞性能

合金牌号	磁滞性能			
	H_μ/kA·m^{-1}	B_μ/T	P_μ/J·cm^{-2}	K_μ
2J4	4.0～5.2	1.3～1.6	≥1.5×10^{-2}	≥0.62
2J7	6.4～9.5	1.0～1.3	≥1.9×10^{-2}	≥0.61
2J9	8.8～11.9	0.9～1.3	≥2.2×10^{-2}	≥0.59
2J10	14.3～18.3	0.9～1.2	≥3.0×10^{-2}	≥0.58
2J11	15.9～20.7	0.9～1.2	≥3.5×10^{-2}	≥0.57
2J12	19.9～27.9	0.8～1.1	≥4.5×10^{-2}	≥0.56
2J51	2.8～4.0	1.2～1.6	≥1.0×10^{-2}	≥0.58
2J52	4.8～7.2	0.9～1.4	≥1.1×10^{-2}	≥0.50
2J53	6.4～11.9	0.6～0.9	≥1.0×10^{-2}	≥0.45

注：H_μ—最大磁导率点对应的磁场强度；
B_μ—最大磁导率点对应的磁感应强度；
P_μ—最大磁导率点对应的比磁滞损耗；
K_μ—最大磁导率点对应的凸起系数。

（4）磁滞合金冷轧带材的表面应光洁、平整，不允许有裂纹、夹层、疤痕和粗的毛刺。在不影响使用的情况下，表面允许有局部的小疤痕、轻微的划伤、压痕和麻点。但这些缺陷不应超过成品厚度的偏差。

298. 冷轧电工硅钢片的生产工艺有哪些特点？

电工硅钢片的生产工艺与一般冷轧钢带生产区别较大。这不仅是因为硅钢的加工性能差，更主要的是对硅钢片性能有特殊的要求。冷轧硅钢片的工艺过程主要有初退火、酸洗、冷轧、中间退火、二次冷轧、脱碳退火、涂绝缘层、热态拉伸矫正、切成定尺、入库等。

初退火的目的是脱碳和使晶粒均匀化。实际上除高磁感取向硅钢外，现在多采用直接进行酸洗、冷轧的工艺。

酸洗前先进行抛丸处理，这是因为硅钢的氧化铁皮中所含的氧化硅很结实，所以先进行抛丸处理将其打碎，然后用盐酸洗净。

冷轧硅钢片所需的单位轧制压力很大，随着硅含量的增加，轧制压力也增大，故硅钢片多在四辊轧机和多辊轧机（如二十辊轧机）上轧制。在二十辊轧机上，能用大压下率进行轧制，且能生产厚度公差小、板形好的薄钢带。一般冷轧温度不低于 60℃（采用蒸汽管保温方法）。表 6-16 列出了某台 ϕ55mm/ϕ106mm/ϕ178mm/ϕ300mm×1150mm 四柱式二十辊轧机冷轧单取向硅钢片的轧制规程。表 6-17 列出了某台 ϕ63.5mm/ϕ102mm/ϕ173mm/ϕ300mm×1180mm 森吉米尔式二十辊轧机冷轧无取向硅钢片的轧制规程。

表 6-16 单取向硅钢轧制规程

轧程	道次	H /mm	h /mm	Δh /mm	道次压下率/%	前张力 /kN	后张力 /kN	轧制速度/m·min^{-1}
Ⅰ	1	2.4	1.6	0.8	33.3	228	76	<50
	2	1.6	1.05	0.55	34.4	177	101	<80
	3	1.05	0.7(0.64)	0.35	33.4	117	152	<100
Ⅱ	1	0.7	0.48	0.22	31.4	68	96	80～100
	2	0.48	0.32(0.35)	0.16	33.3	60	68	100

表 6-17　无取向硅钢轧制规程

道　次	H/mm	h/mm	Δh/mm	道次压下率/%	前张力/kN	后张力/kN
1	2.30	1.70	0.60	26.1	211.2	38.4～48
2	1.70	1.30	0.40	23.5	96	211.2
3	1.30	0.97	0.33	25.4	192	134.4
4	0.97	0.70	0.27	27.8	134.4	134.4
5	0.70	0.505	0.195	27.9	96～105.6	96～105.6

经过一次冷轧后要进行中间退火，其目的是使轧材进行一次再结晶和脱碳退火。一般退火温度约为 850℃。

中间退火后进行二次冷轧，其目的是获得临界形变晶粒和得到最终产品厚度。二次冷轧的压缩率对磁性有影响，一般认为当压缩率为 40%～60%时，取向度最高，铁损最低。对无取向硅钢则压缩率取较低值(6%～10%)，高磁感取向硅钢不需二次冷轧。

取向硅钢在脱碳退火后涂上氧化镁，然后在罩式炉中进行高温退火。其目的是得到完善的二次再结晶组织，去掉有害元素(如氮、硫等)，消除内应力，并使氧化镁在高温下与氧化硅结合形成良好的硅酸镁底层。为使氢保护气体能渗到钢卷的每一层，钢卷不宜卷得过紧。退火后的钢卷经刷洗和酸洗清除剩余的氧化镁并涂以绝缘层。

由于退火温度最高达 1200℃，退火后的钢卷会产生热态塑性变形。为了获得平直钢板，应在热状态下进行拉伸矫正。拉伸时，要严格控制张力，张力太小，板形不好，太大则影响磁性。张应力约为 3MPa(温度为 800～850℃)。无取向硅钢不必高温退火，在脱碳退火后，可直接涂上绝缘层。绝缘层对表层电阻和冲压、防锈等方面都很重要。一般用磷酸盐作为涂料，它的优点在于能渗透硅酸镁底层，而与基体金属发生反应，形成致密而光滑的硅酸盐、磷酸盐复合涂层。

经涂绝缘层和热拉伸矫直的钢卷即为成品，可成卷或切为单张供应用户。

299. 高磁感取向硅钢片(HiB)的生产特点是什么?

HiB 硅钢片的生产特点如下：

(1) 钢液在炼钢过程中形成氮化铝(AlN)有利夹杂物，以利于控制晶粒。

(2) 板坯热轧前在加热炉中加热温度高达 1360℃。

(3) 热轧带卷在冷轧前，要经无氧化加热炉进行高温常化处理，然后按一定的冷却速度进行水冷却。

高温常化处理是生产 HiB 硅钢片成品的一个重要工序。其目的是使热轧板中存在的 A 态氮化物在常化温度下固溶于钢中，然后严格控制冷却速度，使钢中析出大量的 B 态 AlN，其晶粒尺寸大多为 30～50nm。高温常化时还可以继续析出一部分细小 MnS，这都可使以后抑制初次晶粒长大的作用大大加强。常化温度过高或加热时间过长，磁性则明显降低。HiB 硅钢片高温常化温度为 1100～1120℃，加热时间为 4min，然后进行炉冷→空冷→水冷(水温 45℃)。

(4) 经常化、抛丸、酸洗后的带卷在二十辊轧机上采用大压下率一次冷轧法轧成。轧制时不使用冷却剂，并用表面较粗糙的工作辊轧制。每道次压下率都较大，要求总压下率大于 80%。

(5) 采用特殊的绝缘涂层。

300. 硅钢片涂绝缘层或隔离层有哪些要求?

电工用硅钢片为了提高电磁性能必须在其表面上涂覆有一定性能要求的涂层。涂层装置可以单独组成涂层机组，也可以与退火等热处理机组联合在一起。某厂的无取向硅钢成品脱碳退火机组中设有绝缘涂层装置，取向硅钢的最终脱碳退火机组中设有隔离涂层装置。

电工硅钢片对绝缘涂层的要求是：

(1) 层间电阻高；

(2) 耐热性和耐蚀性好，能在高温和具有腐蚀性环境下工作；

(3) 粘附性好，在冲剪或弯曲加工中不易剥落；

(4) 加工性好，涂层对冲模磨损要小，能起润滑作用；

(5) 对钢板表面有一定张力，减小磁致伸缩而引起的噪声；

(6) 涂层必须薄而均匀，提高充填性能。

目前使用的绝缘涂层有两种：一是磷酸-铬酸系涂层，涂层液为深橙黄色的透明液，使用温度为70～80℃，层间电阻为5～50Ω·cm^2/片；另一种是树脂和铬酸系涂层，涂层液为乳黄色黏液，使用温度小于30℃，层间电阻与前一种相同。

取向硅钢涂隔离层，主要是涂氧化镁，目的是防止在高温退火时钢板粘结，并与二氧化硅(SiO_2)生成硅酸镁底层，还有脱硫的作用。在氧化镁涂层中加入3%～7.5%（质量分数）的氧化钛(TiO_2)，能改善钢板的脆性和硅酸镁底层的质量。特别对于含铝的取向硅钢，在高温退火时TiO_2具有抑制钢中的铝破坏二氧化硅层的作用。

301. 取向硅钢片高温退火的作用是什么，怎样操作？

取向硅钢片必须进行一次最终高温退火处理，以获得要求的低铁损材料，并达到高的取向度。

在高温罩式退火炉中进行高温净化退火，主要有3个作用：

(1) 进行二次再结晶。在高温退火时，钢片加热到950℃左右即开始再结晶，从而可使钢片获得合适的晶粒度，提高取向度，达到改善磁性的目的。

(2) 形成硅酸镁底层。经最终脱碳退火，钢片表面形成二氧化硅的富硅薄膜，加热到1050℃左右它与氧化镁发生反应，在带钢表面形成一层玻璃状硅酸镁底层，以提高取向硅钢的绝缘性能和绝缘涂层附着力。

(3) 排除夹杂，净化钢质。取向硅钢中硫化锰(MnS)和氮化铝(AlN)等有利夹杂，在促进二次再结晶形成结晶核心、晶粒长大、提高取向度后进行分解，随着温度的进一步升高，在高温均热过程中有利夹杂将被去除，使钢质净化，以提高磁性。

一般取向硅钢高温退火炉操作程序为：先通入氮气赶走炉内空气，然后通电加热。加热至600℃时保温 5～21h，然后全速加热，600～1210℃间最大加热速度为 26℃/h，1210℃时保温 20h。

保护气体的成分和流量应符合高温退火操作规程的要求。

一般取向硅钢高温退火曲线见图 6-5。

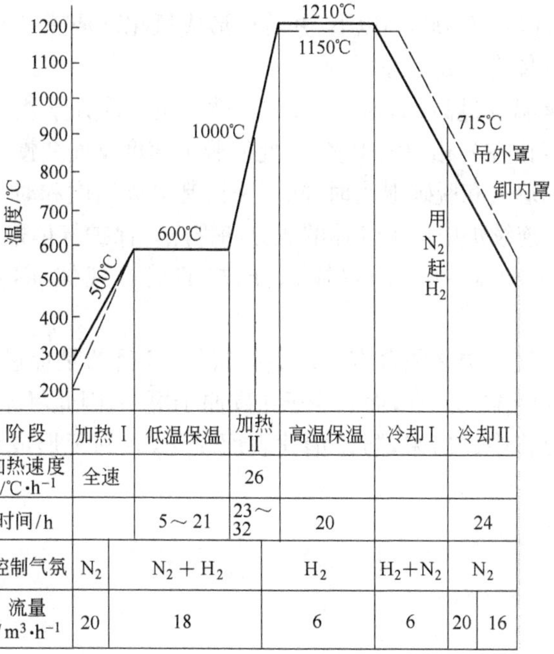

阶段	加热Ⅰ	低温保温	加热Ⅱ	高温保温	冷却Ⅰ	冷却Ⅱ
加热速度 /℃·h^{-1}	全速		26			
时间/h		5～21	23～32	20		24
控制气氛	N_2	N_2+H_2		H_2	H_2+N_2	N_2
流量 /m^3·h^{-1}	20	18		6	6	20　16

图 6-5　一般取向硅钢高温退火曲线

302. 连续退火对硅钢片生产有什么作用，其退火工艺怎样？

硅钢片连续退火的目的是消除加工硬化使钢片再结晶，同时使硅钢脱碳，以便使成品达到要求的电磁性能。

经过一次冷轧后，要进行中间退火，其目的是使硅钢片进行一次再结晶和脱碳退火。中间退火采用无氧化加热方式，用煤气明火焰加热。加热段的炉温控制在1250℃，目的是将钢片快速加热到规定温度，这样可缩短机组的加热段和均热段长度，提高机组速度，增加产量。进口段速度为70～80m/min，工作段为50～60m/min，出口段为70～80m/min。

中间退火温度为850～870℃，使初次再结晶发展更加完善，但不能超过950℃。脱碳退火有严格要求，一般限制碳的质量分数在0.01%～0.005%以下，并希望形成氧化硅薄膜，因此对炉温和保护气体有一定要求。

脱碳温度过高（如860～900℃）就产生一部分γ相，碳在γ相中溶解度比在α相中大得多，因此使脱碳速度反而变慢。

中间退火和脱碳退火时，除严格控制退火温度和时间外，还应该控制好连续炉中保护气体的成分和露点。保护气体采用15%～20% H_2 +80%～85% N_2（体积分数）的混合气体，露点为30℃±3℃。

退火气氛中必须含有一定量的氢气，其目的是促进脱碳。氢与碳都为间隙式元素，而氢原子比碳原子更小，因此氢原子可将碳原子从晶格中赶出来，防止钢片表面氧化，以利于形成好的 SiO_2 薄膜。

附录　部分钢种的加工硬化曲线

部分钢种的加工硬化曲线见附图1～附图8。

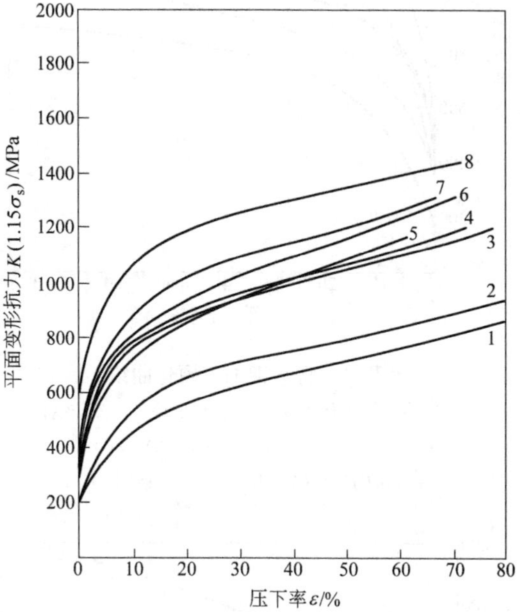

附图1　普通钢加工硬化曲线

1—$w(C)=0.08\%$；2—$w(C)=0.17\%$；3—$w(C)=0.36\%$；
4—$w(C)=0.51\%$；5—$w(C)=0.66\%$；6—$w(C)=0.81\%$；
7—$w(C)=1.03\%$；8—$w(C)=1.29\%$

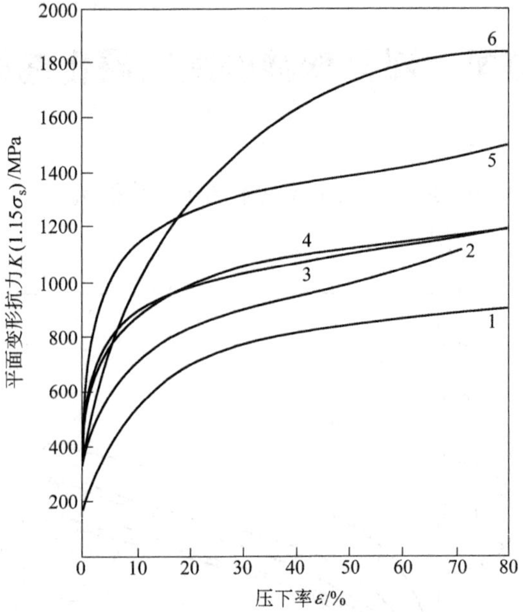

附图 2　合金钢加工硬化曲线

1—镍；2—铁素体不锈钢；3—w(Si)=1.8%硅钢；4—w(Si)=2.7%硅钢；5—w(Ni)=80%，w(Cr)=20%；6—奥氏体不锈钢

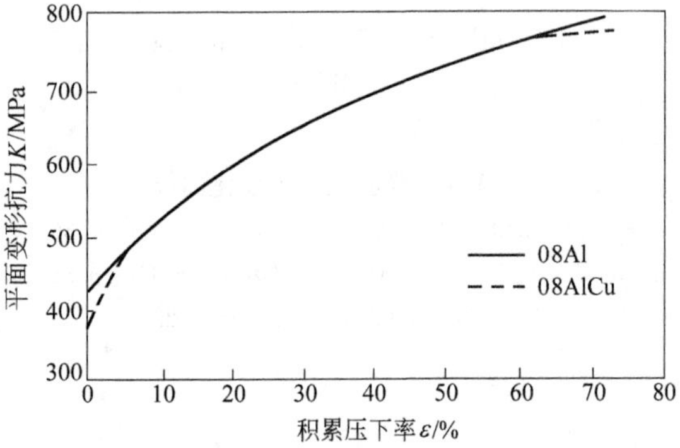

附图 3　08Al、08AlCu 的平面变形抗力 K 与积累压下率的关系

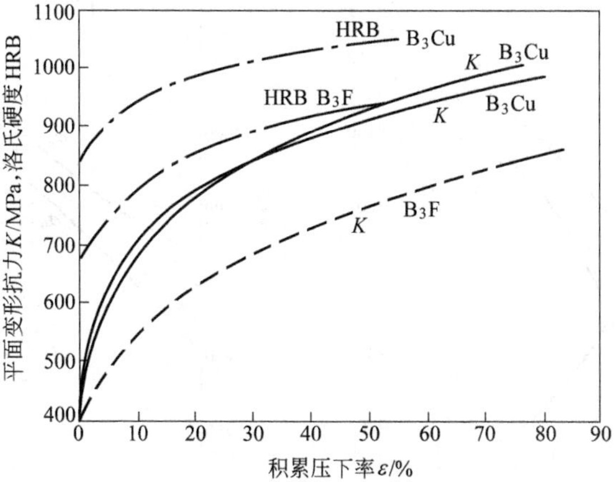

附图 4 B_3F、B_3Cu 的平面变形抗力 K 和洛氏硬度 HRB 与积累压下率的关系

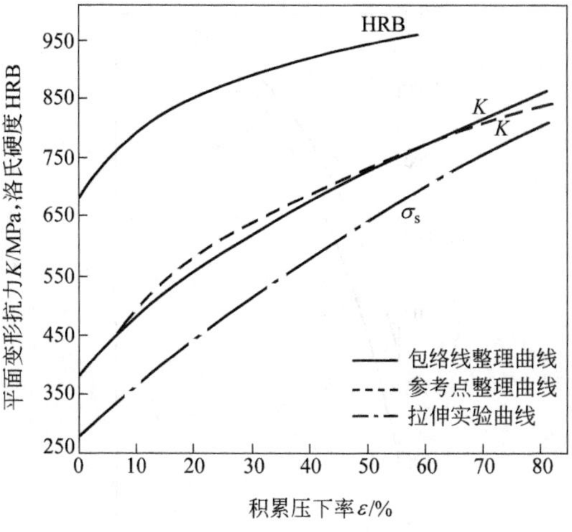

附图 5 B_3F 的平面变形抗力 K 和洛氏硬度 HRB 与积累压下率的关系

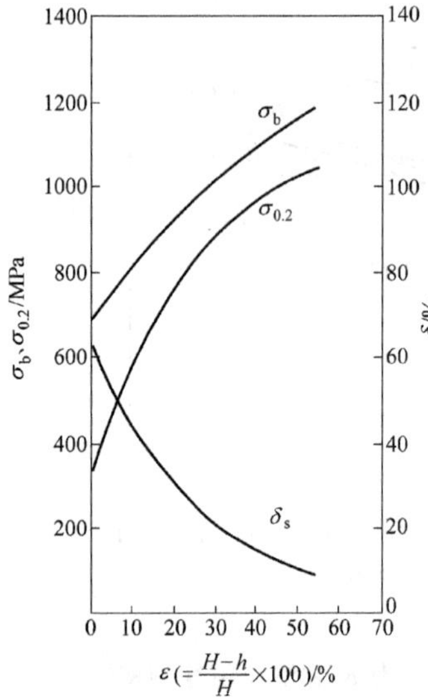

附图 6　1Cr18Ni9 的
加工硬化曲线

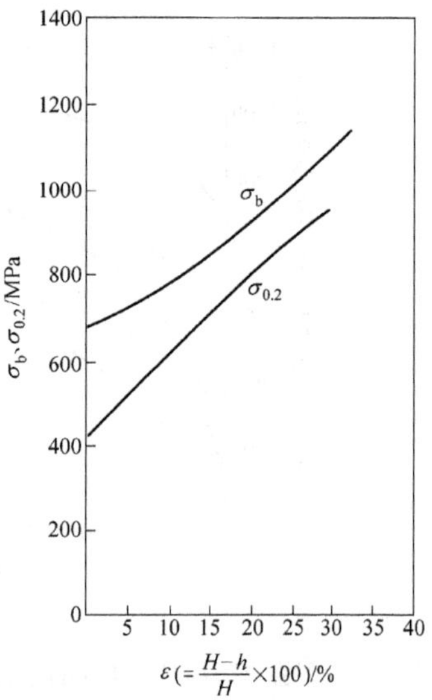

附图 7　1Cr18Ni9Ti 的
加工硬化曲线

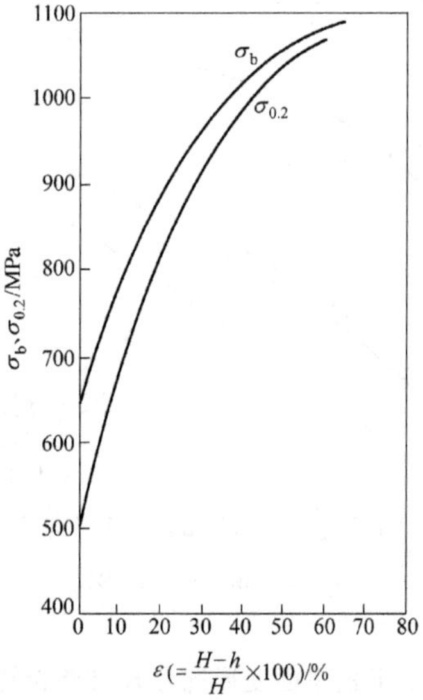

附图 8　变压器硅钢的加工硬化曲线

参 考 文 献

1 贾耀卿.常用金属材料手册(上).北京:中国标准出版社,2000
2 周其良.镀锡薄钢板.北京:冶金工业出版社,1977
3 黄华清.轧钢机械.北京:冶金工业出版社,1980
4 赵志业.金属塑性变形与轧制理论.北京:冶金工业出版社,1980
5 王廷溥.轧钢工艺学.北京:冶金工业出版社,1981
6 李小玉.轧制工艺润滑.北京:冶金工业出版社,1981
7 周国盈.带钢卷取设备.北京:冶金工业出版社,1982
8 武钢一米七轧机工程技术总结.1981(内部资料)
9 杨节.轧制过程数学模型.北京:冶金工业出版社,1983
10 陆云源.300mm五机架冷连轧机电子控制系统.上海第十钢铁厂,1983(内部资料)
11 蔡乔方.加热炉.北京:冶金工业出版社,1983
12 黎景全.轧制工艺参数测试技术.北京:冶金工业出版社,1984
13 《日本冷轧带钢技术》编写组.日本冷轧带钢技术.北京:冶金工业出版社,1985
14 W.L.罗伯茨.冷轧带钢生产(上).北京:冶金工业出版社,1985
15 王国栋.板形控制与板形理论.北京:冶金工业出版社,1986
16 李九岭著.带钢连续热镀锌(第二版).北京:冶金工业出版社,1987
17 日本钢铁协会.板带轧制理论与实践.北京:中国铁道出版社,1990
18 邹家祥等.轧钢机现代化设计理论.北京:冶金工业出版社,1991
19 贺毓辛.冷轧板带生产.北京:冶金工业出版社,1992
20 王邦文.新型轧机.北京:冶金工业出版社,1994